代数学百科

I

群論の進化

堀田　良之
渡辺　敬一
庄司　俊明
三町　勝久
著

朝倉書店

序

　本書の企画を初めて聞いてからもう 10 年以上になる．朝倉書店編集部から草場公邦さん (当時東海大学) と 2 人で「代数学ハンドブック」みたいなものを作ってくれないかと持ちかけられたのが始まりであった．
　そのタイトルに応じたイメージがなかなか湧いてこないので一度はお断りしたのだが，拘らず自由に考えてもよいということなので，幾分かの甘い期待も手伝ってやってみようかということになった．代数学の分野の基本的な事柄とトピック的なものを織りまぜて，通読しなくても興味のある部分だけを拾い読みできるようなものがつくれないかと思って，友人達に相談や執筆依頼をして，紆余曲折のあげくようやく日の目を見ることになったのが本書である．
　草場さんは，企画の余りの迷走ぶりに呆れてか途中で去ってしまわれたが，本書の成立の半分以上は氏の御寄与によるものである．
　結果的には，強弱の差はあっても何らかの意味で群の表現論に関係した話題ばかりになった．第 1 章の入門部分以外は，すべて各執筆者の専門分野の紹介で，このレベルのこういう形での邦文の解説記事は今までは希ではなかったかと思う．
　第 2 章は渡辺敬一氏による不変式論への招待である．一般に，群が環に同型群として働いているとき，不変元のなす部分環について論ずるのが不変式論である．多項式環へ群が働く場合が最も基本的である．この代数学の問題はまた幾何学的に考えると，代数多様体の群による商空間の問題に等しく様々な面で重要である．
　ここでは特に群が有限群の場合を詳しく調べる．すでに 19 世紀にモリー

ンの定理を始めとして幾つかの基本的な結果が得られているが，さらに，"正多面体群"と呼ばれているクラスの有限群に関する著しい結果を紹介する．これは，いわゆるディンキン図形と関係する"庭園"の一部をなすもので，現在もいろいろな面で興味を持たれている．

この章の後半では，不変式環が環としてよい性質，例えば多項式環や完全交差環になるための条件を調べる．いわば，不変式論における「逆問題」ともいうべき理論で，著者の得意とするところである．

第3章は庄司俊明氏による有限簡約群 (別名有限シュバレー群) の表現論への招待である．有限群の表現論では，標数 0 の体 (特に複素数体) 上のベクトル空間への線型作用を通常表現，正標数の体上のものをモジュラー表現とよぶ．有限体上の古典群などを含む広いクラスの群を簡約群と言い，この種の群の通常表現の理論は，1970 年代中頃から 80 年代にかけてルスティックの主導によって驚異的な進展を遂げ，ほぼ完成の域に近づいている．(モジュラー表現についても，最近の発展は著しい．) この 1 つの理由は，グロタンディックによる代数幾何の革命，とくに l 進エタール・コホモロジーの理論の完成にあるのであるが，さらにルスティック自身の幾何学的および組み合わせ論的洞察の深い力によるところが大きい．また理論の仕上げ段階において，庄司氏を始めとする日本人の貢献も無視できない．この章では，この厖大な理論の前史から始めて中盤に至るまでの紹介を試みている．

最終章は三町勝久氏による q 解析 (または q 類似ともいう)，とくに関連する特殊函数論への招待である．ダイソンによるランダム行列の研究に発する予想を軸にして，如何にして特殊多項式の理論が構築されていくか，興味深い物語である．

その名の通り，ここに登場するものは一見古典的な函数達であり，正に古典解析学の直系に位置する分野であるが，読み進むうちに，リー群・リー環論の中核にある「ルート系」や「ワイル群」，「ヘッケ環」等々が登場し，それらが個性的な函数達を統制していることが分かる．ここに現れる q 類似は，実際，リー群や代数群の古典的表現論で主役を演ずる球函数にも源をもつ函数達なのである．これは，紹介されているマクドナルドによる研究の 1 つの動機でもある．

我が国におけるこの分野の創始者の1人である著者による悠然たる道案内を楽しんで頂きたい．

順序が逆になったが，第1章は以上の第2章から第4章までの草稿が出来上がった後，初学者の知識とのギャップを埋めようと試みて書いたものである．しかし，著者の非力もあってその任を十分に果たせず中途半端なものに終わった．第1章と後の章との間にはまだまだ深い溝がある．強靭な想像力かまたは適当な参考書をもってそれを埋めて頂きたい．

各章の叙述は，それぞれの著者達の個性に溢れており，スタイルや語句などの無理な統一は計らないことにした．例えば，関数・函数の字句1つにも著者の強い主張が込められているときもあるからである．

最後に，第2章以降担当の著者達の原稿が折角早く完成していたにもかかわらず (3年以上経ったものもある！)，第1章の著者の怠惰のせいで出版が遅れたことをお詫びしたい．

2004年3月

第1章の著者

堀 田 良 之

目次

第1章　代数学の手習い帖　　　　　　　　　　　　（堀田良之）　　1
 1.1　はじめに……………………………………………………………… 1
 1.2　準備 …………………………………………………………………… 2
  1.2.1　集合 ………………………………………………………… 2
  1.2.2　写像 ………………………………………………………… 4
  1.2.3　演算 ………………………………………………………… 5
 1.3　群 ……………………………………………………………………… 6
  1.3.1　部分群，準同型，同型 …………………………………… 6
  1.3.2　剰余類，剰余群，同型定理 ……………………………… 8
  1.3.3　自由群，生成系と関係式 ………………………………… 10
 1.4　環と加群 ……………………………………………………………… 13
  1.4.1　定義と基礎事項 …………………………………………… 13
  1.4.2　環の生成 …………………………………………………… 16
  1.4.3　可換環のイデアル ………………………………………… 17
  1.4.4　素元と既約元 ……………………………………………… 18
  1.4.5　環上の加群 ………………………………………………… 20
  1.4.6　テンソル積 ………………………………………………… 23
 1.5　群の表現 ……………………………………………………………… 26
  1.5.1　群の表現と加群 …………………………………………… 26
  1.5.2　シューアの補題 …………………………………………… 27
  1.5.3　マシュケの定理 …………………………………………… 29
  1.5.4　指標と直交関係式 ………………………………………… 30

	1.5.5 直和分解と重複度	34
	1.5.6 いくつかの例	37
	1.5.7 誘導表現	39
	1.5.8 さらに進んだ例	43
1.6	代数多様体	56
	1.6.1 代数的集合と多項式イデアル	56
	1.6.2 ヒルベルトの零点定理	58
	1.6.3 アフィン代数多様体	64
	1.6.4 圏と層	68
	1.6.5 代数多様体	76
	1.6.6 射影多様体	82
1.7	代数多様体の基本性質	86
	1.7.1 位相的性質 (ネータ性など)	86
	1.7.2 次元	87
	1.7.3 正則性と特異性	88
	1.7.4 スキームとその上の準連接層	91
	1.7.5 因子と直線束 (連接層の例)	94
1.8	層のコホモロジー	100
	1.8.1 チェック・コホモロジー	100
	1.8.2 加群の分解 (レゾリューション) とホモロジー代数	102
	1.8.3 層の場合	107
1.9	代数曲線上のリーマン–ロッホの定理	110
	1.9.1 完備な多様体上の連接層のコホモロジー (セールの定理等)	110
	1.9.2 曲線上のリーマン–ロッホの公式	112
	1.9.3 応用：楕円曲線，ヤコビ多様体	115
1.10	代数群	117
	1.10.1 定義と例	117
	1.10.2 リー環	120
	1.10.3 商空間，等質空間	121

	1.10.4	ボレル部分群，旗多様体 ················· 123
	1.10.5	ボレル–ヴェイユ–ボットの定理，既約表現と端ウェイト ································· 126

第2章　有限群の不変式論　　　　　　　　　　　　（渡辺敬一）　135

2.1	はじめに ································· 135
2.2	線型群と不変式 ····························· 136
2.3	モリーンの定理 ····························· 142
2.4	$GL(2,k)$ の有限部分群とその不変式環 ············ 149
2.5	鏡映群の不変式環 ···························· 154
2.6	3次元の線型群 ····························· 156
2.7	完全交叉となる不変式環 ······················· 165

付録．可換環論，特異点論の結果について ················ 172

	A.1	次元，正則局所環，コーエン–マコーレー環，正則列 ·· 172
	A.2	ゴレンスタイン環，完全交叉 ··············· 175
	A.3	有理特異点, Boutot, Lipman–Teissier の定理 ········ 177

第3章　ドリーニュールスティック指標を訪ねて
　　　　—有限シュバレー群の表現論—　　　　　　（庄司俊明）　185

3.1	はじめに	································· 185
3.2	簡約群の構造	····························· 189
	3.2.1	代数群の定義 ························ 189
	3.2.2	簡約代数群 ························· 192
	3.2.3	ルート系とワイル群 ····················· 194
	3.2.4	ジョルダン分解 ······················ 197
	3.2.5	フロベニウス写像とラングの定理 ·············· 198
	3.2.6	極大トーラスの $\mathbb{F}_q$ 構造 ················ 204
	3.2.7	簡約群のブリュア分解とワイル群の不変式論 ········· 206
	3.2.8	放物部分群 ························· 211
3.3	誘導表現の分解と岩堀–ヘッケ代数 ················· 213
	3.3.1	表現論からの準備 ······················ 214

	3.3.2	ハリッシュ・チャンドラ誘導と制限	216
	3.3.3	ハリッシュ・チャンドラの理論	218
	3.3.4	誘導表現の分解	220
	3.3.5	岩堀–ヘッケ代数	226
	3.3.6	スタインバーグ指標	232
3.4	ドリーニュ–ルスティックの理論	237
	3.4.1	l 進コホモロジーによる表現の構成	238
	3.4.2	グロタンディック–レフシェッツの不動点定理	239
	3.4.3	レフシェッツ数の性質	240
	3.4.4	ドリーニュ–ルスティックの一般表現	244
	3.4.5	$R_T^G(\theta)$ の指標公式	246
	3.4.6	$R_T^G(\theta)$ の直交関係	249
	3.4.7	$R_T^G(\theta)$ とハリッシュ・チャンドラ誘導	251
	3.4.8	$R_T^G(\theta)$ の性質その 1	253
	3.4.9	$R_T^G(\theta)$ の次数公式	256
	3.4.10	$R_T^G(\theta)$ の性質その 2	260
	3.4.11	$R_T^G(\theta)$ へのフロベニウス作用	263
3.5	既約表現の分類	265
	3.5.1	幾何的共役類	266
	3.5.2	双対群	267
	3.5.3	既約表現のジョルダン分解	269
	3.5.4	ワイル群の既約指標の族	271
	3.5.5	非可換フーリエ変換	272
	3.5.6	ベキ単表現の分類	273
	3.5.7	$GL_n(\mathbb{F}_q)$ の既約指標	275
3.6	指標の幾何的理論	277
	3.6.1	偏屈層と交差コホモロジー	278
	3.6.2	偏屈層の特性関数	280
	3.6.3	旗多様体の幾何	281
	3.6.4	G 同変偏屈層 $K_T^\mathcal{L}$ (第 1 の構成)	285

		3.6.5	$K_T^{\mathcal{L}}$ の第2の構成とワイル群のスプリンガー表現 ………	287
		3.6.6	類関数 $\chi_{T,\mathcal{L}}$ とグリーン関数 $\tilde{Q}_T^G$ ………………………	290
		3.6.7	$K_T^{\mathcal{L}}$ の第3の構成 …………………………………………	293
		3.6.8	グリーン関数の幾何的実現 ………………………………	298
		3.6.9	ボルホ–マクファーソンの定理 …………………………	300
		3.6.10	グリーン関数の決定 ………………………………………	306
	3.7	$GL_n(\mathcal{F}_q)$ のグリーン関数と組み合わせ論 ………………		311
		3.7.1	対称関数 ……………………………………………………	311
		3.7.2	シューア関数と対称群の既約指標 ………………………	313
		3.7.3	コーシーの再生核 …………………………………………	316
		3.7.4	ホール–リトルウッド関数 ………………………………	319
		3.7.5	グリーン関数とコストカ多項式 …………………………	322
		3.7.6	古典群への拡張 ……………………………………………	326

第4章 ダイソンからマクドナルドまで
　　　　—マクドナルド多項式入門— 　　　　　　　　(三町勝久) 　335

4.1	ダイソンの考えたこと ………………………………………………	335
4.2	分割数と母関数 ………………………………………………………	344
4.3	二項定理とガンマ関数の q-類似 …………………………………	353
4.4	q-超幾何級数 …………………………………………………………	363
4.5	q-類似から q-解析へ ………………………………………………	369
4.6	直交多項式 ……………………………………………………………	378
4.7	ロジャースの超球多項式 ……………………………………………	385
4.8	セルバーグ積分 ………………………………………………………	394
4.9	ダイソン予想の一般化 ………………………………………………	400
4.10	多変数の直交多項式 …………………………………………………	412
4.11	ルート系に付随したマクドナルドの多項式 ……………………	420
4.12	アフィン・ヘッケ代数とマクドナルド多項式 …………………	424

索引　　　　　　　　　　　　　　　　　　　　　　　　　　　　439

第1章

代数学の手習い帖

1.1 はじめに

　始めの4節は，以降のための言葉の準備である．1.2節はその準備のための準備，1.3, 1.4節で代数系の基本用語である群，環とその上の加群について最小限のまとめを行っている．本書の性格上，この辺りに多くのページ数を割く訳にはいかないので，基礎的な事柄についても証明を略したところが多い．気になる向きは，代数学のどの入門書でもよいから手にとって補って頂ければ十分である (例えば章末の文献 [A], [Ho1, 2, 3], [L], [V], [WK], [W] など)．

　以降の章は，短いなりにいくつかの話題への入門を試みた．それぞれ，代数学の枝葉への分岐部分である．これらの話題を通して，群や環，加群などの代数系が生きて動く様子を観察することによって，1.3, 1.4節の基礎概念を習得されるのが望ましい．

　1.5節は，群の表現，とくに有限群の表現への入門である．表現の指標の大切さと，誘導表現など表現の構成について述べた．この入口の奥に華麗な宮殿があるのだが，その一部が第3章で庄司氏によって紹介されている．また，第2章で渡辺氏が紹介する不変式論とも古くから強く関係している．

　1.6, 1.7節で代数多様体の基礎について述べる．いわゆる代数幾何学の入門部分で．幾何学的イメージを環論的に基礎づける作業である．現代的なグ

ロタンディックの一歩手前のやり方であり，その意味では準古典的で中途半端である．しかし，層を導入し，1.8 節ではそのコホモロジーにも触れた．本格的に取り組む際の準備運動にはなるであろう．

これだけの準備で述べられる話題として，1.9 節で代数曲線のリーマン–ロッホの定理，1.10 節で，代数群の基本についてまとめた．証明を付ける余裕は勿論なかったが，後の 3 章にもつながる話題の 1 つとして，今や古典的なボレル–ヴェイユ–ボットの定理を紹介した．第 5 節の群の表現論が成長した 1 つの姿であり，また中身は異なるが第 3 章で紹介されるドリーニュ–ルスティック理論への思想的，あるいは美学的動機となったモデルであるといってもよかろう．

1.2 準備

1.2.1 集合

ものの集まりを**集合**という．"もの"を**元**，または**要素**という．同語反復的な言い方であるが，したがって，集合とは元とよばれるものの集まりである．数学用語としては集合というとき，あるものがその集合の元であるか否かがはっきり定義されていなければいけない．

例えば，ある小学校の 1 年 1 組の生徒全員は集合をなすが，その小学校の "良い子" 全員は集合とはいえない．ある子が良い子か悪い子か普通の子であるかには明確な判定基準はなく，先生によっても見方が違うのが普通である．

また，集合では 2 つの元が等しいか等しくないかがはっきり定義されていなければいけない．例えば，アルファベットの字体全体というとき，大文字と小文字を等しいと考えるのか，異なると考えるのか注釈を付けておかなければ集合とはいえない (A = a とするのか A $\neq$ a とするのか)．抽象的な概念を考えるときや，後でいう同値類を考えるときには注意を要する．

集合を厳密に定義するには，さらに問題があるのだが，とりあえずここではこの程度の素朴な理解でこの用語を用いることにする．

2 つの集合 X, Y について，X の元 x ($x \in X$ と書く) は必ず Y ($x \in Y$)

1.2 準備

の元になるならば，X を Y の**部分集合**といって，$X \subset Y$ と書く ($Y \supset X$ と書いてもよい). とくに，X と Y とが等しい ($X = Y$) ことと，$X \subset Y$ かつ $Y \subset X$ であることとは同値である．集合の $X = Y$ を証明するために，急がずに $X \subset Y$ と $Y \subset X$ の 2 段階に分けて証明するほうがしばしば間違いがない．

注意 1.2.1. なお，人によっては，X が Y の部分集合のとき，$X \subseteq Y$ または $X \subseteqq$ と書き，数の不等号にならって $X \subset Y$ は真の部分集合 ($X \subset Y$ かつ $X \neq Y$) のみを意味することがある (主に米国). 本稿では，真の部分集合は $X \subsetneq Y$ と記す．

$X \subset Y$ とする．元 $y \in Y$ が X の元ではないとき (X に**属さない**という)，$y \notin X$ と書く．もう 1 つの部分集合 $Z \subset Y$ に対して，X に属さない Z の元がなす集合を $Z \setminus X$ と書く．すなわち，$Z \setminus X = \{y \in Z \mid y \notin X\}$. 一般に，集合を定義するのに $\{x \mid x \text{ は性質 } P \text{ をみたす}\}$ という記法をよく用いる.

例えば，

$$\mathbb{N} = \{n \mid n \text{ は自然数}\} = \{0, 1, 2, \ldots\},$$
$$\mathbb{Z} = \{n \mid n \text{ は (有理) 整数}\},$$
$$E = \{n \mid n \text{ は偶数}\} = \{2m \mid m \in \mathbb{Z}\},$$
$$O = \{n \mid n \text{ は奇数}\} = \{2m+1 \mid m \in \mathbb{Z}\}$$

などである (0 は自然数と想おう). $\mathbb{N} \subset \mathbb{Z}$, $E \subset \mathbb{Z}$, $O = \mathbb{Z} \setminus E, \ldots$

Y の 2 つの部分集合 $X_1, X_2 \subset Y$ に対して，

$$X_1 \cup X_2 = \{x \in Y \mid x \in X_1 \text{ または } x \in X_2\} \cdots \text{和},$$
$$X_1 \cap X_2 = \{x \in Y \mid x \in X_1 \text{ かつ } x \in X_2\} \cdots \text{交わり (共通部分)}$$

と記す．例えば，$\mathbb{Z} = E \cup O$.

もっと一般に，$X_i \subset Y$ ($i \in I$, I は添字集合，無限の場合もあり) に対しても，

$$\bigcup_{i \in I} X_i = \{x \in Y \mid \text{ある } i \in I \text{ に対して } x \in X_i\},$$

$$\bigcap_{i \in I} X_i = \{x \in Y \mid x \in X_i \, (\forall i \in I)\}$$

が定義される.

元が存在しない集合も考えて,**空集合**といい, $\emptyset$ と書く. 例えば, $E \cap O = \emptyset$ というふうに使う.

集合 X の濃度 (元の総数) を $\sharp X$ と記す. 本来, 無限集合 X の濃度は様々あるが, 本稿では有限集合の場合 ($\sharp X = n < \infty$) と無限集合 ($\sharp X = \infty$) の区別しか行わない.

1.2.2　写像

2つの集合 X, Y が与えられているとき, $x \in X$ に対してただ1つの Y の元 $y \in Y$ を対応させる規則が定められているとき,

$$f : X \to Y \quad (y = f(x) \text{ または } x \mapsto y)$$

と書いて, この規則 f を X から Y への写像という. 1つの x に対して2つ以上の y が対応している場合は, 写像とはいわない.

$y = x^2 + 1 = f(x)$ などの (1値の) 関数は写像の例である. $f : \mathbb{R} \to \mathbb{R}$, または $f : \mathbb{Z} \to \mathbb{Z}$ などと考える ($\mathbb{R}$ は実数全体のなす集合).

$f(x_1) = f(x_2)$ ならば $x_1 = x_2$ が成り立つとき, f は**単射**または**1対1**であるという (すなわち, 2つの相異なる元は同じ元には対応しない).

任意の Y の元 y に対して必ず X の元 x があって $y = f(x)$ となるとき, f を**全射**または**上への写像**という. $f(x) = x^2 + 1$ は $\mathbb{R} \to \mathbb{R}$ または $\mathbb{Z} \to \mathbb{Z}$ において, 単射でも全射でもない.

$f(X) = \mathrm{Im}\, f = \{f(x) \mid x \in X\} \subset Y$ を f の**像**という. f が全射であるとは, $Y = f(X)$ のことである.

$f : X \to Y$ が全射かつ単射であるとき**全単射**または**1対1対応**という. このとき任意の $y \in Y$ に対して唯1つ $f(x) = y$ となる $x \in X$ が存在するゆえ, 写像 $y \mapsto x$ が定義される. この写像を $x = f^{-1}(y)$ と書いて, f の**逆写像**という. 逆写像も勿論全単射で, f は f^{-1} の逆写像でもある.

例 1.2.2. $\exp : \mathbb{R} \to \mathbb{R}_+ = \{a \in \mathbb{R} \mid a > 0\}$ ($\exp x = e^x$) は全単射で

$\exp^{-1} = \log$.

1.2.3 演算

集合 X から X 自身への写像全体がなす集合を $M(X)$ と書く．$f, g \in M(X)$ に対して，写像の合成を $f \circ g \in M(X)$ $(f \circ g(x) = f(g(x)))$ と書く．明らかに，

(1)　　$(f \circ g) \circ h = f \circ (g \circ h)$　　$(f, g, h \in M(X))$

をみたす．さらに，$e = \mathrm{Id}_X$ (X の恒等写像) とすると

(2)　　$f \circ e = e \circ f = f$

である．
$$S(X) = \{f \in M(X) \mid f\text{は全単射}\}$$
とおくと，$e \in S(X)$ で，$f, g \in S(X)$ ならば $f \circ g$ である．

さらに f^{-1} を $f \in S(X)$ の逆写像とすると，

(3)　　$f \circ f^{-1} = f^{-1} \circ f = e$

である．

一般に，ある集合 M の 2 つの元 $x, y \in M$ に対して唯 1 つの元 $xy \in M$ が対応しているとき，M は **(2 項) 演算** $(x, y) \mapsto xy$ をもつという．この演算が

(1)　　$(xy)z = x(yz)$　　$(x, y, z \in M)$

(**結合法則**という) をみたすとき，M は**半群**であるという．

(2)　　$ex = xe = x$　　$(x \in M)$

をみたす元 $e \in M$ を**単位元**といい，単位元をもつ半群を**モノイド**という．

さらに，

(3)　　任意の $x \in M$ に対して，$xx' = x'x = e$ をみたす x' が存在する

とき，M は**群**であるという．x' を x の**逆元**という．

なお，単位元 e は存在すれば唯 1 つであり，逆元 x' も x に対して唯 1 つ定まる．したがって通常 $x' = x^{-1}$ と書く．

一意性の証明：(単位元)e, e' をモノイドの単位元とすると，$e = ee' = e'$．(逆元)x', x'' を (3) をみたす元とすると，$x' = x'e = x'(xx'') = (x'x)x'' = ex'' = x''$．

モノイド M の元 x で逆元 x' ($xx' = x'x = e$) が存在するものを，**単元**といい，$M^{\times}$ を M の単元がなす部分集合とする．$M^{\times}$ は群をなし，**単元群**とよばれる．

任意の集合 X に対し写像の集合 $M(X)$ はモノイドをなし，全単射のなす部分集合 $S(X) = M(X)^{\times}$ が単元群である．$S(X)$ は (X の) **対称群**とよばれる．とくに X が有限集合 ($\sharp X = n$，例えば $X = \{1, 2, \ldots, n\}$) のとき，$S(X) = S_n$ と書いて，n 次対称群という．

一般に，群は様々な"構造"をもった集合 X に対する同型群，すなわち $S(X)$ の部分群として現れることが多い．(例：正多面体群，線型群 (古典群)$GL_n, SO_n \subset O_n, U_n, Sp_n$，等々 $\ldots$ これらについては後述，または，[Hi], [KO] 等参照．)

1.3 群

1.3.1 部分群，準同型，同型

G を群とする．空でない部分集合 $H \subset G$ が

$$x, y \in H \Rightarrow xy^{-1} \in H$$

をみたすとき H を G の**部分群**という．

$x \in H$ とすると $e = xx^{-1} \in H$ ゆえ，H は単位元を含み，G の演算で群になる．(空でない H が部分群ということと，$x \in H \Rightarrow x^{-1} \in H$，かつ $x, y \in H \Rightarrow xy \in H$ であることが同値である．)

G の部分集合 S が与えられたとき，S を含む最小の部分群を $\langle S \rangle$ と書いて，S が**生成する**部分群という．このとき，S を $\langle S \rangle$ の**生成系**，S の元を生

1.3 群

成元という．

$$\langle S \rangle = \bigcap_{S \subset H : G \text{ の部分群}} H$$

と定義することもできる．

G が唯 1 つの元 x で生成されるとき，$G = \langle \{x\} \rangle = \langle x \rangle$ を**巡回群**という．自然数 $n \geq 0$ に対して，x^n を x の n 個の積 ($x^0 = e$)，負の整数 $n < 0$ に対しては，$x^n = (x^{-1})^{|n|}$ と書くと，$G = \{x^n \mid n \in \mathbb{Z}\}$ となる．指数法則 $x^n x^m = x^{n+m}$ が成り立つことは明らかであろう．

2 つの群 G, G' の写像 $f : G \to G'$ が $f(xy) = f(x)f(y)$ $(x, y \in G)$ をみたすとき，f を**準同型** (写像) という．このとき $f(e) = e'$ ($e \in G, e' \in G'$ はそれぞれの単位元)，$f(x^{-1}) = f(x)^{-1}$ が成り立つ．

実際，$f(e) = f(e^2) = f(e)^2$ の両辺に $f(e)^{-1}$ をかけると，$e' = f(e)f(e)^{-1} = f(e)^2 f(e)^{-1} = f(e)$．次に $f(x)f(x^{-1}) = f(xx^{-1}) = f(e) = e'$ ゆえ，逆元についての等式が成り立つ．

準同型 f が全単射のとき，f を**同型** (写像) という．同型写像が存在するとき，G と G' は同型であるといい，$G \simeq G'$ または $G \xrightarrow{\sim} G'$ などと書く．

加法記号 (加法群)

G の任意の元について $xy = yx$ が成り立つとき，**可換群**または**アーベル群**という．可換群の演算記号を乗法的 xy ではなく，加法的に $x + y$ と書くとき，**加法群**という．このとき，単位元は $e = 0$，x の逆元は x^{-1} ではなく，$-x$ と書く．数のなす加法群 $\mathbb{Z} \subset \mathbb{Q} \subset \mathbb{R} \subset \mathbb{C}$ の記法に従ったものであることは明らかであろう．

例 1.3.1. $f : \mathbb{Z} \to G = \langle x \rangle$ ($f(n) = x^n$) は加法群 $\mathbb{Z}$ から巡回群 G への全準同型である．f が同型ならば，G は無限巡回群 ($\simeq \mathbb{Z}$)，同型でないときは，有限巡回群になる．

群 G の元の総数 (集合としての濃度) $\sharp G$ を G の**位数**という．元 $x \in G$ が生成する巡回群の位数を**元 x の位数**という．すなわち，$x^n = e$ となる最小の $n > 0$ が x の位数である (なければ ∞)．

群準同型 $f : G \to G'$ に対して，$\mathrm{Ker}\, f = \{x \in G \mid f(x) = e'\}$ を f の**核**という．$x, y \in \mathrm{Ker}\, f \Rightarrow f(xy^{-1}) = f(x)f(y)^{-1} = e'e'^{-1} = e'$ ゆえ $\mathrm{Ker}\, f$

は G の部分群である．さらに，任意の $z \in G$ に対して，$x \in \mathrm{Ker}\, f$ ならば $f(zxz^{-1}) = f(z)f(x)f(z)^{-1} = f(z)e'f(z)^{-1} = f(z)f(z)^{-1} = e'$ となり，$zxz^{-1} \in \mathrm{Ker}\, f$ が成り立つ．

このように，G の部分群 $H \subset G$ が $zxz^{-1} \in H$ ($z \in G, x \in H$) をみたすとき，H を**正規部分群**という．準同型写像の核は，正規部分群である．また明らかに，G が可換群ならばすべての部分群は正規である．

1.3.2 剰余類，剰余群，同型定理

群 G の部分群 H が与えられたとする．G の部分集合 $xH = \{xh \mid h \in H\} \subset G$ を $(x\text{の})$ **(左) 剰余類 (coset)** という．2 つの剰余類は集合として一致するかまたは交わらないかのいずれかである．すなわち，$xH \cap yH \neq \emptyset$ とすると，$xh = yh'$ となる $h, h' \in H$ がある．このとき $x = yh'h^{-1} \in yH$ となり $xH = yH$ である．

このことは，G の剰余類たち xH ($x \in G$) をズラーと並べてみると，G をある一定の法則に従って塊に切り分けたような具合になっている．すなわち，代表 $x \in G$ をうまく選ぶと，$G = \bigcup_{x:\text{代表}} xH$ は G を分割したことになる．

例 1.3.2. $G = \mathbb{R} \times \mathbb{R} = \{(a, b) \mid a \in \mathbb{R}\}$(実平面のなす加法群) の対角線がなす部分群 $H = \{(a, a) \in G \mid a \in \mathbb{R}\}$ を考える．$(x_1, x_2) \in G$ の剰余類 $(x_1, x_2)H$ は加法的に書くと，$(x_1, x_2) + H = \{(x_1 + a, x_2 + a) \mid a \in \mathbb{R}\} = \{(x, y) \mid x - y = x_1 - x_2\}$ となる．これは勾配 $45°$，x 軸との切片が $x_1 - x_2$ なる直線である．

剰余類 xH 全体のなす集合 (類 xH を 1 つの元 = 点と見なした新しい集合) を**剰余集合** (または**商集合**) といって G/H と書く．G の部分集合全体がなす集合 (冪 (ベキ) 集合) を 2^G と書くと，$G/H \subset 2^G$ と見なせる．

右剰余類 $Hx = \{hx \mid h \in H\}$ についても全く同様に剰余集合 $H \backslash G = \{Hx \mid x \in G\} \subset 2^G$ が考えられる．

H が正規部分群であること ($zHz^{-1} = H$ ($z \in G$)) と左と右の剰余類が一致すること ($zH = Hz$ ($z \in G$)) は同値である．このとき $G/H = H \backslash G$ で

1.3 群

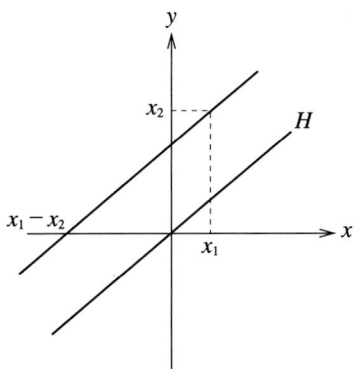

あって，剰余集合は自然に群をなす．すなわち，群演算を $(xH)(yH) = xyH$ によって定義することができる．

このことは証明を要することで，以下それを説明する．英語で "well-defined" である，というのであるが適当な日本語が見あたらない．差し当たって "定義がうまくいっている" ということにするが，意味が伝わらない恐れがある．同値関係によって，新しく定義された商集合についての何らかの言明をなすとき必要となる言い方であるが，今の場合正確には次のような簡単な命題である．

$xH = x'H, yH = y'H \Rightarrow xyH = x'y'H$, すなわち，演算の定義が剰余類の代表 ($x, x', y, y'$ など) のとり方によらないことをいわねばならない．いわねばならないことが分かれば証明は簡単である．$x = x'h, y = y'h' \Rightarrow xy = x'hy'h' = x'y'(y'^{-1}hy')h' \in x'y'H$，なぜならば $y'^{-1}hy' \in y'^{-1}Hy' = H$.

この新しい群 G/H を**剰余群**という．単位元は $eH = H$，xH の逆元は $x^{-1}H$ である．自然な射影 $\pi : G \twoheadrightarrow G/H$ $(x \mapsto xH)$ は全準同型をなす．

定理 1.3.3 (同型定理)**.** $f : G \to G'$ を準同型写像とすると，f の像 $f(G) = \mathrm{Im}\, f$ がなす G' の部分群について群の同型

$$G/\mathrm{Ker}\, f \xrightarrow{\sim} f(G) \quad (x\mathrm{Ker}\, f \mapsto f(x))$$

が成り立つ．

証明 準同型写像 $x\operatorname{Ker} f \mapsto f(x)$ の定義がうまくいっていることがポイントである．すなわち $x\operatorname{Ker} f = y\operatorname{Ker} f \Rightarrow f(x) = f(y)$ を示す．仮定より $y^{-1}x \in \operatorname{Ker} f$；両辺に f を施すと $f(y^{-1}x) = e'$．よって $f(y^{-1}x) = f(y)^{-1}f(x) = e' \Rightarrow f(x) = f(y)$．

この写像が全準同型であることは明らかゆえ，単射を示せばよい．$f(x) = f(y) \Rightarrow f(y^{-1}x) = f(y^{-1})f(x) = f(y)^{-1}f(x) = e' \Rightarrow y^{-1}x \in \operatorname{Ker} f \Rightarrow x\operatorname{Ker} f = y\operatorname{Ker} f$． ∎

注意 1.3.4. 巡回群 $\langle x \rangle$ に対する全準同型 $f : \mathbb{Z} \to \langle x \rangle$ $(f(n) = x^n)$ を考える．$\mathbb{Z}$ の部分群 $\operatorname{Ker} f = \{n \mid x^n = e\}$ はまた巡回群で，生成元を $n_0 \geq 0$ とすると $\operatorname{Ker} f = n_0\mathbb{Z}$ と書ける．このとき，$\mathbb{Z}/n_0\mathbb{Z} \xrightarrow{\sim} \langle x \rangle$ となり，$n_0 > 0$ ならば，$\sharp\langle x \rangle = n_0$ である．

系 1.3.5 (分数公式). $N \subset H \subset G$ で N も H も G の正規部分群とすると，$(G/N)/(H/N) \simeq G/H$．

1.3.3　自由群，生成系と関係式

群 G がその部分集合 $S \subset G$ で生成されているとしよう $(G = \langle S \rangle)$．ここで一応群 G とは無縁に S を単なる独立した集合と考えたとき，集合 S はまた**別の**群 G' を生成するかもしれない．

例えば，1 元からなる集合 $S = \{x\}$ について，S が生成する群 (巡回群) $\langle x \rangle$ は $\mathbb{Z}$ に同型であったり，$\mathbb{Z}/n_0\mathbb{Z}$ に同型であったりする．

一般の集合 S に対して，S が生成する "最大の" 群 $F(S)$ が存在して，これを**自由群**という．もっと正確には，S が生成するどのような群 G に対しても全準同型 $\phi : F(S) \to G$；$\phi(s) = s$ $(s \in S \subset F(S), S \subset G$ と見なす$)$ が唯 1 つ存在する，という性質 (普遍性) をみたす群である．

$S = \{x\}$ のとき，$F(S) = \mathbb{Z}$ であって，$\phi(n) = x^n$ $(1 \leftrightarrow x)$．

S が 2 個以上のときは，自由群は大きくなる．いわゆる，語のなす群である．$S = \{a, b, c, \dots\}$ のようなアルファベット (または「いろは」) から文字を並べて作ったもので，ただし逆文字 $a^{-1}, b^{-1}, \dots$ なども許す．そのとき，

例えば $\cdots aa^{-1} \cdots$ などと並んだときは消し去ることにするのである (関係式 $aa^{-1} = \emptyset (= e)$ の導入).

正規部分群である $\mathrm{Ker}\,\phi$ の生成元 (明らかな理由により $= e$ と書くこともある) を群 G の**基本関係式**という. もちろん, 群 G を定めるには, 生成系 S のみならず, 基本関係式のとり方も様々にありうる.

例 1.3.6 (位数 n の有限巡回群)**.** 生成元 x, 基本関係式 $x^n = e$.

例 1.3.7. n 次対称群 S_n は, 隣接互換 $(i, i+1)$ $(i = 1, 2, \ldots, n-1)$ で生成される. 生成系は $\{s_i\}_{1 \leq i \leq n-1}$, 基本関係式は
$$s_i^2 = e,\ (s_i s_{i+1})^3 = e,\ s_i s_j = s_j s_i\,(|i-j| > 1)$$
といえる. (最後の関係式は $s_i s_j s_i^{-1} s_j^{-1} = e$ のことである. 上のように書く方が印象的であろう.)

証明 (1) S_n が隣接互換で生成されることは, あみだくじの原理である.

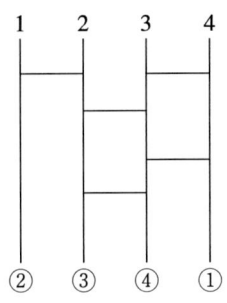

$$\begin{aligned}&\ s_4\,s_3\,s_2\,s_3\,s_1\\&= (23)\,(34)\,(23)\,(34)\,(12)\\&= \begin{pmatrix} 1 & 2 & 3 & 4 \\ 4 & 1 & 2 & 3 \end{pmatrix}\end{aligned}$$

(2) $S = \{s_i\}$ とおき, $s_i \mapsto (i, i+1)$ と対応させると, $(i, i+1)$ が与えられた関係式をみたしていることは容易に分かる. よって, 与えられた関係式のなす集合を R とおくと, 全準同型 $\psi : G_n = F(S)/\langle R \rangle \twoheadrightarrow S_n$ ($\psi(s_i) =$

$(i, i+1))$ が定義される．そこで，$\sharp G_n \leq n!$ を示せば ψ は同型となり，主張が証明される．

n に関する帰納法を用いる．$n = 1$ のときは明らかである．$n - 1$ まで正しいとする．

H_n を $\{s_1, s_2, \ldots, s_{n-2}\}$ で生成される G_n の部分群とおくと，$H_n \simeq G_{n-1}$(同型)．したがって，帰納法の仮定から $\sharp H_n = \sharp G_{n-1} \leq (n-1)!$．ここで $H = H_n$ とおいて G_n の部分集合

$$K = H \cup Hs_{n-1} \cup Hs_{n-1}s_{n-2} \cup \cdots \cup Hs_{n-1}\cdots s_1$$

を定義する．このとき，K に現れる各剰余類に対して

$$\star \quad (Hs_{n-1}s_{n-2}\cdots s_i)s_j \subset K \quad (1 \leq j \leq n-1)$$

が成立することが示されれば K は G_n の右からの作用で安定な集合となり $K = G_n$ が分かる．したがって，$\sharp G_n = n\sharp H \leq n!$ が導かれ主張が証明される．

そこで $\star$ を示す．

(i) $i = n - 1$ のとき，$Hs_{n-1}s_{n-2}\cdots s_i s_{n-1} = Hs_{n-1}s_{n-2}s_{n-1}\cdots s_i = Hs_{n-2}s_{n-1}s_{n-2}\cdots s_i = Hs_{n-1}s_{n-2}\cdots s_i$.

(ii) $i < j < n-1$ のとき，$Hs_{n-1}\cdots s_i s_j = Hs_{n-1}\cdots s_j s_{j-1} s_j s_{j-2} \cdots s_i = Hs_{n-1}\cdots s_{j-1} s_j s_{j-1} s_{j-2} \cdots s_i = Hs_j s_{n-1} \cdots (s_j s_{j-1}) \cdots s_i = Hs_{n-1}\cdots s_i$.

(iii) $i = j$ のとき，$Hs_{n-1}\cdots s_i s_i = Hs_{n-1}\cdots s_{i+1}$.

(iv) $j = i - 1$ のとき，$Hs_{n-1}\cdots s_i s_{i_1}$.

(v) $j < i + 1$ のとき，$Hs\cdots s_i s_j = Hs_j s_{n-1}\cdots s_i Hs_{n-1}\cdots s_i$. ∎

例 1.3.8. 上の例で，基本関係式を変更して，$s_i^2 = e$ はなし，$(s_i s_{i+1})^3 = e$ の代わりに $s_i s_{i+1} s_i = s_{i+1} s_i s_{i+1}$ ($s_i^2 = e$ ならば $(s_i s_{i+1})^3 = e$ と同値) としたものが生成する群を**アルチンの組み紐群**という．これは無限群で，組み紐が結合によってなす群に同型である．

生成系と基本関係式によって群を定義するやり方は，構造物の同型群として群を定義するやり方とは全く異なる筋から来ている．2 つのやり方で定義

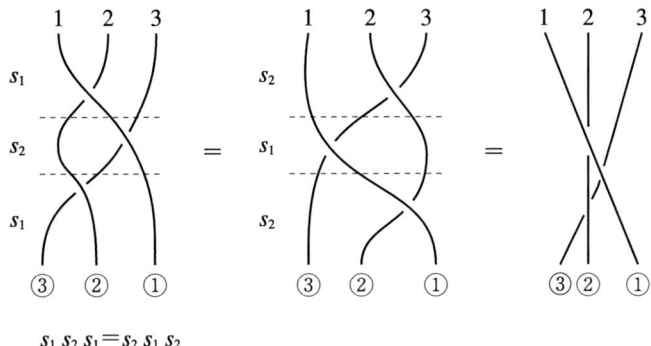

$s_1 s_2 s_1 = s_2 s_1 s_2$

された群が同型であるということが分かれば，それは一廉の定理である (例 1.3.7).

例 1.3.9. $F_n \simeq \pi_1(\mathbb{C} \setminus \{n \text{ 点}\}) \subset F_2 (F_n$ は n 個の元で生成された自由群).
$B_n = \pi_1(\mathbb{C}^n \setminus D) \supset P_n = \pi_1(\mathbb{C}^n \setminus \Delta) = <s_i^2>_i$. B_n：組み紐群, P_n：純組み紐群, $B_n/P_n \simeq S_n$. ただし, D, Δ はそれぞれ判別式, 差積の零点, π_1 は基本群.

1.4 環と加群

1.4.1 定義と基礎事項

加法群 R が，さらに乗法 $(x,y) \mapsto xy$ $(x,y \in R)$ をそなえていて，乗法モノイドをなし，分配法則

$$(x+y)z = xz + yz, \ z(x+y) = zx + zy$$

をみたすとき，R を**環**という．乗法モノイドの単位元は 1 と書く．

加法と乗法の関係として，$\mathbb{Z}$ の場合同様 $x0 = 0x = 0, (-1)x = -x$ などが導かれる．

乗法について可換なとき $(xy = yx)$ R を**可換環**という．$\mathbb{Z}$ (有理整数環という) は可換環の基本例である．

例 1.4.1. R を可換環とするとき，多項式環 $R[X]$ (X を不定元とする R 係数多項式全体)，n 次全行列環 $M_n(R)$ (R の元を成分とする n 次正方行列全体). 前者は可換環で，後者は非可換環 ($n \geq 2$).

$xy = 0$ となるような元 $y \neq 0$ が存在するとき **(左) 零因子**という．(したがって，ここでは 0 も零因子としている.) 0 だけからなる環 $R = \{0\}$ を**零環** (自明な環) という．R が零環であることと，$1 = 0$ とは同値である．可換環が零環でなく，0 以外の零因子を含まないとき，**整域**という．すなわち，零環でなく，$xy = 0 \Rightarrow x = 0$ または $y = 0$ が成り立つとき，整域である．

環 R の乗法モノイドに関する単元群を $R^\times = \{x \mid xx^{-1} = x^{-1}x = 1 $ となる $x \in R$ が存在する$\}$ と書くとき，$R^\times = R \setminus \{0\} \neq \emptyset$ ならば，R を**体**という．すなわち，$1 \neq 0$ で $x \neq 0$ ならば x は (乗法) 可逆元になるときである．

$\mathbb{Z}$ や体は整域である．有理数体，実数体，複素数体 $\mathbb{Q}, \mathbb{R}, \mathbb{C}$ は周知であろう．

2 つの環の間の写像 $f : R \to R'$ が $f(x+y) = f(x) + f(y)$, $f(xy) = f(x)f(y)$, $f(1) = 1'$ ($1 \in R, 1' \in R'$ はそれぞれの単位元，以下 $1'$ も 1 と書いても混同の恐れはあるまい) をみたすとき，f を**環準同型 (写像)** という．全単射な環準同型があるとき，同型というのは群の場合と同様である ($R \simeq R'$ とかく).

f の核 $\operatorname{Ker} f = \{x \in R \mid f(x) = 0\}$ は加法群の部分群であるが，乗法についてさらに $a \operatorname{Ker} f \subset \operatorname{Ker} f, (\operatorname{Ker} f)a \subset \operatorname{Ker} f$ ($a \in R$) をみたす．この性質をみたす環の部分集合を**両側イデアル**という．すなわち，$I \subset R$ が，(1) $x + y \in I$ ($x, y \in I$), (2) $aI \subset I, Ia \subset I$ ($a \in R$) をみたすとき I を R の両側イデアルという．因みに，(2) で $aI \subset I$ ($a \in R$) のみのとき左イデアル，$Ia \subset I$ ($a \in R$) のみのとき右イデアルという．可換環のときは，勿論，両側，左，右の区別はしない．$0 = \{0\}$ や R 自身は (自明な) イデアルである．

注意 1.4.2. I がイデアルならば $x, y \in I \Rightarrow x - y \in I$ ($x, y \in I$)，すなわち，I は部分加法群である．

また，$1 \in I \Leftrightarrow I = R$. よって $R = (1)$ とも書いて，**単位イデアル**という．

1.4 環と加群

R の部分集合 S が与えられたとき, S を含む最小の左イデアルを RS と書き, S が**生成する**左イデアルという.

$$RS = \left\{ \sum_{\text{有限和}} a_i x_i \mid a_i \in R,\, x_i \in S \right\}$$

である. S が生成する右イデアル SR, 両側イデアル RSR についても同様である.

唯 1 つの元で生成されるイデアル $Rx = \{ax \mid a \in R\}$ を**単項イデアル**とよぶが, すべてのイデアルが単項になる可換環を**単項イデアル環**という.

$\mathbb{Z}$ はすべての部分加法群がすでに巡回的 (単項) であるから, イデアルも勿論単項で単項イデアル整域である.

さて, 群の場合の正規部分群と同様に, 環 R に両側イデアル I が与えられていると, **剰余環**が構成される. まず, I は部分加法群であったから剰余群 R/I(加法群) は定義されている. I が両側イデアルならばさらに R/I において (剰余類の) 乗法を

$$(x+I)(y+I) = xy + I$$

定義することができる. well-defined が問題である. 実際, $x+I = x'+I$, $y+I = y'+I$ とすると, $x = x'+a$, $y = y'+b$ となる $a, b \in I$ がある. したがって, $xy + (x'+a)(y'+b) = x'y' + ay' + x'b + ab$ であるが, I は両側イデアルだから $ay', x'b, ab \in I$, すなわち, $xy + I = x'y' + I$ となり, 乗法は代表元 x, y の取り方によらない.

この加法と乗法について, R/I が再び環になることは明らかであろう. 乗法の単位元は $1 + I$ である.

群の場合と同様に同型定理が成り立つこともももはや明らかであろう.

定理 1.4.3 (環同型定理). $f: R \to R'$ を環の準同型とすると, $\operatorname{Ker} f$ は R のイデアルとなり, 環の同型

$$R/\operatorname{Ker} f \xrightarrow{\sim} f(R) \quad (x + \operatorname{Ker} f \mapsto f(x))$$

が成り立つ.

1.4.2 環の生成

最も一般的には，2つの環 A, R に準同型写像 $\phi: A \to R$ が与えられているとき，R を A 代数という．通常は，A が可換でさらに $\phi(A)$ が R の中心に含まれている場合 ($\phi(A)$ の元は R のすべての元と可換) をいう．このとき ϕ によって A の元を R の元と同一視することが多い (たとえ，ϕ が単射でなくとも，そしてこのときは $\phi(a) = a$ と書く)．

任意の環 R は $\phi(n) = n.1$ $(n \in \mathbb{Z})$ によって $\mathbb{Z}$ 代数である．

以下 A は可換環とする．R が A 代数のとき，部分集合 $S \subset R$ に対して，$A[S] (\subset R)$ によって S で生成された A 代数 (R の部分環) を表す．$A[S]$ の元は A 係数の非可換 S 多項式で表される．

始めに環 R が設定されていないとき，群論と同様に集合 S と可換環 A に対して，"自由" A 代数 $A\{S\}$ が定義される．正式には普遍的性質：R がその部分集合 $S \subset R$ によって A 代数として (「A 上」という) 生成されている ($R = A[S]$) とすると，環全準同型 $\phi: A\{S\} \twoheadrightarrow R$ が存在する，で特徴づけられる．

S の元の多項式集合 $T = \{p \in A\{S\}\}$ が両側イデアル (T) を生成するとき同型定理より $A\{S\}/(T) \simeq R$ であり，T を R の基本関係式という．

S の任意の元 $x, y \in S$ について $xy - yx \in S$ (すなわち $xy = yx$, 可換) としたものが通常の A 上の (可換) 多項式代数であり，$A[S]$ と書くことが多い．(可換な自由代数＝多項式環である．)

例 1.4.4. $A[x_1, x_2, \ldots, x_n]$ は n 不定元 (変数) 多項式代数のである ($x_i x_j = x_j x_i$)．

例 1.4.5. G を群とする．群環とは $A[G] = A\{G\}/I$ (I は G の関係式が生成するイデアル) のことである．すなわち，$A[G] = \{\sum_{g:\text{有限和}} a_g g \mid g \in G, a_g \in A\}$，積は $(\sum_g a_g g)(\sum_h b_h h) = \sum_{g,h} a_g a_h (gh)$ で与えられる．

1.4 環と加群

例 1.4.6 (S_n のヘッケ環).

$$H_n = \sum_{g \in S_n} A T_g \quad (A = \mathbb{Z}[q], q \in \mathbb{C})$$

関係式:

$$T_{s_i} T_{s_{i+1}} T_{s_i} = T_{s_{i+1}} T_{s_i} T_{s_{i+1}}, \ (s_i = (i, i+1), i = 1, 2, \ldots, n-1),$$
$$(T_{s_i} - 1)(T_{s_i} + q) = 0$$

(したがって, $q = 1$ のとき, $T_{s_i}^2 = 1$ となり, H_n は群環 $\mathbb{Z}[S_n]$ に同型である.)

1.4.3 可換環のイデアル

この項では, R を可換環とする. 単位イデアルではないイデアル $P \subsetneq R$ が,

$$ab \in P \implies a \text{ または } b \in P$$

をみたすとき P を**素イデアル**という.

単項イデアル $(p) = Rp \subset R$ が素イデアルであるための必要十分条件は, p が単元ではなく ($p \notin R^\times$), $p \mid (ab)$ ならば $p \mid a$ または $p \mid b$ となることである. (初等整数論の伝統的記法に従って, 一般に環の元 x, y について x が y の約元 ($y = xz$) のとき $x \mid y$ と書く.) よって, 有理整数環 $\mathbb{Z}$ において単項イデアル (p) は $p = 0$ または $\pm p$ が素数であるときに限り素イデアルである.

定義から明らかであるが, P が素イデアルであることと, 剰余環 R/P が整域であることは同値である.

次に, 単位イデアルではないイデアル $M \subsetneq R$ が包含関係について極大であるとき, すなわち, $M \subset I$ なるイデアル I が $I \neq M$ ならば $I = R$ のとき, M を**極大イデアル**という.

M が極大イデアルであることと, R/M が体であることは同値である.

実際, $a \notin M$ とし, M と a が生成するイデアル $I = M + Ra$ を考えると, $I \neq M$ だから I は単位イデアルになり, $1 = x + ab$ となる $x \in M, b \in R$

が存在する．すなわち，$ab \equiv 1 \bmod M \Leftrightarrow ab + M = 1 + M$ となり，$\bar{b} = b + M \in R/M$ は $\bar{a} = a + M$ の逆元である．よって，R/M は体である．

逆に，イデアル M の剰余環 R/M が体ならば，$M \subsetneq I, a \in I \setminus M$ とすると，$\bar{a} \neq 0$ ゆえ逆元 $\bar{b}$ をもつ．すなわち，$ab \equiv 1 \bmod M$．よって，$I \supset Ra + M = R$ となり $I = R$，すなわち M は極大である．

体は整域であるから，以上より極大イデアルは素イデアルであることが分かる．

$p \neq 0$ が生成する単項イデアル (p) が極大であるとする．もし，$a \mid p$ ならば $(p) \subset (a)$ であり，$(p) \neq (a)$（すなわち $a \nmid p$）とすると，(p) の極大性より $(a) = R$ すなわち $a \in R^\times$ である．したがって，$R = \mathbb{Z}$ のときは，$p > 0$ について，(p) が極大であることと p の正の約数が 1 か p しかないことが同値となり，これは p が素数であることの"伝統的"定義に一致する．

以上により，$\mathbb{Z}$ の 0 でない素イデアル (p) は極大イデアルになり，剰余環 $\mathbb{Z}/(p)$ は p 個の元からなる有限体になる．$\mathbb{F}_p = \mathbb{Z}/(p)$ と書いて p 元体という．一般にも次が成り立つ．

定理 1.4.7. 体でない単項イデアル整域においては 0 でない素イデアルは極大イデアルである．

環 R に対して，自然な準同型 $\phi : \mathbb{Z} \to R$ ($\phi(n) = n.1$) を定義する．ϕ の核を生成する自然数 $n_0 \geq 0$ ($\operatorname{Ker} \phi = (n_0)$) を R の**標数**といい，$\operatorname{ch} R$ と書く．R が整域ならば $\mathbb{Z}/\operatorname{Ker}\phi (\subset R)$ も整域であるから，$n_0 = 0$ または $= p$：素数である．最小の体 (真の部分体を含まない体) を**素体**という．$\mathbb{F}_p$ は標数 p の素体であり，有理数体 $\mathbb{Q}$ は標数 0 の素体である．

1.4.4 素元と既約元

この項では R は可換整域とする．$p \neq 0$ が素イデアル (p) を生成するとき，p を**素元**という．($0 \neq p \notin R^\times$ であって，$p \mid ab \Rightarrow p \mid a$ または $p \mid b$.)

関連する概念として次がある．$0 \neq p \notin R^\times$ が，$ab = p \Rightarrow a \in R^\times$ または $b \in R^\times$，をみたすとき p を**既約元**という．

1.4 環と加群

$p \in \mathbb{Z}$ が素数であることの定義は p が既約元であることであったが、この場合 p が素元であることと同値であった.

一般には、素元は既約元であるが、逆は成立しない. 実際、p を素元とし、$p = ab$ とすると、$p \mid ab$ ゆえ $p \mid a$ と仮定してよい. $a = pa'$ とおくと、$p = pa'b$. $p \neq 0$ で整域であるから、$a'b = 1$、すなわち $b \in R^\times$.

整域 R において 0 でも単元でもない元が、必ず素元の積に表せるとき、R を**素元分解整域**という.

素元分解整域においては、既約元は素元になる. なぜならば、既約元 p を素元分解して $p = p_1 p_2 \cdots p_r (p_i$ は素元$)$ とする. もし $r \geq 2$ とすると、$p_1, p_2, \ldots, p_r$ からとったある積 $p_{i_1} \cdots p_{i_k}$ が単元でなければならず、これはある p_i が単元であることを意味する. 素元は単元ではないから矛盾である. よって $p = p_1$(単元) である.

素元分解整域についてよく知られたことをまとめておく.

定理 1.4.8. (1) 素元分解整域において、素元への分解は (単元倍と順序を除いて) 一意的である. このことから素元分解整域を一意分解整域ともいう (Unique Factorization Domain, 略して UFD).

(2) 0 でも単元でもない元が既約元の積に一意的に分解する (単元倍と順序を除いて) ならば、UFD である.

(3) ネータ整域 (定義は後述：1.4.5 項) において、既約元が素元になるならば UFD である.

(4) 単項イデアル整域は UFD である.

(5) UFD R 上の多項式整域 $R[X]$ は UFD である. 特に、体上の有限生成多項式整域は UFD である.

証明 (1) $p_1 p_2 \cdots p_r = q_1 q_2 \cdots q_s$ (p_i, q_j : 素元) とする. $q_1 \mid p_1(p_2 \cdots p_r)$ ゆえ、$q_1 \mid p_1$ または $q_1 \mid (p_2 \cdots p_r)$. $q_1 \mid p_1$ とすると、$p_1 = q_1 u$. p_1, q_1 は既約元ゆえ $u \in R^\times$. ゆえに、$p_1 \sim q_1$($\sim$ は単元倍を除いての一致を表す). $q_1 \nmid p_1$ のときは $q_1 \mid p_2 \cdots p_r$ より同じ論法である p_i に対して $q_1 \sim p_1$. これを続けると、$r = s$ で番号を入れ替えることによって $p_i \sim q_i$ が示される.

(2) 既約元 p に対して $p \mid ab$ とする ($pc = ab$). a, b の既約分解を、

$a = p_1 p_2 \cdots p_r$, $b = q_1 q_2 \cdots q_s$ とする. $pc = p_1 p_2 \cdots p_r q_1 q_2 \cdots q_s$ において分解の一意性より, $p \sim p_i$ または q_j. すなわち, $p \mid a$ または $p \mid b$. よって既約元は素元になりこの環は UFD.

(3) $a \neq 0, \notin R^\times$ とする. このとき a が既約元の積に分解することをいえばよい. a が既約ならば済み, そうでないときは $a = a_1 a'$, $a_1, a' \notin R^\times$ となる. このとき $(a) \subsetneq (a_1)$. a_1 が既約でないとすると, 同様にして $(a_1) \subsetneq (a_2)$ となる a_2 がある. 列 $(a) \subsetneq (a_1) \subsetneq (a_2) \subsetneq \cdots$ はネータ性より停止するから, ある a_n に対しては $(a_n) \subsetneq (a_{n+1})$ となる a_{n+1} はない. すなわち, $a_n = p_1$ は既約元となる. $a = p_1 b$, $b \notin R^\times$ ならば, 同様にして $b = p_2 b'$ となる既約元 p_2 が存在する. このようにして $a = p_1 p_2 \cdots p_r c$ と書け, $(a) \subsetneq (p_2 \cdots p_r c) \subsetneq (p_3 \cdots p_r c) \subsetneq (p_r c) \subsetneq (c)$ という列が得られる. $c \notin R^\times$ とすると, さらに $c = p_{r+1} c'$, $(p_r c) \subsetneq (p_{r+1} c') \subsetneq (c')$ となる. したがって再びネータ性よりある r について $c \in R^\times$ となり, $a \sim p_1 p_2 \cdots p_r$ がいえる.

(4) p を体でない単項イデアル整域の既約元とする. いま, $(p) \subsetneq (a)$ とする. $p = ab$ で, p は既約元だから a または $b \in R^\times$. $a \notin R^\times$ とすると $b \in R^\times$. これは $(a) = (p)$ を意味するから, (p) は極大イデアル, すなわち素イデアル. よって p は素元. したがって (3) より UFD.

(5) 略. ガウスの補題. 参考書 [Ho1], [L], [W] などを見よ. ∎

1.4.5 環上の加群

環 R が作用する加法群 M のことを **R 加群**という. すなわち, M は加法 $x, y \mapsto x + y$ によって加法群 (単位元は 0, x の逆元は $-x$) で, 環 R の元 $a \in R$ と $x \in M$ に対して $ax \in M$ が定まり,

(1) $(a+b)x = ax + bx$, $a(x+y) = ax + by$, $1x = x$.
(2) $(ab)x = a(bx)$ $(a, b, 1 \in R, x, y \in M)$

が成立するときである.

容易に $0x = 0$, $(-1)x = -x$ などが導かれる.

R が体のとき, R 加群とは R 上のベクトル空間のことである.

1.4 環と加群

R が非可換環のときは,公理 (2) をみたすものは**左 R 加群**とよばれ,(2)′ $(ab)x = b(ax)$ をみたすものを**右 R 加群**とよぶ.

環 R を固定したとき,R 加群の世界 (R 加群の圏という) の中で,やはり,部分 R 加群,剰余 R 加群,R 準同型等々が以前の通り考えられる.

すなわち,M, N を R 加群とするとき,加法群の準同型 $f : M \to N$ が $f(ax) = af(x)$ $(a \in R, x \in M)$ をみたすとき **R 準同型** (または **R 線型**) という.部分加群が R の作用で閉じているとき ($M' \subset M$ について $RM' \subset M'$ のとき) **部分 R 加群**というが,f の核 $\operatorname{Ker} f$ や,f の像 $\operatorname{Im} f = f(M)$ は,それぞれ M, N の部分 R 加群になる.M の部分 R 加群 M' に対して剰余加法群 M/M' は R の作用 $a(x + M') = ax + M'$ $(a \in R)$ と定義して問題なく,また自然に R 加群になる.よって,加法群の準同型 $\bar{f} : M/\operatorname{Ker} f \xrightarrow{\sim} f(M)$ は **R 加群**としての同型を与える.

定義より明らかであるが,環 R の部分集合 $I \subset R$ が左イデアルであることと,左 R 加群としての R の部分 R 加群であることは同値である.このとき,剰余 R 加群 R/I が得られるが,R が可換なときはさらに右 R 加群にもなり,剰余環をなすわけである.

生成の概念についても同様である.R 加群 M の部分集合 $S \subset M$ に対して,S を含む最小の (左) 部分 R 加群を RS と書いて,S が**生成する左部分加群**,S を RS の**生成系**という.$RS = \{\sum_{\text{有限和}} a_i x_i \mid a_i \in R, x_i \in S\} \subset M$ と書ける.(S が生成する**右部分加群** SR についても同様である.) 明らかに,$M = R$ のとき,RS は S が生成する左イデアル SR は右イデアルのことである.以下,文脈より明らかなときは,作用環 R を略して単に部分加群,剰余加群,準同型などという.

有限個の元からなる生成系をもつ R 加群を**有限生成 R 加群**という.任意の部分加群が有限生成であるような R 加群を**ネータ R 加群**という.ネータ加群について次が基本的である.

命題 1.4.9. 次は同値である:
(1) R 加群 M はネータ的である.

(2) M の部分 R 加群の増大列

$$M_0 \subset M_1 \subset \cdots \subset M_n \subset \cdots$$

は停止する．すなわち，ある n_0 が存在して $M_n = M_{n_0}$ $(n \geq n_0)$．

(3) M の部分 R 加群の族には極大なものが存在する．

証明 (1) $\Rightarrow$ (2)：$M_\infty = \bigcup_{n=0}^\infty M_n$ は M の部分加群である．よって有限生成であり，$M_\infty = \sum_{i=1}^r Rx_i$ $(x_i \in M_\infty)$ と書ける．ここで $x_i \in M_{n_0}$ となる n_0 をとれば条件をみたす．

(2) $\Rightarrow$ (3)：$\{N_i\}_i$ を M の部分加群の族とする．極大元が存在しなければ，任意の N_i に対して $N_i \subsetneq N_j$ が選べるから，停止しない増大列が存在することになり矛盾．

(3) $\Rightarrow$ (1)：N を M の部分加群とし，$\{N_i \subset N\}_i$ を N の有限生成部分加群全体のなす族とする．$N_\infty \subset N$ を 1 つの極大元とする．$N_\infty \neq N$ ならば $x \in N \setminus N_\infty$ を選び，$N' = N_\infty + Rx$ とおくと $N_\infty \subsetneq N'$ で，かつ有限生成だから N_∞ が極大なことに反する．よって $N_\infty = N$，すなわち N 自身が有限生成である． ∎

環 R が左 R 加群としてネータ加群のとき，**左ネータ環**という．(右，および両側についても同様．) 上の命題より，これは任意の左イデアルが有限生成であることと同値である．勿論，可換環のときは単にネータ環という．単項イデアル環はネータ環のごく特別な例である．

定理 1.4.10 (ヒルベルトの基底定理)． R をネータ可換環とすると，R 上の多項式環 $R[X]$ はまたネータ環である．さらに，R 上有限生成な可換代数 (可換環) はまたネータ環である．特に体上の有限生成可換代数はネータ環である．

証明については [Ho1, 3]，[L]，[W] などを見よ．

1.4.6 テンソル積

(左) R 加群 M, N に対して，$\mathrm{Hom}_R(M, N)$ によって，R 準同型 (線型) 写像 $f: M \to N$ 全体のなす集合を表す．2 つの準同型 $f, g \in \mathrm{Hom}_R(M, N)$ に対し，和を $(f+g)(x) = f(x) + g(x)\,(x \in M)$ と定義することにより，$\mathrm{Hom}_R(M, N)$ は加法群をなす $(0(x) = 0, (-f)(x) = -f(x))$．$R$ が可換環ならば，R の作用を $(af)(x) = f(ax)\,(a \in R, x \in M)$ と定義すると，$\mathrm{Hom}_R(M, N)$ は R 加群になる．しかし，R が非可換のときは，R の自然な作用は定義できない．

次に，M を**右** R 加群，N を**左** R 加群とするとき，加法群 G への写像 $\phi: M \times N \to G$ が

$$\phi(x+x', y) = \phi(x, y) + \phi(x', y),\ \phi(x, y+y') = \phi(x, y) + \phi(x, y'),$$
$$\phi(xa, y) = \phi(x, ay), \qquad (x, x' \in M, y, y' \in N, a \in R)$$

(双加法性など) をみたすとき，ϕ を **R バランス写像**という．

R が可換で，G も R 加群のとき，R 双線型写像は R バランスである．

M, N が与えられたとき，任意の加法群 G への R バランス写像を次の意味で支配する加法群のことを**テンソル積**といって $M \otimes_R N$ と書く．

定理 1.4.11 (テンソル積の普遍性). 右 R 加群 M と，左 R 加群 N に対して，次をみたす加法群とバランス写像 $\tau: M \times N \longrightarrow M \otimes_R N$ が存在する．任意の加法群へのバランス写像 $\phi: M \times N \longrightarrow G$ に対して，加法群の準同型 $f: M \otimes_R N \to G$ で $\phi = f \circ \tau$ をみたすものが唯 1 つ存在する．

$$\begin{array}{ccc} M \times N & \xrightarrow{\phi} & G \\ {\scriptstyle \tau}\downarrow & \nearrow {\scriptstyle f} & \\ M \underset{R}{\otimes} N & & \end{array}$$

ここで，$\tau, M \otimes_R N$ は固定されていて，G, ϕ, f が動くことに注意しておこう．

別の言い方をする．$\mathrm{Bal}_R(M,N;G)$ をバランス写像 $\phi: M \times N \to G$ のなす集合とする．テンソル積の存在と一意性定理は，普遍バランス写像 $\tau: M \times N \to M \otimes_R N$ が存在して，加法群の**同型**

$$\mathrm{Hom}(M \otimes_R N, G) \xrightarrow{\sim} \mathrm{Bal}_R(M,N;G) \quad (f \mapsto f \circ \tau)$$

が自然に与えられることを主張している．(このことを圏論的には，テンソル積 $M \otimes_R N$ は加法群から集合への関手 $G \mapsto \mathrm{Bal}_R(M,N;G)$ を**表現**する加法群であるという．)

なお，誤解の恐れがないときは，下付きの環 R を略して $M \otimes N = M \otimes_R N$ と書くことも多い．

テンソル積の理解のためには，定理に述べた普遍性によるのがよい．例として，幾つかの基本性質を導いてみよう．

(1) 元 $(x,y) \in M \times N$ に対して，$x \otimes y = \tau(x,y) \in M \otimes_R N$ と書く．また R 準同型 $f: M \to M'$, $g: N \to N'$ に対して，

$$(f \otimes g)(x \otimes y) = f(x) \otimes g(y)$$

をみたす加法群の準同型 $f \otimes g: M \otimes N \to M' \otimes N'$ が唯 1 つ存在する．実際，$\phi: M \times N \to M' \otimes N'$ $(\phi(x,y) = f(x) \otimes g(y))$ はバランス写像であるから，テンソル積の普遍性から要求をみたす準同型 $(f \otimes g) \circ \tau = \phi$ が唯 1 つ存在する．

(2) (定理の証明) 一意性は普遍性から導かれる (関手を表現するものは一意的である)．存在について注意する．$M \otimes_R N$ が存在すれば，それは元 $x \otimes y$ $(x \in M, y \in N)$ で生成される．すなわち，$M \otimes N$ の元は $\sum_{i:\text{有限和}} x_i \otimes y_i$ の形をしている．

また，明らかに τ はバランス写像であるから，双加法性などの関係式

$(x+x') \otimes y - x \otimes y - x' \otimes y = 0,\ x \otimes (y+y') - x \otimes y - x \otimes y' = 0,$
$xa \otimes y - x \otimes ay = 0, \quad (x,x' \in M,\ y,y' \in N,\ a \in R)$

をみたす．よって生成元と関係式が確定して $M \otimes_R N = \mathcal{T}/I$; $\mathcal{T} = \{\sum_{i:\text{有限和}}(x_i,y_i) \mid x_i \in M, y_i \in N\}$, $I =$ (上の関係式が生成する部分群) で与えられる．$(x \otimes y = (x,y) \bmod I.)$

1.4 環と加群

(3) 右 R 加群 M がさらに左 R' 加群の構造をもち，両作用が可換，すなわち $(bx)a = b(xa)$ $(a \in R, b \in R', x \in M)$ をみたすとき，M を (両側) (R', R) 加群という．このとき，$l_b : M \to M$ $(l_b(x) = bx)$ は R 準同型であるから，(1) より $(l_b \otimes \mathrm{Id}_N)(x \otimes y) = (bx) \otimes y$ をみたす準同型 $l_b \otimes \mathrm{Id}_N \in \mathrm{End}(M \otimes_R N)$ が存在する．作用 $b(x \otimes y) = l_b \otimes \mathrm{Id}_N(x \otimes y) = (bx) \otimes y$ はテンソル積 $M \otimes_R N$ に左 R' 加群の構造を与える．

R か可換環のときは R 加群は両側 (R,R) 加群であるから，$M \otimes_R N$ はまた R 加群とみなせる．このとき，R バランス写像の代わりに，R 加群 L に対する R 双線型写像のなす R 加群 $\mathrm{Hom}_R(M, N; L)$ を考えると，テンソル積 $M \otimes_R N$ は R 加群としての同型

$$\mathrm{Hom}_R(M \otimes_R N, L) \xrightarrow{\sim} \mathrm{Hom}_R(M, N; L) \quad (f \mapsto f \circ \tau)$$

をみたすものとして特徴づけられる．

(4) テンソル積は直和をとる操作と可換である．すなわち，

$$\left(\bigoplus_i M_i\right) \otimes N \xrightarrow{\sim} \bigoplus_i M_i \otimes N.$$

バランス写像 $(\bigoplus_i M_i) \times N \longrightarrow \bigoplus_i M_i \otimes N$ $((\sum_i x_i, y) \mapsto \sum_i x_i \otimes y)$ に対する準同型が同型を与える．因みに，$g_j : M_j \otimes N \longrightarrow (\bigoplus_i M_i) \otimes N$ に対する直和 $g = \bigoplus_j g_j$ が逆を与える．

特に，自由 R 加群 $M = \bigoplus_i e_i R$ ($\{e_i\}$ は基底) に対し同型 $M \otimes_R N \simeq \bigoplus_i N$ $(e_i R \otimes_R N \simeq N$ $(e_i a \otimes y = e_i \otimes ay \mapsto ay))$ が成立する．

よって R が可換で，M, N ともに自由加群 $M = \bigoplus_i Re_i$, $N = \bigoplus_j Rf_j$ ならば，$M \otimes_R N \simeq \bigoplus_{i,j} R(e_i \otimes f_j)$ は $\{e_i \otimes f_j\}$ を基底とする自由 R 加群である．(R が体の場合，これがベクトル空間のテンソル積である．)

(5) I を R の両側イデアルとし，N を R 加群とすると，左 R 加群の同型

$$R/I \otimes_R N \xrightarrow{\sim} N/IN$$

(IN は ax $(a \in I, x \in N)$ が生成する部分加群) が成立する．一般に環準同型 $\phi : R \to R'$ が与えられたとき $R' \otimes_R N$ (左 R' 加群) を係数拡大というが，この場合はむしろ係数縮小という方がふさわしいかもしれない．

1.5 群の表現

1.5.1 群の表現と加群

体 k 上のベクトル空間 V の線型同型な写像全体がなす群 $\mathrm{Aut}_k V$ を $GL(V)$ と書き，**一般線型群**という．$V = k^n$ ($n = \dim_k V$) のとき，$GL_n(k) = GL(n,k) = GL(k^n)$ とも書く．

群 G から一般線型群 $GL(V)$ への群準同型写像 $\pi: G \to GL(V)$ を G の**表現**といい，V を**表現空間**という．組 (π, V) を表現ということも多い．

表現空間 V は群 G を作用域にもつ加群であるから，また G **加群**ともよばれる．V への G の作用を π を通して，$gx = \pi(g)x$ ($g \in G, x \in V$) と定義すれば，環上の左加群と同様な公理をみたすからである．

もっと直接に**群環** $k[G]$ を導入することにより，V 上の G の表現を与えることは，V を環 $k[G]$ 上の加群と見なすことと等しくなる．$k[G]$ は G を基底とする k 上のベクトル空間で，乗法を群の乗法で定義した環 (k 代数) である．すなわち，

$$\left(\sum_{g \in G} a_g g\right)\left(\sum_{h \in G} b_h h\right) = \sum_{g,h \in G} a_g b_h (gh) \quad (a_g, a_h \in k, \text{和は有限和})$$

表現 π を通して，$\sum_g a_g g \in k[G]$ の作用を

$$\left(\sum_g a_g g\right).x = \sum_g a_g \pi(g) x \quad (x \in V)$$

と定義すれば，表現空間 V は，1.4.5 項の意味で左 $k[G]$ 加群になる．逆に $k[G]$ 加群 V を与えることは，V を表現空間とする G の表現を与えることに等しいことは明らかであろう．以下，G 加群と $k[G]$ 加群は同一視する．

注意 1.5.1. G が有限群のときは，$k[G]$ は G 上の k 値関数のなす環と同型である．$\delta_g(h) = 0$ ($g \neq h$), 1 ($g = h$) とおいて，$g \leftrightarrow \delta_g$ と対応させればよい．無限群のときは，$k[G]$ は G 上の有限台 (有限集合以外では 0) の関数の

1.5 群の表現

なす環と同型である．ただし，関数環と見なしたときの乗法は**合成積**

$$(\phi * \psi)(g) = \sum_{h \in G} \phi(gh)\psi(h^{-1})$$

で定義される環である．G が非可換ならばこの合成積による環は非可換であることに注意しておく．

W が $k[G]$ 加群 V の部分 $k[G]$ 加群であることと，W が V の部分 (ベクトル) 空間であって，G 不変 ($\pi(g)W \subset W\,(g \in G)$) であることは同値である．このとき，$\pi(g)$ の W への制限 $\pi(g)|W$ が与える W 上の表現を π の**部分表現**という．表現 (π, V) が 0 表現 ($V = 0$) ではなく，自明でない部分表現を含まないとき，すなわち，部分空間 W が G 不変ならば $W = 0$ または $W = V$ のとき，π は**既約**であるという．これは，$k[G]$ 加群 V が自明な部分加群しかもたないときである．すなわち，V が単純 $k[G]$ 加群であることに等しい．

この節については，一般論の参考書としては [Hi]，[Se]，特論としては [Ho2]，[I]，[Ma]，[KO] などがよい．

1.5.2 シューアの補題

2 つの $k[G]$ 加群 V, V' の間の $k[G]$ 準同型 $f : V \to V'$ を考えよう．これは k 線型写像で，それぞれの G の作用と可換なもの $f\pi(g) = \pi'(g)f\,(g \in G)$ を考えることと同じである (π, π' はそれぞれ V, V' を表現空間とする表現)．

このとき，f の核と像，$\mathrm{Ker}\, f \subset V$, $\mathrm{Im}\, f \subset V'$ はそれぞれ部分表現を与え，余核 $V'/\mathrm{Im}\, f$ はまた $k[G]$ 加群であるから G の表現を与える．

f が線型同型のとき (全単射のとき)，表現 π と π' は同値であるという．これは，f が $k[G]$ 加群として同型になることに等しい．

V と V' を有限次元とし基底を選んで，$V \simeq k^n, V' \simeq k^m$ とすると，行列表現 $\pi : G \to GL_n(k)$, $\pi' : G \to GL_m(k)$ を定義するが，このとき，$k[G]$ 準同型 $f : V \to V'$ を与えることは，行列 $F : k^n \to k^m$ で $F\pi(g) = \pi'(g)F\,(g \in G)$ をみたすものを与えることに等しい．$n = m$ で F が正則なものがあるとき，π と π' は同値である．

$k[G]$ 準同型のなす k 線型空間を

$$\mathrm{Hom}_G(V, V') = \{\, f : V \to V' \mid f : k[G] \text{準同型}\,\}$$

と書く．

ここで，線型代数学で固有値を話題にする際必須の代数的閉体の定義を思い起こしておこう．体 k に係数をもつ任意の多項式が k に少なくとも 1 つの根をもつとき (このとき，すべての根は k に属する)，k を**代数的閉体**とよぶ．言い換えれば，すべての k 係数多項式が k 係数の 1 次式に分解する場合である．複素数体が代数的閉体になることは有名である (「代数学の基本定理」(ガウス) [A], [Ho3], [W] 等参照).

次は表現論の基礎をなすものである．

補題 1.5.2 (シューアの補題). $(\pi, V), (\pi', V')$ を G の既約表現とする．

(1) π と π' が同値 $\iff$ $\mathrm{Hom}_G(V, V') \neq 0$.

(2) $\mathrm{End}_G V \,(= \mathrm{Hom}_G(V, V))$ は (斜) 体である．

(3) k が代数的閉体のとき，$\mathrm{End}_G V = \{f : V \to V \mid \pi(g)f = f\pi(g)\,(g \in G)\}$ の元はスカラー写像 $c\,\mathrm{Id}_V\,(c \in k)$ に限る．すなわち，$\mathrm{End}_G V \simeq k$.

証明 (1) $f \in \mathrm{Hom}_G(V, V')$ とすると，$\mathrm{Ker}\,f \subset V$ は部分 G 加群ゆえ $f \neq 0$ ならば既約性より $\mathrm{Ker}\,f = 0$．同様に $0 \neq \mathrm{Im}\,f = V'$ ゆえ f は同型となり，$V \simeq V'$.

(2) (1) と同じ論法で $f \neq 0$ ならば，$f \in \mathrm{End}_G V$ は同型写像，すなわち，逆元 $f^{-1} \in \mathrm{End}_G V$ をもつ．

(3) k を閉体とすると，$f \neq 0$ の固有ベクトル $x \neq 0\,(f(x) = cx\,(c \in k))$ がある．$f(\pi(g)x) = \pi(g)f(x) = \pi(g)(cx) = c(\pi(g)x)$ ゆえ，$\pi(g)x$ も固有値 c に属する固有ベクトルである．$\pi(g)x\,(g \in G)$ が張る部分空間 $W \subset V$ は G 不変部分表現を与えるから，既約性より $W = V$．よって，$f = c\,\mathrm{Id}_V$. ∎

1.5.3 マシュケの定理

環または群上の加群 M について,任意の部分加群 $N \subset M$ が直和因子である (すなわち,ある部分加群 N' があって $M = N \oplus N'$) とき,M は**半単純**という.

体 k の標数が 0 のとき,有限群 G 上の加群は半単純である (**マシュケの定理**).実際,W を $k[G]$ 加群 V の部分加群とするとき,部分空間 $U \subset V$ で $W \oplus U = V$ なるものを取る (部分 $k[G]$ 加群とは限らない).$f : V \to W$ を線型射影 ($\operatorname{Ker} f = U$, $f(x) = x$ ($x \in W$)) とするとき,

$$\tilde{f}(x) = \frac{1}{\sharp G} \sum_{g \in G} g f(g^{-1} x) \quad (x \in V)$$

とおくと,$\tilde{f}$ は $k[G]$ 準同型で ($\tilde{f}(gx) = g f(x)$),$\tilde{f} \mid W = \operatorname{Id}_W$, $\tilde{f}^2 = \tilde{f}$,すなわち,W への射影を与えている.したがって $W' = \operatorname{Ker} \tilde{f}$ は部分 $k[G]$ 加群で $V = W \oplus W'$ をみたす.

半単純 $k[G]$ 加群が与える表現を**完全可約**という.上の証明から分かるように,k の標数が G の位数と互いに素な場合でもマシュケの定理は成り立つ.この場合,$k[G]$ 加群は単純加群の直和に分解する.表現の言葉でいえば,既約表現の直和に分解する.

分解の一意性について述べよう.簡単のため,以下さらに k は代数的閉体とする.

定理 1.5.3. 標数 0 の代数的閉体 k 上の $k[G]$ 加群 V は,部分加群 W_i の直和

$$V = \bigoplus_i W_i$$

に一意的に分解する.ここで,W_i はある既約表現 π_i(有限次元である) と同値な表現の直和からなる部分加群で,$i \neq j$ ならば W_i と W_j が含む既約表現は同値ではないものとする.(このような W_i を isotypic (同類) な部分加群という.)

証明 シューアの補題 1.5.2 からしたがう．マシュケの定理より上のような分解が可能であることは明らかであろう．$(W_i \simeq V_{\pi_i}^{n_i} \simeq N_i \otimes_k V_{\pi_i}$, V_{π_i} は既約，N_i は k 上のベクトル空間 $(\dim N_i = n_i = \infty$ かもしれない$)$．このとき，

$$\begin{aligned}
\mathrm{Hom}_G(V_{\pi_j}, V) &\simeq \mathrm{Hom}_G(V_{\pi_j}, \bigoplus_i N_i \otimes_k V_{\pi_i}) \\
&\simeq \bigoplus_i \mathrm{Hom}_G(V_{\pi_j}, N_i \otimes_k V_{\pi_i}) \\
&\simeq \bigoplus_i N_i \otimes_k \mathrm{Hom}_G(V_{\pi_j}, V_{\pi_i}).
\end{aligned}$$

ここで，シューアの補題より，$\mathrm{Hom}_G(V_{\pi_j}, V_{\pi_j}) \simeq k$，$\mathrm{Hom}_G(V_{\pi_j}, V_{\pi_i}) = 0 \, (j \neq i)$ だから，上式は $N_j \otimes_k \mathrm{Hom}_G(V_{\pi_j}, V_{\pi_j}) \simeq N_j$ に同型になる．すなわち，$W_j = \bigcup_{f \in \mathrm{Hom}_G(V_{\pi_j}, V)} \mathrm{Im}\, f$ で，π_j に同値な表現を $\dim N_j$ 重含む． ∎

$n_i = \dim \mathrm{Hom}_G(V_{\pi_i}, V)$ を既約表現 π_i の V における**重複度**といい，$n_i = (\pi : \pi_i)$ と書く．もっと一般に，既約とは限らぬ 2 つの表現 (π_1, V_1), (π_2, V_2) に対しても，$(\pi_1 : \pi_2) = \dim \mathrm{Hom}_G(V_1, V_2)$ と書いて**絡み数 (intertwining number)** という．（マシュケの定理 (完全可約性) より，$(\pi_1 : \pi_2) = (\pi_2 : \pi_1)$ また π_1 と π_2 が同値な表現を含むことと，$(\pi_1 : \pi_2) \neq 0$ であることが同値である．）

1.5.4 指標と直交関係式

以下，断らない限り複素数体 $\mathbb{C}$ (標数 0 の代数的閉体である) 上の有限次元表現を考える．

群 G の有限次元表現 (π, V) が与えられたとき，G 上の複素数値関数

$$\chi_\pi(g) = \mathrm{Trace}\, \pi(g) \qquad (g \in G)$$

を表現 π の**指標**という．(π', V') を π と同値な表現とすると，線型同型 $f : V \to V'$ で $\pi'(g) = f\pi(g)f^{-1}$ となるものがあるから，

$$\chi_{\pi'}(g) = \mathrm{Trace}\, f\pi(g)f^{-1} = \mathrm{Trace}\, \pi(g) = \chi_\pi(g)$$

1.5 群の表現

となり，同値な表現の指標は相等しい関数である．また $\chi_\pi(xgx^{-1}) = \operatorname{Trace} \pi(x)\pi(g)\pi(x)^{-1} = \chi_\pi(g)\ (x,g \in G)$ であるから，指標は**共役類** $O_G(g) = \{xgx^{-1} \mid x \in G\}$ 上で定数である．(このような任意の共役類 $O_G(g)$ 上で定数になる G 上の関数は**類関数**とよばれる．)

同値な表現は同じ指標を与えているが，後で示すように，逆に 2 つの表現の指標が等しければ，互いに同値な表現になる．すなわち，指標は表現の同値類を決める不変量である．

例 1.5.4. 有限群 G が有限集合 X に働いているとき，X を基底とするベクトル空間 $V = \mathbb{C}X = \sum_{x \in X} \mathbb{C}x$ 上の表現 $\pi : G \to GL(V)$ が $\pi(g)x = gx$ によって得られる．このとき，指標は

$$\chi_\pi(g) = \operatorname{Trace} \pi(g) = \sharp X^g \quad (X^g = \{x \in X \mid gx = x\})$$

で与えられる．(このような表現を**置換表現**という．)

表現空間 V に G 不変な正定値エルミート内積 $((x|y) = (\pi(g)x|\pi(g)y)\ (g \in G))$ が入っているとき，この表現を**ユニタリ表現**という．

命題 1.5.5. (1) $\mathbb{C}$ 上の有限次元表現はユニタリ表現に同値である．

(2) 双対空間 $V^* = \operatorname{Hom}_{\mathbb{C}}(V, \mathbb{C})$ 上の表現 $g \mapsto {}^t\pi(g^{-1}) = \pi^*(g)\ (g \in G)$ を**双対表現** (または**反傾表現**) という．双対表現の指標について

$$\chi_{\pi^*}(g) = \chi_\pi(g^{-1}) = \overline{\chi_\pi(g)}$$

が成立する．($\overline{}$ は複素共役．)

(3) 2 つの表現 $(\pi_1, V_1), (\pi_2, V_2)$ のテンソル積 $V_1 \otimes_{\mathbb{C}} V_2$ 上の表現 $\pi_1(g) \otimes \pi_2(g)$ の指標について $\chi_{\pi_1 \otimes \pi_2}(g) = \chi_{\pi_1}(g)\chi_{\pi_2}(g)$ が成立する．(テンソル積表現の指標は指標の積．)

証明 (1) 表現空間 V 上に 1 つエルミート内積 $(x|y)\ (x,y \in V)$ を選ぶ．G による平均を

$$(x|y)_G = \frac{1}{N} \sum_{g \in G} (\pi(g)x \mid \pi(g)y) \quad (N = \sharp G)$$

とおく.このとき,$(x|x)_G = \sum_{g \in G} \|\pi(g)x\|^2 > 0$ $(x \neq 0)$ ゆえ $(\cdot|\cdot)_G$ も正定値エルミート内積を与え,さらに G 不変になる.$((\pi(h)x|\pi(h)y)_G = \frac{1}{N} \sum_g (\pi(gh)x|\pi(gh)y) = (x|y)_G$ $(h \in G)$.)この内積について π はユニタリ $\pi(h)^{-1} = {}^t\overline{\pi(h)}$ である.

(2) π がユニタリ表現になるように内積を入れておくと,$\operatorname{Trace} \pi^*(g) = \operatorname{Trace} {}^t\pi(g^{-1}) = \operatorname{Trace} \pi(g^{-1}) = \operatorname{Trace} {}^t\overline{\pi(g)} = \operatorname{Trace} \overline{\pi(g)} = \overline{\chi_\pi(g)}$.

(3) テンソル積のトレースはトレースの積になることから出る. ∎

2 つの表現空間の間に線型写像 $f : V_1 \to V_2$ が与えられたとき,平均

$$\tilde{f} = \frac{1}{N} \sum_{g \in G} \pi_2(g) f \pi_1(g)^{-1}$$

を考えると,$\tilde{f}$ は G の作用と可換である ($\tilde{f}\pi_1(g) = \pi_2(g)\tilde{f}$).とくに,$\pi_1, \pi_2$ が既約ならば,シューアの補題により,任意の $f \in \operatorname{Hom}_{\mathbb{C}}(V_1, V_2)$ に対して,π_1 と π_2 が同値でなければ $\tilde{f} = 0$ となり,$V_1 = V_2 = V$ のときは $\tilde{f}$ はスカラー倍 $c \operatorname{Id}_V$ である ($\operatorname{Trace} f = 0$ のとき $c = 0$, 他の場合は $c = \operatorname{Trace} f / \dim V$).このことから容易に次の直交関係式が導かれる.

定理 1.5.6. 2 つの既約表現 π_1, π_2 について次が成り立つ.

(1) π_1 と π_2 が同値でないとき,$a_{ij}(g), b_{i'j'}(g)$ をそれぞれ $\pi_1(g), \pi_2(g)$ の (適当な基底による) 行列成分とすると,

$$\langle a_{ij}, b_{i'j'} \rangle = \frac{1}{N} \sum_{g \in G} a_{ij}(g) \, b_{i'j'}(g^{-1}) = 0.$$

とくに,ユニタリ表現となるように行列表示を選ぶと

$$(a_{ij} \mid b_{i'j'}) = \frac{1}{N} \sum_{g \in G} a_{ij}(g) \, \overline{b_{i'j'}(g)} = 0.$$

(2) (π_1 と π_2 が同値なとき,) $\pi = \pi_1 = \pi_2$ と仮定すると ($a_{ij} = b_{ij}$ とする),

$$\langle a_{ij}, a_{i'j'} \rangle = \frac{1}{n} \delta_{ij'} \delta_{i'j}$$

1.5 群の表現   33

ただし，$n = \dim V = \deg \pi$ は π の次数．(ユニタリ表現ならば左辺は内積 $(a_{ij} \mid a_{j'i'})$．)

証明 (1) 線型写像 $f : V_1 \to V_2$ に対して平均 $\tilde{f}$ を考えると $\tilde{f} = 0$．V_1, V_2 に基底を取り，$V_1 \simeq \mathbb{C}^{n_1}$, $V_2 \simeq \mathbb{C}^{n_2}$ として，π_1, π_2, f を行列表示しておく．f の行列表示が基本行列 $e_{j'i}$ になるものを選んでおくと，$\tilde{f}$ の (i', j) 成分は，

$$(\tilde{f})_{i'j} = \frac{1}{N} \sum_{g \in G, k, l} b_{i'k}(g^{-1}) (e_{j'i})_{kl} a_{lj}(g)$$
$$= \frac{1}{N} \sum_{g \in G} b_{i'j'}(g^{-1}) a_{ij}(g) = \langle a_{ij}, b_{i'j'} \rangle$$

となり 0 に等しい．

(2) f の行列表示を (f_{kl}) とすると，

$$(\tilde{f})_{i'j} = \frac{1}{N} \sum_{g, j', i} a_{i'j'}(g^{-1}) f_{j'i} a_{ij}(g).$$

$\tilde{f} = \frac{1}{n}(\text{Trace}\, f)\,\text{Id}_V$ ゆえ，$(\tilde{f})_{i'j} = \frac{1}{n}\text{Trace}\, f\, \delta_{i'j} = \frac{1}{n}\delta_{i'j} (\sum_{j',i} f_{j'i}\delta_{j'i}) = \sum_{j',i}(\frac{1}{n}\delta_{i'j}\,\delta_{j'i}) f_{j'i}$．$f_{j'i}$ の係数を比較すると与式を得る． ∎

系 1.5.7 (指標の直交関係式)． χ, χ' を既約表現の指標 (既約指標) とすると次が成り立つ．

(1) $(\chi \mid \chi) = 1$．

(2) χ と χ' が同値でない既約表現の指標ならば，$(\chi \mid \chi') = 0$．とくに，2 つの既約表現の指標が一致すれば，それは同値である．

(3) 既約指標は内積 $(\phi \mid \psi) = \frac{1}{N} \sum_{g \in G} \phi(g) \overline{\psi(g)}$ に関して正規直交系をなす．

証明 指標については，$\chi(g^{-1}) = \overline{\chi(g)}$ ゆえ，$(\chi \mid \chi') = \langle \chi, \chi' \rangle$ が成り立つことに注意．

(1) χ を既約表現 π の指標とする．$\pi(g)$ の行列表示を $(a_{ij}(g))$ とすると，
$$(\chi \mid \chi) = \langle \sum_i a_{ii}, \sum_j a_{jj} \rangle = \sum_{i,j} \langle a_{ii}, a_{jj} \rangle$$
$$= \sum_i \langle a_{ii}, a_{ii} \rangle = n \cdot \frac{1}{n} = 1 \quad (定理 (2) より).$$

(2) 定理 (1) の直交関係式から直ちに導かれる． ∎

既約表現の同値類のなす集合を $\widehat{G}$ (G の**双対**という) と書くと，$\widehat{G}$ は G の既約指標と 1 対 1 に対応する．

以上記述を簡単にするため，基礎の体を $k = \mathbb{C}$ と仮定したが，一般に標数 0 の代数的閉体の場合も，内積 $(\cdot \mid \cdot)$ の替わりに $\langle \cdot, \cdot \rangle$ を用いても同じことができる．

1.5.5　直和分解と重複度

マシュケの定理によって有限群の (有限次元) 表現は既約表現の直和に分解する．
$$V_\pi = \bigoplus_{\pi_i \in \widehat{G}} V_{\pi_i}^{n_i} \quad (V_{\pi_i}^{n_i} \text{ は既約表現空間 } V_{\pi_i} \text{ の } n_i \text{ 個の直和})$$
を 1.5.3 項の分解とする．このとき指標について
$$\chi_\pi = \sum_i n_i \chi_{\pi_i}$$
が成り立つ．$i \neq j$ のとき $\pi_i \not\simeq \pi_j$ (同値でない) とすると，系 1.5.7 より，
$$(\chi_\pi \mid \chi_{\pi_i}) = n_i (\chi_{\pi_i} \mid \chi_{\pi_i}) = n_i = (\pi : \pi_i)$$
が成り立つ．すなわち，π_i の π における重複度は指標の内積値 $(\chi_\pi \mid \chi_{\pi_i})(= (\chi_{\pi_i} \mid \chi_\pi))$ で与えられる．さらにこのとき，
$$\|\chi_\pi\|^2 = (\chi_\pi \mid \chi_\pi) = \sum_i (\chi_{\pi_i} \mid \chi_\pi) = \sum_i n_i^2$$
ゆえ，次の定理が得られる．

1.5 群の表現

定理 1.5.8. π は既約 $\iff \|\chi_\pi\| = 1$.

群環 $\mathbb{C}[G]$ は G の左右からの正則表現 $L(g)x = gx$, $R(g)x = xg^{-1}$ $(g, x \in G)$ を定義している．例 1.5.4 によって，この指標は

$$\text{Trace } L(g) = \text{Trace } R(g) = \delta_e(g) = \begin{cases} N (= \sharp G) & (g = e), \\ 0 & (g \neq e) \end{cases}$$

である．(δ_e は G 上のディラック δ 関数．)

さらに両側正則表現は直積群 $G \times G$ の表現 $\rho(g,h) = gxh^{-1}$ を定義している．この指標は

$$(\text{Trace } \rho)(g, h) = \begin{cases} \sharp Z_G(g) & (h \in O_G(g)), \\ 0 & (h \notin O_G(g)) \end{cases}$$

で与えられる．ここで，$O_G(g) = \{xgx^{-1} \mid x \in G\}$ (g の共役類)，$Z_G(g) = \{x \in G \mid xgx^{-1} = g\}$ (g の中心化群)，$O_G(g) \simeq G/Z_G(g)$ ($xgx^{-1} \leftrightarrow xZ_G(g)$).

χ を G の既約指標とすると，

$$(\text{Trace } L \mid \chi) = \frac{1}{N} \sum_{g \in G} \delta_e(g) \chi(g^{-1}) = \chi(e).$$

ここで，$\chi(e)$ は表現空間の次元 ($=$ 表現の次数) に等しい．

さて，直積群 $G^2 = G \times G$ の既約表現は既約表現のテンソル積 $(\pi_1 \otimes \pi_2, V_1 \otimes V_2)$ で与えられ，その指標は積 $\chi_{\pi_1}(g)\chi_{\pi_2}(h)$ $((g,h) \in G^2)$ に等しい．正則表現における重複度を計算すると，

$$\begin{aligned}
(\text{Trace } \rho \mid \chi_{\pi_1} \cdot \chi_{\pi_2}) &= \frac{1}{N^2} \sum_{(g,h) \in G^2, h \in O_G(g)} \sharp Z_G(g) \overline{\chi_{\pi_1}(g)\chi_{\pi_2}(h)} \\
&= \frac{1}{N^2} \sum_{g \in G, x \in G/Z_G(g)} \sharp Z_G(g) \overline{\chi_{\pi_1}(g)\chi_{\pi_2}(xgx^{-1})} \\
&= \frac{1}{N^2} \sum_{g \in G} \sharp Z_G(g) \sharp O_G(g) \overline{\chi_{\pi_1}(g)\chi_{\pi_2}(g)} \\
&= \frac{1}{N} \sum_{g \in G} \chi_{\pi_1}(g^{-1}) \overline{\chi_{\pi_2}(g)}
\end{aligned}$$

$$= (\chi_{\pi_1} \mid \overline{\chi_{\pi_2}})$$
$$= \delta_{\pi_1 \pi_2^*}$$
$$= \begin{cases} 1 & (\pi_1 \simeq \pi_2^*), \\ 0 & (\pi_1 \not\simeq \pi_2^*) \end{cases}$$

よって次の定理が得られた.

定理 1.5.9. 正則表現について次の分解が成り立つ.

(1) $L \simeq \sum_{\pi_i \in \hat{G}} n_i \pi_i \quad (n_i = \dim V_{\pi_i} = \deg \pi_i)$.
とくに, $\sharp G = N = \sum_i n_i^2$.

(2)
$$\rho \simeq \sum_{\pi_i \in \hat{G}} \pi_i \otimes \pi_i^*.$$

ただし, π_i は同値でない既約表現 $\pi_i \in \hat{G}$ をすべて亙る.

(3) 環として直和分解 $\mathbb{C}[G] \simeq \oplus_{\pi_i \in \hat{G}} \mathrm{End}_\mathbb{C} V_{\pi_i}$ が成り立つ.

(4) 既約ユニタリ表現 (π_i 達) の行列成分 $\{a_{jk}^{\pi_i}\}$ は関数空間 $\mathbb{C}[G]$ の直交基底をなす.

証明 (3) は $\pi_i \otimes \pi_i^*$ の表現空間について $V_{\pi_i}^* \otimes_\mathbb{C} V_{\pi_i} \simeq \mathrm{End}_\mathbb{C} V_{\pi_i}$ (行列環と見なしたもの, $V_{\pi_i}^*, V_{\pi_i}$ はそれぞれ右, 左作用を受ける) が成り立つことから出る.

(4) は定理 1.5.6 (2) から. ∎

群環 $\mathbb{C}[G]$ を G 上の $\mathbb{C}$ 値関数と見なし, $I(G)$ を類関数 $\phi(g) = \phi(xgx^{-1})$ $(g, x \in G)$ のなす部分空間とする. 明らかに, $\dim_\mathbb{C} I(G) = c(G) = $ 共役類の個数 ($\sharp\{O_G(g)\}_g$).

指標は内積 $(\cdot \mid \cdot)$ をもつ $I(G)$ の元であることに注意する.

定理 1.5.10. 既約指標 $\{\chi_i\}$ は内積空間 $I(G)$ の正規直交基底をなす. とくに, 既約表現の同値類の個数は共役類の個数に等しい: $\sharp \hat{G} = c(G)$.

証明 $\{\chi_i\}$ が $I(G)$ の直交系をなすことはすでにみた. いま, $\theta \in I(G)$ がすべての既約指標と直交するとする; $(\chi_i \mid \theta) = 0 \ (\forall i)$.

1.5 群の表現

任意の表現 π に対し，$\pi(\theta) = \frac{1}{N}\sum_{g\in G} \theta(g)\,\pi(g)\,(\in \mathrm{End}V_\pi)$ とおく．$\mathrm{Trace}\,\pi(\theta) = (\theta \mid \overline{\chi_\pi})$ ゆえ，$(\theta \mid \chi_{\pi_i}) = 0$ より $\mathrm{Trace}\,\pi(\theta) = 0$．ところが $\pi(\theta)$ は G の作用と可換であるから，π が既約ならば，$\pi(\theta) = 0$．これは $(\theta \mid a_{ij}) = 0$ (a_{ij} は既約表現の行列成分) を意味し，定理 1.5.9 (4) より，すべての $\mathbb{C}[G]$ の元に直交する．すなわち，$\theta = 0$． ∎

1.5.6 いくつかの例

可換群 G の複素有限次表現 $\pi: G \to GL(V)$ が既約ならば，$\pi(g)$ は任意の $\pi(x)$ $(x \in G)$ と可換であるからシューアの補題よりスカラー $c(g)\,\mathrm{Id}_V$ $(c(g) \in \mathbb{C})$ である．$c(gh) = c(g)\,c(h)$ ゆえ，結局 π は 1 次表現 $(\dim V = 1)$ でなければならない．すなわち，既約表現は乗法群 $\mathbb{C}^\times$ への準同型 $\pi: G \to \mathbb{C}^\times = GL_1(\mathbb{C})$ に限る．このとき，指標は表現自身と一致する $(\chi_\pi(g) = \mathrm{Trace}\,\pi(g) = \pi(g))$．

例 1.5.11. G を有限可換群とする．このとき，$\hat{G} = \mathrm{Hom}(G, \mathbb{C}^\times)$ は $(\chi_1 \cdot \chi_2)(g) = \chi_1(g)\,\chi_2(g)$ $(g \in G)$ によって可換群をなす (**指標群**または**双対群**という)．G と $\hat{G}$ は互いに同型な群である．さらに，$\hat{G}$ の指標群を $\widehat{\hat{G}}$ とすると，自然な同型

$$f: G \xrightarrow{\sim} \widehat{\hat{G}} \qquad (f(g)(\chi) = \chi(g)\,(\chi \in \hat{G}))$$

が存在する．

これらの証明は，有限可換群の基本定理 (有限可換群は巡回群の直和である) によって，巡回群の場合に帰着される．巡回群のときは容易に分かる．

非可換群の場合の例として，まず小さい対称群を考えよう．対称群の共役類について次のことに注意しておく．

n 次対称群 S_n の共役類と n の分割は次のようにして自然に 1 対 1 に対応する．

任意の置換は同じ文字を含まない巡回置換の積に一意的に書け，巡回置換については
$$\sigma(i_1 i_2 \cdots i_r)\sigma^{-1} = (\sigma(i_1)\sigma(i_2)\cdots\sigma(i_r))$$
が成り立つ．n の分割 $n = n_1 + n_2 + \cdots + n_k$ $(n_1 \geq n_2 \geq \cdots \geq n_k)$ に対して，置換 $(12\cdots n_1)(n_1+1,\ldots,n_1+n_2)\cdots(n-n_k+1,\ldots,n)$ を対応させると，分割と共役類の代表が 1 対 1 に対応する．

そこで，n の分割の総数 (分割数) を $p(n)$ と書くと，$c(S_n) = p(n)$ となり定理 1.5.10 から対称群の既約表現の同値類 $\widehat{S_n}$ の総数も $p(n)$ に等しい．
$$p(2) = 2,\ p(3) = 3,\ p(4) = 5,\ p(5) = 7,\ldots$$

例 1.5.12. S_3．位数は $\sharp S_3 = 3! = 6$．自明な表現 **1** と符号表現 sgn : $S_3 \to \{\pm 1\}$ は 1 次元である．$p(3) = 3$ ゆえ残る既約表現は 1 個である．定理 1.5.9 から正則表現を考えると，その次数 n は $6 = \sharp S_3 = 1^2 + n^2 + 1^2$ をみたし $n = 2$ を得る．

S_3 の置換表現を $\pi : S_3 \to GL_3(\mathbb{C})$ とすると，$V_1 = \mathbb{C}(\mathbf{e}_1 + \mathbf{e}_2 + \mathbf{e}_3) \subset \mathbb{C}^3$ は自明な部分表現を与える．ところで，例 1.5.4 より，π の指標 χ_π は $\chi_\pi(\sigma) = \sharp\{i \mid 1 \leq i \leq 3, \sigma(i) = i\}$ で与えられる．よって，χ_π(互換) $= 1$，χ_π(3 次巡回) $= 0$．ゆえに $(\chi_\pi \mid \chi_\pi) = \frac{1}{6}(3^2 + 1 + 1 + 1) = 2$．$V_2 = V_1^\perp$ が与える 2 次表現を ρ とすると，$\chi_\rho = \chi_\pi - \mathbf{1}$ だから $(\chi_\rho \mid \chi_\rho) = 2 - 1 - 1 + 1 = 1$ となり，定理 1.5.8 より ρ は既約である．よって，残りの既約表現は $V_2 = V_1^\perp \simeq \mathbb{C}^3/\mathbb{C}(\mathbf{e}_1 + \mathbf{e}_2 + \mathbf{e}_3)$ が与える 2 次表現で，その指標は $\chi_\rho = \chi_\pi - \mathbf{1}$ で与えられる．

S_3 の指標表

	e	(12)	(123)
1	1	1	1
sgn	1	-1	1
χ_ρ	2	0	-1

例 1.5.13. S_4．位数は $\sharp S_4 = 4! = 24$．自明な表現 **1** と符号表現 sgn は 1 次元である．S_3 と同様に，置換表現 $\pi : S_4 \to GL_4(\mathbb{C})$ の自明表現の直交部

1.5 群の表現

分が 1 つの 3 次既約表現 ρ を与える ($\chi_\rho = \chi_\pi - \mathbf{1}$). 符号表現とのテンソル積 $\rho \otimes \mathrm{sgn}$ ($\chi_{\rho \otimes \mathrm{sgn}} = \chi_\rho \cdot \mathrm{sgn}$) がもう 1 つの同値でない 3 次既約表現を与える. $6! = 24 = 1^2 + 1^2 + 3^2 + 3^2 + n^2 = 20 + n^2$ より, 残る 1 つの既約表現は $n = 2$ 次である.

S_4 の 2 次既約表現 μ の 1 つの構成法は次のようにできる. S_4 の部分群 $V_4 = \{e, (12)(34), (13)(24), (14)(23)\}$ は位数 2 の直積群に同型な正規部分群である (クラインの 4 元群). これに対する剰余群は 3 次対称群に同型であることが分かる ($S_4/V_4 \simeq S_3$). 実際, S_4 の内部自己同型が集合 $V_4 \setminus \{e\}$ の置換を引き起こす. S_3 の 2 次の既約表現 (前の例の ρ) を通して $\mu : S_4 \twoheadrightarrow S_3 \to GL_2(\mathbb{C})$ を得る.

S_4 の指標表

	e	(12)	$(12)(34)$	(123)	(1234)
$\mathbf{1}$	1	1	1	1	1
sgn	1	-1	1	1	-1
χ_ρ	3	1	-1	0	-1
$\chi_\rho \cdot \mathrm{sgn}$	3	-1	-1	0	1
μ	2	0	2	-1	0

以上では置換表現 ($\{1, 2, \ldots, n\}$ への S_n の自然な作用) が表現の構成に有効であった. この技術を一般化した誘導表現という基本的技法がある. 次にそれを解説しよう.

1.5.7 誘導表現

誘導表現とは, 群 G の部分群の表現から G の表現を作る最も基本的な方法である. 部分群 H の表現が (π, V) 与えられているとする (表現空間 V は一般の体 k 上のベクトル空間とする). G 上の V に値をもつ関数がなす k ベクトル空間を $F(G; V)$ とおくと,

$$(r(h)f)(g) = \pi(h)f(gh) \qquad (h \in H, \, g \in G)$$

によって，$F(G;V)$ への H の作用 (表現) が与えられる．$(r(hh')f = r(h)r(h')f\ (h, h' \in H))$ また，$(l(x)f)(g) = f(x^{-1}g)\ (x, g \in G)$ も G の左からの作用を与え，r と l は H と G の $F(G;V)$ 上への互いに可換な作用になる $(r(h)l(x)f = l(x)r(h)f\ (x, g \in G, f \in F(G;V)))$．したがって，$H$ による固定部分空間

$$F(G;V)^H = \{f \in F(G;V) \mid r(h)f = f\ (\forall h \in H)\}$$

は l による G の表現空間になっている．$F(G;V)^H$ が与える G の表現を H の表現 (π, V) から**誘導された** G の表現といい，$\mathrm{Ind}_H^G \pi$ と書く．

なお，f が表現空間に属する条件 $f \in F(G;V)^H$ は

$$f(gh) = \pi(h^{-1})f(g) \qquad (h \in H, g \in G)$$

とも書けることに注意しておく．

テンソル積を用いると，誘導表現が簡明に定義できる．k 上の群環 $k[G]$ を G 上の k 値関数空間と見なしておき，G の両側表現 (正則表現) を考える．テンソル積を用いると $F(G;V) = k[G] \otimes_k V$ と見なせるが，このとき，H の表現 r は $r_1(h) \otimes \pi(h)\ (h \in H)$ と表示される $((r_1(h) \otimes \pi(h))(f \otimes v) = r_1(h)f \otimes \pi(h)v, (r_1(h)f)(g) = f(gh)\ (h \in H, g \in G))$．$r_1$ は右正則表現を部分群 H に制限したもので，すなわち，$k[G]$ を右 $k[H]$ 加群と見たときの表現である．そこで，右 $k[H]$ 加群 $k[G]$ と左 $k[H]$ 加群 V (π による) に関してのテンソル積を考えると，自然な同型

$$k[G] \otimes_{k[H]} V \simeq (k[G] \otimes_k V)^{(r_1 \otimes \pi)(H)} = F(G;V)^H$$

が成り立ち，誘導表現は $k[G]$ の**左**正則表現が引き起こす $k[G] \otimes_{k[H]} V$ 上の G の表現と見なされる．

ここで，G を有限群，$k = \mathbb{C}$ とすると，1.5.5 項において得られた両側正則表現の直和分解

$$\mathbb{C}[G] \simeq \bigoplus_{\rho \in \hat{G}} V_\rho \otimes_\mathbb{C} V_\rho^*$$

(V_ρ, V_ρ^* がそれぞれ左，右の作用が与える表現空間) を用いて，左 $\mathbb{C}[G]$ 加群としての同型

$$\mathbb{C}[G] \otimes_{\mathbb{C}[H]} V \simeq \bigoplus_{\rho \in \hat{G}} V_\rho \otimes_\mathbb{C} (V_\rho^* \otimes_{\mathbb{C}[H]} V)$$

1.5 群の表現

を得る．ここで，$V_\rho^* \otimes_{\mathbb{C}[H]} V \simeq (V_\rho^* \otimes_{\mathbb{C}} V)^H \simeq \mathrm{Hom}_H(V_\rho, V) \simeq \mathrm{Hom}_H(V, V_\rho)$ は G の既約表現 V_ρ の V における重複度を与えるベクトル空間である．すなわち，

$$\dim_{\mathbb{C}} \mathrm{Hom}_H(V_\rho, V) = \dim_{\mathbb{C}} \mathrm{Hom}_H(V, V_\rho) = (\rho|H : \pi)$$

(ρ の H への制限 $\rho|H$ における π の重複度) であるから，まとめて次の定理を得る．

定理 1.5.14 (フロベニウスの相互律). 有限群 G の部分群 H の表現 π からの誘導表現 $\mathrm{Ind}_H^G \pi$ について，次が成り立つ．

$$(\rho : \mathrm{Ind}_H^G \pi) = (\rho|H : \pi).$$

左辺は，誘導表現における G の既約表現 ρ の重複度である．制限を $\rho|H = \mathrm{Res}_H^G \rho$ と書くと，誘導関手 (操作) Ind_H^G は，重複度に関して制限関手 Res_H^G の随伴関手である，といえる．

例 1.5.15. $\mathrm{Ind}_H^G \mathbf{1}_H$ ($\mathbf{1}_H$ は H の自明な表現) は G の G/H 上での置換表現のことである ($k[G/H] = k[G] \otimes_{k[H]} k[H]$)．

置換表現の指標 χ は，固定点の個数で与えられたが，同様に誘導表現の指標も計算できる．

定理 1.5.16. 有限群の誘導表現 $\mathrm{Ind}_H^G \pi$ の指標 χ は次で与えられる．

$$\chi(g) = \frac{1}{\sharp H} \sum_{x \in G,\, x^{-1}gx \in H} \chi_\pi(x^{-1}gx).$$

ただし，χ_π は H の表現 π の指標である．

証明 $\mathrm{Ind}_H^G \pi$ の表現空間を $\mathbb{C}[G] \otimes_{\mathbb{C}[H]} V \simeq \bigoplus_{g_i : G/H \text{ の代表}} g_i \otimes V$ と直和分解して，$g_i \otimes V$ ごとに基底を取り，少々複雑ではあるがトレースを計算すればよい．

以下は，解析風味の見方である (積分作用素の考え)．

一般に，G の表現 (R, W) と G 上の関数 $\phi: G \to \mathbb{C}$ に対して，$R(\phi) = \sum_{x \in G} \phi(x) R(x) (\in \mathrm{End}_{\mathbb{C}} W)$ とおくと，環 $\mathbb{C}[G]$ の W 上の表現を与えている $(R(\phi * \psi) = R(\phi) R(\psi)\ (\phi * \psi)(x) = \sum_{y \in G} \phi(xy^{-1}) \psi(y))$. このとき，$\delta_g(x) = \delta_{g,x}$ (G 上の x に台をもつデルタ関数) に対して $R(g) = R(\delta_g)$ となることに注意しておく．

さて，誘導表現の空間の元 $f \in F(G; V)^H$ に対しての作用 l を考える．

$$\begin{aligned}
(l(\phi)f)(y) &= \sum_{x \in G} \phi(x)\, (l(x)f)(y) \\
&= \sum_{x \in G} \phi(x)\, f(x^{-1}y) = \sum_{x \in G} \phi(yx)\, f(x^{-1}) = \sum_{x \in G} \phi(yx^{-1}) f(x) \\
&= \sum_{\dot{x} = xH \in G/H} \sum_{h \in H} \phi(yh^{-1}\dot{x}^{-1})\, f(\dot{x}h) \\
&= \sum_{\dot{x} \in G/H} \sum_{h \in H} \phi(yh^{-1}\dot{x}^{-1})\, \pi(h^{-1})\, f(\dot{x})
\end{aligned}$$

そこで，$G \times G/H$ 上の $\mathrm{End}_{\mathbb{C}} V$ 値関数を

$$K_\phi(y, \dot{x}) = \sum_{h \in H} \phi(yh\dot{x}^{-1})\, \pi(h) \qquad (K_\phi(yh, \dot{x}) = \pi(h)\, K_\phi(y, \dot{x})\ (h \in H))$$

とおくと，
$$(l(\phi)f)(y) = \sum_{\dot{x} \in G/H} K_\phi(y, \dot{x})\, f(\dot{x}).$$

すなわち K_ϕ は作用 $l(\phi)$ の"核関数"である．

ここで，$\mathrm{Trace}\, l(\phi) = \sum_{\dot{x} \in G/H} \mathrm{Trace}\, K_\phi(x, \dot{x})$ であることに注意すると，指標値 $\chi(g)$ について

$$\begin{aligned}
\chi(g) &= \mathrm{Trace}\, l(\delta_g) \\
&= \sum_{\dot{x} \in G/H, h \in H} \delta_g(xhx^{-1})\, \chi_\pi(h) \\
&= \sum_{\dot{x} \in G/H} \sum_{x^{-1}gx \in H} \chi_\pi(x^{-1}gx) \\
&= \frac{1}{\sharp H} \sum_{x \in G, x^{-1}gx \in H} \chi_\pi(x^{-1}gx).
\end{aligned}$$

よって証明された． ∎

1.5.8 さらに進んだ例

I. コンパクト群

今まで述べた有限群の複素表現についての一般論は殆どそのままコンパクト位相群に対して成り立つ．ざっと紹介しておこう．群 G が位相空間であって，群演算 $G \times G \to G$ $((x,y) \mapsto xy)$，および逆元を対応させる写像 $G \to G$ $(x \mapsto x^{-1})$ がともに連続写像であるとき，G を**位相群**という．位相空間論の基礎的な議論から容易に導かれることであるが，位相空間として T_0 分離公理をみたせば ('1 点が閉集合')，位相群は自動的に T_2 分離公理をみたす (ハウスドルフ空間)．(注意：$G \times G$ の位相は直積位相である．後述の代数群の場合とこの点で異なる．)

なぜならば，直積空間からの写像 $f: G \times G \to G$ $(f(x,y) = xy^{-1})$ は連続ゆえ，1 点 $e \in G$(閉集合) の逆像 $f^{-1}(e) = \{(x,x) \in G \times G \mid x \in G\}$ はまた閉集合である．対角集合 $f^{-1}(e)$ が閉集合だから，G の位相は T_2 である．

さらに，位相群は位相空間として一様位相，正則，... など多くのよい性質を享受している．

実際の例としては，リー群や p 進体上の代数群 (行列群) やガロワ群 (profinite (射有限，または副有限) 群) などが重要である．

$GL_n(\mathbb{C})$ やその部分群 $GL_n(\mathbb{R})$ は，行列空間 $M_n(\mathbb{C}) (\simeq \mathbb{C}^{n^2}) \supset M_n(\mathbb{R}) (\simeq \mathbb{R}^{n^2})$ の開集合として位相空間になり，群演算の連続性は容易に分かるから位相群になる．

位相群 G の表現 $\pi: G \to GL_n(\mathbb{C})$ が連続のとき，**連続表現**というが，通常 G が位相群のときは，断らない限り，表現といえば連続表現のことを意味する．

実は，一般の位相群の表現論では無限次元 (ベクトル空間上) の連続表現がいろいろな意味で重要であり，この場合むしろ (ヒルベルトやバナッハなどの) 位相ベクトル空間 V 上への連続作用 $G \times V \to V$ として定義するのが普通である．この文脈で，ヒルベルト空間 V へのコンパクト群 (位相空間と

してコンパクトな位相群) G の連続表現が既約 (自明でない '閉' 部分表現を もたない) であれば，V は有限次元であることが証明されている．したがっ て，コンパクト群の場合は有限次連続表現 $\pi: G \to GL_n(\mathbb{C})$ を考えるのが 基本である．

このとき，表現 π の指標 $\chi_\pi(g) = \mathrm{Trace}\, \pi(g)$ は G 上の複素数値連続関数 になる．

コンパクト群の有限次表現に関しては，有限群の表現論と殆ど同じこと が一般的に成立する．その根拠は群上の不変測度 (いわゆるハール測度) の 存在で，コンパクトならばその測度に関して群の体積が有限になるからで ある．

一般に局所コンパクトな位相群 G 上には，

$$\int_G f(x)dx = \int_G f(gx)dx$$

($g \in G$, f は G 上のコンパクトな台をもつ連続関数) をみたす左**不変測度** dx が定数倍を除いて唯 1 つ存在することが知られている．とくに G がコン パクトならば，この測度はさらに右不変でもあり，

$$\int_G f(xg)dx = \int_G f(x)dx = \int_G f(gx)dx \quad (f \in C(G)), \quad \int_G dx = 1$$

($C(G)$ は G 上の複素数値連続関数のなす空間) と仮定してよい．

有限群 G の場合，$\int_G f(x)dx = \frac{1}{\sharp G} \sum_{x \in G} f(x)$ が不変積分である．有限 群の理論で，平均 $\frac{1}{\sharp G} \sum_{x \in G}$ を取る場所を，コンパクト群の場合不変積分 $\int_G dx$ に置き換えればそのまま成立する．注意する箇所は，G 上の関数空間 が無限次元になるという点くらいである．

複素ベクトル空間 $C(G)$ は内積 $(f \mid g) = \int_G f(x)\overline{g(x)}dx$ によってプレ・ ヒルベルト空間 (エルミート内積空間のこと)，完備化することにより自乗可 積分な関数のなすヒルベルト空間 $L^2(G)$ が得られる．

$L^2(G)$ は，左移動 (または右移動)$(l_g f)(x) = f(g^{-1}x)$(または $(r_g f)(x) = f(xg)$) によって，G のユニタリ表現を与える (**正則表現**という).

コンパクト群の表現について基本的な事実を挙げておく．有限群の表現論 との平行性に注目せよ．

1.5 群の表現

(1) コンパクト群の既約ユニタリ表現 (表現空間が自明でない不変な閉部分空間をもたない) は有限次元であり,正則表現 $(l, L^2(G))$ の部分表現に同値である.また,指標が等しい表現は互いに同値である.

(2) (ピーター–ワイルの完全性定理) 正則表現は次のように有限次表現の直和に分解する.

$$L^2(G) = \widehat{\bigoplus}_{\pi \in \hat{G}} V_\pi^* \otimes_{\mathbb{C}} V_\pi.$$

ただし,左正則表現 l としての既約成分を V_π とするとき,双対表現 V_π^* が右正則表現 r の既約成分を与える. (直和 $\bigoplus$ はヒルベルト空間としての完備化を込めた操作であり,和 $\pi \in \hat{G}$ は既約表現の同値類を亘る.)

(3) (直交性) 2 つの既約表現 π, π' の指標を $\chi_\pi, \chi_{\pi'}$ とおくと,

$$(\chi_\pi \mid \chi_{\pi'}) = \begin{cases} 1 & (\pi \simeq \pi' : \text{同値}), \\ 0 & (\pi \not\simeq \pi' : \text{非同値}). \end{cases}$$

(4) (2) から見られるように,既約表現の同値類のなす集合 $\hat{G}$ の総数は無限個であるが (勿論共役類の総数も無限個),既約指標は類関数のなすヒルベルト空間 $I(G)$ の正規直交基底をなす.

例 1.5.17. $T = \{z \in \mathbb{C}^\times \mid |z| = 1\} = \{z = e^{i\theta} \mid \theta \in \mathbb{R}\} \simeq \mathbb{R}/2\pi\mathbb{Z}$ はコンパクトな可換群である.既約表現は 1 次元表現 $\chi_n : z \mapsto z^n$ $(n \in \mathbb{Z})$ に同値である.直交関係式は $(\chi_n \mid \chi_m) = \frac{1}{2\pi} \int_0^{2\pi} e^{i(n-m)\theta} d\theta = \delta_{n,m}$. 周期関数 $f(\theta) = f(\theta + 2\pi)$ に対して $\hat{f}(n) = (f|\chi_n) = \frac{1}{2\pi} \int f(\theta) e^{-in\theta} d\theta$ はフーリエ係数であり,パーセバルの公式 (フーリエ級数展開)

$$f(\theta) = \sum_{n \in \mathbb{Z}} \hat{f}(n) e^{in\theta}$$

は上記 (2) の正則表現の直和分解を表す. (f は $T = \mathbb{R}/2\pi\mathbb{Z}$ 上の関数と思う.)

この項について,さらに詳しいことを学びたければ [Hi], [KO] などを参照せよ.

II. $U_n \subset GL_n(\mathbb{C})$, とくに $n = 2$

$GL_n(\mathbb{C})$ の自然表現，すなわち $V = \mathbb{C}^n$ への自然な作用 $\pi(x)v = xv$ ($x \in GL_n(\mathbb{C}), v \in V$) を考える．自然表現から出発してそのテンソル積表現 ($\pi^{\otimes m}, V^{\otimes m}$) ($V^{\otimes m}$ は V の m 個のテンソル積) や対称積表現 ($\pi_m, S^m(V)$) が得られる．それぞれの作用は

$$\pi^{\otimes m}(x)(v_1 \otimes v_2 \otimes \cdots \otimes v_m) = xv_1 \otimes xv_2 \otimes \cdots \otimes xv_m,$$
$$\pi_m(x)(v_1 v_2 \cdots v_m) = (xv_1)(xv_2)\cdots(xv_m)$$

で与えられる．

V の基底 $e_1, e_2, \ldots, e_n$ をえらぶと $S^m(V)$ の元は $e_1, e_2, \ldots, e_n$ を不定元とする m 次斉次多項式と見なせるから，対称積表現は，$x \in GL_n(\mathbb{C})$ の e_i への作用 $xe_i = \sum_{j=1}^n x_{ji} e_j$ が引き起こす多項式への作用と思える．

GL_n の対称積表現は既約である．以下，$n = 2$ の場合これを証明しよう．$x(t) = \begin{pmatrix} 1 & 0 \\ t & 1 \end{pmatrix}$ ($t \in \mathbb{C}$) の作用は次で与えられる；$x(t)e_1 = e_1 + te_2$, $x(t)e_2 = e_2$. よって，$t^{-1}(x(t)e_1 - e_1) = e_2$, $t^{-1}(x(t)e_2 - e_2) = 0$ ($t \neq 0$). これは，$x(t)e_i$ を微分した作用である．($\frac{d}{dt}(x(t)e_i)\big|_{t=0} = e_{i+1}$ ($e_3 = 0$).) さらに一般に，$S^m(V)$ の単項式への作用を考えると，積公式

$$\frac{d}{dt}(x(t)(e_{i_1} e_{i_2} \cdots e_{i_m}))\Big|_{t=0} = \sum_{k=1}^m e_{i_1} e_{i_2} \cdots \Big(\frac{d}{dt}(x(t)e_{i_k})\Big|_{t=0}\Big) \cdots e_{i_m}$$
$$= \sum_{k=1}^m e_{i_1} e_{i_2} \cdots e_{i_k+1} \cdots e_{i_m}$$

が成立する．

さて，$0 \neq W \subset S^m(V)$ を $GL_2(\mathbb{C})$ 不変部分空間とすると，$w \in W$ に対して，微分の作用は W を保つ．すなわち，$\frac{d}{dt}(x(t)w) = \lim_{t \to 0} \frac{x(t)w - w}{t} \in W$. いま，作用を $\frac{d}{dt}(x(t)w) = E_+ w$ とおくと，$E_+ e_i = e_{i+1}$. このとき，単項式に対して $E_+(e_1^{a_1} e_2^{a_2}) = a_1 e_1^{a_1-1} e_2^{a_2+1}$ より $(E_+)^{a_1}(e_1^{a_1} e_2^{a_2}) = a_1! e_2^{a_1+a_2}$. よって，$w = c_a e_1^a e_2^{m-a} + c_{a+1} e_1^{a+1} e_2^{m-a-1} + \cdots$ ($c_a \neq 0$) とすると，$(E_+)^a w = c_a a! e_2^m \in W$, すなわち $e_2^m \in W$.

一方, $y(t) = \begin{pmatrix} 1 & t \\ 0 & 1 \end{pmatrix}$ に対して同様の計算を行うと, $E_- w = \frac{d}{dt}(y(t)w)$ について $E_- e_1 = 0$, $E_- e_2 = e_1$ より $(E_-)^a e_2^m = m(m-1)\cdots(m-a+1)e_1^a e_2^{m-a}$ を得る. よって, すべての単項式について $e_1^a e_2^{m-a} \in W$ が成り立ち, $W = V$ が示された. すなわち, 対称積 $S^m(V)$ が与える表現 π_m が既約であることが示された.

少し複雑な同様の議論を行うことによって, n が一般次元のときも対称積表現の既約性が証明される.

1 経数群 $x(t)$ の微分作用を考える発想は, リー群論の手法である. 表現空間への作用 $x(t)w$ の微分を抽象して, 群の元 $x(t)$ の微分 (接ベクトル) と見なすことにより"リー環"が発生した.

さて, $GL_n(\mathbb{C})$ の部分群であるユニタリ群 $U_n = \{x \in GL_n(\mathbb{C}) \mid x^t\bar{x} = 1\}$ を考える. 一般に $GL_n(\mathbb{C})$ の有限次既約表現を部分群 U_n に制限して得た U_n の表現もまた既約であることが分かる. ワイルのユニタリ・トリックとよばれているものの一部であるが, この場合は容易に証明できるので以下に述べておこう. 次の簡単な補題による.

補題 1.5.18. U_n はベクトル空間 $M_n(\mathbb{C})$ の部分集合として n^2 個の $\mathbb{C}$ 上 1 次独立な行列を含む.

証明 すでに部分群である直交群 $O_n \subset U_n$ について成立する. 符号付き単項行列 $(\pm e_{i_1}, \pm e_{i_2}, \ldots, \pm e_{i_n})$ (e_i は単位ベクトル, $(i_1, i_2, \ldots, i_n)$ は n 次の置換) から適当に 1 次結合を取ることにより, すべての単位行列 (e_{ij}) を得ることができる. すなわち, 上記行列は全行列空間 $M_n(\mathbb{C})$ を張る. ∎

補題より, $GL_n(\mathbb{C})$ の任意の元は U_n の元の 1 次結合に書けるから, $GL_n(\mathbb{C})$ の既約表現空間の U_n 不変部分空間は $GL_n(\mathbb{C})$ 不変でもあり, 結局 U_n の表現としても既約性が保たれる. 合わせて次の定理が得られた.

定理 1.5.19. 対称積表現 $(\pi_m, S^m(V))$ は，一般線型群およびその部分群であるユニタリ群の既約表現を与える．

ユニタリ群 U_n は全行列空間 $M_n(\mathbb{C}) \simeq \mathbb{C}^{n^2}$ の有界閉集合であるからコンパクト群である．

また，線型代数学で学んだように，ユニタリ行列 $x \in U_n$ は適当なユニタリ行列 $y \in U_n$ によって対角化 (yxy^{-1} が対角行列) できる．対角行列

$$t = (t_1, t_2, \ldots, t_n) = \begin{pmatrix} t_1 & & & 0 \\ & t_2 & & \\ & & \ddots & \\ 0 & & & t_n \end{pmatrix}$$

に対する対称積表現の指標値は定義から容易に計算できる：

$$\operatorname{Trace} \pi_m(t) = \sum_{i_1 + i_2 + \cdots + i_n = m} t_1^{i_1} t_2^{i_2} \ldots t_n^{i_n}$$

(m 次斉次対称式)．$\operatorname{Trace} \pi_m(x) = \operatorname{Trace} \pi_m(yxy^{-1})$ ゆえ，表現 π_m の指標 $\operatorname{Trace} \pi_m$ は上式で完全に決まる．

III. 一般線型群のテンソル積表現と対称群の表現 (フロベニウス–ワイル–シューア)；$n = 2$ の場合

今度は，一般線型群およびユニタリ群のテンソル積表現 $(\pi^{\otimes m}, V^{\otimes m})$ を考えよう．定義から容易に分かるように，対角行列 $t = (t_1, t_2, \ldots, t_n)$ における指標値は

$$\operatorname{Trace} \pi^{\otimes m}(t) = (\operatorname{Trace} \pi(t))^m = (t_1 + t_2 + \cdots + t_n)^m$$

である．

簡単のため，以下 $n = 2$ と仮定する．$(t_1 + t_2)^2 = (t_1^2 + t_1 t_2 + t_2^2) + t_1 t_2 = \operatorname{Trace} \pi_2(t) + \det t$ ゆえ，U_2 および $GL_2(\mathbb{C})$ の表現として

$$\pi^{\otimes 2} = \pi_2 + \det$$

という既約分解をもつ．表現空間としては，

$$V^{\otimes 2} = V \otimes V = S^2(V) \oplus \wedge^2 V$$

1.5 群の表現

という直和分解を表している.

一般に次が成立する.

定理 1.5.20.

$$(t_1+t_2)^m = \sum_{l=0}^{[m/2]} d_l\,(t_1 t_2)^l\,(t_1^{m-2l}+t_1^{m-2l-1}t_2+\cdots+t_2^{m-2l}).$$

ただし，$[m/2]$ は $m/2$ を超えない最大の整数で，

$$d_l = \binom{m}{l} - \binom{m}{l-1} = \frac{m!(m-2l+1)}{l!(m-l+1)!}, \quad (d_0=1 \text{ とする}).$$

証明 まず

$$(t_1 t_2)^l(t_1^{m-2l}+t_2^{m-2l-1}t_2+\cdots+t_2^{m-2l}) = (t_1 t_2)^l \mathrm{Trace}\,\pi_{m-2l}(t)$$
$$= \frac{t_1^{m-l+1}t_2^l - t_1^l t_2^{m-l+1}}{t_1-t_2}$$

に注意する．2 項定理より

$$(t_1+t_2)^m = \sum_{i=0}^{m} \binom{m}{i} t_1^{m-i} t_2^i$$

ゆえ $t_1^{m-l+1}t_2^l$ の係数を比較して

$$(t_1+t_2)^m(t_1-t_2) = \sum_{l=0}^{[m/2]}\left(\binom{m}{l}-\binom{m}{l-1}\right)(t_1^{m-l+1}t_2^l - t_1^l t_2^{m-l+1})$$

を得る． ∎

指標の 1 次独立性から定理はテンソル積表現 $(\pi^{\otimes m}, V^{\otimes m})$ の分解公式を与えている．すなわち，

系 1.5.21.

$$(\pi^{\otimes m} : (\det)^l \otimes \pi_{m-2l}) = d_l \qquad \left(0 \leq l \leq \left[\frac{m}{2}\right]\right).$$

例 **1.5.22.**
$$m = 3,\ d_0 = 1,\ d_1 = 2,$$
$$m = 4,\ d_0 = 1,\ d_1 = 3,\ d_2 = 2.$$

自然数 d_l は面白い数である．テンソル積 $V^{\otimes m}$ には GL_2 のみならず，対称群 S_m が働いている：

$$\sigma(v_1 \otimes v_2 \otimes \cdots \otimes v_m) = v_{\sigma^{-1}(1)} \otimes v_{\sigma^{-1}(2)} \otimes \cdots v_{\sigma^{-1}(m)}.$$

さらに，この作用は GL_2 の作用と可換であるから，$V^{\otimes m}$ へは直積群 $S_m \times GL_2(\mathbb{C})$ が働いていると考えられる．このことは，テンソル積 $V^{\otimes m}$ を $S_m \times GL_2(\mathbb{C})$ の表現として既約分解したとき，

$$V^{\otimes m} \simeq \sum_{\lambda \in \widehat{S_m},\, \mu \in \widehat{GL_2(\mathbb{C})}} c(\lambda, \mu)\, X_\lambda \otimes W_\mu$$

($c(\lambda, \mu)$ が $S_m \times GL_2$ の既約表現 $X_\lambda \otimes W_\mu$ の重複度) となるとすると，W_μ が表現 $\det^l \otimes \pi_{m-2l}$ を与えるとき，

$$d_l = \sum_\lambda c(\lambda, \mu) \dim X_\lambda$$

となることを意味する．

実は，1つの l(すなわち μ) に対して，$c(\lambda, \mu) \neq 0$ となる λ は唯 1 つで，しかもこのとき $c(\lambda, \mu) = 1$ であることが分かっている．すなわち次の定理が知られている．

定理 1.5.23. $S_m \times GL_2(\mathbb{C})$ の表現として，各 $0 \leq l \leq \left[\frac{m}{2}\right]$ に対して S_m の既約表現 $\chi_{(l)}$ が唯 1 つ定まり，

$$\pi^{\otimes m} = \sum_{l=0}^{\left[\frac{m}{2}\right]} \chi_{(l)} \otimes ((\det)^l \otimes \pi_{m-2l})$$

と分解する．ここで，$\deg \chi_{(l)} = \chi_{(l)}(e) = d_l$ である．

テンソル積表現 $\pi^{\otimes m}$ における $(\sigma, t) \in S_m \times U_2$ の指標値は

$$\operatorname{Trace} \pi^{\otimes m}(\sigma, t) = \prod_{i=1}^r (t_1^{|\sigma_i|} + t_2^{|\sigma_i|})$$

(ただし, $\sigma = \sigma_1 \sigma_2 \cdots \sigma_r$ を σ の素な巡回置換表示とし, $|\sigma_i|$ を巡回置換 σ_i の長さとする) であるから, 次の定理を得る.

系 1.5.24. S_m の指標 $\chi_{(l)}$ の $\sigma \in S_m$ における値は展開式

$$\prod_{i=1}^{r}(t_1^{|\sigma_i|} + t_2^{|\sigma_i|}) = \sum_{l=0}^{[\frac{m}{2}]} \chi_{(l)}(\sigma)(t_1 t_2)^l (t_1^{m-2l} + \cdots + t_2^{m-2l})$$

で与えられる.

これらの事実は, 一般次数の線型群と対称群に対しても成立し, フロベニウス–ワイル–シューアの相互律とよばれている.

IV. 一般線型群のテンソル積表現と対称群の表現；一般の場合

この項の内容が最も分かり易く完全に書いてある本は岩堀長慶 [I] である. ほかにも, I.G.Macdonald [Ma] が有名である.

$GL_2(\mathbb{C})$ の有限次既約表現は, I で定義した対称積表現 $(\pi_m, S^m(V))$ と 1 次表現 $\det^l$ のテンソル積 $\pi_m \otimes \det^l$ に同値であることが知られている.

$GL_n(\mathbb{C})$ についてはこのことは成立しないが, ボレル–ヴェイユの定理というものがあって, もっと一般の代数多様体上の多項式関数を用いれば, すべての有限次既約表現を構成することができる (「表現の実現」という). しかし, 既約指標を対角行列に制限した関数については容易に記述できる.

まず, n 個の自然数 (非負整数)$(\alpha_1, \alpha_2, \ldots, \alpha_n)$ $(\alpha_i \geq 0)$ に対して, n 変数 $t = (t_1, t_2, \ldots, t_n)$ の斉次多項式

$$|t^{\alpha_1}, t^{\alpha_2}, \ldots, t^{\alpha_n}| = \begin{vmatrix} t_1^{\alpha_1} & t_1^{\alpha_2} & \cdots & t_1^{\alpha_n} \\ t_2^{\alpha_1} & t_2^{\alpha_2} & \cdots & t_2^{\alpha_n} \\ \vdots & \vdots & & \vdots \\ t_n^{\alpha_1} & t_n^{\alpha_2} & \cdots & t_n^{\alpha_n} \end{vmatrix}$$

を定義する ($\sum_{i=1}^{n} \alpha_i$ 次斉次).

次に自然数の組 $l_1 \geq l_2 \geq \cdots \geq l_n \geq 0$ に対して, t の関数

$$S_{(l_1, l_2, \ldots, l_n)}(t) = \frac{|t^{l_1+n-1}, t^{l_2+n-2}, \ldots, t^{l_n}|}{|t^{n-1}, t^{n-2}, \ldots, t^0|}$$

を定義する．分母は t のヴァンデルモンド行列式であるから，差 $t_i - t_j$ ($i < j$) の積と符号を除いて等しい．一方分子は行列式の交代性から，$t_i - t_j$ で割り切れる．よって結局 $S_{(l_1,l_2,\ldots,l_n)}(t)$ は $\sum_{i=1}^n l_i$ 次斉次多項式である．$\lambda = (l_1,l_2,\ldots,l_n)$ とおいて，$S_\lambda(t)$ を組 λ に対応する**シューア多項式**という．$S_\lambda(t)$ はまた $t_1,t_2,\ldots,t_n$ の対称式である．

このとき次が知られている．

定理 1.5.25. $GL_n(\mathbb{C})(\supset U_n)$ の有限次既約表現の指標の対角行列 $t = (t_1,t_2,\ldots,t_n)$ 上の値は，ある組 λ に対するシューア多項式を用いて $S_\lambda(t)(\det t)^k$ と表される．逆に，上の斉次多項式を対角行列上の値とする既約指標が唯 1 つ存在する．

さて，III と同様に，$GL_n(\mathbb{C})$ の $V = \mathbb{C}^n$ 上の自然表現の m 次テンソル表現 $(\pi^{\otimes m}, V^{\otimes m})$ は，対称群との直積群 $S_m \times GL_n(\mathbb{C})$ の表現を与えているが，その (σ, t) ($\sigma \in S_m$, $t = (t_1,t_2,\ldots,t_n)$ は対角行列) における指標値（トレース）は，$\sigma = \sigma_1 \sigma_2 \cdots \sigma_r$ ($r \leq m$) を σ の素な巡回置換表示とし，巡回置換の長さを $|\sigma_i|$ と書くとき，ベキ和多項式の積 $\prod_{i=1}^r (t_1^{|\sigma_i|} + t_2^{|\sigma_i|} + \cdots + t_n^{|\sigma_i|})$ となる．実際，σ ($\sum_i |\sigma_i| = m$) で固定される $V^{\otimes m}$ の基底は，$e_1^{\otimes |\sigma_1|} \otimes e_2^{\otimes |\sigma_2|} \otimes \cdots \otimes e_r^{\otimes |\sigma_r|}$ の形をしているから．

次は，前項の系 1.5.24 の一般的な場合である．

定理 1.5.26 (フロベニウス–ワイル–シューア). σ に対応する m 次のベキ和多項式の積は，m の分割 $\lambda = (l_1,l_2,\ldots,l_n)$ (n 項からなる $m = l_1 + l_2 + \cdots + l_n$, $l_1 \geq l_2 \geq \cdots \geq l_n \geq 0$) に対するシューア多項式 $S_\lambda(t)$ の整係数 1 次結合に書ける．その係数を $\chi_\lambda(\sigma) \in \mathbb{Z}$ として

$$\prod_{i=1}^r (t_1^{|\sigma_i|} + t_2^{|\sigma_i|} + \cdots + t_n^{|\sigma_i|}) = \sum_\lambda \chi_\lambda(\sigma) S_\lambda(t)$$

と書くと，$\sigma \in S_m$ の関数として $\chi_\lambda : S_m \to \mathbb{Z}$ は対称群 S_m の既約指標となり，$\lambda \neq \lambda'$ (m の分割として) のとき $\chi_\lambda \neq \chi_{\lambda'}$ である．

すなわち，S_m の既約指標 (既約表現の同値類と 1 対 1 に対応する) と m の分割 $\lambda = (l_1,l_2,\ldots,l_n)$ は 1 対 1 に対応し，その指標が上の係数から決ま

1.5 群の表現

る関数 χ_λ で与えられる. さらに, 上式は直積群 $S_m \times GL_n(\mathbb{C})$ のテンソル表現 $V^{\otimes m}$ における既約分解に対応していると見なせる ($\chi_\lambda \cdot S_\lambda$ は 0 でなければ直積群の既約指標).

例 1.5.27. $n = 2$ のとき, 和に現れる m の分割 λ は 2 項以下の $m = l_1 + l_2$ に限る.

ヤング図形

線型群や対称群の表現について今まで述べた様々な量は, 自然数の分割に対応している場合が多かった. 分割をヤング図形 (またはフレーム図形) とよばれる積み木細工様の絵で表すと, これらの量に関する情報が驚くほど見やすくなることが分かっている. このやり方は 1 人歩きして, 組み合わせ論と称する分野の興味深い部分をなしている. このことの簡単な紹介をしてこの節を終わることにする.

m の分割 $\lambda = (l_1, l_2, \ldots, l_n)$ ($l_1 \geq l_2 \geq \cdots \geq l_n \geq 0$) に対して, m 個の箱を以下のように並べた図形

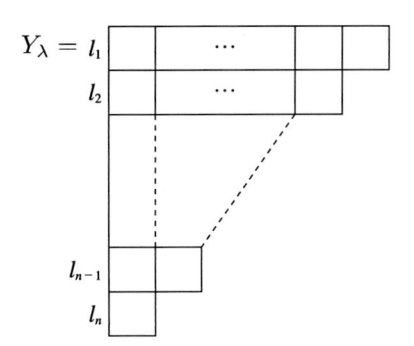

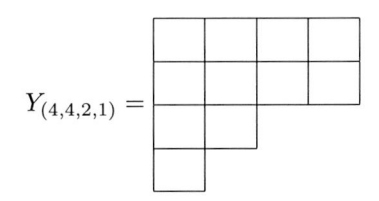

$$Y_\lambda = \begin{array}{c} l_1 \\ l_2 \\ \vdots \\ l_{n-1} \\ l_n \end{array}$$

$$Y_{(4,4,2,1)} =$$

をヤング図形という.

$l_n > 0$ のとき, n を Y_λ の高さという.

ヤング図形の 1 つの箱を起点にして右と下に延ばした道を**フック (鉤？鉤？ホック)** という．その道のりをフックの長さという (下の図)．

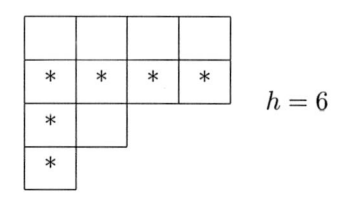

```
* * * *
*
*
```
$h = 6$

フックの長さが介在する公式として次が有名である．

定理 1.5.28. λ に対応する S_m の既約表現の次数 d_λ について次が成り立つ．
$$d_\lambda = \chi_\lambda(e) = \frac{m!}{\prod_{b \in Y_\lambda} h_b}.$$
ただし，h_b は λ に対応するヤング図形の箱 $b \in Y_\lambda$ を起点とするフックの長さ．

例 1.5.29. $n = 2$ のとき．III 項の例．$\lambda = (l_1, l_2)$ に対する高さ 2 のヤング図形 ($l_2 > 0$ のとき)．

$$Y_{(l_1, l_2)} = \begin{array}{|c|c|c|c|c|c|} \hline l_1+1 & l_1 & \cdots & l_1-l_2+2 & \cdots & 2 & 1 \\ \hline l_2 & l_2-1 & \cdots & 1 \\ \cline{1-4} \end{array}$$

(各箱にそれを起点とするフックの長さ h_b が記入してある．)

$$d_\lambda = d_{l_2} = \binom{m}{l_2} - \binom{m}{l_2-1} = \frac{m!(m-2l_2+1)}{l_2!(m-l_2+1)!}$$

(III の定理 1.5.20 の式)．

例 1.5.30. $\lambda = (4, 3, 2)$

```
6 5 3 1
4 3 1
2 1
```

1.5 群の表現

$$d_{(4,3,2)} = \frac{9!}{6 \cdot 5 \cdot 3 \cdot 4 \cdot 3 \cdot 2} = 168$$

上の定理 1.5.28 は次による.

フロベニウスの公式：

$$d_\lambda = \frac{m!}{\tilde{l}_1! \tilde{l}_2! \cdots \tilde{l}_n!} \prod_{i<j} (\tilde{l}_i - \tilde{l}_j) \qquad (\tilde{l}_i = l_i + n - i).$$

補題 1.5.31. ([I] に益本の証明あり)：Y_λ の第 1 段目にある箱を起点とするフックの長さの積 (l_1 個) について,

$$\prod_{b \in 1 \text{段目}} h_b = \frac{\tilde{l}_1!}{(\tilde{l}_1 - \tilde{l}_2)(\tilde{l}_1 - \tilde{l}_3) \cdots (\tilde{l}_1 - \tilde{l}_n)}$$

ヤング図形のすべての箱に 1 から m までの番号を付けたものを m 次の盤といい，どこを見ても番号が上から下へ，かつ左から右へ増えていくものを**標準盤**という．盤が乗っているヤング図形をその**台**という．

例

1	3	4	6
2	5	8	
7			

標準盤と既約表現の次数の間には面白い関係がある.

定理 1.5.32. λ に対応する既約表現の次数 d_λ は，ヤング図形 Y_λ を台とする標準盤の総数に等しい.

$n = 3, 4$ などの場合，絵を描いて見ると面白い.

上の 2 つの定理から，表現論の言葉なしにヤング図形のみで述べられる次の事実が得られる.

Y_λ を台とする標準盤の総数は $\dfrac{m!}{\prod_{b \in Y_\lambda} h_b}$ に等しい.

この等式の確率の考えを用いた直接の (組み合わせ論的) 証明がある ([Ho2] の末尾文献).

1.6 代数多様体

以降の節の代数幾何学に関する基本文献は, [Gr], [Ha], [K], [Mu], [Mi] 等である.

1.6.1 代数的集合と多項式イデアル

多項式の零点がなす集合を代数的集合という. 1 変数であれば, 代数方程式の根がなす集合である.

正確に記すために, まず基礎の体 k を 1 つ固定して k 係数 n 不定元の多項式環を $k[X_1, X_2, \ldots, X_n]$ と書く. 多項式の集合 $S = \{f_\alpha(X_1, X_2, \ldots, X_n)\}_{\alpha \in A}$ に対して,

$$\mathbf{V}(S) = \{a = (a_1, a_2, \ldots, a_n) \in k^n \mid f_\alpha(a) = f_\alpha(a_1, a_2, \ldots, a_n) = 0 \ (\alpha \in A)\}$$

を S が定める**代数的集合**という.

$n = 2$ のとき, $\mathbf{V}(f) = \{(a_1, a_2) \in k^2 \mid f(a_1, a_2) = 0\}$ は平面代数曲線 $f(X_1, X_2) = 0$ である. 高校で学んだ円, 放物線, 双曲線, 楕円などがその始めての例であろう. 素朴に, 平たくいえば, 代数的集合の幾何学的形態を調べるのが代数幾何学である.

これから, 一般の n で考えるので, 記号を単純化して誤解の恐れがない限り, k 係数 n 不定元の多項式環を $k[X] = k[X_1, X_2, \ldots, X_n]$, n 不定元の多項式を $f(X) = f(X_1, X_2, \ldots, X_n)$, k^n の元 (点) を $a = (a_1, a_2, \ldots, a_n) \in k^n$ と, n 個の組を 1 つの記号 X, a などで記すことにする.

代数的集合を定める多項式の集合 $S \subset k[X]$ は一意的ではない. いま S が生成する $k[X]$ のイデアルを $(S) = \sum_{f \in S} k[X] f$ と書くと, イデアル (S) が定める代数的集合 $\mathbf{V}((S))$ も $\mathbf{V}(S)$ と等しいことは定義から明らかであろ

1.6 代数多様体

う．したがって，代数的集合は $k[X]$ のイデアル $I \subset k[X]$ から定まる $\mathbf{V}(I)$ のことであるといってもよい．

命題 1.6.1. 代数的集合について次が成り立つ．

(1) $\mathbf{V}(0) = k^n$, $\mathbf{V}(1) = \emptyset$.
(2) $S_1 \subset S_2 \Rightarrow \mathbf{V}(S_1) \supset \mathbf{V}(S_2)$.
(3) $\mathbf{V}(\bigcup_\alpha S_\alpha) = \bigcap_\alpha \mathbf{V}(S_\alpha)$.
(4) I, J を $k[X]$ のイデアルとすると，$\mathbf{V}(I) \cup \mathbf{V}(J) = \mathbf{V}(I \cap J) = \mathbf{V}(IJ)$.

証明 (1)〜(3) は定義から明らか．

(4) $IJ \subset I \cap J$ より，(2) から $\mathbf{V}(I \cap J) \subset \mathbf{V}(IJ)$. また，(2) から $\mathbf{V}(I) \subset \mathbf{V}(I \cap J)$, $\mathbf{V}(J) \subset \mathbf{V}(I \cap J)$ より $\mathbf{V}(I) \cup \mathbf{V}(J) \subset \mathbf{V}(I \cap J)$. よって，$\mathbf{V}(IJ) \subset \mathbf{V}(I) \cup \mathbf{V}(J)$ をいえばよい．いま $a \in \mathbf{V}(IJ) \setminus \mathbf{V}(J)$ とすると，$f(a) \neq 0$ なる $f \in J$ がある．ところが，任意の $g \in I$ に対して $g(a)f(a) = 0$. よって $g(a) = 0$. これは，$a \in \mathbf{V}(I)$ を意味する． ∎

系 1.6.2. k^n の代数的集合の族は閉集合の公理をみたす．

定義 代数的集合を閉集合と見なす k^n の位相を**ザリスキ位相**という．

イデアルが代数的集合を定めたが，逆に，代数的集合もイデアルを定める．一般に，k^n の部分集合 $A \subset k^n$ に対して，

$$\mathbf{I}(A) = \{f \in k[X] \mid f(a) = 0 \; (\forall a \in A)\}$$

とおくと，明らかに $\mathbf{I}(A)$ は $k[X]$ のイデアルをなす．$A = \mathbf{V}(S)$ が代数的集合のときは，定義から $(S) \subset \mathbf{I}(\mathbf{V}(S))$ であるが，$(S) = \mathbf{I}(\mathbf{V}(S))$ とは限らない．

自明な例：$S = \{X_1^2\}$ のとき，$\mathbf{V}(X_1^2) = \mathbf{V}(X_1)$ ゆえ，$X_1 \in \mathbf{I}(\mathbf{V}(X_1^2))$, しかし $X_1 \notin (X_1^2)$.

代数的集合のイデアルについて次が成り立つことは容易に示される．

(1) $V_1 \subset V_2 \Rightarrow \mathbf{I}(V_1) \supset \mathbf{I}(V_2)$.

(2) $\mathbf{I}(V_1 \cup V_2) = \mathbf{I}(V_1) \cap \mathbf{I}(V_2)$.

以上まとめると，k^n の代数的集合のなす族を $\mathcal{A}$, $k[X] = k[X_1, X_2, \ldots, X_n]$ のイデアルのなす集合を $\mathcal{I}$ とすると，対応 (写像) $\mathcal{I} \leftrightarrows \mathcal{A}$ が，$\mathbf{V}(J) \in \mathcal{A}$ ($J \in \mathbf{I}$), $\mathbf{I}(V) \in \mathcal{I}$ ($V \in \mathcal{A}$) によって得られた．$\mathbf{I} \circ \mathbf{V} \neq \mathrm{Id}_\mathcal{I}$ であったが，一方 $\mathbf{V} \circ \mathbf{I} = \mathrm{Id}_\mathcal{A}$, すなわち，代数的集合 V に対して，$\mathbf{V}(\mathbf{I}(V)) = V$ は成り立つ．($V = \mathbf{V}(S)$ とすると $\mathbf{I}(V) \supset (S)$. ゆえに $\mathbf{V}(\mathbf{I}(V)) \subset \mathbf{V}(S)$. $\mathbf{V}(S) \subset \mathbf{V}(\mathbf{I}(V))$ は明らか．)

この対応をさらに精密にとらえるためには基礎体 k が代数的閉体と仮定しなければいけない．例えば，$k = \mathbb{R}$ のとき，$f(X_1, X_2) = X_1^2 + X_2^2 + 1$ に対する代数的集合は空集合 $\emptyset \subset \mathbb{R}^2$ である．したがって，$\mathbf{I}(\emptyset) = (1)$ となるが，(f) と (1) の間の関係はない！($\mathbf{V}(I) = \emptyset$ となるイデアルは無数にある．) ところが，$\mathbb{C}^2$ の代数的集合を考えると，複素曲線 $V = \{(a_1, a_2) \in \mathbb{C}^2 \mid a_1^2 + a_2^2 + 1 = 0\} \neq \emptyset$ を与え，$\mathbf{I}(V) = (f)$ であることが証明される．

1.6.2　ヒルベルトの零点定理

1 点 $a = (a_1, a_2, \ldots, a_n) \in k^n$ からなる代数的集合 $\{a\}$ に対応するイデアルを $\mathfrak{m}_a = \{f \in k[X] \mid f(a) = 0\}$ とおくと $X_i - a_i \in \mathfrak{m}_a$ ($1 \leq i \leq n$) であり，これらの 1 次式が $\mathfrak{m}_a$ を生成する．実際，f を $X_i - a_i$ の多項式に書いておくと，$f(a) = 0$ は定数項が 0 であることを意味するから．また，$e_a(f) = f(a)$ によって環準同型 $k[X] \to k$ を定義すると，$\mathfrak{m}_a = \mathrm{Ker}\, e_a$ であって，$k[X]/\mathfrak{m}_a \simeq k$ (体) であるから，$\mathfrak{m}_a$ は極大イデアルである．

k が代数的閉体であれば，この逆，すなわち $k[X]$ の極大イデアルはある点 $a \in k^n$ に対するイデアル $\mathfrak{m}_a$ に等しいことを主張するのが (弱い形の) ヒルベルトの零点定理である．1 不定元 ($n = 1$) のとき，このことは $k[X]$ の極大イデアル (0 でない素イデアル) が 1 次式 $X - a$ で生成される (0 でない既約多項式は 1 次式である) という，k が代数的閉体であることの定義を表している．

零点定理の証明のために，環の整拡大 (または有限拡大) について少し準備しておこう．

1.6 代数多様体

可換環 S が R 代数，すなわち，環準同型 $\phi: R \to S$ が与えられているものとする．(ϕ が単射でなくても) $R \to \phi(R) \subset S$ によって，R の元を S の元と見なすことにする．$x \in S$ がモニックな R 係数多項式の零点であるとき，すなわち，
$$x^n + a_1 x^{n-1} + \cdots + a_n = 0$$
をみたす $a_i \in R$ があるとき，x を **R 上整な元**という．これについて次が成立する．

補題 1.6.3. R 代数 S について次は同値である．

(1) $x \in S$ は R 上整．

(2) $R[x] (= \phi(R)[x])$ は R 上有限生成**加群**である．

(3) x はある R 上有限生成加群であるような部分環 $(\phi(R) \subset) S'$ の元 $(x \in S')$ である．

証明 (1) $\Rightarrow$ (2) $x^n + a_1 x^{n-1} + \cdots + a_n = 0$ $(a_i \in R)$ とすると，$x^n \in R + Rx + \cdots Rx^{n-1} \subset S$ ゆえ $R[x] = \sum_{i=0}^{n-1} Rx^i$ となり，有限生成加群となる．

(2) $\Rightarrow$ (3) $S' = R[x]$ ととればよい．

(3) $\Rightarrow$ (1) $x \in S' = \sum_{i=1}^{r} Ry_i$ とする．$xy_i = \sum_{j=1}^{r} a_{ij} y_j$ $(a_{ij} \in R)$ とすると，$\vec{y} = {}^t(y_1, y_2, \ldots, y_r) \neq 0$ は 1 次方程式 $(xE - (a_{ij}))\vec{y} = 0$ の解であるから，線型代数学の定理から
$$\det(xE - (a_{ij})) = 0$$
となる．すなわち，x はモニックな多項式 $f(X) = \det(XE - (a_{ij})) \in R[X]$ の零点である (余因子行列の公式は環係数でも成り立つことに注意)． ■

系 1.6.4. $\overline{R}$ を R 上整な元がなす S の部分集合とすると $\overline{R}$ は S の部分環である．$\overline{R}$ を R の S における**整閉包**という．

証明 $x, y \in \overline{R} \Rightarrow R[x], R[y]$ は R 上有限生成加群．よって $R[x,y]$ も $R[x]$ 上有限生成になり，R 上有限生成加群になる．$x \pm y, xy \in R[x,y] \subset \overline{R}$. ■

$\overline{R} = S$ のとき S を R 上**整拡大**, S が R 上有限加群のとき, **有限拡大**という.

系 1.6.5. 整域の整拡大 $R \subset S$ について, 一方が体ならば, もう一方も体である.

証明 R を体とする. $0 \neq x \in S$, $x^n + a_1 x^{n-1} + \cdots + a_n = 0$ $(a_i \in R)$ を次数が最小の多項式とする. このとき, $a_n \neq 0$ ゆえ, $x^{-1} = -a_n^{-1}(x^{n-1} + a_1 x^{n-2} + \cdots + a_{n-1}) \in R[x]$ $(a_n^{-1} \in R)$ が成り立つ.

逆に, S が体ならば, $0 \neq y \in R$ に対して $y^{-1} \in S$. これは R 上整だから
$$(y^{-1})^m + b_1(y^{-1})^{m-1} + \cdots + b_m = 0 \quad (b_i \in R).$$
これより,
$$y^{-1} = -(b_1 + \cdots + b_m y^{m-1}) \in R.$$
ゆえに R も体である. ∎

体の拡大 $k \subset K$ については, これが整拡大のとき**代数拡大**といい, 有限拡大のとき**有限次拡大**, $[K:k] = \dim_k K$ を**拡大次数**という. k がもはや真の代数拡大 $k \subsetneq K$, $[K:k] > 1$ をもたないとき, k を**代数的閉体**という. 任意の体 k は, その代数拡大でかつ代数的閉体となるものを (k 上の) 同型を除いて唯1つもつことが知られている (シュタイニッツの定理, **代数的閉包**といい $\bar{k}$ と書く). また, 複素数体 $\mathbb{C}$ は代数的閉体であることが証明されている (ガウス「代数学の基本定理」[Ho3], [L], [W]).

ヒルベルトの零点定理の代数的証明を与えるために次の補題を準備する.

補題 1.6.6 (ザリスキ). 体の拡大 $k \subset K$ について, K が k 代数として有限生成ならば, k 加群として有限生成 (すなわち, k 上有限次元ベクトル空間) になる.

証明 $K = k[x_1, x_2, \ldots, x_n]$ として, n についての帰納法で示す (x_i は環の生成元).

まず $n=1$ のとき, $K = k[x_1]$. x_1 が k 上代数的 (整) な元でなければ, 超越的, すなわち $K = k[x_1]$ はある多項式環に同型である. よって, $x_1^{-1} \in K$ となり矛盾 ($x_1^{-1} = f(x_1) \Rightarrow x_1 f(x_1) - 1 = 0 \Rightarrow x_1$ は代数的).

次に, $n-1$ まで成立するとする. $K_1 = k(x)$ を $x = x_n$ が生成する k の拡大体とすると, $K = K_1[x_1, x_2, \ldots, x_{n-1}]$. 帰納法の仮定から $x_i \, (1 \leq i \leq n-1)$ は K_1 上代数的だから, x が k 上代数的ならば x_i も k 上代数的になり, 主張は証明される.

そこで, いま x が k 上超越的であると仮定する. x_i は K_1 上代数的であるから,

$$x_i^{n_i} + a_{i1} x_i^{n_i - 1} + \cdots + a_{i n_i} = 0 \quad (1 \leq i \leq n-1)$$

となる $a_{ij} \in K_1 = k(x)$ が存在する. $k(x)$ は x についての有理関数体 (分数式のなす体) であるから, 共通分母をなす x の多項式 $a \in k[x]$ を選ぶと, $a a_{ij} \in k[x]$. したがって,

$$(ax_i)^{n_i} + a a_{i1} (ax_i)^{n_i - 1} + \cdots + a^{n_i} a_{i n_i} = 0 \quad (i \leq n-1)$$

が成立し, ax_i は K の部分環 $k[x] (\subset k(x))$ 上整となる. よって, 任意の $f = f(x_1, x_2, \ldots, x_{n-1}, x) \in k[x_1, x_2, \ldots, x_{n-1}, x] = K$ は a の適当なベキ a^N を乗ずることにより,

$$a^N f(x_1, x_2, \ldots, x_{n-1}, x) = g(ax_1, ax_2, \ldots, ax_{n-1}, x)$$
$$(g(X_1, X_2, \ldots, X_{n-1}, X) \in k[X_1, X_2, \ldots, X_{n-1}, X])$$

と書け, 部分環 $k[x]$ 上整なる元 $ax_1, ax_2, \ldots, ax_{n-1} \in K$ で生成される環に入る. すなわち, 補題 1.6.3 の系 1.6.4 より, 適当な N に対して $a^N f$ は $k[x]$ 上整となる.

さて, $a \in k[x]$ (x の多項式) であった. いま, 特に $p \in k[x]$ を a と互いに素な多項式とし, $f = p^{-1} \in k(x) = K_1 \subset K$ に対して, 上の結果を適用する. $a^N / p \in k[x]$ (多項式), すなわち $p \mid a$ ということになり, これは矛盾である. ($k[x]$ は $k(x)$ で整閉.) よって, x は k 上代数的である. ∎

定理 1.6.7 (ヒルベルトの零点定理：弱形). 体 k 上の多項式環 $k[X] = k[X_1, X_2, \ldots, X_n]$ の極大イデアル $\mathfrak{m}$ に対する剰余体 $k[X]/\mathfrak{m}$ は k の代数的拡大である.

特に, k が代数的閉体のときは $k[X]/\mathfrak{m} = k$ となり, ある点 $a = (a_i) \in k^n$ が存在して
$$\mathfrak{m} = \mathfrak{m}_a = (X_1 - a_1, X_2 - a_2, \ldots, X_n - a_n)$$
となる.

証明 拡大体 $k \subset k[X]/\mathfrak{m} = K$ (体) について, $x_i = X_i \bmod \mathfrak{m}$ とおくと, $k[x_1, x_2, \ldots, x_n]$ (有限生成 k 代数) である. よってザリスキの補題 1.6.6 より K は k 上有限次代数拡大である.

後半は, $k[X]/\mathfrak{m} = k$ と同一視して $a_i = X_i \bmod \mathfrak{m} \in k$ とおけばよい.
∎

歴史的な事柄についての注意であるが, Ω が素体上超越次数が無限な代数的閉体 (ヴェイユの"万有体"；複素数体がその例) ならば, $k = \Omega$ のときザリスキの補題を用いないでも, ヒルベルトの定理を定義から直接証明することができる.

また, ザリスキの補題の証明は, やはり代数幾何で大切なネータの正規化定理からも直ちにしたがう.

ヒルベルトの零点定理 (弱形) は, k が代数的閉体のとき,
$$k^n \ni a \longleftrightarrow \mathfrak{m}_a \in \operatorname{Specm} k[X]$$
が 1 対 1 対応をなすことをいっている. ただし, $\operatorname{Specm} R$ は環 R の極大イデアル全体がなす集合である.

k が代数的閉体のとき, 一般の代数的集合とイデアルの関係についてさらに明快なことがいえる. 以下それを紹介しよう.

一般に可換環 R のイデアル I に対して,
$$\sqrt{I} = \{a \in R \mid a^N \in I \text{ となる } N \geq 1 \text{ がある }\}$$

とおくと, $\sqrt{I}$ は I を含むイデアルである. 実際, $a^N, b^M \in I$ とすると, $(a+b)^{N+M} = a^{N+M} + \cdots + {}_{N+M}C_i a^{N+M-i} b^i + \cdots + b^{N+M}$ において $i \leq M$ ならば, $a^{N+M-i} \in I$, $i > M$ ならば b^i ゆえ, $(a+b)^{N+M} \in I$. すなわち, $a+b \in \sqrt{I}$ となるからである.

$\sqrt{I}$ を I の**根基**という. 特に, $\sqrt{0}$ はベキ零元の集まりであり, R のベキ**零根基**とよばれる. また, $\sqrt{I} = I$ をみたすイデアル I を**根基イデアル**という.

さて, $V \subset k^n$ を代数的集合とするとき, イデアル $\mathbf{I}(V) = \{f \in k[X] \mid f(a) = 0 \ (\forall a \in V)\}$ は明らかに $\sqrt{\mathbf{I}(V)} = \mathbf{I}(V)$ をみたす. すなわち, 代数的集合が定めるイデアルは根基イデアルである.

さらに多項式イデアル $I \subset k[X]$ が定める代数的集合のイデアル $\mathbf{I}(\mathbf{V}(I))$ は, 明らかに $\sqrt{I}$ を含む. k が代数的閉体のときはこれが等しいというのが, ヒルベルトの零点定理の主張である.

定理 1.6.8 (ヒルベルトの零点定理：強形). k が代数的閉体のとき,
$$\mathbf{I}(\mathbf{V}(I)) = \sqrt{I}.$$

証明 ラビノヴィッチのトリックとよばれる方法を紹介する. ヒルベルトの基底定理より, 生成元 f_i をとり, $I = (f_1, f_2, \ldots, f_r)$ ($f_i \in k[X]$) と表す. いま, $g \in \mathbf{I}(\mathbf{V}(I))$ に対して, $n+1$ 不定元のイデアル $J = (f_1, f_2, \ldots, f_r, X_{n+1}g - 1) \subset k[X_1, X_2, \ldots, X_n, X_{n+1}]$ を考える. すると, J に対する代数的集合について $\mathbf{V}(J) = \emptyset$ である. 実際, もし $(a_1, a_2, \ldots, a_n, a_{n+1}) = (a, a_{n+1}) \in \mathbf{V}(J)$ ならば $f_i(a) = 0 \ (1 \leq i \leq r)$ ゆえ, $a = (a_1, a_2, \ldots, a_n) \in \mathbf{V}(I)$ となり, $g(a) = 0$ だから $a_{n+1}g(a) - 1 = -1 \neq 0$. すなわち, $f_1, f_2, \ldots, f_r, X_{n+1}g - 1$ の共通零点は存在しない.

ところで, k が代数的閉体ゆえ, もし $k[X_1, X_2, \ldots, X_n, X_{n+1}]$ の単位イデアルでない J に対しては $J \subset \mathfrak{m}$ となる極大イデアル $\mathfrak{m}$ をとると, ヒルベルトの零点定理 (弱形) 1.6.7 より, $\mathfrak{m} = (X_1 - a_1, X_2 - a_2, \ldots, X_n - a_n, X_{n+1} - $

a_{n+1}) となる点 $\tilde{a} = (a_1, a_2, \ldots, a_n, a_{n+1}) \in k^{n+1}$ が存在し, $\tilde{a} \in \mathbf{V}(J)$. よって, $\mathbf{V}(J) = \emptyset$ ならば, $J = (1)$. 以上より, $\sum_{i=1}^{r} h_i f_i + h_{r+1}(X_{n+1}g - 1) = 1$ となる $h_i \in k[X_1, X_2, \ldots, X_n, X_{n+1}]$ が存在する. この式は多項式環 $k[X_1, X_2, \ldots, X_n, X_{n+1}]$ における恒等式だから, $X_{n+1} = Y^{-1}$ と変数を置き換えて分母に現れる Y の最高ベキを乗ずると, 恒等式

$$\sum_{i=1}^{r} h'_i f_i + h'_{r+1}(g - Y) = Y^N$$

を得る. ここで, h'_i $(1 \leq i \leq r+1)$ は $X_1, X_2, \ldots, X_n, Y$ の多項式である. $Y = g$ とおくと $k[X]$ での恒等式

$$g^N = \sum_{i=1}^{r} h'_i(X_1, X_2, \ldots, X_n, g) f_i$$

を得て, $g \in \sqrt{I}$ が証明された. ∎

系 1.6.9. $\mathcal{I}_{\mathrm{red}}$ を $k[X]$ の根基イデアルのなす集合, $\mathcal{A}$ を k^n の代数的集合のなす集合とすると, k が代数的閉体のとき,

$$\mathbf{V}: \mathcal{I}_{\mathrm{red}} \to \mathcal{A}, \quad \mathbf{I}: \mathcal{A} \to \mathcal{I}_{\mathrm{red}}$$

は, 互いに他の逆を与える 1 対 1 対応である. ($\mathbf{I} \circ \mathbf{V} = \mathrm{Id}_{\mathcal{I}_{\mathrm{red}}}$, $\mathbf{V} \circ \mathbf{I} = \mathrm{Id}_{\mathcal{A}}$.)

例 1.6.10. 素イデアル $P \subset k[X]$ は根基イデアルである. 次のことに注意しよう.

$\mathbf{I}(V)$ は素イデアル $\iff$ V は既約集合.

ただし, 既約集合とは, 2 つの真の閉集合の和にならない集合のことである ($V = V_1 \cup V_2$ (V_i: 閉) $\Rightarrow V = V_1$ または V_2).

1.6.3 アフィン代数多様体

k^n の代数的集合 V には, k^n のザリスキ位相が与える相対位相 (V の閉集合は k^n での閉集合) と, 多項式環 $k[X]$ を V に制限した関数のなす環

1.6 代数多様体

$k[V] = k[X]|V = \{f|V \mid f \in k[X]\} \simeq k[X]/\mathbf{I}(V)$ が付随している．ここで k が代数的閉体ならばヒルベルトの零点定理 (弱形)1.6.7 より，点集合として

$$V \simeq \operatorname{Specm} k[V] \quad (x \leftrightarrow \mathfrak{m}_x)$$

($\operatorname{Specm} R$ は R の極大イデアル全体がなす集合．$\operatorname{Spec} R$ を R の素イデアル全体がなす集合とすると，$\operatorname{Specm} R \subset \operatorname{Spec} R$)．

さらに，点 $x \in V$ に対して，$e_x(f) = f(x)$ $(f \in k[V])$ とすると，k 代数としての準同型写像のなす集合 $\operatorname{Hom}_{k-\mathrm{alg}}(k[V], k)$ と $\operatorname{Specm} k[V]$ は対応 $e \leftrightarrow \operatorname{Ker} e$ によって 1 対 1 に対応している．すなわち，同型

$$V \simeq \operatorname{Hom}_{k-\mathrm{alg}}(k[V], k) \simeq \operatorname{Specm} k[V]$$

が成り立つ．

ここで注意すべきは，もはや k^n の中にあった代数的集合は，入れ物の k^n とは独立して環 $k[V]$ (k 代数) のみから定まっていることである．あるいは，額縁 k^n から抜け出した図形になっているといってもよい．

位相空間としては，環 $k[V]$ のイデアル I に対して，$\mathbf{V}(I) = \{x \in V \mid e_x(I) = 0\} = \{x \in V \mid I \subset \mathfrak{m}_x\}$ という形の V の部分集合が閉集合を与える．

V 上の関数環 $k[V]$ は，(0 以外の) ベキ零元をもたない (**被約**という) k 上有限生成な k 代数である．

したがって一般に，代数的閉体 k 上の被約な有限生成代数 R に対して，

$$V = \operatorname{Hom}_{k-\mathrm{alg}}(R, k) \simeq \operatorname{Specm} R$$

と定義すると，"額縁から抜け出した" 代数的集合 V が (R のみから) 定まる．(後ろの同型 $\simeq$ は k が代数的閉体のときのみ成立；ヒルベルト弱形を根拠にしているから．)

このような位相空間とその上の k 値関数空間の組 (V, R) を**アフィン代数多様体**という．すでに見たように，空間 V は k 代数 R から完全に定まっているが，V 上の関数の環という気分を出すために $R = k[V]$ とも書く．

アフィン多様体の間の関係について，次の言葉を定義する．アフィン多様体の写像 $\phi: V \to V'$ に対して，関数 $f \in k[V']$ の引き戻し $\phi^*(f) = f \circ \phi$ は

V 上の k 値関数を定義する。$\phi^*(f) \in k[V]$ ($\forall f \in k[V']$) が成り立つとき，$\phi: V \to V'$ を射 (または正則写像) という。このとき，$\phi^*: k[V'] \to k[V]$ は k 代数の準同型を与え，ϕ は連続写像になる。さらに，ϕ^* が同型になるとき，射 ϕ はアフィン多様体の同型を与えるという。

前項までの導入とは次のように関係する。R は有限生成だから $R = k[x_1, x_2, \ldots, x_n]$ のように生成元 $x_1, x_2, \ldots, x_n$ を選ぶと，多項式環の剰余環としての表示 $R \simeq k[X_1, X_2, \ldots, X_n]/I$ が得られる。R が被約であるから，I は根基イデアル ($\sqrt{I} = I$) であって，I が定めるアフィン空間 k^n 中の代数的集合 $\mathbf{V}(I) \subset k^n$ が V と同型になる。すなわち，環の生成元 $x_1, x_2, \ldots, x_n$ を選ぶことと，V のアフィン空間への埋め込み $\phi: V \hookrightarrow k^n$ を与えることが対応している。実際，$\phi^*: k[X_1, X_2, \ldots, X_n] \twoheadrightarrow R = k[X_1, X_2, \ldots, X_n]/I$ (自然な全準同型) である。

例 1.6.11. 平面 $\mathbb{C}^2$ の中の円周 $X^2 + Y^2 - 1 = 0$ と空間 $\mathbb{C}^3$ の中の代数的集合 $2T^2 - V - 1 = 0$, $T^2 - U^2 - V = 0$ (双曲放物面) は同型である。すなわち，

$$\mathbb{C}[X, Y]/(X^2 + Y^2 - 1) \simeq \mathbb{C}[T, U, V]/(2T^2 - V - 1, T^2 - U^2 - V)$$
$$((X, Y) \leftrightarrow (X, Y, X^2 - Y^2))$$

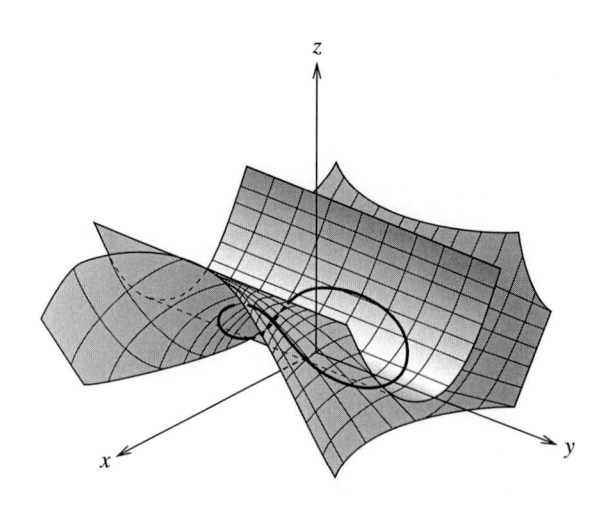

1.6 代数多様体

アフィン代数多様体としての n 次元アフィン空間 k^n を $\mathbb{A}_k^n$ とかく．すなわち，$k[\mathbb{A}_k^n] = k[X_1, X_2, \ldots, X_n]$(多項式環)．

直積：V, W をアフィン多様体とするとき，直積集合 $V \times W$ は関数環を $(k[V] \otimes_k k[W])_{\mathrm{red}}$ とするアフィン多様体である．（ここで，一般に可換環 R に対して，**被約化**を $R_{\mathrm{red}} = R/\sqrt{0}$ ($\sqrt{0} = \{$ベキ零元$\}$(ベキ零根基)) と書いた．実は，k が代数的閉体のときは 2 つの被約な k 代数の k 上のテンソル積は被約である．よって上の場合 $(k[V] \otimes_k k[W])_{\mathrm{red}} = k[V] \otimes_k k[W]$．）なぜならば，テンソル積の普遍性より，

$$\mathrm{Hom}_{k-\mathrm{alg}}(k[V] \otimes_k k[W], k) \, (\simeq \mathrm{Hom}_{k-\mathrm{alg}}((k[V] \otimes_k k[W])_{\mathrm{red}}, k)),$$
$$\simeq \mathrm{Hom}_{k-\mathrm{alg}}(k[V], k) \times \mathrm{Hom}_{k-\mathrm{alg}}(k[W], k), \qquad (e_1 \otimes e_2 \leftrightarrow (e_1, e_2))$$

であるからである．

$V \times W$ の閉集合は $k[V] \otimes_k k[W]$ のイデアルから定まるものであるから，直積位相ではない．

例 1.6.12. $k^2 = k \times k$ の直積位相での自明でない閉集合は，有限個の点か，$k \times 0$ または $0 \times k$ に平行な有限個の直線の和集合のみ．アフィン空間 $\mathbb{A}_k^2 = k^2$ の自明でない閉集合は，平面曲線か有限個の点．

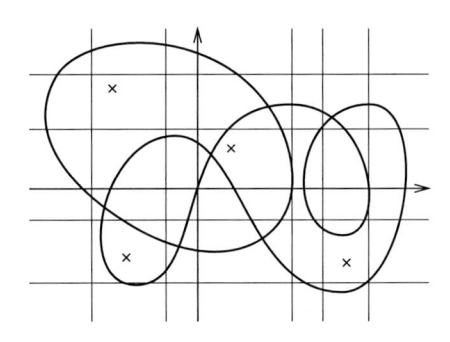

[問] $V \times V$ の対角集合 $\Delta = \{(x,x) \mid x \in V\}$ は閉集合である．

[解] $k[V] \otimes_k k[V]$ のイデアル $I = (f \otimes 1 - 1 \otimes f \mid f \in k[V])$ に対して，$\mathbf{V}(I) = \Delta$.

[問] R が有限生成 k 代数ならば，$\bigcap_{\mathfrak{m} \in \operatorname{Specm} R} \mathfrak{m} = \sqrt{0}$.

(左辺を**ジェイコブソン根基**という ($\operatorname{Jac} R$ と書く). k が代数的閉体のとき，ヒルベルトの零点定理から導かれる．閉体でなくとも成り立ち，この等式をヒルベルトの零点定理とよぶ文献もある.)

1.6.4 圏と層

この項とホモロジー代数 (1.8 節) についての参考書は，[GM], [Go], [Gr], [Ha], [KS], [Mu] 等，初等的なものから高級なものまである．

圏と関手

この辺りで圏を定義しておくべきかと思う．なにかの構造を備えた対象，例えば群を考える．群全体は，数学的な意味の集合にはならないが，2 つの群 G_1, G_2 に対して群準同型の全体を $\operatorname{Hom}(G_1, G_2)$ と書くと，これは集合になる．この集合は次の性質をみたす：

(1) $\operatorname{Id}_G \in \operatorname{Hom}(G_1, G_2)$.

(2) 結合 $\operatorname{Hom}(G_2, G_3) \times \operatorname{Hom}(G_1, G_2) \to \operatorname{Hom}(G_1, G_3)$ が写像の合成 $(g, f) \mapsto g \circ f$ により得られ，結合則 $h \circ (g \circ f) = (h \circ g) \circ f$ をみたす．なお，恒等写像 Id_G について，

$$\operatorname{Id}_G \circ f = f \ (f \in \operatorname{Hom}(G_1, G)), \quad f \circ \operatorname{Id}_G = f \ (f \in \operatorname{Hom}(G, G_1))$$

が成り立つ．

このような状況は，準同型が定義されている他の代数系でも同様である．のみならず，集合 X, Y に対する写像の全体 $\operatorname{Hom}_{\mathcal{S}et}(X, Y)$，あるいは位相空間 X, Y に対する連続写像の全体 $\operatorname{Hom}_{\operatorname{cont}}(X, Y)$ などを考えてもよい．

圏とは，この観点をモデルにしてつくられた概念である．

圏 $\mathcal{C}$ **とは**，**対象**とよばれる集まり (集合でなくてもよい) Obj と，2 つの対象 $X, Y \in \operatorname{Obj}$ に対して集合 $\operatorname{Hom}(X, Y)$ が定まっていて (この元を**射**という)，次をみたすものをいう．

(i) 射の結合 $\operatorname{Hom}(Y, Z) \times \operatorname{Hom}(X, Y) \to \operatorname{Hom}(X, Z) \ ((g, f) \mapsto g \circ f)$

が定義されていて, 結合則 $h \circ (g \circ f) = (h \circ g) \circ f$ ($f \in \mathrm{Hom}(X,Y)$, $g \in \mathrm{Hom}(Y,Z)$, $h \in \mathrm{Hom}(Z,U)$) をみたす.

(ii) 任意の対象 $X \in \mathrm{Obj}$ に対して唯 1 つ $1_X \in \mathrm{Hom}(X,X)$ が存在して,

$$f \circ 1_X = f, \quad 1_Y \circ f = f \quad (f \in \mathrm{Hom}(X,Y))$$

をみたす.

(iii) 対として $(X,Y) \neq (X',Y')$ ならば, 2 つの集合 $\mathrm{Hom}(X,Y)$ と $\mathrm{Hom}(X',Y')$ は交わらない.

例 1.6.13. (1) $\mathcal{G}p$：群の圏. $\mathrm{Obj}(\mathcal{G}p) = \{$ 群 $\}$, $\mathrm{Hom}(G_1, G_2) = \{f : G_1 \to G_2 \mid $ 群準同型 $\}$.

(2) $\mathcal{A}b$：可換群 (アーベル群) の圏. $\mathrm{Obj}(\mathcal{A}b) = \{$ 可換群 $\}$, $\mathrm{Hom}(G_1, G_2) = \mathrm{Hom}_{\mathcal{G}p}(G_1, G_2)$ (群としての準同型のなす集合 = 圏 $\mathcal{G}p$ における射の集合). このように射の集合が一致するとき, $\mathcal{A}b$ は $\mathcal{G}p$ の充満部分圏という.

(3) $\mathcal{R}ing$：環の圏. 射としては, 環準同型のなす集合.

(4) 環 R に対して, $\mathrm{Mod}_L R = \{$ 左 R 加群 $\}$：左 R 加群の圏. $\mathrm{Hom}(M,N) = \mathrm{Hom}_R(M,N)$ (R 準同型のなす集合). 同様に, 右加群の圏 $\mathrm{Mod}_R R$ が考えられる.

(5) $\mathcal{T}op$：位相空間の圏. 射は連続写像.

(6) $\mathcal{S}et$：集合の圏. 射は写像.

(7) 位相空間 X に対して, $\mathcal{O}pen(X)$ を X の開集合の族 (集合である) とする. 射の集合を $\mathrm{Hom}(U,V) = \{i : U \hookrightarrow V\}$ ($U, V \in \mathcal{O}pen(X)$) (包含写像, 空集合かまたは 1 個) と定義すると, $\mathcal{O}pen(X)$ を対象の集まりとする圏をなす. この場合勿論 $\mathrm{Obj} = \mathcal{O}pen(X)$ は集合である.

以上はすべて射が (何らかの条件が付いた) 写像の場合 ($\mathrm{Hom}_{\mathcal{S}et}(X,Y)$ の部分集合からなる.)

次のような例も重要である.

(8) 擬 (前) 順序集合 X について, $\mathrm{Obj} = X$ とする ((反射律) $x \leq x$, (推移律) $x \leq y, y \leq z \Rightarrow x \leq z$, のみを仮定し, 反対称律は仮定しない).

$\mathrm{Hom}(x,y)$ は $x \leq y$ のとき 1 つの元 $\leq$ ($x \to y$ と書く) からなり，そうでないときは，空集合と定義する．

(7) は (8) の 1 つの例である．また，似たようなもので．有向グラフを圏と思うこともできる．($\mathrm{Hom}(x,y)$ は矢印 $\to$ の集合，1 個とは限らぬ．)

2 つの圏の間の "写像" にあたるものが**関手**である．圏 $\mathcal{C}, \mathcal{C}'$ があるとする．$\mathcal{C}$ の対象 $X \in \mathrm{Obj}(\mathcal{C})$ に対して，$\mathcal{C}'$ の対象 $F(X) \in \mathrm{Obj}(\mathcal{C}')$ が唯 1 つ定まっていて次をみたすとき，F を $\mathcal{C}$ から $\mathcal{C}'$ への関手という (集合の間の写像のように，$F : \mathcal{C} \to \mathcal{C}'$ と書く)．F は射の集合の間に写像

$$F_* : \mathrm{Hom}(X, Y) \to \mathrm{Hom}(F(X), F(Y))$$

を引き起こし，$F_*(g \circ f) = F_*(g) \circ F_*(f)$, $F_*(1_X) = 1_{F(X)}$ をみたす．(以下，記号を濫用して，F_* も F と書く．)

矢印が逆になるとき，すなわち，$F : \mathrm{Hom}(X, Y) \to \mathrm{Hom}(F(Y), F(X))$, $F(g \circ f) = f \circ g$ をみたすとき，**反変関手**というが，この言葉と対照させる場合，初めのものを**共変関手**という．(反変は，**双対圏** $\mathcal{C}^o$ からの共変関手である．$\mathcal{C}^o$ は $\mathcal{C}$ における射 $f \in \mathrm{Hom}(X, Y)$ を $f : Y \to X$ と見なした圏である．)

例 1.6.14. (1)(テンソル積) R を環，M を右 R 加群とするとき，

$$\mathrm{Mod}_L R \ni N \mapsto M \otimes_R N \in \mathcal{A}b$$

は左 R 加群の圏から可換群の圏への関手である．

同様に，左 R 加群 N に対して，

$$\mathrm{Mod}_R R \ni M \mapsto M \otimes_R N \in \mathcal{A}b$$

も関手である．

(2)(表現可能) $M \in \mathrm{Mod}_R R$, $N \in \mathrm{Mod}_L R$ に対する $A \in \mathcal{A}b$ への R バランス写像の集合 $F(A) = \mathrm{Bal}(M, N; A)$ を考えると，これは関手 $F : \mathcal{A}b \to \mathcal{S}et$ を与える．テンソル積 $M \otimes_R N \in \mathcal{A}b$ は，任意の $A \in \mathcal{A}b$ に対して (集合の) 同型

$$\mathrm{Hom}_{\mathcal{A}b}(M \otimes_R N, A) \xrightarrow{\sim} F(A) \quad (f \mapsto \otimes \circ f)$$

1.6 代数多様体

$(M \times N \xrightarrow{\otimes} M \otimes_R N)$ を成立させる $\mathcal{A}b$ の対象である. このようなとき, 圏 $\mathcal{A}b$ から $\mathcal{S}et$ への関手 F は, 対象 $M \otimes_R N \in \mathcal{A}b$ によって表現可能であるといい, (同型を除いての対象の) 一意性などが自動的に導かれる (普遍写像性).

層

位相空間 X のすべての開集合 $U \in \mathcal{O}pen\, X$ に対して, 群 $P(U) \in \mathcal{G}p$ が対応し, 開集合の間に包含関係 $U \subset V$ があるとき, 群の準同型写像 $\rho^V_U : P(V) \to P(U)$ が与えられていて, 次をみたすとする. $\rho^U_U = \mathrm{Id}_{P(U)}$, および, $U \subset V \subset W$ のときは $\rho^W_U = \rho^V_U \circ \rho^W_V$ が成り立つ. このとき, データ $\{P(U), \rho^V_U \mid U \in \mathcal{O}pen\, X\}$ を X 上の (群に値をもつ, または単に, 群の) **前層 (presheaf)** という.

これは, 開集合の族 $\mathcal{O}pen\, X$ を (7) の意味で圏と見なしたとき, $P : \mathcal{O}pen\, X \to \mathcal{G}p$ が群の圏 $\mathcal{G}p$ への関手であるということにすぎない.

一般に, $\mathcal{C}$ を圏とするとき, 関手 $P : \mathcal{O}pen\, X \to \mathcal{C}$ を $\mathcal{C}$ に値をもつ前層という. 値の圏 $\mathcal{C}$ としては他に, (2) $\mathcal{A}b$: 可換群の圏, (3) $\mathcal{R}ing$: 環の圏, (4) $\mathrm{Mod}\, R$: R 加群の圏, (6) $\mathcal{S}et$: 集合の圏, などを考えることが多い.

例 1.6.15. (1) 任意の $U \in \mathcal{O}pen\, X$ に対して, 1 つの定まった群 G を対応させる $P(U) = G$ を**定数前層**という ($\rho^V_U = \mathrm{Id}_G, (\forall U \subset V)$).

(2) $C(U) = C(U; \mathbb{R})$ を U 上の実数値 ($\mathbb{R}$ 値) 連続関数のなす環, $\rho^V_U(f) = f|U\ (f \in C(V)$ の U への制限$)$ とすると, これは可換環の前層である.

例 1.6.15(2) の雰囲気から, 準同型写像 ρ^V_U のことを**制限写像**ということが多い. 推移的性質 $\rho^W_U = \rho^V_U \circ \rho^W_V$ の自然さは明らかであろう.

例 (2) に揚げた連続関数のつくる前層の自然さは, その "局所性" にある. すなわち, 開集合の被覆 $U = \bigcup_i U_i$ があるとき, 各 U_i 上に与えられた連続関数 $f_i \in C(U_i)$ が $\rho^{U_i}_{U_i \cap U_j}(f_i) = \rho^{U_j}_{U_i \cap U_j}(f_j)$ (重なる部分で同じ関数を与える: $f_i|U_i \cap U_j = f_j|U_i \cap u_j$) をみたすときは, U 上の連続関数 $f \in C(U)$ で $f|U_i = f_i\ (\rho^U_{U_i}(f) = f_i)$ となるものが唯 1 つある.

このような関数的な性質をもつ前層を**層 (sheaf)** という．ちゃんと定義しよう．ある圏に値をもつ前層 $S : \mathcal{O}pen\, X \to \mathcal{C}$ が次をみたすとき，層という．

層の公理：任意の開被覆 $U = \bigcup_i U_i$ 上の元 $s_i \in S(U_i)$ が，
$$\rho^{U_i}_{U_i \cap U_j}(s_i) = \rho^{U_j}_{U_j \cap U_i}(s_j) \quad (\forall i, j)$$
をみたすとき，$\rho^U_{U_i}(s) = s_i\ (\forall i)$ をみたす元 $s \in S(U)$ が唯 1 つ存在する．

注意 1.6.16. 群などに値をもつ層の定義に便宜上 $S(\emptyset) = \{e\}$(単位群) を加えることが多い．

例 1.6.17. X が連結でないとき，例 1.6.15(1) の定数前層は層ではない．定義を変更して，G に離散位相を入れて $G_X(U) = \{s : U \to G;\ 連続写像\}$ とすると，G_X は X 上の層になる．G_X を G に値をもつ**定数層**という．

層化

2 つの前層 P_1, P_2 に対して，関手の射 $\phi : P_1 \to P_2$ を**前層の射**という．すなわち，各 $U \in \mathcal{O}pen\, X$ に対して射 $\phi(U) : P_1(U) \to P_2(U)$ が与えられていて，任意の制限写像 ρ^V_U と可換なとき $(\phi(U) \circ \rho^V_U = \rho^V_U \circ \phi(V)$ をみたすとき) をいう．層の射とは，前層としての射のことをいう．ある圏に値をもつ (群，環，R 加群など) 前層や，層はこれによって圏をなす．

層は前層であるから，層の圏から前層の圏への自然な関手 (層を前層と見なす "忘れな" 関手) があるが，逆に，前層の圏から層の圏へも層化という関手があることが多い (集合，群，環，加群などの前層)．

環や加群の場合も同様ゆえ，群の場合を例にとってその構成を述べよう．P を X 上の群の前層とする．まず，X 上の位相空間 $\widetilde{P}$ をつくる．点 x に対して $\{U \in \mathcal{O}pen\, X \mid x \in U\}$ は有向集合をなし，群の族 $\{P(U) \mid x \in U\}$ は制限写像 $\rho^V_U : P(V) \to P(U)$ によって帰納系をなす．帰納的極限 $P_x = \varinjlim_{x \in U} P(U)$ を点 x における前層 P の**茎**とよぶ．

1.6 代数多様体

念のため，P_x の定義を書き下しておく．和集合 $\bigcup_{x \in U} P(U)$ を，同値関係 $s_1 \sim s_2 \Leftrightarrow \rho^U_{U \cap V}(s_1) = \rho^V_{V \cap U}(s_2)$ $(s_1 \in P(U), s_2 \in P(V), x \in U \cap V \neq \emptyset)$ によって商を取ったもので再び群になる．自然な群準同型 $\rho^U_x : P(U) \to P_x$ がある．

和集合 $\widetilde{P} = \bigsqcup_{x \in X} P_x$ に位相を次のように導入する．$s \in P(U)$ に対し，$s_x = \rho^U_x(s) \in P_x$ $(x \in U)$ とおくとき，$\tilde{s} = \{s_x \mid x \in U\} \subset \widetilde{P}|U = \bigsqcup_{x \in U} P_x$ を $\widetilde{P}$ の開集合の基とする．このとき射影 $\pi : \widetilde{P} \to X$ は連続写像になる ($\xi \in P_x$ のとき $\pi(\xi) = x$ とする，すなわち $\pi^{-1}(x) = P_x$)．($\widetilde{P}$ は分離的とは限らぬ．) $\widetilde{P}$ を X 上の**層空間**とよぶ．

さて，$S(U) = \{s : U \to \widetilde{P} \mid 連続で \pi \circ s = \mathrm{Id}_U\}$ $(U \in \mathcal{O}pen\, X)$ とおくと，制限写像 $\rho^V_U(s) = s|U$ によって，S は X 上の群の層になる．$S(U)$ の元は (連続写像であり)，層 S の U 上の**切断**という．層 S を ^aP とも書いて前層 P に**付随する層**，あるいは P の**層化**という．層 S に対しては，$S(U) = \Gamma(U, S)$ という伝統的な記号も用いる．前層としての自然な射 $P \to {^aP}$ ($s \in P(U)$ に対して連続写像 $U \ni x \mapsto s_x \in {^aP}(U)$ を対応させる) があり，また P がすでに層ならばこの射は同型 $P \simeq {^aP}$ になる．

注意 1.6.18. $s \in {^aP}(U) \Leftrightarrow x \in U$ に対して，$x \in V (\subset U), t \in P(V), s(y) = t_y\, (y \in V)$ となる $V \subset U, t$ が存在する ($\tilde{t} = s(V)$)．

(層化の普遍性) 任意の層 F と前層の射 $\phi : P \to F$ に対して，唯 1 つの射 $^aP \to F$ が存在して，ϕ は結合 $P \to {^aP} \to F$ に等しい．すなわち，前層と層の圏における射の集合の同型

$$\mathrm{Hom}_{前層}(P, F) \xrightarrow{\sim} \mathrm{Hom}_{層}({^aP}, F)$$

が成り立つ．言い換えれば，層化 ^aP は，層から集合への関手 $F \to \mathrm{Hom}_{前層}(P, F)$ を表現する層である．また，関手 $P \to {^aP}$ は忘れな関手 $F \to iF$ (iF は F を前層と見なしたもの，したがって正確には上式は $\mathrm{Hom}_{前層}(P, iF) \xrightarrow{\sim} \mathrm{Hom}_{層}({^aP}, F)$ と書かれる) の**左随伴関手**といわれる．

例 1.6.19. 群 G に対する定数層 G_X は，定数前層 P_G ($P_G(U) = G$) の層

化である.

層の圏におけるいくつかの操作

位相空間上の前層と層の圏における基本的な操作について述べる. 以下, 位相空間 X 上の加群の前層と層を考える.

まず前層の射 $\phi : P_1 \to P_2$ に関して, $\phi(U) : P_1(U) \to P_2(U)$ が任意の $U \in \mathcal{O}penX$ に対して単射 (または全射) のとき, ϕ を**単射** (または**全射**) という.

前層 P に対して, 部分群 $P_1(U) \subset P(U)$ $(\forall U \in \mathcal{O}penX)$ を対応させる関手が, P の制限写像に関して前層をなすとき, P_1 を P の**部分前層**といい, $P_1 \subset P$ と記す. 部分前層 $P_1 \subset P$ に関して, 剰余群を対応させる関手 $U \mapsto P(U)/P_1(U)$ を**剰余前層**といい, P/P_1 と記す.

前層の射 $\phi : P_1 \to P_2$ に対して, 部分前層 $\mathrm{Ker}\,\phi \subset P_1$ $((\mathrm{Ker}\,\phi)(U) = \mathrm{Ker}\,(\phi(U)) \subset P_1(U))$ を ϕ の**核**といい, $\mathrm{Im}\,\phi \subset P_2$ $((\mathrm{Im}\,\phi)(U) = \mathrm{Im}\,(\phi(U)) \subset P_2(U))$ を ϕ の**像**という.

層の圏において同様のことを考えようとするといくつか注意を要する点がある.

層 S の部分前層 $S_1 \subset S$ が層をなすとき, **部分層**という. 層の射 $\phi : S_1 \to S_2$ に対して, 前層の射としての核 $\mathrm{Ker}\,\phi \subset S_1$ は S_1 の部分層をなし, したがって, 層の射 ϕ の**核**という. 特に, $\mathrm{Ker}\,\phi = 0$ のとき, ϕ を**単射** ($\Leftrightarrow$ 前層として単射) であるという.

像と全射の定義はいくらか微妙である. 層の射 $\phi : S_1 \to S_2$ に対して, 前層としての像 $\mathrm{Im}\,\phi \subset S_2$ は S_2 の部分層になるとは限らない. このとき, 前層 $\mathrm{Im}\,\phi$ の層化 ${}^a(\mathrm{Im}\,\phi)$ は, S_2 が層であるから, S_2 の部分層をなし, (前層として) 包含関係 $\mathrm{Im}\,\phi \subset {}^a(\mathrm{Im}\,\phi) \subset S_2$ がある. ${}^a(\mathrm{Im}\,\phi)$ を層の射 ϕ の**像**といい, 混同の恐れがなければ, 改めて $\mathrm{Im}\,\phi$ と書く. ${}^a(\mathrm{Im}\,\phi)(= \mathrm{Im}\,\phi) = S_2$ のとき, 層の射 ϕ は**全射**であるという.

層 S の部分層 $S_1 \subset S$ に対して, それぞれを前層と考えた $i(S_1) \subset i(S)$ の剰余前層 $i(S)/i(S_1)$ の層化 ${}^a(i(S)/i(S_1))$ を**剰余層**といい, 単に S/S_1 と

記す．$((i(S)/i(S_1))(U) = S(U)/S_1(U)$ であり，$(S/S_1)(U)$ は一般に簡単な記述はできない．)

次の命題に注意しておく．

命題 1.6.20. 層の射 $\phi : S_1 \to S_2$ に対して，次が成り立つ．

(i) ϕ : 単射 $\iff$ 任意の点 $x \in X$ における茎の射 $\phi_x : S_{1,x} \to S_{2,x}$ が単射．

(ii) ϕ : 全射 $\iff \phi_x : S_{1,x} \to S_{2,x}$ が全射 $(\forall x \in X)$．

(iii) 剰余層 S/S_1 について，$(S/S_1)_x \simeq S_x/S_{1,x}$．

(前) 層の射の列
$$S_1 \xrightarrow{\phi} S_2 \xrightarrow{\psi} S_3$$
について，それぞれの圏において，$\mathrm{Im}\,\phi = \mathrm{Ker}\,\psi$ のとき，**完全**という．

層の場合，
$$\text{上の列が完全} \iff S_{1,x} \xrightarrow{\phi_x} S_{2,x} \xrightarrow{\psi_x} S_{3,x} \text{ が完全} \quad (\forall x \in X)$$
である．

さて，2つの位相空間の間に連続写像 $f : X \to Y$ があるとき，X 上の層 S に対して，Y 上の前層 f_*S を
$$(f_*S)(U) = S(f^{-1}(U)) \quad (U \in \mathcal{O}pen Y)$$
と定義すると，f_*S は層になることが容易に分かる．f_*S を層 S の f による**直像** (または**順像**) という．f_* は X 上の層の圏から Y 上の層の圏への関手であり，後に重要な役割を果たす．

直像に双対的な関手として，引き戻し f^* がある．Y 上の層 S を X 上に'引き戻す'操作で，直像の場合より定義が少し複雑である．

$U \in \mathcal{O}pen X$ に対し，$\{V \in \mathcal{O}pen Y \mid f(U) \subset V\}$ 上の加群の族 $\{S(V)\}_V$ は帰納系をなすので，その帰納的極限として
$$(f^*S)(U) = \varinjlim_{f(U) \subset V} S(V)$$

と定義する．このとき，f^*S は X 上の層をなし，S の f による**引き戻し**という．

他の記述法もある．$\widetilde{S}$ を S の層空間 ($\pi : \widetilde{S} \to Y$ の連続切断が S を与えるもの) とするとき，$\widetilde{S}$ を X に引き戻した空間 $f^{-1}\widetilde{S} = X \times_Y \widetilde{S} = \{(x, \sigma) \in X \times \widetilde{S} \mid f(x) = \pi(\sigma)\}$ を考える．このとき，$\pi' : f^{-1}\widetilde{S} \to X$ の連続切断がなす層が f^*S である．したがって，茎について $(f^*S)_x \simeq S_{f(x)}$ ($x \in X$) である．

または，関手的には，f^* は層の圏における直像 f_* の左随伴関手としても定義される．すなわち，

$$\mathrm{Hom}_{Y上の層}(S, f_*F) \simeq \mathrm{Hom}_{X上の層}(f^*S, F) \qquad (\forall F : X 上の層).$$

f^*S を $f^{\bullet}S$ や $f^{-1}S$ と書くことも多い．(他の類似の記号との関係による．)

1.6.5　代数多様体

環と加群の局所化

可換環 R の 1 を含む乗法的閉な集合を考える ($s, s' \in S \Rightarrow ss' \in S$, $1 \in S$)．このとき，S の元を分母として許すような R の拡大環 $S^{-1}R$ を次のように定義する．直積集合 $R \times S$ に同値関係を

$$(a, s) \sim (b, t) \Leftrightarrow u(sb - ta) = 0 となる u \in S がある$$

によって定義する．(a, s) が代表する同値類を $a/s = \dfrac{a}{s}$ と分数形で書き，同値類の集合 (同値関係による商集合) を $S^{-1}R = R \times S / \sim$ と書く．すなわち，$a/s = b/t \Leftrightarrow (a, s) \sim (b, t)$ である．

R が整域で，$0 \notin S$ ならば，$(a, s) \sim (b, t) \Leftrightarrow sb - ta = 0$ と定義してよいが，一般の場合，推移律をみたすためには上のように定義しなければいけない．

和を $a/s + b/t = (at + bs)/st$，積を $(a/s)(b/t) = ab/st$ と定義すると，商 $S^{-1}R$ も可換環になり，写像 $a \mapsto a/1$ は環準同型 $i_S : R \to S^{-1}R$ を与

1.6 代数多様体

える．ここで，

$$\operatorname{Ker} i_S = \{a \in R \mid sa = 0 \text{ となる } s \in S \text{ あり}\}$$

となることに注意しておこう (R が整域ならば i_S は単射)．$S^{-1}R$ は $i_S(S)$ の元が単元になる最小の拡大環である．$S^{-1}R$ を S による**分数化**または**局所化**という．

例 1.6.21. (1) R が整域のとき，$S = R \setminus \{0\}$ に対する分数化 $S^{-1}R$ は R の商体である．

(2) $f \in R$ が生成する乗法的閉集合 $S(f) = \{f^n \mid n \in \mathbb{N}\}$ による分数化を $R_f = S(f)^{-1}R = \{a/f^n \mid n \in \mathbb{N}\}/\sim$ とかく．$R_f \simeq R[X]/(Xf - 1) \simeq R[f^{-1}]$ である．

(3) $\mathfrak{p} \subset R$ が素イデアルならば ($\mathfrak{p} \in \operatorname{Spec} R$)，$S_{\mathfrak{p}} = R \setminus \mathfrak{p}$ は乗法的閉集合になる．$S_{\mathfrak{p}}$ による分数化を $R_{\mathfrak{p}} = S_{\mathfrak{p}}^{-1}R$ とかき，$\mathfrak{p}$ における**局所化**という．

具体的な例として次がある．アフィン多様体 V の関数環 $k[V]$ の極大イデアル $\mathfrak{m}_x = \{f \in k[V] \mid f(x) = 0\}$ における局所化は，

$$k[V]_{\mathfrak{m}_x} = \left\{\left. \frac{f}{g} \,\right|\, f, g \in k[V], g(x) \neq 0\right\}.$$

(点 x における局所化ともいう．) すなわち，$k[V]_{\mathfrak{m}_x}$ は点 $x \in V$ で値をもつ (有理) 関数である．$k[V]_{\mathfrak{m}_x}$ の元を点 x で**正則な関数**という．

定義 極大イデアルが唯 1 つしかない環を**局所環**という．

R が局所環であることと，R の極大イデアル $\mathfrak{m}$ に対して $R^{\times} = R \setminus \mathfrak{m}$ であることが (このとき $\mathfrak{m}$ が唯 1 つの極大イデアル) 同値である．

したがって，一般に可換環 R の素イデアル $\mathfrak{p}$ における局所化 $R_{\mathfrak{p}}$ は $\mathfrak{p}R_{\mathfrak{p}}$ を唯一の極大イデアルとする局所環である．($i_{\mathfrak{p}} : R \to R_{\mathfrak{p}}$ による $\mathfrak{p}$ の像も $\mathfrak{p}$ とかいた．) 局所環という名称は上の例 $k[V]_{\mathfrak{m}_x}$ (局所的に正則な関数のなす環) に因んで付けられていることは明白であろう．

アフィン多様体上の関数

V を代数的閉体 k 上のアフィン多様体, $k[V]$ をその関数環とする. $R = k[V]$ は被約な k 上有限生成代数で, $V = \operatorname{Specm} R \simeq \operatorname{Hom}_{k-\mathrm{alg}}(R, k)$ は $\mathbf{V}(I) = \{x \in V \mid f(x) = 0 \ (f \in I)\}$ (I は R のイデアル) を閉集合とする位相空間である. したがって, $f \in R$ に対して $D(f) = \{x \in V \mid f \neq 0\}$ は V の開集合であるが, これを**主開集合**という. いま, イデアルの生成元を選び $I = (f_1, f_2, \ldots, f_r)$ とすると, $V \setminus \mathbf{V}(I) = \{x \in V \mid x \notin \bigcap_{i=1}^{r} \mathbf{V}(f_i)\} = \bigcup_{i=1}^{r} D(f_i)$ ゆえ, V の任意の開集合は V の開集合の基底をなし, さらに任意の開集合は**準コンパクト** (ハウスドルフ性を仮定しない被覆コンパクト) である.

さて, V 上の k 値連続関数 ($k = \mathbb{A}_k^1$ もザリスキ位相で考える) のなす層を $\mathcal{C}_V$ とする ($\mathcal{C}_V(U) = \{f : U \to k \mid \text{連続}\}$). $\mathcal{O}_V$ を正則関数のなす $\mathcal{C}_V$ の部分層とする. すなわち, V の開集合 U に対して,

$$\mathcal{O}_V(U) = \{f \in \mathcal{C}_V(U) \mid f \text{ は } U \text{ 上正則}\}.$$

ここで, $f \in \mathcal{C}_V(U)$ が U 上正則であるとは, U の各点 $x \in U$ に対して, x を含む近傍 (主開集合)$x \in D(g) \subset U$ があって, $f|D(g) = h/g^n \in R_g$ ($h, g \in R$) と書けることを意味する. アフィン多様体 V 上の正則関数の層 $\mathcal{O}_V$ を V の**構造層**ともいう. 構造層について次が証明できる.

定理 1.6.22. (V, R) ($R = k[V]$) をアフィン多様体, $\mathcal{O}_V$ をその構造層とする.

(1) 点 $x \in V$ における $\mathcal{O}_V$ の茎について局所環の同型 $\mathcal{O}_{V,x} \simeq R_{\mathfrak{m}_x}$ が成り立つ.

(2) 主開集合 $D(f)$ 上の切断のなす環について, $\mathcal{O}_V(D(f)) = R_f$ である. $D(f)$ 自身 $k[D(f)] = R_f$ となるアフィン多様体でその構造層は $\mathcal{O}_{D(f)} = \mathcal{O}_V|D(f)$ ($D(f)$ への制限) である. ($D(f) \simeq \operatorname{Specm} R_f \simeq \operatorname{Specm} R/(xf - 1)$.) 特に, $\mathcal{O}_V(V) = R$.

代数多様体

位相空間 X の上に環の層 $\mathcal{O}_X$ が与えられているとき，組 $(X, \mathcal{O}_X)$ を**環付空間**という．特に，各点 $x \in X$ の茎 $\mathcal{O}_{X,x}$ が局所環になるとき，**局所環付空間**という．アフィン多様体とその構造層の組 $(V, \mathcal{O}_V)$ は局所環付空間である．定理 1.6.22(1) より $\mathcal{O}_{V,x} \simeq R_{\mathfrak{m}_x}$ であることに注意しておく．正式にはこの局所環付空間に同型な局所環付空間のことをアフィン多様体とよぶ．定理 1.6.22(2) より，$k[V] = \mathcal{O}_V(V)$ ゆえ，$V = \mathrm{Specm}\, k[V]$ が復元できる．

2 つの環付空間の射とは，連続写像 $\phi : X \to Y$ と，環の層の射 $\psi : \mathcal{O}_Y \to \phi_* \mathcal{O}_X$ の組をいう．ここで，$\phi_* \mathcal{O}_X$ は層の直像で，Y 上の層を与える．射 ψ は切断のなす環の環準同型になることを要求する．局所環付空間の場合さらにすべての茎における射 $\psi_x : \mathcal{O}_{Y, f(x)} \to \mathcal{O}_{X,x}$ が局所準同型 ($\psi_x(\mathfrak{m}_{f(x)}) \subset \mathfrak{m}_x$) になることを要求するが，我々が扱うアフィン多様体の場合は構造層が関数の空間であるから，これは自動的にみたされる．

ϕ が同相写像で，ψ が同型のとき，環付空間の同型射という．

例 1.6.23. $\mathcal{C}_X, \mathcal{C}_Y$ をそれぞれ X, Y の連続関数の層とすると，連続写像 $\phi : X \to Y$ は，関数の引き戻し $\psi(f) = \phi^*(f) = f \circ \phi$ ($U \in \mathcal{O}pen\, Y$ 上で) によって環付空間の射を与える．

定義 k を代数的閉体とする．位相空間 X と，その上の k 値連続関数の層 $\mathcal{C}_X$ の部分環の層 $\mathcal{O}_X$ がなす環付空間 $(X, \mathcal{O}_X)$ が局所的にアフィン多様体に同型なとき，これを**前代数多様体**という．すなわち，各点 $x \in X$ の開近傍で $(V, \mathcal{O}_X|V)$ が k 上のアフィン多様体に環付空間同型であるときである．ここで，アフィン多様体としての同型射は，$\phi : V \to W$ は同相で構造層の同型 $\psi : \mathcal{O}_W \xrightarrow{\sim} \phi_* \mathcal{O}_V$ は上の例で述べた関数の部分層としての引き戻し同型 $\psi(f) = f \circ \phi$ によるものとする．

未だ "前" 多様体とよぶのは，位相空間論におけるハウスドルフ分離性に対応する分離性を要求していないからである．これを論ずるためには直積の概念が必要になる．

1.6.3 項で述べたように，アフィン多様体 V, W の直積 $V \times W$ は，関数環のテンソル積 $k[V] \otimes_k k[W]$ アフィン多様体と見なされた．同様の構成を行う．2つの前多様体 $(X, \mathcal{O}_X), (Y, \mathcal{O}_Y)$ の直積 $X \times Y$ を，点集合としては直積集合 $X \times Y$ であるが，点 $(x, y) \in X \times Y$ の開近傍として直積アフィン多様体 $U \times V = \mathrm{Specm}\, k[U] \otimes_k k[V] (x \in U, y \in V$ はそれぞれのアフィン開近傍) が存在する位相空間とする．したがって，直積前多様体の構造層 $\mathcal{O}_{X \times Y}$ について，$\mathcal{O}_{X \times Y}|U \times V \simeq \mathcal{O}_{U \times V}$ (環 $k[U] \otimes_k k[V]$ からつくる層化) となる．

すなわち，次のようにつくる．$X = \bigcup_i U_i, Y = \bigcup_j V_j$ をそれぞれ X, Y のアフィン開集合による被覆とする．$Z' = \bigsqcup_{(i,j)} U_i \times V_j$ アフィン多様体 $U_i \times V_j$ の離散和とする前多様体とし，(点集合として)$Z' \to X \times Y$ が与える同値関係によって $U_i \times V_j$ を貼り合わせると，**直積前多様体** $X \times Y = \bigcup_{(i,j)} U_i \times V_j$ が得られる．

アフィン多様体のときと同様に，直積前多様体 $X \times Y$ の位相は直積位相ではない．

ハウスドルフ分離公理の類似として前多様体の圏での分離性を次のように定義する．X が (k 上) **分離的**であるとは，$X \times X$ の対角集合 $\Delta_X = \{(x, x) \mid x \in X\} \subset X \times X$ が直積前多様体の中で閉集合であるときをいう．(直積位相の中で閉集合になるときハウスドルフ分離的であった．)

定義 k 上の前多様体が，有限個のアフィン開集合の和集合でかつ分離的なとき，**代数多様体**という．("前" がとれる．)

分離性が成立しなければ，$x_0 \neq x_1$ を前多様体の開集合 U の相異なる点で，任意の正則関数 $f \in \mathcal{O}_X(U)$ に対して $f(x_0) = f(x_1)$ となるようなものが存在することになる．(関数が点を "分離" しない．$(x_0, x_1) \in \overline{\Delta_X} \setminus \Delta_X$(閉包) ととれ．)

例えば，$X = \mathbb{A}^1 \sqcup \{O'\} (O' \notin \mathbb{A}^1$ は 1 点) として，$U_1 = \mathbb{A}^1, U_2 = (\mathbb{A}^1 \setminus \{O\} \sqcup \{O'\}) \simeq \mathbb{A}^1$ を貼り合わせたもの (O' の近傍は O' と O を含む $\mathbb{A}^1$ の開集合 $V \ni O$ に対する $(V \setminus \{O\}) \cup \{O'\}$) とする．このとき，$X$ は分離的ではない．

1.6 代数多様体

アフィン被覆の有限性から，多様体の任意の開集合は準コンパクトであることがいえる．また，アフィン多様体は 1.6.3 項の問より分離的であり，いま定義した意味の多様体になる (だから初めからアフィン"前"多様体とはいわなかった．)．

(前) 多様体の**射** $\phi : X \to Y$ を環付空間としての射 (ただし，$\psi : \mathcal{O}_Y \to \phi_* \mathcal{O}_X$ は関数の引き戻しから得られるものとする) として定義する．言い換えると，ϕ は連続で，任意の正則関数 $f \in \mathcal{O}_Y(U)$ の引き戻し $\phi^*(f) = f \circ \phi \in \mathcal{C}_X(\phi^{-1}(U))$ は $\mathcal{O}_X(\phi^{-1}(U))$ に入る．射 ϕ は**正則写像**ともいわれる．

特に，アフィン多様体 $(V, \mathcal{O}_V), (W, \mathcal{O}_W)$ の射 $\phi : V \to W$ は k 代数の準同型 $\phi^* : k[W] \to k[V]$ を引き起こすが，定理 1.6.22 より，逆に k 代数の準同型はアフィン多様体の射を引き起こす．すなわち次が成り立つ．

定理 1.6.24.

$$\mathrm{Hom}_{\mathrm{var}}(V, W) \xrightarrow{\sim} \mathrm{Hom}_{k-\mathrm{alg}}(k[W], k[V]).$$

ただし，左辺は (前) 多様体としての射のなす集合．さらに，構造層の切断がなす環について $\mathcal{O}_V(V) = k[V]$, $\mathcal{O}_V(D(f)) = k[V]_f$ などが成り立つ．

多様体とその射について基本的なことをまとめておこう．

(1) 多様体の射 $\phi : X \to Y$ のグラフ $\Gamma_\phi = \{(x, f(x)) \mid x \in X\}$ は直積多様体 $X \times Y$ の閉集合である．(Γ_ϕ は $f \times \mathrm{Id}_Y : X \times Y \to Y \times Y$ による閉集合 $\Delta_Y \subset Y \times Y$ の逆像だから．)

(2) X が多様体であることと，アフィン被覆 $X = \bigcup_{i=1}^r U_i$ で，任意の (i, j) について $U_i \cap U_j$ もアフィン多様体で $\mathcal{O}_X(U_i \cap U_j)$ が $\mathcal{O}_X(U_i)$ と $\mathcal{O}_X(U_j)$ の制限で生成されているものがあることが同値である．

(3) 多様体 X の開集合 $U \subset X$ は $\mathcal{O}_U = \mathcal{O}_X|U$ を構造層とする多様体になる (**開部分多様体**)．($\Delta_U = U \times U \cap \Delta_X$ は $U \times U$ の中で閉．)

(4) 多様体 X の閉集合 $Y (\subset X)$ には次のようにして多様体の構造が入る (**閉部分多様体**)．まず，Y 上で 0 になる正則関数がつくる $\mathcal{O}_X$

のイデアルの部分層を $\mathcal{I}_Y(\subset \mathcal{O}_X)$ とする．すなわち，$\mathcal{I}_Y(U) = \{f \in \mathcal{O}_X(U) \mid f|Y = 0\}$ ($\mathcal{O}_X(U)$ のイデアル)．剰余環の層 $\mathcal{O}_X/\mathcal{I}_Y$ は，剰余環の前層 $\mathcal{R}_Y$ ($\mathcal{R}_Y(U) = \mathcal{O}_X(U)/\mathcal{I}_Y(U)$) の層化として定義される．(因みに，$(\mathcal{O}_X/\mathcal{I}_Y)_x \simeq \mathcal{O}_{X,x}/\mathcal{I}_{Y,x}$ および U がアフィン開集合ならば $(\mathcal{O}_X/\mathcal{I}_Y)(U) = \mathcal{R}_Y(U)$ が成立している．)$x \in Y$ ならば $(\mathcal{O}_X/\mathcal{I}_Y)_x = 0$ ($\mathcal{O}_{X,x} = \mathcal{I}_{Y,x}$) である．このことを $\mathcal{O}_X/\mathcal{I}_Y$ の台は Y に入るという．したがって，Y の開集合を $U_Y = Y \cap U$ ($U : X$ の開集合) とするとき $(\mathcal{O}_X/\mathcal{I}_Y)(U)$ は U_Y のみにより，U の選び方によらない．よって，

$$\mathcal{O}_Y(U_Y) = (\mathcal{O}_X/\mathcal{I}_Y)(U)$$

とおくと，$\mathcal{O}_Y$ は Y 上の環の層で，連続関数の層 $\mathcal{C}_Y$ の部分層になっている．条件 $f \in \mathcal{O}_Y(U_Y)$ を言い換えると，U_Y の各点 $y \in U_Y$ には $y \in V_Y \subset U_Y, V_Y = Y \cap U$ なる開近傍で，$f|V_Y = \tilde{f}|V_Y$ ($\tilde{f} \in \mathcal{O}_X(U)$) となるものがあることを意味する．このようにして，環付空間 $(Y, \mathcal{O}_Y)$ は代数多様体になる (Δ_Y が $Y \times Y$ で閉になることは明らかであろう)．

X がアフィン多様体で，Y がその閉集合のときは $\mathcal{I}_Y$ は $\mathbf{I}(Y) \subset k[X]$ からつくる層で，$\mathcal{O}_Y = \mathcal{O}_X/\mathcal{I}_Y$ は剰余環 $k[X]/\mathbf{I}(Y)$ からつくる層となり，したがって $(Y, \mathcal{O}_Y)$ はアフィン閉部分多様体である．

1.6.6 射影多様体

射影空間 $\mathbb{P}_k^n$

k 上の $n+1$ 次元ベクトル空間 V は代数多様体としてはアフィン空間 $\mathbb{A}^{n+1}$ と見なせる (正確にはアフィン空間は原点が指定されていない)．V から原点を除いた開部分多様体を $V^\bullet = V \setminus \{O\}$ とする．$k[V] = k[T_0, T_1, \ldots, T_n]$ は多項式環で $\mathcal{O}_V(V^\bullet) = k[V]$ である ($n \geq 1$ とする)．$V^\bullet$ には体の乗法群 $k^\times$ が作用する：$c(t_0, t_1, \ldots, t_n) = (ct_0, ct_1, \ldots, ct_n)$ ($c \in k^\times$)．

点集合として，$V^\bullet$ を $k^\times$ の作用で割った空間 $P = V^\bullet/k^\times$ を n 次元射影空間という．以下，これに代数多様体の構造を入れよう．$\pi : V^\bullet \to P$ を自然な射影とするとき，$\pi((t_0, t_1, \ldots, t_n)) = (t_0 : t_1 : \cdots : t_n)$ と書く．(点

$(t_0, t_1, \ldots, t_n) \in V^{\bullet}$ と座標を混同して書く．) すなわち,

$$(t_0 : t_1 : \cdots : t_n) = (t'_0 : t'_1 : \cdots : t'_n) \Leftrightarrow \exists c \in k^{\times} ; t_i = ct'_i \ (0 \leq i \leq n)$$

P の位相を $\pi : V^{\bullet} \to P$ による商位相で入れる (U が開 $\Leftrightarrow \pi^{-1}(U)$ が $V^{\bullet}$ の開). $\pi^{-1}(U)$ は $k^{\times}$ の作用をもつから, $l \in \mathbb{Z}$ に対して $S_l(U) = \{f \in \mathcal{O}_{V^{\bullet}}(\pi^{-1}(U)) \mid f(ct) = c^l f(t) \ (c \in k^{\times})\}$ (l 次斉次の関数) と定義すると, S_l は P 上の層をなす. 特に, $\Gamma(P, S_l) = k[t_0, t_1, \ldots, t_n]^{(l)}$ (l 次斉次多項式) である.

さて, $i = 0, 1, 2, \ldots, n$ に対して, P の開集合を $U_i = \{t_i \neq 0\}$ と定義すると, $\Gamma(U_i, S_l) = \{f \in k[t_0, t_1, \ldots, t_n]_{t_i} \mid f(ct) = c^l f(t)\}$ である. 特に,

$$\begin{aligned}\Gamma(U_i, S_0) &= \{f \mid t_j/t_i \ (j \neq i, 0 \leq j \leq n) \text{ の多項式}\} \\ &= k[t_0/t_i, t_1/t_i, \ldots, \widehat{t_i/t_i}, \ldots, t_n/t_i]\end{aligned}$$

は環である. (ここで $\widehat{}$ は取り除く部分である．) さらに, U_i は $(t_0 : t_1 : \cdots : t_n) \leftrightarrow (t_0/t_i, t_1/t_i, \ldots, \widehat{t_i/t_i}, \ldots, t_n/t_i)$ によってアフィン空間 $\mathbb{A}^n$ と同型である.

このようにして, P のアフィン被覆 $\bigcup_{i=0}^{n} U_i$ をつくり, 環の層 $\mathcal{O}_P = S_0$ をのせると, $\mathcal{O}_P|U_i \simeq \mathcal{O}_{\mathbb{A}^n}$ となり, $(P, \mathcal{O}_P)$ はアフィン空間で被覆された前多様体となる. さらに, 1.6.5 項最後の分離性判定 (2) から, P は代数多様体であることが示される. このようにして得られた代数多様体としての n 次元**射影空間**を $P = \mathbb{P}^n$, $\mathcal{O}_P = \mathcal{O}_{\mathbb{P}^n}$ と書く.

いま定義した $\mathbb{P}^n$ 上の層 S_l は $\mathcal{O}_{\mathbb{P}^n}(l)$ と書かれる重要な層である ($\mathcal{O}_{\mathbb{P}^n}$ 加群の層).

射影多様体

射影空間の閉部分多様体に同型な多様体を**射影多様体**という. すなわち, $(X, \mathcal{O}_X)$ が射影多様体であるとは, ある射影空間 $\mathbb{P}^n$ への閉埋め込み $i : X \hookrightarrow \mathbb{P}^n$ (単射で $i(X) = Y$ は $\mathbb{P}^n$ の閉集合) で, Y の閉部分多様体としての構造層を $\mathcal{O}_Y = \mathcal{O}_{\mathbb{P}^n}/\mathcal{I}_Y|Y$ とするとき, $i : X \xrightarrow{\sim} Y$ が多様体の同型を与えているときをいう.

実際には，多様体 X が別に構成されているとき，射影的であるかどうか，すなわち，適当な射影空間に埋め込まれているかどうかが重要な問題となることが多い．"豊富な"直線束や，小平邦彦の定理などがこの問題に関する術語である．

関連する概念に完備性がある．これは，ハウスドルフ分離空間におけるコンパクト性に対応するもので，次のように定義される．

まず，多様体の (正則) 射 $\phi : X \to Y$ が普遍的に閉写像である；すなわち，任意の多様体 (アフィンに限ってもよい)Z に対して，直積の射 $\phi \times \mathrm{Id}_Z : X \times Z \to Y \times Z$ が閉写像 (閉を閉に写す) であるとき，**固有射**という．(ハウスドルフ分離空間のとき，この性質は，コンパクト集合の逆像がコンパクトになることに等しい．) $Y = \{1\text{点}\} = \mathbb{A}^0$ に対する射 $X \to \mathbb{A}^0$ が固有なとき ($X \times Z \to Z$ が任意の多様体 Z に対して閉写像)，X は**完備**であるという．

定義から，完備な多様体の閉部分多様体はまた完備である．

次の定理の証明はそう容易ではない．消去法の原理である ([Mu]).

定理 1.6.25. 射影空間 $\mathbb{P}^n$ は完備である．したがって，射影多様体も完備である．

射影的ではない完備多様体の存在も知られている．

例 1.6.26 (**射影空間の超曲面など**)**.** $F(T) \in k[T_0, T_1, \ldots, T_n]$ を斉次多項式とする．

$$\mathbf{V}(F) = \{t = (t_0 : t_1 : \cdots : t_n) \in \mathbb{P}^n \mid F(t) = 0\}$$

は $\mathbb{P}^n$ の閉集合であり，射影多様体を定義する．もっと一般に，I を $k[T_0, T_1, \ldots, T_n]$ の斉次イデアルで無縁なもの $((T_0, T_1, \ldots, T_n) \neq \sqrt{I})$ とする．$\mathbf{V}(I) = \{t = (t_0 : t_1 : \cdots : t_n) \in \mathbb{P}^n \mid F(t) = 0 \ (\forall F \in I)\}$ は $\mathbb{P}^n$ の閉部分多様体である．

例 1.6.27. V をアフィン多様体とする．$V \subset \mathbb{A}^n$(閉多様体) と見なすとき，$V \subset \mathbb{A}^n \simeq U_n = \{t_n \neq 0\} \subset \mathbb{P}^n$ と考える．V の $\mathbb{P}^n$ における閉包 $\overline{V} \subset \mathbb{P}^n$

1.6 代数多様体

は射影多様体である．(完備化またはコンパクト化ともいう．完備化は沢山ある．)

平面曲線 $C : f(X,Y) = 0\,(\mathbb{A}^2 \text{ の中})$ について $\overline{C} : F(X,Y,Z) = 0$, $F(X,Y,Z) = Z^l f(X/Z, Y/Z)$. ($l$ は $f(X/Z, Y/Z)$ の分母 Z の最大次数で，$F(X,Y,Z) \in k[X,Y,Z]^{(l)}$ は l 次斉次). $\overline{C} = C \cup \{p_1, p_2, \ldots, p_r\}$, $p_1, p_2, \ldots, p_r \in \mathbb{P}^1(\infty) \subset \mathbb{P}^2$. $\mathbb{P}^1(\infty) = \{Z = 0\}$ を無限遠直線，$p_1, p_2, \ldots, p_r$ を C の無限遠点という．

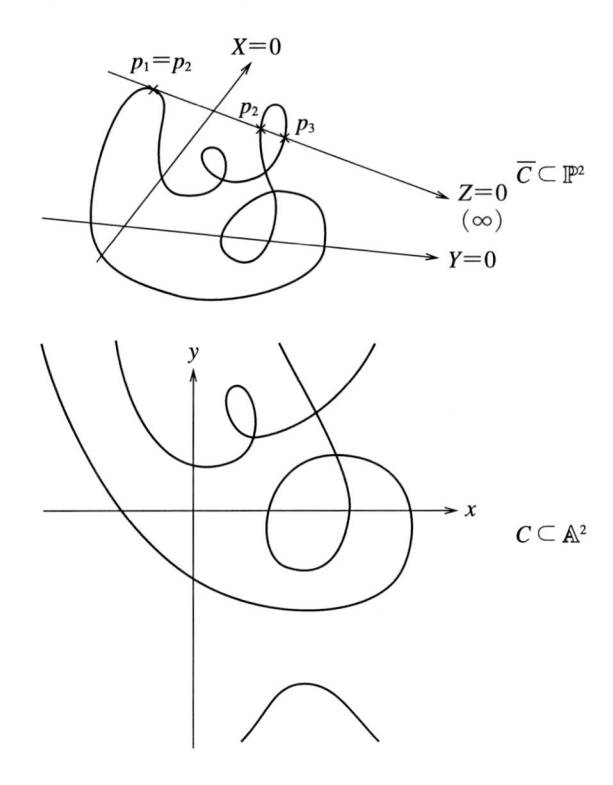

1.7 代数多様体の基本性質

1.7.1 位相的性質 (ネータ性など)

代数多様体 X の (ザリスキ位相による) 開部分集合は，準コンパクトである．したがって，**ネータ的**である．すなわち，閉集合の降下列は停止する．なぜなら，$X_0 \supsetneq X_1 \supsetneq \cdots \supsetneq X_n \supsetneq \cdots$ を X の閉集合の列とすると，開集合の上昇列 $U_0 \subsetneq U_1 \subsetneq \cdots \subsetneq U_n \subsetneq \cdots$ ($U_n = X \setminus X_n$) について，準コンパクト性 ($\bigcup_{n=0}^{\infty} U_n$ は有限被覆で十分) から，$\bigcup_{n=0}^{\infty} U_n = U_{n_0}$; すなわち，$X_{n_0} = X_{n_0+1} = \cdots$ となる．同値な言い方であるが，X の空でない閉集合のなす族は極小元をもつ，ともいえる．空間のネータ性は元来アフィン多様体 $\operatorname{Specm} R$ における R のネータ性から来ていることは明らかであろう ($X_n \subset \operatorname{Specm} R$ が閉集合の降下列 $\Leftrightarrow$ イデアル $\mathbf{I}(X_n)$ の増加列).

位相空間は 2 つの真の閉集合の和にならないとき**既約**という．ネータ的空間は，有限個の既約な閉集合の和に分解する．実際，$\Phi = \{F \subset X \mid F \text{ は } X \text{ の閉集合で有限個の既約閉集合の和にならない}\}$ という族を考える．$\Phi \neq \emptyset$ とすると，Φ は極小元 F_0 をもつ．F_0 は既約でないから，$F_0 = F_1 \cup F_2, F_i \subsetneq F_0$ ($i = 1, 2$) という閉集合 F_i がある．$F_i \notin \Phi$ ($i = 1, 2$) ゆえ，F_i は既約閉集合の和，これは矛盾．よって，$\Phi = \emptyset$.

$X = X_1 \cup X_2 \cup \cdots \cup X_n$, ($X_i$: 既約閉, $X_i \not\subset X_j$ ($i \neq j$)) とすると分解は一意的である．各 X_i を X の**既約成分**，上の分解を X の**既約分解**という．

例 1.7.1. $X = \operatorname{Specm} R$ ($R = k[X]$) をアフィン多様体，$X = \bigcup_i X_i$ を既約分解とすると，各イデアル $\mathbf{I}(X_i)$ は R の素イデアルで，既約成分の環 $k[X_i] = R/\mathbf{I}(X_i)$ は整域である．また，$0 = \bigcap_i \mathbf{I}(X_i)$ (一般に，準素イデアル分解というのがあるがもう少し複雑である).

多様体 X の部分集合 S について，S が既約であることと，閉包 $\overline{S}$ が既約であることは同値である．とくに X の開集合 $U \neq \emptyset$ について「$\overline{U}$ が既約 $\Leftrightarrow$ U が既約」が成り立つ．したがって，既約多様体は既約アフィン開部分多様体 U の閉包として表される．このとき U の座標環である整域 $k[U]$ の

1.7 代数多様体の基本性質

商体 $k(U)$ を $k(X)$ と書いて，X の**関数体**という．$k(X)$ の元は $f/g(f, g$ は X の空でない開集合で定義された正則関数) と書ける．

1.7.2 次元

一般に体の拡大 $k \subset K$ に対して，k 上代数的に独立な元 (不定元) $\{x_i\}$ があって，K は $k(x_i)_{i \in I}$ 上代数拡大になるようにできる．この独立な元の個数 $\sharp I$ は一定であることが証明でき，k 上の**超越次数**といい，$\sharp I = \mathrm{trans.deg}_k K$ とかく．

さて，代数的閉体 k 上の既約な代数多様体 X については，その関数体 $k(X)$ は有限次多項式環 $k[X_1, X_2, \ldots, X_N]$ の剰余整域の商体であるから，$\mathrm{trans.deg}_k k(X) \leq N$ となり，有限超越次数をもつ．この次数を既約多様体 X の次元といい，$\dim X \, (= \mathrm{trans.deg}_k k(X))$ と書く．

一般の多様体については，その既約成分の最大次元を次元という．($\dim X = \mathrm{Max}_i (\dim X_i); \ X = \bigcup_i X_i$：既約分解)

多様体の次元については，いろいろな定義と詳しい性質が知られていて，主に可換環論に属する議論を要する．ここでは，いくつかの基本性質をあげておくに留める．可換環とくに局所環の本を参考にされたい ([Ho3],[W] など)．

まず体論的に次元を定義したが，環論的には次のようになる．

一般に，可換環 R の異なる素イデアルの列 $\mathfrak{p}_0 \subsetneq \mathfrak{p}_1 \subsetneq \cdots \subsetneq \mathfrak{p}_n$ があるとき，この長さは n であるという ($n+1$ 個の素イデアルの増大列)．R の中の素イデアルの増大列の長さの最大値を R の**クルル次元**といい，$\mathrm{Krull \, dim} \, R$ とかく．

R があるアフィン多様体 X の座標環 $R = k[X]$ のときは，X の既約な閉集合の減少列の長さの最大値ということになる (ヒルベルトの零点定理 1.6.8)．

一般には，ネータ環であってもクルル次元は有限とは限らないが，上のような場合

$$\dim X = \mathrm{Krull \, dim} \, k[X]$$

という等号が成立することが知られている．

例 1.7.2. 多項式整域 $k[X_1, X_2, \ldots, X_n]$ の商体 $k(X_1, X_2, \ldots, X_n)$ は k 上の超越次元が n だから，アフィン空間 $\mathbb{A}^n$ の次元は $n = \dim \mathbb{A}^n$ である．射影空間 $\mathbb{P}^n$ は $\mathbb{A}^n$ を稠密な開集合として含むからやはり $n = \dim \mathbb{P}^n$ である．すなわち，次元を正式に定義する前に付けた名前とは整合性をもつ．

多様体 X とその部分多様体 Y について，$\dim X \geq \dim Y$ である．X が既約なとき，等号が成り立つのは，Y が稠密なときのみである．とくに Y が真の閉部分多様体ならば，$\dim Y < \dim X$ となる．

例 1.7.3. 定数でない多項式 $f(X) \in k[X] = k[X_1, X_2, \ldots, X_n]$ の零点のなす閉部分集合 $\mathbf{V}(f) = \{x \in \mathbb{A}^n \mid f(x) = 0\}$ の次元は $n-1$ である（アフィン超曲面）．実際，$\mathbf{V}(f)$ の既約分解は f の因数分解に対応し（体上の多項式整域は素元分解整域である），既約成分は f を割る既約多項式 $p \mid f$ に対応する零点 $\mathbf{V}(p)$ である．$\dim \mathbf{V}(p) = \mathrm{Krull}\dim k[X]/(p) = n-1$．（多項式整域 $k[X]$ の素イデアルの極大な増加列の長さはすべて n であることが証明される．よって，$(0) \subsetneq (p)$ を含む素イデアル列と $k[X]/(p)$ のそれが対応し，その最大の長さは $n-1$ である．）

同様に，斉次多項式 $F(X) \in k[X_0, X_1, \ldots, X_n]$ で定義された射影空間 $\mathbb{P}^n$ の閉部分多様体 $\mathbf{V}(F)$ の次元も $n-1$ である．とくに $n=2$ のときを平面曲線といった．

1.7.3 正則性と特異性

局所環の次元については次の定理が基本的である．

定理 1.7.4 (次元定理). R をネータ局所環，そのクルル次元を n とする．このとき，極大イデアル $\mathfrak{m}$ の元 $x_1, x_2, \ldots, x_n$ で，$\mathfrak{m} = \sqrt{(x_1, x_2, \ldots, x_n)}$（根基）となるものが存在する．さらに n 個未満の元でこのような性質をもつものは存在しない；すなわち，$m < n$ ならばどのような元 $y_1, y_2, \ldots, y_m$ に対しても $\mathfrak{m} \neq \sqrt{(y_1, y_2, \ldots, y_m)}$．

上のような n 個の元 $x_1, x_2, \ldots, x_n$ を $\mathfrak{m}$（または R）の**パラメータ系**という．

1.7 代数多様体の基本性質

系 1.7.5. $\mathfrak{m} = (t_1, t_2, \ldots, t_r)$ ならば,$r \geq n = \dim R$. よって,$\dim_k \mathfrak{m}/\mathfrak{m}^2 \geq n$. ただし,$k = R/\mathfrak{m}$ (R の剰余体).

証明 (系の証明) 中山の補題 ([Ho1] 定理 26.1 など) より,$t_1, t_2, \ldots, t_r$ が $\bmod \mathfrak{m}^2$ での $\mathfrak{m}$ の k 基底とすると,$(t_1, t_2, \ldots, t_r) = \mathfrak{m}$. よって,次元定理より $r \geq n$. ∎

既約なアフィン多様体 V の座標環 $k[V]$ の極大イデアル $\mathfrak{m}$ における局所化 $k[V]_\mathfrak{m}$ の次元は常に $k[V]$ のクルル次元に等しいことが知られている.

したがって,既約な n 次元多様体 X の任意の点の局所環 $\mathcal{O}_{X,x}$ の次元もすべて n に等しい.

例 1.7.6. 多項式環の局所化 $k[X_1, X_2, \ldots, X_n]_\mathfrak{m}$ ($\mathfrak{m} = (X_1, X_2, \ldots, X_n)$) のパラメータ系は $X_1, X_2, \ldots, X_n$ である.

例 1.7.7. $k[X, Y]_{(X,Y)}/(Y^2 - X^3) \simeq k[t^2, t^3]_{\mathfrak{m}_0}$ ($\mathfrak{m}_0 = (t^2, t^3)$) のクルル次元は 1 であるが,$\mathfrak{m}_0$ の生成元は 2 個以上必要である.しかし,t^2(または t^3)1 個でパラメータ系をなす.

定義 クルル次元 n の局所環 R の極大イデアル $\mathfrak{m}$ が n 個のパラメータ系で生成されるとき,R を**正則**であるという.

言い換えれば,$\mathfrak{m}$ のパラメータ系が生成系になるとき,あるいは,$n = \dim_k \mathfrak{m}/\mathfrak{m}^2$ が成り立つとき,正則局所環である.

k 上の多様体 X の点 x における局所環 $\mathcal{O}_{X,x} \supset \mathfrak{m}_x$ の場合,パラメータ系 $(x_1, x_2, \ldots, x_n)$ は正に点 x における座標系のことである.したがって,解析でいう多様体の座標系が存在することが正則性にあたる.

さらに,$k \simeq \mathcal{O}_{X,x}/\mathfrak{m}_x$ 上のベクトル空間 $\mathfrak{m}_x/\mathfrak{m}_x^2$ は点 x における**余接空間**である.したがって,正則性は余接空間の次元が多様体の次元と一致していることを要求している.

代数多様体 X の点 x における局所環 $\mathcal{O}_{X,x}$ が正則なとき,x を**非特異点**といい,正則でないとき**特異点**という.さらに,すべての点が非特異なとき**滑らかな**(または**非特異**)多様体という.

既約多様体 X の非特異な点全体のなす部分集合 X_{reg} は稠密な開集合をなすことが知られている.

例 1.7.8.
$$X = \{(x,y) \mid y^2 = x^3\} \supset X_{\text{reg}} = X \setminus \{(0,0)\}$$

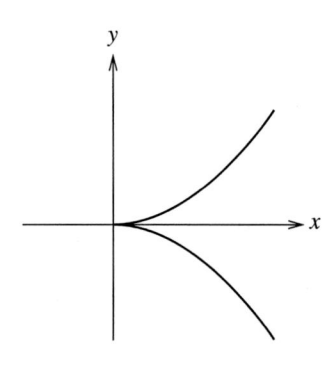

$$X = \{(x,y) \mid xy = 0\} \supset X_{\text{reg}} = X \setminus \{(0,0)\}$$

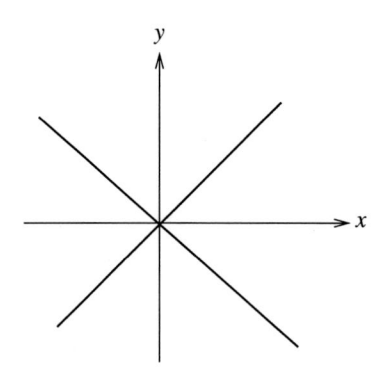

完備化 局所環 R の剰余環 $R/\mathfrak{m}^l$ は $l \in \mathbb{N}$ について射影系をなすが，その射影極限
$$\widehat{R} = \varprojlim_l R/\mathfrak{m}^l$$

1.7 代数多様体の基本性質

を R の完備化という．$\widehat{R}$ の元は $(x_l) \in \prod_{l=1}^{\infty} R/\mathfrak{m}^l$ で，$x_{l+1} \bmod \mathfrak{m}^l = x_l$ をみたすものからなる．$\widehat{R}$ は $\widehat{\mathfrak{m}} = \mathrm{Ker}\,(\widehat{R} \to R/\mathfrak{m})$ を極大イデアルとする局所環である．(完備な一様位相が入っている (距離空間にもなっている)．)

例 1.7.9. $R = k[X_1, X_2, \ldots, X_n]_{\mathfrak{m}_0}$ ($\mathfrak{m}_0 = (X_1, X_2, \ldots, X_n)$) のとき，$\widehat{R} = k[[X_1, X_2, \ldots, X_n]]$ (形式的ベキ級数環)．同型対応は $\sum_{\alpha \in \mathbb{N}^n} a_\alpha X^\alpha \longleftrightarrow (\sum_{|\alpha| \leq l} a_\alpha X^l) \in \widehat{R}$ で与えられる．

次の著しい定理が知られている．

定理 1.7.10. 代数的閉体 k 上の n 次元局所環 R が正則であるためには，その完備化 $\widehat{R}$ が形式的ベキ級数環 $k[[X_1, X_2, \ldots, X_n]]$ に同型であることが必要十分である．

例 1.7.11 (解析的). $\mathcal{O}_{X,x}$ を解析的多様体 X の点 x における局所環とすると，

$$x \text{ が非特異} \iff \mathcal{O}_{X,x} \simeq \mathbb{C}\{x_1, x_2, \ldots, x_n\} \text{ (収束ベキ級数環)},$$
$$\iff \widehat{\mathcal{O}}_{X,x} \simeq \mathbb{C}[[x_1, x_2, \ldots, x_n]].$$

1.7.4 スキームとその上の準連接層

代数多様体は局所的にはアフィン多様体で，それを V とすると，その情報は代数的閉体 k 上の被約な有限生成代数である座標環 $k[V]$ の中に完全に存在した．すなわち，$V \simeq \mathrm{Specm}\,k[V] (= k[V]$ の極大イデアルの集合) であって，V の位相も $k[V]$ のイデアルによって定まった．V 上の構造層 $\mathcal{O}_V$ は主開集合 $D(f)$ 上で $\mathcal{O}_V(D(f)) = k[V]_f$ となる要請によって定まった．

全く一般の可換環についてもこれらと同様な構成が可能である．グロタンディックのスキーム (概型，scheme) の理論である．その本質は関手性にあるが，ここでは素朴な定義を紹介しよう．

可換環 R の素イデアル全体の集合 $\operatorname{Spec} R$ に，次のように位相が入る (ザリスキ位相)．イデアル I に対する $\mathbf{V}(I) = \{\mathfrak{p} \in \operatorname{Spec} R \mid I \subset \mathfrak{p}\}$ の形の部分集合を $\operatorname{Spec} R$ の閉集合と定義する．閉集合の公理：

(1) $\mathbf{V}(0) = \operatorname{Spec} R$, $\mathbf{V}(1) = \emptyset$.
(2) $\mathbf{V}(I) \cup \mathbf{V}(J) = \mathbf{V}(I \cap J) = \mathbf{V}(IJ)$.
(3) $\bigcap_\alpha \mathbf{V}(I_\alpha) = \mathbf{V}(\sum_\alpha I_\alpha)$.

をみたすことは容易に分かる．

$D(f) = \operatorname{Spec} R \setminus \mathbf{V}(f) = \{\mathfrak{p} \mid f \notin \mathfrak{p}\}$ $(f \in R)$ を前と同様に主開集合とよぶが，定義から

$$D(f) = \operatorname{Spec} R_f \qquad (R_f = R[f^{-1}] = S_f^{-1} R)$$

である．さらに，$\{D(f) \mid f \in R\}$ が $\operatorname{Spec} R$ の開集合の基をなすことも同様である．$U \subset \operatorname{Spec} R$ を開集合とすると，定義によって $U = \operatorname{Spec} R \setminus \mathbf{V}(I) = \bigcup_{f \in I} D(f)$ となる．R がネータ環ならば，I の生成元 $f_1, f_2, \ldots, f_r$ を選べば有限被覆 $U = \bigcup_{i=1}^r D(f_i)$ をもつから，U は準コンパクトである．(ネータ性を仮定しなくても，$\operatorname{Spec} R = \bigcup_{f \in A} D(f)$ ならば有限個の f_i が選べて $\operatorname{Spec} R = \bigcup_{i=1}^r D(f_i)$, すなわち，$\operatorname{Spec} R$ は準コンパクトである．実際，$1 \in (f)_{f \in A}$ より有限個の $\{f_i\}$ があって $1 = \sum_{i=1}^r g_i f_i$. よって，$\mathfrak{p} \in \operatorname{Spec} R$ に対して $f_i \notin \mathfrak{p}$ となる f_i あり，すなわち，$\mathfrak{p} \in D(f_i)$.)

位相空間 $V = \operatorname{Spec} R$ 上にはアフィン多様体の場合と全く同様に構造層 $\mathcal{O}_V$ が，$\mathcal{O}_V(D(f)) = R_f$ をみたすものとして一意的に定義される．

定理 1.7.12. M を R 加群とし，R の元で $\sum_{i=1}^r f_i = 1$ $(f_i \in R)$ をみたすものを選ぶと，次は完全系列になる．

$$0 \to M \to \prod_{i=1}^r M_{f_i} \to \prod_{(i,j)} M_{f_i f_j}$$

ただし，$M_f = S_f^{-1} M \simeq R_f \otimes_R M$ は加群の分数化で，上の 3 番目の写像は $(x_i) \mapsto (x_i - x_j)$ $(M_{f_i} \to M_{f_i f_j}$ による同一視).

系 1.7.13. $V = \operatorname{Spec} R$ 上の層 $\widetilde{M}$ で，$\widetilde{M}(D(f)) \simeq M_f$ をみたすものが唯 1 つ存在する．$\widetilde{M}$ は環の層 $\mathcal{O}_V = \widetilde{R}$ 上の加群の層であり，M の**層化**とい

1.7 代数多様体の基本性質

う ($\widetilde{M}(U)$ は $\mathcal{O}_V(U)$ 加群で，点 $\mathfrak{p}$ における茎は素イデアル $\mathfrak{p}$ による局所化 $M_{\mathfrak{p}}$ (局所環 $\mathcal{O}_{V,\mathfrak{p}} = R_{\mathfrak{p}}$ 上の加群))．

点 $x = \mathfrak{p} \in V$ に対して $\mathcal{O}_{V,x} = R_{\mathfrak{p}}$ は局所環である．

一般に環付き空間 $(X, \mathcal{O}_X)$ が**局所環付空間**であるとは構造層のすべての茎 $\mathcal{O}_{X,x}$ が局所環のときをいう．$\phi : X \to Y$ が局所環付空間の射であるとは，$\phi^\bullet : \mathcal{O}_{Y,\phi(x)} \to \mathcal{O}_{X,x}$ が局所環の射 ($\phi^\bullet(\mathfrak{m}_{\phi(x)}) \subset \mathfrak{m}_x$) のときをいう．

環 R から上のようにして定義される局所環付空間 $(V, \mathcal{O}_V)$ ($V = \operatorname{Spec} R$, $\mathcal{O}_V = \widetilde{R}$) と同型な局所環付空間を**アフィン・スキーム**という．

局所的にアフィン・スキームと同型な局所環付空間を**(前)スキーム**という．

スキーム $(X, \mathcal{O}_X)$ 上の $\mathcal{O}_X$ 加群の層 S が局所的に $\widetilde{M}$ に同型なとき，すなわち，各点がアフィン近傍 $U = \operatorname{Spec} R_U \subset X$ で，$S|U \simeq \widetilde{M_U}$ (M_U は R_U 加群) をもつとき，S を $(\mathcal{O}_X)$ **準連接層**という．すべての U に対して R_U がネータ環で M_U が有限生成 R_U 加群に取れるとき，$(\mathcal{O}_X)$ **連接層**という．

例 1.7.14. I を R のイデアルとし，$Y = \mathbf{V}(I)$ を閉集合とする．準連接層 $\widetilde{I} \subset \widetilde{R} = \mathcal{O}_V$ (イデアルの層) について，$\mathcal{O}_V/\widetilde{I}$ の台は $Y = \operatorname{Spec} R/I$ で $\mathcal{O}_Y \simeq (\mathcal{O}_V/\widetilde{I})|Y$．ただし，一般に層 S の台とは $\{x \mid S_x \neq 0\}$．

アフィン・スキーム $V = \operatorname{Spec} R$ の点 x が閉点 ($\{x\}$ が閉集合) であるのは，対応する素イデアル $\mathfrak{p}_x$ が極大 ($\in \operatorname{Specm} R$) のときである．すなわち，スキームでは閉点でない点も考えている (閉包 $\overline{\{x\}} = \{y \mid \mathfrak{p}_x \subset \mathfrak{p}_y\}$)．

代数的閉体上の有限生成代数 R に対するスキームの場合は，ヒルベルトの零点定理によって極大イデアルだけの集合 (閉点の集合) $\operatorname{Specm} R \subset \operatorname{Spec} R$ を考えてもすべての $\operatorname{Spec} R$ の情報を与えることが分かる．$\operatorname{Spec} R$ の閉集合は，$\operatorname{Specm} R$ の閉集合の $\operatorname{Spec} R$ における閉包に等しく，また，後に触れる準連接層などの圏も同値である．すなわち，素朴な古典的代数幾何の社会はスキームの社会においても変わることなく保たれ，実質的に拡がるわけではない．

しかし，一般的な環のみならず代数的閉体とは限らぬ体や環上の代数多様体を扱おうとすれば，今までの枠組みからはみ出すことが必然となり，まず

はスキームの圏が本質的であることが判明する．これが，グロタンディックの思想の1つの動機である．

代数多様体 X の後ろにスキーム $(\widetilde{X}, \mathcal{O}_{\widetilde{X}})$ があって，$X = \{\widetilde{X}$ の閉点 $\}$，$\mathcal{O}_X = \mathcal{O}_{\widetilde{X}}|X$ となっている．また，$\mathcal{O}_{\widetilde{X}}$ 準連接層 S に対して，$S|X$ はまた局所的には同じ $k[V]$ 加群を層化したものになっている．

したがって，以下代数的閉体 k 上の代数多様体は k 上のスキームを考えた場合と同じ言葉を用いる (それは全く同じ結果をもたらすことが分かっている).

最後に簡単なコメント．圏論的には，可換環の圏 ($\mathcal{R}ings$) とアフィン・スキームの圏は (反変的に) 同値である．さらに，環 R に対して集合への関手

$$(\mathcal{R}ings) \ni A \mapsto \mathrm{Hom}_{環}(R, A) \in (\mathcal{S}ets)$$

は環 R を区別し，スキームとしては $\mathrm{Hom}_{環}(R, A) = \mathrm{Hom}_{スキーム}(\mathrm{Spec}\, A, \mathrm{Spec}\, R)$ である．

一般に，スキーム X と環 A に対して，$X(A) = \mathrm{Hom}_{スキーム}(\mathrm{Spec}\, A, X)$ の元を X の A 点という．$X = \mathrm{Spec}\, \mathbb{Z}[X, Y, \ldots]/(f(X, Y, \ldots))$ の場合を考えよ！ $X(A) = \{(a) \in A^? \mid f(a) = 0\}$．

圏の議論を遂行することによって，スキーム X は関手 $(\mathcal{R}ings) \to (\mathcal{S}ets)$ を与えるものとして唯1つ特徴づけられる．この観点からスキーム概念のさらなる拡張が様々に得られる．グロタンディックのパラダイムである．また，この中でエタール位相を代表とする位相の概念の拡張も実行される．

一般化のせいで，スキームの直積 (テンソル積と同値) その他の様々な構成が単純明快になる．また明らかに可換論 (の基本操作) をすべて内包している．それが理論を (長大にしたとしても) 複雑にするのではなく簡明にしている点がグロタンディックの洞察力の際立ったところである．

スキームについては，[Gr], [Ha], [K], [Mi], [Mu] などを参照のこと．

1.7.5　因子と直線束 (連接層の例)

X を代数的閉体 k 上既約な代数多様体，$K = k(X)$ を X の関数体とする．このとき，以下のことに注意しておく．$\mathcal{O}_X$ を X の構造層とし，U を

1.7 代数多様体の基本性質

X の開集合とするとき $\mathcal{O}_X(U) \subset K$ となり，とくに U が (空でない) アフィンならば K は部分環 $\mathcal{O}_X(U)$ の商体であった．したがって，点 x における局所環 $\mathcal{O}_{X,x}$ も K の部分環で，K の中で

$$\mathcal{O}_X(U) = \bigcup_{x \in U} \mathcal{O}_{X,x} \ (\subset K)$$

と見なせる．

さて，X の余次元 1 の有限個の既約閉部分多様体の形式的な和

$$D = \sum_i n_i Y_i \quad (n_i \in \mathbb{Z})$$

を**ヴェイユ因子**という ($\dim Y_i = \dim X - 1$)．閉部分多様体 $\bigcup_{n_i \neq 0} Y_i = \operatorname{supp} D$ を D の**台**という．ヴェイユ因子全体のなす集合 $\operatorname{Div} X$ は加法群をつくる．

次に，開被覆 $X = \bigcup_\alpha U_\alpha$ に対して，有理関数 $s_\alpha \in K$ で $U_\alpha \cap U_\beta$ 上では $\phi_{\alpha\beta} = s_\beta/s_\alpha$ が 0 にならない正則関数になるようなものが与えられているとする．関数 s_α の零点 $(s_\alpha)_0$ と極 $(s_\alpha)_\infty$ はそれぞれ U_α の余次元 1 の閉部分多様体をなす．

ここで，零点と極は重複度付きで考える．すなわち，$s = \prod_i s_i^{n_i}$ を既約分解とし Y_i を $s_i = 0$ が定義する U の既約閉部分多様体とするとき，$(s)_0 = \sum_{n_i > 0} n_i Y_i$, $(s)_\infty = \sum_{n_i < 0} |n_i| Y_i$ とする (簡単のため，$\mathcal{O}_X(U) \subset \mathcal{O}_{X,x}$ は一意分解整域と仮定した)．

さて，$\phi_{\alpha\beta}$ が可逆な正則関数であるから，$U_\alpha \cap U_\beta$ 上では $(s_\alpha)_0 = (s_\beta)_0$, $(s_\alpha)_\infty = (s_\beta)_\infty$ と一致し，系 $\{s_\alpha\}_\alpha$ は X 上のヴェイユ因子を与える．

この系 $\{\alpha\}_\alpha$ の同値類を**カルチエ因子**という．すなわち，正確には，カルチエ因子は被覆 $X = \bigcup_\alpha U_\alpha$ の細分の帰納的極限で定義されるので，剰余層 $K^\times / \mathcal{O}_X^\times$ の切断 ($\Gamma(X, K^\times/\mathcal{O}_X^\times)$ の元) のことである．関数 $K^\times$ の乗法によって可換群をなす．上に述べた対応

$$\Gamma(X, K^\times/\mathcal{O}_X^\times) \ni \{s_\alpha\} \mapsto \{(s_\alpha)_0 - (s_\alpha)_\infty\} \in \operatorname{Div} X$$

は群準同型である．

X が滑らかな多様体のとき，局所環 $\mathcal{O}_{X,x}$ は正則で一意分解整域になることが知られていて (アウスランダー)，上の準同型は同型になる．すなわち，ヴェイユ因子とカルチエ因子は同じ概念を与える．

以下，既約多様体 X は滑らかと仮定する．因子 $D \in \mathrm{Div}\,X$ が，アフィン開被覆 $X = \bigcup_\alpha U_\alpha$ 上でカルチエ因子 $\{s_\alpha\}_\alpha$ によって与えられているとする $(s_\beta/s_\alpha \in \mathcal{O}_X(U_\alpha \cap U_\beta)^\times)$．このとき，定数層 K の部分層 $\mathcal{L}_D$ で $\mathcal{L}_D|U_\alpha = \mathcal{O}_{U_\alpha} s_\alpha^{-1} \subset K$ となるものが唯 1 つ存在する．雑に，$\mathcal{L}_D = \mathcal{O}_X s^{-1} = \{f \in K \mid s_\alpha f \in \mathcal{O}_{U_\alpha}\}$ と書いても大きな誤解はないだろう．$\mathcal{L}_D$ は $\mathcal{O}_X$ 加群の層である．

一般に，$\mathcal{O}_X$ 加群の層 S が各点の適当な近傍 U で自由 $\mathcal{O}_U$ 加群に同型 $(S|U \simeq \mathcal{O}_U^r$：階数 r の自由加群$)$ なとき，階数 r の局所自由加群の層という．これは各点 $x \in X$ における茎 S_x が $\mathcal{O}_{X,x}^r$ に同型なことと同値であり，X がアフィンで，$S = \widetilde{M}$ (準連接) ならば，$M_{\mathfrak{p}_x}$ が $\mathcal{O}_{X,x}$ 自由なことに等しい (これは M が $k[X]$ 射影加群であることと同値)．

このような有限階数の局所自由な層を**ベクトル束**といい，とくに階数 1 のときは**直線束**という．

因子に対応する層 $\mathcal{L}_D$ は階数 1 の局所自由 (したがって連接) な層であるから直線層である．

X 上の直線束の ($\mathcal{O}_X$ 加群の層としての) 同型類を $\mathrm{Pic}\,X$ と書くと，これには $\mathcal{O}_X$ 加群のテンソル積によって群構造が入り (**ピカール群**という)，因子群からの写像 $\mathrm{Div}\,X \to \mathrm{Pic}\,X$ $(D \mapsto \mathcal{L}_D)$ は群準同型を与える．すなわち，一般に 2 つの $\mathcal{O}_X$ 加群の層 S_1, S_2 のテンソル積 $S_1 \otimes_{\mathcal{O}_X} S_2$ を前層 $S_1(U) \otimes_{\mathcal{O}_X(U)} S_2(U)$ の層化によって定義する．$((S_1 \otimes_{\mathcal{O}_X} S_2)_x \simeq (S_1)_x \otimes_{\mathcal{O}_{X,x}} (S_2)_x$ は成立する．) このとき，$D_1 = \{s_{\alpha,1}\}, D_2 = \{s_{\alpha,2}\}$ ならば，

$$\mathcal{L}_{D_1} \otimes_{\mathcal{O}_X} \mathcal{L}_{D_2}|U_\alpha = \mathcal{O}_{U_\alpha} s_{\alpha,1}^{-1} \otimes_{\mathcal{O}_{U_\alpha}} \mathcal{O}_{U_\alpha} s_{\alpha,2}^{-1},$$
$$\simeq \mathcal{O}_{U_\alpha}(s_{\alpha,1} s_{\alpha,2})^{-1},$$
$$\simeq \mathcal{L}_{(D_1+D_2)}|U_\alpha$$

である．また，単位元は $\mathcal{O}_X = \mathcal{L}_0$，逆元 $\mathcal{L}^{-1}$ は双対束 $\mathcal{L}^{-1} = \mathrm{Hom}_{\mathcal{O}_X}(\mathcal{L}, \mathcal{O}_X)(= \mathcal{L}^\vee)$ で与えられる $(\mathcal{L}^\vee \otimes_{\mathcal{O}_X} \mathcal{L} \simeq \mathcal{H}om_{\mathcal{O}_X}(\mathcal{L}, \mathcal{O}_X) \otimes_{\mathcal{O}_X}$

1.7 代数多様体の基本性質

$\mathcal{L} \simeq \mathcal{H}om_{\mathcal{O}_X}(\mathcal{L},\mathcal{L}) \simeq \mathcal{O}_X$，加群のテンソル積と類似).

実は準同型 $\mathrm{Div}\,X \to \mathrm{Pic}\,X$ は全射であることが分かる (コホモロジーを使う).

例 1.7.15. $\mathbb{P}^n$ 上の直線束 $\mathcal{O}_{\mathbb{P}^n}(l)$ $(l \in \mathbb{Z})$. $\mathcal{O}_{\mathbb{P}^n}(l)$ は $\pi : V^{\bullet} = \mathbb{A}^{n+1} \setminus \{0\} \to \mathbb{P}^n$ $((t_0,t_1,\ldots,t_n) \mapsto (t_0 : t_1 : \ldots : t_n))$ において，$\Gamma(U, \mathcal{O}_{\mathbb{P}^n}(l)) = \{f \in \Gamma(\pi^{-1}U, \mathcal{O}_{V^{\bullet}}) \mid f(ct) = c^l f(t)\}$ と定義される層であった (1.6.6 項). $\mathbb{P}^n$ のアフィン被覆 $\mathbb{P}^n = \bigcup_{i=0}^n U_i$, $U_i = \{(t) \mid t_i \neq 0\} \simeq \mathbb{A}^n$ を考えると $\mathcal{O}_{\mathbb{P}^n}(l)|U_i \simeq \mathcal{O}_{U_i}$ だから，$\mathcal{O}_{\mathbb{P}^n}(l)$ は連接層，とくに直線束である．$(f \leftrightarrow f_{(i)}(x_0, \ldots, \widehat{x_i}, \ldots, x_n)$，ただし $f_{(i)}(t_0/t_i, \ldots, t_n/t_i) = t_i^{-l} f(t_0, \ldots, t_i, \ldots, t_n)$ による．)

さらに，$\mathbb{P}^n$ の超平面が定義する因子を $D_0 = \{t_0 = 0\} \simeq \mathbb{P}^{n-1} \subset \mathbb{P}^n$ とするとき，直線束 $\mathcal{O}_{\mathbb{P}^n}(l)$ は lD_0 に対応する直線束 $\mathcal{L}_{lD_0}$ に同型である．実際，U_i $(1 \leq i \leq n)$ 上で $x_j^{(i)} = t_j/t_i$ とアフィン座標をとり，$f_{(i)}(x^{(i)}/x_0^l) \in (\mathcal{O}_{\mathbb{P}^n}|U_i)x_0^{-l}$ に対して $f(t) = t_i^l f_{(i)}(t_0/t_i, t_1/t_i, \ldots, t_n/t_i)$ (i 番目は抜けている) とおくと，$f(t)$ は l 次斉次な $\mathcal{O}_{\mathbb{P}^n}(l)|U_i$ の元を与える．$\mathbb{P}^n$ の関数体 $k(\mathbb{P}^n)$ は $\bigcup_{l,i}\{f/g \mid f, g \in \mathcal{O}_{\mathbb{P}^n}(l)|U_i\}$ で与えられるゆえ，

$$\mathcal{L}_{lD_0}|U_i \simeq (\mathcal{O}_{\mathbb{P}^n}|U_i)x_0^{-l} (\subset K = k(\mathbb{P}^n)) \simeq \mathcal{O}_{\mathbb{P}^n}(l)|U_i$$

によって同型 $\mathcal{L}_{lD_0} \simeq \mathcal{O}_{\mathbb{P}^n}(l)$ を得る．

他の超平面 $(\sum_{i=0}^n c_i t_i = 0)$ が与える因子の l 倍に対応する直線束も $\mathcal{O}_{\mathbb{P}^n}(l)$ に同型である．さらに，

$$\mathcal{O}_{\mathbb{P}^n}(l) \simeq \mathcal{O}_{\mathbb{P}^n}(1)^{\otimes l} \quad (l \,\text{ベキ乗})$$

も明らかであろう．

最後に，表現論における誘導表現との関係を見よう．$G = GL_{n+1}(k)$ は $V^{\bullet} = \mathbb{A}^{n+1} \setminus \{0\}$ に線型かつ推移的に働く．例えば

$$\begin{pmatrix} t_0 \\ t_1 \\ \vdots \\ t_n \end{pmatrix} \star \begin{pmatrix} \end{pmatrix} e_1 = \begin{pmatrix} t_0 \\ t_1 \\ \vdots \\ t_n \end{pmatrix} \quad \left(e_1 = \begin{pmatrix} 1 \\ 0 \\ \vdots \\ 0 \end{pmatrix}\right)$$

となり，$P_0 = \left\{ \begin{pmatrix} 1 \\ 0 \\ \vdots & \bigstar \\ 0 \end{pmatrix} \right\}$ の形の部分群が e_1 を固定する．さらに，$P = \left\{ \begin{pmatrix} c \\ 0 \\ \vdots & \bigstar \\ 0 \end{pmatrix} \right\}$ とおくと

$$\begin{pmatrix} t_0 \\ t_1 \\ \vdots & \bigstar \\ t_n \end{pmatrix} \begin{pmatrix} c \\ 0 \\ \vdots & \bigstar \\ 0 \end{pmatrix} e_1 = c \begin{pmatrix} t_0 \\ t_1 \\ \vdots \\ t_n \end{pmatrix}$$

となり，P は直線 $k\,e_1 \in \mathbb{P}^n$ を固定し，等質空間としての同型

$$G/P \simeq G[k\,e_1] = \mathbb{P}^n$$

が得られる．$\left(\begin{pmatrix} t_0 \\ t_1 \\ \vdots & \bigstar \\ t_n \end{pmatrix} P \leftrightarrow (t_0 : t_1 : \cdots : t_n) \in \mathbb{P}^n \right.$ と対応する．因みに，P の形の部分群は**放物型**とよばれる．）

多様体 $V^\bullet \times k$ を乗法群 $k^\times$ の作用 $((t), v)c = ((ct), c^l v)$ $(c \in k^\times)$ によって割った商空間を $L^{(l)} = V^\bullet \times k/\sim$ とおくと，これも $\mathbb{P}^n = V^\bullet/\sim$ 上の代数多様体で射影 $\phi : L^{(l)} \to \mathbb{P}^n$ $(\phi((t), v) = (t))$ でファイバー $\phi^{-1}((t))$ は 1 次元ベクトル空間 k に同型である．

定義から，$U \subset \mathbb{P}^n$ 上の ϕ の切断 $s : U \to \phi^{-1}(U) = L^{(l)}|U$，$\phi \circ s = \mathrm{Id}_U$ は，$s((t)) = ((t), \tilde{s}((t)))$ $(\tilde{s} : \pi^{-1}(U) \to k,\ \tilde{s}((ct)) = c^l \tilde{s}((t)))$ と表されるから，

$$\{ s : U \to \phi^{-1}(U) \mid \phi \circ s = \mathrm{Id}_U,\ s : \text{正則} \} \simeq \mathcal{O}_{\mathbb{P}^n}(l)(U)$$

となり，$L^{(l)}$ は直線束 $\mathcal{O}_{\mathbb{P}^n}(l)(U)$ を与える $\mathbb{P}^n$ 上の 1 次元ベクトル空間になる（"直線束" という名前のゆかりである）．

1.7 代数多様体の基本性質

ここで P の 1 次元表現 $\rho_l : P \to k^\times = GL_1(k)$ を $\rho_l \left(\begin{pmatrix} c \\ 0 \\ \vdots \\ 0 \end{pmatrix} \star \right) = c^{-l}$ によって定義する.

このとき, $L^{(l)}$ はさらに $G \times k$ を右からの放物部分群 P 作用 $(g, v)p = (gp, \rho_l(p^{-1})v)$ によって割った商空間 $G \times^P k = G \times k/\sim_P$ に同型であり, この大域的正則切断の空間

$$\{s : \mathbb{P}^n \to L^{(l)} \mid \phi \circ s = \mathrm{Id}_{\mathbb{P}^n}, s : \text{正則}\},$$
$$\simeq \{\tilde{s} : G \to k \mid \tilde{s}(gp) = \rho_l(p^{-1})\tilde{s}(g) \ (p \in P), \tilde{s} : \text{正則}\}$$

は P の 1 次元表現 $\rho_l : P \to k^\times$ を G へ誘導した表現の表現空間から (G 上で) "正則" な関数のみを取り出してつくったものである. この空間が与える G の表現を ρ_l から G への**正則誘導表現**といい h-$\mathrm{Ind}_P^G \rho_l$ と書く.

上ではすでに群 $G = GL_{n+1}(k)$ や P を代数的多様体として扱っていることにお気づきであろう (G 上の正則関数など). 後ほどもっと詳しく述べるが, それぞれ, 行列の空間 $M_{n+1}(k)$ などの部分多様体 (実はアフィン多様体になる) として考えておく.

上の言い換えにより正則誘導 h-$\mathrm{Ind}_P^G \rho_l$ の表現空間は因子に対応する直線束 $\mathcal{O}_{\mathbb{P}^n}(l)$ の切断の空間 $\Gamma(\mathbb{P}^n, \mathcal{O}_{\mathbb{P}^n}(l))$ に同型で, これは $V^\bullet = \mathbb{A}^{n+1} \setminus \{0\}$ 上の l 次斉次関数のなす空間である.

したがって, $\dim_k \Gamma(\mathbb{P}^n, \mathcal{O}_{\mathbb{P}^n}(l)) = \begin{pmatrix} n+l \\ l \end{pmatrix}$ ($l < 0$ ならば 0) となり, これは k が複素数体のときは $GL_{n+1}(\mathbb{C})$ の既約表現を与えることが分かる ($n = 2$ のとき 1.5.8 項 II).

実はもっと一般に, "放物型" といわれる部分群 P の有限次元既約表現 ρ を適当に選ぶと, 正則誘導表現 h-$\mathrm{Ind}_P^G \rho$ は G の既約表現を与え, かつ, すべての G の既約表現はこのようにしてつくられるものに同値であることが証明される. ボレル–ヴェイユの定理とよばれる構成で, さらに一般の半単純 (または簡約) 代数群についても類似のことが成り立つ (1.10.5 項).

1.8 層のコホモロジー

この節の参考書例は，[Go], [GM], [Ha], [Ho3], [KS] などである．

1.8.1 チェック・コホモロジー

位相空間 X 上の加群の層 S の定義を思い出そう．S は前層であって，次の層の公理をみたすものであった (1.6.4 項)．任意の開集合 U とその開被覆 $\mathcal{U} = \{U_i \mid i \in I\}$ $(U = \bigcup_{i \in I} U_i)$ に対して加群の列

$$o \to \Gamma(U, S) \to \prod_{i \in I} \Gamma(U_i, S) \xrightarrow{d} \prod_{i,j \in I} \Gamma(U_i \cap U_j, S)$$

が完全列になることである．すなわち，S は加群の層であるから，条件 ($\sharp$) $\rho_{U_i \cap U_j}^{U_i}(s_i) = \rho_{U_j \cap U_i}^{U_j}(s_j)$ $(s_i \in \Gamma(U_i, S))$ は次のように書き換えられる．$\sigma = (s_i)_{i \in I} \in \prod_{i \in I} \Gamma(U_i, s)$ に対して，$d\sigma$ の (i, j) 成分を $\rho_{U_i \cap U_j}^{U_i}(s_i) - \rho_{U_j \cap U_i}^{U_j}(s_j)$ と定義する写像を d とするとき，$\sigma \in \operatorname{Ker} d$ となる．層の公理は，条件 ($\sharp$) をみたす $\sigma = (s_i)_i$ に対して，ただ 1 つの $s \in \Gamma(U, S)$ で $\rho_{U_i}^{U}(s) = s_i$ をみたすものがある，ということであったから，上の列の完全性に同値である．

言い換えると，

$$\Gamma(U, S) \xrightarrow{\sim} \operatorname{Ker} d$$

ということになる．

さて一般に，加群の準同型列

$$M^\bullet : \quad \cdots \to M^{i-1} \xrightarrow{d_{i-1}} M^i \xrightarrow{d_i} M^{i+1} \to \cdots \quad (i \in \mathbb{Z})$$

が $d_i \circ d_{i-1} = 0$ $(\forall i)$ をみたすとき $M^\bullet$ を (加群の) **複体**という．（各 $i \in \mathbb{Z}$ ごとに d_i は勿論異なるものであるが，記号の煩雑さをさけるため，単に $d = d_i$ と書くのが普通である．したがって，複体である条件は $d^2 = 0$ と書かれる．）

複体 $M^\bullet$ に対して，各 $i \in \mathbb{Z}$ ごとに定義される剰余加群

$$H^i(M^\bullet) = \operatorname{Ker} d_i / \operatorname{Im} d_{i-1}$$

1.8 層のコホモロジー

を i 次の**コホモロジー群**という.

例えば, $H^i(M^\bullet) = 0 \ (\forall i)$ ということは, $M^\bullet$ が完全列であることである.

以下, 加群の層 S と X の開被覆 $\mathcal{U} = \{U_i \mid i \in I\}$, $X = \bigcup_i U_i$ に対して, チェックの複体とよばれるものを定義しよう ($n < 0$ に対しては $C^n = 0$ とおく. 記号 $\hat{a}$ は添字 a を抜くという意味.):

$$C^n = \prod_{(i_0, i_1, \ldots, i_n) \in I^{n+1}} \Gamma(U_{i_0} \cap U_{i_1} \cap \cdots \cap U_{i_n}, S),$$

$d : C^{n-1} \to C^n,$

$$(d\sigma)_{(i_0, i_1, \ldots, i_n)} = \sum_{k=0}^{n+1} (-1)^k \rho_{i_0 i_1 \cdots i_n}^{i_0 i_1 \cdots \widehat{i_k} \cdots i_n} (s_{i_0 i_1 \cdots \widehat{i_k} \cdots i_n}),$$

$(d\sigma)$ の $(i_0, i_1, \ldots, i_n) \in I^{n+1}$ 成分, $\sigma = (s_{j_0 \cdots j_{n-1}}) \in C^{n-1}$,

$\rho_{i_0 i_1 \cdots i_n}^{i_0 i_1 \cdots \widehat{i_k} \cdots i_n} = \rho_{U_{i_0} \cap U_{i_1} \cap \cdots \cap U_{i_n}}^{U_{i_0} \cap \cdots \cap \widehat{U_{i_k}} \cap \cdots \cap U_{i_n}}.$

ちょっと複雑な計算の結果, $C^{n-1} \xrightarrow{d} C^n \xrightarrow{d} C^{n+1}$ において, 複体の条件 $d^2 = 0$ をみたすことが分かる. かくして複体

$$0 \to C^0 \to C^1 \to C^2 \to \cdots \to C^n \to \cdots$$

が得られるが, 最初の項が初めに考えた

$$C^0 = \prod_i \Gamma(U_i, S) \xrightarrow{d} C^1 = \prod_{(i,j)} \Gamma(U_i \cap U_j, S)$$

である.

この複体を被覆 $\mathcal{U} = (U_i)_i$ に関する**チェックの複体**とよび, $C^n(\mathcal{U}, S) = C^n$ と書く. その n 次コホモロジー群を $H^n(\mathcal{U}, S)$ と書くと, 定義から

$$H^0(\mathcal{U}, S) \simeq \Gamma(X, S), \quad (H^n(\mathcal{U}, S) = 0 \ (n < 0))$$

である.

なお, チェックの複体 $C^\bullet(\mathcal{U}, S)$ は前層 S に対しても定義され,

$$S : 層 \iff H^0(\mathcal{U}, S) \simeq \Gamma(U, S) \quad (\forall \mathcal{U} : U \text{ の開被覆})$$

であることに注意しておく.

しかし，$n \geq 1$ に対するコホモロジー群 $H^n(\mathcal{U}, S)$ に対応するものは今まで出てこなかった．これは，開被覆 $\mathcal{U}$ に対する**チェック・コホモロジー群**とよばれているが，被覆 $\mathcal{U}$ の"極限"を考えると，空間 X のみに対するチェック・コホモロジー群

$$\check{H}^n(X, S) = \varinjlim_{\mathcal{U}} H^n(\mathcal{U}, S)$$

が得られる．(因みにチェック (Čech) は人名である．)

ここでは，詳細は省くが，被覆 $\mathcal{U}$ は細分 $\mathcal{U} \prec \mathcal{U}'$ による順序で帰納系をなしており，これは自然にコホモロジー群の帰納系 $H^n(\mathcal{U}', S) \to H^n(\mathcal{U}, S)$ を与え，$\varinjlim_{\mathcal{U}}$ はこの極限のことである．

実際は，同型

$$\check{H}^n(X, S) \simeq H^n(\mathcal{U}, S)$$

が成り立つ被覆 $\mathcal{U}$ に関する比較的簡単な条件がいろいろ知られていて，コホモロジー群の計算に多用されている．($\check{H}^0(X, S) = H^0(\mathcal{U}, S)$ ($\forall \mathcal{U}$) は明らか．)

また，実用上大切なことであるが，チェックの複体において被覆の添字集合 I に線型順序を入れておいて，$C'^n = \prod_{i_0 < i_1 < \cdots < i_n} \Gamma(U_{i_0} \cap U_{i_1} \cap \cdots \cap U_{i_n}, S)$ という部分複体で考えても同型なコホモロジー群が得られることに注意しておく．したがって，$n > d = \sharp I - 1$ に対しては $H^n = 0$．

1.8.2 加群の分解 (レゾリューション) とホモロジー代数

(環上の) 加群の層は圏としては，(環上の) 加群の圏と全く類似していることにはすでにお気づきであろう．そこでしばらく簡単のために基本となる加群の圏でのホモロジー代数を考える．この考え方は，容易にそのまま層の圏へ拡張される．

$\text{Mod } R$ を環 R 上の (左) 加群のなす (アーベル) 圏とする (1.6.4 項では $\text{Mod}_L R$ と書いた)．R 加群 I が**入射的**であるとは，任意の R 加群の単射 $i : M \hookrightarrow N$ に対して，射 $f : M \to I$ が N への拡張 $\tilde{f} : N \to I$ ($\tilde{f} \circ i = f$) をもつときをいう．

1.8 層のコホモロジー

例 1.8.1. $T = \mathbb{Q}/\mathbb{Z}$ は ($\mathbb{Z}$ 上の) 入射加群である.

証明 f の拡張は帰納系をなすから,ツォルンの補題より極大な拡張 $M \hookrightarrow M' \xrightarrow{f'} \mathbb{Q}/\mathbb{Z}$ が存在する. $M' \neq N$ とすると, $x \notin M'$ に対して $M'' = M' + \mathbb{Z}x$ を考える. $\mathbb{Z} \cap M' = \mathbb{Z}nx$, $f'(nx) = a$ とする. $n = 0$ ならば, $f''(mx) = 0$;$n \neq 0$ ならば $f''(mx) = (m/n)a$ とおくと, f'' は f' の拡張である.よって, f' の極大性に反し, $M' = N$;すなわち, f は N へ拡張可能である. ∎

一般の R 加群についても次が成り立つ.

定理 1.8.2. R 加群はある入射 R 加群へ埋め込むことができる.

証明 (左,または右)R 加群 M に対して,$M^* = \mathrm{Hom}_{\mathbb{Z}}(M, T)$ は (右,または左)R 加群になる. M が自由 R 加群 (もっと一般的に射影的) のとき M^* は入射 R 加群になる.

(左)R 加群 M に対して, $F \twoheadrightarrow M^*$(全射) となる (右) 自由加群をえらぶと, $(M^{**} \hookrightarrow)F^* = I$ は (左) 入射加群.自然な単射 $M \hookrightarrow M^{**}$ とつないで,埋め込み $M \hookrightarrow I$ を得る. ∎

双対的な概念として,**射影加群**がある.すなわち, P が任意の全射 $p: M \twoheadrightarrow N$ と,射 $f: P \to N$ に対し,持ち上げ $\tilde{f}: P \to M$ ($p \circ \tilde{f} = f$) をもつときをいう.自由加群は射影的であり,任意の R 加群 M は自由加群からの全射 $F \twoheadrightarrow M$ をもつ.このように,射影加群は自由加群という分かり易い対象をもつが,双対的な入射加群は具体的には少しく分かり難い.

R 加群の圏 $\mathrm{Mod}\,R$ の中での完全列

$$0 \to M \to I^0 \to I^1 \to I^2 \to \cdots$$

において, I^i ($i \geq 0$) がすべて入射的なとき, M の**入射分解**という.
(矢印が逆で, I^i がすべて射影的ならば**射影分解**という.)

任意の R 加群は入射分解と射影分解をもつ.定理 1.8.2 によって, M はある入射加群 I^0 の部分加群である ($M \hookrightarrow I^0$).次に, $I^0/M \hookrightarrow I^1$ となる

入射加群 I^1 がある．これを続けていくと長い完全列

$$0 \to M \to I^0 \to I^1 \to I^2 \to \cdots$$

すなわち，M の入射分解を得る．

さらに，入射分解は関手的である．すなわち，加群の射 $f: M \to N$ と，M, N の入射分解 $I^\bullet = (I^i)_{i \geq 0}, J^\bullet = (J^i)_{i \geq 0}$ に対し，射 $f^i: I^i \to J^i$ で可換図形：

$$\begin{array}{ccccccccc} 0 & \to & M & \to & I^0 & \to & I^1 & \to & \cdots \\ & & f \downarrow & & f^0 \downarrow & & f^1 \downarrow & & \\ 0 & \to & N & \to & J^0 & \to & J^1 & \to & \cdots \end{array}$$

を与えるものが存在する．

これは，$I^\bullet, J^\bullet$ の入射性から容易に分かる．まず，$M \hookrightarrow I^0$ は単射ゆえ，J^0 の入射性から $d \circ f: M \to J^0$ は $f^0: I^0 \to J^0$ へ拡張できる．次に，$I^0/M \hookrightarrow I^1$ に対し，J^1 の入射性から $I^0/M \to J^0/N \to J^1$ を拡張したものを f^1 とすればよい．以下同様．

さて，一般に2つの加群の複体 $C^\bullet = (C^i)_{i \in \mathbb{Z}}, D^\bullet = (D^i)_{i \in \mathbb{Z}}$ の射 $f = (f^i), f^i: C^i \to D^i$（$d$ と合わせて可換図形をなす）について，各 i に対して射 $h^i: C^i \to D^{i-1}$ が与えられていて，

$$\begin{array}{ccccccccc} \cdots & \to & C^{i-1} & \xrightarrow{d^{i-1}} & C^i & \xrightarrow{d^i} & C^{i+1} & \to & \cdots \\ & \swarrow & f^{i-1} \downarrow & \swarrow_{h^i} & f^i \downarrow & \swarrow_{h^{i+1}} & f^{i+1} \downarrow & \swarrow & \\ \cdots & \to & D^{i-1} & \xrightarrow{d^{i-1}} & D^i & \xrightarrow{d^i} & D^{i+1} & \to & \cdots \end{array}$$

において

$$f^i = d^{i-1} \circ h^i + h^{i+1} \circ d^i (= dh + hd \text{ と略記})$$

が成り立つとき，複体の射 f は 0 にホモトープであるといい，$f \sim 0$ とかく．複体の2つの射 f, g について，その差 $f - g$ が 0 にホモトープなとき，$f \sim g$ と書き，f と g とは互いにホモトープであるという．

次のことは，容易に確かめられる．

定理 1.8.3. 加群の複体の射 $f: C^\bullet \to D^\bullet$ が 0 にホモトープならば，f がそのコホモロジー群に引き起こす射 $f^{(i)}: H^i(C^\bullet) \to H^i(D^\bullet)$ はすべて 0 で

1.8 層のコホモロジー

ある.とくに,2つの射 f, g が互いにホモトープならば,コホモロジー群には同じ射を引き起こす ($H^i(f) = H^i(g) : H^i(C^\bullet) \to H^i(D^\bullet)$).

さて,我々は任意の加群の入射分解を得たが,実は,少し複雑な図形追跡を行うことによって,1つの加群の入射分解はすべて"ホモトープ同値"であることが分かる.詳しくいえば次の定理にまとめられる.

定理 1.8.4. 加群の射 $f : M \to N$ に対するそれぞれの入射分解 $I^\bullet, J^\bullet$ の射はすべて互いにホモトープである.すなわち,$f^i, g^i : I^i \to J^i$ をともに f の延長とすると,$f^i - g^i = dh^i + h^{i+1}d$ となるような $h^i : I^i \to J^{i-1}$ がある ($f \sim g$).

とくに,$f = \mathrm{Id}_M : M \xrightarrow{\sim} M$ のとき (1つの加群と2つの入射分解)$f^i : I^i \to J^i$, $g^i : J^i \to I^i$ で $g^i \circ f^i \sim \mathrm{Id}_{I^\bullet}$, $f^i \circ g^i \sim \mathrm{Id}_{J^\bullet}$ なるものがある ($I^\bullet$ と $J^\bullet$ はホモトープ同型).

応用 $\mathrm{Ext}^\bullet$,または左完全関手.$I^\bullet$ を M の入射分解とするとき,別の R 加群 N に対して,$\mathrm{Hom}_R(N, I^\bullet)$ のなす複体 (R が可換でなければもはや R 加群にはならない)

$$0 \to \mathrm{Hom}_R(N, I^0) \to \mathrm{Hom}_R(N, I^1) \to \cdots$$

を考える.このコホモロジー群を $\mathrm{Ext}^i_R(N, M)$ と書く ($= 0$ ($i < 0$)).後ほど述べるように,定理 1.8.4 より,これは入射分解 $I^\bullet$ の取り方によらず同型であることが分かる.$\mathrm{Ext}^0_R(N, M) = \mathrm{Hom}_R(N, M)$ であり,$\mathrm{Ext}^1_R(N, M)$ は N の M による拡大に関係している.とくに,$\mathrm{Ext}^1_R(N, M) = 0$ のとき,短完全列

$$0 \to M \to M' \to M'' \to 0$$

に対して,

$$0 \to \mathrm{Hom}_R(N, M) \to \mathrm{Hom}_R(N, M') \to \mathrm{Hom}_R(N, M'') \to 0$$

はまた完全である.

双対的に,射影分解 $P_\bullet \to M$ に対して,テンソル積のつくる複体 $N \otimes_R P_\bullet$ のホモロジー群 $H_i(N \otimes_R P_\bullet) = \mathrm{Ker}\, d_i / \mathrm{Im}\, d_{i+1}$ を $\mathrm{Tor}^R_i(N, M)$ とかく. (N は右 R 加群で,$\mathrm{Tor}^R_0(N, M) = N \otimes_R M$.)

左完全関手の導来関手

R 加群の圏 $\mathrm{Mod}\,R$ から加群の圏 $\mathcal{A}$ への関手 $\Phi: \mathrm{Mod}\,R \to \mathcal{A}$ について,射の関手

$$\Phi: \mathrm{Hom}_R(N, M) \to \mathrm{Hom}(\Phi(N), \Phi(M)) \quad (f \mapsto \Phi(f))$$

が加群の準同型になるようなとき,Φ を**加法的関手**という.$\Phi(M) = \mathrm{Hom}_R(N, M)$ は (N を固定したとき) 加法的である.

加法的関手 Φ が任意の単射 $i: N \hookrightarrow M$ を単射 $\Phi(i): \Phi(N) \hookrightarrow \Phi(M)$ に移すとき,**左完全**という.双対的に,全射 $p: N \twoheadrightarrow M$ を全射 $\Phi(p): \Phi \twoheadrightarrow \Phi(M)$ に移すとき**右完全**といい,左右完全のとき単に**完全**という.$\Phi(M) = \mathrm{Hom}_R(N, M)$ は M について左完全であり,$\Phi(M) = N \otimes_R M$ は右完全である.

左完全関手 Φ に対して,$I^\bullet$ を M の入射分解とするとき,複体

$$\Phi(I^\bullet): 0 \to \Phi(I^0) \to \Phi(I^1) \to \cdots$$

のコホモロジー群を $R^i\Phi(M) = H^i(\Phi(I^\bullet))$ と書く.M に $H^i(\Phi(I^\bullet))$ を対応させる関手 $R^i\Phi$ を Φ の i 次の**右導来関手**という.

実際,射 $f: M \to N$ に対して,$f_1, f_2: I^\bullet \to J^\bullet$ をそれぞれの入射分解に引き起こす複体の射とすると,定理 1.8.4 より,$f_1 \sim f_2$ (ホモトープ) である.よって,f_1, f_2 が複体に引き起こす射についても $\Phi(f_1) \sim \Phi(f_2): \Phi(I^\bullet) \to \Phi(J^\bullet)$ (ホモトープ) であり,したがってそのコホモロジー群に引き起こす射は等しい.$H^i(\Phi(f_1)) = H^i(\Phi(f_2)): H^i(\Phi(I^\bullet)) \to H^i(\Phi(J^\bullet))$.

とくに,$f = \mathrm{Id}_M: M \xrightarrow{\sim} M$,$I^\bullet, J^\bullet$ を M の 2 つの入射分解とすると,f がコホモロジー群に引き起こす射は同型 $H^i(f) = H^i(\Phi(f)): H^i(\Phi(I^\bullet)) \xrightarrow{\sim} H^i(\Phi(J^\bullet))$ を与える.すなわち,コホモロジー群は M の入射分解の取り方によらず,導来関手 $R^i\Phi$ は正しく定義される.

双対的に,矢印の方向を逆にすることによって Φ が右完全な加法的関手のとき,M の射影分解 $P_\bullet$ からつくるホモロジー群 $L_i\Phi(M) = H_i(\Phi(P_\bullet))$ を対応させることにより,Φ の**左導来関手** $L_i\Phi$ が定義される.

$R^i\mathrm{Hom}_R(N, M) = \mathrm{Ext}^i_R(N, M)$,$L_i(N \otimes_R M) = \mathrm{Tor}^R_i(N, M)$ がそれらの例である.

1.8 層のコホモロジー

定理 1.8.5. Φ を左完全関手とするとき,短完全列
$$0 \to M_1 \to M_2 \to M_3 \to 0$$
に対して,右導来関手の長完全列
$$\begin{aligned}
0 &\to \Phi(M_1) \to \Phi(M_2) \to \Phi(M_3) \\
&\to R^1\Phi(M_1) \to R^1\Phi(M_2) \to R^1\Phi(M_3) \\
&\to R^2\Phi(M_1) \to R^2\Phi(M_2) \to R^3\Phi(M_3) \\
&\to \cdots
\end{aligned}$$
が成り立つ.
("蛇の補題" とよばれる命題から直ちに分かる.)

1.8.3 層の場合

加群の層は圏としてはいわゆるアーベル圏をなし,その意味で加群の圏と全く同様のホモロジー代数が構成される.以下,位相空間 X とその上の加群の層がなす圏 $\mathcal{S}_X$ を考える.もっと精密な応用を目指す場合は,X 上のある環の層 R_X(例:構造層)を固定して,R_X 加群の層の圏を考えることが多い.

層 I が入射的であるとは,加群のときと同様に任意の(層の)射 $i: S \hookrightarrow S'$ と,射 $f: S \to I$ が,拡張 $\tilde{f}: S' \to I$ ($f = \tilde{f} \circ i$) をもつときをいう.

層の場合も,任意の層 S は,ある入射層 I へ埋め込める.まず,層 $\widetilde{S}$ を開集合 U に対して $\widetilde{S}(U) = \prod_{x \in U} S_x$ (S_x は S の $x \in X$ における茎)と定義する.単射 $S(U) \to \widetilde{S}(U)$ ($s \mapsto (\rho_x(s))_{x \in U}; \rho_x(s) \in S_x$) によって,層の単射 $S \hookrightarrow \widetilde{S}$ が得られる.

次に,加群 S_x を部分加群にもつ入射加群 $I_x \supset S_x$ をえらんでおく.$I(U) = \prod_{x \in U} I_x$ は層を定義し,明らかな埋め込み $\widetilde{S} \hookrightarrow I$ をもつ.また,層 I は(層として)入射的であることも定義から容易に導かれる.よって,S の入射層への埋め込み $S \hookrightarrow I$ を得る.かくして次の定理(1.8.2 項の定理群の層版)を得る.

定理 1.8.6. (1) 加群の層 S は入射分解
$$0 \to S \to I^0 \to I^1 \to \cdots$$
(I^i は入射層であるような完全列) をもつ.

(2) 入射分解 $I^\bullet$ は関手的であり，ホモトープ同型を除いて一意的である．(証明は加群の場合と同じである．)

層の圏の加法的関手 $\Phi: \mathcal{S}_X \to \mathcal{S}_Y$ ($\Phi: \mathrm{Hom}(S,T) \to \mathrm{Hom}(\Phi(S), \Phi(T))$ が加群の準同型) が左 (右) 完全というのも加群の圏と同様に定義できる (単射 $i: S \hookrightarrow T$ に対し，$\Phi(i): \Phi(S) \hookrightarrow \Phi(T)$ が単射，等). 因みに，$Y = 1$ 点のとき，$\mathcal{S}_Y$ は加群の圏に等しい．

重要な例 連続写像 $f: X \to Y$ が引き起こす層の直像 $f_*: \mathcal{S}_X \to \mathcal{S}_Y$ $((f_*S)(U) = S(f^{-1}(U)))$ は左完全である．Y が 1 点のときは，$f_*S = \Gamma(X, S) = S(X)$.

定義 左完全関手 $\Phi: \mathcal{S}_X \to \mathcal{S}_Y$ の (右) 導来関手 $R^i\Phi: \mathcal{S}_X \to \mathcal{S}_Y$ を S の入射分解を用いて，
$$R^i\Phi(S) = H^i(\Phi(I^\bullet))$$
と定義する．ここで，$\Phi(I^\bullet)$ は $\mathcal{S}_Y$ における複体であり，したがってそのコホモロジー $H^i(\Phi(I^\bullet))$ は Y 上の層 ($\in \mathcal{S}_Y$) である．

入射分解の関手性により，$R^i\Phi(S)$ は分解 $I^\bullet$ の取り方によらず定義される．

例 1.8.7. $\Phi(S) = f_*S$ のとき，導来関手 R^if_* は Y 上の層で，**i 次の直像**とよばれる．とくに，$\Phi(S) = \Gamma(X, S)$ のとき，$R^i\Gamma(X, S) = H^i(X, S)$ を層 S の i 次のコホモロジー群という．

例 1.8.8. 前節と同様に，R_X 加群の層に対しても $\mathrm{Ext}^i_{R_X}(S, T) = R^i\mathrm{Hom}_{R_X}(S, T)$, $\mathrm{Tor}_i^{R_X}(S, T) = L_i(S \otimes_{R_X} T)$ 等が定義される．

注意 1.8.9. 層 S において，任意の開集合 U に対して制限写像 $\rho_U^X: S(X) \to S(U)$ が全射のとき，S を**散布層** (flasque 仏, flabby 英) という．この項の

1.8 層のコホモロジー

最初に出てきた層 $\widetilde{S}$ は散布層である．(環の層 R_X 上の) 入射層は散布層であることが証明されている．

層 S の完全列

$$F^\bullet: \quad 0 \to S \to F^0 \to F^1 \to \cdots$$

において F^i が散布的なとき，$F^\bullet$ を S の**散布分解**という．入射分解は散布分解であるが，層のコホモロジー群 $H^i(X,S)$ を定義するには，散布分解によってもよいことが知られている (すなわち，$H^i(\Gamma(X,F^\bullet))$ は散布分解 $F^\bullet$ の取り方によらない)．とくに，環の層 R_X 上の加群の層の圏 $\text{Mod}\, R_X \subset \mathcal{S}_X$ における入射層は散布的であるから，環 R_X をどのように替えてもコホモロジー群 $H^i(X,S)$ は同型である．

ただし，ホモロジー代数を発展させて，様々な関手を考えるには入射分解が基本である (導来圏の思想)．

最後に，1.8.1 項で考えたチェックのコホモロジーとの関係を述べておく．

X 上の層 S と開被覆 $\mathcal{U}=(U_i)$ について，$H^p(U_{i_0}\cap\cdots\cap U_{i_n},S)=0$ ($p>0$, $n\geq 0$) が常に成り立つとき，$\mathcal{U}$ を S に関する**ルレイ被覆**という．

定理 1.8.10. $\mathcal{U}$ が S に関するルレイ被覆ならば，同型 $H^i(\mathcal{U},S) \xrightarrow{\sim} H^i(X,S)$ を得る．

とくに，X の被覆がルレイ被覆を共終にもつならば，チェック・コホモロジー群と通常のコホモロジー群は同型であり，$\check{H}^i(X,S) \simeq H^i(X,S)$ は $H^i(\mathcal{U},S)$ によって計算できる．([Go], [K])

幾つかの基本的事実

(1) X がパラコンパクトなハウスドルフ空間のときは，定理の結論は正しい，すなわち，任意の層 S に対して $\check{H}^i(X,S) \simeq H^i(X,S)$([Go])．

(2) X が代数多様体ならば，アフィン被覆 $\mathcal{U}=(U_i)$ は準連接層に対してルレイ被覆である ([Ha])．(このとき，$U_{i_0}\cap\cdots\cap U_{i_n}$ もアフィン，よって下記 (4) より．)

(3) 代数多様体 X 上の純連接層 S に対し，$H^i(X, S) = 0$ $(i > \dim X)(\dim X + 1$ 個からなるアフィン被覆をもつ [Ha]).

(4) (セール) X がアフィン多様体 $\Longleftrightarrow$ 任意の準連接層 S に対して $H^i(X, S) = 0$ $(i > 0)$.

実際，準連接層はある $k[X]$ 加群 M の層化 $\widetilde{M}$ であった．$\mathrm{Mod}\, k[X] \ni M \mapsto \widetilde{M} \in \mathrm{Mod}\, \mathcal{O}_X$ ($\mathcal{O}_X$ 加群の層のなす圏) は完全関手であり，I が入射 $k[X]$ 加群ならば，その層化 $\widetilde{I}$ は $\mathrm{Mod}\, \mathcal{O}_X$ での入射層であり，散布的である．したがって，M の入射分解 $I^\bullet$ に対して，$\widetilde{I^\bullet}$ は $\widetilde{M}$ の散布分解を与え，$\Gamma(X, \widetilde{I^i}) = I^i$ ゆえ，$H^i(X, \widetilde{M}) = H^i(\Gamma(I^\bullet)) = 0$ $(i > 0)$. ([Gr], [Ha].)

(5) $R^i f_* S$ は前層 $U \mapsto H^i(f^{-1}(U), S)$ の層化である．f が固有射 (f^{-1} (コンパクト) がコンパクト，または，普遍的閉写像) のとき，$(R^i f_* S)_x \simeq H^i(f^{-1}(x), S)$ $(x \in X)$([Go]).

(6) (グラウエルト–グロタンディックの有限性定理) f が固有射，S が連接のとき，$R^i f_* S$ はまた連接である．とくに，X が完備 (とくに，射影的) なとき，連接層 S のコホモロジー群 $H^i(X, S)$ は基礎体 k 上有限次元ベクトル空間である ([Gr], [Ha])．(解析的な場合がグラウエルトの定理．このとき，完備という条件はコンパクトに言い換え.)

(7) $H^i(\mathbb{P}^n, \mathcal{O}_{\mathbb{P}^n}(l)) = 0$ $(i = 0, l < 0;$ または $1 \leq i < n;$ または $i = n, l > -n - 1$ のとき). 勿論，$H^0(\mathbb{P}^n, \mathcal{O}_{\mathbb{P}^n}(l)) \simeq k[X_0, X_1, \ldots, X_n]_{(l)}$ (l 次斉次多項式) であった．([Ha], [K].)

1.9 代数曲線上のリーマン–ロッホの定理

1.9.1 完備な多様体上の連接層のコホモロジー (セールの定理等)

代数的閉体 k 上の完備多様体 X 上の連接層 (有限表示 $\mathcal{O}_X$ 加群)S のコホモロジー群 $H^i(X, S)$ は k 上有限次元ベクトル空間である (1.8.3 項の最後，とくに，$H^i(X, S) = 0$ $(i < 0, i > n = \dim X)$). 整数 $\chi(S) = \sum_{i=0}^n (-1)^i \dim H^i(X, S)$ を S の**オイラー標数**といおう (本来のオイラー標数は位相空間 X 上の定数層 $S = \mathbb{Q}_X$ に対するものである).

1.9 代数曲線上のリーマン–ロッホの定理

$\chi(S)$ を何らかの不変量で表す公式をリーマン–ロッホ型の公式という. X が滑らかなとき, $\chi(S)$ をある位相不変量で表す美しい公式が知られている. (基礎体 k が標数 0 のときヒルツェブルフ, 一般のときグロタンディークによる.)

この節では, X が代数曲線 ($\dim X = 1$) で, S が直線束のときを紹介する (本来のリーマン– ロッホの定理).

これらに関するよく使用される事実をまとめておく.

まず, 微分の概念を導入する. R を k 上の可換代数とするとき, テンソル積のなす可換環 $R \otimes_k R$ から R への準同型

$$\delta : R \otimes_k R \to R \quad (\delta(x \otimes y) = xy)$$

の核を $I = \operatorname{Ker} \delta$ とする. このとき, I/I^2 は $R \otimes_k R/I \simeq R$ 加群をなす. R 加群としての $\Omega_{R/k} = I/I^2$ を R の k 上の**微分加群**という.

$x \in R$ に対して, $dx = x \otimes 1 - 1 \otimes x \mod I^2$ ($d : R \to \Omega_{R/k}$) とおくと, 微分のもつ性質 $d(x+y) = dx + dy$, $d(xy) = y\,dx + x\,dy$, $dc = 0$ ($c \in k$) などが確かめられる.

例 1.9.1. $R = k[X_1, X_2, \ldots, X_n]$(多項式環) のとき, $\Omega_{R/k} = \bigoplus_{i=1}^n R\,dX_i$(自由 R 加群).

アフィン多様体 X と座標環 $R = k[X]$ に対して, R 加群 $\Omega_{R/k}$ を層化した X 上の準連接層を $\Omega_X = \widetilde{\Omega}_{R/k}$ と書く. $\Omega_{R/k}$ は R 上有限生成であることが容易に分かるから, Ω_X は連接層である.

定義 k 上の代数多様体 X に対して, 連接層 Ω_X で, X の任意のアフィン開集合 $U \subset X$ において, $\Omega_X|U \simeq \Omega_U$ となるものが構成できる. Ω_X を X の (1 次の) **微分の層**という.

点 $x \in X$ に対する極大イデアルを $\mathfrak{m}_x$ とおくと, $\Omega_{X,x} \otimes_{\mathcal{O}_{X,x}} k \simeq \mathfrak{m}_x/\mathfrak{m}_x^2$ ($k \simeq \mathcal{O}_{X,x}/\mathfrak{m}_x$ 加群として) である. X が滑らかであることと, Ω_X が局所自由層であることは同値であることが知られている ($\Longrightarrow \Omega_X$ は局所的に階数 $\dim X$).

Ω_X の i 次の ($\mathcal{O}_X$ 上の) 外積 $\bigwedge^i \Omega_X$ を i 次の**微分形式の層**という. $n = \dim X$ に対して, $\omega_X = \bigwedge^i \Omega_X$ を X の**標準層**という.

X が滑らかなとき, ω_X は直線束であり, 連接層の圏における**双対層**をなす (セール–グロタンディック). とくに, 次の定理が有名である ([Ha]).

定理 1.9.2 (セールの双対性). E を滑らかな完備多様体 X 上の局所自由連接層 (ベクトル束) とすると, $H^i(X, E)$ と $H^{n-i}(X, E^\vee \otimes_{\mathcal{O}_X} \omega_X)$ とは互いに (k 上の) 双対をなす ($E^\vee = \mathcal{H}om_{\mathcal{O}_X}(E, \mathcal{O}_X)$ は E の双対層).

複素数体上の代数多様体に対しては, 小平の消滅定理とよばれるものがある. ここでは正確には述べられないが, 複素多様体 (とくに $\mathbb{C}$ 上の滑らかな代数多様体) 上の直線束に対して, 正負の概念 (微分幾何的, 曲率の概念による) が定義されて次が成立する.

定理 1.9.3 (小平). $\mathcal{L}$ を複素数体上の完備な n 次元代数多様体 X 上の負の直線束とすると, $H^i(X, \mathcal{L}) = 0$ $(i < n)$. (このとき, X はコンパクトな複素多様体である.) よって, セールの双対性から, $\mathcal{L}$ が正ならば $H^i(X, \mathcal{L} \otimes \omega_X) = 0$ $(i > 0)$ (ちなみに, $\mathcal{L} > 0 \Leftrightarrow \mathcal{L}^\vee < 0$).

1.9.2 曲線上のリーマン–ロッホの公式

以下 X を滑らかな既約完備代数曲線 (1 次元多様体) とする. したがって, 因子群は X の点 p が表す素因子 $[p]$ の形式和のなす群

$$\mathrm{Div}\, X = \left\{ \sum_{p \in X} n_p [p] \,\middle|\, n_p \in \mathbb{Z} \text{ (殆どすべての } p \text{ に対して } n_p = 0) \right\}$$

であり, $D \in \mathrm{Div}\, X$ に対応する X 上の直線束 $\mathcal{L}_D$ のなす群 $\mathrm{Pic}\, X$ 上への準同型 $\mathrm{Div}\, X \to \mathrm{Pic}\, X$ が得られる. $K = k(X)$ を X の関数体とするとき, $f \in K^\times$ に対して $(f) = (f)_0 - (f)_\infty \in \mathrm{Div}\, X$ (零点と極) と定義すると, 完全列

$$1 \to K^\times / k^\times \to \mathrm{Div}\, X \to \mathrm{Pic}\, X \to 1$$

が成り立つ. ここで, $D \in \mathrm{Div}\, X$ に対して,

$$L(D) = \{f \in K^\times \mid (f) + D \geq 0\} \cup \{0\} \simeq \Gamma(X, \mathcal{L}_D) \simeq H^0(X, \mathcal{L}_D)$$

1.9 代数曲線上のリーマン–ロッホの定理

であった．(ここでの因子の正負は係数の正負である．すなわち，$\sum_p n_p[p] \geq 0 \Leftrightarrow n_p \geq 0$.) ここに，直線束 $\mathcal{L}_D$ のオイラー標数

$$\chi(\mathcal{L}_D) = \dim H^0(X, \mathcal{L}_D) - \dim H^1(X, \mathcal{L}_D)$$

を求めることと，$\dim L(D) = \dim H^0(X, \mathcal{L}_D)$ を求めることは密接な関係をもつことになる．

実際，後で見るように $H^1(X, \mathcal{L}_D) = 0$ となる場合がしばしばある．

因子 $D = \sum_p n_p[p]$ の**次数**を $\deg D = \sum_p n_p (\in \mathbb{Z})$ と定義する．$\deg(f) = 0$ $(f \in K^\times)$ となることが知られているので，$\operatorname{Pic} X$ で $\mathcal{L}_D \simeq \mathcal{L}_{D'}$ ならば $\deg D = \deg D'$ となり，次数は直線束 $\mathcal{L}$ に対して定義される．

定理 1.9.4 (リーマン–ロッホの公式). X を滑らかな既約完備代数曲線，$D \in \operatorname{Div} X$ をその上の因子とする．このとき，

$$\chi(\mathcal{L}_D) = \deg D + 1 - g$$

が成り立つ．ただし，$g = \dim H^1(X, \mathcal{O}_X)$ とおいた．

証明 $D > 0$ の場合，$\mathcal{I}_D$ を $D = \sum_p n_p[p]$ $(n_p \geq 0)$ の定義イデアルとすると $\mathcal{L}_D = \mathcal{I}_D^{-1}(= \mathcal{I}_D^\vee)$ であった．短完全列

$$0 \to \mathcal{I}_D \to \mathcal{O}_X \to \mathcal{O}_X/\mathcal{I}_D \to 0$$

に $\mathcal{L}_D$ をテンソルすると，

$$0 \to \mathcal{O}_X \to \mathcal{L}_D \to \mathcal{O}_X/\mathcal{I}_D \to 0$$

($\mathcal{I}_D \otimes_{\mathcal{O}_X} \mathcal{L}_D \simeq \mathcal{O}_X$, $\mathcal{O}_X/\mathcal{I}_D \otimes_{\mathcal{O}_X} \mathcal{L}_D \simeq \mathcal{O}_X/\mathcal{I}_D$ (後者は D に台をもつ茎が k 上有限次ベクトル空間である層 (摩天楼層) ゆえテンソルで不変))．

コホモロジーの長完全列は

$$\begin{aligned} 0 \to H^0(X, \mathcal{O}_X) \to H^0(X, \mathcal{L}_D) &\to H^0(X, \mathcal{O}_X/\mathcal{I}_D) \\ \to H^1(X, \mathcal{O}_X) \to H^1(X, \mathcal{L}_D) &\to 0. \end{aligned}$$

ここで，$H^0(X, \mathcal{O}_X) \simeq k$ である．(完備多様体上の正則関数は定数に限る．なぜならば，$f: X \to k = \mathbb{A}^1$ を正則関数とし，$\Gamma_f \subset X \times \mathbb{A}^1$ をそのグラフ

とする．射影 $\mathrm{pr}: X \times \mathbb{A}^1 \to \mathbb{A}^1$ は閉写像であるから，$\mathrm{pr}\,(\Gamma_f)$ は $\mathbb{A}^1$ の連結閉集合，よって $\mathrm{pr}\,(\Gamma_f) = f(X)$ は 1 点．）また，$H^0(X, \mathcal{O}_X/\mathcal{I}_D) \simeq k^{\deg D}$．これより，
$$\chi(\mathcal{L}_D) = \chi(\mathcal{O}_X) + \deg D = 1 - g + \deg D.$$
一般の場合も，$D = D_+ - D_-\ (D_\pm > 0)$，$\mathcal{L}_D \simeq \mathcal{L}_{D_+} \otimes \mathcal{L}_{D_-}^\vee$ と分解して，上の場合に帰着される． ∎

セールの双対性を用いると次が分かる．$H^1(X, \mathcal{O}_X)$ は $H^0(X, \omega_X)$ ($\omega_X = \Omega_X$, $n = \dim X = 1$) の双対空間ゆえ，$g = \dim \Gamma(X, \Omega_X) =$（正則 1 次微分形式のなす空間の次元）．$g$ は X の**種数**とよばれる不変量である．

$k = \mathbb{C}$（X はリーマン面）のとき g は X を実曲面と考えたときの位相不変量である．X^{an} を代数曲線を複素多様体と考えたものとする（位相空間としては，ザリスキ位相ではなく古典位相 (距離空間)）．このとき，X^{an} 上の層の完全列
$$0 \to \mathbb{C}_{X^{\mathrm{an}}} \to \mathcal{O}_{X^{\mathrm{an}}} \xrightarrow{d} \Omega_{X^{\mathrm{an}}} \to 0$$
($df = f'dz \in \Omega_{X^{\mathrm{an}}}$ ($f \in \mathcal{O}_{X^{\mathrm{an}}}$) f の微分) が存在する ($\mathbb{C}_{X^{\mathrm{an}}}$ は値が $\mathbb{C}$ の定数層)．対応する長完全列は
$$0 \to H^0(X^{\mathrm{an}}, \mathbb{C}_{X^{\mathrm{an}}}) \to H^0(X^{\mathrm{an}}, \mathcal{O}_{X^{\mathrm{an}}}) \to H^0(X^{\mathrm{an}}, \Omega_{X^{\mathrm{an}}})$$
$$\to H^1(X^{\mathrm{an}}, \mathbb{C}_{X^{\mathrm{an}}}) \to H^1(X^{\mathrm{an}}, \mathcal{O}_{X^{\mathrm{an}}}) \to H^1(X^{\mathrm{an}}, \Omega_{X^{\mathrm{an}}})$$
$$\to H^2(X^{\mathrm{an}}, \mathbb{C}_{X^{\mathrm{an}}}) \to 0.$$

ここで，完備な代数多様体上の連接層 $\mathcal{F}$ に対しては，
$$H^*(X, \mathcal{F}) \simeq H^*(X^{\mathrm{an}}, \mathcal{F}^{\mathrm{an}})$$
が知られている ($\mathcal{F}^{\mathrm{an}} = \mathcal{F} \otimes_{\mathcal{O}_X} \mathcal{O}_{X^{\mathrm{an}}}$，セールの 'GAGA')．よって，$\mathbb{C} \simeq H^0(X^{\mathrm{an}}, \mathbb{C}) \simeq H^0(X^{\mathrm{an}}, \mathcal{O}_{X^{\mathrm{an}}})$ ゆえ，完全列
$$0 \to H^0(X, \Omega_X) \to H^1(X^{\mathrm{an}}, \mathbb{C}) \to H^1(X, \mathcal{O}_X)$$
$$\to H^1(X, \Omega_X) \to H^2(X^{\mathrm{an}}, \mathbb{C}) \to 0$$
を得る ($H^*(X^{\mathrm{an}}, \mathbb{C}_{X^{\mathrm{an}}}) = H^*(X^{\mathrm{an}}, \mathbb{C})$ と書いた)．セールの双対性 (定理 1.9.2) より，$H^1(X, \Omega_X) \simeq H^0(X, \mathcal{O}_X)^\vee \simeq \mathbb{C}$，$H^2(X^{\mathrm{an}}, \mathbb{C}) \simeq \mathbb{C}$ ゆえ，$0 \to$

1.9 代数曲線上のリーマン–ロッホの定理

$H^0(X, \Omega_X) \to H^1(X^{\mathrm{an}}, \mathbb{C}) \to H^1(X, \mathcal{O}_X) \to 0$. $b_1 = \dim H^1(X^{\mathrm{an}}, \mathbb{C})$ は 1 次元ベッチ数で, これより, $b_1 = 2g$.

曲面 X^{an} の絵を描くと, 穴が g 個のドーナツ面 (g 人乗り浮き袋) である. とくに, 射影直線 $\mathbb{P}^1$ の種数は 0 $(g = \dim H^1(\mathbb{P}^1, \mathcal{O}_{\mathbb{P}^1}) = 0)$ ゆえ, 複素射影曲線は球面に位相同型である ("リーマン球面" という).

定義により, $\deg D < 0$ ならば $L(D) = 0$ $((f) + D > 0$ なる $f \in K^{\times}$ はなし). セールの双対性より,

$$H^1(X, \mathcal{L}_D \otimes \omega_X)^{\vee} \simeq H^0(X, \mathcal{L}_D^{\vee}) \quad (\mathcal{L}_D^{\vee} \simeq \mathcal{L}(-D))$$

ゆえ, $\deg D > 0$ ならば $H^1(X, \mathcal{L}_{(D+K)})$ $(K \in \mathrm{Div}\, X$ は $\mathcal{L}_K = \omega_X$ なる因子 (標準因子)).

よって, $\deg(D - K) > 0 (\Leftrightarrow \deg D > \deg K)$ ならば $H^1(X, \mathcal{L}_D) = 0$ を得る (小平の消滅定理 1.9.3 と同じ形). したがって, このとき,

$$\dim L(D) = \chi(D) = \deg D + 1 - g.$$

なお, $\deg K = \deg \omega_X = 2g - 2 (= -\chi(X^{\mathrm{an}})$ オイラー数$)$ であるから, 次を得る.

定理 1.9.5 (リーマン–ロッホ実用形). $\deg D > 2g - 2$ ならば, $\dim L(D) = \deg D + 1 - g$.

1.9.3 応用：楕円曲線, ヤコビ多様体

次数 0 の直線束のなす可換群を $\mathrm{Pic}^0 X = \{\mathcal{L} \mid \deg \mathcal{L} = 0\}$ とおく. 定義によって, 同型 $\mathrm{Div}^0 X / K^{\times} \xrightarrow{\sim} \mathrm{Pic}^0 X$ $(\mathrm{Div}^0 X = \{D \in \mathrm{Div}\, X \mid \deg D = 0\} \ni D \mapsto \mathcal{L}_D \in \mathrm{Pic}^0 X)$ を得る.

さて, 種数 g の滑らかな完備代数曲線 X に基点 $p_0 \in X$ を 1 つ固定して, X の g 個の直積から $\mathrm{Div}^0 X$ への写像

$$X^g \ni (p_1, p_2, \ldots, p_g) \mapsto \sum_{i=1}^{g} [p_i] - g[p_0] \in \mathrm{Div}^0 X$$

を考える. さらに, $\mathrm{Pic}^0 X$ へ落とした写像を

$$\phi: X^g \to \mathrm{Pic}^0 X \quad ((p_i) \mapsto \mathcal{L}_{(\sum_i [p_i] - g[p_0])})$$

とする．このとき，ϕ は全射である．

実際，$D \in \mathrm{Div}^0 X$ を 0 次の因子とすると，$\dim L(D + g[p_0]) = \dim H^1(X, \mathcal{L}_{(D+g[p_0])}) + 1 - g + \deg(D + g[p_0]) \geq 1 - g + g = 1$ ゆえ，$D_+ = D + g[p_0] + (f) \geq 0$ となる関数 $f \in K^\times$ がある．$\deg D_+ = g$ ゆえ，$p_1, p_2, \ldots, p_g \in X, D_+ = \sum_{i=1}^{g}[p_i]$ となる点がある．すなわち，$\phi(D_+) = \mathcal{L}_D$ となる．

S_g を g 次の対称群とすると，ϕ は X の対称積 X^g/S_g から $\mathrm{Pic}^0 X$ への全射 $\overline{\phi} : X^g/S_g \to \mathrm{Pic}^0 X$ を定義するが，さらに，$\overline{\phi}$ は g 次元多様体 X^g/S_g の稠密な開集合の上で単射になることが知られている．これによって，$\overline{\phi}$ を双有理写像とするような g 次元完備多様体の構造が可換群 $\mathrm{Pic}^0 X$ へ入る．X のヤコビ多様体といい，後に述べる代数群の重要な例である．

$g = 1$ のときは，X 全体で単射になることが分かる ($\phi : X \xrightarrow{\sim} \mathrm{Pic}^0 X$)．実際，$\phi(p) = [p] - [p_0] \sim [q] - [p_0] = \phi(q)$ $(p, q \in X)$ とすると，$p = q$ か，または $[p] = [q] + (f)$ となる $f \in K^\times$ がある．そのような f に対して $(f)_0 = [p], (f)_\infty = [q]$ となり，関数 f は全射正則写像 $f : X \to \mathbb{P}^1, f^{-1}(0) = p, f^{-1}(\infty) = q$ を定義する．このとき，f の写像度 ($= [K : k(f)]$) が 1 $(= \deg(f)_0 = \deg(f)_\infty)$ となり，$X \simeq \mathbb{P}^1$．これは $g = 1$ に矛盾する ($g(\mathbb{P}^1) = 0$)．

種数 $g = 1$ の滑らかな完備代数曲線を**楕円曲線**という．

定理 1.9.6. 楕円曲線 X は基点 $p_0 \in X$ を 0 とするような可換群の構造をもつ．すなわち，$X \ni p \mapsto \mathcal{L}_{([p]-[p_0])} \in \mathrm{Pic}^0 X$ が群同型になるように定める．

ワイヤシュトラスの標準形と加法群の記述．

X を楕円曲線とする．p_0 を基点とすると，リーマン–ロッホの定理から $m > 0$ ならば $\dim L(m[p_0]) = m$．$L(n[p_0]) \subset L(m[p_0])$ $(0 \leq n \leq m)$ ゆえ，$L(2[p_0]) = k + kx, L(3[p_0]) = k + kx + ky$ となるように $x, y \in K$ を選んでおく．このとき，$(x)_\infty = 2[p_0], (y)_\infty = 3[p_0]$ となることが示される．よって，$1, x, y, x^2, xy, x^3$ の極は $[p_0]$ の $0, 2, 3, 4, 5, 6$ 倍となり 1 次独立で，これらの関数は $L(6[p_0])$ の基底をなす．$y^2 \in L(6[p_0])$ をこの基底で表すこ

とができ，関係式 $y^2 + b_1 xy + b_2 y = a_1 x^3 + a_2 x^2 + a_3 x + a_4$ $(b_i, a_j \in k)$ を得る．基礎体 k の標数が 2 でも 3 でもなければ，この関係式は，

$$y^2 = 4x^3 - g_2 x - g_3 \quad (g_i \in k)$$

(ワイヤシュトラスの標準形) と簡約化される．さらに，$K = k(x, y)$, $\Delta = g_2^3 - 27 g_3^2 \neq 0$(後者は判別式で，滑らかになるための条件)．楕円曲線 X は平面曲線として $\mathbb{A}^2$ の中で上式で表せ，p_0 が無限遠点 $\infty \in \mathbb{P}^2$ になる．

群構造は次のように描ける．$p_0 = 0 = \infty$ で，

$p + q + r = 0 \iff [p] + [q] + [r] - 3[\infty] = (f)$ となる $f \in L(3[\infty])$ がある
$\iff p, q, r$ は同一直線上にある (colinear)

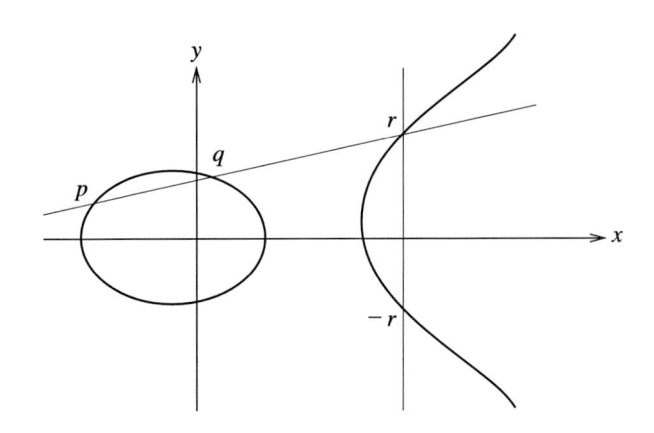

1.10 代数群

1.10.1 定義と例

代数多様体 G が同時に群であって，群演算 $m : G \times G \to G$ $(m(x, y) = xy)$, $i : G \to G$ $(i(x) = x^{-1})$ が共に多様体の射 (正則写像) になっているとき，G を**代数群**という．代数群においては，i および左移動 $l(x)$, $l(x)y = xy$ $(y \in G)$ は多様体の同型 $G \xrightarrow{\sim} G$ を与えることに注意しておく．

代数群は，代数多様体としては滑らかである．実際，多様体の非特異点は空でない開集合 $U \subset G$ をなすが，任意の点 $x \in G$ と $y \in U$ に対し

$x \in xy^{-1}U$ となり，$U \xrightarrow{\sim} xy^{-1}U$(多様体の同型) より，$xy^{-1}U$ は滑らか，すなわち，x も非特異点である．

したがって，代数群においては，連結成分と既約成分は同じ概念である．

単位元 $e \in G$ を含む連結成分を G^0 とすると，G^0 は G の正規部分群をなす．実際，$x \in G^0$ に対して xG^0 も $x = xe$ を含む連結成分だから $xG^0 = G^0$，すなわち，$xy \in G^0$ $(x, y \in G^0)$．また，$i(G^0) = \{x^{-1} \mid x \in G^0\} \ni e$ も e を含む連結成分ゆえ $x^{-1} \in G^0$．$y \in G$ に対し，内部自己同型の像も $yG^0y^{-1} \ni e$ ゆえ $yG^0y^{-1} = G^0$，すなわち，G^0 は正規である．

とくに，既約成分の個数は有限だから，剰余群 G/G^0 は有限群である．また剰余類 yG^0 は多様体として G^0 に同型だから，代数群はすべての点において等次元 $(= \dim G^0)$ である．代数群の閉部分群はまた代数群である．

代数群がアフィン多様体のとき，**アフィン代数群**という．

例 1.10.1. 一般線型群 $G = GL_n(k)$ (k は閉体)．多様体としては，$G = \{x \in M_n(k) \mid \det x \neq 0\}$ は $M_n(k) \simeq \mathbb{A}_k^{n^2}$ の開集合．$m(x, y) = xy$ が正則なことは明らか，$i(x) = x^{-1}$ が正則なことは余因子による逆行列の公式から分かる．

実は，$GL_n(k)$ はアフィン代数群である．

$$GL_n(k) \xrightarrow{\sim} \{(x, t) \in M_n(k) \times k \mid t \det x = 1\}$$
$$= \{(x, (\det x)^{-1}) \in M_n(k) \times k\}$$

によって，$GL_n(k)$ は $n^2 + 1$ 次元アフィン空間 $M_n(k) \times k$ の閉部分空間と (多様体として) 同型であるから．さらに，$GL_n(k)$ の閉部分群はしたがってアフィン代数群である (**線型代数群**という)．$SO_n(k) \subset O_n(k)$, $Sp_{2n}(k)$ などの古典群が重要な例である．

なお，上の逆も成り立つ．

定理 1.10.2. アフィン代数群は一般線型群の閉部分群である．すなわち，アフィン代数群は線型代数群である．

線型代数群と対照的なものに完備な代数群がある．連結な完備代数群は可換群である．以下それを示そう．

1.10 代数群

補題 1.10.3. 完備な連結多様体上の正則関数は定数に限る．また，アフィン多様体の完備部分多様体は 0 次元 (有限個の点)．

証明 $f: X \to \mathbb{A}^1 = k$ を完備連結な多様体 X 上の正則関数とする．Γ_f をそのグラフとすると，$X \xrightarrow{\sim} \Gamma_f \subset X \times \mathbb{A}^1 \xrightarrow{\mathrm{pr}} \mathbb{A}^1$．グラフは閉集合で，$X$ が完備ゆえ，射影 pr は閉写像．したがって $\mathrm{pr}(\Gamma_f) = f(X)$ は $\mathbb{A}^1$ の連結閉集合．よって，$f(X) = \mathbb{A}^1$ または 1 点．$f(X) = \mathbb{A}^1$ とすると $\mathbb{A}^1$ も完備となり，これは矛盾 ($\mathbb{A}^1 \times \mathbb{A}^1 \xrightarrow{\mathrm{pr}_2} \mathbb{A}^1$ は閉写像ではない！)．よって，$f(X)$ は 1 点．∎

定理 1.10.4. 連結な完備代数群は可換群である．

証明 $x \in G$ に対し，$(\iota(x)f)(y) = f(xyx^{-1})$ ($f \in \mathcal{O}_{G,e}$) と定義すると，$\iota(x) \in \mathrm{Aut}_k \mathcal{O}_{G,e}$．$\iota(x)$ はフィルター $\mathfrak{m}_e^N \subset \mathcal{O}_{G,e}$ を保つ．すなわち，$\iota(x)(\mathfrak{m}_e^N) \subset (\mathfrak{m}_e^N)$．$\iota(x)$ が $\mathcal{O}_{G,e}/\mathfrak{m}_e^N$ に引き起こす線型写像 $\iota(x)^{(N)} \in \mathrm{End}_k(\mathcal{O}_{G,e}/\mathfrak{m}_e^N)$ を考えると，G は連結完備ゆえ，補題より $G \ni x \mapsto \iota(x)^{(N)} \in \mathrm{End}_k(\mathcal{O}_{G,e}/\mathfrak{m}_e^N)(\simeq \mathbb{A}^{N'})$ は定数，すなわち，$\iota(x)^{(N)} = \mathrm{Id}_{(\mathcal{O}_{G,e}/\mathfrak{m}_e^N)}$ ($\forall N$)．$\bigcap_N \mathfrak{m}_e^N = \{0\}$ ゆえに，$\iota(x) = \mathrm{Id}_{\mathcal{O}_{G,e}}$．よって，単位元の開近傍 $e \in U$ で，$xyx^{-1} = y$ ($\forall y \in U$) なるものがある．G は連結だから，これは $xyx^{-1} = y$ ($\forall y \in G$) を意味する．∎

定義 連結な完備代数群を**アーベル多様体**という．

定理より，アーベル多様体は可換群 (アーベル群) である．さらに，多様体としては，射影的であることも知られている．

例 1.10.5. 完備で滑らかな代数曲線 X のヤコビ多様体 $\mathrm{Pic}^0 X$ は (完備連結な X^g の像であり)，g (X の種数) 次元のアーベル多様体である．とくに，楕円曲線は 1 次元のアーベル多様体である．

複素数体上のアーベル多様体については，古来多様な超越関数論的な理論がある．(リーマン行列，テータ関数，周期写像など．[Mu] 付録など参照．)

以下も含めて，代数群の詳しい議論については [B], [C], [Hu2], [Sp] 等を参考にされたい．

1.10.2　リー環

体 (可換環でもよい)k 上の可換環 R と R 加群 M に対して，k 線型写像 $\partial : R \to M$ が $\partial(ab) = (\partial a)b + a\partial b$ $(a, b \in R)$ をみたすとき，k 導分という．R から M への k 導分全体の集合を $\mathrm{Der}_k(R, M)$ と書く．これは自然に R 加群になる．(前に定義した) 微分加群 $\Omega_{R/k}$ に対して $\mathrm{Hom}_R(\Omega_{R/k}, M) \simeq \mathrm{Der}_{R/k}(R, M)$ という関係があることに注意しよう．

k 上のアフィン多様体 X と，関数環 $R = k[X]$ に対して，k 導分 $\partial \in \mathrm{Der}_R(R, R)$ を X 上のベクトル場という．2 つのベクトル場 ∂, ∂' の交換子 $[\partial, \partial'] = \partial\partial' - \partial'\partial$ はまた k 導分になるから，この積でベクトル場の集合 $\mathrm{Der}_k(R, R)$ は k 上のリー環をなす．

一般の代数多様体 X に対しても (Ω_X の構成と同様に) 各アフィン開集合 $U \subset X$ で，ベクトル場の層 $\Theta_U = \mathrm{Der}_k(k[U], k[U])^\sim$ を与える $\mathcal{O}_X$ 加群の層 Θ_X ($\Theta_X|U = \Theta_U$) が定義される．Θ_X を X 上のベクトル場の層，または接ベクトル束という．

さて，連結な代数群 G に対して，任意の左移動 $l(x) : G \xrightarrow{\sim} G(l(x)y = xy$ $(x, y \in G))$ と可換なベクトル場 $\partial \in \Theta_G(G)$ を**左不変ベクトル場**という．($f \in \mathcal{O}_{G,y}$ に対して $(\partial \circ l(x))f = l(x) \circ (\partial f)$ $(l(x)f \in \mathcal{O}_{G,x^{-1}y})$．) G がアフィンならば $\Theta_G(G) = \mathrm{Der}_k(k[G], k[G])$ での元で $l(x)$ $(x \in G)$ の作用と可換なもののことである．

定義　代数群 G の単位元の連結成分 G^0 上の左不変ベクトル場のなす k 上のリー環を $\mathfrak{g} = \mathrm{Lie}\, G$ と書いて，**G のリー環**と呼ぶ．

定理 1.10.6. *G のリー環の元 $\partial \in \mathfrak{g}$ の単位元 $e \in G$ の接空間 $T_e = \Theta_{G,e} \otimes_{\mathcal{O}_{G,e}} \mathcal{O}_{G,e}/\mathfrak{m}_e$ における値 $\partial_e = \partial \otimes 1$ を対応させることにより，k ベクトル空間の同型 $\mathfrak{g} \xrightarrow{\sim} T_e$ を得る．*

略証．左移動を考えることにより，G^0 上においてベクトル場の層 Θ_{G^0} は

$\mathcal{O}_{G^0}$ 上自由である.よって,単位元 e における接ベクトル $\theta \in T_e$ は左不変ベクトル場 ∂ で,$\partial_e = \theta$ をみたすものに一意的に延ばせる. ∎

これらのことにより,群 G のリー環 $\mathfrak{g}$ 上の表現が得られる.$x \in G$ の内部自己同型 $\alpha(x)y = xyx^{-1}$ $(y \in G)$ は代数群の同型 $\alpha(x) : G \xrightarrow{\sim} G$ を与える.$\alpha(x)e = e$ ゆえ,$\alpha(x)$ は接ベクトル空間 T_e の線型同型 $d\alpha(x) \in \mathrm{Aut}_k T_e$ を引き起こす.この同型を $\mathrm{Ad}(x) = d\alpha(x) \in GL(\mathfrak{g}) = \mathrm{Aut}_k(\mathfrak{g})$ と書く.$\mathrm{Ad}(xy) = \mathrm{Ad}(x)\mathrm{Ad}(y)$ となるから,$\mathrm{Ad} : G \to GL(\mathfrak{g})$ は群 G の**随伴表現**と呼ばれる線型表現を与える.

随伴表現は,リー環 $\mathfrak{g}$ の自己同型を与える $(\mathrm{Ad}(x)[\partial, \partial'] = [\mathrm{Ad}(x)\partial, \mathrm{Ad}(x)\partial'])$.$G$ が可換群のとき随伴表現 Ad は自明になることは明らかであろう $(\mathrm{Ad}(x) = 1)$.このときリー環も可換である $([\partial, \partial'] = 0)$.

前節で定義した $\iota(x) \in \mathrm{Aut}\mathcal{O}_{G,e}$ において,$\iota(x)|\mathfrak{m}_e/\mathfrak{m}_e^2$ は同型 $T_e^* \simeq \mathfrak{m}_e/\mathfrak{m}_e^2$ を通じて $\mathrm{Ad}(x)$ の双対になっている.

H を代数群 G の閉部分群とすると,そのリー環についても $\mathrm{Lie}\, H \subset \mathrm{Lie}\, G$ (部分リー環) の関係がある.H の e における接空間 $T(H)_e$ は G におけるそれ $T(G_e)$ の部分空間である.もっと一般に,$f : G \to G'$ を代数群の射 (群準同型でかつ代数多様体の射) とするとき,接空間に引き起こす線型写像 $df : T(G)_e \to T(G')_e$ はリー環の準同型 $L(f) : \mathrm{Lie}\, G \to \mathrm{Lie}\, G'$ $(L(f)([\partial, \partial']) = [L(f)\partial, L(f)\partial'])$ と見なすことができる.

すなわち,代数群のリー環を考える操作 Lie は代数群の圏からリー環の圏への関手である.

1.10.3 商空間,等質空間

代数群 G が代数多様体 X に働いているとする.ここで,作用は右からで,$\alpha : X \times G \to X$ $(\alpha(x, g) = xg)$ が代数多様体の射をなすと仮定する.

商集合 $X/G = \{xG \mid x \in X\}$ (G 軌道のなす集合) が,さらに代数多様体の構造をもち,射影 $\pi : X \to X/G$ などの付随するデータが代数幾何的によい性質をもてば,都合がよいことが様々ある.

一般には,いつもうまくいくとは限らず,微妙な問題がいろいろ起こっ

てくる．不変式論の問題である．この節では，最も単純な状況，すなわち，$X = G$ 自身が代数群で，閉部分群 H の (右) 作用の場合，代数多様体になる商 $X/H = G/H$ が存在して良い性質をみたすことを説明しよう．

一般の場合に戻って定義する．代数群 G が代数多様体 X に働いているとき，代数多様体 Y と射 $\pi : X \to Y$ が存在して次をみたすとき，Y を X の G による**商空間 (多様体)** といい，$Y = X/G$ とかく．

(1) π のファイバーが 1 つの G 軌道からなる ($y \in Y$ に対して，$\pi^{-1}(y) = xG$ $(x \in \pi^{-1}(y))$).

(2) π は開写像．

(3) X の任意の開集合 U に対して関数環の同型

$$\pi^* : k[\pi(U)] \xrightarrow{\sim} \{f \in k[U] \mid f|(U \cap xG) \text{ が一定} (\forall x \in U)\}$$

が成り立つ．すなわち，G 軌道上で一定な $U(\subset X)$ 上の関数は，$\pi^*(\bar{f}) = \bar{f} \circ \pi$ $(\bar{f} \in k[U])$ とかける．

定理 1.10.7. 上の状況で，$\pi : X \to Y$ が (1) をみたし，$(2)'$ π が分離的で，$(3)'$ Y が正規多様体，$(4)'$ X の既約成分が開集合とする．このとき，$Y \simeq X/G$ は商空間である．

注意 1.10.8. X, Y が滑らかならば，$(3)'$, $(4)'$, はみたされ，k の標数が 0 ならば，$(2)'$ もみたされている．なお，射 π が分離的であるとは，X の各既約成分 X^0 について，関数体の拡大 $k(\pi(X^0)) \subset k(X^0)$ が分離拡大であることである．

定理 1.10.9 (シュバレー). 代数群 G とその閉部分群 H について，H が G に右移動で働くと考えると，商空間 G/H が存在する．

注意 1.10.10. G/H を**等質空間**という．G がアフィン代数群のときは，線型表現 $\rho : G \to GL(V)$ で次をみたすものが存在する．ρ が引き起こす G の射影空間 $\mathbb{P}(V)$ への作用 $G \times \mathbb{P}(V) \to \mathbb{P}(V)$ の G 軌道 $Gx_0 = Y \subset \mathbb{P}(V)$ ($x_0 \in \mathbb{P}(V)$) で $H = \{h \in G \mid hx_0 = x_0\}$，また，$\pi : G \to Y$ が H による商空間になっている (π が分離的)．

したがって，アフィン代数群の等質空間 G/H は準射影的 (射影空間の部分多様体に同型な多様体) になる．とくに，標数が 0 のときは，分離性は自動的にみたされるから，固定部分群が H になるような点 $x_0 \in \mathbb{P}(V)$ (V の直線) を見つければよい．

1.10.4 ボレル部分群，旗多様体

一般線型群 $GL(V)$ (V は代数的閉体 k 上のベクトル空間) の元 g は対角化可能 (V の適当な基底の下で対角行列として表示される，または，同値なことであるが，対角行列に共役である) なとき，**半単純**という．これは，V の線型変換として半単純 (任意の g 不変な部分空間 $W \subset V$ ($gW \subset W$) は g 不変な補空間 W' ($gW' \subset W'$, $W \oplus W' = V$) をもつ) なことと同値である．

次に，固有値がすべて 1 であるような元を**ベキ単**という．ベキ単であることと，対角成分がすべて 1 である 3 角行列に共役であることは同値である．また，g がベキ単であることと，$1 - g$ がベキ零であることも同値である．

線型代数のジョルダン標準形の理論から，線型変換 $f \in \mathrm{End} V$ は，

$$f = f_s + f_n, \quad f_s は半単純, f_n はベキ零, f_s f_n = f_n f_s$$

をみたすように一意的に分解する (**ジョルダン分解**)．さらに，f_s, f_n はそれぞれ，定数項のない多項式に f を代入した形に表される．

g が正則 ($g \in GL(V)$) なときは，半単純部分 g_s も正則で，$g_u = g_s^{-1} g (= 1 + g_s^{-1} g_n)$ とおくと，g_u はベキ単で，

$$g = g_s g_u = g_u g_s \quad (g_s: 半単純, g_u: ベキ単)$$

と分解する．また，この条件をみたす乗法的分解は一意的である．

さて，G がアフィン代数群のとき，G はある一般線型群 $GL(V)$ の閉部分群と見なせる．この埋め込み，$G \subset GL(V)$ によって，元 $g \in G$ を $GL(V)$ の元として $g = g_s g_u = g_u g_s$ (g_s: 半単純, g_u: ベキ単) のようにジョルダン分解すると，それぞれの部分 g_s, g_u はともに，部分群 G の元となる！さらに，この分解は埋め込み $G \subset GL(V)$ によらない！という事実がある．もっと一般に次の定理が成り立つ．

定理 1.10.11 (シュバレー). アフィン代数群 G の元 g について一意的な分解
$$g = g_s g_u = g_u g_s$$
で次をみたすものが存在する.

任意の表現 (代数群としての準同型) $\rho : G \to GL(V)$ に対して, $\rho(g_s)$, $\rho(g_u)$ はそれぞれ $GL(V)$ の元として半単純, ベキ単である.

この定理によって, 一般のアフィン代数群の元が半単純であるとか, ベキ単であるということが意味をもつ.

定理より, 代数群の準同型 $\rho : G \to G'$ に対して, $\rho(g) \in G'$ は $g \in G$ が半単純 (または, ベキ単) ならば, 半単純 (または, ベキ単) である.

例 1.10.12. (1) 体の乗法群 $k^\times = GL_1(k) = \mathbb{G}_m$ の元はすべて半単純である.

(2) 体の加法群 $k = \mathbb{G}_a$ の元はすべてベキ単である. 実際, $\mathbb{G}_a \simeq \left\{ \begin{pmatrix} 1 & x \\ 0 & 1 \end{pmatrix} \,\middle|\, x \in k \right\}$, これはベキ単行列からなる.

さて, 一般に, 群 G が可換な正規列:
$$G_0 = \{0\} \subset G_1 \subset G_2 \subset \cdots \subset G_n = G,$$
(G_i は G_{i+1} の正規部分群で, G_{i+1}/G_i が可換群) をもつとき, **可解群**といった. G が代数群のときは, 正規部分群の閉包も正規であるから, 正規列は閉正規部分群がとれると仮定できる.

例 1.10.13. 上3角行列のなす群 $S = \left\{ \begin{pmatrix} * & * & * & * \\ & * & * & * \\ & & \ddots & * \\ 0 & & & * \end{pmatrix} \right\}$ は可解群である. ちなみに, ベキ単部分 $U = \left\{ \begin{pmatrix} 1 & * & * & * \\ & 1 & * & * \\ & & \ddots & * \\ 0 & & & 1 \end{pmatrix} \right\}$ がなす部分群は

1.10 代数群

"ベキ零群"である.

以下,連結なアフィン代数群のみを考える.連結アフィン代数群 G の極大な連結可解正規部分群を G の**根基**といい,RG とかく.RG は最大な連結可解正規閉部分群であることが容易に分かる.次に,極大な連結ベキ単正規部分群を**ベキ単根基**といい,$R_u G$ とかく.(ベキ単元のみからなる群をベキ単群という.) $R_u G$ は根基 RG のベキ単部分 $(RG)_u = \{u \in G \mid u \text{ はベキ単}\}$ に一致することが知られている.

$R_u G = \{e\}$ のとき,G を**簡約群**,$RG = \{e\}$ のとき**半単純群**という.明らかに,半単純ならば簡約である.

例 1.10.14. $GL(V)$ は簡約群で,$SL(V) = \{g \in GL(V) \mid \det g = 1\}$ は半単純群である.$RGL(V) = C = \{$ スカラー行列 $\}$.

アフィン代数群の極大連結可解部分群を**ボレル部分群**という.これは明らかに閉部分群であるが,1つとは限らない.アフィン代数群の基礎理論の中核をなすもので,次が基本定理である.

定理 1.10.15 (ボレル–シュバレー). G を連結アフィン代数群とする.
 (1) ボレル部分群は互いに共役である.
 (2) ボレル部分群 B の正規化群 $N_G(B) = \{g \in G \mid gBg^{-1} = B\}$ は B に一致する.

例 1.10.16. $GL_n(k)$ の上3角行列 S はボレル部分群であり,任意のボレル部分群は S に共役である.

連結な可解代数群については,次が基本的である.

定理 1.10.17 (リー–コルチン). 連結な可解代数群の表現 $\rho : B \to GL(V)$ に関して,$\rho(B)$ は V のある直線 $kv_0 \subset V$ を不変にする.

このことから,$\rho(B)$ は V の適当な基底により3角行列 S の部分群として表示される.すなわち,$\rho(B)$ は V のある**旗**

$$V_0 \subset V_1 \subset \cdots \subset V_{n-1} \subset V_n = V \quad (\dim V_i = i)$$

を不変にしている ($\rho(B)V_i \subset V_i$).

G のあるボレル部分群 B による商空間 G/B を考えよう. $\mathcal{B}$ を G のボレル部分群全体がなす集合とすると, 内部自己同型によって G は $\mathcal{B}$ へ働く ($gBg^{-1} \in \mathcal{B}$ ($g \in G$)). 定理 1.10.15 によって, G 集合としての同型 $G/B \xrightarrow{\sim} \mathcal{B}$ ($gB \mapsto gBg^{-1}$) が成り立つ.

さて, G の表現 $\rho: G \to GL(V)$ とボレル部分群 B に対して, $\rho(B)$ 不変な旗
$$V_* : V_0 \subset V_1 \subset \cdots \subset V_{n-1} \subset V_n = V \quad (\rho(B)V_i \subset V_i)$$
の移動 $\rho(V_*)$ も V の旗であるから, V の旗全体がなす集合を $\mathcal{F}(V)$ とすると, G 軌道への写像
$$\mathcal{B} = G/B \to \rho(G)V_* \subset \mathcal{F}(V)$$
が得られる.

実は, $\mathcal{F}(V)$ ($\simeq GL(V)/S$) は射影多様体になり, $\rho(G)V_*$ はその閉部分多様体, さらに, $G/B \simeq \rho(G)V_*$(同型) となるような表現 ρ を選ぶことができることが知られている. このことを踏まえて, ボレル部分群による商空間 $\mathcal{B} \simeq G/B$ を G の**旗多様体**という. 旗多様体 G/B は射影多様体であり, 逆に, もしある閉部分群 $P \subset G$ による商 G/P が完備ならば, P はあるボレル部分群を含む ($P \supset gBg^{-1}$) ことが知られている (このとき G/P はさらに射影的である). このような P を**放物型部分群**という. これは保型関数論からの言葉である.

1.10.5　ボレル–ヴェイユ–ボットの定理, 既約表現と端ウェイト

代数群 G が働く代数多様体 X 上の正則関数の空間 $\mathcal{O}_X(X)$ には, $(l_g f)(x) = f(g^{-1}x)$ ($g \in G, x \in X$) によって G が線型に働く. すなわち, $\mathcal{O}_X(X) = H^0(X, \mathcal{O}_X)$ は G の線型表現 $G \ni g \mapsto l_g \in GL(\mathcal{O}_X(X))$ を与えている.

もっと一般に, 適当な意味で G が働く X 上の層 $\mathcal{F}$ ("G 同変"という条件) があれば, 切断の空間 $\mathcal{F}(X) = H^0(X, \mathcal{F})$ のみならずすべてのコホモロジー群 $H^*(X, \mathcal{F})$ に G が働き, G の表現が沢山与えられる. ここでは一般

1.10 代数群

の定義は控えて，X が等質空間 $X = G/H$ の場合，H の表現からつくられる同変ベクトル束についてこのことを考えよう．

閉部分群 H の線型表現 $\rho : H \to GL(V)$ に対して，$X = G/H$ 上のベクトル束 $\mathcal{V}_\rho$ を次のように定義する．X の開集合 U 上の切断の空間を

$$\mathcal{V}_\rho(U) = \{s : \pi^{-1}U \to V \mid s \text{ は } V \text{ 値正則で,}$$
$$s(xh) = \rho^{-1}(h)s(x) \ (h \in H, x \in \pi^{-1}U)\}$$

と定義する．ここで，$\pi : G \to X = G/H$ で，G の開集合 $\pi^{-1}U \subset G$ には右から H が働く．

大域的切断の空間は $\mathcal{V}_\rho(X) = H^0(X, \mathcal{V}_\rho) = \{s : G \to V \mid s(xh) = \rho(h)^{-1}s(x) \ x \in G, h \in H, s : \text{正則}\}$ ゆえ，G の左作用 $(l_g s)(x) = s(g^{-1}x)$ $(g, x \in G)$ は $\mathcal{V}_\rho(X)$ 上に，1.7.5 項で紹介した正則誘導表現 h-$\text{Ind}_H^G \rho$ を与えている．この G の左作用 l_g は層 $\mathcal{V}_\rho$ への作用であり，さらに，コホモロジー群 $H^*(X, \mathcal{V}_\rho)$ への G 作用を与える．

以下，旗多様体上の直線束 (階数 1 の連接層) の場合，詳しい結果を紹介しよう．

G を連結簡約群，B を 1 つのボレル部分群，$\mathcal{B} = G/B$ を G の旗多様体とする．結論を，手短に，大雑把にいってしまうと，標数 0 の体 k 上の代数群の場合，ボレル部分群 B の 1 次元表現 $\lambda : B \to \mathbb{G}_m = GL_1(k)$ が誘導する直線束 $\mathcal{L}_\lambda$ (先の記号で，$\rho = \lambda$ に対する $\mathcal{V}_\rho$) のコホモロジー群 $H^*(\mathcal{B}, \mathcal{L}_\lambda)$ ($\mathcal{B}$ は射影的ゆえ有限次元) はすべて 0 になる (消滅する) か，または，ただ 1 つのある次数 $n(\lambda)$ のみ消えずに残り，$H^{n(\lambda)}(\mathcal{B}, \mathcal{L}_\lambda)$ は G の既約表現を与える．

ボレル–ヴェイユ–ボットの定理とよばれるものである．

以下，具体的に，残る部分 $H^{n(\lambda)}(\mathcal{B}, \mathcal{L}_\lambda)$ がどのような既約表現を与えるか説明しよう．そのためには，簡約 (または半単純) 代数群の有限次元表現論のエッセンスを準備しておかなくてはいけない．カルタン–ワイルの最高ウェイト理論である．

体の乗法群 $k^\times = \mathbb{G}_m = GL_1(k)$ の直積に同型な代数群を**トーラス** (輪環群) という．トーラスはすべての元が半単純である連結群で，逆も然りである．トーラス T の 1 次元表現 $\lambda : T \to \mathbb{G}_m$ を**指標**ともいう．$T = \mathbb{G}_m$ のと

き，指標はある整数 $l \in \mathbb{Z}$ に対して $\lambda(x) = x^l$ で決まる．指標 λ, μ の和を $(\lambda+\mu)(x) = \lambda(x)\mu(x)$ $(x \in T)$ で定めると，T の指標全体 $P = \text{Hom}(T, \mathbb{G}_m)$ は階数 n の自由加法群をなす $(n = \dim T, P \simeq \mathbb{Z}^n)$．これを T の**指標群**という．

指標群の双対として，1 径数群 $P^\vee = \text{Hom}(\mathbb{G}_m, T)$ が定義される．自然な双 1 次形式

$$P \times P^\vee \to \mathbb{Z} \ (\langle\lambda, \chi^\vee\rangle = \lambda \circ \chi^\vee, \text{ ただし } \mathbb{G}_m \to \mathbb{G}_m \ (x \mapsto x^l) \text{ を } l \text{ と同一視する})$$

がある．

さて，G を連結簡約群とし，G の極大トーラス部分群を考える．このとき，次の定理が成り立つ．

定理 1.10.18. (1) 極大トーラスはすべて互いに共役である．

(2) 極大トーラスはあるボレル部分群に含まれる．

(3) 極大トーラスの中心化群 $Z(T) = \{g \in G \mid gtg^{-1} = t \ (t \in T)\}$ は T に一致し，剰余群 $W(T) = N_G(T)/T$ は有限群である．（(T に関する) **ワイル群**という．）

(4) トーラスの有限次元表現は 1 次元表現の直和である (トーラスの簡約性)．

次に，ルートを定義する．G の極大トーラス T を 1 つ固定し，リー環 $\mathfrak{g}$ 上の随伴表現 $\text{Ad}: G \to GL(\mathfrak{g})$ をトーラス T に制限したときの直和分解を $\mathfrak{g} = \sum_{\alpha \in P} \mathfrak{g}_\alpha$, $(\mathfrak{g} = \{x \in \mathfrak{g} \mid \text{Ad}(t)x = \alpha(t)x \ (t \in T)\})$ とする．このとき，$\mathfrak{g}_0 = \text{Lie}\, T$ となることが知られているが，$\mathfrak{g}_\alpha \neq 0$ となる 0 でない指標 $\alpha \in P \setminus \{0\}$ を (T に関する) **ルート**という．したがってルートのなす集合を $\Delta \subset P \setminus \{0\}$ とおくと，T の表現の直和分解

$$\mathfrak{g} = \mathfrak{t} \oplus \left(\bigoplus_{\alpha \Delta} \mathfrak{g}_\alpha\right) \quad (\mathfrak{t} = \text{Lie}\, T)$$

を得る．有限集合 Δ を**ルート系**といい，様々な性質が知られている．とくに，ルート空間 $\mathfrak{g}_\alpha$ は 1 次元である．

1.10 代数群

T を含むボレル部分群 B を 1 つ選ぶと，B のリー環は，ある部分集合 $\Delta_+ \subset \Delta$ に対して，$\operatorname{Lie} B = \mathfrak{t} \oplus (\bigoplus_{\alpha \in \Delta_+} \mathfrak{g}_\alpha)$ と書ける．ここに，Δ_+ について，

$$\Delta = \Delta_+ \cup \Delta_-,\ \Delta_+ \cap \Delta_- = \emptyset \quad (\Delta_- = -\Delta_+)$$
$$(\Delta_+ + \Delta_+) \cap \Delta \subset \Delta_+$$

が成立する．Δ_+ を B が定める正のルート系という．

T を含むボレル部分群 $B' \supset T$ を選ぶごとに，正のルート系 Δ'_+ が定まる．これはワイル群 $W = W(T)$ と次の関係がある．W は T に内部自己同型で働き，この働きは指標群 P への働きを引き起こす．W の作用はルート系を保ち $(w\Delta = \Delta\ (w \in W))$，正のルート系 Δ_+ を 1 つ定めたとき，$w\Delta_+$ は別のボレル部分群 $B' = \dot{w}B\dot{w}^{-1}$ ($\dot{w} \in N = G(T), w \in W$ の代表) に対応する正のルート系になる．この対応で 1 対 1 対応

$$\{T \text{ を含むボレル部分群}\} \longleftrightarrow \{\text{正のルート系}\} \longleftrightarrow W$$

が成立している．

ルート系 Δ に対して，次の性質をもつ余ルート系 $\Delta^\vee \subset P^\vee$ が存在する：1 対 1 対応 $\Delta \xrightarrow{\sim} \Delta^\vee$ $(\alpha \mapsto \alpha^\vee)$ で，

(1) $\langle \alpha, \alpha^\vee \rangle = 2$ $(\alpha \in \Delta)$，

(2) $s_\alpha \lambda = \lambda - \langle \lambda, \alpha^\vee \rangle \alpha$ $(\lambda \in P)$ により P の鏡映 s_α を定義すると，$s_\alpha \Delta = \Delta$．

(ちなみに，s_α $(\alpha \in \Delta)$ は P の変換群としてのワイル群 W を生成することが知られている．)

G が半単純のときは，余ルート $\alpha^\vee$ はもっと具体的に次のように定められる．このときは，ルート系 Δ が $\mathbb{Q}$ 上張る空間は指標群 P が $\mathbb{Q}$ 上張る空間と一致し $(E = \mathbb{Q}P = \mathbb{Q}\Delta)$，$E$ には W 不変な正値内積 $(\cdot | \cdot)$ が入る．この内積で $E^\vee = \mathbb{Q}P^\vee$ と E とを同一視し，$\alpha^\vee = \frac{2\alpha}{(\alpha|\alpha)}$ とおけばよい．

さて，連結簡約群 G に対し，その極大トーラスとボレル部分群 $T \subset B$ を固定し，B が定める正のルート系を Δ_+ とする．このとき，

$$P_+ = \{\lambda \in P \mid \langle \lambda, \alpha^\vee \rangle \geq 0\ (\alpha \in \Delta_+)\}, \quad P_- = -P_+$$

とおいて, P_+ の元を**支配的** (dominant), P_- の元を**反支配的** (antidominant) という. また,

$$P_{\mathrm{reg}} = \{\lambda \in P \mid \langle \lambda, \alpha^\vee \rangle \neq 0 \; (\alpha \in \Delta)\}$$

の元を**正則**, そうでないとき**特異**という.

正則な元 $\lambda \in P_{\mathrm{reg}}$ に対して, $w\lambda \in P_+$ となるワイル群の元 $w \in W$ が唯 1 つ存在する (したがって, $w'\lambda \in P_-$ となる w' も唯 1 つ).

G の表現空間 V の元 $v \neq 0$ が張る直線 kv がボレル部分群 B により不変なとき, すなわち, $bv = \lambda(b)v$ ($b \in B$, $\lambda(b) \in k^\times$) のとき, $v \in V$ を**最高ウェイト・ベクトル**, 指標 $\lambda : B \to k^\times$ (または $T \subset B$ に制限したもの) を**最高ウェイト**という. 言い替えれば, $U = R_u B$ (ベキ単部分 $B = TU$) とするとき, $uv = v$ ($u \in U$) となるときである.

対照的に, B の反対ボレル部分群 $B' = w_0 B w_0^{-1}$ ($w_0 \in W$ は $w_0 \Delta_+ = \Delta_-$ をみたす元 ("最長元")) に対して, $b'v' = \lambda'(b')v'$ ($b' \in B'$) が成り立つ場合, v' を**最低ウェイト・ベクトル**, λ' を**最低ウェイト**という.

定理 1.10.19 (カルタン–ワイル). 連結簡約群 G の (代数群としての) 有限次元既約表現は唯 1 つの最高ウェイト $\lambda \in P_+$ とスカラー倍を除いて唯 1 つの最高ウェイト・ベクトルをもつ. その同値類は, 最高ウェイト $\lambda \in P_+$ により定まり, 1 対 1 対応

$$P_+ \simeq \{\text{ 有限次元既約表現 }\}/\sim$$

を得る.

また, 最高ウェイトを最低ウェイト $\lambda \in P_-$ に置き換えても成立する.

注意 1.10.20. 標数が 0 のとき, 最高ウェイト λ をもつ既約表現 π_λ の指標 $\mathrm{Trace}\,\pi_\lambda$ を与える式がワイルによって与えられた.

以上の準備の下にボレル–ヴェイユ–ボットの結果が述べられる. まず注意: $\rho = \frac{1}{2} \sum_{\alpha \in \Delta} \alpha \in \mathbb{Q}P$ は, G が "単連結" でなければ P の元 (T の指標) になるとは限らないが, ワイル群 W の作用を $\mathbb{Q}P$ に拡張して**シフト作用**を

$$w \star \lambda = w(\lambda - \rho) + \rho$$

と定義すれば，この W 作用は P を保つ．$(w \star \lambda = w\lambda + \sum_{\alpha>0, w\alpha<0} \alpha$ ゆえ．)

定理 1.10.21 (ボレル–ヴェイユ–ボット)．標数 0 の閉体 k 上の連結簡約群 G を考える．$T \subset B$ を極大トーラスとボレル部分群とし，T が定めるルート系 $\Delta \subset P$，ワイル群 $W = N_G(T)/T$，B が定める正のルート系 Δ_+ などを設定しておく．

B の 1 次元表現 $\lambda : B \to k^\times = \mathbb{G}_m$ ($\lambda \in P$ と見なす) が誘導する旗多様体 $\mathcal{B} = G/B$ 上の直線束を $\mathcal{L}_\lambda$ とする．このとき，次が成立する．

(1) $\lambda - \rho$ が特異なとき，すなわち $\langle \lambda - \rho, \alpha^\vee \rangle = 0$ となる $\alpha \in \Delta$ が存在するとき，すべてのコホモロジーは消える：$H^i(\mathcal{B}, \mathcal{L}_\lambda) = 0$ ($\forall i$)．

(2) $\lambda - \rho$ が正則なとき ($\langle \lambda - \rho, \alpha^\vee \rangle \neq 0$ ($\forall \alpha \in \Delta$))，$w \star \lambda = w(\lambda - \rho) + \rho$ が反支配的になるような元 $w \in W$ が唯 1 つ存在する ($\langle w \star \lambda, \alpha^\vee \rangle \leq 0$ ($\forall \alpha \in \Delta_+$))．このとき，$H^i(\mathcal{B}, \mathcal{L}_\lambda) = 0$ ($i \neq n(w)$) で，$H^{n(w)}(\mathcal{B}, \mathcal{L}_\lambda)$ は最低ウェイトが $w \star \lambda \in P_-$ である (G の) 既約表現を与える．

ここに，$n(w) = \sharp \Delta_+ \cap w\Delta_- =$ "w の長さ" (w を s_α (α は Δ_+ の基の元) で最短表示した長さ)．

系 1.10.22 (ボレル–ヴェイユ)．定理と同じ設定で，反支配的な $\lambda \in P_-$ に対して，$H^i(\mathcal{B}, \mathcal{L}_\lambda) = 0$ ($i > 0$) で，$H^0(\mathcal{B}, \mathcal{L}_\lambda)$ は最低ウェイト λ の既約表現を与える．(最高ウェイトは $w_0\lambda$ (w_0 は最長元)．)

ボレル–ヴェイユの定理の証明については，例えば [KO] を参照のこと．

参考文献

[A]　M. Artin, Algebra, Prentice Hall, 1991.

[B]　A. Borel, Linear algebraic groups, Notes by H. Bass, Benjamin 1969; Second enlarged ed. GTM **126**, Springer Verlag, 1991.

[C]　C. Chevalley (編), Séminaire sur la classification des groupes de Lie algébriques, École Norm. Sup., Paris, 1956-1958.

[GM]　I. S. Gelfand, Yu. I. Manin, Method of homological algebra,

[Go] R. Godement, Topologie algébrique et théorie des faisceaux, Hermann, Paris, 1958.

[Gr] A. Grothendieck, Eléments de géométrie algébrique, (EGA), (avec J. Dieudonné), Publ. Math. IHES **4** (1960), **8, 11** (1961), **17** (1963), **20** (1964), **24** (1965), **28** (1966), **32** (1967).

[Ha] R. Hartshorne, Algebraic Geometry, GMT **52**, Springer Verlag, 1977.

[Hi] 平井　武, 線形代数と群の表現, I, II, すうがくぶっくす 20, 21, 朝倉書店, 2001.

[Ho1] 堀田良之, 代数入門 — 群と加群, 数学シリーズ, 裳華房, 1987.

[Ho2] 堀田良之, 加群十話. すうがくぶっくす 3, 朝倉書店, 1988.

[Ho3] 堀田良之, 環と体 1, 2, 岩波講座「現代数学の基礎」, 岩波書店, 1997, 2001.

[Hu1] J. E. Humphreys, Introduction to Lie algebras and representation theory, GTM **9**, Springer Verlag, 1972.

[Hu2] J. E. Humphreys, Linear algebraic groups, GTM **21**, Springer Verlag, 1975.

[I] 岩堀長慶, 対称群と一般線型群の表現論, 岩波講座「基礎数学」, 岩波書店, 1978.

[KS] M. Kashiwara, P. Schapira, Sheaves on manifolds, Grund. der Math. Wiss. **292**, Springer Verlag, 1990.

[K] 桂　利行, 代数幾何入門, 共立講座「21世紀の数学」, 共立出版, 1998.

[KO] 小林俊行, 大島利雄, Lie 群と Lie 環 1, 2, 岩波講座「現代数学の基礎」, 岩波書店, 1999.

[L] S. Lang, Algebra, Addison-Wesley 2nd ed., 1965, 3rd ed., 1993.

[Ma] I.G. Macdonald, Symmetric functions and Hall polynomials, Oxford Univ. Press, 1979, 2nd ed., 1995.

[Mi] 宮西正宜, 代数幾何学, 数学選書 **10**, 裳華房, 1990.

[Mu] D. Mumford, Introduction to algebraic geometry, Harvard Univ.

Lect. Notes; The red book of varieties and schemes, LNM **1358**, Springer Verlag, 1988, 2nd ed., 1999.

[Se]　J.-P. Serre, Représentations linéaires des groupes finis, Hermann, Paris, 1971. (有限群の線型表現, 岩堀長慶, 横沼健雄訳, 岩波書店, 1974.)

[Sp]　T. A. Springer, Linear algebraic groups, PM **9**, Birkhäuser, 1981.

[V]　B. L. van der Waerden, Algebra, I, II. Springer Verlag, 1967. (Moderne Algebra, 1st ed., 1930, 1931.) (現代代数学, 全3巻, 銀林　浩訳, 東京図書, 1959, 1960.)

[WK]　渡辺敬一, 草場公邦, 代数の世界, すうがくぶっくす13, 朝倉書店, 1994.

[W]　渡辺敬一, 環と体, 講座「数学の考え方」, 朝倉書店, 2002.

第2章

有限群の不変式論

2.1 はじめに

　この章では有限群の不変式論を主として可換環論の立場から眺めることにする．すなわち，不変部分環の性質を軸にして不変式論を見ていく．なお，この章では主として $\boldsymbol{GL}(n,\mathbb{C})$ の有限部分群を扱う．標数 p の体の上で位数が p の倍数となる群の不変式論は群の位数 $|G|$ が逆数をもつ場合と打って変わって大変複雑で難解になる．

　まず 2.2 節で有限生成性などの基本的性質を見る．不変部分環は原理的には計算可能である．

　2.3 節は群論と環論の組み合わせ論的なかけはしであるモリーンの定理を見る．この定理から実に様々な結論が得られること，この定理が 19 世紀に既に証明されていることなどが驚異的である．

　2.4 節では 2 次元の有限部分群とその不変式環を分類する．特に，$\boldsymbol{SL}(2,\mathbb{C})$ の 5 種類の有限部分群の不変式環は "Kleinian singularity" と呼ばれ，数学のあらゆる所に顔を出す Dynkin 図形と対応している．

　2.5 節は，不変部分環が最も良い環，すなわち多項式環になる場合を扱う．この性質は群が「鏡映」で生成されることと同値であることがわかる．この定理も大変美しく単純である．

　2.6 節では 3 次元の有限部分群とその不変式環を扱う．3 次元の有限部分

群の分類は 20 世紀の初頭に Blichfeldt によって得られているが，その証明を現代的な表現で解説する．

2.7 節は不変部分環が完全交差になる群の分類である．いくつかの結果は 2.6 節と並行に進むのだが，一般的な条件では完全交差になるための必要条件しか得られない．その必要条件を解説する．ここにもエタール被覆の理論や，有理特異点の理論が顔を出して大変面白い．

不変部分環の理論を通して，可換環論，特異点論の面白さが伝われば幸いである．なお，この原稿が出来上がってから橋本光靖氏に大変貴重な数々の助言を頂いた．この場を借りて感謝の意を表したい．

2.2 線型群と不変式

定義 2.2.1. k を基礎体，G を k 上の n 次有限線型群[*1]とする．

$S := k[X_1, \ldots, X_n]$ を n 変数多項式環とすると，G は変数 $X_1, \ldots, X_n$ の線型変換と思えるが，この線型変換は環 S の k 同型写像に拡張できる[*2]．すなわち，$\sigma = (a_{ij}) \in G$ に対して，

$$\begin{array}{ll}\sigma(X_i) := & \sum_{p=1}^n a_{pi} X_p \\ \sigma(f(X_1,\ldots,X_n)) := & f(\sigma(X_1),\cdots,\sigma(X_n))\end{array}$$

と定義する．このとき，この G の作用による不変式環

$$S^G := \{f \in S | \sigma(f) = f \quad (\forall \sigma \in G)\}$$

の性質を調べるのが本章の目的である．すぐにわかるように，不変式環の性質は群の性質と微妙にかかわりあって大変面白い対象になっている．

さて，われわれは最初に基礎体 k を決めた．k は複素数体 $\mathbb{C}$ とするのが一番便利だが，どんな体で考えてもよい．但し，この本では常に，**G の位数は体 k の標数の倍数ではない**と仮定する[*3]．この仮定から，次の写像が定

[*1] すなわち，$GL(n,k)$ の有限部分群．
[*2] G の作用の幾何的な見方については，この節の最後の注意を参照．
[*3] この仮定をつけないと，全く違った理論が展開される．

2.2 線型群と不変式

義できる．この写像 ρ を **Reynolds 作用素**という．

$$\rho : S \to S^G \quad \rho(f) := \frac{1}{|G|} \sum_{\sigma \in G} \sigma(f).$$

$f \in S^G$ のとき $\rho(f) = f$ は明らかだろう．特に，ρ は全射である．

例 2.2.2. G を 2 つの $\boldsymbol{GL}(2,k)$ の元 $\sigma = \begin{pmatrix} \omega & 0 \\ 0 & \omega^{-1} \end{pmatrix}, \tau = \begin{pmatrix} 0 & 1 \\ 1 & 0 \end{pmatrix}$ で生成される群とする．ここで ω は 1 の原始 3 乗根とする．$\sigma^3 = \tau^2 = I$, $\tau\sigma\tau = \sigma^{-1}$ だから[*4]，G の位数は 6 で $G = \{I, \sigma, \sigma^2, \tau, \tau\sigma, \tau\sigma^2\}$ である．例えば X に対して G の 6 つの元を上の順で作用させると，$X, \omega X, \omega^2 X, Y, \omega Y, \omega^2 Y$ となる．$\rho(X)$ はこれらの和を 6 で割ったものだから，$\rho(X) = 0$ を得る．同様に 1 次，2 次の単項式 m に対して $\rho(m)$ を計算すると，

$$\rho(X) = \rho(Y) = \rho(X^2) = \rho(Y^2) = 0, \ \rho(XY) = XY$$

となる．次の命題でわかるように，このように単項式に対して $\rho(m)$ を計算すると S^G の元がすべて求められる．

命題 2.2.3. 写像 ρ に対して次が成立する．

(a) $\quad \rho(f) \in S^G, \ \rho(f+g) = \rho(f) + \rho(g) \quad (\forall f, g \in S)$
(b) $\quad f \in S, a \in S^G$ のとき $\rho(af) = a\rho(f)$

証明 (a) $\sigma \in G$ に対して，$|G|\sigma(\rho(f)) = \sigma(\sum_{\tau \in G} \tau f) = \sum_{\tau \in G}(\sigma\tau)f$. ここで，$\tau$ がすべての G の元を動くとき $\sigma\tau$ もすべての G の元を動くから，この和は $\rho(f)$ となり，$\rho(f) \in S^G$ が示せた．後半は明らかだろう．

(b) $\rho(af) = \dfrac{1}{|G|} \sum_{\sigma \in G} \sigma(af) = \dfrac{1}{|G|} \sum_{\sigma \in G} \sigma(a)\sigma(f) = \dfrac{1}{|G|} \sum_{\sigma \in G} a\sigma(f)$
$= a\rho(f). \hfill\blacksquare$

[*4] 単位行列を I で表す．

この命題から出る次の事実は S^G の環論的性質を導くとき大変役に立つ.

命題 2.2.4. I が S^G のイデアルのとき, $IS \cap S^G = I$. ここで IS は I が生成する S のイデアルを表す.

証明 IS の元は $\sum_{i=1}^m a_i f_i$ ($a_i \in I$, $f_i \in S$) の形に書ける. $IS \cap S^G \supset I$ は明らかだから逆の包含関係を示す. $g = \sum_{i=1}^m a_i f_i \in IS \cap S^G$ とすると, $g = \rho(g) = \sum_{i=1}^m \rho(a_i f_i) = \sum_{i=1}^m a_i \rho(f_i) \in I$. ■

(2.2.5) われわれは S がネーター環であることを知っている. S^G もネーター環になることが命題 2.2.4 を用いて次のように示せる. $I_1 \subset I_2 \subset \cdots \subset I_n \subset \cdots$ を S^G のイデアルの昇鎖とする. S はネーター環だから S のイデアルの昇鎖 $I_1 S \subset I_2 S \subset \cdots \subset I_n S \subset \cdots$ はどこかで止まる. $I_n S = I_{n+1} S = \cdots$ とすると命題 2.2.4 より $I_n = I_{n+1} = \cdots$ となり S^G も昇鎖律をみたすからネーター環である.

(2.2.6) 生成元と関係式. 命題 2.2.3 により, S^G の元はすべての単項式 $m = X_1^{a_1} \cdots X_n^{a_n}$ に対し $\rho(m)$ を計算し, それらの k 上の一次結合で表せる[*5].

$f_1, \ldots, f_N \in S^G$ に対し, すべての S^G の元が $f_1, \ldots, f_N$ の多項式で表されるとき, 「$\boldsymbol{f_1, \ldots, f_N}$ が $\boldsymbol{S^G}$ を生成する」という. $f_1, \ldots, f_N$ から1個でも除いたら S^G を生成しないとき, 「**最小生成系**」という. $f_1, \ldots, f_N$ が S^G の最小生成系のとき, S^G は $\boldsymbol{N}$ **個の元で生成される**という.

$f_1, \ldots, f_N$ が S^G を生成するとき, 新しい変数 $Y_1, \ldots, Y_N$ に対して, 環の準同型写像 $\phi: k[Y_1, \ldots, Y_N] \to S^G$ を $\phi(g(Y_1, \ldots, Y_N)) = g(f_1, \ldots, f_N)$ と定義するとき, $I := \mathrm{Ker}\,(\phi)$ を知れば, $S^G \cong k[Y_1, \ldots, Y_N]/I$ だから S^G が表現されたことになる. I の生成元を $f_1, \ldots, f_N$ の**関係式**という. I は生成元を知ればわかったことになる. まずは「生成元と関係式を知ろう」というのが最初の素朴な目的意識になる.

[*5] もっと能率的な方法についてはだんだん説明する.

2.2 線型群と不変式

上のように S^G が $f_1, \ldots, f_N$ で生成され, $I = \mathrm{Ker}\,(\phi)$ が $r_1(Y_1, \ldots, Y_N), \ldots, r_t(Y_1, \ldots, Y_N)$ で生成されるとき,

$$S^G = k[f_1, \ldots, f_N] \cong k[Y_1, \ldots, Y_N]/(r_1, \ldots, r_t)$$

のように表す.

例 2.2.7. (1) 例 2.2.2 の例では S^G は 2 つの代数的独立な元 $XY, X^3 + Y^3$ で生成されている. このように S^G が代数的独立な元で生成されるとき, 「$\boldsymbol{S^G}$ **は多項式環である**」という.

(2) $G = \langle -I_2 \rangle \subset GL(2, k)$ とすると[*6], $S^G = k[X^2, XY, Y^2] \cong k[Y_1, Y_2, Y_3]/(Y_2^2 - Y_1 Y_3)$. このように S^G が関係式を 1 つだけもつとき, 「S^G は**超曲面** (hypersurface) である」という.

k が標数 0 の体のとき, S^G の生成元は次の命題により実際に計算可能である.

命題 2.2.8 (ネーターの定理). G の位数が N のとき, S^G の生成元は N 次以下の同次式でとれる.

証明 はじめに記号を用意する. 単項式 $m = X_1^{a_1} \cdots X_n^{a_n}$ を $\boldsymbol{X^a}$ と書く. $|\boldsymbol{a}| = \sum a_i = \deg m$ とおく. S^G は $N\rho(m) = \sum_{\sigma \in G} \sigma(m)$ で生成されるから,

$$M := \left\{ \sum_{\sigma \in G} \sigma(\boldsymbol{X^a}) \mid |\boldsymbol{a}| \leq N \right\}$$

が S^G を生成することを見ればよい. そのためには単項式 m に対し, $\sum_{\sigma \in G} \sigma(m)$ が M の元の多項式で書ければよい.

これを示すために N 組の変数 $\{X_{i1}, \ldots, X_{in}\}$ $(i = 1, \ldots, N)$ を用意する. また, $\boldsymbol{X_i^a} = X_{i1}^{a_1} \cdots X_{in}^{a_n}$ と表す. 証明は次の補題を示して得られる.

補題 2.2.9. $\sum_{i=1}^{N} \boldsymbol{X_i^b} \in k[\sum_{i=1}^{N} \boldsymbol{X_i^a} \mid |\boldsymbol{a}| \leq N]$

[*6] k の標数は 2 でないとする.

この補題が示せれば，$G = \{\sigma_1, \ldots, \sigma_N\}$ とおいて X_{ij} に $\sigma_i(X_j)$ を代入すれば命題 2.2.8 が得られる． ∎

補題の証明 n に関する帰納法で示す．$n = 1$ のときは，$X_{i1} = X_i$ と書いて，$\sum_{i=1}^{N} X_i^b$ は対称式だから $\{s_j := \sum_{i=1}^{N} X_i^j \mid j = 1, \ldots, N\}$ で生成される[*7]．$C := k[\sum_{i=1}^{N} \boldsymbol{X}_i^a \mid |a| \leq N]$ とおき，$\boldsymbol{b} = (b_1, \ldots, b_n), |\boldsymbol{b}| \geq N$ のとき $\sum_{i=1}^{N} \boldsymbol{X}_i^b \in C$ を示す．$b_n = 0$ のときは n に関する帰納法の仮定で言えているから，$b_n = m > 0$ とする．さらに m に関する帰納法を用いて，$b_n < m$ のときも言えているとしよう．$\boldsymbol{b}' := (b_1, \ldots, b_{n-1} + 1, b_n - 1)$ とおくと $\sum_{i=1}^{N} \boldsymbol{X}_i^{b'} \in C$ は言えているから

$$\sum_{i=1}^{N} \boldsymbol{X}_i^{b'} = F(s_1, \ldots, s_l) \qquad (*)$$

とおく．各 s_i は $\sum_{i=1}^{N} \boldsymbol{X}_i^a$, $|a| \leq N$ の形の式である．(*) の両辺を $X_{j,n-1}$ で偏微分して $X_{j,n}$ をかけると

$$(b_{n-1} + 1)\boldsymbol{X}_j^b = \sum_{k=1}^{l} \frac{\partial F}{\partial u_k}(s_1, \ldots, s_l) \frac{\partial s_k}{\partial X_{j,n-1}} X_{j,n}.$$

$s_k = \sum_{i=1}^{N} \boldsymbol{X}_i^c$, $\boldsymbol{c} = (c_1, \ldots, c_n)$ とおくと $\frac{\partial s_k}{\partial X_{j,n-1}} X_{j,n} = c_{n-1} \boldsymbol{x}_j^{c'}$, $\boldsymbol{c}' = (c_1, \ldots, c_{n-1} - 1, c_n + 1)$, $|\boldsymbol{c}'| = |\boldsymbol{c}|$ だから $\sum_{j=1}^{N} \frac{\partial s_k}{\partial X_{j,n-1}} X_{j,n} \in k[s_1, \ldots, s_l]$．したがって

$$\sum_{i=1}^{N} \boldsymbol{X}_i^b = \frac{1}{b_{n-1} + 1} \sum_{k=1}^{l} \frac{\partial F}{\partial u_k}(s_1, \ldots, s_l)(\sum_{j=1}^{N} \frac{\partial s_k}{\partial X_{j,n-1}} X_{j,n}) \in k[s_1, \ldots, s_l].$$

これで補題 2.2.9，したがって命題 2.2.8 が示された． ∎

注意 2.2.10. ネーターの定理では標数 0 を仮定した．仮定がみたされない場合の反例として，次の例があげられる．

[*7] 「任意の対称式は基本対称式 $\{t_i := \sum_{I \subset \{1, \ldots, N\}, |I| = i} \prod_{j \in I} X_j \mid i = 1, \ldots N\}$ の多項式で表せる」はよく知られているが，$k[s_1, s_2, \ldots, s_i] = k[t_1, t_2, \ldots, t_i]$ も容易に示せる．

例 $G = \{1, \sigma\}$ を位数 2 の群で，$S = k[X_1, \ldots, X_s, Y_1, \ldots, Y_s], \mathrm{char}(k) = 2$ に $\sigma(X_i) = Y_i, \sigma(Y_i) = X_i$ $(i = 1, \ldots, s)$ で作用するとする．このとき，$X_1 X_2 \cdots X_s + Y_1 Y_2 \cdots Y_s \in S^G$ は，それより低い次数の S^G の元では書き表せない．(例えば $s = 3$ のとき，$(X_1 X_2 + Y_1 Y_2)(X_3 + Y_3) + (X_1 X_3 + Y_1 Y_3)(X_2 + Y_2) + (X_2 X_3 + Y_2 Y_3)(X_1 + Y_1) - (X_1 + Y_1)(X_2 + Y_2)(X_3 + Y_3) = 2(X_1 X_2 X_3 + Y_1 Y_2 Y_3)$ だが，標数 2 のとき $= 0$ である．)

注意 2.2.11. k が代数閉体のとき，$\sigma \in \boldsymbol{GL}(n, k)$ が有限位数 r をもち，k において $r \neq 0$ のとき，σ は $\boldsymbol{GL}(n, k)$ で対角化できる．また有限アーベル部分群 $G \subset \boldsymbol{GL}(n, k)$ の位数 $|G|$ が k で 0 でないとき，G の元は一斉に対角化できる．

記号 2.2.12. 対角成分 $(a_1, \ldots, a_n)$ をもつ $\boldsymbol{GL}(n, k)$ の対角行列を $\boldsymbol{diag}[a_1, \ldots, a_n]$ と書く．

注意 2.2.11 の証明 σ はジョルダン標準形であるとしてよい．σ の位数は σ のジョルダン・ブロックの位数の最小公倍数である．さて σ が対角化できないとすると，あるジョルダン・ブロックが $\varepsilon I + N$ となる．ここで I は単位行列，N は $(i, i-1)$ 成分が 1, 他は 0 の行列である．$(\varepsilon I + N)^r = \varepsilon^r I + r\varepsilon^{r-1} N + \cdots = I$ となるとき，k において $r = 0$ でなくてはならない．これは $r \neq 0$ という仮定に反するので σ は対角化できる．

また，$\sigma, \tau \in G, \sigma = \boldsymbol{diag}[a_1, \ldots, a_n]$ で σ と τ が可換のとき $a_i \neq a_j$ である (i, j) に対し τ の (i, j) 成分が 0 であることが行列の計算よりわかる．これより σ, τ を同時に対角化することが可能であることがわかる． ∎

注意 2.2.13 (幾何的な作用と代数的作用). $G \subset \boldsymbol{GL}(n, k)$ の作用を上では多項式環 S への作用と定義したが，空間 k^n への作用と定義することもできる．すなわち，$\boldsymbol{x} = {}^t(x_1, \ldots, x_n) \in k^n$ に対して[8]，$\sigma \boldsymbol{x}$ で作用させるものである．$X_i \in S$ は k^n 上の座標関数 $(X_i : k^n \to k, X_i(\boldsymbol{x}) = x_i)$ と思えるから，$f \in S$ を k^n 上の関数と思って，$\sigma^*(f) := f\sigma$ と合成関数で定義

---

[8] 本来タテのものをヨコに書いたので転置の t をつけてある．

できる．但しこの作用は $(\sigma\tau)^*(f) = f(\sigma\tau) = (f\sigma)\tau = \tau^*(\sigma^*(f))$ だから $(\sigma\tau)^* = \tau^*\sigma^*$ と積が逆になる．このため，$\sigma(f)(\bm{x}) := f(\sigma^{-1}\bm{x})$ とする定義が多くの本で採用されている．この作用での $(X_1, \ldots, X_n) \subset S$ への作用の行列は ${}^t\sigma^{-1}$ となる．この 2 つの表現は $k = \mathbb{C}$ のとき，次の 2.2.14 から共役なので（${}^t\sigma^{-1} = \bar{\sigma}$），不変部分環は同型である．

注意 2.2.14. G が $\bm{GL}(n,\mathbb{C})$ の有限部分群のとき，$\tau^{-1}G\tau \subset \bm{U}(n,\mathbb{C})$ となる $\tau \in \bm{GL}(n,\mathbb{C})$ がとれる．

証明 $\mathbb{C}^n$ の普通のユニタリー内積を $(\bm{x},\bm{y}) = {}^t\bm{x}\bar{\bm{y}}$ とおくとき，新しい内積を $\langle \bm{x},\bm{y}\rangle = \dfrac{1}{|G|}\displaystyle\sum_{\sigma \in G}(\sigma(\bm{x}),\sigma(\bm{y}))$ と定義する．この内積は G 不変であるから，この内積に関する正規直交基底を並べた行列を τ とすれば $\tau^{-1}G\tau \subset \bm{U}(n,\mathbb{C})$ となる．∎

2.3　モリーンの定理

まず，$R = S^G$ のポアンカレ級数を定義する．ポアンカレ級数と次のモリーン ([Mol]) の定理は環論と群論を結ぶ強力な道具になっている．

定義 2.3.1. $P(R,t) := \sum_{n\geq 0}\dim_k R_n t^n$．

R の同次イデアル I に対しても $P(I,t) := \sum_{n\geq 0}\dim_k I_n t^n$ と定義する．また，剰余環 R/I に対しても同様に定義でき，$(R/I)_n = R_n/I_n$ であるから，

$$P(R/I,t) := \sum_{n\geq 0}\dim_k (R/I)_n t^n = P(R,t) - P(I,t).$$

定義に慣れるためにいくつかの例を見てみよう．

例 2.3.2. 0. $P(k,t) = 1$, $\quad P(k[X],t) = \sum_{n\geq 0} t^n = \dfrac{1}{1-t}$．

1. $0 \neq f \in R_d$ が d 次同次式のとき，

$$P(R/fR,t) = P(R,t) - P(fR,t) = P(R,t) - t^d P(R,t) = (1-t^d)P(R,t).$$

2.3 モリーンの定理

2. これを使うと，$S/X_n S \cong k[X_1,\ldots,X_{n-1}]$ であるから，n に関する帰納法により
$$P(S,t) = \frac{1}{(1-t)^d}.$$

3. 完全交叉 $R \cong k[X_1,\ldots,X_n]/(f_1,\ldots,f_r)$，ここで $(f_1,\ldots,f_r)$ が，f_i は $k[X_1,\ldots,X_n]/(f_1,\ldots,f_{i-1})$ の非零因子にとれているとき，R が完全交叉であるという．(完全交叉である S^G について 2.7 節で調べる．) $f_1,\ldots,f_r$ が同次式で $\deg X_i = d_i, \deg f_j = e_j$ であるとき，上記の 2，3 の計算を応用して，
$$P(R,t) = \frac{(1-t^{e_1}) \cdots (1-t^{e_r})}{(1-t^{d_1}) \cdots \cdots (1-t^{d_n})}$$
となる．特に R が完全交叉であるとき，$P(R,t)$ の分子の多項式の根はすべて 1 の冪 (ベキ) 根である．

定理 2.3.3 (モリーンの定理). $GL(n,k)$ の有限部分群 G が $S = k[X_1,\ldots,X_n]$ に作用するとき，不変部分環 S^G のポアンカレ級数は次で与えられる．
$$P(S^G, t) = \frac{1}{|G|} \sum_{\sigma \in G} \frac{1}{\det(1-\sigma t)}$$

証明の前に例を計算してみよう．

例 2.3.4. (1) $n=2, G$ を $\sigma = \begin{pmatrix} -1 & 0 \\ 0 & -1 \end{pmatrix}$ で生成される位数 2 の巡回群とする．$G = \{I, \sigma\}$ だから，
$$P(S^G, t) = \frac{1}{2} \left(\frac{1}{(1-t)^2} + \frac{1}{(1+t)^2} \right) = \frac{1+t^2}{(1-t^2)^2}.$$

(2) $n=2, G$ を $\begin{pmatrix} -1 & 0 \\ 0 & -1 \end{pmatrix}$ と $\begin{pmatrix} 0 & 1 \\ 1 & 0 \end{pmatrix}$ で生成される位数 4 の群とすると，G の 4 つの元の固有値の集合は $\{1,1\}, \{-1,-1\}$ が 1 つずつ，$\{1,-1\}$ が 2 つあるので，
$$P(S^G, t) = \frac{1}{4} \left(\frac{1}{(1-t)^2} + \frac{1}{(1+t)^2} + \frac{2}{(1-t^2)} \right) = \frac{1}{(1-t^2)^2}.$$

ではモリーンの定理の証明にうつろう．まず次の補題を示す．

補題 2.3.5. 有限次元 k 線型空間に有限群 G が作用しているとき，V^G を V の不変部分空間とすると

$$\dim V^G = \frac{1}{|G|} \sum_{\sigma \in G} \mathrm{Tr}\,\sigma.$$

ここで $\mathrm{Tr}\,\sigma$ は σ の V への作用のトレースを表す．

証明 V の基底を固定して，G を行列表現しよう．まず V^G の基底 $\{v_1, \ldots, v_r\}$ をとり，それを V の基底 $\{v_1, \ldots, v_r, v_{r+1}, \ldots, v_n\}$ に延長するとする．$f = \dfrac{1}{|G|} \displaystyle\sum_{\sigma \in G} \sigma$ は $V \to V^G$ の射影 $(f(V) \subset V^G,\, v \in V^G$ のとき $f(v) = v)$ であることを前に見た．従って f の行列表現は，左上の $r \times r$ の部分は単位行列，下の $n - r$ 行はすべて 0 である．ゆえに

$$\mathrm{Tr}\,f = \frac{1}{|G|} \sum_{\sigma \in G} \mathrm{Tr}\,\sigma = \mathrm{Tr}\bigl(\frac{1}{|G|} \sum_{\sigma \in G} \sigma\bigr) = r = \dim V^G.$$

∎

モリーンの定理の証明 S の次数 n の部分を S_n とおく．$(S^G)_n = S_n^G$ だから補題により，

$$P(S^G, t) = \frac{1}{|G|} \sum_{n \geq 0} \sum_{\sigma \in G} (\mathrm{Tr}(\sigma, S_n)) t^n$$

(ここで $\mathrm{Tr}(\sigma, S_n)$ は σ の S_n への作用のトレースを表す)．ゆえに

$$\frac{1}{\det(1 - \sigma t)} = \sum_{n \geq 0} (\mathrm{Tr}(\sigma, S_n)) t^n$$

を示せば十分である．各元 σ は適当な基底により対角行列で表現される．$\sigma(X_i) = e_i X_i$ とすると，

$$\frac{1}{\det(1 - \sigma t)} = \frac{1}{1 - e_1 t} \cdots \frac{1}{1 - e_n t} = \left(\sum_{m \geq 0} e_1^m t^m\right) \cdots \left(\sum_{m \geq 0} e_n^m t^m\right),$$

2.3 モリーンの定理

この展開の t^m の係数は

$$\sum_{a_1+\cdots+a_n=m} e_1^{a_1}\cdots e_n^{a_n}.$$

一方，S_m は $\{X_1^{a_1}\cdots X_n^{a_n} \mid a_1+\cdots+a_n=m\}$ を基底にもち，

$$\sigma(X_1^{a_1}\cdots X_n^{a_n}) = e_1^{a_1}\cdots e_n^{a_n} X_1^{a_1}\cdots X_n^{a_n}$$

だから $\mathrm{Tr}(\sigma, S_m) = \sum_{a_1+\cdots+a_n=m} e_1^{a_1}\cdots e_n^{a_n}$. これでモリーンの定理が示された． ■

モリーンの定理の応用をいくつか示そう．この応用から，環論的性質と群論的性質のからみあいを見てもらいたい．なお，

$$P(S^G, t) = \frac{f(t)}{(1-t^{d_1})\dots(1-t^{d_n})} \tag{2.3.1}$$

($f(t)$ は整数係数の t の多項式) の形に書けることを注意しておこう．

命題 2.3.6. $P(S^G, t)$ を式 (2.3.1) の形に書くとき，
1. $|G| = (d_1\dots d_n)/(f(1))$
2. 特に $S^G = k[f_1,\dots,f_n]$ と代数独立な n 個の元で生成されるとき，$|G| = d_1\dots d_n$.
3. 特に $S^G \cong k[Y_1,\dots,Y_{n+r}]/(h_1,\dots,h_r)$ が完全交叉，$\deg(Y_i) = d_i$, $\deg(h_j) = e_j$ のとき，$|G| = (d_1\dots d_{n+r})/(e_1\dots e_r)$
4. $\sigma \in G$ が 1 以外の固有値を (重複をこめて) ちょうど 1 個もつとき[*9] σ を鏡映という．このとき，G の鏡映の個数は $\sum_{i=1}^n (d_i - 1) - \dfrac{2f'(1)}{f(1)}$ で与えられる．
5. $\deg(f(t)) - \sum_{i=1}^n d_i \leq -n$. 等号が成立する必要十分条件は $G \subset \boldsymbol{SL}(n,k)$ となることである．

[*9] すなわち，$\mathrm{rank}(\sigma - I) = 1$ のとき．

証明 (1) $P(S^G,t) = \dfrac{f(t)}{(1-t^{d_1})\cdots(1-t^{d_n})} = \dfrac{1}{|G|}\sum_{\sigma\in G}\dfrac{1}{\det(1-\sigma t)}$ の両辺に $(1-t)^n$ をかけて $t\to 1$ とすると，$\lim_{t\to 1}(1-t)^n/\det(1-\sigma t)$ の値は $\sigma\neq I$ に対して 0, $\sigma = I$ のとき 1 だから，

$$\frac{f(1)}{d_1\cdots d_n} = \frac{1}{|G|}$$

を得る．

(2) のとき $P(S^G,t) = \dfrac{1}{(1-t^{d_1})\cdots(1-t^{d_n})}$，(3) のとき $P(S^G,t) = \dfrac{(1-t^{e_1})\cdots(1-t^{e_r})}{(1-t^{d_1})\cdots(1-t^{d_{n+r}})}$ だから (2),(3) は (1) の特別な場合である．

(4) は $\dfrac{1}{|G|}\sum_{\sigma\in G}\dfrac{1}{\det(1-\sigma t)} = \dfrac{f(t)}{(1-t^{d_1})\cdots(1-t^{d_n})}$ の両辺の $t=1$ におけるローラン展開の $\dfrac{1}{(1-t)^{n-1}}$ の係数を比較して得られる．σ が鏡映以外のとき，$\dfrac{1}{\det(I-\sigma t)}$ のローラン展開の $\dfrac{1}{(1-t)^{n-1}}$ の係数は 0, σ が鏡映で $\det(\sigma)=e$ のとき，ローラン展開の $\dfrac{1}{(1-t)^{n-1}}$ の係数は $\dfrac{1}{1-e}$ になる．$e=-1$ のときこの値は $1/2$, $e\neq -1$ のとき，σ と σ^{-1} は異なる元で，$\dfrac{1}{1-e}+\dfrac{1}{1-e^{-1}}=1$ だから，結局 $\sum_{\sigma\in G}\dfrac{1}{\det(1-\sigma t)}$ のローラン展開の $\dfrac{1}{(1-t)^{n-1}}$ の係数は G の鏡映の個数の $1/2$ に等しい．

(5) 左辺は式 (2.3.1) の右辺の $t=\infty$ に於ける極の位数である．定理 2.3.3 の右辺の各項は $\pm t^{-n}\det(\sigma - t^{-1})$ だから各項が $t=\infty$ で位数 n の零点 (位数 $-n$ の極) になる．ゆえに不等号は明らかである．定理 2.3.3 の右辺の t^{-1} に関する展開の t^{-n} の係数は $\dfrac{1}{|G|}\sum_{\sigma\in G}\det\sigma^{-1} = \dfrac{1}{|G|}\sum_{\sigma\in G}\det\sigma$ である．この和が 0 でないことが $G\subset \boldsymbol{SL}(n,k)$ と同値であるのを見るのは容易だろう．これで証明が終わる． ∎

例 2.3.7. モリーンの定理から S^G の構造を確定することができる．一般にある多項式 $f\in S$ が G 不変であることは容易に示せる．$R'=k[f_1,\ldots,f_m]\subset S^G$ をとるとき，もし $P(R',t)$ が計算でき，$P(R',t)=$

2.3 モリーンの定理

$P(S^G, t)$ が確かめられれば,$R' = S^G$ が示せたことになる.例で見てみよう.

1. 例 2.2.2 の群から,$P(S^G, t) = \dfrac{1}{(1-t^2)(1-t^3)}$ がわかる.一方 $XY, X^3 + Y^3 \in S^G$ で,この 2 つが代数的独立であるので,2 つの環 $k[XY, X^3 + Y^3] \subset S^G$ は同じポアンカレ列をもつ.従って $S^G = k[XY, X^3 + Y^3]$ がわかる.
2. 例 2.2.7(2) の例でも,$k[X^2, XY, Y^2] \subset S^G$,両者は同じポアンカレ列 $\dfrac{1-t^4}{(1-t^2)^2}$ をもつので,$S^G = k[X^2, XY, Y^2]$ がわかる.

例 2.3.8. 有限群 G の既約表現は「指標表」に表されている.モリーンの定理を使えば,多くの場合に,すべての表現に対して,$P(S^G, t)$ を計算することが可能になる.

以下に S_4 の指標表を示すが,この表の既約指標 χ_4 を与える既約表現に対し,$P(S^G, t)$ を計算してみよう.(以下の表で第 1 行は共役類,第 2 行は共役類の元の個数を表す.)

	(1)	(12)	(123)	(12)(34)	(1234)
	1	6	8	3	6
χ_1	1	1	1	1	1
χ_2	1	-1	1	1	-1
χ_3	2	0	-1	2	0
χ_4	3	1	0	-1	-1
χ_5	3	-1	0	-1	1

まず,表現の次数は 3 で,既約表現 $\psi : S_4 \to GL(3, k)$ があることがわかる.指標の値は固有値の和であることを思い出そう.(12) は位数 2 だから,$\psi((12))$ の固有値は ± 1 のどちらかで,$\chi_4(12) = 1$ から,$\psi((12))$ の固有値は $\{1, 1, -1\}$ であることがわかる.同様に,$\psi((12)(34))$ の固有値は $\{1, -1, -1\}$ である.次に $(1234)^2 = (13)(24)$ で,$\psi((13)(24))$ の固有値が $\{1, -1, -1\}$,$\chi_4(1234) = -1$ から $\psi((1234))$ の固有値は $\{i, -i, -1\}$ で

ある．また，(123) は位数が 3 で $\chi_4(123) = 0$ から，$\psi((123))$ の固有値は $\{1, \omega, \omega^2\}$ である．これより，モリーンの定理より，$G = \psi(\boldsymbol{S}_4)$ に対して，

$$\begin{aligned}
& P(S^G, t) \\
= & \frac{1}{24}\left(\frac{1}{(1-t)^3} + \frac{6}{(1-t)(1-t^2)} + \frac{8}{1-t^3} + \frac{3}{(1+t)(1-t^2)}\right. \\
& \left. + \frac{6}{(1+t)(1+t^2)}\right) = \frac{1}{(1-t^2)(1-t^3)(1-t^4)}
\end{aligned}$$

であることがわかる．実際，$\psi((12))$ の固有値が $\{1, 1, -1\}$ であることから G は鏡映で生成され，鏡映の個数は 6 個だから命題 2.3.6(1),(4) より S^G は次数 2, 3, 4 の元で生成される多項式環である．

モリーンの定理は標数 0 の体の上でないと意味がない．しかし，標数 $p > 0$ の体の上でも，S^G は標数 0 の場合と次の意味で「同じ」ポアンカレ列をもつ．

定義 2.3.9. $G \subset \boldsymbol{GL}(n, k)$, k の標数 p が $|G|$ と互いに素なとき，群 G の表現は $\mathbb{C}$ 上の表現からくる．すなわち，$G' \cong G$, $G' \subset \boldsymbol{GL}(n, \mathbb{C})$ が存在して，G を次のように得られる．

K を G のすべての成分を含む代数体とし，R を K の整数環とする．$\mathfrak{p}$ を $R/\mathfrak{p}$ の標数が p である R の素イデアルとする．このとき，$\sigma' \in G'$ の各成分を $\mathfrak{p}$ を法として考えると $\sigma \in \boldsymbol{GL}(n, R/\mathfrak{p})$ ができ，この対応 $\sigma' \to \sigma$ により，群の準同型写像 $G \cong G' \subset \boldsymbol{GL}(n, R/\mathfrak{p})$ ができる．

命題 2.3.10. 定義 2.3.9 の状況で，$S = R/\mathfrak{p}[X_1, \ldots, X_n], S' = \mathbb{C}[X_1, \ldots, X_n]$ とおくと，$P(S^G, t) = P(S'^{G'}, t)$.

証明 各次数 d において $(S'^{G'})_d$ と $(K[X_1, \ldots, X_n]^{G'})_d$ は同じ次元 (前者は $\mathbb{C}$ 上，後者は K 上) をもつ．

R を $R[|G|^{-1}]$ で必要ならおきかえると $\rho : R[X_1, \ldots, X_n] \to R[X_1, \ldots, X_n]^{G'}$ が定義できる．$\rho : R[X_1, \ldots, X_n]_d \to R[X_1, \ldots, X_n]_d^{G'}$ は直和分解を与えるので，$R[X_1, \ldots, X_n]_d^{G'}$ は R 射影加群である．この加群にそれぞれ $\otimes_R K$, $\otimes_R R/\mathfrak{p}$ を行うとそれぞれ $(K[X_1, \ldots, X_n]^{G'})_d$, $(R/\mathfrak{p}[X_1, \ldots, X_n])_d^G$ が得られるので，両者は同じ次元をもつ． ∎

2.4 $GL(2,k)$ の有限部分群とその不変式環

正多面体が正 4, 6, 8, 12, 20 面体の 5 種類しかないことはよく知られている．また，正 6 面体の 6 つの面の中心を結ぶと正 8 面体ができ，正 12 面体の 12 の面の中心を結ぶと正 20 面体ができる．このように正 6 面体と正 8 面体，正 12 面体と正 20 面体は互いの面の中心を頂点として他ができるので，自己同型群は同じである．こうして正 4, 8, 20 面体群の 3 つの群が得られ，それぞれ A_4, S_4, A_5 と同型である[*10]．

その事実に対応して，$GL(2,k)$ の部分群が，以上の 3 つの群にアーベル群，2 面体群を加えた 5 種類に分類されることを示そう．

まず注意 2.2.11 の次の事実を思い出そう．

(2.4.1) $\sigma \in GL(n,k)$ が有限位数をもち，その位数は体 k の標数と互いに素とする．σ の固有値が k に含まれるとき，σ は対角化可能である．すなわち，$\tau \in GL(n,k)$ で $\tau^{-1}\sigma\tau$ が対角行列となるものがとれる．対角成分 $(a_1,\ldots,a_n)$ をもつ $GL(n,k)$ の対角行列を $\mathbf{diag}[a_1,\ldots,a_n]$ と書く．

記号 2.4.2. 以下有限群 $G \subset GL(2,k)$ を考える．Z を $GL(2,k)$ の中心 $Z = \{aI | a \in k^*\}$ とおく．常に G の位数と k の標数は互いに素とする．また，k は 1 の原始 $|G|$ 乗根を含むと仮定する．

$x \in G$, $x \notin Z$ に対し，G の部分群 $C(x), N(x)$ を次で定義する．

$$C(x) = \{s \in G | xs = sx\}, \ N(x) = \{t \in G | t^{-1}xt \in C(x)\}.$$

$x = \mathbf{diag}[a,b]$, $a \neq b$ のとき，$xy = yx$ となる行列 y が対角行列であるのはすぐわかる．すると，$tx \neq xt$, $t^{-1}xt \in C(x)$ のとき，$\begin{pmatrix} a & 0 \\ 0 & b \end{pmatrix}\begin{pmatrix} p & q \\ r & s \end{pmatrix} = \begin{pmatrix} p & q \\ r & s \end{pmatrix}\begin{pmatrix} c & 0 \\ 0 & d \end{pmatrix}$ という行列の計算から，$a \neq c$ または $b \neq d$ のとき $c = b, d = a, p = s = 0$ が容易に出る．これで次がわかる．

[*10] S_n, A_n はそれぞれ n 次対称群，交代群を表す．

命題 2.4.3. $x, y \in G, x, y \notin Z$ のとき,
1. $C(x) = C(y)$ または $C(x) \cap C(y) \subset Z$.
2. $[N(x) : C(x)] = 1$ または 2.

(2.4.4) $G \subset \boldsymbol{GL}(2, k)$ に対して $H = G \cap \boldsymbol{SL}(2, k)$ とおこう. すると H は G の正規部分群で, $G/H \subset \boldsymbol{GL}(2,k)/\boldsymbol{SL}(2,k) \cong k^*$ *11. k^* の有限部分群は巡回群だから, G は H ともう 1 つの元で生成される. ゆえに H の構造がわかれば, G の構造もほとんどわかることになる. この理由で $\boldsymbol{SL}(2, k)$ の有限部分群を分類しよう.

定理 2.4.5. $\boldsymbol{SL}(2, k)$ の有限部分群で k において $|G| \neq 0$ であるものは次のいずれかの群と共役である. 但し, e_n, ϵ, η はそれぞれ 1 の原始 $n, 8, 5$ 乗根を表し, $G = <a, b, c>$ で, a, b, c で生成される $\boldsymbol{GL}(2,k)$ の部分群を表す.

1. 巡回群: $(\boldsymbol{C}_n) = \langle diag[e_n, e_n^{-1}] \rangle$.
2. 「拡大 2 面体群」: $(\boldsymbol{D}_n) = \left\langle \begin{pmatrix} e_{2n} & 0 \\ 0 & e_{2n}^{-1} \end{pmatrix}, b = \begin{pmatrix} 0 & i \\ i & 0 \end{pmatrix} \right\rangle$.
3. 「拡大 4 面体群」: $(\boldsymbol{T}) = \left\langle a = \begin{pmatrix} i & 0 \\ 0 & -i \end{pmatrix}, \ b, \ c = \frac{1}{\sqrt{2}} \begin{pmatrix} \epsilon^7 & \epsilon^7 \\ \epsilon^5 & \epsilon \end{pmatrix} \right\rangle$.
4. 「拡大 8 面体群」: $(\boldsymbol{O}) = \left\langle a' = \begin{pmatrix} \epsilon & 0 \\ 0 & \epsilon^{-1} \end{pmatrix}, \ b, \ c \right\rangle$.
5. 「拡大 20 面体群」:
$(\boldsymbol{I}) = \left\langle -\begin{pmatrix} \eta^3 & 0 \\ 0 & \eta^2 \end{pmatrix}, \begin{pmatrix} 0 & 1 \\ -1 & 0 \end{pmatrix}, \frac{1}{\eta^2 - \eta^3}\begin{pmatrix} \eta + \eta^{-1} & 1 \\ 1 & -(\eta + \eta^{-1}) \end{pmatrix} \right\rangle$.

証明 まず, G がアーベル群のときは G は k^* の部分群と同型だから, 巡回群になり, $(\boldsymbol{C}_n)$ になる. 以下ではアーベル群でないときを考える. なお $\boldsymbol{SL}(2, k)$ の位数 2 の元は $-I$ のみなので, $|G|$ が偶数 $\iff -I \in G$ である. また, G の中心 Z_G は (3.3) により Z に含まれるので, $|G|$ が偶数 $\iff |Z_G| = 2$ もいえる.

---

*11 k^* は k の 0 以外の元のなす乗法群を表す.

2.4 $GL(2, k)$ の有限部分群とその不変式環 **151**

Step 1. $C(x)$ $(x \in G \setminus Z)$ の形の部分群と共役な部分群をすべて考えよう.

(A) $N(x) = C(x)$ のとき, $C(x)$ と共役な部分群は $[G : N(x)] = [G : C(x)]$ 個,

(B) $[N(x) : C(x)] = 2$ のとき $C(x)$ と共役な部分群は $[G : N(x)] = [G : C(x)]/2$ 個である. $C(x)$ と $C(x')$ が共役のとき, $C(x) \cap C(x') \subset Z$ だから共役な $C(x)$ の合併集合から Z_G を除いた集合の元の個数を数えると, (A) の場合 $|C(x) \setminus Z_G|[G : C(x)]$ 個, (B) の場合 $|C(x) \setminus Z_G|[G : C(x)]/2$ 個である. 従って, 場合 (A) の互いに共役でない $C(x)$ を $C(x_1), \ldots, C(x_r)$, 場合 (B) の互いに共役でない $C(x)$ を $C(y_1), \ldots, C(y_s)$ とおくと,

$$|G \setminus Z_G| = \sum_{i=1}^{r} |C(x_i) \setminus Z_G|[G : C(x_i)] + \sum_{j=1}^{s} \frac{1}{2} |C(y_j) \setminus Z_G|[G : C(y_j)].$$

$[G : Z_G] = g, [C(x_i) : Z_G] = h_i, [C(y_j) : Z_G] = l_j$ とおくと, h_i, l_j は g の真の約数で 1 ではない. $|C(x_i) \setminus Z_G|[G : C(x_i)] = (h_i - 1)\dfrac{g}{h_i}|Z_G|$ だから, 上式の両辺を g でわると,

$$1 - \frac{1}{g} = \sum_{i=1}^{r}\left(1 - \frac{1}{h_i}\right) + \frac{1}{2}\sum_{j=1}^{s}\left(1 - \frac{1}{l_j}\right) \tag{2.4.1}$$

が得られる.

Step 2. $r \leq 1$. $r = 1$ のとき $s = 1$ で G は $\boldsymbol{D}_n$ と共役か, または $G/Z_G \cong \boldsymbol{A}_4$.

証明 $1 - \dfrac{1}{h_i} \geq 1/2$ だから $r \leq 1$ で, $r = 1$ とすると, 式 (2.4.1) から $\frac{1}{h} - \frac{1}{g} = \frac{1}{2}\sum_{j=1}^{s}(1 - \frac{1}{l_j})$ となる. 左辺は $1/2$ より小さいから $s = 1$. $\frac{1}{h} - \frac{1}{g} = \frac{1}{2}(1 - \frac{1}{l})$ とすると次の 2 つのいずれかとなる.

1. $h = 2, g = 2l$. このとき $[G : C(y)] = 2$ なので, G は巡回部分群を指数 2 でもち, $\boldsymbol{D}_n$ と共役である. このとき $G \setminus C(y)$ の元は対角成分が 0, 行列式が 1 なので位数 4 となる. よって G の位数は 4 の倍数で, $-I \in G$.

2. $h = 3, l = 2, g = 12$. 上に述べた理由より, $-I \in G$ で $G \cap Z$ は位数 2 である. $h = 3$ より, $C(x)/Z_G$ は G/Z_G の 3 シロー群で, 3 シロー群が $g/h = 4$ 個あることから, $G/Z_G \cong \boldsymbol{A}_4$ がわかる. G は $(\boldsymbol{T})$ と共役である.

Step 3. $r = 0$ のとき, $1 > 1 - \frac{1}{g} = \frac{1}{2}\sum_{j=1}^{s}(1 - \frac{1}{l_j})$, $\frac{1}{2} > \frac{1}{2}(1 - \frac{1}{l_j}) \geq \frac{1}{4}$ だから $s = 3$. $l_1 \leq l_2 \leq l_3$ としよう. l_i がすべて 3 以上だと式 (2.4.1) の右辺が 1 以上になってしまうので, $l_1 = 2$ である. もし $l_2 = 2$ となると, $g = 2l_3$ となり, $[G : C(y_3)] = 2$ となる. $l_2 > 2$ のとき $l_2 \geq 4$ とすると $\frac{1}{2}\sum_{j=1}^{s}(1 - \frac{1}{l_j}) \geq 1$ となるので矛盾. ゆえに $l_2 = 3$, $3 \leq l_3 \leq 5$ となる.

$(l_1, l_2, l_3) = (2, 3, 3)$ とすると, $g = 12$ となるが, $G/(G \cap Z)$ の 3 シロー群が 8 個あることになり, シローの定理に反する.

$(l_1, l_2, l_3) = (2, 3, 4)$ とすると, $g = 24$, $G/(G \cap Z)$ の 2 シロー群, 3 シロー群が共に正規でないので, $G/(G \cap Z) \cong \boldsymbol{S}_4$ となる. (G は $\boldsymbol{O}$ と共役.)

$(l_1, l_2, l_3) = (2, 3, 5)$ とすると, $g = 60$, $G/(G \cap Z)$ は位数 2, 3, 5 の元をそれぞれ 15, 20, 24 個もつ. $G/(G \cap Z)$ の 2 シロー群の個数は 5 個または 15 個だとわかるが, もし 15 個とすると, 2 つの 2 シロー群が単位元以外の共通部分をもつ. その共通部分の位数 2 の元を y とすると, y の $G/(G \cap Z)$ の中での中心化部分群の位数は 4 より大きい. $l_1 = 2$ だから y と共役な元が 15 個あるはずなので矛盾が生ずる. 従って $G/(G \cap Z)$ の 2 シロー群の個数は 5 個だが, $G/(G \cap Z)$ は共役の作用により 5 個のシロー群に作用する. ゆえに $G/(G \cap Z) \cong \boldsymbol{A}_5$ がわかる. (G は $\boldsymbol{I}$ と共役.) ∎

(2.4.6) $\boldsymbol{GL}(2, k)$ の元は「一次変換」で「射影直線」$\mathbb{P}^1(k) := k \cup \infty$ に作用する. すなわち, $\begin{pmatrix} a & b \\ c & d \end{pmatrix} x = \dfrac{ax + b}{cx + d}$. Z の元は自明な作用になるので, 結局 G/Z_G が $\mathbb{P}^1(k)$ に作用する. $k = \mathbb{C}$ のとき, $\mathbb{P}^1(\mathbb{C})$ を立体射影により $\mathbb{R}^3$ の中の原点を中心とする半径 1 の球面に対応させる. 即ち, 球面上の点 (x_1, x_2, x_3) に複素数 $z = \dfrac{x_1 + ix_2}{1 - x_3}$ (但し $(0, 0, 1)$ には ∞) を対応させる. このとき 2 つの複素数 z, z' に対応する球面上の 2 点の距離は

2.4 $GL(2,k)$ の有限部分群とその不変式環

$d(z,z') = \dfrac{2|z-z'|}{\sqrt{(1+|z|^2)(1+|z'|^2)}}$ で与えられるので, $\sigma \in \boldsymbol{SU}(2,\mathbb{C})$ はこの距離を保つ. ゆえに, 上記で与えられた G の $\mathbb{P}^1(\mathbb{C})$ への作用の軌跡として正多面体が現れる.

$\boldsymbol{O}$ を例に説明しよう. $\boldsymbol{O}$ の生成元 a',b,c は

$$a'(x) = ix, \quad b(x) = \frac{1}{x}, \quad c(x) = \frac{ix+i}{x-1}$$

という一次変換を定める. a' の固定点 0 または ∞ の $\boldsymbol{O}$ による軌跡を求めると,

$\{0,1,i,-1,-i,\infty\}$ の 6 点が得られる. この 6 点が正 8 面体の頂点になっている.

(2.4.7) $\boldsymbol{SL}(2,k)$ の有限部分群の不変式環. $\boldsymbol{SL}(2,k)$ の上記の 5 つのタイプの有限部分群の不変式環は,「有理 2 重点」とよばれる 2 次元の特異点の大変重要なクラスになっている. これらの不変式環を求めよう.

まず, $G=(\boldsymbol{C}_n)$ のとき, $S^G = k[X^n, XY, Y^n]$ となる. この不変式環の 3 つの生成元を f,g,h とおくと, $g^n = fh$ という関係式を満たす.

次に $G = (\boldsymbol{D}_n)$ のとき, まず位数 $2n$ の巡回群の不変式は $k[X^{2n}, XY, Y^{2n}]$ である. この不変式環に対する b の作用は $n=2m$ が偶数のとき, $b(X^{2n}) = Y^{2n}, b(Y^{2n}) = X^{2n}, b(XY) = -XY$ がわかる. ゆえに $X^{2n} + Y^{2n}$ が不変式, $b(X^{2n} - Y^{2n}) = -(X^{2n} - Y^{2n})$ であるから, $S^G = k[X^{2n}+Y^{2n}, (XY)^2, XY(X^{2n}-Y^{2n})]$ がわかる. この 3 つの生成元を f,g,h とすると, $h^2 = g(f^2 - g^n)$ という関係式をもつ.

残りの 3 つの群の不変式は, 幾何的な現象から説明できる. まず, モリーンの定理から, $P(S^G, t)$ が計算できる. それぞれ,

$$P(S^G, t) = \frac{(1-t^{24})}{(1-t^6)(1-t^8)(1-t^{12})}, \frac{(1-t^{36})}{(1-t^8)(1-t^{12})(1-t^{18})},$$

$$\frac{(1-t^{60})}{(1-t^{12})(1-t^{20})(1-t^{30})}$$

がわかる. $G=(\boldsymbol{T})$. 定理 2.4.5 で見た 6 点 $\{0,1,i,-1,-1,\infty\}$ は G の軌跡にもなっている. ということは, この 6 点に対応する 6 次式 $f=$

$XY(X^4 - Y^4)$ は G の作用で定数倍しか変わらない．実際，計算すると，f は不変式だとわかる．同様に考えて，8 次，12 次の不変式 g, h が得られる[*12]．関係式を求めると，$h^2 = f^4 + g^3$ が得られる．同様に，$G = (\boldsymbol{O})$ のとき，$G = (\boldsymbol{T})$ の f, g, h を用いて，$S^G = k[g, f^2, fg]$ がわかる．

$G = (\boldsymbol{I})$ のとき，G の位数 5 の元の固定点 $P \in \mathbb{P}^1$ をとり，P の G による軌跡 (12 点からなり，正 20 面体の頂点の集合となる) を計算すると，不変式 $f = XY(X^{10} + 11X^5Y^5 - Y^{10})$ を得る，f のヘシアンを g (20 次式)，f と g のヤコビアンを h (30 次式) とすると，$S^G = k[f, g, h]$ となる．適当な定数倍にとりかえると，関係式 $f^5 + g^3 + h^2 = 0$ を得る．

2.5　鏡映群の不変式環

不変式環 S^G がいつ「良い環」か？というのは自然な問いである．一番「良い」環は多項式環，すなわち n 個の代数的独立な元で生成される環だが，そのための G の条件は完全に決定される．この定理は有限群の不変式論において最も美しく，基本的な定理である．

(2.5.1) $\sigma \in \boldsymbol{GL}(n, k)$, rank $(\sigma - I) = 1$ のとき，すなわち，σ が 1 以外の固有値をちょうど 1 個もつとき，**鏡映**であるという[*13]．G が鏡映で生成されるとき G を「鏡映群」という．「鏡映である」という性質は共役をとっても不変な性質なので，一般の G に対して，G の鏡映の集合で生成される部分群は正規部分群になる．

定理 2.5.2 (Shephard–Todd, Chevally の定理)． $G \subset \boldsymbol{GL}(n, k)$ が有限群で，$|G| \neq 0 \in k$ のとき，次の性質は同値である．

(a) S^G は多項式環である．
(b) S は S^G 加群として，自由加群である．
(c) G は鏡映群である．

[*12] 12 次の不変式 h は f と g のヤコビアンにもなっている．
[*13] この場合に準鏡映 (pseudo-reflection) といい，「鏡映」は位数 2 の元に限る流儀もあるが，本書では簡単のために，固有値が実数でない場合も「鏡映」ということにする．

2.5 鏡映群の不変式環

証明 (c) $\Longrightarrow$ (b) S_+^G を S^G の正の次数の同次元で生成されたイデアル, I を S_+^G で生成された S のイデアルとする. S/I は $S^G/S_+^G \cong k$ 上のヴェクトル空間だが, S の同次式 $f_1, \ldots, f_N$ を S/I での像が基底になるものとする. この $f_1, \ldots, f_N$ が S の S^G 上の自由基底になることを示そう.

まず, S は有限生成 S^G 加群で,

$$S = (f_1, \ldots, f_N)S^G + S_+^G S$$

なので,「中山の補題」より $S = (f_1, \ldots, f_N)S^G$, すなわち, S は S^G 加群として $f_1, \ldots, f_N$ で生成される.(この部分は鏡映群でなくても成立する.)

次に $f_1, \ldots, f_N$ が S^G 上自明でない一次関係式をもたないことを示そう. そのためにまず次を示す.

(2.5.3) $g_1, \ldots, g_r$ が S の同次式,

$$\sum_{i=1}^r a_i g_i = 0 \quad (a_i \in S^G), a_1 \notin (a_2, \ldots, a_N)S^G \tag{$*$}$$

のとき, $g_1 \in I$.

証明 まず $\deg g_1 = 0$ とすると, (*) の両辺に ρ を作用させると, $a_1 = -(1/g_1)\sum_{i=2}^r a_i \rho(g_i) \in (a_2, \ldots, a_N)S^G$ となり仮定に反する.

$\deg g_1$ に関する帰納法で考える. $\sigma \in G$ を鏡映とする. 鏡映は変数の一次変換を行えば, $\sigma(X_1) = \epsilon X_1, \sigma(X_i) = X_i \ (i \geq 2)$ という作用になるから, ある一次式 l が存在して, $\sigma(f) - f = lh \ (\forall f \in S)$ となる. (*) の両辺に σ を作用させたものから (*) を引くと,

$$l. \sum_{i=1}^r a_i h_i = 0 \quad (lh_i = \sigma(g_i) - g_i) \tag{2.5.1}$$

という等式を得る. $\deg(h_1) = \deg(g_1) - 1$ だから, 帰納法の仮定により $h_1 \in I$ である. ゆえに $\sigma(g_1) - g_1 = lh_1 \in I$. これが任意の鏡映に対して成り立ち, G は鏡映群で I は G 不変だから $\sigma(g_1) - g_1 \in I \ \forall \sigma \in G$ である. 従って $g_1 - \rho(g_1) \in I, \rho(g_1) \in I$ だから $g_1 \in I$ も得られる. ((2.5.3) の証明終)

さて，$f_1,\ldots,f_N$ が S^G 上自明でない一次関係式

$$\sum_{i=1}^{N} a_i f_i = 0 \quad (a_i \in S^G) \tag{2.5.2}$$

をもったとする．ここで各 a_i は同次式だとしてよい．式 (2.5.1) の $a_i \neq 0$ である i の個数 k に関する帰納法で $a_i = 0$ を示そう．$k = 1$ の場合は $f_i a_i = 0$ より $a_i = 0$ である．$\sum_{i=1}^{k} a_i f_i = 0$ とすると，(2.5.3) より $a_1 \in (a_2,\ldots,a_k)S^G$ が言えている．$a_1 = \sum_{i=2}^{k} a_i h_i$ $(h_i \in S^G)$ とおいて式 (2.5.1) に代入すると，$\sum_{i=2}^{k} a_i(h_i f_1 + f_i) = 0$ を得る．帰納法の仮定より，$f_2,\ldots,f_k$ は S^G 上一次独立なので，$f_2 + h_2 f_1,\ldots,f_k + h_k f_1$ も S^G 上一次独立で $a_2 = \ldots = a_k = 0$ を得る．

(b) $\Longrightarrow$ (a) は付録 (定理 A.7) を参照．(a) $\Longrightarrow$ (c) これは 2.7 節で示そう．なお，この部分では「$|G| \neq 0 \in k$」という仮定は不要である． ∎

注意 2.5.4. (4.2) で，$n = 2, p > 3$ のときも「$|G| \neq 0 \in k$」という仮定は不要である ([Nak1] 参照)．$n > 2$ のときは，この仮定は大変重要で，これを仮定しないと多くの反例が存在する．

(2.5.5) G が鏡映群，$f_1,\ldots,f_n$ が S^G を生成するとき，これらは S 正則列をなすので，$\deg(f_i) = d_i$ とおくと，

$$P(S/I, t) = \frac{(1-t^{d_1})\ldots(1-t^{d_n})}{(1-t)^n}$$

となるが，このポアンカレ級数は G がコクセター群のとき，G のポアンカレ級数

$$P(G, t) = \sum_{w \in G} t^{l(w)}$$

と一致する．詳しくは第 3 章参照．

2.6　3 次元の線型群

この節では $\boldsymbol{GL}(3, \mathbb{C})$ の有限部分群の分類をする．$\boldsymbol{GL}(3, \mathbb{C})$ の有限部分群は Blichfeldt [Bl] によって分類されているが，彼の証明は時代が古いた

2.6　3 次元の線型群

め，現代から見るとそのままでは理解できない．それで現代流の解説を試みる[*14].

まず一般の線型群について少し準備をしよう．

この節では G は $\boldsymbol{GL}(n,k)$ の部分群とするが，「k において $|G| \neq 0$」は常に仮定する．

定義 2.6.1. $G \subset \boldsymbol{GL}(V)$ のとき，V が真の G 不変部分空間をもつとき，G は**可約**，そうでないとき，G は**既約**という．

G が既約のとき，V の直和分解 $V = W_1 \oplus W_2 \oplus \cdots \oplus W_r$ で任意の $\sigma \in G$，任意の W_i に対して $\sigma(W_i) = W_j$ ($\exists W_j$) となるものが存在するとき G が**非原始的**，そのような分解が存在しないとき G が**原始的**であるという．G が既約で非原始的のとき G の $\{W_i\}_{i=1}^r$ への作用は可移的だから，$\dim W_i = \dim W_j$ ($\forall i, j$) で，W_i の次元は n の約数である．ゆえに $n = 3$ のとき[*15]，G が非原始的であるとすると $\dim W_i = 1$ だから，V の座標を各 W_i からとることによって $\sigma \in G$ は各行各列に 0 でない成分が 1 つずつの行列で表せる．このような表現を**単項表現**という．ゆえに $G \subset \boldsymbol{GL}(3, k)$ が既約のとき，G は原始的であるか単項表現であるかいずれかである．

補題 2.6.2. $G \subset \boldsymbol{GL}(V)$ が中心に含まれないアーベル群 H を正規部分群にもつとき，G は可約か，または非原始的である．

証明　H はアーベル群だから一斉に対角化できる．$\alpha = \boldsymbol{diag}[a_1, \ldots, a_n] \in H, \sigma = (s_{ij}) \in G$ とすると，$\sigma^{-1} \alpha \sigma = \beta \in H$ も対角行列である．$\beta = \boldsymbol{diag}[b_1, \ldots, b_n]$ と書き，$\alpha\sigma = \sigma\beta$ の両辺を比較すると，$a_i \neq b_j$ のとき $s_{ij} = 0$ がわかる．ゆえに $\{1, \ldots, n\}$ を $\forall \alpha \in H, a_i = a_j$ となる条件で行列をブロックに分けると，対応する単位ヴェクトルで生成される部分空間による直和分解で G が非原始的になる．　∎

[*14] この章に関して [Sh] を参考にしました．筬田健一さんとこの文献を教えて頂いた庄司俊明さんに感謝します．

[*15] 一般に n が素数のとき．

命題 2.6.3. $G \subset \boldsymbol{GL}(V)$ が p 群[*16]のとき，G は単項表現と同値である．

証明 まず，G が可約のとき，V の任意の既約部分空間について証明できれば十分だから，G は既約としてよい．G の中心 Z は自明でない．$\sigma \in G, \sigma \notin Z$ が G/Z で中心の元になるとき，Z と σ で生成される部分群 H は G の正規部分群で，アーベル群である．ゆえに G は補題 2.6.2 により非原始的である．直和分解 $V = W_1 \oplus W_2 \oplus \cdots \oplus W_r$ において，各 W_i を不変にする G の部分群も p 群だから，同じ議論ができ，G は単項表現をもつ． ∎

系 2.6.4. $G \subset \boldsymbol{GL}(n,k)$，$G$ が p 群で $p > n$ なら G はアーベル群である．

証明 σ が位数有限で対角行列でない単項行列のとき σ の位数はある $i, 1 < i \leqq n$ の倍数である．ゆえに p に関する仮定より G は対角化される．

主定理の証明に入る前に 1 のベキ根に関する性質を準備しておく．

命題 2.6.5. $m = p^e$ を素数のベキ，n を m の倍数とし，α, ζ をそれぞれ 1 の原始 m, n 乗根とする．このとき

1. $B := \mathbb{Z}[\zeta]$ は $A := \mathbb{Z}[\alpha]$ 上の自由加群である．
2. A 加群の射 $\phi: B \to A$ で A 上では恒等写像であるもので，$\forall i, \phi(\zeta^i) = \pm \alpha^j (\exists j)$ または $= 0$ であるものが存在する．
3. 更に，$\psi = \phi \otimes_A A/(\alpha-1)A : B/(\alpha-1)B \to A/(\alpha-1)A \cong \mathbb{F}_p$ とおくとき，任意の i に対して $\psi(\zeta^i) = \pm 1$ または 0 で，与えられた ζ^i が 1 の m 乗根でないとき，ϕ は $\psi(\zeta^i) = 0$ にとれる．

この命題の証明はこの節の最後に回して，分類に進もう．次の定理が $G \subset \boldsymbol{GL}(3, \mathbb{C})$ の分類において最も基本的である．

定理 2.6.6. 有限部分群 $G \subset \boldsymbol{GL}(3, \mathbb{C})$ が原始的であるとき $G/Z(G)$ の位数は $p > 7$ である素因子をもたない[*17]．

[*16] p は素数で G の位数が p のベキである群を p 群という．
[*17] $Z(G)$ は G の中心．

2.6 3次元の線型群

証明 (1) $G \subset \boldsymbol{SL}(3,\mathbb{C})$ と仮定して示せば十分である．G が $Z(G)$ 以外に位数 $p > 7$ の元をもつとき，G が p 群を正規部分群としてもつことを示す．このとき，系 2.6.4 より，この p 部分群はアーベル群だから，補題 2.6.2 により G は原始的でない．

さて，$\sigma, \tau \neq \sigma^{-1} \in G$ がどちらも中心の元でない位数 p の元とする．このとき $\sigma\tau$ の位数が p であることを示せば，位数 p の元で生成される部分群 H が正規部分群になる．また，この部分群の元の位数が p (または 1) だから H は p 群になる．

(2) $\sigma = \boldsymbol{diag}[\alpha_1, \alpha_2, \alpha_3], \tau = \begin{pmatrix} a & b & c \\ d & e & f \\ g & h & j \end{pmatrix}$ とおく．また，行列 A に対して，$\chi(A) = \operatorname{Tr}(A)$ とおく．まず $\alpha_1, \alpha_2, \alpha_3$ が異なる場合を解説する．$\alpha_1 = \alpha_2$ の場合は (5) で扱う．

$2 < n < p$ なる n に対して，

$$\begin{array}{rcccccc}
\chi(\tau) & = & a & + & e & + & j \\
\chi(\sigma\tau) & = & \alpha_1 a & + & \alpha_2 e & + & \alpha_3 j \\
\chi(\sigma^2 \tau) & = & \alpha_1^2 a & + & \alpha_2^2 e & + & \alpha_3^2 j \\
\chi(\sigma^n \tau) & = & \alpha_1^n a & + & \alpha_2^n e & + & \alpha_3^n j
\end{array}$$

より，

$$\begin{vmatrix} \chi(\tau) & 1 & 1 & 1 \\ \chi(\sigma\tau) & \alpha_1 & \alpha_2 & \alpha_3 \\ \chi(\sigma^2\tau) & \alpha_1^2 & \alpha_2^2 & \alpha_3^2 \\ \chi(\sigma^n\tau) & \alpha_1^n & \alpha_2^n & \alpha_3^n \end{vmatrix} = 0 \qquad (2.6.1)$$

を得る．ここに $\chi(\tau), \ldots, \chi(\sigma^n\tau)$ はそれぞれ 3 つの 1 のベキ根の和である．式 (2.6.1) を第 1 列に関して展開し，小行列式を $\begin{vmatrix} 1 & 1 & 1 \\ \alpha_1 & \alpha_2 & \alpha_3 \\ \alpha_1^2 & \alpha_2^2 & \alpha_3^2 \end{vmatrix} =$ $(\alpha_1 - \alpha_2)(\alpha_1 - \alpha_3)(\alpha_2 - \alpha_3)$ で割った式を考える．

$$\chi(\tau)\frac{\begin{vmatrix} \alpha_1 & \alpha_2 & \alpha_3 \\ \alpha_1^2 & \alpha_2^2 & \alpha_3^2 \\ \alpha_1^n & \alpha_2^n & \alpha_3^n \end{vmatrix}}{\begin{vmatrix} 1 & 1 & 1 \\ \alpha_1 & \alpha_2 & \alpha_3 \\ \alpha_1^2 & \alpha_2^2 & \alpha_3^2 \end{vmatrix}} - \chi(\sigma\tau)\frac{\begin{vmatrix} 1 & 1 & 1 \\ \alpha_1^2 & \alpha_2^2 & \alpha_3^2 \\ \alpha_1^n & \alpha_2^n & \alpha_3^n \end{vmatrix}}{\begin{vmatrix} 1 & 1 & 1 \\ \alpha_1 & \alpha_2 & \alpha_3 \\ \alpha_1^2 & \alpha_2^2 & \alpha_3^2 \end{vmatrix}} + \chi(\sigma^2\tau)\frac{\begin{vmatrix} 1 & 1 & 1 \\ \alpha_1 & \alpha_2 & \alpha_3 \\ \alpha_1^n & \alpha_2^n & \alpha_3^n \end{vmatrix}}{\begin{vmatrix} 1 & 1 & 1 \\ \alpha_1 & \alpha_2 & \alpha_3 \\ \alpha_1^2 & \alpha_2^2 & \alpha_3^2 \end{vmatrix}}$$
$$-\chi(\sigma^n\tau) = 0 \qquad (2.6.2)$$

(3) ここで $\chi(\tau), \chi(\sigma\tau), \chi(\sigma^2\tau)$ の係数はそれぞれ $\frac{(n-1)(n-2)}{2}, n(n-2), \frac{n(n-1)}{2}$ 個の 1 の p 乗根 $\alpha_1, \alpha_2, \alpha_3$ の単項式の符号付きの和である. 一方, $\chi(\tau)$ は 3 個の 1 の p 乗根の和, $\chi(\sigma\tau), \chi(\sigma^2\tau)$ は 3 個の 1 のベキ根の和である.

(4) さて, 命題 2.6.5 (3) の写像 ψ を考える. $\alpha = 1$ としたわけだから, 1 の p 乗根は ψ ではすべて 1 に写像されていることに注意しよう. また, $\psi(\zeta^i) = \pm 1$ または 0 であることに注意しよう. 式 (2.6.2) の両辺に ψ を作用させると,

$$\psi(\chi(\sigma^n\tau)) = \frac{(n-1)(n-2)}{2}\psi(\chi(\tau)) - n(n-2)\psi(\chi(\sigma\tau)) + \frac{n(n-1)}{2}\psi(\chi(\sigma^2\tau)) \qquad (2.6.3)$$

となる. これは $\mathbb{F}_p$ での等式である. 係数を整理すると, ある $a, b, c \in \mathbb{F}_p$ に対して,

$$\psi(\chi(\sigma^n\tau)) = an^2 + bn + c \qquad (2.6.4)$$

となる. ここで $\chi(\sigma^n\tau)$ は 3 つの 1 のベキ根の和だから, $\psi(\chi(\sigma^n\tau))$ はどの n に対しても $0, \pm 1, \pm 2, \pm 3$ の高々 7 つの値しかとらない. 一方, 右辺は $an^2 + bn + c$ が同じである n の値は高々 2 つで, n は p 個の値をとるから, $a \neq 0$ とすると $p \leq 2 \times 7 = 14$, $a = 0, b \neq 0$ とすると $p \leq 7$ となる.

更に $p = 11, 13$ のときも, $a \neq 0$ のとき, n にすべての $\mathbb{F}_p$ の値を代入したとき $an^2 + bn + c$ の値域は a が平方剰余, 非剰余に応じて, $\mathbb{F}_p$ の平方剰余, 非剰余の集合をにある定数を加えた集合なので, この値域は集合 $\{0, \pm 1, \pm 2, \pm 3\}$ には含まれない.

ゆえに $a = b = 0$ である. τ は位数 p だから, $\psi(\chi(\tau))) = 3$ でこれより $\psi(\chi(\sigma\tau))) = 3$ を得る. ゆえに命題 2.6.5(3) より $\sigma\tau$ の 3 個の固有値は 1 の

2.6 3次元の線型群

p 乗根で，$\sigma\tau$ も位数が p である．従って，位数が p の元と単位元で正規部分群をなし，補題 2.6.2 より G は可約かまたは非原始的である．

(5) 以上では $\alpha_1, \alpha_2, \alpha_3$ が異なる場合を扱ったが，$\alpha_1 = \alpha_2$ の場合はもっと簡単である．($G \subset \boldsymbol{SL}(3, \mathbb{C})$ で，σ は位数が $p > 3$ だから $\alpha_1 = \alpha_2 = \alpha_3$ ではない．)

$\alpha = \alpha_1 = \alpha_2, \beta = \alpha_3$ とおくと (5.6.1) と同様に，$2 \leq n < p$ に対して

$$\begin{vmatrix} \chi(\tau) & 1 & 1 \\ \chi(\sigma\tau) & \alpha & \beta \\ \chi(\sigma^n\tau) & \alpha^n & \beta^n \end{vmatrix} = 0 \qquad (2.6.5)$$

を得る．式 (2.6.2) と同様に $\psi(\chi(\sigma^n\tau)) = n\psi(\chi(\sigma\tau)) - 3(n-1)$ においてやはり左辺の値域は集合 $\{0, \pm 1, \pm 2, \pm 3\}$ に含まれるので，$p > 7$ とすると $\psi(\chi(\sigma\tau)) = 3$．命題 2.6.5 (3) より $\sigma\tau$ の位数は p でなければならない．(証明終) ∎

注意 全く同様の証明を $\boldsymbol{SL}(n, \mathbb{C})$ の原始的有限部分群 G に対して行うと，$|G|$ の素因数 p に対して $2n + 1 \geq p/(n-1)$，すなわち $p \leq (n-1)(2n+1)$ を得る．上記の $p = 11, 13$ で見たように，この上限は少し詳しく観察するとかなり小さくできる．Blichfeldt は $n = 4, 5, 6$ の場合 p の上限はそれぞれ $11, 13, 19$ であると言っている．

$\boldsymbol{SL}(3, \mathbb{C})$ の原始的有限部分群の位数は次のように制限されていく．以下において G は $\boldsymbol{SL}(3, \mathbb{C})$ の原始的有限部分群とする．

定理 2.6.7. p が素数，$\sigma \in G$ が次のいずれかの条件をみたすとする．

1. $p > 3$, σ の位数が p^2．
2. $p = 3$, σ の位数が 9 で $\sigma^3 = \boldsymbol{diag}[\omega, \omega^{-1}, 1]$ (ω は 1 の原始 3 乗根).

このとき G は σ^p を含む正規部分群 H_p で p 群であるものをもつ．

従って，$p > 3$ のとき，G は原始的でない．

証明 (1) まず σ の位数が $p^2, p > 3$ で，3つの異なる固有値をもつと仮定する．$\tau \neq \sigma^p \in G$ が位数 p とし，$n = p$ に対して (2.6.2) 式を考える．次に命

題 2.6.5 は α を 1 の p^2 乗根, $A = \mathbb{Z}[\alpha]$ として使う. このとき $n = p$ より, (2.6.3) 式は $\psi(\chi(\sigma^p \tau)) = \psi(\chi(\tau)) = 3$ となる. ゆえに命題 2.6.5 (3) より, $\sigma^p \tau$ の固有値はすべて 1 の p^2 乗根. すなわち, $\sigma^p \tau$ の位数は p または p^2 である. 更に, σ^p と共役な任意の元 β に対しても仮定が成立するので, $\beta \tau$ の位数も p または p^2 である. ゆえに σ^p と共役な元全体の生成する部分群 H_p の単位元以外のすべての元の位数が p のベキなので H_p は p 群になり, H_p は定義により正規部分群なので系 2.6.4, 補題 2.6.2 から G は原始的でない.

(2) の場合は ϵ を 1 の原始 9 乗根, $\epsilon^3 = \omega$ として, $\sigma = \boldsymbol{diag}[\epsilon, \epsilon^{-1}, 1]$ または $\sigma = \boldsymbol{diag}[\omega\epsilon, \epsilon^2, \omega]$ としてよいので後述の定理 2.6.8 から従う. ■

定理 2.6.8. $G \subset \boldsymbol{SL}(n, \mathbb{C})$ が有限部分群, $\sigma \in G$ がスカラー行列でなく, かつ σ の固有値の集合が単位円 $|z| = 1$ においてある σ の固有値 α に対し, α の両側 $60°$ ずつの範囲に含まれるとする. このとき G は可約かまたは非原始的である.

証明 (1.14) により, $G \subset \boldsymbol{U}(n, \mathbb{C})$ としてよい. $\sigma = \boldsymbol{diag}[\alpha_1, \alpha_2, \ldots, \alpha_n]$, $\alpha_1 = \alpha$ とする. このとき, 任意の $\tau \in G$ に対して $\tau^{-1}\sigma\tau$ の第 1 行が $(\alpha_1, 0, \ldots, 0)$ であることを示す. これがいえれば, σ と共役な元全体で生成される部分群 H は G の正規部分群で, 1 次元の不変部分空間をもつ. 一般に $H \triangleleft G$ で W が H 不変な部分空間のとき $\forall \sigma \in G, H(\sigma(W)) = \sigma(H(W)) = \sigma(W)$ だから $\sigma(W)$ も H 不変である. さて, H 不変な $\mathbb{C}^n$ の既約部分空間がすべて 1 次元なら H はアーベル群であり, G は補題 2.6.2 により非原始的である. H が 2 次元以上の既約不変部分空間をもつとき, $W \subset \mathbb{C}^n$ を $\mathbb{C}^n$ の H 不変 1 次元部分空間の和とすると W は G 不変となり, G は可約である.

$\tau^{-1}\sigma\tau$ の第 1 行を $(b_1, b_2, \ldots, b_n)$ とおく. $G \subset \boldsymbol{U}(n, \mathbb{C})$ と仮定したから, $|b_1| \leq 1$ で, われわれの主張は $|b_1| = 1$ と同値である. さて, $\tau \in G$ の中で $\tau^{-1}\sigma\tau$ の $(1,1)$ 成分 b_1 に対し $|b_1| < 1$ で存在したと仮定し, その中で絶対値が最大となるものを改めて τ とおき, $U = \tau^{-1}\sigma\tau$ と書く.

さて, σU^{-1} の第 1 列は ${}^t(\alpha_1 \bar{b_1}, \ldots, \alpha_n \bar{b_n})$ だから, $U\sigma U^{-1}$ の $(1,1)$ 成

2.6 3次元の線型群

分は
$$c_1 := \alpha_1|b_1|^2 + \cdots + \alpha_n|b_n|^2 \qquad (*)$$
だが，$\alpha_1^{-1}c_1$ を考えると，$\mathrm{Re}(\alpha_i/\alpha_1) \geq 1/2$ より，$|c_1| \geq \mathrm{Re}(c_1) \geq (1+|b_1|^2)/2$ を得る．これより $|c_1| > |b_1|$ を得る．$|c_1| < 1$ とすると，$|b_1|$ の最大性の仮定に矛盾する．しかし，$|c_1| = 1$ とすると $(*)$ 式と $|b_1|^2+\cdots+|b_n|^2 = 1$ から $b_i \neq 0$ であるすべての i に対し $\alpha_i = \alpha_1$ でなければならない．これは容易に矛盾に導く． ∎

以上が 3 次元線型群の分類で一番基本的な部分だが，同様の方法で次のように分類が進む．以下にはちゃんとした証明が付けられないのをお許し頂きたい．

(2.6.9) G は $\boldsymbol{SL}(3,\mathbb{C})$ の有限部分群とする．

1. G が原始的，$G/Z(G)$ が単純群のとき，G は位数 $35, 15\phi, 21\phi, 10, 14$ の元を含まない．ここで，$Z(G)$ は G の中心とし (位数 1 または 3)，位数 $n\phi$ とは $G/Z(G)$ での位数が n であることを表す．
2. G の位数が 35 で割り切れるとき，G は位数 35 の元を含み，上の (1) により単純ではない．
3. $G/Z(G)$ が単純群のとき，$G/Z(G)$ の位数は $60, 168, 360, 504$ のいずれかである．
4. 上記で位数 504 の単純群 $(\boldsymbol{SL}(2,\mathbb{F}_8))$ は位数 8 の基本アーベル群を部分群にもつので $\boldsymbol{SL}(3,\mathbb{C})$ の部分群としては不可能である．

原始的な $\boldsymbol{SL}(3,\mathbb{C})$ の有限部分群は非原始的な正規部分群をもつか，あるいは $G/Z(G)$ が単純群になるかどちらかになる．これらの原始的な群 G に対し，S^G はすべて完全交差になっている．ポアンカレ級数で生成元と関係式の次数がわかる．

(2.6.10) G が非原始的な正規部分群をもつとき，G は次のいずれか ($\omega = (-1+\sqrt{-3})/2$).

1. $G = \left\langle A = \boldsymbol{diag}[1,\omega,\omega^2], T = \begin{pmatrix} 0 & 1 & 0 \\ 0 & 0 & 1 \\ 1 & 0 & 0 \end{pmatrix}, B = \frac{1}{\sqrt{-3}} \begin{pmatrix} 1 & 1 & 1 \\ 1 & \omega & \omega^2 \\ 1 & \omega^2 & \omega \end{pmatrix} \right\rangle$,
   $|G| = 108$. $P(S^G, t) = \dfrac{(1-t^{18})(1-t^{24})}{(1-t^6)(1-t^6)(1-t^9)(1-t^{12})(1-t^{12})}$.
2. $G = \langle A, T, B, UBU^{-1}\rangle$, $|G| = 216$, 但し $U = \boldsymbol{diag}[\epsilon, \epsilon, \epsilon\omega]$ ($\epsilon^3 = \omega^2$),
   $P(S^G, t) = \dfrac{(1-t^{36})}{(1-t^6)(1-t^9)(1-t^{12})(1-t^{12})}$.
3. $G = \langle A, T, B, U\rangle$, $|G| = 648$, $P(S^G, t) = \dfrac{(1-t^{54})}{(1-t^9)(1-t^{12})(1-t^{18})(1-t^{18})}$.

(2.6.11) 原始的で, $G/Z(G)$ が単純群となる G は次のいずれか. (ω は 1 の 3 乗根とする.)

1. $G \cong \boldsymbol{A}_5$, $G = \langle F, U, J\rangle$, ここで $F = \boldsymbol{diag}[1, \epsilon, \epsilon^{-1}]$, $U = \begin{pmatrix} -1 & 0 & 0 \\ 0 & 0 & -1 \\ 0 & -1 & 0 \end{pmatrix}$, $J = \dfrac{1}{\sqrt{5}} \begin{pmatrix} 1 & 1 & 1 \\ 2 & \epsilon^2 + \epsilon^3 & \epsilon + \epsilon^4 \\ 2 & \epsilon + \epsilon^4 & \epsilon^2 + \epsilon^3 \end{pmatrix}$ (ϵ は 1 の原始 5 乗根), $|G| = 60$, $P(S^G, t) = \dfrac{(1-t^{30})}{(1-t^2)(1-t^6)(1-t^{10})(1-t^{15})}$.
2. 上記と ωI で生成される位数 180 の群.
   $P(S^G, t) = \dfrac{(1-t^{36})}{(1-t^6)(1-t^6)(1-t^{12})(1-t^{15})}$.
3. $G = \left\langle \boldsymbol{diag}[\beta, \beta^2, \beta^4], T, \dfrac{1}{\sqrt{-7}} \begin{pmatrix} \beta^4 - \beta^3 & \beta^2 - \beta^5 & \beta - \beta^6 \\ \beta^2 - \beta^5 & \beta - \beta^6 & \beta^4 - \beta^3 \\ \beta - \beta^6 & \beta^4 - \beta^3 & \beta^2 - \beta^5 \end{pmatrix} \right\rangle$,
   $|G| = 168$. 但し, β は 1 の原始 7 乗根.
   $P(S^G, t) = \dfrac{(1-t^{42})}{(1-t^4)(1-t^6)(1-t^{14})(1-t^{21})}$.
4. 上記と ωI で生成される位数 504 の群.
   $P(S^G, t) = \dfrac{(1-t^{54})}{(1-t^6)(1-t^{12})(1-t^{18})(1-t^{21})}$.
5. (1) の F, U, J と $\dfrac{1}{\sqrt{-7}} \begin{pmatrix} 1 & \gamma & \gamma \\ 2\gamma' & \epsilon^2 + \epsilon^3 & \epsilon + \epsilon^4 \\ 2\gamma' & \epsilon + \epsilon^4 & \epsilon^2 + \epsilon^3 \end{pmatrix}$ で生成される位数

1080 の群．但し，$\gamma = \dfrac{1}{4}(-1+\sqrt{-15}), \gamma' = \dfrac{1}{4}(-1-\sqrt{-15})$．$G/Z(G) \cong A_6$ である．$P(S^G, t) = \dfrac{(1-t^{90})}{(1-t^6)(1-t^{12})(1-t^{30})(1-t^{45})}$．

命題 2.6.5 の証明 $n = p^f q_1^{a_1} \cdots q_s^{a_s}$ を n の素因数分解とする．まず $n = p^f, f > e$ のとき，η を 1 の原始 n 乗根とし，$\eta^{p^f/m} = \alpha$ と仮定する．このとき $\mathbb{Z}[\eta] \cong \mathbb{Z}[\alpha][X]/(X^{p^f/m} - \alpha)$ である．実際，右辺から左辺の環準同型 f を $f(X) = \eta$ で作ると全射であり，両辺は階数 p^f/m の $\mathbb{Z}[\alpha]$ 加群，右辺は自由加群だから，単射も得られる．$\phi : \mathbb{Z}[\eta] \to \mathbb{Z}[\alpha]$ の構成は，$\mathbb{Z}[\eta]$ の $\mathbb{Z}[\alpha]$ 上の自由基底 $1, \eta, \ldots, \eta^{p^f/m-1}$ に対して，$\phi(1) = 1, \phi(\eta^i) = 0, (i \geq 1)$ で定義すれば良い．このとき，η の選び方により，指定された任意の 1 のベキ根 $\eta^i \notin \mathbb{Z}[\alpha]$ に対して $\phi(\eta^i) = 0$ となるように η が選べることに注意しよう．

次に 1 の原始 $q_i^{a_i}$ 乗根を ξ_i とおき，

$$\mathbb{Z}[\alpha] \subset \mathbb{Z}[\eta] \subset \mathbb{Z}[\eta\xi_1] \subset \cdots \subset \mathbb{Z}[\eta\xi_1 \cdots \xi_s] = \mathbb{Z}[\zeta]$$

を考えることにより，$\zeta = \beta\xi$, β, ξ はそれぞれ 1 の t, q^a 乗根，$(t, q) = 1$ の場合に帰着する．このとき，やはり $\mathbb{Z}[\zeta] \cong \mathbb{Z}[\beta][X]/(\Phi_{q^a}(X))$, $\Phi_{q^a}(X) = \Phi_q(X^{q^{a-1}})$ [*18] が前と同様にわかる．$\phi : \mathbb{Z}[\zeta] \to \mathbb{Z}[\beta]$ の構成も $\mathbb{Z}[\zeta]$ の $\mathbb{Z}[\beta]$ 上の自由基底 $1, \xi, \ldots, \xi^{q^a - q^{a-1} - 1}$ に対して，$\phi(1) = 1, \phi(\xi^i) = 0 \ (i \geq 1)$ と定める．このとき，$\phi(\beta^i \xi^j) \neq 0$ である j は $j = 0$ または $q^a - q^{a-1}$ のみであることに注意しよう．ゆえに与えられた 1 のベキ根 δ で $\mathbb{Z}[\beta]$ の元でないものに対しては，$\phi(\delta) = 0$ となるように 1 の q^a 乗根 ξ がとれる．■

2.7 完全交叉となる不変式環

(2.7.1) S^G が $n + r$ 個の元 $f_1, \ldots, f_{n+r}$ で生成されるとき，$S^G = k[f_1, \ldots, f_{n+r}] \cong k[Y_1, \ldots, Y_{n+r}]/P$ と表すと，イデアル P は少なくとも r 個の生成元が必要である．P がちょうど r 個の元で生成さ

[*18] $\Phi_q(X) = X^{q-1} + X^{q-2} + \cdots + 1$．

れるとき，S^G は完全交叉であるという．完全交叉という性質は，定義は大変簡単でわかりやすい性質だが，定義式以外の条件から環がいつ完全交叉になるかを決定するのは意外に難しい．ここでは S^G が完全交叉となるためのいくつかの十分条件を与え，いくつかの例で必要十分条件が難しいことを示す．なお，S^G が完全交叉となる G の分類が中島晴久 ([Nak2] [Nak3]) と Gordeev ([Gor]) によって独立になされている．

可換環論において，次のような環の性質のヒエラルキーがある．

正則 $\Rightarrow$ 完全交叉 $\Rightarrow$ ゴレンスタイン環 $\Rightarrow$ コーエン–マコーレー環[*19]

「$|G| \neq 0 \in k$」という条件の下で，S^G は常に CM 環である (付録定理 A.11)．S^G がゴレンスタイン環になるために，次の大変簡単な判定法がある．

定理 2.7.2. ([Wa1],[Wa2]) G が鏡映を含まないとき，S^G がゴレンスタイン環になることと，$G \subset \boldsymbol{SL}(n,k)$ は同値である．

[証明 その 1] まず $G \subset \boldsymbol{SL}(n,k)$ と仮定する．$f_1, \ldots, f_n$ が S^G の同次パラメーター系[*20]で同じ次数をもつものとする．$(*)^G$ は完全関手だから，$S^G/(f_1, \ldots, f_n)S^G \cong [S/(f_1, \ldots, f_n)]^G$ で，S^G がゴレンスタイン環であるためには $S^G/(f_1, \ldots, f_n)S^G$ の socle が 1 次元ならよい．一方 S はゴレンスタイン環だから $S/(f_1, \ldots, f_n)$ の socle [*21]は 1 次元である．よって，その socle の生成元が G の作用で不変であることを見ればよい[*22]．

さて，G の作用で不変であることを見るためには，各 $\sigma \in G$ の作用で不変であることを見ればよい．σ は (1.11) により対角化可能である．$\sigma = \boldsymbol{diag}[a_1, \ldots, a_n]$ とおくとき，σ の位数を n とすると，各 a_i は 1 の n 乗根であり，$f_i = X_i^n$ ととれる．$S/(f_1, \ldots, f_n)$ の socle は $m := (X_1 \cdots X_n)^{n-1}$ で生成されるので，$\sigma(m) = \det(\sigma)^{n-1} m = (\det \sigma)^{-1} m$ である．ゆえに，$m \in S^G$ と $\sigma \in \boldsymbol{SL}(n,k)$ は同値である．

[*19] 「コーエン–マコーレー環」というのは余りにも無様なので以下「CM 環」と書く．
[*20] 付録 (定義 A.5) 参照．
[*21] 付録 (命題 A.14) 参照．
[*22] 付録 (定理 A.16) 参照．

2.7 完全交叉となる不変式環

これで「$G \subset \boldsymbol{SL}(n,k)$ のとき S^G がゴレンスタイン環」が示せたが，逆を示すには，因子類群の概念を用いる．$\chi : G \to k^*$ に対して，$S_\chi = \{f \in S | \sigma(f) = \chi(\sigma)f, \forall \sigma \in G\}$ とおくと，G が鏡映を含まないとき，$\chi \neq \chi'$ ならば $S_\chi \not\cong S_{\chi'}$ がわかる．一方，S^G の正準加群は $S_{\det^{-1}}$ であることが上の議論よりわかり，$\det \neq 1$ すなわち $G \not\subset \boldsymbol{SL}(n,k)$ のとき S^G の正準加群が自由加群でないので，S^G はゴレンスタイン環でない． ∎

[証明 その 2] この証明ではポアンカレ級数を用いる．付録 (定理 A.17) の Stanley の定理より，n 次元の次数付き環 CM 環 R がゴレンスタインであることと，ある整数 a に対して

$$P(R, t^{-1}) = \pm t^a P(R, t)$$

が成立することが同値である．ここでモリーンの定理を思い出すと，$P(S^G, t) = \dfrac{1}{|G|} \sum_{\sigma \in G} \dfrac{1}{\det(I - \sigma t)}$ である．従って

$$\begin{aligned}P(S^G, t^{-1}) &= \frac{1}{|G|} \sum_{\sigma \in G} \frac{1}{\det(I - \sigma t^{-1})} \\ &= \frac{1}{|G|} \sum_{\sigma \in G} \frac{\det \sigma^{-1}}{\det(\sigma - t^{-1}I)} \\ &= (-1)^n \frac{1}{|G|} \sum_{\sigma \in G} \frac{\det \sigma^{-1} t^n}{\det(I - \sigma^{-1}t)} \\ &= (-1)^n \frac{1}{|G|} \sum_{\sigma \in G} \frac{\det \sigma \, t^n}{\det(I - \sigma t)}\end{aligned}$$

ゆえに $G \subset \boldsymbol{SL}(n,k)$ のとき $P(S^G, t^{-1}) = (-1)^n t^n P(S^G, t)$ であり，Stanley の判定法より S^G はゴレンスタイン環である．

逆に，S^G はゴレンスタイン環で G が鏡映を含まないと仮定する．$P(S^G, t) = \dfrac{f(t)}{(1 - t^{d_1}) \cdots (1 - t^{d_n})}$ とおくと，命題 2.3.6(4) より

$$\sum_{i=1}^n (d_i - 1) = \frac{2f'(1)}{f(1)} \tag{2.7.1}$$

である．S^G がゴレンスタイン環であるので，多項式 $f(t)$ の係数は 0 または正の整数で $f(t) = 1 + a_1 t + \cdots a_N t^N$ $(a_N \neq 0)$ とおくと，$a_i = a_{N-i}$ が各 i

に対し成立している．このような多項式 $f(t)$ に対しては $f'(1) = Nf(1)/2$ であることはすぐにわかる．ゆえに式 (2.7.1) により $N = \deg f(t) = \sum_{i=1}^{n}(d_i - 1)$ である．これから命題 2.3.6 (5) により $G \subset \boldsymbol{SL}(n,k)$ を得る．なお，この証明は命題 2.3.10 により，標数 0 でなくても有効である．∎

完全交叉な不変部分環を決定するために，「幾何的」な概念がいろいろ登場する．まず最初は**有理特異点**の概念である．有理特異点の定義については付録を参照して頂きたい．有理特異点の重要な性質として次の Lipman–Teissier の定理 (定理 2.7.3) がある[*23]．なお，有理特異点は標数 0 の体上の代数多様体の特異点に関する概念だが，標数 p の環に対しても類似の "F-regular, F-rational" の概念があり，次の定理は全く同様に成立する．また，不変部分環は有理特異点である (付録定理 A.23)．

定理 2.7.3. R が d 次元の有理特異点のとき，R の任意のイデアル I に対し，$\overline{I^d} \subset I$．

これを用いると，次の定理が示せる (付録定理 A.27)．

定理 2.7.4. R が d 次元次数付き環で有理特異点かつ完全交叉のとき，R は高々 $2d - 1$ 個の元で生成される[*24]．

次元の低い不変部分環に対して，いつ完全交叉であるか見てみよう．完全交叉であればゴレンスタイン環であることを前に注意した．ゴレンスタイン環であることと $G \subset \boldsymbol{SL}(n,k)$ が G が鏡映を含まず，位数が k で 0 でないとき同値であることを定理 2.7.2 で見たので，この節では，以下において $G \subset \boldsymbol{SL}(n,k)$, G の位数が k で 0 でないと仮定し，$R = S^G$ とする．また，$\mathfrak{m} = R_+ = \oplus_{n>0} R_n$ とおく．

例 2.7.5. $d = 2$ のとき，$R = S^G$ は 3 つの元で生成され (従って 1 個の関係式をもつ超曲面で)，関係式の最低次数は 2 次である．

[*23] この定理は Briançon–Skoda の定理 (r 個で生成されるイデアル I に対し $\overline{I^r} \subset I$) のちょっと形を変えたヴァージョンである．

[*24] この定理は後藤四郎氏と著者によって証明された．

2.7 完全交叉となる不変式環

証明 付録定義 A.24 より, $\mathfrak{m}$ が I 上整となる, 2 個の元で生成されるイデアル $I = (f, g)$ がとれる. すると, 定理 2.7.3 により, $\mathfrak{m}^2 \subset I$ であるから, $\mathfrak{m}/I$ の元はすべて R/I の socle の元である. ゴレンスタイン環の socle は長さ 1 なので, $\mathfrak{m}/I$ の長さは 1. 従って, $\mathfrak{m}$ は I ともう 1 個, 合計 3 個の元で生成される. $\mathfrak{m}^2 \subset I$ より関係式が 2 次式であることもわかる.

例 2.7.6. $d = 3$ のとき, $R = S^G$ が完全交叉であるために, R が 5 つ以下の元で生成されることが必要十分である.

証明 定理 2.7.4 で, 完全交叉なら R は高々 5 個の元で生成されることを見た. 逆に 5 個以下の元で生成されれば, R の余次元は 2 以下なので付録定理 A.19 により R は完全交叉になる.

完全交叉の判定はゴレンスタイン環の判定法のように「きれいに」決定できないことを次に示そう.

例 2.7.7. G は 2 つの元 $a = \boldsymbol{diag}[e_n, e_n^s, e_n^{s^2}], b = \begin{pmatrix} 0 & 1 & 0 \\ 0 & 0 & 1 \\ 1 & 0 & 0 \end{pmatrix}$ で生成された位数 $3n$ の群とする. ここで $n \equiv 1 \pmod 6$, $s \not\equiv 1 \pmod n$, $s^3 \equiv 1 \pmod n$ とする. このとき, $n = 7$ なら S^G は完全交叉だが, $n \geq 13$ のとき S^G は完全交叉でない.

証明 例 2.7.6 により, R の生成元の個数を数えればよい. G に対して 2 変数の $\boldsymbol{diag}[e_n, e_n^s]$ で生成され, $S' := k[X, Y]$ に作用する巡回群 H を考える. すると, S'^H の X^n, Y^n 以外の生成元 $X^t Y^u$ と S^G の生成元 $X^t Y^u + Y^t Z^u + Z^t X^u$ を対応させて, S'^H と S^G は同じ個数の元で生成されることがわかる. 例えば, $n = 7$ のとき, $s = 2$ で,
$$\begin{aligned} S^H &= k[X^7, X^5 Y, X^3 Y^2, XY^3, Y^7], \\ S^G &= k[X^7 + Y^7 + Z^7, X^5 Y + Y^5 Z + Z^5 X, X^3 Y^2 + Y^3 Z^2 + Z^3 X^2, \\ &\quad XY^3 + YZ^3 + ZX^3, XYZ] \end{aligned}$$
である. この系列で S^H の生成元の個数は n と共に増加するので, 完全交叉になるのは $n = 7$ のときのみである.

G がアーベル群のときには S^G が完全交叉となる G の完全な分類が以下のように得られている[*25].

定理 2.7.8. ([Wa3]) G が $\boldsymbol{SL}(n,k)$ の有限部分群で対角化されているとする. S^G が完全交叉のとき, ある special datum D が存在して, $S^G = R_D, G = G_D$ と書ける. 但し, special datum とは組 (D,w), D は $I := \{1,2,\ldots,d\}$ の部分集合の集合, w は D から $\mathbb{N}$ への写像で次をみたすものをいう.

1. 各 $i \in I$ に対し, $\{i\} \in D$
2. $J, J' \in D$ に対し, もし $J \cap J' \neq \emptyset$ ならば, どちらかが他方を含む.
3. J が D の極大元のとき, $w(J) = 1$.
4. $J, J' \in D, J' \subset J, J \neq J'$ のとき, $w(J)$ は $w(J')$ の真の約数である.
5. $J_1, J_2, J \in D, J_1, J_2 \subset J$ かつ J と J_1, J_2 の間に D の他の元がないとき, $w(J_1) = w(J_2)$ である.

special datum (D,w) に対して, $R_D = k[(\prod_{i \in J} X_i)^{w(J)} | J \in D]$, G_D は上の (5) の条件をみたすすべての J_1, J_2, J とすべての $i \in J_1, j \in J_2$ に対して $(i,i), (j,j)$ 成分がそれぞれ e, e^{-1} (e は 1 の原始 $w(J_1) = w(J_2)$ 乗根), 他の対角成分がすべて 1 である対角行列で生成されるアーベル群である.

例 2.7.9. $d = 4$ のとき, 完全交叉となる $S^G = R_D$ は以下の通りである.

1. $k[X^a, Y^a, Z^a, W^a, XYZW]$
2. $k[X^a, Y^a, XY, Z^b, W^b, ZW]$
3. $k[X^{ab}, Y^{ab}, (XY)^a, Z^{ac}, W^{ac}, (ZW)^a, XYZW]$
4. $k[X^a, Y^{ab}, Z^{ab}, W^{ab}, (YZW)^a, XYZW]$
5. $k[X^a, Y^{ab}, Z^{abc}, W^{abc}, (YZW)^a, (ZW)^{ab}, XYZW]$

例 2.7.10. $d = 4$ のとき, もし S^G が完全交叉なら, S^G は 7 個以下の元で

[*25] もっと一般に, 多項式環の単項式で生成される部分環についても, 完全交叉となる場合は完全に分類されている.

2.7 完全交叉となる不変式環

生成される．しかし，残念ながら，S^G が 7 個の元で生成されるが完全交叉でない例が存在する．

G を $\mathbf{\mathit{diag}}[\omega, \omega^2, \omega, \omega^2]$ と $(12)(34)$ に対応する置換行列で生成される位数 6 の群とする．このとき

$$S^G = k[X_1X_2, X_3X_4, X_1X_4 + X_2X_3, X_1^3 + X_2^3, X_3^3 + X_4^3,$$
$$X_1X_3^2 + X_2X_4^2, X_1^2X_3 + X_2^2X_4]$$

と 7 個の元で生成される．S^G が完全交叉でないことを示すために，モリーンの定理 2.3.3 を使うと，

$$P(S^G, t) = \frac{1}{6}\left(\frac{1}{(1-t)^4} + \frac{2}{(1+t+t^2)^2} + \frac{3}{(1-t^2)^2}\right)$$
$$= \frac{1 + t^2 + 2t^3 + t^4 + t^6}{(1-t^2)^2(1-t^3)^2}$$

となる．$P(S^G, t)$ の分子の多項式は，円分多項式の積でないので，S^G が完全交叉でないことがわかる．

(2.7.11) 2.5 節で S^G が多項式環と同型であるための条件を述べた．その際に重要であったのが鏡映の概念である．rank $(\sigma - I) = 1$ である元 σ が鏡映だが，これを拡張して rank $(s - I) \leq 2$ である元が完全交叉である S^G にとって大変重要であり，またその事実の証明に「エタール被覆」という概念が登場する．

ここで，写像 $S^G \subset S$ (または $\pi : \mathbb{A}^n_k = \mathrm{Spec}\,(S) \to \mathbb{A}/G = \mathrm{Spec}\,(S^G)$) がエタールでない点は G の固定点の集合であることに注意しよう．従って ($\sigma(\mathbf{0}) = \mathbf{0}$ だから) 原点の像では $S^G \subset S$ は $G \neq \{1\}$ である限り決してエタールでない．また，$\mathbb{A}^n - \pi^{-1}(V) \to \mathbb{A}/G - V$ がエタールである最小の部分多様体 V の余次元は $\sigma \neq I$ に対する rank $(\sigma - I)$ の最小値に等しい．特に，G が鏡映を含まないことと，π が余次元 1 でエタールであることが同値である．ここで用いる基本的な定理は次のグロータンディクの定理である．

定理 2.7.12 (非分岐性定理). ([Gr]) ネター局所環 $(A, \mathfrak{m})$ は $\dim A \geq 2$, A が正則，または $\dim A \geq 3$, A が完全交叉のとき非分岐[*26]である．ここ

[*26] "pure" のここでの訳．まだ定まった日本語訳はないようだ．

で，非分岐とは，エタール被覆 $X \to \mathrm{Spec}\,(A) - \{\mathfrak{m}\}$ が必ずエタール被覆 $X' \to \mathrm{Spec}\,(A)$ に一通りに延長されることをさす．

2.5 節で宿題にしておいた定理 2.5.2 の証明を終わらせよう．正則性と完全交叉性が定理 2.7.12 により同じ概念で説明される．

定理 2.7.13. (1) S^G が多項式環ならば G は鏡映で生成される．

(2) G が鏡映を含まず，S^G が完全交叉のとき G は $\{\sigma \in G | \mathrm{rank}\,(\sigma - I) = 2\}$ で生成される．

証明 (1) では鏡映で生成される，(2) では $\{\sigma \in G | \mathrm{rank}\,(\sigma - I) = 2\}$ で生成される G の部分群を H とする (定義より正規部分群である)．$\pi : \mathbb{A}_k^n = \mathrm{Spec}\,(S) \to \mathbb{A}/G = \mathrm{Spec}\,(S^G)$ を

$$\pi : \mathbb{A}_k^n = \mathrm{Spec}\,(S) \to \mathbb{A}_k^n/H = \mathrm{Spec}\,(S^H) \to \mathbb{A}/G = \mathrm{Spec}\,(S^G)$$

と $\mathrm{Spec}\,(S^H)$ を経由して分解すると，$\mathbb{A}_k^n/H = \mathrm{Spec}\,(S^H) \to \mathbb{A}/G = \mathrm{Spec}\,(S^G)$ は (1) では余次元 1 で，(2) では余次元 2 でエタールである．ゆえに定理 2.7.12 より全体でエタールになる．しかし $H \neq G$ のとき，$\mathbb{A}_k^n/H = \mathrm{Spec}\,(S^H) \to \mathbb{A}/G = \mathrm{Spec}\,(S^G)$ は原点の像で決してエタールでないので，$H = G$ でなければならない．

A 付録．可換環論，特異点論の結果について

A.1 次元，正則局所環，コーエン–マコーレー環，正則列

(A.1) ネーター環 R の素イデアルの鎖の最大の長さを R の**次元**といい，$\dim R$ と書く[27]．

本書で扱う環は体 k 上有限生成なので，次の便利な公式がある．

定理 A.2. R が体 k 上有限生成な整域のとき，$\dim R$ は R の k 上の超越次数[28]に等しい．

---

[27] Krull 次元ともいわれる．
[28] すなわち R の商体の k 上の超越次数．

A 付録. 可換環論, 特異点論の結果について

例 A.3. $S = k[X_1, \ldots, X_n]$ が k 上の n 変数多項式環のとき, S の k 上の超越次数が n であるのは明らかである. また, $S^G \subset S$ は有限次拡大なので, 超越次数は同じで, $\dim S^G = n$ であることもわかる.

(A.4) 以下で $(R, \mathfrak{m})$ と書いたら, 極大イデアル $\mathfrak{m}$ をもつ局所環[*29]または体 k 上の次数付き環 $R = \oplus_{n \geq 0} R_n$ で $R_0 = k$ であるもので $\mathfrak{m} = \oplus_{n > 0} R_n$ とする.「環 $(R, \mathfrak{m})$ において」などというように使う. 次数付き環 $(R, \mathfrak{m})$ においては同次元 (ある $x \in R_n$) を主に考える. 断らない限り $x \in R$ といったら x は同次元とする.

定義 A.5. (1) $\dim(R, \mathfrak{m}) = n$ のとき, R の元の列 $(x_1, x_2, \ldots, x_n)$ で $\mathfrak{m}$ 準素イデアルを生成するものがとれる. このような $(x_1, x_2, \ldots, x_n)$ を R のパラメーター系 (system of parameters) または巴系という.

(2) $\mathfrak{m}$ がちょうど n 個の元で生成されるとき[*30], すなわち, $\mathfrak{m}$ を生成する巴系がとれるとき R を正則 (局所環) という.

定理 A.6. $(R, \mathfrak{m})$ に関する次の条件は同値である.

1. R は正則.
2. 任意の有限生成 R 加群は有限の長さの自由分解をもつ.
3. 任意の有限生成 R 加群は長さ高々 n の自由分解をもつ ($n = \dim R$).
4. $R/\mathfrak{m}$ が長さ n の自由分解をもつ.

ここで, R 加群の完全列

$$0 \to F_n \to \ldots \to F_1 \to F_0 \to M \to 0$$

で $F_0, F_1, \ldots, F_n$ が自由加群であるものを M の長さ n の自由分解という.

これより次の判定法が従う (定理 2.5.2 参照).

定理 A.7. $(R, \mathfrak{m}) \subset (S, \mathfrak{n})$, S は自由 R 加群とする. このとき S が正則なら R も正則である.

[*29] 極大イデアルをただ 1 つもつ環.

[*30] 一般に必ず n 個以上必要である.

証明 $0 \to K \to F_{n-1} \to \cdots \to F_1 \to F_0 \to M \to 0$ が R 加群の完全列, $F_0, F_1, \ldots, F_{n-1}$ は自由加群だが K はわからないとする. この完全列を $\otimes_R S$ で S 加群の完全列とすると, $n = \dim S$ なら $K \otimes_R S$ は S 自由加群である. ゆえに K は R 自由加群で, R は正則である.

定義 A.8. M が有限生成 R 加群とする. R の元の列 $(x_1, \ldots, x_d) \subset \mathfrak{m}$ が M **正則列**とは, 各 i に対し, x_i が $M/(x_1, \ldots, x_{i-1})M$ に対し非零因子で作用することとする.

定義 A.9. R 加群 M に対し, M 正則列の最大の長さを M の**深さ**といい, depth M と書く. 特に, depth $R = \dim R$ である環を**コーエン–マコーレー (Cohen–Macaulay) 環**という. 但し, 長いので, 以下では **CM 環**と略すことにする. R が CM 環であることと R の巴系が正則列をなすことが同値である.

一般に $(f_1, \ldots, f_s)$ が R 正則列のとき, $\dim R/((f_1, \ldots, f_s)) = \dim R - s$ なので, depth $R \leq \dim R$ である. $S = k[X_1, \ldots, X_n]$ のとき, $(X_1, \ldots, X_n)$ は明らかに S 正則列だから, S は CM 環である. 同様に, 正則局所環は CM 環である.

また, M 正則列の長さは正則列のとり方によらない.

例 A.10. $(f_1, \ldots, f_s)$ が R 正則列のとき, $\dim R/((f_1, \ldots, f_s)) = \dim R - s$, depth $R/((f_1, \ldots, f_s))$ = depth $R - s$ なので,「R が CM 環」と「$R/((f_1, \ldots, f_s))$ が CM 環」は同値である.

定理 A.11. 有限群 G が環 R に自己同型群として作用するとき, G の位数が R の可逆元なら, depth $R^G \geq$ depth R である. 特に R が CM 環なら R^G も CM 環である (逆は一般には成立しない).

証明 R 正則列 $(f_1, \ldots, f_d)$ を R^G からとることができる. 完全列 $0 \to R \to R \to R/f_1 R \to 0$ (最初の写像は f_1 をかける写像) を考えると, Reynolds 作用素 ρ を用いると $(\quad)^G$ は完全関手なので完全列 $0 \to R^G \to R^G \to (R/f_1 R)^G \to 0$ ができる. この完全列は $(R/f_1 R)^G \cong R^G/f_1 R^G$ を

示している．同様に続けると $(f_1, \ldots, f_d)$ は R^G 正則列にもなっていることがわかる．

A.2 ゴレンスタイン環，完全交叉

定義 A.12. d 次元の CM 環 $(R, \mathfrak{m})$ に関する次の条件は同値で，この条件をみたす R をゴレンスタイン (Gorenstein) 環という．

1. R の正則列 $(x_1, \ldots, x_d) \subset \mathfrak{m}$ の生成するイデアルは既約イデアルである．
2. $\mathrm{Ext}^d_R(R/\mathfrak{m}, R) \cong R/\mathfrak{m}$.
3. $n > d$ に対して $\mathrm{Ext}^d_R(R/\mathfrak{m}, R) = 0$.
4. R は R 加群として入射次元が有限である．
5. 局所コホモロジー加群 $H^d_\mathfrak{m}(R)$ が R 入射加群である．
6. (R が正則な部分環 A 上有限のとき) R 加群として $\mathrm{Hom}_A(R, A) \cong R$.
7. ($R = S/\mathfrak{a}$, S が正則なとき) $\mathrm{Ext}^r_S(R, S) \cong R$, 但し $r = \dim S - d$.

与えられた環がゴレンスタイン環かどうかを判定するために様々な判定法があるが，

例 A.13. (1) 正則局所環 (多項式環), はゴレンスタイン環である．

(2) $(x_1, \ldots, x_r) \subset \mathfrak{m}$ が R 正則列のとき, R がゴレンスタイン環 $\iff$ $R/(x_1, \ldots, x_r)$ がゴレンスタイン環．

(3) (2) により, $(R, \mathfrak{m})$ が CM 環のとき, R がゴレンスタイン環か否かの判定は R を巴系 $(f_1, \ldots, f_d)$ で割ったアルティン環 $R/(f_1, \ldots, f_d)$ がゴレンスタイン環か否かに帰着される．

命題 A.14. アルティン環 $(R, \mathfrak{m})$ に対する次の条件は同値である．
1. R はゴレンスタイン環．すなわち，イデアル (0) は既約イデアルである．
2. $\mathrm{Soc}(R) := [0 : \mathfrak{m}] = \{x \in R | \mathfrak{m}.x = (0)\}$ は単項生成イデアルである．この $\mathrm{Soc}(R)$ を R の socle という．
3. $\exists z \neq 0 \in R, \forall x \neq 0 \in R, \exists y \in R, z = xy$.

4. R の任意のイデアル I に対し, $l_R(R/I) = l_R(0:I)$. 但し, l_R は R 加群としての組成列の長さを表す.

canonical module (正準加群) の理論がゴレンスタイン環の理論の本質である.

定理・定義 A.15. $(A, \mathfrak{m})$ が d 次元 CM 環のとき次の加群は互いに同型である. この同型な A 加群を A の canonical module といい, K_A と書く.
1. 任意の A の巴系 $(x_1, \ldots, x_d)$ に対し, $(x_1, \ldots, x_d)$ は K_A 正則で, $K_A/(x_1, \ldots, x_d)K_A$ は直既約入射的 $A/(x_1, \ldots, x_d)$ 加群である.
2. $A \cong B/J$, B がゴレンスタイン環, J の高さが r のとき, $\mathrm{Ext}_B^r(A, B)$.
3. $K_A \otimes_A \hat{A} \cong \mathrm{Hom}_A(H_\mathfrak{m}^d(A), E_A(A/\mathfrak{m}))$, ここで $H_\mathfrak{m}^d(A)$ は A の d 次局所コホモロジー, $E_A(A/\mathfrak{m})$ は剰余体の入射閉包.
4. $B \subset A$, B がゴレンスタイン環で A が有限生成 B 加群のとき $\mathrm{Hom}_B(A, B)$.

このとき, A がゴレンスタイン環 $\iff K_A \cong A$ である.

さらに A が正規であるとき, K_A の同型類は, A の因子類群 $Cl(A)$ の元で定める. この応用として次の定理がある. これは定理 2.7.2 の一般化である.

定理 A.16. $(A, \mathfrak{m})$ が正規ゴレンスタイン局所環に有限群 G が作用し, $|G| \notin \mathfrak{m}$ とする. このとき A の G 不変な巴系 $(x_1, \ldots, x_d)$ をとり, z を $A/(x_1, \ldots, x_d)$ の socle の生成元とすると, G の指標 χ が $\sigma(z) = \chi(\sigma)z$ で決まる. もし $\chi = 1$ ならば A^G はゴレンスタイン環であり, 逆に A^G がゴレンスタイン環で G の単位元以外の元が A の高さ 1 の素イデアルを固定しないとき, $\chi = 1$ である.

次数付き環に対して, ゴレンスタイン環の次の Stanley の判定法がある [St1].

定理 A.17. $R = \oplus_{n \geq 0} R_n$ が体 $k = R_0$ 上の次数付き CM 整域とする. このとき R がゴレンスタイン環 $\iff \exists a \in \mathbb{Z}, P(R, t^{-1}) = (-1)^d t^a P(R, t)$.

証明 $R = S/I$ と R を多項式環 S の商で書く. $\dim S - \dim R = r$ とする. R の次数付き S 加群としての自由分解により, $\operatorname{Ext}_S^i(R, S) = 0$ に注意すると $P(R, t^{-1}) = (-1)^d P(K_R, t)$ を得る. 条件は K_R が単項生成であることと同値になる.

定義 A.18. 正則な $(S, \mathfrak{n})$ を正則列で割って得られる環を**完全交叉**という. 例 A.13 のゴレンスタイン環の性質より, 完全交叉はゴレンスタイン環である.

一般にゴレンスタイン環は完全交叉よりはるかにヴァラエティーに富んでいるのだが, 正則局所環を高さ 2 のイデアルで割った[*31]場合には両者は一致する.

定理 A.19 (J.-P. Serre). $R = S/I$, S が正則, $\operatorname{ht}(I) = 2$ のとき, もし R がゴレンスタイン環ならば, R は完全交叉である.

証明 R は S 上長さ 2 の自由分解をもつ. それを

$$0 \to F_2 \to F_1 \to F_0 = S \to R \to 0$$

とおくとき, R がゴレンスタインなので, (A2.1) (7) より F_2 の階数は 1 である. すると F_1 の階数は 2, すなわち, I は 2 個の元で生成される.

A.3 有理特異点, Boutot, Lipman–Teissier の定理

有理特異点の定義には「特異点の解消」の概念が含まれていて, 従って現在のところ標数 0 の場合にしか定義できない. しかし, 最近の標数 $p > 0$ の Frobenius 写像を用いたイデアルの tight closure の理論により, F-rational ring の概念が定義され, ある意味で有理特異点と「同値」であることが示されている ([FW],[Sm],[Ha]).

以下において環は標数 0 の体上有限生成かまたは有限生成の環の局所化とする.

[*31] 余次元 2 という.

定義 A.20. A が正規環とし，$f: X \to \mathrm{Spec}\,(A)$ を A の特異点の解消とする．このとき次の条件は同値である．
1. $H^i(X, O_X) = 0 \ (\forall i > 0)$.
2. A は CM 環で，$H^0(X, \omega_X) = K_A$．ここで ω_X は X の dualizing sheaf (canonical sheaf)，K_A は A の canonical module.

この同値な条件をみたすとき，「A は有理特異点をもつ」という[*32]．特に，有理特異点は正規かつ CM 環である．

定義より正則環は「有理特異点」である．

有理特異点の判定を定義通りにするのは特異点解消をしなければならず，大変である．しかし次数付き環の場合には次の簡単な判定法がある．

定理 A.21. ([Wa4],[Fle]) $R = \oplus_{n \geq 0} R_n$ が標数 0 の体 $k = R_0$ 上の次数付き環のとき，R が有理特異点 $\iff$ 次の 3 つの条件が成立．
(a) R は CM 環，(b) R の $\mathfrak{m} = R_+$ 以外の素イデアルでの局所化は有理特異点，(c) $a(R) < 0$．

ここで CM 環の場合には $a(R) = \deg P(R,t)$，すなわち $P(R,t)$ の $t = \infty$ における極の位数で与えられる．証明に Boutot の定理 (定理 A.23) を使う．

例 A.22. $R = k[X,Y,Z]/(X^a + Y^b + Z^c)$ とおく．X,Y,Z の次数を bc, ca, ab としておく (公約数があれば割った方がよいが，ここでは関係ない)．R が有理特異点か否かを判定したい．条件 (a),(b) は成立しているので (R は孤立特異点)，(c) で決まるが，$P(R,t) = \dfrac{1 - t^{abc}}{(1 - t^{ab})(1 - t^{bc})(1 - t^{ca})}$ なので R が有理特異点 $\iff 1/a + 1/b + 1/c > 1$．これをみたす場合の R がすべて $\boldsymbol{SL}(2, \mathbb{C})$ の有限部分群の不変部分環と同型なのも不思議である．

簡約代数群の不変部分環 (特にこの章で扱った有限群の不変部分環) は次の Boutot の定理を用いて有理特異点であり，これを経由して CM 環であることが得られる．

[*32] A として局所環を考えるとき「有理特異点」という．

定理 A.23. ([Bo]) A が B の純部分環で, B が有理特異点のとき A も有理特異点である.

有理特異点のイデアル論的特徴はイデアルの整閉包の言葉で記述される.

定義 A.24. 2つのイデアル $I \supset J$ とする. 任意の $a \in I$ に対し,
$$a^r + c_1 a^{r-1} + \cdots + c_{r-1} a + c_r = 0, \quad (c_i \in J^i)$$
の形の式が成立するとき, I が $\boldsymbol{J}$ **上整である**という. また, このとき, 「J は I の**還元** (reduction) である」とも言う. J 上整である最大のイデアルを $\bar{J}$ と書き, J の**整閉包**と呼ぶ.

$(A, \mathfrak{m})$ が d 次元のネーター局所環, 剰余体 $A/\mathfrak{m}$ が無限体のとき, 任意の $\mathfrak{m}$ 準素イデアル I は d 個から成る還元 J をもつ (すなわち J は巴系で生成される) ことが知られている. このような J を I の「極小還元」と呼ぶ.

定理 A.25. ([L-T]) $(A, \mathfrak{m})$ が d 次元有理特異点のとき, 任意のイデアル I に対し, $\overline{I^d} \subset I$.

これより 2 次元ゴレンスタイン有理特異点は超曲面であることがわかる.

命題 A.26. $(A, \mathfrak{m})$ が正則でない 2 次元ゴレンスタイン有理特異点のとき $A \cong B/(f)$, ここで $(B, \mathfrak{n})$ は 3 次元正則局所環で, $f \in \mathfrak{n}^2, \notin \mathfrak{n}^3$.

証明 $J \subset \mathfrak{m}$ を極小還元とすると定理 A.23 より $\mathfrak{m}^2 \subset J$ である. A/J はゴレンスタインで, $\mathfrak{m}/J$ は A/J の socle だから $\mathfrak{m}/J$ は単項生成. $\mathfrak{m}$ が 3 個の元で生成されるから A は 3 次元正則局所環の像になっている. すなわち, A は $A = B/(f)$ の形に書ける. $\mathfrak{n}^2 \subset J + (f)$ だから $f \notin \mathfrak{n}^3$.

また, 次の完全交叉に関する定理が得られる.

定理 A.27 (後藤–渡辺). $(A, \mathfrak{m})$ が d 次元有理特異点で, かつ完全交叉とすると, $\mathfrak{m}$ は高々 $2d-1$ 個の元で生成される. すなわち, $A \cong B/(f_1, \ldots, f_r)$, $(f_1, \ldots, f_r)$ は B の正則列で $r \leq d - 1$.

証明は上記のように $A = B/(f_1,\ldots,f_r)$ とおき,$r \leq d-1$ を示す.$\mathfrak{m}$ の極小還元 J を B に持ち上げたもので割って,A がアルティン局所環の場合に帰着する.その際に $\mathfrak{m}^d \subset J$ に注意する.$A/J \cong (B/J)/(f_1,\ldots,f_r)$,$B/J$ は正則である.従って次の補題に帰着する.

補題 A.28. $A = B/(f_1,\ldots,f_r)$ はアルティン局所環,$(B,\mathfrak{n})$ は r 次元正則局所環,各 $f_i \in \mathfrak{n}^2$ とする.もし $\mathfrak{m}^d = 0$ とすると,$r < d$.

証明 $\mathfrak{n} = (x_1,\ldots,x_r)$ を B の正則巴系とする.$f_i = \sum g_{ij}x_j$ と書くと,A の socle は $\det(g_{ij})$ で生成されることがわかる.$f_i \in \mathfrak{n}^2$ より $g_{ij} \in \mathfrak{n}$ だから,もし $r \geq d$ とすると $\det(g_{ij}) \in \mathfrak{n}^d$ だが,仮定により $\mathfrak{m}^d = 0$ なので,$\det(g_{ij})$ が A の socle を生成することに矛盾する.

参考文献

[Ar] M. Artin, On isolated rational singularities of surfaces, Amer. J. Math., **88** (1966), 129–136.

[Bl] H. F. Blichfeldt, Finite collineation groups, The University of Chicago Press, Chicago, 1917.

[Bo] J.-F. Boutot, Singularités rationelles et quotients par les groupes réductifs, Invent. Math., **88** (1987), 65–68.

[Ch] C. Chevalley, Invariants of finite groups generated by reflections, Amer. J. Math., **77** (1955), 778–782.

[Co] A. M. Cohen, Finite complex reflection groups, Ann. Sc. E. N. S., **9** (1976), 379–436.

[D-K] H. Derksen and G. Kemper, Computational Invariant Theory, Encyclopedia of Math. Sc., **130**, Springer, 2002.

[DV] P. Du Val, On isolated singularities of surfaces which do not affect the conditions of adjunction, Proc. Cambridge Phil. Soc., **30** (1934), 453–459.

[Fle] H. Flenner, Rationale quaihomogene Singularitäten, Archiv der Math., **36** (1981), 35–44.

[Fli] P. Fleischmann, The Noether Bound in Invariant Theory of Finite Groups, Adv. in Math., **156** (2000), 23-32.

[FW] R. Fedder and K. Watanabe, A characterization of F-regularity in terms of F-purity, Commutative algebra, Math. Sci. Research Inst. Publ. bf 15, Springer (1989), 227-245.

[GW1] S. Goto and K.-i. Watanabe, On graded rings, I, J. Math. Soc. Japan **30** (1978), 179–213.

[GW2] 後藤四郎・渡辺敬一, 可換環論, 準備中.

[Gor] N. L. Gordeev, Finite linear groups whose algebras of invariants are complete intersections, Izv. Akad. Nauk SSSR Ser. Math., **50** (1986), 343–392.

[Gr] A. Grothendieck, Cohomologie locale des faisceaux cohérents et Théorèmes des Lefschetz locaux et globaux (SGA 2), North Holland, 1968. (Exposé 11.)

[Ha] N. Hara, A characterization of rational singularities in terms of injectivity of Frobenius map, Amer. J. Math., **120** (1998), 981–996.

[K-W] V. Kac and K.-i. Watanabe, Finite linear groups whose ring of invariants is a complete intersection, Bull. A.M.S., **6** (1982), 221-223.

[Ma] 松村英之, 可換環論, 共立出版, 1980.

[Mol] T. Molien, Über der Invarianten der linearen Substitutionsgruppen, Sitzungsber. König. Preuss. Akad. Wiss. (1897), 291–302.

[L-T] J. Lipman and B. Teissier, Pseudorational local rings and a theorem of Briançon-Skoda about integral closures of ideals, Michigan Math. J., **28** (1981), 97–116.

[Nak1] H. Nakajima, Invariants of finite groups generated by pseudo-reflections in positive characteristic, Tsukuba J. Math., **3**, 109-

122 (1979).

[Nak2] H. Nakajima, Quotient complete intersections of affine spaces by finite linear groups, Nagoya Math. J., **98** (1985), 1-36.

[Nak3] H. Nakajima, Quotient singularities which are complete intersections, Manuscripta Math., **48** (1984), 163–187.

[N-W] H. Nakajima and K.-i. Watanabe, The classification of quotient singularities which are complete intersections, in "Complete Intersections", Lect. Notes in Math., **1092** (1984), 102-120.

[Sh] 筱田健一, 低次元の有限線型群, 第 13 回数学史シンポジウム (2002), 津田塾大学数学・計算機科学研究所報, **24** (2003), 90–94.

[Sm] Smith, K. E., F-rational rings have rational singularities, Amer. J. Math., **119** (1997), 159–180.

[St1] R. Stanley, Hilbert functions of graded algebras, Adv. Math., **28** (1978), 57–83.

[St2] R. Stanley, Invariants of finite groups and its applications to combinatorics, Bull. Amer. Math. Soc., **1** (1979), 475–511.

[S-T] G. C. Shepherd and J. A. Todd, Finite unitary reflection groups, Canad. J. Math., **6** (1954), 274–304.

[Wa1] K. Watanabe, Certain invariant subrings are Gorenstein, I, Osaka J. Math., **11**, (1974), 1-8.

[Wa2] K. Watanabe, Certain invariant subrings are Gorenstein, II, Osaka J. Math., **11**, (1974), 379-388.

[Wa3] K. Watanabe, Invariant subrings which are complete intersections, I (Invariant subrings of finite Abelian groups), Nagoya Math. J., **77** (1980), 89-98.

[Wa4] Rational singularities with k^*-action, in "Commutative Algebra", Proc. Conf. Trento/Italy 1981, Lect. Notes in Pure, Appl. Math., **84** (1983), 339-351.

[Wa5] K. Watanabe, Invariant subrings of finite groups which are complete intersections, "Commutative Algebra: Analytic Methods", Lect. Notes Pure, Appl. Math., (Marcel Dekker), **84** (1983), 339-351.

[W-R] K. Watanabe and D. Rotillon, Invariant subrings of $\mathbb{C}[X, Y, Z]$ which are complete intersections, Manuscripta Math., **39** (1982), 339-357.

[Y-Y] Stephen S.-T. Yau and Y. Yu, Gorenstein quotient singularities in dimension three, Mem. Amer. Math. Soc., **505**, (1993).

第3章

ドリーニュールスティック指標を訪ねて
—— 有限シュバレー群の表現論 ——

3.1 はじめに

複素数を成分とする n 次の正則行列の集合は行列の積に関して群をなす．これを一般線形群といい，$GL_n(\mathbb{C})$ と表す．複素数の代わりに実数を成分とする行列を取れば $GL_n(\mathbb{C})$ の部分群 $GL_n(\mathbb{R})$ が得られる．$GL_n(\mathbb{C})$ や $GL_n(\mathbb{R})$ はリー群と呼ばれる群の一例であり，解析，幾何，代数の交錯する舞台として 19 世紀以来盛んに研究されてきた．ここで $\mathbb{C}$ や $\mathbb{R}$ を q 個の元からなる有限体 $\mathbb{F}_q$ (q は素数 p のベキ乗) で置き換え，$\mathbb{F}_q$ を成分とする 2 次の正則行列の集合 $GL_2(\mathbb{F}_q)$ を考えよう．すなわち

$$GL_2(\mathbb{F}_q) = \left\{ \begin{pmatrix} a & b \\ c & d \end{pmatrix} \mid a, b, c, d \in \mathbb{F}_q, ad - bc \neq 0 \right\}.$$

$GL_2(\mathbb{F}_q)$ は位数 $q(q-1)(q^2-1)$ を持つ有限群になる．素数のベキ $q = p^e$ を与えるごとに有限群 $GL_2(\mathbb{F}_q)$ が得られるわけで，"GL_2" は有限群の自動発生装置になっている．より一般に，GL_n からも同様の操作で有限群の無限系列が得られる．

有限群の表現論は 19 世紀末から 20 世紀にかけての 20 年間にフロベニウスとバーンサイドによりその基礎が築かれた．有限群 G から $GL_n(\mathbb{C})$ へ

の準同型写像 $\varphi: G \to GL_n(\mathbb{C})$ を G の表現という．また G の元 g に行列 $\varphi(g)$ のトレース $\mathrm{Tr}(\varphi(g))$ を対応させる写像 $\chi_\varphi: G \to \mathbb{C}$ を表現 φ の指標という．指標は共役類の上で一定の値を取る．行列の次数 $n = \chi_\varphi(1)$ を表現（指標）の次数という．

指標は単なる G 上の関数で，行列表現を直接調べるよりは，はるかに扱いやすいものであるが，そこには表現に関するエッセンスが凝縮されていると考えられる．有限群の表現を調べる上で積み木細工のもとになるのは既約表現である．既約表現の指標を既約指標という．G には共役類と同じ個数の既約指標が存在し，各既約指標の各共役類での値を並べてできる正方行列を G の指標表という．指標表は G の既約表現に関する基本的なデータを貯えている宝の箱であるといえるだろう．そこで，与えられた群の指標表を完成させること，あるいはより包括的に，指標表を決定するための (できるだけ多くの群に対して有効な) 統一的な方法を発見することが表現論の大きな目標になる．実際，フロベニウスは既に 20 世紀の始めに $SL_2(\mathbb{F}_q) = \{g \in GL_2(\mathbb{F}_q) \mid \det g = 1\}$ の指標表を決定している．

以下に，$G = GL_2(\mathbb{F}_q)$ の指標表を載せておく．まず G の共役類の代表元を決めよう．$\mathbb{F}_q^* = \mathbb{F}_q - \{0\}$ は位数 $q-1$ の巡回群であり，その生成元を ω とする．

$$z = \begin{pmatrix} \omega & 0 \\ 0 & \omega \end{pmatrix}, \qquad a = \begin{pmatrix} 1 & 0 \\ 0 & \omega \end{pmatrix}, \qquad u = \begin{pmatrix} 1 & 1 \\ 0 & 1 \end{pmatrix} \qquad (3.1.1)$$

とおく．G の中心 Z は $\mathbb{F}_q^*$ と同型であり，z によって生成される．一方，G には $b^{q+1} = z$ をみたす元 b が存在する．したがって b の位数は $q^2 - 1$ である．(b は複雑な形になるので，ここでは具体的に行列で表すことはしない．) そのとき次のタイプの元が G の共役類の代表系を与える．

$$\{z^i, \quad z^i u, \quad z^i a^j, \quad b^k\}. \qquad (3.1.2)$$

この 4 種類の元は，それぞれ同じ個数の元からなる共役類を持つ．ただし $0 \leqq i, j < q-1$ である．$z^i, z^i u$ はそれぞれ $q-1$ 個が共役類の代表元を与え，$z^i a^j$ は (i, j) の可能な組の内 $\frac{1}{2}(q-1)(q-2)$ 個が代表元を与える．また b^k は $0 \leq k < q^2 - 1$ なる k のうち $\frac{1}{2}q(q-1)$ 個が代表元を与える．

3.1 はじめに

さて G の指標表は次のようになる.

表 3.1 $GL_2(\mathbb{F}_q)$ の指標表

		σ_l	$\sigma_l \otimes \mathrm{St}$	R_{lm}	R'_n
z^i	1	ζ^{2li}	$\zeta^{2li}q$	$\zeta^{mi+lj}(q+1)$	$\zeta^{ni}(q-1)$
$z^i u$	q^2-1	$\zeta^{2li}q$	0	ζ^{mi+li}	$-\zeta^{ni}$
$z^i a^j$	q^2+q	ζ^{2li+lj}	ζ^{2li+lj}	$\zeta^{mi+li}(\zeta^{mj}+\zeta^{lj})$	0
b^k	q^2-q	ζ^{lk}	$-\zeta^{lk}$	0	$-(\xi^{nk}+\xi^{qnk})$

表の 1 列目は共役類の代表元, 2 列目は各共役類に含まれる元の個数を表す. ここで ξ は 1 の原始 q^2-1 乗根, $\zeta = \xi^{q+1}$ である. また, σ_l, St, R_{lm}, R'_n はそれぞれ, 次数 1, q, $q+1$, $q-1$ の G の既約指標を表す. $0 \le l, m < q-1$, $0 \le n < q^2-1$ であるが, そのなかで $\sigma_l, \sigma_l \otimes \mathrm{St}$ はそれぞれ $q-1$ 個が相異なり, また R_{lm} は $\frac{1}{2}(q-1)(q-2)$ 個, R'_n は $\frac{1}{2}q(q-1)$ 個の可能な取り方がある.

フロベニウスによる先駆的な仕事の後, スタインバーグが $GL_3(\mathbb{F}_q)$ と $GL_4(\mathbb{F}_q)$ の指標表を完成させた. そして 1955 年, グリーン [G] によって一般の n に対して $GL_n(\mathbb{F}_q)$ の指標表が決定された. より正確には, $GL_n(\mathbb{F}_q)$ の既約指標が分類され, その次数が決定された. そして, 各既約指標の値を計算するためのアルゴリズムが完全な形で与えられたのである. グリーンの仕事は, フロベニウス以来多くの人達によって発展されて来た有限群の表現論の成果, 特にブラウアーによるモジュラー表現の理論, の上に立って対称関数に関する繊細で強力な組み合わせ論的手法を展開したものであった.

ところで, $GL_n(\mathbb{C})$ は簡約リー群と呼ばれるより広いクラスのリー群の一例である. 簡約リー群には, 例えば直交群 $SO_n(\mathbb{C})$ や斜交群 $Sp_{2n}(\mathbb{C})$ などが含まれる. これらの群に対しても, 複素数体 $\mathbb{C}$ を有限体 $\mathbb{F}_q$ で置き換える操作が成立し, $SO_n(\mathbb{F}_q)$ や $Sp_{2n}(\mathbb{F}_q)$ などの有限簡約群が得られる. 表題に

ある有限シュバレー群は，このような有限簡約群の中のあるクラスを意味する．今までに現れた群はすべて有限シュバレー群である．

グリーンの鮮やかな成功の後，その結果を $Sp_{2n}(\mathbb{F}_q)$ や $SO_n(\mathbb{F}_q)$ に拡張し，有限簡約群に対する既約表現の一般論を展開することが重要な問題となった．しかし，グリーンの議論は $GL_n(\mathbb{F}_q)$ に特有な組み合わせ論的な調和世界に大きく依存しており，それを他の場合に拡張することは容易なことではなかった．実際 $Sp_{2n}(\mathbb{F}_q)$ や $SO_n(\mathbb{F}_q)$ は古典群と呼ばれ，$GL_n(\mathbb{F}_q)$ の親類筋にあたる群であるが，現在でも組み合わせ論的な記述には成功していない[*1]．

一般の場合を扱うには，より柔軟で，乱暴のきく根本的に新しい手法を，時代の成熟とともに待たなければならなかったのである．そしてそれは，1976年ドリーニュとルスティック [DL] が代数幾何の強力な一般論を武器に，l 進コホモロジー群の理論を有限簡約群の表現論に持ち込んだことによって実現した．彼らは l 進コホモロジー群の上に有限簡約群の表現を構成し，それを用いて多くの既約表現を作ることに成功した．ここに今まで誰も夢想だにしなかった有限簡約群の表現の一般理論が，その端緒を現したのであった．ドリーニュとルスティックの論文のプレプリントが出回ったのは筆者が学生の頃であったが，手工業で平和に暮らしていた小さな村に，突然鉄板で覆われた蒸気船が出現したような衝撃を受けた覚えがある．$GL_n(\mathbb{F}_q)$ の牧歌的な暮らしに慣れた我々には，まるで悪魔の如き驚くべき仕業と思えたものであった．

ルスティックはさらに怒涛の勢いで研究を進め，80年代の後半には有限簡約群のすべての既約表現の統一的な分類とその次数の決定をなしとげた [L3]．そこでは l 進コホモロジーの理論をベースに，ドリーニュによって証明されたヴェイユ予想，ゴレスキー–マクファーソンによって定式化されたばかりの交差コホモロジーの理論などが縦横無尽に使われた．残された問題は既約指標の決定，つまり指標表を完成させることである．この問題に関してルスティックは，交差コホモロジーから発展した偏屈層の理論を利用して簡約群に対する指標層の理論 [L5] を構築し，そこから得られる有限簡約群

[*1] 古典群のグリーン関数に対する組み合わせ論的な試みについては，3.7.6 項参照．

上の関数達が実質的に既約指標を与えることを予想した．そして，これらの関数を計算するアルゴリズムが存在することを示した．ルスティックの予想は，有限簡約群の指標表を決定する統一的なアルゴリズムへの道を拓くものである．この予想は現在有限簡約群の多くのクラス(中心が連結の場合)に対して確かめられているが，まだ完全な解決には至っていない．

本章では有限簡約群，特に有限シュバレー群の表現に関するドリーニュ–ルスティックの理論の概略を紹介する．さらに指標層の理論の一端として，ドリーニュ–ルスティックの理論との関連で重要となる，グリーン関数の幾何に関する部分 [L4] を解説したい．偏屈層のダイナミズムに支えられた幾何的な構成により，ドリーニュ–ルスティックの理論に新しい光があてられ，目をみはるような結論が導かれる様を味わって頂ければ幸いである．最後に $GL_n(\mathbb{F}_q)$ に対する，グリーンによる組み合わせ論的アプローチを紹介する．

3.2 簡約群の構造

本節で述べる代数群の基本的な事項については，本書第 1 章堀田良之氏の解説，および [Bo], [Sp2] を参照されたい．有限体上の代数群については [C], [DM] がある．

3.2.1 代数群の定義

3.1 節で述べたように $\mathbb{F}_q$ を $q = p^e$ 個の元からなる有限体とし，k を $\mathbb{F}_q$ の代数的閉包とする．$GL_n(\mathbb{F}_q)$ と同様に，k に成分を持つ n 次正則行列の集合を $GL_n(k)$ と定義する．$k = \bigcup_{i=1}^{\infty} \mathbb{F}_{p^i}$ であり，したがって $GL_n(k) = \bigcup_{i=1}^{\infty} GL_n(\mathbb{F}_{p^i})$ である．$GL_n(k)$ は標数 p の世界における $GL_n(\mathbb{C})$ の類似物であり，$GL_n(\mathbb{C})$ と多くの幾何的な性質を共有している．また $GL_n(k)$ にはすべての $GL_n(\mathbb{F}_{p^i})$ に関する情報が詰まっていると考えられる．以下では k を一つ固定して $GL_n(k) = GL_n$ と記すことにする．GL_n のような群を代数群という．後に使うために代数群について少し一般的な概念を準備しておこう．アフィン空間 k^n の部分集合 X がいくつかの多項式の共通零点とし

て表されるとき，すなわち，多項式 $f_1,\ldots,f_r \in k[x_1,\ldots,x_n]$ が存在して
$$X = \{x = (x_1,\ldots,x_n) \in k^n \mid f_1(x) = \cdots = f_r(x) = 0\}$$
となるとき，X を k^n の代数的 (部分) 集合という．代数的集合の全体を閉集合系として，k^n に位相が入る．これを k^n のザリスキー位相という．代数的集合 $X \subset k^n$ は相対位相により位相空間になる．

代数的集合 X の閉集合 Y は $Y = Y_1 \cup Y_2$ となる閉集合 $Y_1, Y_2\ (\neq \emptyset,\ Y)$ が存在しないとき既約であるといい，X の極大な既約閉集合を X の既約成分という．X は有限個の既約成分の和集合として表される．X が既約なとき，既約な閉部分集合の増加列 $\emptyset \subsetneq X_1 \subsetneq X_2 \subsetneq \cdots \subsetneq X_r = X$ を考え，その列の長さ r の最大数 m を X の次元という．$m = \dim X$ と表す．$X = k^n$ の場合，$\dim X = n$ である．

$X \subset k^n, Y \subset k^m$ を代数的集合とする．写像 $f: X \to Y$ が $f_1,\ldots,f_m \in k[x_1,\ldots,x_n]$ により，$f(x) = (f_1(x),\ldots,f_m(x))\ (x \in X)$ で与えられるとき，f を X から Y への射という．X から Y への全単射 f が存在して，f とその逆写像 f^{-1} がともに射になっているとき，f を同型射といい，X と Y は代数的集合として同型であるという．X と Y が同型ならば同相であるが，逆は必ずしも成り立たない．代数的集合の同型類を考えることにより，埋め込み $X \subset k^n$ と独立に X についての議論ができる．その意味で，X をアフィン多様体という．

$X \subset k^n, Y \subset k^m$ を代数的集合とする．k^{n+m} の代数的集合とみることにより，直積集合 $X \times Y$ にアフィン多様体の構造が入る．これを X と Y の直積 (または積多様体) という．

以上の準備のもとに (アフィン) 代数群を定義する[*2]．群 G がアフィン代数群であるとは，G がアフィン多様体であり，群の演算により定まる写像
$$G \times G \to G, \quad (x,y) \mapsto xy,$$
$$G \to G, \quad x \mapsto x^{-1}$$
がともに，アフィン多様体としての射になっていることをいう．

[*2] アフィンでない代数群を含めて，より詳しい話は 1.10 節にある．

3.2 簡約群の構造

G, G' を代数群とする．群の準同型 $f : G \to G'$ が同時にアフィン多様体の射になっているとき，f を代数群の射という．f が同型な射であるとき G と G' は代数群として同型であるといい，$G \simeq G'$ と表す．

アフィン代数群の基本的な例をあげておく．成分が k に含まれる n 次正方行列全体の集合を M_n とする．M_n はアフィン空間 k^{n^2} と同一視できる．特殊線形群

$$SL_n = \{A \in M_n \mid \det A = 1\}$$

は k^{n^2} の閉集合であり，代数群になる．一般線形群 GL_n は k^{n^2} の閉集合ではないが，

$$GL_n \simeq \{(a_{ij}, t) \in k^{n^2+1} \mid \det(a_{ij}) t = 1\} \tag{3.2.1}$$

とすることにより，k^{n^2+1} の閉集合とみることができ，代数群の構造が入る．一般に，GL_n の閉部分群を線形代数群という．実は，どんなアフィン代数群も適当な GL_n の閉部分群に同型になることが知られている．その意味で，アフィン代数群と線形代数群は同義である．以下それらを単に代数群という．

GL_n の閉部分群を考えることにより，代数群の様々な例が得られる．2つの代数群 $G \subset GL_n, G' \subset GL_m$ の直積 $G \times G'$ は $G \times G' \subset GL_{m+n}$ と対角的に埋め込むことにより代数群となる．k の乗法群 $k^* = k - \{0\}$ は $k^* \simeq GL_1$ により代数群になる．一方，加法群 k は

$$k \simeq \left\{ \begin{pmatrix} 1 & a \\ 0 & 1 \end{pmatrix} \in GL_2 \mid a \in k \right\}$$

により代数群とみることができる．さらに次も代数群の例を与える．

$$\begin{aligned} Sp_{2n} &= \{A \in GL_{2n} \mid {}^t A J A = J\}, \quad \text{ただし } J = \begin{pmatrix} 0 & I_n \\ -I_n & 0 \end{pmatrix}, \\ O_n &= \{A \in GL_n \mid {}^t A A = I_n\}, \\ SO_n &= \{A \in O_n \mid \det A = 1\}. \end{aligned}$$

ここで，${}^t A$ は行列 A の転置行列，I_n は n 次の単位行列を表す．$Sp_{2n}, O_n,$ SO_n はそれぞれ斜交群，直交群，特殊直交群と呼ばれる．これらの群は GL_n や SL_n とともに古典群と総称されている．

今までの議論から明らかなように，代数群の閉部分群は再び代数群になる．そこで以後，代数群の部分群として閉部分群のみを考えることにする．次の GL_n の部分群は後に重要になる．

$$B_n = \left\{ \begin{pmatrix} a_{11} & a_{12} & \cdots & a_{1n} \\ 0 & a_{22} & \cdots & a_{2n} \\ \vdots & \vdots & \ddots & \vdots \\ 0 & 0 & \cdots & a_{nn} \end{pmatrix} \right\}, \quad T_n = \left\{ \begin{pmatrix} a_{11} & 0 & \cdots & 0 \\ 0 & a_{22} & \cdots & 0 \\ \vdots & \vdots & \ddots & 0 \\ 0 & 0 & \cdots & a_{nn} \end{pmatrix} \right\}.$$

B_n は正則な上半三角行列全体の集合，T_n は正則な対角行列全体の集合である．T_n の元 $t = (a_{ij})$ を $t = \mathrm{Diag}\,(a_{11}, a_{22}, \ldots, a_{nn})$ と表す．さらに

$$U_n = \left\{ \begin{pmatrix} 1 & a_{12} & \cdots & a_{1n} \\ 0 & 1 & \cdots & a_{2n} \\ \vdots & \vdots & \ddots & \vdots \\ 0 & \cdots & 0 & 1 \end{pmatrix} \right\}$$

とおく．U_n は対角成分がすべて 1 の上半三角行列全体の集合である．U_n は B_n の正規部分群であり，$U_n \cap T_n = \{1\}$ である．したがって B_n は U_n と T_n の半直積 $U_n \rtimes T_n$ に同型である．また，$T_n \simeq (k^*)^n$ である．一般に k^* の直積 $(k^*)^m$ と同型な代数群を**トーラス**という．明らかにトーラスはアーベル群になる．T_n の GL_n における中心化群

$$Z_{GL_n}(T_n) = \{g \in GL_n \mid {}^\forall t \in T_n \text{ に対して } gt = tg\}$$

は T_n に一致することが簡単にわかる．このことから T_n は G_n の極大トーラス (部分群の包含関係に関して極大なトーラス) になる．一方 U_n の部分群と同型な代数群を**ベキ単群**という．抽象群として B_n は可解群，U_n はベキ零群になる．特に，ベキ単群はベキ零群である．

3.2.2 簡約代数群

代数群 G の連結成分はつねに既約になることが知られている．G の単位元を含む連結成分を G^0 と表す．G^0 は G の正規部分群であり，G の G^0 による剰余類への分解が G の連結成分への分解を与える．G の既約成分の個

3.2 簡約群の構造

数は有限個なので，剰余群 G/G^0 は有限群になる．3.2.1 項の例では，O_n 以外はすべて連結な代数群になっている．一方，$G = O_n$ は非連結であり，G^0 は SO_n に一致する．剰余群 O_n/SO_n は位数 2 の巡回群である．

代数群 G が単位群以外に連結，かつベキ単な正規部分群を含まないとき G を**簡約代数群**といい，G が単位群以外に連結，かつ可解な正規部分群を含まないとき G を**半単純代数群**という．また G が単位群以外に連結な正規部分群を含まないとき G を**単純代数群**という．

$$\{ \text{単純代数群} \} \subset \{ \text{半単純代数群} \} \subset \{ \text{簡約代数群} \}$$

の関係になっている．今までの例では，GL_n は簡約代数群であり，SL_n, Sp_{2n}, SO_n は単純代数群である．大雑把にいえば，単純代数群の直積が半単純代数群，その中心拡大が簡約代数群であると思えばよい．抽象群としての単純群の定義とは異なり，単純代数群は有限正規部分群の存在を許していることに注意する．例えば SL_n の中心は位数 n の巡回群で，当然 SL_n の正規部分群である．

代数群 G の連結可解部分群の中で部分群の包含関係に関して極大なものを**ボレル部分群**という．G の極大トーラス，極大連結ベキ単群 (以後，略して極大ベキ単群という) も同様に定義される．一方，G はただ 1 つの極大な連結，ベキ単正規部分群を持つ．これを G の**ベキ単根基**という．簡約群であることの必要十分条件はそのベキ単根基が単位群になることである．一方，ボレル部分群 B のベキ単根基 U は G の極大ベキ単群になり，B は極大トーラス T との半直積 $B = UT$ として表される．また G のすべてのボレル部分群は G で共役になる，すなわち B, B' を G のボレル部分群とすると，$gBg^{-1} = B'$ となる $g \in G$ が存在することが知られている．G の極大トーラス，極大ベキ単群もそれぞれ G で共役になる．

トーラスは連結可解群なので，与えられた極大トーラスを含むボレル部分群はつねに存在する．極大連結ベキ単群についても同様である．極大トーラス T の正規化群 $N_G(T) = \{g \in G \mid gTg^{-1} = T\}$ は T を正規部分群として含み，剰余群 $N_G(T)/T$ が定義される．G が連結簡約群の場合，$W(T) = N_G(T)/T$ は有限群になる．$W(T)$ を G に付随する**ワイル群**という．ワイル群は同型を除いて T の取り方に依存しない．

例 3.2.1. $G = GL_n$ の場合，B_n, T_n, U_n がそれぞれ，ボレル部分群，極大トーラス，極大ベキ単群の例を与える．$N_G(T_n)$ の元は各行各列にゼロでない成分をひとつずつ持つような n 次行列からなり，$N_G(T_n)/T_n$ は置換行列(行列成分が 1 か 0 で，各行各列に 1 が 1 個ずつ現れる行列)の全体と同一視できる．したがって，ワイル群 W は n 次対称群 S_n と同型になる．

連結な単純代数群は，複素単純リー群の場合と同様に A から G の型に分類されている．SL_{n+1} が A_n 型，SO_{2n+1} が B_n 型，Sp_{2n} が C_n 型で，SO_{2n} が D_n 型である．これらの無限系列は古典型と呼ばれるが，それ以外に例外型と呼ばれる F_4, E_6, E_7, E_8, G_2 の 5 種類がある．簡約代数群のクラスは後にみるように著しい構造特性を備えており，議論を円滑に進めるためには単純群そのものより簡約群を考えた方が都合がよい．そこで以後 GL_n をモデルに連結簡約群の世界で表現論を展開していくことにする．

3.2.3 ルート系とワイル群

G を連結簡約群，$T \subset B$ を G の極大トーラスとボレル部分群の組とし，U を B のベキ単根基とする．$X(T) = \mathrm{Hom}(T, k^*)$ を T から k^* への代数群の射の全体とする．$X(T)$ は加法 $(\chi_1 + \chi_2)(t) = \chi_1(t)\chi_2(t)$ により階数 $r = \dim T$ の自由 $\mathbb{Z}$-加群になる．今，H を加法群 k に同型な G の部分群で，T の共役の作用で不変なものとする．同型写像 $f : k \to H$ に対して，$tf(x)t^{-1} = f(\alpha(t)x)$ となる $\alpha \in X(T)$ が存在する．実際 $t \mapsto \mathrm{ad}\, t$ は準同型 $\alpha : T \to \mathrm{Aut}\, H$ を引き起こし，$\mathrm{Aut}\, k \simeq k^*$ となることから上の式が得られる[*3]．同型写像 f はスカラー倍を除いて一意に定まり，α は f の取り方によらない．このようにして H から得られる $\alpha \in X(T)$ をルートと呼び，ルートの全体 Φ を T に関する**ルート系**という．また $H = U_\alpha$ と表し，U_α を α に付随する**ルート部分群**と呼ぶ．ルート系 Φ は $X(T)$ の有限部分集合になる．Φ^+ を $U_\alpha \subset U$ となる $\alpha \in \Phi$ の全体とすると，$\Phi = \Phi^+ \coprod (-\Phi^+)$ と分割できる．Φ^+ は正のルート系，$\Phi^- = -\Phi^+$ は負のルート系と呼ばれ

[*3] 代数群 G の元 g に対して同型写像 $\mathrm{ad}\, g : G \to G$ を $\mathrm{ad}\, g(x) = gxg^{-1}$ で定義する．また G の自己同型群を $\mathrm{Aut}\, G$ と表す．

る．U は $\alpha \in \Phi^+$ となる U_α で生成されるが，さらに精密に次が成り立つ：Φ^+ の任意の順序に関して

$$U = \prod_{\alpha \in \Phi^+} U_\alpha \tag{3.2.2}$$

と一意的に表される．これより $N = |\Phi^+|$ とおくと，U はアフィン多様体として k^N に同型になる (代数群としての同型ではない)．

$\alpha \in \Phi^-$ で生成される G の部分群を U^- とすると，$U \cap U^- = \{1\}$ となる．このとき $B^- = TU^-$ は G のボレル部分群になり，$B \cap B^- = T$ が成り立つ．B^- を B に対立するボレル部分群という．

Φ^+ の部分集合 Δ を 2 つの正ルートの和として表されないものの全体として定義する．Δ を B により定まる**単純ルート系**という．集合 Δ は線形独立になり，Φ^+ の元は Δ の元の非負整数係数の一次結合として一意的に表される．ここで V を Φ で生成された $\mathbb{R} \otimes X(T)$ の部分空間とする．V には内積 $(\ ,\ )$ が自然に入り，V のベクトル α に付随した鏡映 $s_\alpha : V \to V, x \mapsto x - (x, \alpha^\vee)\alpha$ が定義される．ただし，$\alpha^\vee = 2\alpha/(\alpha,\alpha)$ である．ワイル群 $W = W(T)$ は $X(T)$ に $w(\chi)(t) = \chi(w^{-1}tw)$ により作用する $(\chi \in X(T), w \in W)$．W はルート系 Φ を不変にし，よって V に作用する．この作用で W は s_α $(\alpha \in \Phi)$ で生成された V 上の鏡映群と同型になることが知られている．

単純ルート α に関する鏡映 s_α を単純鏡映という．W は単純鏡映全体の集合 S により生成される．次の命題が成立する．

命題 3.2.2. W は生成系 S と次の基本関係によって定まる群である．

$$\begin{cases} s^2 = 1 & (s \in S), \\ (ss')^{m(s,s')} = 1 & (s, s' \in S). \end{cases}$$

ただし，$s, s' \in S$ に対し，$m(s, s')$ は ss' の位数を表す．

一般にこのような性質を持つ群 W を**コクセター群**，組 (W, S) をコクセター系という．有限コクセター群の大部分はワイル群が占めるが，そうでないものもある．例えば，位数 $2m$ の二面体群はコクセター群であるが，$m = 2, 3, 4, 6$ を除いてワイル群ではない．

さて，W の元 w は $w = s_1 s_2 \cdots s_r$ と $s_i \in S$ の積の形で表される ($s_i^2 = 1$ に注意)．w を表示するのに必要な $s_i \in S$ の最小個数を $l(w)$ と記し，w の長さという．(例えば，$l(1) = 0, l(s) = 1$)．次の命題が示すように W の長さ関数 $l(w)$ はルート系と密接な関係にある．

命題 3.2.3. W の元 w に対し，$l(w) = |\Phi^+ \cap w^{-1}(\Phi^-)|$ が成り立つ．

W には $w_0(\Phi^+) = \Phi^-$ となる元 w_0 がただ 1 つ存在する．したがって $l(w_0) = N$ であり，w_0 は W の長さ最大の元になる．また，$w_0 U w_0^{-1} = U^-$ となる．

例 3.2.4. $G = GL_n$ の場合にルート系を詳しくみてみよう．$B = B_n, T = T_n$ とする．このとき $U = U_n$ である．写像 $\varepsilon_i : T \to k^*$ を $t = \text{Diag}\,(t_1, \ldots, t_n) \mapsto t_i$ により定義すれば $\varepsilon_i \in X(T)$ であり，$\varepsilon_1, \ldots, \varepsilon_n$ が $X(T)$ の自由基底になる．$i \neq j$ に対し，$U_{ij} = \{I + xE_{ij} \mid x \in k\}$ とおく．ただし，I は単位行列，E_{ij} は (i,j) に関する行列単位 ((i,j) 成分が 1 で他の成分はすべて 0 の行列) を表す．U_{ij} は GL_n の部分群となり，写像 $f : x \mapsto I + xE_{ij}$ が同型 $k \xrightarrow{\sim} U_{ij}$ を与える．さらに $tf(x)t^{-1} = f(t_i t_j^{-1} x)$ となることが容易に確かめられる．これよりルート系 Φ は

$$\Phi = \{\varepsilon_i - \varepsilon_j \in X(T) \mid 1 \leq i \neq j \leq n\} \tag{3.2.3}$$

で与えられる．$U_{ij} \subset U$ となる条件より $\Phi^+ = \{\varepsilon_i - \varepsilon_j \in X(T) \mid i < j\}$ を得る．単純ルート系 Δ は $\Delta = \{\alpha_i = \varepsilon_i - \varepsilon_{i+1} \mid 1 \leq i \leq n-1\}$ で与えられる．$W = S_n$ は基底 $\varepsilon_1, \ldots, \varepsilon_n$ の置換として $X(T)$ に作用する．$\alpha_i \in \Delta$ に関する単純鏡映を $s_i = s_{\alpha_i}$ とすれば s_i は互換 $(i, i+1)$ に一致する．W の最長元 w_0 は $w_0 = (1, n)(2, n-1) \cdots$ で与えられ，$w_0 U w_0^{-1} = U^-$ は対角成分が 1 の下半三角行列の全体に一致する．また，命題 3.2.3 をルート系 (3.2.3) に適用することにより W の長さ関数 $l(w)$ の具体的な表示が得られる．

$$l(w) = \sharp\{(i,j) \mid 1 \leq i < j \leq n, w(i) > w(j)\}. \tag{3.2.4}$$

3.2 簡約群の構造

3.2.4 ジョルダン分解

g を GL_n の元とする．g が対角行列に共役であるとき，g を半単純元という．また行列 $g-1$ がベキ零行列のとき，すなわち，ある $m > 0$ に対して $(g-1)^m = 0$ となるとき，g をベキ単元という．任意の元 $g \in GL_n$ は $g = su = us$ (s は半単純元，u はベキ単元) と一意的に表される．これを正則行列のジョルダン分解という．k は $\mathbb{F}_q$ の代数的閉包なので，GL_n の任意の元の位数は有限である．この場合，ジョルダン分解を次のように特徴付けることもできる．

$$\begin{aligned} &g \text{ が半単純元} \Leftrightarrow g \text{ の位数が } p \text{ と素,} \\ &g \text{ がベキ単元} \Leftrightarrow g \text{ の位数が } p \text{ のベキ乗.} \end{aligned} \tag{3.2.5}$$

実際，g が半単純元ならば共役で置き換えることにより $g \in T_n$ としてよい．すると $g \in T_n(\mathbb{F}_q)$ となる十分大きい $\mathbb{F}_q$ が存在する．このとき g の位数は $q - 1$ の約数であり，したがって p と互いに素になる．g がベキ単元ならばやはり共役で置き換えて $g \in U_n$ としてよい．U_n は次のような部分群の列を持つ．

$$U_n = U^{(0)} \supset U^{(1)} \supset \cdots \supset U^{(n-1)} = \{1\}.$$

ここに $U^{(r)}$ は $U^{(r)} = \{(a_{ij}) \in U_n \mid 1 \leq j - i \leq r \text{ のとき } a_{ij} = 0\}$ で定義される U_n の部分群である．$U^{(r)}$ は U_n の正規部分群であり，$U^{(r)}/U^{(r+1)}$ は k^m (m はある自然数) に代数群として同型になる．k^m の元の位数は (単位元を除けば) すべて p に等しいので，g の位数は p のベキ乗になる．g は位数が p と素な元と，位数が p のベキ乗の元との可換な積として一意的に表されることから (3.2.5) が得られる．

$g = su$ をジョルダン分解とすると，(3.2.5) より s, u はともに g のベキ乗で表される．これより代数群におけるジョルダン分解が得られる．

命題 3.2.5 (**代数群におけるジョルダン分解**)**.** $G \subset GL_n$ を代数群とする．$g = su$ を $g \in G$ の (GL_n での) ジョルダン分解とする．そのとき $s, u \in G$ となる．また，s, u は G の GL_n への埋め込みにはよらない．

命題 3.2.5 で定まる $s, u \in G$ を，それぞれ代数群 G の半単純元，ベキ単元という．また半単純元を含む G の共役類を半単純 (共役) 類，ベキ単元を含む共役類をベキ単 (共役) 類という．G が簡約群の場合，半単純元 s の中心化群 $Z_G(s) = \{g \in G \mid gs = sg\}$ は簡約群になる．例えば，s を $G = GL_n$ の半単純元とし，行列 s の各固有値 α_i の重複度を m_i $(1 \leq i \leq r)$ とすると，$Z_G(s) \simeq GL_{m_1} \times GL_{m_2} \times \cdots \times GL_{m_r}$ になる．一方，ベキ単元 u の中心化群 $Z_G(u)$ は簡約群にはならず，その構造はより複雑である．そこで $g = su$ の中心化群を求めるには，$H = Z_G(s)$ とするとき $Z_H(u) = Z_G(su)$ となることを利用して，簡約群 H の中でのベキ単元 u の中心化群を求めることになる．これを逆にして $K = Z_G(u)$ の中での s の中心化群 $Z_K(s) = Z_G(su)$ を調べるのは賢明なやり方ではない．

この例からも見てとれるように G の元に関する問題がジョルダン分解を経由して，より小さい簡約群のベキ単元に関する問題に帰着される．ここでは，半単純元は情報の伝達者としての役割を持つ．必要な情報を壊すことなく，周りの状況を保存したまま，問題をベキ単元に渡すのである．そして真の困難，あるいは特異性は多くの場合，ベキ単元に起因する．このようなジョルダン分解のモチーフは，単なる G の元に関する問題を越えて拡がっていく．後に我々は簡約群の表現論においても，ジョルダン分解が姿を変えて現れるのをみるだろう．

3.2.5 フロベニウス写像とラングの定理

3.2.1 項の冒頭で述べたように GL_n にはすべての $GL_n(\mathbb{F}_{p^i})$ に関する情報が含まれている．しかし，どのようにしたらその中から特定の $GL_n(\mathbb{F}_q)$ に関する部分を効率よく取り出せるのだろうか．一般に群が与えられたとき，その部分群に関する情報を得るのは簡単ではない．例えばどんな有限群も n を十分大きく取れば，対称群 S_n の中に埋め込めるが，だからといって，S_n の性質からすべての有限群の性質が導かれるわけではない．しかし，代数群の場合にはこれを意のままに操る魔法の杖が存在する．それがフロベニウス写像とラングの定理である．

まずフロベニウス写像から説明しよう．写像 $F : k \to k$ を $F(x) = x^q$

3.2 簡約群の構造

で定義する．標数 p の特性から $(x+y)^q = x^q + y^q$ が成立し，F は体 k の同型写像になる．さらに，F の不動点の集合 $\{x \in k \mid F(x) = x\}$ が $\mathbb{F}_q$ に一致する．(実際，$\mathbb{F}_q^*$ は位数 $q-1$ の巡回群であるから $x^q - x = 0$ は k における $\mathbb{F}_q$ の定義方程式になる)．F を k の $\mathbb{F}_q$ 構造に関するフロベニウス写像という．アフィン空間 k^n のフロベニウス写像 $F: k^n \to k^n$ を $x = (x_1, \ldots, x_n) \mapsto (x_1^q, \ldots, x_n^q)$ で定義する．k^n の代数的集合 X が F 不変，すなわち $F(X) = X$ となるとき，X は $\mathbb{F}_q$ 上定義されているという．F の X への制限を X 上の ($\mathbb{F}_q$ 構造に関する) フロベニウス写像といい，同じ F で表す．F はザリスキー位相に関して位相同型写像になるが，代数的集合の同型射ではないことに注意する．$X(\mathbb{F}_q) = X \cap \mathbb{F}_q^n$ を X の $\mathbb{F}_q$ 有理点 (座標成分がすべて $\mathbb{F}_q$ に含まれる点) の集合とする．上のことから F による X の不動点の集合 $X^F = \{x \in X \mid F(x) = x\}$ が $X(\mathbb{F}_q)$ と一致し，したがって X^F は有限集合になることが容易にわかる．

X, Y を $\mathbb{F}_q$ 上定義された代数的集合とし，F, F' をそれぞれのフロベニウス写像とする．射 $f: X \to Y$ がフロベニウス写像と可換なとき，すなわち，$f \circ F = F' \circ f$ となるとき，f は $\mathbb{F}_q$ 上定義されているという．同型射 $f: X \to Y$ が $\mathbb{F}_q$ 上定義されていれば，f は $X(\mathbb{F}_q)$ から $Y(\mathbb{F}_q)$ への全単射を導く．これは X と Y が同じ $\mathbb{F}_q$ 構造を持つことを意味している．

アフィン多様体 X が $\mathbb{F}_q$ 上定義されているとき，X のフロベニウス写像は埋め込み $X \hookrightarrow k^n$ の選び方，すなわち X の $\mathbb{F}_q$ 構造によって決まる．したがって X 上には $\mathbb{F}_q$ に関するいくつかのフロベニウス写像が存在する．次の命題はフロベニウス写像を得るための簡便な条件を与える．

命題 3.2.6. X を $\mathbb{F}_q$ 上定義されたアフィン多様体，$F: X \to X$ を $\mathbb{F}_q$ 構造に関するフロベニウス写像とする．$\sigma: X \to X$ を X の同型射で，ある整数 $n \geq 1$ に対して $(\sigma F)^n = F^n$ となるものとする．このとき，σF は X のある $\mathbb{F}_q$ 構造に関するフロベニウス写像になる．特に $\sigma: X \to X$ が位数有限の同型射で，$\sigma F = F \sigma$ ならば，σF はフロベニウス写像になる．

例 3.2.7. (3.2.1) の埋め込み $GL_n \subset k^{n^2+1}$ で $G = GL_n$ は F 不変になり，

対応するフロベニウス写像 $F: G \to G$ は次の式で与えられる．

$$F(a_{ij}) = (a_{ij}^q), \qquad A = (a_{ij}) \in G. \qquad (3.2.6)$$

$x \mapsto x^q$ が体 k の同型写像であることから，F は群の準同型写像になる．したがって $G^F = GL_n(\mathbb{F}_q)$ が成り立つ．一方，$\sigma: G \to G$ を $\sigma(A) = {}^t A^{-1}$ で定義すると σ は群の準同型であり，$\sigma^2 = 1, \sigma F = F\sigma$ をみたす．命題 3.2.6 により $F' = \sigma F$ は G の別の $\mathbb{F}_q$ 構造に関するフロベニウス写像を与える．$G^{F'} = \{A \in GL_n \mid F(A) = {}^t A^{-1}\}$ をユニタリ群という．

G を $\mathbb{F}_q$ 上定義された代数群とし，$F: G \to G$ を $\mathbb{F}_q$ 構造に付随するフロベニウス写像とする．F が準同型ならば，$G^F = G(\mathbb{F}_q)$ は有限群になる．(例えば，$G \subset GL_n$ で，例 3.2.7 の F が G を不変にする場合)．以後，G のフロベニウス写像は準同型になるものを考える．G の $\mathbb{F}_q$ 構造はフロベニウス写像により定まるので，組 (G, F) を $\mathbb{F}_q$ 上定義された代数群ということにする．我々は，有限群 G^F を直接考える代わりに，組 (G, F) を有限群 G^F と同等の情報を持つ，幾何学的な対象とみなす立場をとる．(ここで，幾何学的という言葉は，代数閉体 k に関係した対象物という意味で使っている．) このような観点からは G^F の部分群のうち G の F 不変な部分群 H から H^F の形で得られる部分群が重要になる．次のラングの定理は G の F 不変な部分群をコントロールする上で決定的な役割を果たす．証明については，[DM], [St2] を参照のこと．

定理 3.2.8 (ラングの定理). G を $\mathbb{F}_q$ 上定義された代数群，$F: G \to G$ をフロベニウス写像とし，さらに G は連結であると仮定する．このとき，写像 $\mathcal{L}: g \mapsto g^{-1} F(g)$ は G から G への全射を与える．

G がアーベル群でない限り，写像 $\mathcal{L}$ は群の準同型写像にはならない．以下にラングの定理の使い方を示す簡単な例をあげよう．$F: G \to G$ を連結代数群のフロベニウス写像とする．$g \in G$ に対し，準同型 $\mathrm{ad}\, g \circ F: G \to G$ を簡単に gF と表す．ラングの定理により $\alpha^{-1} F(\alpha) = g$ となる $\alpha \in G$ が存在する．このとき，同型写像 $\mathrm{ad}\, \alpha: G \to G$ により gF が F に移る．すなわち $\mathrm{ad}\, \alpha \circ gF = F \circ \mathrm{ad}\, \alpha$ が成立し，$\mathrm{ad}\, \alpha$ により $gF: G \to G$ を F と同型な

3.2 簡約群の構造

$\mathbb{F}_q$ 構造を持つフロベニウス写像とみることができる．特に $G^F \simeq G^{gF}$ が成り立つ．次の結果も後に使われる．

(3.2.7) H, N を F 不変な G の部分群とし，H は N の連結な正規部分群とする．このとき，F は N/H に自然に作用し，次が成り立つ．

$$(N/H)^F \simeq N^F/H^F.$$

実際，自然な準同型 $N \to N/H$ は単射 $\varphi : N^F/H^F \to (N/H)^F$ を導く．φ が全射であることを示せばよい．$gH \in (N/H)^F$ とすると，$F(gH) = gH$, したがって $g^{-1}F(g) \in H$. ラングの定理を H に適用して $a^{-1}F(a) = g^{-1}F(g)$ となる $a \in H$ が見つかる．このとき $ga^{-1} = n \in N^F$. そこで $gH = nH$ となり φ は全射になる．

ラングの定理を応用して，ある種の F 不変な部分群の存在を示し，それに G^F 共役な部分群を分類することができる．始めに少し記号を準備する．$F : H \to H$ を群 H の準同型写像とする．$x, y \in H$ に対し $y = g^{-1}xF(g)$ となる $g \in H$ が存在するとき，x と y は F 共役であるといい，$x \sim_F y$ と記す．F 共役の関係は同値関係であり，その同値類を F 共役類という．H の F 共役類の集合を $H/\sim_F$ と表す．F が恒等写像のとき F 共役類は通常の共役類に一致する．まず次の補題を示す．

補題 3.2.9. $F : G \to G$ を連結代数群のフロベニウス写像とし，H を G の F 不変な部分群とする．$x \in H$ の H/H^0 への像を $\bar{x}$ と表す．$x, y \in H$ とする．このとき，$\bar{x}$ と $\bar{y}$ が H/H^0 で F 共役ならば x と y が H で F 共役になる．

証明 $\bar{x} \sim_F \bar{y}$ と仮定する．すると $yH^0 = g^{-1}xF(g)H^0$ となる $g \in H$ が存在する．$x' = g^{-1}xF(g) \sim_F x$ なので，x を $x' \in H$ で置き換えて $\bar{x} = \bar{y}$ と仮定して構わない．上に述べたように xF は G 上のフロベニウス写像であり，$xH^0x^{-1} = H^0$ より H^0 は xF 不変になる．仮定により $yx^{-1} \in H^0$ なので連結代数群 H^0 にラングの定理を適用して，$g^{-1}(xF)(g) = yx^{-1}$ となる $g \in H^0$ が見つかる．これより $g^{-1}xF(g) = y$ が得られる．∎

命題 3.2.10. G をフロベニウス写像 F を持つ連結代数群，H を G の部分群とする．$\mathcal{X}$ を H に共役な部分群の全体，すなわち $\mathcal{X} = \{gHg^{-1} \mid g \in G\}$ とし，$\mathcal{X}$ が F の作用で不変であると仮定する．このとき

(i) $\mathcal{X}$ には F 不変な元 H_0 が存在する．

(ii) $\mathcal{X}^F$ の G^F 共役類の全体を $\mathcal{X}^F/\sim$ とおく．$N = N_G(H_0)$ とするとき次の全単射が存在する．

$$\mathcal{X}^F/\sim \; \simeq \; N/\sim_F \; \simeq \; (N/N^0)/\sim_F$$

証明 まず (i) を示す．仮定より $F(H) \in \mathcal{X}$．そこで $g^{-1}Hg = F(H)$ となる $g \in G$ が存在する．ラングの定理より $\alpha^{-1}F(\alpha) = g$ となる $\alpha \in G$ が取れる．このとき $F(\alpha H \alpha^{-1}) = (\alpha g)F(H)(\alpha g)^{-1} = \alpha H \alpha^{-1}$ となる．したがって $H_0 = \alpha H \alpha^{-1} \in \mathcal{X}^F$．次に (ii) を示す．$H_1 \in \mathcal{X}^F$ は $H_1 = aH_0a^{-1}$ と表される．H_1 は F 不変なので，$F(aH_0a^{-1}) = aH_0a^{-1}$．これより $a^{-1}F(a) \in N$．別の表示 $H_1 = bH_0b^{-1}$ を取れば，$n = a^{-1}b \in N$ であり $b^{-1}F(b) = n^{-1}a^{-1}F(a)F(n)$ は N で $a^{-1}F(a)$ に F 共役になる．そこで $H_1 = aH_0a^{-1}$ に $a^{-1}F(a)$ の F 共役類を対応させることにより写像 $\varphi : \mathcal{X}^F \to N/\sim_F$ が定義できる．今 $H_2 \in \mathcal{X}^F$ が H_1 に G^F で共役であるとする．すると，ある $g \in G^F$ に対して $H_2 = gH_1g^{-1} = (ga)H_0(ga)^{-1}$ となり，$(ga)^{-1}F(ga) = a^{-1}F(a)$ となる．したがって φ は写像 $\tilde{\varphi} : \mathcal{X}^F/\sim \to N/\sim_F$ を導く．写像 $\tilde{\varphi}$ が全単射になることは容易に確かめられる．これから (ii) の前半が得られる．最後に (ii) の後半を示す．準同型写像 $N \to N/N^0$ は全射 $N/\sim_F \to (N/N^0)/\sim_F$ を導く．補題 3.2.9 により，この写像は単射である． ∎

命題 3.2.10 を簡約群の場合に適用して次の結果が得られる．

系 3.2.11. G を $\mathbb{F}_q$ 上定義された連結簡約群，F をそのフロベニウス写像とする．

(i) G には F 不変なボレル部分群 B_0 と F 不変な極大トーラス T_0 で，$T_0 \subset B_0$ となるものが G^F 共役を除いてただ 1 つ存在する．

3.2 簡約群の構造

(ii) T を G の F 不変な極大トーラスとする．F は $W(T) = N_G(T)/T$ に自然に作用する．このとき，F 不変な極大トーラスの G^F 共役類は $W(T)/\sim_F$ と 1 対 1 に対応する．

証明 B を G のボレル部分群とすると，$F(B)$ もボレル部分群になる．そこで G のボレル部分群の集合 $\mathcal{X} = \{gBg^{-1} \mid g \in G\}$ は F 不変であり，命題 3.2.10 (i) により F 不変なボレル部分群 B_0 が存在する．B_0 の極大トーラスの集合も F 不変であり，同様にして B_0 の中に F 不変な極大トーラス T_0 が見つかる．T_0 は G の極大トーラスでもあるので，$T_0 \subset B_0$ は (i) の要請 (の前半) をみたす．一意性を示すために連結簡約群 G のボレル部分群に関する次の性質を使う．(証明については，後の注意 3.2.16 (i) を参照).

$$N_G(B_0) = B_0, \qquad N_G(T_0) \cap B_0 = T_0. \tag{3.2.8}$$

最初の式を命題 3.2.10 (ii) に適用して，G の F 不変なボレル部分群はすべて G^F 上で共役になる．一方，2 番目の式より，$N_{B_0}(T_0) = T_0$．ふたたび命題 3.2.10 (ii) により，B_0 の F 不変な極大トーラスはすべて B_0^F で共役になることがわかる．これより (i) の後半が得られる．(ii) は G の極大トーラスの集合に命題 3.2.10 を適用することにより得られる． ∎

以後，連結簡約群 G に対し，$T_0 \subset B_0$ を固定する．系 3.2.11 によりこれらの組は G の $\mathbb{F}_q$ 構造によって一意的に定まる．また G のワイル群としては $W = N_G(T_0)/T_0$ を考える．F は W に自然に作用するが，F が W に自明に作用するとき，(G, F) を**シュバレー型**，そうでないとき**スタインバーグ型**という．対応して得られる有限群 G^F をそれぞれ，**有限シュバレー群**，**有限スタインバーグ群**という．以後は簡単のため，主にシュバレー型の簡約群を扱う．

例 3.2.12. $G = GL_n$ とし，F を (3.2.6) で与えたフロベニウス写像とする．このとき $T_n \subset B_n$ が F 不変な組 $T_0 \subset B_0$ を与え，F は W に自明に作用する．これより (GL_n, F) はシュバレー型になることがわかる．(GL_n, F') に関しては F' を $\dot{w}_0 F'$ で置き換えて考える (定理 3.2.8 の後の注意により $\mathbb{F}_q$

構造は変わらない). ただし, $\dot{w}_0$ は S_n の最長元 $w_0 = (1, n)(2, n-1) \cdots$ に対応する置換行列を表す. $T_n \subset B_n$ は $\dot{w}_0 F'$ 不変になり, $\dot{w}_0 F'$ は $W = S_n$ に $\operatorname{ad} w_0$ として作用する. したがって $(GL_n, \dot{w}_0 F')$ はスタインバーグ型になる. 一方, $G = Sp_{2n}, SO_n$ はそれぞれ GL_{2n}, GL_n の中で F 不変であり, (G, F) はシュバレー型になる.

3.2.6 極大トーラスの $\mathbb{F}_q$ 構造

(G, F) をシュバレー型の連結簡約群とする. F は $W = N_G(T_0)/T_0$ に自明に作用し, W の F 共役類 $W/\sim_F$ は W の共役類 $W/\sim$ と一致する. 系 3.2.11 により G の F 不変な極大トーラスの G^F 共役類は $W/\sim$ と 1 対 1 に対応する. W の共役類 (の代表元) w に対応する F 不変な極大トーラスを T_w と表す. 系 3.2.11 の議論から T_w は次の手続きで得られる. $\dot{w} \in N_G(T_0)$ を $w \in W$ の代表元とする. ラングの定理により $a^{-1}F(a) = \dot{w}$ となる $a \in G$ が取れる. そこで $T_w = aT_0 a^{-1}$ とおくのである. T_w は G^F 共役を除いて w から定まる. 同型 $\operatorname{ad} a^{-1} : T_w \to T_0$ により T_w のフロベニウス写像 F は T_0 のフロベニウス写像 $\dot{w}F$ に移る. すなわち次の図式が可換になる.

$$\begin{array}{ccc} T_w & \xrightarrow{\operatorname{ad} a^{-1}} & T_0 \\ {\scriptstyle F}\downarrow & & \downarrow{\scriptstyle \dot{w}F} \\ T_w & \xrightarrow{\operatorname{ad} a^{-1}} & T_0 \end{array}$$

これより $T_w^F \simeq T_0^{wF}$ となる. ($\dot{w}F : T_0 \to T_0$ は代表元 $\dot{w}$ の取り方によらない. それを wF と表す). T_0^{wF} は G^F の部分群ではないが, T_0 の部分群として, T_w より見やすいのでこちらで考えることが多い. このように G^F から自由にはみ出して議論できるところが, 単に有限群 G^F ではなく代数群 (G, F) を考えることの利点である.

次に, ワイル群 $W(T_w)$ へのフロベニウス写像 F の作用を調べておこう. 同型 $\operatorname{ad} a^{-1} : T_w \to T_0$ は同型 $\operatorname{ad} a^{-1} : N_G(T_w) \to N_G(T_0)$ に拡張され, 同型 $W(T_w) \to W(T_0)$ を誘導する. この同型で, $W(T_w)$ への F の作用は,

3.2 簡約群の構造

$W = W(T_0)$ への wF の作用に移る．F は W に自明に作用するので次が成り立つ．
$$W(T_w)^F \simeq W(T_0)^{wF} = Z_W(w). \tag{3.2.9}$$

例 3.2.13. $G = GL_n$ の場合に T_w^F の構造を調べよう．$w = 1$ のとき，$T_w = T_0$ であり，$T_w^F \simeq (\mathbb{F}_q^*)^n$ となる．w がコクセター元，すなわち巡回置換 $w = (1, 2, \ldots, n)$ のときは

$$T_0^{wF} = \{\operatorname{Diag}(x, x^q, \ldots, x^{q^{n-1}}) \in T_0 \mid x \in \mathbb{F}_{q^n}^*\} \tag{3.2.10}$$

となり，$T_w^F \simeq \mathbb{F}_{q^n}^*$ を得る．一般の場合を考える．$W = S_n$ の共役類は S_n の元を巡回置換分解することにより，n の分割の全体と 1 対 1 に対応する．ここに n の分割 $\lambda = (\lambda_1, \lambda_2, \ldots, \lambda_r)$ とは，$\lambda_1 \geq \lambda_2 \geq \cdots \geq \lambda_r > 0$ で $\sum_i \lambda_i = n$ となる整数の組 $\lambda_1, \ldots, \lambda_r$ を意味する．例えば $w = (123)(456)(78) \in S_8$ は 8 の分割 $\lambda = (3, 3, 2) = (3^2, 2)$ に対応する．今，$w \in S_n$ が n の分割 $\lambda = (\lambda_1, \ldots, \lambda_r)$ に対応するものとする．このとき (3.2.10) と同様の議論により

$$T_0^{wF} \simeq \mathbb{F}_{q^{\lambda_1}}^* \times \mathbb{F}_{q^{\lambda_2}}^* \times \cdots \times \mathbb{F}_{q^{\lambda_r}}^* \tag{3.2.11}$$

となる．したがって，T_w^F の位数は $|T_w^F| = \prod_{i=1}^r (q^{\lambda_i} - 1)$ で与えられる．

特に $n = 2$ の場合，$W = S_2 = \{1, w\}$ であり，$w = (1, 2)$ は W のコクセター元である．これより $|T_0^F| = (q-1)^2$, $|T_w^F| = q^2 - 1$ を得る．(3.1.1) の a, z は T_0 の元であるが，b は T_w^F の生成元に他ならない．ラングの定理を使わずに元 b を記述するのは煩雑になる．

T_w^F の位数を表す簡単な公式が知られている．G がシュバレー型の場合は以下のようになる．今，$V = \mathbb{R} \otimes X(T_0)$ とおくと V は W 加群になる．これを W の鏡映表現という．このとき，I を V の恒等変換として，

命題 3.2.14. $w \in W$ に対し，$|T_w^F| = \det_V(qI - w)$.

3.2.7 簡約群のブリュア分解とワイル群の不変式論

しばらくの間 $\mathbb{F}_q$ 構造を忘れ G を連結簡約群として, $T, B, W, \ldots$ を 3.2.3 項のように取る. G の部分群 B による両側剰余類分解 $B\backslash G/B$ を考える. $\dot{w} \in N_G(T)$ を $w \in W$ の代表元とすると, 両側剰余類 $B\dot{w}B$ は代表元 $\dot{w}$ の取り方によらず w にのみ依存する. そこでこの剰余類を BwB と表す. $U_w = U \cap \dot{w}U^-\dot{w}^{-1}$, $U'_w = U \cap \dot{w}U\dot{w}^{-1}$ により U の部分群 U_w, U'_w を定義する. (3.2.2) の分解により

$$U_w = \prod_{\alpha \in \Phi^+ \cap w(\Phi^-)} U_\alpha, \qquad U'_w = \prod_{\alpha \in \Phi^+ \cap w(\Phi^+)} U_\alpha$$

と表される. 特にアフィン多様体として $U_w \simeq k^{l(w)}$ になる. (3.2.2) においてルートの番号付けを適当に選ぶことにより, $U = U_w U'_w$ と一意的に分解できることに注意する. G の構造を考える上で次の結果は基本的である.

命題 3.2.15 (簡約群のブリュア分解). (i) G の両側剰余類分解は W と 1 対 1 に対応する. すなわち

$$G = \coprod_{w \in W} BwB.$$

(ii) $BwB = U_w \dot{w} B$ であり, $g \in BwB$ は $g = u\dot{w}b$, $u \in U_w, b \in B$ と一意的に表される.

注意 3.2.16. (i) 命題 3.2.15 より (3.2.8) の 2 式 $N_G(B) = B$, $N_G(T) \cap B = T$ が得られる. 実際 $g \in N_G(B)$ とすれば, ある $w \in W$ に対して $g = b\dot{w}b', b, b' \in B$ と表される. このとき $gBg^{-1} = B$ より $\dot{w}U\dot{w}^{-1} = U$. したがって $l(w) = 0$ より $w = 1$, すなわち $g \in B$ となる. $N_G(T) \cap B = T$ も同様に示される.

(ii) G のブリュア分解は次の性質を持つことが知られている. 各単純鏡映 $s \in S$ に対して

$$sBw \subset BwB \cup BswB. \tag{3.2.12}$$

3.2 簡約群の構造

特に, $l(sw) > l(w)$ の場合には $sBw \subset BswB$ が成り立つ. また, 分解 $U = U_s U'_s$ より明らかなように $sBs \neq B$ も成り立つ. 今 $N = N_G(T)$ とおくと, G は N と B で生成され, (i) より $N \cap B = T$ となる. G の部分群 B, N と $W = N/T$ に関するこれらの性質は, BN 対の理論として定式化されている. 以下にみるように有限シュバレー群も同様の部分群を持ち, G と G^F を BN 対を持つ群として同等の立場で議論することができる.

次に (G, F) をシュバレー型の連結簡約群として $B = B_0, T = T_0$ とする. F は $W = N_G(T)/T$ に自明に作用するので (3.2.7) により代表元 $\dot{w}$ はすべて $N_G(T)^F$ から選べる. そこで命題 3.2.15 (i) の両辺の $\mathbb{F}_q$ 不動点を取ることにより G^F のブリュア分解が得られる. U_w も F 不変になることから (ii) を考慮すると

$$G^F = \coprod_{w \in W} B^F \dot{w} B^F = \coprod_{w \in W} U_w^F \dot{w} B^F \tag{3.2.13}$$

と表される. これより G^F の位数が計算できる. G がシュバレー型の場合, 各 U_α はすべて F 不変になり $U_\alpha^F \simeq \mathbb{F}_q$ となる. したがって $|U_w^F| = q^{l(w)}$. さらに $N = |\Phi^+|$, $T \simeq (k^*)^r$ より $|B^F| = |U^F||T^F| = q^N (q-1)^r$ と表され, 次の式が得られる.

$$|G^F| = q^N (q-1)^r \sum_{w \in W} q^{l(w)}. \tag{3.2.14}$$

t を不定元とする多項式 $P_W(t) = \sum_{w \in W} t^{l(w)}$ を W の**ポアンカレ多項式**という.

ポアンカレ多項式は以下に述べるように, ワイル群の不変式論と深く関係している. 命題 3.2.14 と同じく $V = \mathbb{R} \otimes X(T)$ を W の鏡映表現とする. V の対称代数 $S = S(V)$ 上に W が作用し, W の作用で不変な元の全体 S^W は S の部分環になる. S^W を W の**不変式環**という. 一方, J_+ を S の W 不変な (正の次数を持つ) 斉次ベクトルによって生成された S のイデアルとして, 商環 $R = S/J_+$ が定義される. R を W の**余不変式環**という. R は有限次元代数であり, $R = \bigoplus_{i \geq 0} R_i$ と次数付き環の構造を持つ. 各 R_i は W 加群になる. 最高次数は $i = N$ であり, R_N は W の符号表現 $\varepsilon : w \mapsto \det_V w = (-1)^{l(w)}$ に一致する. また R 全体は W の正則表現と同

型になる．さらに

$$\sum_{i=0}^{N} (\dim R_i) t^i = P_W(t) \tag{3.2.15}$$

が成り立つ．より精密に次の等式が成立する．

$$\sum_{i=0}^{N} \mathrm{Tr}\,(w, R_i) t^i = \frac{(t-1)^r P_W(t) \varepsilon(w)}{\det_V(tI - w)}. \tag{3.2.16}$$

(3.2.16) を示そう．次数付き W 加群として次の同型が成立する．

$$R \otimes S^W \simeq S.$$

これより形式的ベキ級数としての等式

$$\left(\sum_{i=0}^{N} \mathrm{Tr}\,(w, R_i) t^i \right) \left(\sum_{i \geq 0} \mathrm{Tr}\,(w, S_i^W) t^i \right) = \sum_{i \geq 0} \mathrm{Tr}\,(w, S_i) t^i$$

が得られる．ただし，S_i^W, S_i はそれぞれ S^W, S の i 次の斉次部分を表す．W は S^W に自明に作用するので，上式で $w = 1$ とおいて

$$\sum_{i \geq 0} \mathrm{Tr}\,(w, S_i^W) t^i = \sum_{i \geq 0} (\dim S_i^W) t^i = (1 - t)^{-r} P_W(t)^{-1}$$

が得られる[*4]．一方，W の S への作用は比較的簡単に記述できて[*5]

$$\sum_{i \geq 0} \mathrm{Tr}\,(w, S_i) t^i = \frac{1}{\det_V(I - wt)}$$

となる．ここで

$$\begin{aligned}
\det_V(I - wt) &= \det_V(w) \det_V(w^{-1} - tI) \\
&= (-1)^r \varepsilon(w) \det_V(tI - w)
\end{aligned}$$

に注意すれば (3.2.16) が得られる．

[*4] 関連する不変式論の諸結果については本書第 2 章 渡辺敬一氏の解説，2.3 節および 2.5 節を参照されたい．

[*5] 2.3 節，モリーンの定理の証明を参照．

3.2 簡約群の構造

さて命題 3.2.14 と (3.2.14) により (3.2.16) は次のように書き直すことができる.

$$\sum_{i=0}^{N} \mathrm{Tr}\,(w, R_i) q^i = \varepsilon(w) q^{-N} |G^F| |T_w^F|^{-1}. \tag{3.2.17}$$

(3.2.17) を利用して次の定理を示そう.

定理 3.2.17. G の F 不変な極大トーラスの個数は q^{2N} に等しい.

証明 定理は一般の連結簡約群に対して成立するが, ここでは (G, F) をシュバレー型と仮定して証明する.

$$\begin{aligned}
F \text{ 不変な極大トーラスの個数} &= \sum_{w \in W\wedge} |G^F| |N_G(T_w)^F|^{-1} \\
&= \sum_{w \in W\wedge} |G^F| |W(T_w)^F|^{-1} |T_w^F|^{-1} \\
&= |W|^{-1} \sum_{w \in W} |G^F| |T_w^F|^{-1}.
\end{aligned}$$

最後の式は, $W(T_w)^F \simeq Z_W(w)$ ((3.2.9) 参照) より出る. 一方, (3.2.17) より W 加群 R の性質を考慮して

$$|W|^{-1} \sum_{w \in W} |G^F| |T_w^F|^{-1} = q^N \sum_{i=0}^{N} \langle R_i, \varepsilon \rangle_W q^i = q^{2N}.$$

よって定理が得られる ($\langle\ ,\ \rangle_W$ は W の内積. 3.3.1 項参照). ∎

例 3.2.18. (i) $G = GL_n$ の場合, $B = B_n$, $T = T_n$ とすれば G のブリュア分解は行列の基本変形に他ならない. 実際 $g = (g_{ij}) \in GL_n$ を取り $w(1) = \max\{i \mid g_{i1} \neq 0\}$ とする. すると, B の元を左と右からかけることにより行列 (g_{ij}) は $(w(1), 1)$ 成分が 1 で, 第 1 列と第 $w(1)$ 行のそれ以外の成分はすべて 0 である行列 g' に変わる. g' の第 2 列の 0 でない最大の行を $w(2)$ として同様の操作をする. これを n 列まで繰り返すと, g は置換

$$w = \begin{pmatrix} 1 & 2 & \cdots \\ w(1) & w(2) & \cdots \end{pmatrix}$$

に対応する置換行列 $\dot{w} \in N_G(T)$ に移行する. こ

れは g が両側剰余類 BwB に含まれることを意味する．各剰余類 BwB が異なることも上の議論から出てくる．

(ii) ここで，$G^F = GL_n(\mathbb{F}_q)$ の位数を具体的に計算しておこう．まず $W = S_n$ の場合に
$$P_W(t) = \prod_{i=2}^{n} \frac{t^i - 1}{t - 1} \tag{3.2.18}$$
と表されることを示す．$1 \leq i \leq n$ に対し，
$$w_i = \begin{pmatrix} 1 & 2 & \cdots & i-1 & i & i+1 & \cdots & n \\ 1 & 2 & \cdots & i-1 & n & i & \cdots & n-1 \end{pmatrix}$$
とおくと，$w_1, \ldots, w_n$ は S_n の S_{n-1} による剰余類 $S_{n-1} \backslash S_n$ の完全代表系になる．このとき $w' \in S_{n-1}$ に対して
$$l(w' w_i) = l(w') + (n - i) = l(w') + l(w_i) \tag{3.2.19}$$
が成り立つ．実際，$w' w_i$ により自然数の列 $(1, 2, \ldots, i, \ldots, n)$ は，
$$(w'(1), w'(2), \ldots, w'(i-1), n, w'(i), \ldots, w'(n-1))$$
に移る．(3.2.4) により $l(w' w_i)$ は組 (i', j') の個数を計算することにより得られるが，そのとき組 $(i, n), \ldots, (n-1, n)$ の $n - i$ 個が $l(w')$ の計算に要する組 (i', j') に加算されることがわかる．これより (3.2.19) の最初の等式が得られる．後半は，$l(w_i) = n - i$ より明らか．(後半の式はここでは使わないが，後の議論に関係する)．

そこで
$$\sum_{w \in S_n} t^{l(w)} = (1 + t + \cdots + t^{n-1}) \sum_{w' \in S_{n-1}} t^{l(w')} = \frac{t^n - 1}{t - 1} \sum_{w' \in S_{n-1}} t^{l(w')}$$
となり，n に関する帰納法で (3.2.18) が得られる．

$G = GL_n$ の場合，$N = n(n-1)/2$ である．そこで (3.2.14)，(3.2.18) より
$$|G^F| = q^{n(n-1)/2} \prod_{i=1}^{n} (q^i - 1) \tag{3.2.20}$$
を得る．

3.2 簡約群の構造

一般のワイル群に対しても (3.2.18) と同様にポアンカレ多項式の積表示が成立[*6]し，有限シュバレー群の位数は (3.2.20) と類似の式で表される．例えば，$G = SP_{2n}, SO_{2n+1}, SO_{2n}$ については G^F の位数はそれぞれ

$$q^{n^2}\prod_{i=1}^{n}(q^{2i}-1), \qquad q^{n^2}\prod_{i=1}^{n}(q^{2i}-1), \qquad q^{n(n-1)}(q^n-1)\prod_{i=1}^{n-1}(q^{2i}-1)$$

となる．

3.2.8 放物部分群

ボレル部分群を含む，代数群の閉部分群を**放物部分群**という．連結簡約群の放物部分群はルート系と関係した簡明な構造を持ち，連結になる．G を連結簡約群とし，3.2.3 項にしたがって Φ をルート系，Δ を (T, B) で定まる単純ルート系とする．P を B を含む G の放物部分群とすると，T を含む連結簡約部分群 L が存在して，$P = LU_P$ と半直積に分解される．ここに，U_P は P のベキ単根基である．L を P の**レビ部分群**と呼ぶ．Δ の各部分集合 I に対して，Φ_I を I の線形結合で表される Φ の元の全体として定義する．このとき，G の B を含む放物部分群は次の意味で Δ の部分集合の全体と 1 対 1 に対応する：P_I を $I \subset \Delta$ に対応する放物部分群とすると，$L = L_I$ は U_α $(\alpha \in \Phi_I)$ と T で生成される G の連結な簡約部分群になる．$B_I = B \cap L_I$ は T を含む L_I のボレル部分群になり，Φ_I は組 (T, B_I) に関する L_I のルート系になる．また I が単純ルート系を与える．B_I のベキ単根基を U_I とおくと

$$U_I = \prod_{\alpha \in \Phi_I^+} U_\alpha, \qquad U_P = \prod_{\alpha \in \Phi^+ - \Phi_I^+} U_\alpha$$

となり，$U = U_I U_P$ と表される．s_α $(\alpha \in I)$ で生成される W の部分群 W_I が L_I の T に関するワイル群になる．W_I に共役な W の部分群を W の放物部分群という．P_I の両側 B 剰余類への分解は $P_I = BW_I B$ によって与

[*6] ワイル群の不変式論からの結果．2.5 節，鏡映群の不変式環参照．

えられる．BW_IB が G の部分群になることは (3.2.12) からも容易に見てとれる．$P = P_I$ を標準的放物部分群という．一般の放物部分群はただ 1 つの標準的な放物部分群に共役になる．

例 3.2.18 に現れた S_{n-1} は $W = S_n$ の放物部分群である．剰余類 $W_I \backslash W$ の完全代表系に関しては，(3.2.19) を一般化した次の事実が知られている．各 $I \subset \Delta$ に対し

$$\mathcal{D}_I = \{w \in W \mid \alpha \in I \text{ に対して } w^{-1}(\alpha) \in \Phi^+\} \tag{3.2.21}$$

とおく．そのとき

(3.2.22) $\mathcal{D}_I$ は剰余類 $W_I \backslash W$ の完全代表系を与える．さらに $w \in W_I, w' \in \mathcal{D}_I$ に対して，次が成り立つ．

$$l(ww') = l(w) + l(w').$$

$\mathcal{D}_I$ を W_I に関する W の**特別代表系**という．例 3.2.18 の代表系は，S_{n-1} に関する S_n の特別代表系になっている．

(G, F) がシュバレー型の場合，(T, B) を共に F 不変になるように取る．このとき P_I はすべて F 不変になる．また，G の F 不変な放物部分群は，G^F 上で P_I に共役になる．実際，放物部分群 P に対しても $N_G(P) = P$ が成り立つので，系 3.2.11 と同様の議論によりこの事実が得られる．ブリュア分解 $P_I^F = B^F W_I B^F$ を利用して，P_I^F の位数は

$$|P_I^F| = |B^F| P_{W_I}(q) \tag{3.2.23}$$

と表される．ただし $P_{W_I}(t)$ はワイル群 W_I に関するポアンカレ多項式である．ここで $P_{\mathcal{D}_I}(t) = \sum_{w \in \mathcal{D}_I} t^{l(w)}$ とおく．(3.2.22) により $P_W(t)$ と $P_{W_I}(t)$ は次の等式をみたすことがわかる．

$$P_W(t) = P_{W_I}(t) P_{\mathcal{D}_I}(t). \tag{3.2.24}$$

例 3.2.19．$G = GL_n$ の場合，Δ の部分集合の全体と，$\sum n_i = n$ となる正整数の列 $(n_1, n_2, \ldots, n_r)$ の全体は 1 対 1 に対応する．$\lambda = (n_1, n_2, \ldots, n_r)$ に対応する Δ の部分集合 $I = I_\lambda$ は，$\{\varepsilon_i - \varepsilon_{i+1} \in$

$\Delta \mid i \notin \{m_1, m_2, \ldots, m_{r-1}\}\}$ で与えられる. ただし, $m_k = n_1 + \cdots + n_k$ $(1 \leq k < r)$ である. ここで n 次行列 A の各行各列をそれぞれ $n_1, n_2, \ldots, n_r$ に区分けした行列 $A = (A_{ij})_{1 \leq i,j \leq r}$ を考える. A_{ij} は A の n_i 行 n_j 列の小行列を表す. すると, GL_n の放物部分群 P_I は (正則な) 区分け上半三角行列の全体

$$P_I = \left\{ \begin{pmatrix} A_{11} & A_{12} & \cdots & A_{1r} \\ 0 & A_{22} & \cdots & A_{2r} \\ \vdots & \vdots & \ddots & \vdots \\ 0 & 0 & \cdots & A_{rr} \end{pmatrix} \right\}$$

になり, L_I は区分け対角行列の全体, U_P は対角成分が単位行列であるような区分け上半三角行列の全体と一致する, すなわち

$$L_I = \left\{ \begin{pmatrix} A_{11} & 0 & \cdots & 0 \\ 0 & A_{22} & \cdots & 0 \\ \vdots & \vdots & \ddots & \vdots \\ 0 & 0 & \cdots & A_{rr} \end{pmatrix} \right\}, \quad U_P = \left\{ \begin{pmatrix} I_1 & A_{12} & \cdots & A_{1r} \\ 0 & I_2 & \cdots & A_{2r} \\ \vdots & \vdots & \ddots & \vdots \\ 0 & \cdots & 0 & I_r \end{pmatrix} \right\}.$$

ただし I_i は次数 n_i の単位行列を表す. 特に $L_I \simeq GL_{n_1} \times \cdots \times GL_{n_r}$ となる.

3.3 誘導表現の分解と岩堀–ヘッケ代数

　本節以降, G を有限体 $\mathbb{F}_q$ 上定義されたシュバレー群, $F: G \to G$ を $\mathbb{F}_q$ 構造に付随するフロベニウス写像とする. 有限シュバレー群 G^F の複素数体 $\mathbb{C}$ 上の表現を調べよう. 特に G^F の既約表現を分類し, その既約指標を決定することが目標である.

　フロベニウス以来, 有限群 $\varGamma$ の既約表現を構成する標準的な方法は, 適当な部分群 H の既約表現 π の $\varGamma$ への誘導表現を, 既約表現の直和に分解するというものであった. その場合, H が $\varGamma$ と同じような構造を持っていると帰納的な議論が使えて都合がよい. 実際フロベニウスは対称群 S_n の種々の部分群 $S_{n_1} \times S_{n_2} \times \cdots \times S_{n_r}$ からの誘導表現を分解することにより S_n の既約指標を完全に決定した.

有限シュバレー群 G^F の既約表現を分類する場合にも，種々の誘導表現を分解することが基本になる．この場合，さらに代数群としての構造を反映させるためにも，G の F 不変な部分群 L に対して L^F から G^F への誘導表現を考えるのが自然であろう．そこで効率よく既約表現を見つけるためには，組 (L, π) の選び方と，π からの誘導表現をどのように分解するかがポイントになる．このような問題に統一的な枠組みを与え，既約表現の分類への道筋をつけるのが本節に述べるハリッシュ・チャンドラの理論である．

本節で使われる有限群の表現論の基礎的な事項については，1.5 節，群の表現，および [CR] を参照されたい．

3.3.1 表現論からの準備

まず記号を導入しておく．$\varGamma$ を有限群とする．以下考える表現はすべて $\varGamma$ の複素数体 $\mathbb{C}$ 上の有限次元表現，すなわち，準同型写像 $\rho : \varGamma \to GL(V)$ (V は $\mathbb{C}$ 上の有限次元ベクトル空間) とする．$\chi_\rho : \varGamma \to \mathbb{C}, g \mapsto \mathrm{Tr}\,(\rho(g))$ により ρ の指標 χ_ρ が定義される．ここで Tr は行列のトレースを表す．$\dim V$ を指標 (あるいは表現) の次数といい，$\deg \chi_\rho = \dim V$ と表す．$\mathbb{C}$ 上の表現については，どんな表現も完全可約になる，つまり，既約表現の直和に分解されることが知られている．また，表現の同値類とその指標とが 1 対 1 に対応する．そこで，しばしば表現 ρ とその指標 χ_ρ を同一視する．$\varGamma$ の既約指標全体の集合 (あるいは既約表現の同値類の集合) を $\widehat{\varGamma}$ と記す．

$\varGamma$ から $\mathbb{C}$ への関数で，各共役類の上で一定の値を取るものを $\varGamma$ の類関数という．$\varGamma$ の類関数全体のなす $\mathbb{C}$ 上のベクトル空間を $\mathcal{V}(\varGamma)$ と表す．$\mathcal{V}(\varGamma)$ の次元は $\varGamma$ の共役類の個数に等しい．一方，$\varGamma$ の既約指標の集合 $\widehat{\varGamma}$ が $\mathcal{V}(\varGamma)$ の基底になることが知られているので，$\widehat{\varGamma}$ の元の個数は $\varGamma$ の共役類の個数と一致する．$\widehat{\varGamma}$ の整係数一次結合全体でできる $\mathcal{V}(\varGamma)$ の $\mathbb{Z}$ 部分加群を $\mathcal{R}(\varGamma)$ と表す．

$\mathcal{V}(\varGamma)$ に次のような内積 $\langle\ ,\ \rangle_\varGamma$ を定義する．$f, h \in \mathcal{V}(\varGamma)$ に対し

$$\langle f, h \rangle_\varGamma = \frac{1}{|\varGamma|} \sum_{g \in \varGamma} f(g) \overline{h(g)}. \tag{3.3.1}$$

3.3 誘導表現の分解と岩堀–ヘッケ代数

ここで $\overline{h(g)}$ は $h(g)$ の複素共役を表す．既約指標の著しい性質として，$\widehat{\varGamma}$ が $\mathcal{V}(\varGamma)$ の正規直交基底となることが知られている．すなわち次の直交関係が成立する：$\widehat{\varGamma} = \{\chi_1, \ldots, \chi_s\}$ とし，$\varGamma$ の共役類の代表元を $\{g_1, \ldots, g_s\}$ とおくとき

$$\sum_{k=1}^{s} z_k^{-1} \chi_i(g_k) \overline{\chi_j(g_k)} = \begin{cases} 1 & i = j \text{ の場合,} \\ 0 & i \neq j \text{ の場合} \end{cases} \qquad (3.3.2)$$

と表される．ただし $z_i = |Z_{\varGamma}(g_i)| = |\varGamma|/|C_i|$ (C_i は g_i を含む共役類) とおいた．ここで，ij 成分が $\chi_j(g_i)$ である s 次正方行列 $X = (\chi_j(g_i))$ を $\varGamma$ の**指標表**という．今 Z を ii-成分が z_i^{-1} である対角行列とすると，(3.3.2) は

$$^tX Z \bar{X} = I \qquad (3.3.3)$$

と行列の関係式で表される．($^tX, \bar{X}$ はそれぞれ X の転置行列，複素共役の行列を表す)．

$\varGamma$ の部分群 H とその表現 π に対して，π の $\varGamma$ への誘導表現を $\mathrm{Ind}_H^{\varGamma} \pi$ と表す．π が H の指標の場合には，誘導表現に対応する $\varGamma$ の指標 (誘導指標) も $\mathrm{Ind}_H^{\varGamma} \pi$ と記すことにする．π を H の指標とするとき，誘導指標 $\mathrm{Ind}_H^{\varGamma} \pi$ は次のように具体的に書かれる．

$$(\mathrm{Ind}_H^{\varGamma} \pi)(x) = \frac{1}{|H|} \sum_{\substack{g \in \varGamma \\ g^{-1}xg \in H}} \pi(g^{-1}xg) \qquad (x \in \varGamma). \qquad (3.3.4)$$

誘導指標は次の推移律をみたす．$K \subset H \subset \varGamma$ を $\varGamma$ の部分群とすると

$$\mathrm{Ind}_H^{\varGamma}(\mathrm{Ind}_K^H \pi) = \mathrm{Ind}_K^{\varGamma} \pi.$$

この等式は (3.3.4) を使って両辺を計算することにより簡単に確かめられる．

$\varGamma$ の表現 ρ の部分群 H への制限を $\mathrm{Res}_H^{\varGamma} \rho$ と記す．指標の場合にも同様の記号を使う．指標の誘導，および制限はそれぞれ，線形写像 $\mathrm{Ind}_H^{\varGamma}: \mathcal{R}(H) \to \mathcal{R}(\varGamma)$, $\mathrm{Res}_H^{\varGamma}: \mathcal{R}(\varGamma) \to \mathcal{R}(H)$ に拡張される．指標の誘導と制限について次のフロベニウスの相互律が成立する．

(**フロベニウスの相互律**) $\rho \in \mathcal{R}(\varGamma), \pi \in \mathcal{R}(H)$ に対し

$$\langle \rho, \mathrm{Ind}_H^{\varGamma} \pi \rangle_{\varGamma} = \langle \mathrm{Res}_H^{\varGamma} \rho, \pi \rangle_H. \qquad (3.3.5)$$

実際, π, ρ がそれぞれ, H, Γ の指標の場合に (3.3.5) を示せばよい. (3.3.4) により

$$\langle \rho, \mathrm{Ind}_H^\Gamma \pi \rangle_\Gamma = |\Gamma|^{-1} \sum_{x \in \Gamma} \rho(x) \left(|H|^{-1} \sum_{\substack{g \in \Gamma \\ g^{-1}xg \in H}} \overline{\pi(g^{-1}xg)} \right)$$

$$= |H|^{-1} |\Gamma|^{-1} \sum_{\substack{g \in \Gamma \\ h \in H}} \rho(ghg^{-1}) \overline{\pi(h)}$$

$$= |H|^{-1} \sum_{h \in H} \rho(h) \overline{\pi(h)} = \langle \mathrm{Res}_H^\Gamma \rho, \pi \rangle_H.$$

フロベニウスの相互律は Ind_H^Γ と Res_H^Γ が, 内積に関して互いに他の随伴作用素になっていることを示している.

3.3.2 ハリッシュ・チャンドラ誘導と制限

P をシュバレー群 G の F 不変な放物部分群とし, L を P の F 不変なレビ部分群とする. このとき, P のベキ単根基 U_P は F 不変になり, $P^F = L^F U_P^F$ と分解できる. L は簡約代数群であり, G と同種類の群である. 例えば, $G = GL_n$ の場合には, 例 3.2.19 で述べたように $L = GL_{n_1} \times \cdots \times GL_{n_r}$ となっている. そこで L^F の表現 π に対して, 誘導表現 $\mathrm{Ind}_{L^F}^{G^F} \pi$ を考えるのが自然であろう. しかし, 実はこの誘導表現はあまり具合がよくない. $L^F \subset P^F \subset G^F$ であるが, L^F から P^F へ π を誘導した段階で, その既約表現への分解は非常に複雑になる. ベキ単群 U_P^F の部分が悪さをしているのである. そのため以下のように, このベキ単根基からの寄与を無視する作戦に出る.

$L^F \simeq P^F / U_P^F$ により, 剰余群への自然な準同型 $\varphi : P^F \to L^F$ が取れる. 表現 $\pi : L^F \to GL(V)$ を φ で持ち上げて P^F の表現 $\tilde{\pi} = \varphi \circ \pi : P^F \to GL(V)$ を定義する. 誘導表現 $\mathrm{Ind}_{P^F}^{G^F} \tilde{\pi}$ を $R_L^G(\pi)$ と表し, π の**ハリッシュ・チャンドラ誘導**という. この $R_L^G(\pi)$ こそが真に役に立つ誘導表現である. ここで大切なのは L^F であって, P^F は補助的な働き (つまり U_P^F を消す働き) をしている. 実際, L をレビ部分群に持つような F 不変な放物部分群 P はいくつか存在するが, $R_L^G(\pi)$ はそのような P の取り方によらず, どれも

3.3 誘導表現の分解と岩堀–ヘッケ代数　　　　　　　　　　　　　　　　　217

同型になることが知られている．それが記号 $R_L^G(\pi)$ に P をつけない理由である．以下では π が指標の場合にも，ハリッシュ・チャンドラ誘導から得られる G^F の指標を $R_L^G(\pi)$ と記すことにする．線形に拡張することにより，線形写像 $R_L^G : \mathcal{R}(L^F) \to \mathcal{R}(G^F)$ が得られる．

ハリッシュ・チャンドラ誘導は次の意味で推移性を持っている．$L \subset P$ を上の通りとし，M を L の F 不変な放物部分群の F 不変なレビ部分群とする．このとき，G の F 不変な放物部分群 Q で $Q \subset P$ となるものが存在し，M は Q のレビ部分群となる．この状況で

$$R_L^G(R_M^L(\pi)) = R_M^G(\pi) \tag{3.3.6}$$

が成り立つ．一方，通常の誘導表現の場合と同じく，ハリッシュ・チャンドラ誘導にもその随伴作用素が存在する．今 $\pi : G^F \to GL(V)$ を G^F の表現とする．$V' = V^{U_P^F}$ を U_P^F 不変な元全体のなす V の部分空間とする．U_P^F は P^F の正規部分群なので，L^F は V' を不変にする．このようにして得られる L^F の表現 V' を π の**ハリッシュ・チャンドラ制限**といい，${}^*R_L^G(\pi)$ と表す．指標に関しても同様の記号を使う．このとき $\pi \mapsto {}^*R_L^G(\pi)$ から得られる線形写像 ${}^*R_L^G : \mathcal{R}(G^F) \to \mathcal{R}(L^F)$ は $R_L^G : \mathcal{R}(L^F) \to \mathcal{R}(G^F)$ の随伴作用素になる．すなわち，次の関係式が成り立つ: $\rho \in \mathcal{R}(G^F), \pi \in \mathcal{R}(L^F)$ に対し

$$\langle \rho, R_L^G(\pi) \rangle_{G^F} = \langle {}^*R_L^G(\rho), \pi \rangle_{L^F}. \tag{3.3.7}$$

実際，指標 $\pi \in L^F, \rho \in G^F$ に対して，$R_L^G(\pi), {}^*R_L^G(\rho)$ はそれぞれ次のように表される．

$$R_L^G(\pi)(g) = |P^F|^{-1} \sum_{\substack{x \in G^F \\ x^{-1}gx \in P^F}} \pi(\varphi(x^{-1}gx)) \quad (g \in G^F),$$

$$ {}^*R_L^G(\rho)(l) = |U_P^F|^{-1} \sum_{u \in U_P^F} \rho(lu) \quad\quad (l \in L^F).$$

(3.3.7) はこれらの式から容易に得られる．

3.3.3 ハリッシュ・チャンドラの理論

L を G の (ある F 不変な放物部分群の)F 不変なレビ部分群, δ を L^F の既約指標とする. このような組 (L,δ) 全体の集合に次のように関係 $\leq$ を定義する: $L' \subset L$ でかつ, $\langle \delta, R_{L'}^{L}\delta' \rangle_{L^F} \neq 0$ となる場合に $(L',\delta') \leq (L,\delta)$. すると, ハリッシュ・チャンドラ誘導の推移性 (3.3.6) により, $\leq$ は半順序になる. さらに次の補題が成り立つ.

補題 3.3.1. (L,δ) に関する次の 3 の条件は同値になる. (以下, L, L', Q 等はすべて F 不変とする).

(i) 組 (L,δ) は半順序 $\leq$ に関して極小である.
(ii) L の放物部分群の任意のレビ部分群 $L' (\neq L)$ に対して $^*R_{L'}^{L}\delta = 0$ が成り立つ.
(iii) $Q (\neq L)$ を L の放物部分群, U_Q をそのベキ単根基とする. このとき
$$\langle \delta, \mathrm{Ind}_{U_Q^F}^{L^F} 1 \rangle_{L^F} = 0.$$

証明 (L,δ) が極小であるとする. このとき, L の F 不変な放物部分群 Q の F 不変なレビ部分群 L' で $L' \subsetneq L$ となるものと, L'^F の任意の既約指標 δ' に対して $\langle \delta, R_{L'}^{L}\delta' \rangle_{L^F} = 0$ が成り立つ. したがって, (3.3.7) により $\langle ^*R_{L'}^{L}(\delta), \delta' \rangle_{L'^F} = 0$. これは $^*R_{L'}^{L}(\delta) = 0$ を意味している. 逆も同様である. これより, (i)⇔(ii) が得られる.

一方, δ の表現空間を V とすれば, 上の L' に対して, $^*R_{L'}^{L}(\delta) = 0$ は $V^{U_Q^F} = 0$ と同値である. それは, $\langle \delta, 1 \rangle_{U_Q^F} = 0$ を意味する. したがって, フロベニウスの相互律 (3.3.5) により, (ii) ⇔ (iii) を得る. ∎

補題 3.3.1 の条件をみたす L の既約表現 (指標) δ を**カスピダル表現** (指標) という. δ がカスピダルとは δ が L より小さいどんなレビ部分群からのハリッシュ・チャンドラ誘導 $R_{L'}^{L}(\delta')$ にも含まれていないことを意味する. したがって, L^F からのハリッシュ・チャンドラ誘導を考える上でカスピダル表現 δ に対する $R_L^G(\delta)$ を考えるのが効率的であろう. 次のハリッシュ・

3.3 誘導表現の分解と岩堀–ヘッケ代数　　219

チャンドラの定理は，そのような (L, δ) の選び方が G^F の既約表現を求める上で無駄なく機能することを示している．

定理 3.3.2 (ハリッシュ・チャンドラ). χ を G^F の既約表現とする．このとき，χ が $R_L^G(\delta)$ の分解に現れるような F 不変なレビ部分群 L と，L^F のカスピダル表現 δ が存在する．このような組 (L, δ) は G^F での共役を除いてただ 1 つ定まる．

ハリッシュ・チャンドラの定理の核心は次の等式にある．L と M をそれぞれある F 不変な放物部分群の F 不変なレビ部分群とし，δ, ρ をそれぞれ L^F, M^F のカスピダル指標とする．このとき

$$\langle R_L^G \delta, R_M^G \rho \rangle_{G^F} = \sharp \{ x \in G^F / L^F \mid xLx^{-1} = M, {}^x\delta = \rho \}. \qquad (3.3.8)$$

ただし，${}^x\delta$ は ${}^x\delta(m) = \delta(x^{-1}mx)$ によって定義される M^F の既約指標を表す．

ここでは，(3.3.8) を認めて定理を示そう．χ を G^F の既約指標とすると，$(L, \delta) \leq (G, \chi)$ となる極小な組 (L, δ) が存在する．δ は L^F のカスピダル指標である．今，$(L, \delta) \leq (G, \chi), (M, \rho) \leq (G, \chi)$ となる 2 つの極小な組があったとしよう．このとき，χ は $R_L^G(\delta)$ と $R_M^G(\rho)$ のどちらにも含まれている．したがって，$\langle R_L^G(\delta), R_M^G(\rho) \rangle_{G^F} \neq 0$．そこで (3.3.8) により組 (L, δ) と組 (M, ρ) とは G^F で共役になり，定理が得られる．

注意 3.3.3. (i) 定理 3.3.2 は G^F の既約表現の集合 $\widehat{G}^F$ が，極小な組 (L, δ) からのハリッシュ・チャンドラ誘導により，互いに共通部分を持たない部分集合に分割されることを示している．各 (L, δ) に対して，$R_L^G(\delta)$ に含まれる G^F の既約表現を，(L, δ) に属するハリッシュ・チャンドラ系列という．特に $L = T$ が F 不変なボレル部分群の極大トーラスの場合，T^F の既約表現 δ はどれもカスピダル表現である (T^F はアーベル群なので，δ はすべて 1 次表現)．(T, δ) に属するハリッシュ・チャンドラ系列の既約表現を**主系列表現**という．

(ii) 定理 3.3.2 は G^F の既約表現を分類する基本方針を与えている．それはまず，各レビ部分群 L^F のカスピダル表現 δ を決定し，次いで $R_L^G(\delta)$ を

既約表現の直和に分解するというプログラムである．この構想は提唱者にちなんでハリッシュ・チャンドラの哲学と呼ばれている．しかし，このどちらのステップもそう簡単ではないことに注意しておく．実際，カスピダル表現 δ はハリッシュ・チャンドラ誘導の分解に含まれないものと定義しているので，構成するのが非常に難しい．また，$R_L^G(\delta)$ の既約表現への分解を調べるためには，その δ に関する詳しい性質が必要で，これもまた一筋縄ではいかない．ハリッシュ・チャンドラの哲学は実行する手段については何も答えてくれないのである．哲学といわれる所以だろうか．

3.3.4 誘導表現の分解

既約表現の分類に関するハリッシュ・チャンドラのプログラムの第 1 段階は，主系列表現を調べること，すなわち極大トーラスからのハリッシュ・チャンドラ誘導を分解することである．今，$T \subset B$ を F 不変な極大トーラスとボレル部分群とする．θ を T^F の既約表現，すなわち準同型 $\theta : T^F \to \mathbb{C}^*$ とする．準同型 $\tilde{\theta} : B^F \to \mathbb{C}^*$ を θ の持ち上げとすると，ハリッシュ・チャンドラ誘導 $R_T^G(\theta)$ は，誘導表現 $\mathrm{Ind}_{B^F}^{G^F} \tilde{\theta}$ で与えられる．$R_T^G(\theta)$ を分解するために，まず一般の有限群の，部分群からの誘導表現の分解について議論しておこう[*7]．

Γ を有限群，$\mathbb{C}\Gamma$ を Γ の $\mathbb{C}$ 上の群環とする．$\mathbb{C}\Gamma$ 加群 X, Y に対し，X から Y への線形写像で $\mathbb{C}\Gamma$ の作用と可換になるもの全体のなす $\mathbb{C}$ 線形空間を $\mathrm{Hom}_\Gamma(X, Y)$ と表す．特に，$X = Y$ のときは，$\mathrm{End}_\Gamma X$ と表す．$\mathrm{End}_\Gamma X$ は，写像の合成により，$\mathbb{C}$ 上の代数になる．それを X の自己準同型環という．

H を Γ の部分群，θ を H の 1 次表現 $\theta : H \to \mathbb{C}^*$ として，誘導表現 $\mathrm{Ind}\,\theta = \mathrm{Ind}_H^\Gamma \theta$ を考える．H の群環 $\mathbb{C}H$ は $\mathbb{C}\Gamma$ の部分代数になる．

$$e = |H|^{-1} \sum_{x \in H} \theta(x^{-1}) x \in \mathbb{C}H \tag{3.3.9}$$

[*7] 本項では半単純環の表現論に関する初歩的な議論を使う．例えば [CR] を参照．

3.3 誘導表現の分解と岩堀–ヘッケ代数

とおく. e で生成された $\mathbb{C}\Gamma$ の左イデアル $\mathbb{C}\Gamma e$ を考えよう. $x \in H$ に対して $xe = \theta(x)e$ が成り立ち, Γ 加群 $\mathbb{C}\Gamma e$ は $\mathrm{Ind}\,\theta$ に同型になることがわかる. $e^2 = e$ であるので, e は誘導表現 $\mathrm{Ind}\,\theta$ を実現する $\mathbb{C}\Gamma$ のベキ等元になる. 群環 $\mathbb{C}\Gamma$ の部分代数 $\mathcal{H} = e\mathbb{C}\Gamma e$ を θ に関する Γ のヘッケ代数という (e が $\mathcal{H}$ の単位元になる). 一方, $\mathbb{C}\Gamma e$ の自己準同型環を $\mathrm{End}_\Gamma \mathbb{C}\Gamma e$ とする. $\mathbb{C}\Gamma e$ の分解に現れる Γ の既約表現を $\rho_1, \ldots, \rho_k$, 各 ρ_i の重複度を m_i とすると, Γe が完全可約であることから

$$\mathrm{End}_\Gamma \mathbb{C}\Gamma e \simeq M_{m_1}(\mathbb{C}) \oplus \cdots \oplus M_{m_k}(\mathbb{C})$$

となる. ここに $M_m(\mathbb{C})$ は m 次の複素正方行列全体のなす全行列環を表す. 特に $\mathrm{End}_\Gamma \mathbb{C}\Gamma e$ は半単純環になる. さて次の補題が成り立つ.

補題 3.3.4. $\mathcal{H}^0$ を $\mathcal{H}$ の反代数[*8]とする. このとき, $\mathrm{End}_\Gamma \mathbb{C}\Gamma e \simeq \mathcal{H}^0$ となる. 特に, $\mathcal{H}$ は半単純環である.

証明 $f \in \mathrm{End}_\Gamma \mathbb{C}\Gamma e$ とする. $f(e) = a$ とおくと $a = ae$ であり, f が $\mathbb{C}\Gamma$ の作用と可換であることから, $f : \mathbb{C}\Gamma e \to \mathbb{C}\Gamma e$ は $m \mapsto ma, (m \in \mathbb{C}\Gamma e)$ で与えられる. しかし

$$f(e) = f(e^2) = ef(e) = eae \in \mathcal{H}$$

より, $f \mapsto f(e)$ は線形写像 $\varphi : \mathrm{End}_\Gamma \mathbb{C}\Gamma e \to \mathcal{H}$ を定める. φ は全単射になり, また反自己準同型になる, すなわち $\varphi(xy) = \varphi(y)\varphi(x)$ をみたすことが容易にわかる. したがって補題が成立する. ∎

群 Γ の指標 χ は, 線形に拡張することにより, 群環 $\mathbb{C}\Gamma$ 上の関数とみることができる. それを $\mathcal{H}$ に制限してできる $\mathcal{H}$ 上の関数を $\chi|_\mathcal{H}$ と表すことにする. 次の命題は, $\mathrm{Ind}\,\theta$ の分解に現れる既約表現がヘッケ代数 $\mathcal{H}$ によって制御されることを示している.

[*8] 集合 $\mathcal{H}$ に $x * y = yx$ (yx は $\mathcal{H}$ での積) により積 $x * y$ 定義した代数 $\mathcal{H}^0$ を $\mathcal{H}$ の反代数 (opposite algebra) という.

命題 3.3.5. $\mathcal{H}$ を誘導表現 $\mathrm{Ind}\,\theta$ に対応するヘッケ代数とする．以下では，$\mathrm{Ind}\,\theta$ を誘導指標としてみる．

(i) $\chi \in \widehat{\Gamma}$ とする．このとき $\chi|_{\mathcal{H}} \neq 0$ となる必要十分条件は $\langle \chi, \mathrm{Ind}\,\theta \rangle_\Gamma \neq 0$ である．

(ii) 写像 $\chi \to \chi|_{\mathcal{H}}$ は $\mathrm{Ind}\,\theta$ の分解に現れる Γ の既約指標の集合から，半単純環 $\mathcal{H}$ の既約指標全体の集合への全単射を与える．

(iii) ζ を $\mathcal{H}$ の既約指標，χ を ((ii) の対応により) ζ に対応する Γ の既約指標とする．このとき $\deg \zeta = \langle \chi, \mathrm{Ind}\,\theta \rangle_\Gamma$ となる．

証明 始めに一般的な注意をする．$u \in \mathbb{C}\Gamma$ をベキ等元とし，M を Γ 加群とする．このとき線形空間として

$$\mathrm{Hom}_\Gamma(\mathbb{C}\Gamma u, M) \simeq uM \qquad (3.3.10)$$

が成り立つ．実際，$f \in \mathrm{Hom}_\Gamma(\mathbb{C}\Gamma u, M)$ とすると，補題 3.3.4 と同様の議論により $f(u) \in uM$ を得る．そこで，$f \mapsto f(u)$ により線形写像 $\varphi : \mathrm{Hom}_\Gamma(\mathbb{C}\Gamma u, M) \to uM$ が定義される．φ が全単射になることは容易に確かめられる．

まず (i) を示す．M を指標 χ を実現する既約 Γ 加群とする．(3.3.10) を $u = e$ に適用することにより

$$\dim eM = \dim \mathrm{Hom}_\Gamma(\mathbb{C}\Gamma e, M) = \langle \mathrm{Ind}\,\theta, \chi \rangle_\Gamma. \qquad (3.3.11)$$

今，$\chi \in \widehat{\Gamma}$ が $\chi|_{\mathcal{H}} \neq 0$ をみたすと仮定する．するとある $a \in \mathbb{C}\Gamma$ に対して $\chi(eae) \neq 0$. これは，eae の M の上への作用がゼロでないことを意味する．特に $eM \neq 0$. したがって，$\langle \mathrm{Ind}\,\theta, \chi \rangle_\Gamma \neq 0$. 逆に，$\langle \mathrm{Ind}\,\theta, \chi \rangle_\Gamma \neq 0$ と仮定すると (3.3.11) により，$\dim eM \neq 0$. 一方，$e \in \mathbb{C}\Gamma$ はベキ等元なので e の M への作用は M から eM への射影子になっている．これより

$$\chi(e) = \mathrm{Tr}\,(e, M) = \dim eM. \qquad (3.3.12)$$

これより $\chi(e) \neq 0$. 特に，$\chi|_{\mathcal{H}} \neq 0$ を得る．

次に (ii) を示す．χ を $\chi|_{\mathcal{H}} \neq 0$ をみたす Γ の既約指標とする．M を χ を実現する既約 Γ 加群とすると，(i) と (3.3.11) より $eM \neq 0$. $\mathcal{H} = e\mathbb{C}\Gamma e$

3.3　誘導表現の分解と岩堀–ヘッケ代数

なので，eM は左 $\mathcal{H}$ 加群とみることができる．ここで eM は既約 $\mathcal{H}$ 加群になることに注意する．実際，$m \in eM$ で $m \neq 0$ となるものを取れば，M が既約 Γ 加群であることから，$\mathcal{H}m = e\mathbb{C}\Gamma em = e\mathbb{C}\Gamma m = eM$．したがって eM は既約である．$\mathcal{H}$ 加群 eM の指標を計算しよう．$h \in \mathcal{H}$ に対し，$hM \subset eM$ なので

$$\chi(h) = \mathrm{Tr}\,(h, M) = \mathrm{Tr}\,(h, eM).$$

したがって $\chi|_{\mathcal{H}}$ は既約 $\mathcal{H}$ 加群 eM の指標となり，(ii) の写像 $\chi \mapsto \chi|_{\mathcal{H}}$ が定義できた．

写像 $\chi \mapsto \chi|_{\mathcal{H}}$ が全射であることを示す．ζ を $\mathcal{H}$ の既約指標とする．ζ は $\mathcal{H}$ の原始ベキ等元 u で生成された $\mathcal{H}$ の左極小イデアル $\mathcal{H}u$ によって実現される．このとき u は同時に $\mathbb{C}\Gamma$ の原始ベキ等元にもなっている．実際，A を半単純環とするとき，$u \in A$ が原始ベキ等元になるための必要十分条件は uAu が斜体になることである．今の場合，e は $\mathcal{H}$ の単位元なので $u\mathbb{C}\Gamma u = ue\mathbb{C}\Gamma eu = u\mathcal{H}u$ も斜体になり，u が $\mathbb{C}\Gamma$ の原始ベキ等元であることがわかる．χ を既約 Γ 加群 $M = \mathbb{C}\Gamma u$ の指標とする．これまでの議論から $\chi|_{\mathcal{H}}$ は既約 $\mathcal{H}$ 加群 $eM = e\mathbb{C}\Gamma eu = \mathcal{H}u$ の指標になる．したがって $\chi|_{\mathcal{H}} = \zeta$ である．

写像 $\chi \to \chi|_{\mathcal{H}}$ が単射であることを示そう．χ, ζ, u を前段のように取る．χ' を $\chi'|_{\mathcal{H}} = \zeta$ をみたす Γ の既約指標，M' を χ' を実現する既約 Γ 加群とする．すると $\chi'(u) = \zeta(u) \neq 0$ より，$uM' \neq 0$．そこで (3.3.10) により $\mathrm{Hom}_\Gamma(\mathbb{C}\Gamma u, M') \neq 0$ となる．$\mathbb{C}\Gamma u, M'$ はともに既約なので，これより $\mathbb{C}\Gamma u \simeq M'$ となり，$\chi = \chi'$ を得る．以上で (ii) が示された．

最後に (iii) を示す．$\chi|_{\mathcal{H}} = \zeta$ とする．e は $\mathcal{H}$ の単位元なので $\chi(e) = \zeta(e) = \deg \zeta$．一方，(3.3.11) と (3.3.12) より，$\chi(e) = \langle \mathrm{Ind}\,\theta, \chi \rangle_\Gamma$．故に (iii) が成り立つ． ■

命題 3.3.5 は誘導表現 $\mathrm{Ind}\,\theta$ の分解に現れる既約表現が，ヘッケ代数 $\mathcal{H}$ (あるいは，自己準同型環 $\mathrm{End}_\Gamma \mathrm{Ind}\,\theta$) の既約表現によってパラメトライズされ，その重複度が対応する $\mathcal{H}$ の既約表現の次数に一致することを示している．そこで $\mathrm{Ind}\,\theta$ を分解するためには，$\mathcal{H}$ の構造について詳しく知る必

要がある．以下では，問題を単純化して $\theta = 1$ の場合，すなわち誘導表現 $\mathrm{Ind}_H^\Gamma 1$ について考える．対応するヘッケ代数 $\mathcal{H}$ は $e = |H|^{-1} \sum_{x \in H} x$ により $\mathcal{H} = e\mathbb{C}\Gamma e \subset \mathbb{C}\Gamma$ で与えられる．この場合 $\mathcal{H}$ の構造は次のようになる．

命題 3.3.6. $\mathcal{H}$ を誘導表現 $\mathrm{Ind}_H^\Gamma 1$ に対応するヘッケ代数とする．$\{D_j\}_{j \in J}$ を Γ の H による両側剰余類の全体とする．D_j の代表元 x_j を選び，$D_j = Hx_jH$ と表す．

(i) $x \in \Gamma$ に対して，$\mathrm{ind}\,x = |H|/|xHx^{-1} \cap H|$ とおく．($\mathrm{ind}\,x$ は x の両側剰余類上で一定値を取る．) 各 $j \in J$ に対して，$a_j = (\mathrm{ind}\,x_j)ex_je$ により $a_j \in \mathcal{H}$ を定義する．このとき $\{a_j \mid j \in J\}$ は $\mathcal{H}$ の $\mathbb{C}$ ベクトル空間としての基底となる．また

$$a_j = |H|^{-1} \sum_{x \in D_j} x \qquad (j \in J) \tag{3.3.13}$$

と表される．

(ii) $i, j, k \in J$ に対し，$a_ia_j = \sum_{k \in J} \mu_{ijk} a_k$ により構造定数 μ_{ijk} を定義する．このとき $\mu_{ijk} = |H|^{-1}|D_i \cap x_kD_j^{-1}|$ が成り立つ．特に，$\mu_{ijk} \in \mathbb{Z}$ である．

証明 (i) $h \in H$ に対して $he = eh = e$ が成り立つ．そこで $h, h' \in H$ に対して $e(hxh')e = exe$ となり，$\mathcal{H}$ は $a_j = (\mathrm{ind}\,x_j)ex_je$ で張られる．(3.3.13) を示せば，$\{a_j \mid j \in J\}$ が線形独立になり $\mathcal{H}$ の基底になることがわかる．$x \in \Gamma$ に対して

$$exe = |H|^{-2} \sum_{h_1, h_2 \in H} h_1xh_2.$$

ここで $h_1xh_2 = x$ は $h_1 \in H \cap xHx^{-1}$ かつ $h_2 = x^{-1}h_1^{-1}x$ と同値なので，exe における x の係数は $|H|^{-2}|H \cap xHx^{-1}|$ に等しい．特に任意の $h_1, h_2 \in H$ に対して h_1xh_2 の係数は $|H|^{-2}|H \cap xHx^{-1}|$ になる．これより

$$exe = |H|^{-2}|H \cap xHx^{-1}| \sum_{y \in HxH} y$$

となり (3.3.13) が得られる．

3.3 誘導表現の分解と岩堀–ヘッケ代数

(ii) $a_i a_j = \sum_k \mu_{ijk} a_k$ の両辺における x_k の係数を比較する．右辺の x_k の係数は (3.3.13) により，$|H|^{-1}\mu_{ijk}$ である．一方 $\mathcal{D}_{ijk} = \{(y,z) \in D_i \times D_j \mid yz = x_k\}$ とおくと，左辺の x_k の係数は

$$|\mathcal{D}_{ijk}||H|^{-2} = |H|^{-2}|D_i \cap x_k D_j^{-1}|.$$

これより μ_{ijk} に対する式が得られる．H は $\mathcal{D}_{ijk}$ に $h : (y,z) \mapsto (yh^{-1}, hz)$ により作用し，$|\mathcal{D}_{ijk}| = |D_i \cap x_k D_j^{-1}|$ は $|H|$ で割り切れる．したがって $\mu_{ijk} \in \mathbb{Z}$ となる． ∎

注意 3.3.7. $\chi = 1_\Gamma$ を Γ の単位表現とすると，$\zeta = \chi|_\mathcal{H}$ は命題 3.3.6 により，$\mathcal{H}$ の 1 次表現の指標になる．ここで $\zeta(a_j) = |D_j||H|^{-1} = \mathrm{ind}\, x_j$ が成り立つ．したがって対応 $a_j \mapsto \mathrm{ind}\, x_j$ は準同型 $\zeta = \mathrm{ind} : \mathcal{H} \to \mathbb{C}$ を与える．

$\mathrm{Ind}_H^\Gamma 1$ の既約表現への分解はヘッケ代数 $\mathcal{H}$ によって記述されるが，より強力な結果が知られている．$\mathcal{H}$ の既約指標は $\mathrm{Ind}_H^\Gamma 1$ に含まれる Γ の既約指標を，その値まで含めて完全に決定してしまうのである．

定理 3.3.8 (リィ (Ree)). χ を $\mathrm{Ind}_H^\Gamma 1$ の分解に現れる Γ の既約指標，$\zeta = \chi|_\mathcal{H}$ を対応する $\mathcal{H}$ の既約指標とする．また $g (\in \Gamma)$ を含む Γ の共役類を C とする．このとき

$$\begin{aligned}\chi(g) = &|Z_\Gamma(g)||H|^{-1}\left\{\sum_{j \in J}(\mathrm{ind}\, x_j)^{-1}\zeta(a_j)|C \cap D_j|\right\} \\ &\times \left\{\sum_{j \in J}(\mathrm{ind}\, x_j)^{-1}\zeta(\hat{a}_j)\zeta(a_j)\right\}^{-1}.\end{aligned} \quad (3.3.14)$$

ただし，$\hat{a}_j = (\mathrm{ind}\, x_j)e x_j^{-1} e$ である．

特に $g = 1$ とすると，χ の次数 $\deg \chi = \chi(1)$ は

$$\deg \chi = \deg \zeta |\Gamma||H|^{-1}\left\{\sum_{j \in J}(\mathrm{ind}\, x_j)^{-1}\zeta(\hat{a}_j)\zeta(a_j)\right\}^{-1} \quad (3.3.15)$$

で与えられる．

リィの定理は著しい結果であるが，$\mathcal{H}$ の既約指標の a_j での値がすべてわかっているとしても，この式を利用して Γ の既約指標を計算することは一般に難しい．それは，$|C|$ や $|D_j|$ については比較的容易にわかるが，$|C \cap D_j|$ が C と D_j の組合せによって複雑なパターンを生み出すからである．後にみるように，Γ が有限シュバレー群で，H がそのボレル部分群の場合，ヘッケ代数 $\mathcal{H}$ の既約指標については，（特に $\Gamma = GL_n(\mathbb{F}_q)$ の場合）よくわかっているが，$|C \cap D_j|$ については，一般的なことはほとんど知られていない．

なお本項に述べた結果は，適当に変形することにより H の 1 次表現 θ に対しても同様に成立する．

3.3.5 岩堀–ヘッケ代数

3.3.2 項の設定に戻って，シュバレー群 G，その F 不変な極大トーラスと F 不変なボレル部分群の組 $T \subset B$（3.2.5 項の $T_0 \subset B_0$ にあたる）を考える．$W = W(T)$ を G のワイル群とする．ハリッシュ・チャンドラ誘導 $R_T^G(\theta)$ の最も簡単な場合は $\theta = 1$ の場合，すなわち，$R_T^G(1) = \mathrm{Ind}_{B^F}^{G^F} 1$ の場合である．そこで，$\Gamma = G^F$, $H = B^F$ として前項の議論を適用しよう．$\mathcal{H} = \mathcal{H}(G^F, B^F)$ を $\mathrm{Ind}_{B^F}^{G^F} 1$ に対応するヘッケ代数とする．G^F のブリュア分解 (3.2.13) により，G^F の B^F による両側剰余類 $B^F \backslash G^F / B^F$ は W と 1 対 1 に対応する．各剰余類 $B^F w B^F$ ($w \in W$) に対して $\mathcal{H}$ の元 a_w を次のように定める．

$$a_w = |B^F|^{-1} \sum_{x \in B^F w B^F} x.$$

命題 3.3.6 により，$\{a_w \mid w \in W\}$ は $\mathcal{H}$ の基底である．ここでヘッケ代数 $\mathcal{H}$ の構造に関して次の結果が成り立つ．

定理 3.3.9 (岩堀). $\mathcal{H}$ の基底 $\{a_w \mid w \in W\}$ は次の関係式をみたす．

$$\begin{cases} a_s a_w = a_{sw} & l(sw) > l(w) \text{ の場合}, \\ a_s a_w = q a_{sw} + (q-1) a_w & l(sw) < l(w) \text{ の場合}. \end{cases}$$

証明 $\mathcal{H}$ での積を $a_x a_y = \sum_{z \in W} \mu_{xyz} a_z$ と表す．命題 3.3.6 (ii) により，

3.3 誘導表現の分解と岩堀–ヘッケ代数

μ_{xyz} は

$$\mu_{xyz} = |B^F|^{-1}|B^F x B^F \cap z(B^F y B^F)^{-1}| \quad (3.3.16)$$

で与えられる．今 $l(sw) > l(w)$ と仮定しよう．このとき，$sB^F w \subset B^F sw B^F$ が成り立つ．したがって，積 $a_s a_w$ は $B^F sw B^F$ の元の線形結合で書ける．特に，$a_s a_w = \mu a_{sw}$ ($\mu \in \mathbb{Z}$) と表される．$\mu = 1$ を示そう．(3.3.16) より，

$$\mu = |B^F|^{-1}|B^F s B^F \cap sw B^F w^{-1} B^F| = |B^F|^{-1}|sB^F s B^F \cap w B^F w^{-1} B^F|.$$

ここで $sB^F s \subset B^F \cup B^F s B^F$ であり，また B^F は $sB^F s B^F \cap w B^F w^{-1} B^F$ に含まれている．したがって $BsB \cap wBw^{-1}B = \emptyset$，すなわち $w^{-1}BsB \cap Bw^{-1}B = \emptyset$ がいえれば，$\mu = 1$ となり第一の等式が示される．しかし，$l(w^{-1}s) = l(sw) > l(w) = l(w^{-1})$ であるから $w^{-1}BsB \subset Bw^{-1}sB$．これより $w^{-1}BsB \cap Bw^{-1}B = \emptyset$ が出る．

次に，a_s^2 が以下のように表されることをみよう．

$$a_s^2 = qa_1 + (q-1)a_s. \quad (3.3.17)$$

$(BsB)(BsB) \subset B \cup BsB$ より，$a_s^2 = \mu a_1 + \lambda a_s$ ($\mu, \lambda \in \mathbb{Z}$) と表される．(3.3.16) と (3.2.13) より

$$\mu = \mu_{ss1} = |B^F|^{-1}|B^F s B^F| = |U_s^F| = q$$

となる．ここで，各 $x \in B^F w B^F$ に対して $\operatorname{ind} x = q^{l(w)}$ となることに注意する．実際

$$\operatorname{ind} x = |B^F||wB^F w^{-1} \cap B^F|^{-1} \quad (3.3.18)$$
$$= |B^F||T^F|^{-1} \prod_{\substack{\beta \in \Phi^+ \\ w^{-1}(\beta) \in \Phi^+}} |U_\beta^F|^{-1} = \prod_{\substack{\beta \in \Phi^+ \\ w^{-1}(\beta) \in \Phi^-}} |U_\beta^F| = q^{l(w)}.$$

特に $x \in B^F s B^F$ に対して $\operatorname{ind} x = q$ である．そこで準同型 $\operatorname{ind} : \mathcal{H} \to \mathbb{C}$ (注意 3.3.7 参照) を $a_s^2 = qa_1 + \lambda a_s$ に適用することにより

$$\operatorname{ind}(a_s^2) = q^2 = q + \lambda q.$$

これより $\lambda = q - 1$ となり (3.3.17) が得られる．

最後に $l(sw) < l(w)$ の場合を考える．$w' = sw$ とすると $l(sw') > l(w')$ が成り立つ．そこで第一の等式により $a_{sw'} = a_s a_{w'}$ すなわち $a_w = a_s a_{sw}$. (3.3.17) を適用して

$$a_s a_w = a_s^2 a_{sw} = \{qa_1 + (q-1)a_s\}a_{sw} = qa_{sw} + (q-1)a_w.$$

以上で定理が証明された． ∎

注意 3.3.10. W の元 w は S の元の積で表されるが，その最小個数，すなわち $l(w)$ 個の元で表されるとき w の**簡約表示**という．$w = s_1 s_2 \cdots s_r$ を w の簡約表示とする．すると

$$l(w) = l(s_1 s_2 \cdots s_r) > l(s_2 \cdots s_r) > \cdots > l(s_r)$$

が成り立つ．そこで定理 3.3.9 により $a_w = a_{s_1} a_{s_2} \cdots a_{s_r}$ と表される．このことから，$\mathcal{H}$ は $\{a_s \mid s \in S\}$ により生成され，関係式

$$\begin{cases} (a_s - q)(a_s + 1) = 0 & (s \in S), \\ \underbrace{a_s a_{s'} a_s \cdots}_{m\ 個} = \underbrace{a_{s'} a_s a_{s'} \cdots}_{m\ 個} & (s, s' \in S) \end{cases} \quad (3.3.19)$$

をみたすことがわかる．ただし，$m = m(s, s')$ は $ss' \in W$ の位数である．また，1 番目の式は (3.3.17) に他ならない．(3.3.19) 式が実際ヘッケ代数 $\mathcal{H}$ の基本関係を与えていることが岩堀–松本により証明されている．このことから特に $\mathcal{H}$ の表現を作るには，生成元の行き先について関係式 (3.3.19) を確かめればよいことがわかる．我々は既に ind : $\mathcal{H} \to \mathbb{C}$ が $\mathcal{H}$ の 1 次表現を与えることを知っている．(3.3.19) 式で各 a_s に -1 を代入しても等式が成り立つことに注意して，もう一つの 1 次表現 sgn : $\mathcal{H} \to \mathbb{C}, a_s \mapsto -1$ が得られる．

さて，(3.3.19) 式で，形式的に $q = 1$ としてみると，ワイル群 W の生成元 S に関する基本関係 (命題 3.2.2) が得られる．その意味で，ヘッケ代数 $\mathcal{H}$ は W の群環 $\mathbb{C}W$ の q 変形とみることができる．実際 $\mathcal{H}$ の構造は $\mathbb{C}W$ と密接な関係を持っている．この辺の事情を正確につかむためには，q を単なる素数 p のベキではなく，パラメータとして考えた方が都合がよい．次の命題はそれが可能なことを示している．

3.3 誘導表現の分解と岩堀–ヘッケ代数

命題 3.3.11. (W, S) をワイル群とする．$\mathbb{Z}[t]$ を不定元 t に関する $\mathbb{Z}$ 上の多項式環とし，$\mathcal{H}(t)$ を基底 $\{T_w \mid w \in W\}$ を持つ自由 $\mathbb{Z}[t]$-加群とする．このとき，$\mathcal{H}(t)$ に以下の関係式をみたすような (唯一の) 結合代数の構造を入れることができる．

$$T_s T_w = \begin{cases} T_{sw} & l(sw) > l(w) \text{ の場合,} \\ tT_{sw} + (t-1)T_w & l(sw) < l(w) \text{ の場合.} \end{cases} \quad (3.3.20)$$

実際 (3.3.20) により $w, w' \in W$ に対して積 $T_w T_{w'}$ が決まることは容易にわかる．したがってこのような積を持つ代数 $\mathcal{H}(t)$ が一意的に存在する．しかし $\mathcal{H}(t)$ が結合代数になることは明らかではない．それが成り立つというのが命題の主張である．注意 3.3.10 のように $\mathcal{H}(t)$ を生成元 $\{T_s \mid s \in S\}$ と基本関係 ((3.3.19) 式で a_s, q を T_s, t に置き換えたもの) によって特徴付けることも可能である．

注意 3.3.12. $\mathcal{H}(t)$ をワイル群 W に付随した**岩堀–ヘッケ代数**という．今までみてきたように，岩堀–ヘッケ代数は有限シュバレー群の表現論に関連して発見された．しかしその後，有限シュバレー群の枠を越えて表現論の多くの分野，結び目の理論や作用素環の理論など，広範な対象との結び付きが発見され，現在では岩堀–ヘッケ代数は代数群やリー環の表現論における基本的な研究対象になっている．特に $\mathcal{H}(t)$ を用いて定義される W のカジュダン–ルスティック多項式は，代数群や量子群の表現論において，なくてはならない強力な道具である．有限シュバレー群の表現論と岩堀–ヘッケ代数の関係については，[C], [CR]，岩堀–ヘッケ代数のより抽象的な扱いについては [GP], [Hu] を参照のこと．本書第 4 章，三町勝久氏の解説に現れるアフィン・ヘッケ代数，2 重アフィン・ヘッケ代数は，岩堀–ヘッケ代数の一般化になっている．

さて，t に $\mathbb{C}$ の値を代入するごとに，$\mathcal{H}(t)$ から ($\mathbb{C}$ まで係数拡大して) $\mathbb{C}$ 代数が作られる．特に，$\mathcal{H}(1)$ からは群環 $\mathbb{C}W$ が得られ，$\mathcal{H}(q)$ からはヘッケ代数 $\mathcal{H}(G^F, B^F)$ が得られる．この状況でティッツは変形の理論により，$\mathbb{C}W \simeq \mathcal{H}(G^F, B^F)$ となることを示した．その枠組みを簡単に紹介しよう．

まず概念を準備する．可換体 K 上の代数 A が分離的代数とは K の任意の拡大体 L に対して A の係数拡大 $A^L = L \otimes_K A$ が半単純環になることをいう．A を分離的代数とする．$\bar{K}$ を K の代数的閉包とすれば $\bar{K} \otimes_K A$ は半単純であるから

$$\bar{K} \otimes_K A \simeq M_{m_1}(\bar{K}) \oplus M_{m_2}(\bar{K}) \oplus \cdots \oplus M_{m_r}(\bar{K})$$

と分解される．($M_m(\bar{K})$ は $\bar{K}$ 上の m 次の全行列環を表す)．このとき，$\{m_1, m_2, \ldots, m_r\}$ を A の数値的不変量という．さて，R を整域，K を R の商体とし，A を R 代数とする．体 $\mathbf{F}$ への準同型 $f : R \to \mathbf{F}$ により，$\mathbf{F}$ を R 加群とみなす．そこで，テンソル積 $\mathbf{F} \otimes_R A$ として得られる $\mathbf{F}$ 代数を A の f による特殊化といい，A_f と表す．さてティッツの変形定理は次のように述べられる．

定理 3.3.13 (ティッツの変形定理). R を整域，K をその商体とする．A を有限個の R 基底を持つ R 代数とする．準同型 $f : R \to \mathbf{F}$ による特殊化を A_f，K への係数拡大を $A^K = K \otimes_R A$ とする．もし，A_f, A^K がともに分離的代数ならば，A_f と A^K は同じ数値的不変量を持つ．

ティッツの変形定理の系として次を得る．

系 3.3.14. ヘッケ代数 $\mathcal{H}(G^F, B^F)$ は群環 $\mathbb{C}W$ に $\mathbb{C}$ 代数として同型である．

証明 $f_0, f_1 : \mathbb{Z}[t] \to \mathbb{C}$ を $f_0(t) = 1, f_1(t) = q$ によって定義する．$A = \mathcal{H}(t)$ を $\mathbb{Z}[t]$ 代数とする．この場合，f_0, f_1 による特殊化はそれぞれ t に $1, q$ を代入し，$\mathbb{C}$ まで係数拡大することに対応する．そこで上に述べたことから $A_{f_0} \simeq \mathbb{C}W, A_{f_1} \simeq \mathcal{H}(G^F, B^F)$ が成り立つ．特に，A_{f_0}, A_{f_1} はともに分離的代数である．一方，$K = \mathbb{Q}(t)$ とすると，$A^K = K \otimes_{\mathbb{Z}[t]} A$ が分離的になることも知られている．したがってティッツの定理によって，$\mathbb{C}$ 代数 A_{f_0}, A_{f_1} はともに，A^K と同じ数値的不変量を持つ．これは，A_{f_0} と A_{f_1} が同型であることを意味する． ∎

3.3 誘導表現の分解と岩堀–ヘッケ代数

系 3.3.14 により，$\mathcal{H}(G^F, B^F)$ の既約表現は W の既約表現と 1 対 1 に対応する．しかし，同型が具体的に与えられていないので，その対応付けに不定性が残ってしまう．また，$\mathbb{C}$ よりも小さい体上での同型が存在するかどうかも問題になる．実際，岩堀は $\mathbb{Q} \otimes_{\mathbb{Z}} \mathcal{H}(q)$ と $\mathbb{Q}W$ が同型になることを予想した．岩堀の予想は，ベンソンとカーティスにより E_7, E_8 以外のワイル群については個別的な方法で確かめられた (ここでも，具体的な同型は与えられていない)．その後，E_7, E_8 型の $\mathcal{H}(G^F, B^F)$ の既約指標に $q^{1/2}$ の値を取るものが見つかった．W の既約指標は整数値をとるので，これは岩堀の予想が一般には正しくないことを意味する．そこで，ヘッケ代数の表現論を一般的に展開するためには，体 $\mathbb{Q}$ を $\mathbb{Q}(q^{1/2})$ まで拡大する必要が出てくる．それにともなって，岩堀–ヘッケ代数 $\mathcal{H}(t)$ も，$\mathcal{A} = \mathbb{Z}[t^{1/2}, t^{-1/2}]$ 上の代数に係数拡大しておく．($t^{-1/2}$ が入っているのはカジュダン–ルスティック多項式の定義に必要なためである)．このような状況でルスティックは，カジュダン–ルスティック多項式に関する深い性質を用いて，次の定理を証明した．

定理 3.3.15 (ルスティック). $\mathcal{H}(t)$ を $\mathcal{A} = \mathbb{Z}[t^{1/2}, t^{-1/2}]$ 上の岩堀–ヘッケ代数とする．

(i) ヘッケ代数 $\mathbb{Q}(q^{1/2}) \otimes \mathcal{H}(q)$ は群環 $\mathbb{Q}(q^{1/2})W$ と同型になる．しかも，その同型写像は具体的に構成できる．

(ii) 既約な $\mathbb{Q}W$ 加群 E に対して，次の性質を持つ既約 $\mathcal{H}(t)$ 加群 E_t が構成できる：E_t は自由 $\mathbb{Q}[t^{1/2}, t^{-1/2}]$ 加群であり，各 $w \in W$ に対して

$$\mathrm{Tr}\,(T_w, E_t) \in \mathbb{Z}[t^{1/2}],$$
$$\mathrm{Tr}\,(T_w, E_t) = \mathrm{Tr}\,(T_{w^{-1}}, E(t)).$$

さらに，1 番目の式に $t = 1$ を代入したものは，$\mathrm{Tr}\,(w, E)$ に一致する．

注意 3.3.16. 定理 3.3.15 により，W の既約指標 χ はヘッケ代数 $\mathcal{H}(G^F, B^F)$ の既約指標 χ_q を定める．χ_q に対応する G^F の既約指標 (誘導表現 $\mathrm{Ind}_{B^F}^{G^F} 1$ の分解に現れるもの) を ρ_χ と表す．ρ_χ の次数は (3.3.15) 式により表示される．今，(3.2.14) より $|G^F||B^F|^{-1} = P_W(q)$．また (3.3.18) より $x_j \in B^F w B^F$ に対して，$\mathrm{ind}\, x_j = q^{l(w)}$．さらに，定理 3.3.15 (ii) の

2番目の式に注意して

$$\deg \rho_\chi = P_W(q) \deg \chi \left\{ \sum_{w \in W} q^{-l(w)} \chi_q(T_w)^2 \right\}^{-1} \quad (3.3.21)$$

となる．ここで (3.3.21) 式は q を不定元 t に置き換えても意味を持つことに注意する．そのようにして得られる式を χ の**生成次数** (generic degree)，あるいは**形式的次元**といい，$d_\chi(t)$ と表す．$d_\chi(t) \in \mathbb{Q}[t]$ となることが証明されている．

例 3.3.17. $d_\chi(t)$ はワイル群 W のすべての既約指標 χ に対して計算されている．例えば，$G^F = GL_n(\mathbb{F}_q)$ の場合，$W = S_n$ の既約指標は n の分割 $\lambda : \lambda_1 \geq \lambda_2 \geq \cdots \geq \lambda_r > 0$ によってパラメトライズされる (例 3.2.13 と比較せよ)．S_n の単位指標に対応するのが分割 (n) (つまり，$\lambda_1 = n$) であり，S_n の符号指標に対応するのが分割 (1^n) (つまり，$\lambda_1 = \lambda_2 = \cdots = \lambda_n = 1$) である．ここで，$\mu_i = \lambda_i + (r - i)$ とおく．λ に対応する既約指標 χ^λ の生成次数 $d_{\chi^\lambda}(t)$ は次の式で与えられる．

$$d_{\chi^\lambda}(t) = \frac{(t-1)(t^2-1) \cdots (t^n-1) \prod_{\substack{i,j \\ i<j}}(t^{\mu_i} - t^{\mu_j})}{t^{\binom{r-1}{2} + \binom{r-2}{2} + \cdots} \prod_i \prod_{k=1}^{\mu_i}(t^k - 1)}.$$

特に，$n = 4$ の場合，分割 λ に対応する生成次数 $d_{\chi^\lambda}(t)$ を具体的に書くと以下のようになる．

λ	$d_{\chi^\lambda}(t)$
(4)	1
$(3,1)$	$t + t^2 + t^3$
(2^2)	$t^2 + t^4$
$(2,1^2)$	$t^3 + t^4 + t^5$
(1^4)	t^6

3.3.6 スタインバーグ指標

岩堀–ヘッケ代数 $\mathcal{H}(t)$ の 2 つの 1 次表現 ind と sgn は定理 3.3.15 の対応で，それぞれ W の単位指標 1_W と符号指標 ε に対応する．$\chi = 1_W$ に対応

3.3 誘導表現の分解と岩堀–ヘッケ代数

する ρ_χ は G^F の単位指標であった．$\chi = \varepsilon$ に対応する G^F の既約指標を**スタインバーグ指標**という．例えば，$GL_4(\mathbb{F}_q)$ のスタインバーグ指標は次数 q^6 の指標である (例 3.3.17)．本項では，G^F の種々の放物部分群からの誘導指標の線形結合としてスタインバーグ指標を構成する．3.2.8 項のように，各 $I \subset \Delta$ に対応する G^F の放物部分群を P_I，ワイル群の放物部分群を W_I とする．まず次の一般的な補題に注意する．

補題 3.3.18. 有限群 Γ の部分群 H, K に対して

$$\langle \mathrm{Ind}_H^\Gamma 1, \mathrm{Ind}_K^\Gamma 1 \rangle_\Gamma = |H \backslash \Gamma / K|.$$

証明 Γ は左剰余類の集合 Γ/K に，$x : gK \mapsto xgK$ $(x \in \Gamma)$ により作用し，それによって得られる Γ の置換表現 V が $\mathrm{Ind}_K^\Gamma 1$ である．補題の式の左辺を A とおくと，フロベニウスの相互律により $A = \langle 1, \mathrm{Res}_H^\Gamma \mathrm{Ind}_K^\Gamma 1 \rangle_H$．したがって，$A$ は V の H 不変なベクトルのなす部分空間 V^H の次元，すなわち，Γ/K における H-軌道の個数に等しい．それは Γ における両側剰余類 $H \backslash \Gamma / K$ の個数に一致する． ■

次の命題は，W のある種の既約指標から G^F の既約指標が構成されることを示す．

命題 3.3.19. W の一般指標 $\xi = \sum_{I \subseteq \Delta} n_I \mathrm{Ind}_{W_I}^W 1$ $(n_I \in \mathbb{Z})$ に対し，$\phi(\xi) = \sum_{I \subseteq \Delta} n_I \mathrm{Ind}_{P_I}^{G^F} 1$ により G^F の一般指標 $\phi(\xi)$ を定義する．このとき，写像 ϕ は内積を保存する，すなわち，与えられた W の一般指標 ξ, ζ に対し

$$\langle \xi, \zeta \rangle_W = \langle \phi(\xi), \phi(\zeta) \rangle_{G^F} \tag{3.3.22}$$

が成り立つ．特に ξ が W の既約指標ならば $\pm \phi(\xi)$ は G^F の既約指標になる．

証明 $\xi = \sum_I n_I \mathrm{Ind}_{W_I}^W 1$, $\zeta = \sum_J n'_J \mathrm{Ind}_{W_J}^W 1$ に対し，補題 3.3.18 により

$$\langle \xi, \zeta \rangle_W = \sum_{I, J \subseteq \Delta} n_I n'_J \langle \mathrm{Ind}_{W_I}^W 1, \mathrm{Ind}_{W_J}^W 1 \rangle_W = \sum_{I, J \subseteq \Delta} n_I n'_J |W_I \backslash W / W_J|.$$

同様の計算により

$$\langle \phi(\xi), \phi(\zeta) \rangle_{G^F} = \sum_{I,J \subseteq \Delta} n_I n'_J |P_I^F \backslash G^F / P_J^F|.$$

ここで次の事実に注意する.

(3.3.23) $w \in W$ を含む両側剰余類 $W_I w W_J$ に対して, $BW_I w W_J B = P_I w P_J$ が成立する. この対応で両側剰余類の集合 $W_I \backslash W / W_J$ と $P_I \backslash G / P_J \simeq P_I^F \backslash G^F / P_J^F$ との間に全単射が作られる.

(3.3.23) より (3.3.22) が得られる. 特に ξ が既約ならば $\langle \phi(\xi), \phi(\xi) \rangle_{G^F} = \langle \xi, \xi \rangle_W = 1$. $\phi(\xi)$ は一般指標なので, $\pm\phi(\xi)$ は既約になる. ∎

さて W の符号指標 ε については, 次のソロモンの公式が知られている.

命題 3.3.20 (ソロモン). ε をワイル群 W の符号指標とする. このとき

$$\varepsilon = \sum_{I \subseteq \Delta} (-1)^{|I|} \operatorname{Ind}_{W_I}^W 1.$$

ソロモンの公式を命題 3.3.19 に適用することにより, 次の定理を得る.

定理 3.3.21. St_G を次の式で定義される G^F の一般指標とする.

$$\operatorname{St}_G = \sum_{I \subseteq \Delta} (-1)^{|I|} \operatorname{Ind}_{P_I^F}^{G^F} 1.$$

(i) St_G は G^F の既約指標であり, $\deg \operatorname{St}_G = q^N$ となる ($N = |\Phi^+|$).
(ii) St_G は $\langle \operatorname{St}_G, \operatorname{Ind}_{B^F}^{G^F} 1 \rangle_{G^F} = 1$, かつ, $P_I \neq B$ となるすべての放物部分群 P_I に対して $\langle \operatorname{St}_G, \operatorname{Ind}_{P_I^F}^{G^F} 1 \rangle_{G^F} = 0$ をみたすただ 1 つの G^F の既約指標である.
(iii) St_G のヘッケ代数 $\mathcal{H} = \mathcal{H}(G^F, B^F)$ への制限は, $\mathcal{H}$ の指標 sgn となる. したがって, St_G はスタインバーグ指標に一致する.

証明 ソロモンの公式より, $\operatorname{St}_G = \phi(\varepsilon)$ と表される. したがって命題 3.3.19 により $\pm \operatorname{St}_G$ は既約になる. 一方 $\operatorname{Ind}_{W_\emptyset}^W 1 = \operatorname{Ind}_{\{1\}}^W 1$ が W の正則表現で

3.3 誘導表現の分解と岩堀-ヘッケ代数

あることから，$\langle \varepsilon, \mathrm{Ind}_{W_\emptyset}^W 1 \rangle_W = 1$．また，フロベニウスの相互律により $I \neq \emptyset$ に対しては

$$\langle \varepsilon, \mathrm{Ind}_{W_I}^W 1 \rangle_W = \langle \mathrm{Res}_{W_I}^W \varepsilon, 1 \rangle_{W_I} = \langle \varepsilon, 1 \rangle_{W_I} = 0.$$

そこで (3.3.22) により $\langle \mathrm{St}_G, \mathrm{Ind}_{B^F}^{G^F} 1 \rangle_{G^F} = 1$, $I \neq \emptyset$ に対しては $\langle \mathrm{St}_G, \mathrm{Ind}_{P_I^F}^{G^F} 1 \rangle_{G^F} = 0$ を得る．以上で (ii) の前半が得られた．特に，St_G が既約指標であることもわかる．(ii) の後半を示そう．ρ を (ii) の条件をみたす G^F の既約指標とする．このとき

$$\langle \rho, \mathrm{St}_G \rangle_{G^F} = \left\langle \rho, \sum_{I \subseteq \Delta} (-1)^{|I|} \mathrm{Ind}_{P_I^F}^{G^F} 1 \right\rangle_{G^F} = 1$$

ρ, St_G はともに既約であるから，これより $\rho = \mathrm{St}_G$ が得られる．

次に $\deg \mathrm{St}_G = \mathrm{St}_G(1)$ を計算する．定義式より

$$\mathrm{St}_G(1) = \sum_{I \subseteq \Delta} (-1)^{|I|} |G^F|/|P_I^F|. \tag{3.3.24}$$

(3.2.14) と (3.2.23) より，$|G^F| = |B^F| P_W(q), |P_I^F| = |B^F| P_{W_I}(q)$．そこで，(3.2.24) より，$|G^F|/|P_I^F| = P_{\mathcal{D}_I}(q) = \sum_{w \in \mathcal{D}_I} q^{l(w)}$ となる．ただし，$\mathcal{D}_I$ は (3.2.21) で定義した特別代表系であり，(3.2.22) により

$$\mathcal{D}_I = \{ w \in W \mid \alpha \in I \text{ に対して } l(s_\alpha w) > l(w) \}$$

とも表される．今，$w \in W$ に対して，$L(w) = \{\alpha \in \Delta \mid l(s_\alpha w) > l(w)\}$ とおく．すると，(3.3.24) 式における $q^{l(w)}$ の係数は $c_w = \sum_{I \subseteq L(w)} (-1)^{|I|}$ に等しいことがわかる．ここで，$L(w) \neq \emptyset$ なら $c_w = 0$, $L(w) = \emptyset$ なら $c_w = 1$ であることは見やすい．また，$L(w) = \emptyset$ となるのは，w が W の最長元 w_0 に一致する場合のみであり，このとき $q^{l(w_0)} = q^N$ となる．以上より $\mathrm{St}_G(1) = q^N$ を得る．

最後に (iii) を示そう．$\langle \mathrm{St}_G, \mathrm{Ind}_{B^F}^{G^F} 1 \rangle = 1$ なので，命題 3.3.5 により St_G の $\mathcal{H}$ への制限は $\mathcal{H}$ の 1 次の既約指標になる．そこで，各 $s \in S$ に対して $\mathrm{St}_G(a_s) = -1$ がいえれば，(iii) が得られる．各 $I \subseteq \Delta$ に対して，誘導表現 $\mathrm{Ind}_{P_I^F}^{G^F} 1$ に対応する $\mathbb{C} G^F$ のベキ等元を e_I とおく．すなわち

$$e_I = |P_I^F|^{-1} \sum_{x \in P_I^F} x.$$

すると，(ii) の性質と (3.3.11), (3.3.12) より $St_G(e_\emptyset) = 1$, $I \neq \emptyset$ に対して $St_G(e_I) = 0$ が成り立つ．特に $I = \{\alpha\}$ ($s = s_\alpha$) の場合を考えると $P_I = B \cup BsB$ より

$$|P_I^F|St_G(e_I) = St_G(\sum_{x \in B^F} x) + St_G(\sum_{x \in B^F s B^F} x) = 0$$

となる．そこで，$e_\emptyset = |B^F|^{-1}\sum_{x \in B^F} x$, $a_s = |B^F|^{-1}\sum_{x \in B^F s B^F} x$ を上式に代入して，$St_G(e_\emptyset) + St_G(a_s) = 0$ が得られる．これより $St_G(a_s) = -1$ となり，(iii) が示される． ∎

注意 3.3.22. $|G^F|_p$ を，$|G^F|$ を割る最大の p のベキ乗の数とすれば，(3.2.14) より，$|G^F|_p = q^N$ が成り立つ．したがって $\deg St_G = |G^F|_p$. 一般に，有限群 Γ に対してこのような性質 $(\deg \chi = |\Gamma|_p)$ を持つ既約指標 χ は位数が p と素な元 (G^F の場合，半単純元) 以外の所では値が 0 になることが知られている．

放物部分群が十分多くある場合には，命題 3.3.19 は $\mathrm{Ind}_{B^F}^{G^F} 1$ の分解に現れる G^F の既約指標を構成するのに非常に有効である．実際，$G^F = GL_n(\mathbb{F}_q)$ の場合，$W = S_n$ の部分群 W_I (の W 共役類) は n の分割と 1 対 1 に対応する．つまり，S_n の既約指標と同じ個数の W_I が存在する．そして，フロベニウスにより S_n のどんな既約指標も，$\mathrm{Ind}_{W_I}^W 1$ の整係数の線形結合として表されることが知られている．このことから，命題 3.3.19 により ρ_χ ($\chi \in W^\wedge$) を種々の $I \subseteq \Delta$ に対する $\mathrm{Ind}_{P_I^F}^{G^F} 1$ の線形結合として具体的に求めることができる．グリーン [G] に先だって，スタインバーグ [St1] はこのような方法で $GL_n(\mathbb{F}_q)$ の場合に ρ_χ の性質を詳しく調べ，次数 $\deg \rho_\chi = d_\chi(q)$ を決定した．

しかし，A_n 型以外では，ワイル群 W の放物部分群の個数は W の既約指標の個数よりも少なくなる．したがってこのような方法で $\mathrm{Ind}_{B^F}^{G^F} 1$ に含まれる G^F の既約指標をすべて求めることはできない．例えば W が B_2 型，すなわち位数 8 の 2 面体群の場合，W の既約指標は 4 個の 1 次指標と，1 個の 2 次指標の計 5 個からなる．しかし $\Delta = \{\alpha, \beta\}$ であり，Δ の部分集合

3.4 ドリーニュ–ルスティックの理論

I は, $I = \emptyset, \{\alpha\}, \{\beta\}, \Delta$ の4個しかない. 実際, $\mathrm{Ind}_{W_I}^W 1$ の線形結合として表される W の既約指標は 1_W と ε のみであり, ρ_χ のうち 1_{G^F} と St_G だけがこのような方法で構成される.

序節にも述べたように, グリーンによる $GL_n(\mathbb{F}_q)$ の結果が容易に他の群に拡張されなかった理由のひとつがここにある. $GL_n(\mathbb{F}_q)$ の場合には放物部分群からの誘導表現, すなわちハリッシュ・チャンドラ誘導が十分な情報を与えてくれたが, A_n 型以外では使える放物部分群の絶対数が不足しているのである. この絶望的とも思える難点を劇的な手段で克服したのが, 次節で紹介するドリーニュ–ルスティックの理論である.

3.4　ドリーニュ–ルスティックの理論

ドリーニュとルスティック [DL] は1976年有限簡約群の表現論に l 進コホモロジーを導入し, 一般の簡約群 G に対して, その F 不変な極大トーラス T と T^F の1次表現 θ から G^F の一般指標 $R_T^G(\theta)$ (ドリーニュ–ルスティックの一般指標) を構成した. 彼らは, l 進コホモロジーの一般論を駆使して, $R_T^G(\theta)$ に関する種々の性質 (直交関係式, 指標公式, 次数公式など) を証明し, G^F の多くの既約指標が, 適当な θ を選ぶことにより $R_T^G(\theta)$ から得られることを示した. T が F 不変なボレル部分群に含まれるとき, $R_T^G(\theta)$ は3.3節に述べたハリッシュ・チャンドラ誘導に一致する. その意味でハリッシュ・チャンドラ誘導の拡張ともみなせるが, 多くの T の取り方が許されるので, はるかに強力な結果が導かれる. 本節ではハリッシュ・チャンドラ誘導との関連に重点をおいてドリーニュ–ルスティックの理論の概略を紹介する.

ドリーニュ–ルスティック理論を解説した教科書としては, [Sr], [C], [DM] がある. [L1] はルスティック本人による解説で, わかりやすく示唆に富んでいる.

なお本節以降, アフィン多様体のみでなく, より一般の代数多様体, 特に射影多様体を扱う. これらの事柄については1.6節を参照されたい.

3.4.1　l 進コホモロジーによる表現の構成

既約表現を分類するためには，できるだけ多くの良い性質を持った表現を作ることが重要である．今まで議論してきたのは，誘導表現を用いた表現の構成だった．もうひとつの方法がコホモロジー群による構成である．今 X を位相空間とすると，各 $i \in \mathbb{N}$ に対して (コンパクトな台を持つ) $\mathbb{C}$ 係数コホモロジー群 $H^i_c(X, \mathbb{C})$ が定義される．$H^i_c(X, \mathbb{C})$ は有限次元 $\mathbb{C}$ ベクトル空間になる．ここで，さらに有限群 Γ が変換群として空間 X に作用しているならば，Γ の X への作用は $H^i_c(X, \mathbb{C})$ 上に線形の作用を引き起こす．つまり，Γ の作用する位相空間 X が与えられるごとに，Γ 加群 $H^i_c(X, \mathbb{C})$ が得られることになる．コホモロジー群は表現の発生装置である．しかし，喜んでばかりもいられないのは，このようにして得られた表現がどんなものになるか，一般にはその性質 (例えば，表現空間の次元) を直接調べるのが難しいという点である．どのような空間 X を選ぶか，また得られた表現からどんな情報を引き出すかが腕の見せ所になる．それは，誘導表現の指標が簡単に計算でき，したがって既約表現への分解も比較的容易であるのとは対象的である．

我々の扱っている対象は，標数 p の代数群やアフィン多様体 X であった．この場合，X をザリスキー位相に関する位相空間としてみたコホモロジーを考えるのが自然であるが，ザリスキー位相が $\mathbb{C}$ 上の古典的な位相に比べて粗すぎることもあって，あまり具合が良くない．それに代わるものとして考えられたのが以下に述べる l 進コホモロジー群 $H^i_c(X, \bar{\mathbb{Q}}_l)$ である．l 進コホモロジーはヴェイユ予想を証明するための強力な道具として 1950 年代にグロタンディックによって導入された．l を p と異なる素数とし，l 進数体 $\mathbb{Q}_l$ の代数的閉包を $\bar{\mathbb{Q}}_l$ とする．アフィン多様体 (より一般に代数多様体) X に対して $H^i_c(X, \bar{\mathbb{Q}}_l)$ が定義され $\bar{\mathbb{Q}}_l$ 上の有限次元ベクトル空間になる．X が $\mathbb{C}$ 上に対応物 $X_\mathbb{C}$ を持ち，良い性質 (滑らかな射影多様体など) をみたす場合には，$H^i_c(X, \bar{\mathbb{Q}}_l)$ は $H^i_c(X_\mathbb{C}, \mathbb{C})$ と一致する．その意味で，l 進コホモロジーは $H^i_c(X_\mathbb{C}, \mathbb{C})$ の標数 p での類似物と考えられる．

有限群 Γ が X に代数多様体の自己同型として作用している場合には，Γ

3.4 ドリーニュ–ルスティックの理論   239

の $H_c^i(X, \bar{\mathbb{Q}}_l)$ への表現が得られる．一般に Γ が作用する X を見つけることは簡単ではないが，後にみるように有限代数群 G^F については，標数 p の特性でこの状況が容易に実現してしまうのである．l 進コホモロジーを利用する関係で，以下では $\mathbb{C}$ の代わりに $\bar{\mathbb{Q}}_l$ 上の表現を考えることにする．抽象的な体として $\bar{\mathbb{Q}}_l$ は $\mathbb{C}$ と同型になるので，複素表現を考えるのと実質的な違いはないことに注意しておく．

3.4.2　グロタンディック–レフシェッツの不動点定理

以下では，$H_c^i(X, \bar{\mathbb{Q}}_l)$ を省略して $H_c^i(X)$ と表すことにする．l 進コホモロジー群 $H_c^i(X)$ の構成は通常の $\mathbb{C}$ 係数のコホモロジー群に比べてはるかに複雑であるが，ひとたび構成されると，そのメカニズムは正標数の代数多様体に関する極めて強力な道具を提供する．その理由はひとえにフロベニウス写像の存在である．今，X を $\mathbb{F}_q$ 上定義された代数多様体とし，$F : X \to X$ を対応するフロベニウス写像とする．すると F により，線形変換 $F^* : H_c^i(X) \to H_c^i(X)$ が導かれる．それを単に F と表すことにする．このとき次の著しい定理が成立する．

定理 3.4.1 (グロタンディック–レフシェッツの不動点定理)．$F : X \to X$ を代数多様体 X のフロベニウス写像とする．このとき

$$|X^F| = \sum_{i \geq 0} (-1)^i \operatorname{Tr}(F, H_c^i(X)).$$

$0 \leq i \leq 2 \dim X$ を除いて $H_c^i(X) = 0$ となるので，右辺は有限和であることに注意する．定理 3.4.1 はその表現論的意味合いにおいて，みかけよりもはるかに重要である．有限群 Γ が X に自己同型として作用しているとする．$g \in \Gamma$ に対し $g : X \to X$ は同型写像 $g^* : H_c^i(X) \to H_c^i(X)$ を導く．$g \mapsto g^*$ は反変関手なので，写像 $g \mapsto (g^{-1})^*$ により Γ の $H_c^i(X)$ への表現が定義される．そこで

$$\mathcal{L}(g, X) = \sum_{i \geq 0} (-1)^i \operatorname{Tr}(g, H_c^i(X))$$

とおく（右辺は Γ の $H_c^i(X)$ への表現）．$\mathcal{L}(g, X)$ を g のレフシェッツ数とい

う．定義から明らかなように写像 $g \mapsto \mathcal{L}(g, X)$ は Γ の一般指標を与える．さて，$g \in \Gamma$ が X 上の変換として $gF = Fg$ をみたすとする．すると命題 3.2.6 により各 $n \geq 1$ に対して $gF^n : X \to X$ は X のフロベニウス写像になる．特に $|X^{gF^n}|$ は有限集合になることに注意して，不定元 t に関する形式的ベキ級数 $R(t)$ を

$$R(t) = -\sum_{n=1}^{\infty} |X^{gF^n}| t^n$$

により定義する．定理 3.4.1 の系として次の命題が得られる．

命題 3.4.2. (i) $R(t)$ は t の有理関数になる．$R(t)$ の極はすべて単純であり，$t = \infty$ では極を持たない．
(ii) $R(t)|_{t=\infty} = \mathcal{L}(g, X)$ が成り立つ．すなわち，関数 $R(t)$ によって $\mathcal{L}(g, X)$ は完全に決定される．

証明 g と F は $V = \bigoplus_{i \geq 0} H_c^i(X)$ 上の可換な線形変換なので，g と F を同時に三角化する V の基底を取ることができる．今，$\alpha_1, \ldots, \alpha_k$ を F の固有値，$x_1, \ldots, x_k$ を g の固有値とする $(\dim V = k)$．さらに $\varepsilon_1, \ldots, \varepsilon_k$ を，α_j に対応する固有ベクトルが $H_c^{2i}(X)$ (偶数次) に含まれるとき $\varepsilon_j = 1$，$H_c^{2i+1}(X)$ (奇数次) に含まれるとき $\varepsilon_j = -1$ として定義する．定理 3.4.1 をフロベニウス写像 $gF^n : X \to X$ に適用して $|X^{gF^n}| = \sum_{i=1}^{k} \varepsilon_i \alpha_i^n x_i$ を得る．したがって

$$R(t) = -\sum_{n=1}^{\infty} \sum_{i=1}^{k} \varepsilon_i x_i \alpha_i^n t^n = -\sum_{i=1}^{k} \varepsilon_i x_i \left(\frac{1}{1-\alpha_i t} - 1\right) = \sum_{i=1}^{k} \varepsilon_i x_i \frac{-\alpha_i t}{1-\alpha_i t}.$$

これより $R(t)|_{t=\infty} = \sum_{i=1}^{k} \varepsilon_i x_i = \mathcal{L}(g, X)$ が得られる． ∎

3.4.3 レフシェッツ数の性質

命題 3.4.2 を利用することにより，レフシェッツ数に関する多くの性質が形式的な議論で導かれる．それらの中には，l 進コホモロジーの一般論から

3.4 ドリーニュ–ルスティックの理論

得られるものもあるが，レフシェッツ数を使った方が議論が簡単である．ここで後に使うレフシェッツ数の性質をあげておこう．以下 X は常に代数多様体とする．また，g を X の自己同型とするとき，$X^g = \{x \in X \mid gx = x\}$ を g の固定点全体の集合とする．まず命題 3.4.2 の系として次が得られる．

命題 3.4.3. $\mathcal{L}(g, X) \in \mathbb{Z}$ であり，しかもその値は l の取り方によらない．

証明 定義から，$R(t)$ は整数係数の形式的ベキ級数であり l に無関係に定まる．したがって命題 3.4.2 により，$R(t) \in \mathbb{Q}(t)$ となり，$\mathcal{L}(g, X) = \lim_{t \to \infty} R(t) \in \mathbb{Q}$ を得る．一方，$\mathcal{L}(g, X)$ は代数的整数でもある．(実際，$\mathcal{L}(g, X) = \sum \varepsilon_i x_i$ において，g が位数有限なことから固有値 x_i は 1 のベキ根になる)．$\mathcal{L}(g, X)$ は代数的整数であって，同時に有理数なので，$\mathcal{L}(g, X) \in \mathbb{Z}$．$R(t)$ が l に無関係なので，$\mathcal{L}(g, X)$ も l の取り方によらない． ∎

代数多様体の局所閉集合 (すなわち，閉集合と開集合の共通部分) は代数多様体になる．代数多様体の局所閉集合への分割に関して次が成り立つ．

命題 3.4.4. $X = \coprod_{j=1}^{k} X_j$ を X の局所閉集合 X_j への分割とする．さらに，$g : X \to X$ を $g(X_j) = X_j$ をみたす位数有限な自己同型とする．このとき

$$\mathcal{L}(g, X) = \sum_{j=1}^{k} \mathcal{L}(g, X_j).$$

証明 有限体 $\mathbb{F}_q$ を十分大きく取って，X, X_j はすべて $\mathbb{F}_q$ 上定義されているとしてよい．したがって，フロベニウス写像 $F : X \to X$ は $F(X_j) = X_j$ をみたす．このとき，各 $n \geq 1$ に対して $|X^{gF^n}| = \sum_{j=1}^{k} |X_j^{gF^n}|$．ここで命題 3.4.2 を使えばよい． ∎

次の場合にはより表現論的な性質が成り立つ．

命題 3.4.5. 有限群 Γ が自己同型として X に作用しているとする．$X = \coprod_{i=1}^{k} X_i$ を閉集合 X_i への分割とし，Γ は X_i 達を推移的に置換していると

する．H を Γ における X_1 の固定化群，$\varphi : h \to \mathcal{L}(h, X_1), \psi : g \to \mathcal{L}(g, X)$ をそれぞれ，H, Γ の一般指標とする．このとき，$\psi = \mathrm{Ind}_H^\Gamma \varphi$ となる．

証明 命題 3.4.4 の証明と同様に，X のフロベニウス写像 F は各 X_i を不変にしているとしてよい．このとき

$$|X^{gF^n}| = \sum_{\substack{x \in \Gamma/H \\ x^{-1}gx \in H}} |X_1^{x^{-1}gxF^n}|$$

が確かめられる．したがって，上式で $|X^{gF^n}|, |X_1^{x^{-1}gxF^n}|$ をそれぞれ $\mathcal{L}(g, X), \mathcal{L}(x^{-1}gx, X_1)$ で置き換えた式が成立する．すなわち，$\psi = \mathrm{Ind}_H^\Gamma \varphi$ が得られる． ∎

代数多様体 X に有限群 Γ が自己同型として作用している場合，X の Γ 軌道の集合を X/Γ と表す．多くの場合，例えば X がアフィン多様体や射影多様体の場合，X/Γ には自然に代数多様体 (商多様体と呼ばれる) の構造が入る．このときレフシェッツ数に関して次が成り立つ．

命題 3.4.6. 商多様体 X/Γ が存在するとする．$g : X \to X$ を位数有限な X の自己同型で Γ のすべての元と可換なものとする．このとき

$$\mathcal{L}(g, X/\Gamma) = |\Gamma|^{-1} \sum_{h \in \Gamma} \mathcal{L}(gh, X).$$

証明 十分大きい $\mathbb{F}_q$ 構造を選んで，フロベニウス写像 $F : X \to X$ は g および，すべての Γ の元と可換であるとする．命題 3.4.2 により，各 $n \geq 1$ に対して次の等式を示せばよい．

$$|(X/\Gamma)^{gF^n}| = |\Gamma|^{-1} \sum_{h \in \Gamma} |X^{ghF^n}|. \tag{3.4.1}$$

今 $A = \sharp\{(h, x) \in \Gamma \times X \mid gF^n x = hx\}$ とおく．すると $A = \sum_{h \in \Gamma} |X^{ghF^n}|$．一方 $A = \sum_{x \in X} \sharp\{h \in \Gamma \mid gF^n x = hx\}$ であり，和の各成分はゼロかまたは Γ における x の固定化群の位数に等しい．したがって

3.4 ドリーニュ–ルスティックの理論

Γx を $x \in X$ の Γ 軌道とすると

$$A = \sum_{\substack{x \in X \\ gF^n(\Gamma x) = \Gamma x}} |\Gamma|/|\Gamma x| = \sharp\{\Gamma x \mid gF^n(\Gamma x) = \Gamma x\}|\Gamma| = |(X/\Gamma)^{gF^n}||\Gamma|.$$

これより (3.4.1) が得られる. ∎

ドリーニュとルスティックによって得られた次の定理は，後に本質的な役割を果たす．この結果は形式的な議論では得られず，l 進コホモロジーに関する深い性質によっている．しかし，ここでは証明を省略する．

定理 3.4.7. $g : X \to X$ を位数有限な X の自己同型とし，$g = su$ を g のジョルダン分解とする (s は位数が p と素, u は位数が p のベキ乗の元)．このとき $\mathcal{L}(g, X) = \mathcal{L}(u, X^s)$ が成り立つ．

さて，l 進コホモロジーの性質として次が知られている．$X = k^m$ をアフィン空間とする．このとき

$$H^i_c(X, \bar{\mathbb{Q}}_l) = \begin{cases} \bar{\mathbb{Q}}_l & i = 2m \text{ の場合}, \\ 0 & \text{その他の場合}. \end{cases} \quad (3.4.2)$$

これより次が導かれる．

補題 3.4.8. $X \simeq k^m$ とし，$F : X \to X$ を X のある $\mathbb{F}_q$ 構造に関するフロベニウス写像とする．このとき，$|X^F| = q^m$ が成り立つ．特に，$g : X \to X$ を位数有限の自己同型とすれば，$\mathcal{L}(g, X) = 1$. (注. X と k^m の同型は $\mathbb{F}_q$ 上定義されていないので，$X^F \simeq \mathbb{F}_q^m$ となるとは限らない．また後半の事実は $H^{2m}_c(X, \bar{\mathbb{Q}}_l)$ への有限群の作用が常に自明になることを意味する).

証明 ベクトル空間 $H^{2m}_c(X) \simeq \bar{\mathbb{Q}}_l$ 上の F の固有値を λ とする．定理 3.4.1 と (3.4.2) により，$|X^F| = \lambda$ となる．特に λ は正の整数である．$\lambda = q^m$ を示せばよい．各 $n \geq 1$ に対して，$|X^{F^n}| = \lambda^n$. 一方，十分大きい n_0 に対して同型 $X \simeq k^m$ は $\mathbb{F}_{q^{n_0}}$ 上定義されているとしてよい．したがって，$|X^{F^{n_0}}| = (q^{n_0})^m$ となり，上のことから $q^{n_0 m} = \lambda^{n_0}$ となる．λ は正の整数だったので $\lambda = q^m$ が得られる．後半は命題 3.4.2 より明らか．∎

系 3.4.9. 代数多様体 X から Y への射 $f: X \to Y$ が, 各 $y \in Y$ に対して $f^{-1}(y) \simeq k^m$ をみたすとする (m は y によらない定数). また $g: X \to X$, $g': Y \to Y$ を位数有限な同型で, $f \circ g = g' \circ f$ となるものとする. このとき $\mathcal{L}(g, X) = \mathcal{L}(g', Y)$ が成り立つ.

証明 十分大きい $\mathbb{F}_q$ 構造を考えて, フロベニウス写像 $F: X \to X, F: Y \to Y$ が $F \circ f = f \circ F, F(g) = g, F(g') = g'$ をみたすと仮定してよい. このとき $y \in Y^{g'F^n}$ に対し, gF^n は $f^{-1}(y) \simeq k^m$ の $\mathbb{F}_{q^n}$ 構造に関するフロベニウス写像になり, 補題 3.4.8 により $|f^{-1}(y)^{gF^n}| = q^{mn}$ となる. これより
$$|X^{gF^n}| = \sum_{y \in Y^{g'F^n}} |f^{-1}(y)^{gF^n}| = q^{mn}|Y^{g'F^n}|.$$
したがって
$$R(t) = -\sum_{n=1}^{\infty} |X^{gF^n}|t^n = -\sum_{n=1}^{\infty} |Y^{g'F^n}|(q^m t)^n.$$
ここで $t \to \infty$ とすることにより $\mathcal{L}(g, X) = \mathcal{L}(g', Y)$ が得られる. ∎

最後に X が有限集合の場合を考える (有限集合はアフィン多様体である).

補題 3.4.10. X を有限集合とし, $g: X \to X$ を位数有限の自己同型, すなわち X の置換とする. このとき $\mathcal{L}(g, X) = |X^g|$ が成り立つ.

証明 十分大きい $\mathbb{F}_q$ 構造を選んで $F: X \to X$ は恒等写像と仮定してよい. そこで
$$R(t) = -\sum_{n=1}^{\infty} |X^{gF^n}|t^n = |X^g|(-\sum_{n=1}^{\infty} t^n).$$
これより $t \to \infty$ とすると $\mathcal{L}(g, X) = |X^g|$ が得られる. ∎

3.4.4 ドリーニュ–ルスティックの一般表現

G を $\mathbb{F}_q$ 上定義された連結な代数群, $F: G \to G$ を対応するフロベニウス写像とする. 以下しばらくの間, G^F をシュバレー群とは特に仮定しない.

3.4 ドリーニュ–ルスティックの理論

l 進コホモロジーを利用して G^F の表現を構成しよう．そのためには本節の始めに述べたように G^F が作用する代数多様体 X を見つけなければならない．しかし，実はそれは簡単に見つかるのである．今 G の閉集合 A に対して，$X_A = \{x \in G \mid x^{-1}F(x) \in A\}$ とおく．X_A は 3.2 節で定義したラング写像 $\mathcal{L}$ による A の逆像 $\mathcal{L}^{-1}(A)$ であり，G^F の左作用によって不変になる．したがって G^F 加群 $H_c^i(X_A)$ が得られる．このようにして G の勝手な閉集合から G^F の表現が作られる．

さてドリーニュとルスティックは次のような X を考えた．T を G の F 不変な極大トーラスとし，$B = TU$ を T を含むボレル部分群とする．U は B のベキ単根基である．B, U は必ずしも F 不変にはならない．上の例にならって $X_U = \mathcal{L}^{-1}(U)$ を考えよう．当然 G^F は X_U に作用するが，U が B の正規部分群であることから $(g, t) : x \to gxt^{-1}$ により $G^F \times T^F$ が X_U に作用し，$G^F \times T^F$ 加群 $H_c^i(X_U)$ が得られる．さて $\theta \in \widehat{T}^F = \mathrm{Hom}\,(T^F, \overline{\mathbb{Q}}_l^*)$ に対して

$$R_T^G(\theta) = \sum_{i \geq 0} (-1)^i H_c^i(X_U)_{\theta^{-1}} \tag{3.4.3}$$

とおく．ただし，一般に T^F 加群 V に対して $V_\theta = \{v \in V \mid tv = \theta(t)v\}$ は θ のウエイト空間を意味する．$H_c^i(X_U)_{\theta^{-1}}$ は G^F 加群であり，したがって $R_T^G(\theta)$ は G^F の一般表現 (表現の形式的な交代和) になる．$R_T^G(\theta)$ を組 (T, θ) に付随した**ドリーニュ–ルスティックの一般表現**という．関数 $g \mapsto \mathrm{Tr}\,(g, R_T^G(\theta))$ は G^F の一般指標を与え，ドリーニュ–ルスティックの一般指標と呼ばれる．$R_T^G(\theta)$ の指標は (T, θ) をその G^F 共役で置き換えても変わらないことに注意する．後にみるように，$R_T^G(\theta)$ は G^F の既約表現の分類において本質的な役割を果たす．特に $R_T^G(\theta)$ の指標の決定が重要である．

注意 3.4.11. $R_T^G(\theta)$ の構成には U も関係する．U の取り方は一意的ではないので本来 $R_{T,U}^G(\theta)$ と書くべきであるが，後にわかるように $R_T^G(\theta)$ の指標は U の取り方によらない．そこで U を省略し単に $R_T^G(\theta)$ と表すのである．

3.4.5 $R_T^G(\theta)$ の指標公式

$R_T^G(\theta)$ に関する最初の著しい結果は以下に述べる指標公式である．この指標公式と次に述べる直交関係に関する定理がドリーニュ–ルスティック理論を成功に導く鍵となった．まず記号を準備する．G のベキ単元全体の集合を G_{uni} と表す．G_{uni} は G の閉集合でありベキ単多様体と呼ばれる．G_{uni} は F 不変であり G_{uni}^F は G^F のベキ単元の集合と一致する．ここで G_{uni}^F 上の関数 $Q_T^G : G_{\text{uni}}^F \to \bar{\mathbb{Q}}_l$ を

$$Q_T^G(u) = \text{Tr}\,(u, R_T^G(1)) \tag{3.4.4}$$

により定義する．つまり Q_T^G は $R_T^G(1)$ の指標を G_{uni}^F へ制限したものである．Q_T^G を T に付随した G^F のグリーン関数という．

定理 3.4.12 (指標公式). $g = su = us$ (s は G^F の半単純元，u は G^F のベキ単元) を $g \in G^F$ のジョルダン分解とする．このとき

$$\text{Tr}\,(su, R_T^G(\theta)) = |Z_G^0(s)^F|^{-1} \sum_{\substack{x \in G^F \\ x^{-1}sx \in T^F}} Q_{xTx^{-1}}^{Z_G^0(s)}(u)\theta(x^{-1}sx). \tag{3.4.5}$$

定理 3.4.12 は $R_T^G(\theta)$ の指標の計算が，G に含まれる種々の簡約部分群のグリーン関数の決定に帰着されることを示している．(半単純元 s の中心化群 $Z_G^0(s)$ はふたたび連結な簡約群になることに注意．) 言いかえれば，$R_T^G(\theta)$ の指標の計算ではベキ単元での値が本質的に重要になるのである．l 進コホモロジーの一般論がどのように使われるかをみるためにも以下に証明の概略を紹介しよう．

$G^F \times T^F$ 加群 V に対し，線形写像 $p : V \to V$ を

$$p(v) = |T^F|^{-1} \sum_{t \in T^F} \theta(t)tv$$

により定める．p は V からウエイト空間 $V_{\theta^{-1}}$ への射影子であり G^F の作用と可換になる．したがって

$$\text{Tr}\,(g, V_{\theta^{-1}}) = \text{Tr}\,(g \circ p, V) = |T^F|^{-1} \sum_{t \in T^F} \text{Tr}\,((g,t), V)\theta(t). \tag{3.4.6}$$

3.4 ドリーニュ–ルスティックの理論

さて定義により

$$\mathrm{Tr}\,(g, R_T^G(\theta)) = \sum_{i \geq 0} (-1)^i \, \mathrm{Tr}\,(g, H_c^i(X_U)_{\theta^{-1}})$$

だったから，(3.4.6) を $G^F \times T^F$ 加群 $H_c^i(X_U)$ に適用して

$$\begin{aligned}\mathrm{Tr}\,(g, R_T^G(\theta)) &= |T^F|^{-1} \sum_{t \in T^F} \left(\sum_{i \geq 0} (-1)^i \, \mathrm{Tr}\,((g,t), H_c^i(X_U)) \right) \theta(t) \quad (3.4.7)\\ &= |T^F|^{-1} \sum_{t \in T^F} \mathcal{L}((g,t), X_U) \theta(t)\end{aligned}$$

を得る．最後の式は $(g,t) \in G^F \times T^F$ の X_U への作用に関するレフシェッツ数である．ここでジョルダン分解 $g = su = us$ に対応して，$(g,t) = (su, t) = (s, t)(u, 1)$ が元 (g, t) の $G^F \times T^F$ でのジョルダン分解を与えることに注意する（(s, t) 半単純元, $(u, 1)$ がベキ単元になる）．定理 3.4.7 を適用して $\mathcal{L}((g,t), X_U) = \mathcal{L}((u,1), X_U^{(s,t)})$ が得られる．$X_U^{(s,t)}$ は X_U における (s,t) の不動点の集合である．以上をまとめると

補題 3.4.13. $X_U^{(s,t)} = \{x \in X_U \mid sxt^{-1} = x\}$ とおく．このとき

$$\mathrm{Tr}\,(su, R_T^G(\theta)) = |T^F|^{-1} \sum_{t \in T^F} \mathcal{L}(u, X_U^{(s,t)}) \theta(t).$$

そこで次のステップは多様体 $X_U^{(s,t)}$ の構造を調べることになる．$H^{(s,t)} = X_U^{(s,t)} \cap G^F$ とおく．X_U は G^F を含むので $H^{(s,t)} = \{x \in G^F \mid sxt^{-1} = x\}$ と表される．さらに $Y_t = X_U \cap Z_G^0(t)$ とおく．有限群 $Z_G^0(t)^F$ は $H^{(s,t)} \times Y_t$ に，$z : (h, y) \mapsto (hz^{-1}, zy)$ により作用する（$z \in Z_G^0(t)^F, (h, y) \in H^{(s,t)} \times Y_t$）．このとき次が成り立つ．

補題 3.4.14. $H^{(s,t)} \times Y_t$ から G への写像 $(h, y) \mapsto hy$ は全単射な射

$$\varphi : (H^{(s,t)} \times Y_t)/Z_G^0(t)^F \to X_U^{(s,t)}.$$

を導く．（左辺はアフィン多様体 $H^{(s,t)} \times Y_t$ の有限群 $Z_G^0(t)^F$ による商多様体を表す．）

補題 3.4.14 は地道な計算によって確かめられるが，ここでは省略する．後に使うのはレフシェッツ数に関する場面なので，単に全単射を示せばよいのが気楽である．$H^{(s,t)}$ は有限集合なので，

$$(H^{(s,t)} \times Y_t)/Z_G^0(t)^F \simeq \coprod_{h \in H^{(s,t)}/Z_G^0(t)^F} hY_t \tag{3.4.8}$$

と，(共通部分のない) 有限個の $hY_t \simeq Y_t$ の和集合に分割できる．

ここで $t \in T$ より $B_t = B \cap Z_G^0(t), U_t = U \cap Z_G^0(t)$ とおくと，$B_t = TU_t$ は $Z_G^0(t)$ のボレル部分群，U_t はそのベキ単根基になる．さらに，

$$\begin{aligned} Y_t &= X_U \cap Z_G^0(t) \\ &= \{x \in Z_G^0(t) \mid x^{-1}F(x) \in U\} \\ &= \{x \in Z_G^0(t) \mid x^{-1}F(x) \in U_t\}. \end{aligned}$$

特に $Y_t = X_{U_t}^{Z_G^0(t)}$ (X_U の定義で G を $Z_G^0(t)$ に，U を U_t に置き換えたもの) と表される．また補題 3.4.14 および (3.4.8) の全単射により，u の $X_U^{(s,t)}$ への作用は各 hY_t を不変にし，同型 $hY_t \simeq Y_t$ のもとに $X_{U_t}^{Z_G^0(t)}$ への $h^{-1}uh$ の作用 (左移動) をひきおこすことが確かめられる．($h \in H^{(s,t)}$ より $hth^{-1} = s$ なので，$h^{-1}uh \in Z_G^0(t)$ となることに注意．)

以上の結果を系 3.4.9 によりレフシェッツ数の話に置き換えると，補題 3.4.13 より

$$\begin{aligned} \mathrm{Tr}\,(su, R_T^G(\theta)) &= |T^F|^{-1} \sum_{t \in T^F} \mathcal{L}(u, \coprod_h hY_t)\theta(t) \\ &= |T^F|^{-1} \sum_{t \in T^F} \sum_h \mathcal{L}(h^{-1}uh, Y_t)\theta(t) \end{aligned}$$

となる．ここで h は $H^{(s,t)}/Z_G^0(t)^F$ の各剰余類を動く．言いかえれば，h は $G^F/Z_G^0(t)^F$ の剰余類で，$hth^{-1} = s$ となるものを動く．$t = h^{-1}sh$ なので，最後の式は

$$\mathrm{Tr}\,(su, R_T^G(\theta)) = |T^F|^{-1}|Z_G^0(s)^F|^{-1} \sum_{\substack{h \in G^F \\ h^{-1}sh \in T^F}} \mathcal{L}(h^{-1}uh, Y_{h^{-1}sh})\theta(h^{-1}sh) \tag{3.4.9}$$

3.4 ドリーニュ–ルスティックの理論

と変形できる.

(3.4.9) を $s=1$ の場合に適用すると, $Y_{h^{-1}sh} = Y_1 = X_U$ に注意して,

$$\mathrm{Tr}\,(u, R_T^G(\theta)) = |T^F|^{-1}|G^F|^{-1} \sum_{h \in G^F} \mathcal{L}(h^{-1}uh, X_U) \qquad (3.4.10)$$
$$= |T^F|^{-1}\mathcal{L}(u, X_U)$$

が得られる. 最後の式は θ に無関係なので, $\mathrm{Tr}\,(u, R_T^G(\theta)) = \mathrm{Tr}\,(u, R_T^G(1)) = Q_T^G(u)$ となることがわかる. そこで

$$|T^F|^{-1}\mathcal{L}(h^{-1}uh, Y_{h^{-1}sh}) = Q_T^{Z_G^0(h^{-1}sh)}(h^{-1}uh) = Q_{hTh^{-1}}^{Z_G^0(s)}(u)$$

を (3.4.9) に代入すると (3.4.5) が得られる. 以上で定理 3.4.12 が示された.

(3.4.10) から次の重要な結果が得られる.

系 3.4.15. 任意の $\theta \in \widehat{T}^F$ に対して $\mathrm{Tr}\,(u, R_T^G(\theta)) = Q_T^G(u) \in \mathbb{Z}$.

証明 (3.4.10) の後の注意より $\mathrm{Tr}\,(u, R_T^G(\theta)) = Q_T^G(u)$ はすでにわかっている. 一方, 命題 3.4.3 より $\mathcal{L}(u, X_U) \in \mathbb{Z}$ が成り立つので, (3.4.10) により $\mathrm{Tr}\,(u, R_T^G(\theta)) \in \mathbb{Q}$. 一般指標の値は代数的整数なので $\mathrm{Tr}\,(u, R_T^G(\theta))$ は有理数であって同時に代数的整数. したがって $Q_T^G(u) \in \mathbb{Z}$ となる. ∎

3.4.6 $R_T^G(\theta)$ の直交関係

複雑なプロセスによって定義されたのにもかかわらず $R_T^G(\theta)$ が扱いやすいのは, $R_T^G(\theta)$ の指標が非常に簡明な直交関係式をみたすからである. この直交関係式により指標の既約性が一瞬にして判定される. 今後, しばしば一般表現 $R_T^G(\theta)$ とその指標を同一視して, 同じ記号で一般指標をも表すことにする. 以下しばらくの間 $R_T^G(\theta)$ の U への依存性を示すために $R_{T,U}^G(\theta)$ と書く.

定理 3.4.16 (直交関係). $B = TU, B' = T'U'$ を F 不変な極大トーラス T, T' を含むボレル部分群とし, $R_{T,U}^G(\theta), R_{T',U'}^G(\theta')$ をそれぞれ

$(T,\theta),(T',\theta')$ に付随したドリーニュ–ルスティックの一般指標とする．そのとき

$$\langle R_{T,U}^G(\theta), R_{T',U'}^G(\theta') \rangle_{G^F} = \begin{cases} \sharp\{w \in W(T)^F \mid {}^w\theta' = \theta\} & T = T' \text{ の場合,} \\ 0 & T \not\sim T' \text{ の場合} \end{cases}$$

ここに ${}^w\theta'$ は ${}^w\theta'(t) = \theta'(w^{-1}(t))$ で定義される T^F の指標である．($T \not\sim T'$ は T と T' が G^F 共役でないことを表す．)

内積の計算は，$T^F \times T'^F$ の多様体 $Y_{U,U'} = (X_U \times X_{U'})/G^F$ への作用に関するレフシェッツ数の計算に帰着される．G のブリュア分解を利用して $Y_{U,U'}$ を詳しく調べることにより定理が証明されるが，ここでは詳しい説明は省略する．

定理 3.4.16 からグリーン関数に関する直交関係が導かれる．証明は $R_T^G(\theta)$ の指標公式 (定理 3.4.12) を利用することにより，G の次元に関する帰納法でなされる．計算は長いが難しいことは使わない．

定理 3.4.17 (グリーン関数の直交関係).

$$|G^F|^{-1} \sum_{u \in G_{\text{uni}}^F} Q_T^G(u) Q_{T'}^G(u) = \begin{cases} |W(T)^F|/|T^F| & T = T' \text{ の場合,} \\ 0 & T \not\sim T' \text{ の場合} \end{cases}$$

定理 3.4.16 の直接の帰結として以下の重要な結果が得られる．

系 3.4.18. $\theta \in \widehat{T}^F$ が $\sharp\{w \in W(T)^F \mid {}^w\theta = \theta\} = 1$ をみたすとする．このとき，$\pm R_T^G(\theta)$ は G^F の既約指標になる.

実際，上の条件のもとで定理 3.4.16 により $\langle R_T^G(\theta), R_T^G(\theta) \rangle_{G^F} = 1$．$R_T^G(\theta)$ は G^F の一般指標だったから，$\pm R_T^G(\theta)$ は既約になる．$\theta \in \widehat{T}^F$ が系 3.4.18 の条件をみたすとき，θ は**一般の位置**にあるという．T^F の既約指標のうち，大部分の θ はこの条件をみたす．そして，T の G^F 共役を除けば各 $R_T^G(\theta)$ は異なる既約指標を与える．このようにして数多くの G^F の既約指標が $\pm R_T^G(\theta)$ として構成できる．実際，G^F の共役類の個数を調べることにより，G^F のほとんどすべての既約指標がこの形で得られることがわかる．(大雑把にいうと，G^F の既約指標の個数は q の多項式で表され，その次数は

3.4 ドリーニュ–ルスティックの理論

$r = \dim T$ に一致する. その最高次の項 q^r を含む部分が $\pm R_T^G(\theta)$ から得られるという意味).

系 3.4.19. 一般指標 $R_{T,U}^G(\theta)$ は U の取り方に無関係に定まる.

証明 組 (T,θ) に対し $B = TU, B' = TU'$ を考える. 定理 3.4.16 により $R_{T,U}^G(\theta)$ 達の内積の値は U の取り方に関係しない. したがって

$$\langle R_{T,U}^G(\theta), R_{T,U}^G(\theta) \rangle_{G^F} = \langle R_{T,U}^G(\theta), R_{T,U'}^G(\theta) \rangle_{G^F} = \langle R_{T,U'}^G(\theta), R_{T,U'}^G(\theta) \rangle_{G^F}.$$

これより

$$\langle R_{T,U}^G(\theta) - R_{T,U'}^G(\theta), R_{T,U}^G(\theta) - R_{T,U'}^G(\theta) \rangle_{G^F} = 0.$$

すなわち $R_{T,U}^G = R_{T,U'}^G$ が得られる. ∎

3.4.7 $R_T^G(\theta)$ とハリッシュ・チャンドラ誘導

以後簡単のため (G,F) はシュバレー型と仮定する. ただし以下の結果は適当に修正することにより, 一般の有限簡約群について成立することを注意しておく. 本項ではドリーニュ–ルスティックの一般指標 $R_T^G(\theta)$ がハリッシュ・チャンドラ誘導と密接な関係を持っていることを示す. まず極大トーラス T が F 不変なボレル部分群 B に含まれる場合を考えよう. $\theta \in \widehat{T}^F$ とすると 3.3.2 項で述べたようにハリッシュ・チャンドラ誘導 $\mathrm{Ind}_{B^F}^{G^F} \tilde{\theta}$ が定義される. 次の結果はドリーニュ–ルスティックの一般指標 $R_T^G(\theta)$ がハリッシュ・チャンドラ誘導に一致することを示している. ハリッシュ・チャンドラ誘導に同じような記号 $R_L^G(\pi)$ を使ったのはそのためである.

命題 3.4.20. T を F 不変なボレル部分群 B の極大トーラスとする. このとき, $\theta \in \widehat{T}^F$ に対して

$$R_T^G(\theta) = \mathrm{Ind}_{B^F}^{G^F} \tilde{\theta}.$$

証明 U を B のベキ単根基とすると, U は F 不変になる. $X_U = \{x \in G \mid x^{-1}F(x) \in U\}$ であるが, この場合 $X_U = G^F U$ と表されることに注意す

る．実際 U は F 不変な連結代数群なのでラングの定理により，$x \in X_U$ ならば $x^{-1}F(x) = u^{-1}F(u)$ となる U の元 u が存在する．したがって $g = xu^{-1} \in G^F$ となり $x = gu \in G^F U$ と表される．$G^F U \subset X_U$ は明らかである．ここで (3.4.7) 式を使って $R_T^G(\theta)$ の指標を計算する．そのために，まず $(g,t) \in G^F \times T^F$ に対するレフシェッツ数 $\mathcal{L}((g,t), X_U)$ を調べよう．$X_U = G^F U$ は $X_U = \coprod_{g \in G^F/U^F} gU$ と有限個の閉集合 gU の和集合に分割される．今，$X_1 = T^F U$ とおくと $X_U = \coprod_{g \in G^F/B^F} gX_1$ とも表される．したがって $G^F \times T^F$ は閉集合 gX_1 達の上に推移的に作用し，X_1 の固定化群は $B^F \times T^F$ に一致する．命題 3.4.5 により $G^F \times T^F$ の一般指標 $(g,t) \mapsto \mathcal{L}((g,t), X_U)$ は $B^F \times T^F$ の一般指標 $(b,t) \mapsto \mathcal{L}((b,t), X_1)$ を $G^F \times T^F$ へ誘導した指標となる．これより $R_T^G(\theta) = \mathrm{Ind}_{B^F}^{G^F} \psi$ と表されることがわかる．ただし ψ は

$$\psi(b) = |T^F|^{-1} \sum_{t \in T^F} \mathcal{L}((b,t), X_1) \theta(t) \qquad (b \in B^F)$$

で与えられる B^F の類関数である．

さて $X_1 = \coprod_{g \in T^F} gU$ において B^F は閉集合 gU 達に推移的に作用し，U の固定化群は U^F となる．$U \simeq k^N$ なので，補題 3.4.8 と命題 3.4.5 により $b \mapsto \mathcal{L}(b, X_1)$ は $\mathrm{Ind}_{U^F}^{B^F} 1$ に一致する，言い替えれば T^F の正則表現を B^F まで持ち上げた表現 V の指標となる．また，T^F の V への作用は $b = t^{-1} \in B^F$ の作用で与えられる．これらのことから ψ は B^F の 1 次指標 $\tilde{\theta}$ に一致し，命題 3.4.20 が得られる． ∎

より一般にハリッシュ・チャンドラ誘導に関して次が成立する．

命題 3.4.21. P を G の F 不変な放物部分群，L を P の F 不変なレビ部分群とする．また T を F 不変な G の極大トーラスで L に含まれるものとし，$\theta \in \widehat{T^F}$ とする．このとき

$$R_T^G(\theta) = R_L^G(R_T^L(\theta))$$

が成り立つ．ただし R_L^G は 3.3.2 項で定義された L から G へのハリッシュ・チャンドラ誘導を表す．

3.4　ドリーニュ–ルスティックの理論

証明 命題 3.4.20 と同じ方針で証明する．$B = TU$ を T を含むボレル部分群として X_U を考える．仮定より $B \subset P$ としてよい．今 $g \in G^F$ に対して

$$X_g = \{x \in X_U \mid xPx^{-1} = gPg^{-1}\}$$

とおく．すると $X_U = \coprod_{g \in G^F/P^F} X_g$ と閉集合 X_g の和集合に分割される．実際 $x \in X_U$ とすると $x^{-1}F(x) \in U \subset P$. そこでラングの定理により $x^{-1}F(x) = p^{-1}F(p)$ となる $p \in P$ が取れる．$g = xp^{-1} \in G^F$ とおくと $x \in X_g$. すなわち $X_U = \bigcup_{g \in G^F} X_g$ となり主張が得られる．$G^F \times T^F$ は集合 X_g 達の上に推移的に作用し，$X_1 = X_U \cap P$ ($g = 1$ の場合) の固定化群は $P^F \times T^F$ に一致する．そこで命題 3.4.20 の場合と同様に $R_T^G(\theta) = \mathrm{Ind}_{P^F}^{G^F} \psi$ と表される．ここに ψ は

$$\psi(p) = |T^F|^{-1} \sum_{t \in T^F} \mathcal{L}((p,t), X_1)\theta(t) \qquad (p \in P^F)$$

で定義される P^F の類関数である．ところで $B_L = B \cap L, U_L = U \cap L$ とおけば，$B_L = TU_L$ は L のボレル部分群，U_L はそのベキ単根基であり，自然な写像 $P \to L \simeq P/U_P$ は射 $f\colon X_1 \to X_{U_L} = \{x \in L \mid x^{-1}F(x) \in U_L\}$ を誘導する．このとき f は全射であり，各点 $x \in X_{U_L}$ の逆像 $f^{-1}(x)$ は xU_P に一致する．特に $f^{-1}(x) \simeq k^m$ ($m = \dim U_P$) である．また $P^F \times T^F$ の X_1 と X_{U_L} への作用は写像 f と可換になる．(P^F の X_{U_L} への作用は $P^F/U_P^F \simeq L^F$ により L^F の作用から得られたもの．したがって U_P^F は X_{U_L} に自明に作用する)．そこで系 3.4.9 を適用することにより

$$\mathcal{L}((p,t), X_1) = \mathcal{L}((p,t), X_{U_L})$$

が成り立つ．これより類関数 ψ の L^F への制限は $R_T^L(\theta)$ に一致する．特に ψ は L^F の一般指標 $R_T^L(\theta)$ の P^F への持ち上げに他ならない．よって証明された．∎

3.4.8　$R_T^G(\theta)$ の性質その 1

一般指標 $R_T^G(\theta)$ は多くの有用な性質を持つが，その中で比較的簡単に導かれるものをあげておこう．これらは次節で $R_T^G(\theta)$ の次元公式を示すのに

使われる.

命題 3.4.22. $1 = 1_{G^F}$ を G^F の単位指標とする. このとき

$$\langle R_T^G(\theta), 1 \rangle_{G^F} = \begin{cases} 1 & \theta = 1 \text{ の場合}, \\ 0 & \theta \neq 1 \text{ の場合}. \end{cases}$$

証明 (3.4.7) 式により

$$\langle R_T^G(\theta), 1 \rangle_{G^F} = |G^F|^{-1} \sum_{g \in G^F} \text{Tr}(g, R_T^G(\theta))$$

$$= |G^F|^{-1} |T^F|^{-1} \sum_{g \in G^F} \sum_{t \in T^F} \mathcal{L}((g,t), X_U) \theta(t).$$

ここで X_U は G^F の作用を持つアフィン多様体であり, 商多様体 X_U/G^F が存在することに注意する. T^F は G^F の作用と可換なので, 命題 3.4.6 により

$$|G^F|^{-1} \sum_{g \in G^F} \mathcal{L}((g,t), X_U) = \mathcal{L}(t, X_U/G^F)$$

となる. 一方写像 $f : X_U \to U, x \mapsto x^{-1}F(x)$ は全射であり, 各点 $u = x^{-1}F(x)$ の逆像 $f^{-1}(u)$ は x の G^F 軌道に一致する. これより f は全単射 $f_1 : X_U/G^F \to U$ を導く. f_1 は T^F の作用と可換なので (T^F は U に $t : u \mapsto tut^{-1}$ で作用), 系 3.4.9 により $\mathcal{L}(t, X_U/G^F) = \mathcal{L}(t, U)$ を得る. $U \simeq k^N$ なので補題 3.4.8 により $\mathcal{L}(t, U) = 1$. これより

$$\langle R_T^G(\theta), 1 \rangle_{G^F} = |T^F|^{-1} \sum_{t \in T^F} \theta(t) = \langle \theta, 1 \rangle_{T^F}$$

となり命題が得られる. ∎

次の命題は単位指標 1 が一般指標 $R_T^G(1)$ ($\theta = 1$ の場合) の線形結合で表されることを示している.

命題 3.4.23.

$$1 = |G^F|^{-1} \sum_T |T^F| R_T^G(1)$$

ただし和は G のすべての F 不変な極大トーラス T を動く.

3.4 ドリーニュ–ルスティックの理論

証明 $\rho = |G^F|^{-1} \sum_T |T^F| R_T^G(1)$ とおく. ρ は G^F の類関数である. まず, 内積 $\langle \rho, 1 \rangle_{G^F} = 1$ を示そう. 命題 3.4.22 により

$$\langle \rho, 1 \rangle_{G^F} = |G^F|^{-1} \sum_T |T^F| \langle R_T^G(1), 1 \rangle_{G^F} = |G^F|^{-1} \sum_T |T^F| \quad (3.4.11)$$

ここで 3.2.6 項の F 不変な極大トーラスの分類を思い出そう. 極大トーラスの G^F 共役類の代表元は T_w (w は W の共役類 $W/\sim$ の代表元. F は W に自明に作用することに注意) で与えられる. 各 T_w に対してその G^F 共役類の個数は $|G^F|/|N_G(T_w)^F|$ なので (3.4.11) は

$$\langle \rho, 1 \rangle_{G^F} = \sum_{w \in W/\sim} |N_G(T_w)^F|^{-1} |T_w^F| = \sum_{w \in W/\sim} |W(T_w)^F|^{-1}$$

となる. ただし $W(T_w) = N_G(T_w)/T_w$ である ((3.2.7) にも注意). したがって (3.2.9) により

$$\langle \rho, 1 \rangle_{G^F} = \sum_{w \in W/\sim} |Z_W(w)|^{-1} = 1$$

を得る. 次に $\langle \rho, \rho \rangle_{G^F} = 1$ を示そう. 定義により

$$\langle \rho, \rho \rangle_{G^F} = |G^F|^{-2} \sum_{T, T'} |T^F| |T'^F| \langle R_T^G(1), R_{T'}^G(1) \rangle_{G^F}.$$

ここで $R_T^G(\theta)$ の直交関係 (定理 3.4.16) より

$$\langle \rho, \rho \rangle_{G^F} = |G^F|^{-2} \sum_T |T^F|^2 \sharp \{T' \mid T' \text{ は } T \text{ に } G^F \text{ 共役}\} |W(T)^F|$$
$$= |G^F|^{-1} \sum_T |T^F|^2 |W(T)^F| / |N_G(T)^F|$$
$$= |G^F|^{-1} \sum_T |T^F| = 1.$$

最後の等式は前段の計算から出る.

以上の結果から $\langle \rho, \rho \rangle_{G^F} = \langle \rho, 1 \rangle_{G^F} = 1$. これより $\langle \rho-1, \rho-1 \rangle_{G^F} = 0$ となり $\rho = 1$ を得る. ∎

命題 3.4.23 は次のように一般化される.

系 3.4.24. P を G の F 不変な放物部分群,L を P の F 不変なレビ部分群とする.このとき

$$\mathrm{Ind}_{P^F}^{G^F} 1 = |L^F|^{-1} \sum_{T \subset L} |T^F| R_T^G(1).$$

ただし T は L の F 不変な極大トーラスをすべて動く.

証明 命題 3.4.23 を L に適用して,

$$1_{L^F} = |L^F|^{-1} \sum_{T \subset L} |T^F| R_T^L(1).$$

この両辺にハリッシュ・チャンドラ誘導 R_L^G を作用させる.左辺は $R_L^G(1_{L^F}) = \mathrm{Ind}_{P^F}^{G^F} 1$. 右辺に命題 3.4.21 を適用して系 3.4.24 が得られる.∎

3.4.9 $R_T^G(\theta)$ の次数公式

一般指標 $\mathrm{Tr}\,(g, R_T^G(\theta))$ の $g = 1$ での値を $R_T^G(\theta)$ の次数といい,$\deg R_T^G(\theta)$ と表す.ここでは $R_T^G(\theta)$ の次数を具体的に計算する.3.2.8 項のように,F 不変な組 (B, T_0) で定まる単純ルート系を Δ とし $W = W(T_0)$ とする.次の補題に注意する.

補題 3.4.25. W の元 w の共役類が W のどんな放物部分群 $W_I (\neq W)$ とも共通部分を持たないとする.このとき $(-1)^{|\Delta|} = \varepsilon(w)$. ただし ε は W の符号指標を表す.

証明 直接示すこともできるが,例えばソロモンの公式より簡単に得られる.仮定より $I \neq \Delta$ に対して $(\mathrm{Ind}_{W_I}^W 1)(w) = 0$. したがってソロモンの公式 (命題 3.3.20) により $\varepsilon(w) = (-1)^{|\Delta|}$. ∎

G の F 不変な極大トーラス T が T_w に G^F 共役になるとき,$\varepsilon_T = \varepsilon(w)$ と表すことにする.また整数 m に対して $m_{p'}$ は m の p と素な部分を表す.このとき

3.4 ドリーニュ–ルスティックの理論

定理 3.4.26 (次数公式). T を G の F 不変な極大トーラスとする. $\theta \in \widehat{T}^F$ に対し
$$\deg R_T^G(\theta) = \varepsilon_T |G^F|_{p'} |T^F|^{-1}.$$
特に θ が一般の位置にあれば $\varepsilon_T R_T^G(\theta)$ は G^F の既約指標となる[*9].

証明 極大トーラス T が, ある放物部分群 $P_I \neq G$ のレビ部分群 L_I の部分群と G^F 共役になる場合と, そうでない場合とに分けて考える. 最初に T がどんな $L_I \neq G$ の部分群とも共役にならないと仮定する. G^F の一般指標 ξ を $\xi(g) = \sum_\theta \mathrm{Tr}\,(g, R_T^G(\theta))$ で定義する. ただし, θ は $\widehat{T}^F$ の元をすべて動く. そのとき次が成り立つ.

(3.4.12) G^F の半単純元 $s \neq 1$ に対し $\xi(s) = 0$.

(3.4.12) を示そう. $R_T^G(\theta)$ は一般表現 $\sum(-1)^i H_c^i(X_U)_{\theta^{-1}}$ として定義されていた. したがって ξ は一般表現 $\sum(-1)^i H_c^i(X_U)$ の指標に一致する. そこで定理 3.4.7 により, 半単純元 s に対して
$$\xi(s) = \mathcal{L}(s, X_U) = \mathcal{L}(1, X_U^s).$$
しかし s は G の部分集合 X_U に左移動として作用するので, $X_U^s = \emptyset$. 命題 3.4.2 によりそれは $\mathrm{Tr}\,(1, X_U^s) = 0$ を意味する. これより (3.4.2) が得られる.

ここで, スタインバーグ指標 St_G (3.3.6 項参照) と ξ との内積を計算する. 注意 3.3.22 により St_G の値は半単純元以外ではゼロになる. (3.4.12) と組み合わせることにより
$$\langle \xi, St_G \rangle_{G^F} = |G^F|^{-1} \xi(1) St_G(1) = |G^F|^{-1} \left(\sum_\theta \mathrm{Tr}\,(1, R_T^G(\theta)) \right) St_G(1).$$
ベキ単元 1 に対して $\mathrm{Tr}\,(1, R_T^G(\theta))$ は θ に無関係である (系 3.4.15). そこで定理 3.3.21 (i) より $\deg St_G = q^N$ に注意して
$$\langle \xi, St_G \rangle_{G^F} = |G^F|^{-1} |T^F| q^N \deg R_T^G(\theta) = |G^F|_{p'}^{-1} |T^F| \deg R_T^G(\theta) \tag{3.4.13}$$

[*9] 一般の有限簡約群 G^F についても同様の公式が成立するが, 符号 (ε_T の部分) の修正が必要になる.

を得る．最後の等式は q^N が G^F の p シロー群の位数に等しいことから出る．

一方 St_G の定義より，$\langle \xi, St_G \rangle_{G^F}$ は

$$\sum_{I \subset \Delta} (-1)^{|I|} \langle \xi, \mathrm{Ind}_{P_I^F}^{G^F} 1 \rangle_{G^F} = \sum_{I \subset \Delta} \sum_{\theta} (-1)^{|I|} \langle R_T^G(\theta), \mathrm{Ind}_{P_I^F}^{G^F} 1 \rangle_{G^F}$$

に等しい．ここで任意の $I \neq \Delta$ に対して

$$\langle R_T^G(\theta), \mathrm{Ind}_{P_I^F}^{G^F} 1 \rangle_{G^F} = 0 \tag{3.4.14}$$

となることに注意する．実際，系 3.4.24 により $\mathrm{Ind}_{P_I^F}^{G^F} 1$ は $T' \subset L_I$ をみたす $R_{T'}^G(1)$ の線形結合として表される．しかし，仮定により T は L_I の極大トーラスとは G^F 共役ではないので，直交関係 (定理 3.4.16) により (3.4.14) が得られる．したがって，命題 3.4.22 を使うことにより

$$\langle \xi, St_G \rangle_{G^F} = (-1)^{|\Delta|} \sum_{\theta} \langle R_T^G(\theta), 1 \rangle_{G^F} = (-1)^{|\Delta|}.$$

(3.4.13) と組み合わせて

$$\deg R_T^G(\theta) = (-1)^{|\Delta|} |G^F|_{p'} |T^F|^{-1}$$

を得る．$T = T_w$ とすると，条件より w はどんな W_I の元とも共役にならない．そこで補題 3.4.25 より次数公式が得られる．

次に T があるレビ部分群 $L_I \neq G$ の部分群と G^F 共役になる場合を考える．$T \subset L_I$ としてよい．命題 3.4.21 により

$$\deg R_T^G(\theta) = |G^F : P_I^F| \deg R_T^{L_I}(\theta)$$

が成り立つ．$L_I \neq G$ なので，帰納法により L_I に対して定理が成立するとしてよい．すなわち $\deg R_T^{L_I}(\theta) = \varepsilon_T |L_I^F|_{p'} |T^F|^{-1}$．そこで $|G^F : P_I^F||L_I^F|_{p'} = |G^F|_{p'}$ に注意すれば，この場合にも次数公式が得られる． ∎

注意 3.4.27. (i) 様々な意味で，$R_T^G(\theta)$ はハリッシュ・チャンドラ誘導 $\mathrm{Ind}_{B^F}^{G^F} \tilde{\theta}$ の拡張と考えられる．例えば，次数公式は

$$\deg R_T^G(\theta) = \pm \frac{|G^F|}{|T^F||U_0^F|}$$

3.4　ドリーニュ–ルスティックの理論

とも表せる．U_0 は G の F 不変な極大ベキ単群を表す．$T = T_0$ の場合 $R_T^G(\theta)$ は F 不変なボレル部分群 $B^F = T_0^F U_0^F$ からの誘導表現であるが，上の式は一般の F 不変な極大トーラス T に対しても $R_T^G(\theta)$ (の次数) が，あたかも F 不変なボレル部分群 $B^F = T^F U_0^F$ (そのようなボレル部分群は存在しないが) からの誘導表現のごとく振舞うことを示している．しかしハリッシュ・チャンドラ誘導が $T = T_0$ の場合しか定義できないのに比べ，$R_T^G(\theta)$ は W の共役類に対応する T_w に対して構成される．その意味でハリッシュ・チャンドラ誘導の極めて強力な補完となっているのである．

(ii) ハリッシュ・チャンドラ誘導の場合と同様に，F 不変な極大トーラス T に対して $\theta \mapsto R_T^G(\theta)$ を $\mathcal{R}(T^F)$ から $\mathcal{R}(G^F)$ への作用素とみなすことができる．命題 3.4.21 は R_T^G がハリッシュ・チャンドラ誘導 R_L^G と望ましい関係にあることを示す．それはまたハリッシュ・チャンドラ誘導の推移律 (3.3.6) の一般化にもなっている．このような枠組みでルスティックは $R_T^G(\theta)$ の構成を一般化して，(必ずしも F 不変ではない放物部分群 P の) F 不変なレビ部分群 L に対して，作用素 $R_L^G : \mathcal{R}(L^F) \to \mathcal{R}(G^F)$ を定義した．R_L^G を**ルスティック誘導**という．P が F 不変な放物部分群の場合，ルスティック誘導 R_L^G はハリッシュ・チャンドラ誘導に一致する．またハリッシュ・チャンドラ誘導の推移律 (3.3.6) はルスティック誘導にまで拡張され，命題 3.4.21 はその特別な場合となる．かくしてハリッシュ・チャンドラ誘導の理論はすべてルスティック誘導の理論に吸収されてしまうのである．今まで同じ記号を使って来たのもその故であった．

(iii) しかし R_L^G は一般に R_T^G よりも複雑な振舞いを示す．例えば R_L^G の構成は，R_T^G の場合と同様に L を含む P のベキ単根基 U_P を用いてなされるが，R_L^G が U_P の取り方に依存しないかどうか一般にはわかっていない．(多くの場合，例えば G の中心が連結な場合や，q が十分大きい場合には成立することが知られている)．ルスティック誘導を基礎にして，ハリッシュ・チャンドラの哲学を展開することができる．主系列表現にあたるのが $R_T^G(\theta)$ である．この場合 (誘導表現が数多くあるので) カスピダル表現に相当するものは非常に少なくなり，その意味で圧倒的に効率が良くなる．しかし，カスピダル指標にあたるものはもはや一般指標でもなく単なる類関数になってし

まう．このようなハリッシュ・チャンドラ哲学の追求が，次節に述べるルスティックによる既約表現の分類の鍵となったのであるが，それについてはこれ以上深入りしない．

3.4.10 $R_T^G(\theta)$ の性質その2

ここで $R_T^G(\theta)$ の性質をさらにいくつか述べよう．まず，正則指標が $R_T^G(\theta)$ の線形結合として表されることをみる．

命題 3.4.28. χ_{reg} を G^F の正則表現の指標とする．このとき

$$\chi_{\mathrm{reg}} = |G^F|_p^{-1} \sum_{T,\theta} \varepsilon_T R_T^G(\theta).$$

ただし，和は F 不変な極大トーラス T とその指標 $\theta \in T^F$ の組 (T,θ) すべてにわたって動く．

証明 右辺の類関数を χ とおく．系 3.4.19 と同様の考え方により $\langle \chi, \chi \rangle_{G^F} = \langle \chi, \chi_{\mathrm{reg}} \rangle_{G^F} = \langle \chi_{\mathrm{reg}}, \chi_{\mathrm{reg}} \rangle_{G^F}$ を示せばよい．$\langle \chi_{\mathrm{reg}}, \chi_{\mathrm{reg}} \rangle_{G^F} = |G^F|$ は明らか．一方，次数公式 (定理 3.4.26) により，

$$\langle \chi_{\mathrm{reg}}, \chi \rangle_{G^F} = |G^F|_p^{-1} \sum_{T,\theta} |G^F|_{p'} |T^F|^{-1}$$
$$= |G^F||G^F|_p^{-2} \sharp \{F \text{不変な極大トーラス}\}.$$

しかし，定理 3.2.17 により G の F 不変な極大トーラスの個数は $q^{2N} = |G^F|_p^2$ に一致する．したがって $\langle \chi_{\mathrm{reg}}, \chi \rangle_{G^F} = |G^F|$ を得る．最後に $\langle \chi, \chi \rangle_{G^F}$ を計算しよう．

$$\langle \chi, \chi \rangle_{G^F} = |G^F|_p^{-2} \sum_{T,\theta} \sum_{T',\theta'} \varepsilon_T \varepsilon_{T'} \langle R_T^G(\theta), R_{T'}^G(\theta') \rangle_{G^F}.$$

ここで $R_T^G(\theta)$ の直交関係より T と T' が G^F 共役でなければ内積はゼロ，

3.4 ドリーニュ–ルスティックの理論

また T と G^F 共役になる T' の個数は $|G^F|/|N_G(T)^F|$ である．そこで

$$\langle \chi, \chi \rangle_{G^F} = |G^F|_p^{-2} \sum_T \sum_{\theta, \theta' \in \widehat{T}^F} |G^F||N_G(T)^F|^{-1} \sharp \{w \in W(T)^F \mid {}^w\theta' = \theta\}$$

$$= |G^F|_p^{-2} \sum_{T, \theta} |G^F||N_G(T)^F|^{-1}|W(T)^F|$$

$$= |G^F|_p^{-2} \sum_T |G^F|.$$

最後の式は $|N_G(T)^F|/|T^F| = |W(T)^F|$ より出る．ふたたび定理 3.2.17 により $\langle \chi, \chi \rangle_{G^F} = |G^F|$ が導かれる．これより命題 3.4.28 が得られる． ∎

命題 3.4.28 の帰結として次の重要な性質が示される．

系 3.4.29. G^F の既約指標 χ に対し $\langle \chi, R_T^G(\theta) \rangle_{G^F} \neq 0$ となる $R_T^G(\theta)$ が存在する．

証明 $\langle \chi_{\text{reg}}, \chi \rangle_{G^F} \neq 0$ であるから，命題 3.4.28 より明らか． ∎

θ が一般の位置にある場合 $\varepsilon_T R_T^G(\theta)$ は G^F の既約指標になる．この場合 $\varepsilon_T R_T^G(\theta)$ がカスピダル指標になるかどうかを簡単に判定できる．

定理 3.4.30. $\theta \in \widehat{T}^F$ は一般の位置にあるとする．このとき既約指標 $\varepsilon_T R_T(\theta)$ がカスピダル指標になるための必要十分条件は T がどのようなレビ部分群 $L_I(\neq G)$ の極大トーラスとも G^F 共役にならないことである．

証明 今 T がどんな $L_I(\neq G)$ の極大トーラスとも G^F 共役でないと仮定する．$\varepsilon_T R_T^G(\theta)$ がカスピダルになることを示すには，補題 3.3.1 により各 $P_I(\neq G)$ のベキ単根基 U_I に対して

$$\langle \varepsilon_T R_T^G(\theta), \text{Ind}_{U_I^F}^{G^F} 1 \rangle_{G^F} = 0$$

を示せばよい．ところで $\text{Ind}_{U_I^F}^{G^F} 1 = \text{Ind}_{P_I^F}^{G^F} \text{Ind}_{U_I^F}^{P_I^F} 1$ であり，また $\text{Ind}_{U_I^F}^{P_I^F} 1$ は L_I^F の正則指標 $\chi_{\text{reg}}^{L_I}$ を P_I^F にまで持ち上げたものに一致する．したがっ

て $\mathrm{Ind}_{U_I^F}^{G^F} 1$ はハリッシュ・チャンドラ誘導 $R_{L_I}^G(\chi_{\mathrm{reg}}^{L_I})$ に等しくなる. そこで命題 3.4.28 と命題 3.4.21 により

$$\mathrm{Ind}_{U_I^F}^{G^F} 1 = R_{L_I}^G \left(|L_I^F|_p^{-1} \sum_{T',\theta'} \varepsilon_{T'} R_{T'}^{L_I}(\theta') \right) = |L_I^F|_p^{-1} \sum_{T',\theta'} \varepsilon_{T'} R_{T'}^{G^F}(\theta').$$

ここで和は L_I の極大トーラス T' とその指標 θ' の組 (T',θ') をすべて動く. 仮定より T は T' に G^F 共役ではないので, 直交関係 (定理 3.4.16) により $\langle \varepsilon_T R_T^G(\theta), \mathrm{Ind}_{U_I^F}^{G^F} 1 \rangle_{G^F} = 0$ を得る.

一方 T がある L_I の極大トーラスと G^F 共役であるとする. $T \subset L_I$ としてよい. 命題 3.4.21 により, $\varepsilon_T R_T^G(\theta) = R_{L_I}^G(\varepsilon_T R_T^{L_I}(\theta))$ が成り立つ. ここに, $\varepsilon_T R_T^{L_I}(\theta)$ は L_I^F の既約指標である. さて, 前段の証明で述べたように, $\mathrm{Ind}_{U_I^F}^{P_I^F} 1$ は L_I^F の正則指標を P_I^F に持ち上げたものである. したがって $\varepsilon_T R_T^{L_I}(\theta)$ の P_I^F への持ち上げ $\varepsilon_T \widetilde{R}_T^{L_I}(\theta)$ は $\mathrm{Ind}_{U_I^F}^{P_I^F} 1$ と共通の既約成分を持つ. 特に $R_{L_I}^{G^F}(\varepsilon_T R_T^{L_I}(\theta))$ は $\mathrm{Ind}_{U_I^F}^{G^F} 1$ と共通の既約成分を持つ. これより $\langle \mathrm{Ind}_{U_I^F}^{G^F} 1, \varepsilon_T R_T^G(\theta) \rangle_{G^F} \neq 0$ となり $\varepsilon_T R_T^G(\theta)$ はカスピダルではない. ∎

例 3.4.31. G の F 不変な極大トーラスは $T = T_w$ $(w \in W)$ と表される. このとき T_w が定理の条件をみたすのは w が W のどんな放物部分群 $W_I(\neq W)$ の元とも共役にならない場合である. 例えば $G = GL_n$ の場合, この条件は $w \in S_n$ が巡回置換 $(1,2,\ldots,n)$ に共役になることを意味する. すなわち w は S_n のコクセター元であり, $T_w^F \simeq T_0^{wF}$ の構造は例 3.2.13 に与えられている. $W(T)^F \simeq Z_W(w)$ は w で生成される位数 n の巡回群であり, T_0^{wF} の各成分に巡回置換 $(x, x^q, \ldots, x^{q^{n-1}}) \mapsto (x^{q^{n-1}}, x, \ldots, x^{q^{n-2}})$ として作用する. $\widehat{T}_0^{wF}$ は集合 $\{\omega \in \bar{\mathbb{Q}}_l^* \mid \omega^{q^n-1} = 1\}$ と同一視できる (a を $\mathbb{F}_{q^n}^*$ の生成元とするとき $\theta \in \widehat{T}_0^{wF}$ は $\theta : (a, a^q, \ldots) \mapsto \omega$ により定まる). そこで $\theta \in \widehat{T}_0^{wF}$ が一般の位置にあるというのは, 対応する $\omega \in \bar{\mathbb{Q}}_l^*$ が $\omega^{q^i} \neq \omega^{q^j}$ $(0 \leq i < j \leq n-1)$ をみたすことに他ならない. またこの場合, $\varepsilon_T = \varepsilon(w) = (-1)^{n-1}$ に注意して $(-1)^{n-1} R_T^G(\theta)$ が $GL_n(\mathbb{F}_q)$ のカスピダル表現を与えることがわかる.

3.4.11 $R_T^G(\theta)$ へのフロベニウス作用

3.4.3 項のレフシェッツ数の議論からもわかるように，多様体へのフロベニウス写像の作用は，コホモロジー群への表現や指標を調べる上で多くの情報を与えてくれる．$R_T^G(\theta)$ の場合も同様である．しかし X_U は一般に F 不変ではないので，$\mathbb{F}_{q^m}$ 構造に関するフロベニウス写像 F^m を考えることになる．

3.4.4 項のように，F 不変な極大トーラス T と T を含む (必ずしも F 不変ではない) ボレル部分群 $B = TU$ を考える．$X_U = \{x \in G \mid x^{-1}F(x) \in U\}$ であった．今 m を十分大きく取って $F^m(U) = U$ とすることができる．このとき X_U は F^m 不変になり，F^m の X_U への作用は $G^F \times T^F$ の作用と可換になる．したがって F^m は $H_c^i(X_U)_{\theta^{-1}}$ の上に G^F と可換に作用する．ところで $R_T^G(\theta)$ はコホモロジーの交代和であるから加群としての構造を調べることは難しい．しかし次の定理は θ が一般の位置にある場合，$R_T^G(\theta)$ は簡明な構造を持つことを主張している．

定理 3.4.32. $\theta \in \widehat{T}^F$ は一般の位置にあるとする．$d = \dim U - \dim(U \cap F(U))$ とおく．このとき

(i) $H_c^i(X_U)_{\theta^{-1}}$ は $i = d$ を除いてすべてゼロになる．
(ii) $H_c^d(X_U)_{\theta^{-1}}$ は既約 G^F 加群である．
(iii) F^m は $H_c^d(X_U)_{\theta^{-1}}$ の上にスカラー倍で作用する．

証明 定理の核心はもちろん (i) にあるが，その証明には多くの準備を必要とするのでここでは省略する．(i) を認めて (ii) と (iii) を示す．$R_T^G(\theta)$ の定義と (i) により

$$R_T^G(\theta) = \sum_{i \geq 0} (-1)^i H_c^i(X_U)_{\theta^{-1}} = (-1)^d H_c^d(X_U)_{\theta^{-1}}.$$

θ が一般の位置にあれば $\pm R_T^G(\theta)$ は既約なので，$H_c^d(X_U)_{\theta^{-1}}$ も既約になり (ii) が成り立つ．一方 F^m は $H_c^d(X_U)_{\theta^{-1}}$ に G^F の作用と可換になるように

作用する．したがってシューアの補題 (1.5.2 項参照) により F^m はスカラー倍で作用する． ∎

θ が一般の位置にない場合でも $g \in G^F$ と F^m の $H_c^i(X_U)_{\theta^{-1}}$ への作用は考えられる．そのとき gF^m の交代和へのトレースはグロタンディック–レフシェッツの不動点定理を使うことにより，以下のように具体的に表すことができる．

命題 3.4.33. F^m は U を不変にするとする．このとき $g \in G^F$ に対して

$$\mathrm{Tr}\,(gF^m, \sum_{i \geq 0}(-1)^i H_c^i(X_U)_{\theta^{-1}}) = |T^F|^{-1} \sum_{t \in T^F} y(g,t)\theta(t)$$

と表される．ただし $y(g,t) = \sharp\{x \in G \mid x^{-1}F(x) \in U, F^m(x^{-1})gx = t\}$ である．

証明 定理 3.4.12 の証明と同様の議論により

$$\mathrm{Tr}\left(gF^m, \sum(-1)^i H_c^i(X_U)_{\theta^{-1}}\right)$$
$$= |T^F|^{-1} \sum_{t \in T^F}\left(\sum(-1)^i \mathrm{Tr}\,((g,t)F^m, H_c^i(X_U))\right)\theta(t).$$

ここで，$(g,t)F^m$ の $H_c^i(X_U)$ への作用は，同型 $F^m(g^{-1},t^{-1}) : X_U \to X_U, x \mapsto g^{-1}F^m(x)t$ から導かれたものであることに注意する (3.4.2 項参照)．また，命題 3.2.6 により $F^m(g^{-1},t^{-1})$ は X_U 上のフロベニウス写像とみなすことができる．そこで $(g,t)F^m$ にグロタンディック–レフシェッツの不動点定理を適用して

$$\sum_{i \geq 0}(-1)^i \mathrm{Tr}\,((g,t)F^m, H_c^i(X_U)) = \sharp\{x \in X_U \mid g^{-1}F^m(x)t = x\}$$
$$= \sharp\{x \in G \mid x^{-1}F(x) \in U, g^{-1}F^m(x)t = x\}$$
$$= y(g,t).$$

これより命題が得られる． ∎

特に θ が一般の位置にある場合に命題 3.4.33 を適用すると $R_T^G(\theta)$ の指標の値を具体的に表すことができる．

系 3.4.34. $\theta \in \widehat{T}^F$ は一般の位置にあるとする．このときある定数 $\lambda \neq 0$ が存在して
$$\mathrm{Tr}\,(g, R_T^G(\theta)) = \lambda |T^F|^{-1} \sum_{t \in T^F} y(g,t)\theta(t)$$
と表される．

証明 定理 3.4.32 (i), (iii) により，
$$\begin{aligned}\mathrm{Tr}\,(gF^m, \sum(-1)^i H_c^i(X_U)_{\theta^{-1}}) &= \mathrm{Tr}\,(gF^m, (-1)^d H_c^d(X_U)_{\theta^{-1}}) \\ &= c\,\mathrm{Tr}\,(g, (-1)^d H_c^d(X_U)_{\theta^{-1}}) \\ &= c\,\mathrm{Tr}\,(g, \sum(-1)^i H_c^i(X_U)_{\theta^{-1}}) \\ &= c\,\mathrm{Tr}\,(g, R_T^G(\theta)).\end{aligned}$$

ここに，$(-1)^d c$ は F^m の $H_c^d(X_U)_{\theta^{-1}}$ への作用に関する固有値である．そこで，$\lambda = c^{-1}$ とおき命題 3.4.33 を適用することにより，求める式が得られる． ■

3.5 既約表現の分類

　ドリーニュ–ルスティックの理論に端を発した有限簡約群 G^F の表現論の研究は，その後の 10 年間にルスティックによってさらに飛躍的な発展をみた．そして 1980 年代中頃までにはルスティックによる G^F の既約表現の分類が完成した [L3]．そこでは l 進コホモロジーに加えて，(l 進) 交差コホモロジーの強力な一般論と，個別の群に対する膨大な計算が縦横無尽に使われる．ドリーニュ–ルスティックの理論ですらが，その奥深い森への入口に過ぎないのである．興味のある読者は是非ルスティックの教科書 [L3] に挑戦されることを勧める．しかしここでは議論の細部には立ち入らずに，分類

の大筋と底流となるアイディアを紹介しよう．以下では特に断らない限り，シュバレー型とは限らない一般の有限簡約群 G^F を考える．

3.5.1 幾何的共役類

T を F 不変なトーラスとする．自然数 m に対して $F^m : T \to T$ は $\mathbb{F}_{q^m}$ 構造に関するフロベニウス写像であり，T^{F^m} は T の $\mathbb{F}_{q^m}$ 有理点のなす群になる．写像 $N = N_m : T^{F^m} \to T^F$ を

$$N(t) = tF(t)F^2(t)\cdots F^{m-1}(t) \qquad (t \in T^{F^m})$$

により定義する．T はアーベル群なので $N(t) \in T^F$ となることに注意する．N は群 T^{F^m} から T^F への準同型写像でありノルム写像と呼ばれる．T が 1 次元トーラス $T \simeq k^*$ の場合には N は有限体 $\mathbb{F}_{q^m}$ から部分体 $\mathbb{F}_q$ へのノルム写像 $N_{\mathbb{F}_{q^m}/\mathbb{F}_q}$ に他ならない．その意味で N は体のノルム写像の一般化になっている．

3.4 節の設定に戻って G を $\mathbb{F}_q$ 上定義された簡約群，T を F 不変な極大トーラスとする．N は準同型であるので，$\theta \in \widehat{T}^F$ に対し，$\theta \circ N$ は $\widehat{T}^{F^m}$ の元になる．さて T, T' を F 不変な極大トーラスとし，$\theta \in \widehat{T}^F, \theta' \in \widehat{T'}^F$ とする．組 (T, θ) と (T', θ') が **幾何的共役** であるとは，十分大きな m に対して組 $(T, \theta \circ N)$ と $(T', \theta' \circ N)$ が G^{F^m} 上で共役になる（すなわち $gTg^{-1} = T', \theta \circ N = \theta' \circ N \circ \mathrm{ad}\, g$ となる $g \in G^{F^m}$ が存在する）ことをいう．

例 3.5.1. T, T' を F 不変な極大トーラスとすると $gTg^{-1} = T'$ となる $g \in G$ が存在する．そこで十分大きな m を選べば $g \in G^{F^m}$ とできる．一方各 $m \geq 1$ に対して $\theta \circ N_m \in \widehat{T}^{F^m}$ を考えることは $m \mapsto \infty$ の極限としての T の 1 次表現 $\widetilde{\theta}$ を考えることに対応する．そのような枠組みにおいて (T, θ) と (T', θ') が幾何的に共役とは $\widetilde{\theta}$ と $\widetilde{\theta}'$ が G 上で共役であることを意味する．"幾何的" という言葉は G^F ではなく G で共役という感覚を表現しているのである．

次の定理が G^F の既約表現分類の出発点になる．

3.5 既約表現の分類

定理 3.5.2. T, T' を G の F 不変な極大トーラスとし，$\theta \in \widehat{T}^F, \theta' \in \widehat{T'}^F$ とする．組 (T, θ) と (T', θ') は幾何的共役ではないとする．このとき一般指標 $R_T^G(\theta)$ と $R_{T'}^G(\theta')$ に共通に含まれる既約指標は存在しない．

定理 3.5.2 は定理 3.4.16 ($R_T^G(\theta)$ の直交関係) よりも，はるかに強いことを主張している．確かに直交関係により，(T, θ) と (T', θ') が幾何的共役でなければ $R_T^G(\theta)$ と $R_{T'}^G(\theta')$ の内積はゼロになる．しかし $R_T^G(\theta)$ 達は一般指標なので，内積がゼロでも共通に含まれる既約指標を持つことは起こり得るのである．例えば ρ_1, ρ_2 を既約指標とすれば，一般指標 $\rho_1 + \rho_2$ と $\rho_1 - \rho_2$ の内積はゼロになる．しかるに定理 3.5.2 は $R_T^G(\theta)$ と $R_{T'}^G(\theta')$ に含まれる既約指標が集合として完全に独立であることを主張している．

3.5.2 双対群

簡約群の双対群は，p 進代数群に関するラングランズのアイディアに想を得て，ドリーニュとルスティックの論文 [DL] で導入された．前項に述べた幾何的共役類は，双対群の概念を使うことにより見通しよく記述することができる．ここで双対群を導入するための準備として 3.2 節で述べた連結簡約群の一般論を補足しておこう．G を連結簡約群，T を G の極大トーラスとし $\Phi \subset X(T) = \mathrm{Hom}(T, k^*)$ を T に関するルート系とする．$Y(T) = \mathrm{Hom}(k^*, T)$ とおく．$X(T)$ と同様に $Y(T)$ も階数 r の $\mathbb{Z}$ 自由加群である．$Y(T)$ の中にコルート系と呼ばれる有限集合 $\Phi^\vee$ を次のように構成する：各 $\alpha \in \Phi$ に対し $U_\alpha, U_{-\alpha}$ で生成された G の部分群 H_α は SL_2 または PSL_2 に同型であり全射準同型 $\phi_\alpha : SL_2(k) \to H_\alpha$ が自然に定義される．このとき SL_2 の極大トーラス $S = \{\mathrm{Diag}(t, t^{-1}) \mid t \in k^*\}$ に対して $\phi_\alpha(S) \subset T$ が成り立つ．$S \simeq k^*$ なので $\alpha^\vee = \phi_\alpha|_S$ は $Y(T)$ の元を定める．そこで $\Phi^\vee = \{\alpha^\vee \mid \alpha \in \Phi\}$ によりコルート系 $\Phi^\vee \subset Y(T)$ を定義する．一方 $\alpha \in X(T), \beta^\vee \in Y(T)$ とすると，$\mathrm{Hom}(k^*, k^*) \simeq \mathbb{Z}$ より $(\alpha \circ \beta^\vee)(t) = t^m$ ($t \in k^*$) となる $m \in \mathbb{Z}$ が存在する．これより $X(T) \times Y(T)$ 上にペアリング $\langle \alpha, \beta^\vee \rangle = m$ が定義できる．ペアリング $\langle , \rangle$ は次の 2 つの性質をみたす：(i) $\langle \alpha, \alpha^\vee \rangle = 2$．(ii) $X(T)$ 上の線形変換 s_α を

$s_\alpha(x) = x - \langle x, \alpha^\vee \rangle \alpha$, $Y(T)$ 上の線形変換 $s_{\alpha^\vee}$ を $s_{\sigma^\vee}(y) = y - \langle \alpha, y \rangle \alpha^\vee$ により定義すると $s_\alpha(\Phi) = \Phi$, $s_{\alpha^\vee}(\Phi^\vee) = \Phi^\vee$.

4つ組 $(X(T), \Phi, Y(T), \Phi^\vee)$ を G に付随したルート・データという. このようなルート・データは,非退化なペアリング $\langle\,,\,\rangle : X \times Y \to \mathbb{Z}$ を持つ階数 r の自由 $\mathbb{Z}$ 加群 X, Y とその部分集合 $\Phi \subset X, \Phi^\vee \subset Y$ の組で, 上の性質をみたす全単射 $\Phi \simeq \Phi^\vee$ ($\alpha \leftrightarrow \alpha^\vee$) を持つものとして抽象的に定義される. 連結簡約群 G はルート・データによって完全に特徴付けられることが知られている (連結簡約群の基本定理).

以上の準備のもとに双対群を定義する. $(X, \Phi, Y, \Phi^\vee)$ を連結簡約群 G のルート・データとする. ここで X, Y は G の極大トーラス T により $X = X(T), Y = Y(T)$ と表される. さて X と Y を入れ換えた4つ組 $(Y, \Phi^\vee, X, \Phi)$ もまたルート・データになることが確かめられる. そこで連結簡約群の基本定理により, $(Y, \Phi^\vee, X, \Phi)$ をルート・データとして持つ連結簡約群 G^* が同型を除いてただ 1 つ定まる. 特に $X(T) = Y(T^*)$, $Y(T) = X(T^*)$ となる G^* の極大トーラス T^* が存在する. G^* を G の**双対群** (あるいは, ラングランズ双対) という. 例えば次の群は互いに他の双対群になっている.

$$GL_n \leftrightarrow GL_n, \qquad SL_n \leftrightarrow PGL_n, \qquad Sp_{2n} \leftrightarrow SO_{2n+1}.$$

さて G が $\mathbb{F}_q$ 上定義されている場合,ルート・データにも F の作用が定義され, それにより G^* にも自然に $\mathbb{F}_q$ 構造が定まる. 対応する G^* のフロベニウス写像を F で表す. このとき G の F 不変な極大トーラスの G^F 共役類と, G^* の F 不変な極大トーラスの G^{*F} 共役類との間に次の性質をみたす1対1対応が存在する: T を G の F 不変な極大トーラス, T^* を対応する G^* の極大トーラスとすると, F 作用付きで $X(T) \simeq Y(T^*)$ となる. (このようなトーラス T^* を T の双対トーラスという).

一般に G の F 不変な極大トーラス T に対して次の関係が成立する.

$$\widehat{T}^F \simeq X(T)/(F-1)X(T), \qquad T^F \simeq Y(T)/(F-1)Y(T).$$

そこで $\widehat{T}^F \simeq T^{*F}$ となり, 1次指標 $\theta \in \widehat{T}^F$ は T^{*F} の元 s を定めることがわかる. このとき

3.5 既約表現の分類

命題 3.5.3. 対応 $(T,\theta) \mapsto s$ により (T,θ) の幾何的共役類は G^* の F 不変な半単純類と 1 対 1 に対応する.

命題 3.5.3 により G の幾何的共役類を調べるには双対群 G^* の半単純類をみればよいことになる. 今 C_s を, 半単純元 $s \in G^{*F}$ を含む G^* の共役類とする. 命題 3.2.10 により, C_s^F の G^{*F} 共役類は $Z_{G^*}(s)/Z_{G^*}^0(s)$ の F 共役類と 1 対 1 に対応する. 特に $Z_{G^*}(s)$ が連結の場合には, C_s^F の元はすべて G^{*F} 共役となり話が簡単になる. ここで次の性質に注目する.

(3.5.1) 連結簡約群 G の中心 Z が連結であると仮定する. このとき半単純元 $s \in G^*$ の中心化群 $Z_{G^*}(s)$ は連結である.

このような群 G では G^* の F 不変な半単純類は G^{*F} の半単純類と 1 対 1 に対応し, したがって G^F での幾何的共役類の分類は G^{*F} の半単純類の分類に帰着される. 例えば $G = GL_n$ の場合, G の中心 Z はスカラー行列の全体であり, k^* と同型なので Z は連結になる. また GL_n の双対群は GL_n 自身であり, したがって $GL_n(\mathbb{F}_q)$ の幾何的共役類は $GL_n(\mathbb{F}_q)$ の半単純類と 1 対 1 に対応する. これは GL_n に特有の性質であり, $GL_n(\mathbb{F}_q)$ の表現論が他の有限簡約群に比べて格段にやさしくなる理由のひとつになっている.

3.5.3 既約表現のジョルダン分解

G を $\mathbb{F}_q$ 上定義された連結簡約群, G^* をその双対群とする. G^F の既約表現の同値類の集合 (あるいは既約指標の集合) を $\widehat{G}^F$ とおく. G^* の F 不変な半単純類 $\{s\}$ に対し, $\widehat{G}^F$ の部分集合 $\mathcal{E}(G^F, \{s\})$ を

$$\mathcal{E}(G^F, \{s\}) = \bigcup_{(T,\theta)} \{\rho \in \widehat{G}^F \mid \langle \rho, R_T^G(\theta) \rangle_{G^F} \neq 0\}$$

により定義する. ただし, 組 (T,θ) は s で定まる G^F の幾何的共役類をすべて動くものとする. 特に $s = 1$ の場合, すなわち $\mathcal{E}(G^F, \{1\})$ の元を**ベキ単表現**, 対応する指標をベキ単指標という. ベキ単指標とは, ある F 不変な極大トーラス T に対して $\langle \rho, R_T^G(1) \rangle_{G^F} \neq 0$ となる既約指標 ρ に他ならない. さて系 3.4.29 により G^F の任意の既約指標 ρ に対して, $\langle \rho, R_T^G(\theta) \rangle_{G^F} \neq 0$

となる $R_T^G(\theta)$ が存在する．一方定理 3.5.2 により $\{s\}$ と $\{s'\}$ が G^* の異なる半単純類ならば，$\mathcal{E}(G^F, \{s\})$ と $\mathcal{E}(G^F, \{s'\})$ は共通部分を持たない．以上のことから次の定理が得られる．

定理 3.5.4. G^F の既約指標の集合 $\widehat{G}^F$ は
$$\widehat{G}^F = \coprod_{\{s\}} \mathcal{E}(G^F, \{s\})$$
と (共通部分を持たない部分集合の和に) 分割される．ただし，$\{s\}$ は G^* の F 不変な半単純類をすべて動く．

定理 3.5.4 は双対群の半単純類による G^F の既約表現の大まかな分類を与える．$\mathcal{E}(G^F, \{s\})$ に含まれる既約表現を $\{s\}$ に対応する**ルスティック系列**という．G^F の既約表現を分類するには，各ルスティック系列 $\mathcal{E}(G^F, \{s\})$ を分類すればよいことになる．

ここで，さらに G が (3.5.1) の仮定をみたすとする．するとルスティック系列は G^{*F} の各半単純類によって定まる．この場合 $s \in G^{*F}$ を半単純元とすると，$Z_{G^*}(s)$ は G^* の F 不変な連結簡約部分群になることに注意する．

定理 3.5.5 (ルスティック). G は中心が連結な連結簡約群とする．G^{*F} の各半単純元 s に対して次の全単射が存在する．
$$\varphi : \mathcal{E}(G^F, \{s\}) \to \mathcal{E}(Z_{G^*}(s), \{1\}).$$

定理 3.5.5 で構成された写像 φ は以下の性質をみたしている．(T, θ) を s に対応する幾何共役類に含まれる組とし，T^* を G^* における T の双対トーラスとする．$s \in T^{*F}$ に取れるので，$T^* \subset Z_{G^*}(s)$ となる．$\rho \in \mathcal{E}(G^F, \{s\})$ に対し，$\varphi(\rho) = \rho_0$ とおくと
$$\langle \rho, R_T^G(\theta) \rangle_{G^F} = \pm \langle \rho_0, R_{T^*}^{Z_{G^*}(s)}(1) \rangle_{Z_{G^*}(s)^F}$$
が成り立つ．さらに $\deg \rho$ と $\deg \rho_0$ との間には次の関係がある．
$$\deg \rho = \frac{|G^{*F}|_{p'}}{|Z_{G^*}(s)^F|_{p'}} \deg \rho_0.$$

3.5 既約表現の分類　　　　　　　　　　　　　　　　　　　　　　　　　　**271**

注意 3.5.6. (i) 定理 3.5.5 は G^F の既約表現が G^{*F} の半単純類 $\{s\}$ と $Z_{G^*}(s)^F$ のベキ単表現によってパラメトライズされることを示している．この事実を既約表現のジョルダン分解という．定理 3.5.5 により (G の中心が連結の場合) G^F の既約表現の分類は，各有限簡約群に対するベキ単表現の分類に帰着されることになる．共役類のジョルダン分解の場合と同様に，本質的に重要なのはベキ単表現であり，半単純元は写像 φ を通じて仲介者の役割を果たす．写像 φ (の逆写像) はルスティック誘導を利用して構成される．しかし定理そのものは，それぞれの $\mathcal{E}(G^F,\{s\})$ に関する精緻な解析を通じて G^F の既約表現の分類と並行する形で証明された．

(ii) 組 (T,θ) において，θ が一般の位置にある場合，その幾何的共役類は，G^{*F} の正則な半単純類 $\{s\}$ に対応する．したがって $Z_{G^*}(s) = T^*$ であり，T^{*F} のベキ単指標は単位指標 $1_{T^{*F}}$ のみであるので，$\mathcal{E}(T^*,\{1\}) = \{1_{T^{*F}}\}$ となる．この場合 $\varepsilon_T R_T^G(\theta) \mapsto 1_{T^{*F}}$ が全単射 $\varphi : \mathcal{E}(G^F,\{s\}) \to \mathcal{E}(T^*,\{1\})$ を与える．

3.5.4　ワイル群の既約指標の族

ルスティックによる分類理論の核心はベキ単表現の分類である．証明は複雑多岐にわたり個別の計算による部分もあるが，その結果は有限簡約群のベキ単表現が驚くほど簡単なルールによって統制されることを示している．ルスティックの結果を説明するために，まずいくつかの概念を準備しよう．

ワイル群 W の既約指標 χ に対して整数 $a_\chi \geq 0$ と $b_\chi \geq 0$ を以下のように定義する．$d_\chi(t) \in \mathbb{Q}[t]$ を注意 3.3.16 に述べた χ の生成次数とする．多項式 $d_\chi(t)$ を割りきる最大のベキを t^m とするとき，$a_\chi = m$ とおく．一方 $R = \bigoplus_i R_i$ を W の余不変式環 (3.2.7 項参照) とするとき，$\langle R_i, \chi \rangle_W \neq 0$ となる最小の次数 i を b_χ とする．このとき，一般に $a_\chi \leq b_\chi$ となることが知られている．等号 $a_\chi = b_\chi$ が成り立つとき χ を W の**特殊指標**という．

ここで W の既約指標の集合 $W^\wedge$ に次のように同値関係 $\sim$ を定義する．その同値類を既約指標の族という．まず W が単位群の場合，W の単位指

標を一つの族と定める．今 W のすべての標準的放物部分群[*10] $W' \neq W$ に対して，$W'^\wedge$ の族が定義されているとする．$W^\wedge$ の元 χ, χ' に対して，以下の条件をみたす W の既約指標の列 $\chi = \chi_0, \chi_1, \ldots, \chi_m = \chi'$ が存在するとき，$\chi \sim \chi'$ と定義する: 各 i $(0 \leq i \leq m-1)$ に対して，標準的放物部分群 $W_i \neq W$ と $W_i^\wedge$ の同じ族に含まれる元 χ'_i, χ''_i が存在して，次の (a), (b) のいずれかをみたす．

$$\begin{aligned} \langle \chi'_i, \chi_{i-1} \rangle_{W_i} \neq 0, \quad a_{\chi'_i} = a_{\chi_{i-1}}, \\ \langle \chi''_i, \chi_i \rangle_{W_i} \neq 0, \quad a_{\chi''_i} = a_{\chi_i}, \end{aligned} \quad \text{(a)}$$

$$\begin{aligned} \langle \chi'_i, \chi_{i-1} \otimes \varepsilon \rangle_{W_i} \neq 0, \quad a_{\chi'_i} = a_{\chi_{i-1} \otimes \varepsilon}, \\ \langle \chi''_i, \chi_i \otimes \varepsilon \rangle_{W_i} \neq 0, \quad a_{\chi''_i} = a_{\chi_i \otimes \varepsilon}. \end{aligned} \quad \text{(b)}$$

構成の仕方から対応 $\chi \mapsto a_\chi$ は各族の上で一定値を取り，また $\chi \sim \chi' \Leftrightarrow \chi \otimes \varepsilon \sim \chi' \otimes \varepsilon$ となることがわかる．さらに各族はただひとつの特殊指標を含み，これにより族と特殊指標は 1 対 1 に対応することも知られている．特に $W = S_n$ の場合にはすべての既約指標は特殊指標であり，したがって各族はただひとつの元よりなる．しかし他のワイル群の場合には必ず 2 個以上の元からなる族が存在する．

3.5.5 非可換フーリエ変換

与えられた有限群 Γ に対して，集合 $\mathcal{M}(\Gamma)$ を

$$\mathcal{M}(\Gamma) = \{(x, \sigma) \mid x \in \Gamma/\sim, \sigma \in Z_\Gamma(x)^\wedge\}$$

により定義する．ここに $Z_\Gamma(x)^\wedge$ は $Z_\Gamma(x)$ の既約指標の集合を表し，x は Γ の共役類の代表元を動く．さらにペアリング $\{\ ,\ \} : \mathcal{M}(\Gamma) \times \mathcal{M}(\Gamma) \to \bar{\mathbb{Q}}_l$ を

$$\{(x, \sigma), (y, \tau)\} = \sum_{\substack{g \in \Gamma \\ xgyg^{-1} = gyg^{-1}x}} |Z_\Gamma(x)|^{-1} |Z_\Gamma(y)|^{-1} \sigma(gyg^{-1}) \overline{\tau(g^{-1}xg)}$$

(3.5.2)

[*10] ある $I \subset \Delta$ に対して $W' = W_I$ となる W の部分群．

3.5 既約表現の分類

により定義する.ただし $^{-}: \bar{\mathbb{Q}}_l \mapsto \bar{\mathbb{Q}}_l$ は $\bar{\mathbb{Q}}_l \simeq \mathbb{C}$ とみたときの複素共役を表す.行列 $M = (\{z, z'\})_{z,z' \in \mathcal{M}(\Gamma)}$ はエルミート行列であり,M^2 は単位行列になる.$\Gamma = \{e\}$ の場合 $M = (1)$,また $\Gamma = \mathbb{Z}/2\mathbb{Z}$ の場合には

$$M = \frac{1}{2}\begin{pmatrix} 1 & 1 & 1 & 1 \\ 1 & 1 & -1 & -1 \\ 1 & -1 & 1 & -1 \\ 1 & -1 & -1 & 1 \end{pmatrix}$$

となる.ただし $\Gamma = \{e, g\}, \Gamma^{\wedge} = \{1, \varepsilon\}$ としたとき各行各列は $(e, 1), (e, \varepsilon), (g, 1), (g, \varepsilon)$ の順に並べてある.この例でもわかるように Γ がアーベル群の場合には $\mathcal{M}(\Gamma) = \Gamma \times \Gamma^{\wedge}$ であり,(3.5.2) のペアリングは単に $\{(x, \sigma), (y, \tau)\} = |\Gamma|^{-1}\sigma(y)\overline{\tau(x)}$ で与えられる.しかし Γ が非可換の場合には $\mathcal{M}(\Gamma)$ は複雑になる.例えば後に出てくる $\Gamma = S_3, S_4, S_5$ の場合,集合 $\mathcal{M}(\Gamma)$ の元の個数はそれぞれ 8, 21, 39 である.

さて $\mathcal{M}(\Gamma)$ 上の関数 $f: \mathcal{M}(\Gamma) \to \bar{\mathbb{Q}}_l$ に対して,$\mathcal{M}(\Gamma)$ 上の関数 $\widehat{f}$ を

$$\widehat{f}(z') = \sum_{z \in \mathcal{M}(\Gamma)} \{z, z'\} f(z)$$

により定義する.$\widehat{f}$ を f の**非可換フーリエ変換**という.実際,例えば $\Gamma = (\mathbb{Z}/2\mathbb{Z})^n$ の場合には,$\widehat{f}$ は 2 元体 $\mathbb{F}_2$ 上のベクトル空間 $\mathcal{M}(\Gamma) \simeq (\mathbb{Z}/2\mathbb{Z})^{2n}$ 上のフーリエ変換とみなされ,その意味で古典的なフーリエ変換の類似物になっている.

3.5.6 ベキ単表現の分類

本項では簡単のため G^F は有限シュバレー群と仮定して,ベキ単表現の分類に関するルスティックの結果を説明しよう.3.5.3 項の定義より,ベキ単表現を分類するには各 F 不変な極大トーラス T_w $(w \in W)$ に対して,一般指標 $R_{T_w}^G(1)$ に含まれる既約指標をすべて見つければよい.W の既約指標 χ に対して

$$R_\chi = |W|^{-1} \sum_{w \in W} \chi(w) R_{T_w}^G(1) \tag{3.5.3}$$

により G^F の類関数 R_χ を定義する. W の既約指標の直交関係により, すべての $w \in W$ に対して $R_{T_w}(1)$ を既約指標に分解することと, すべての $\chi \in W^\wedge$ に対して R_χ を分解することとは同値になる.

さてルスティックは W の既約指標の族 $\mathcal{F}$ に対して, 以下に述べるような性質を持つ有限群 $\Gamma = \Gamma_\mathcal{F}$ が存在することを示した. $\mathcal{M}(\Gamma_\mathcal{F}) = \mathcal{M}(\mathcal{F})$ とおく. $\mathcal{F}$ は $\mathcal{M}(\mathcal{F})$ の部分集合とみなすことができ, $\chi \in \mathcal{F}$ に対応する $\mathcal{M}(\mathcal{F})$ の元を z_χ と表す. $X(W) = \coprod_\mathcal{F} \mathcal{M}(\mathcal{F})$ を考える. ただし $\mathcal{F}$ は W の既約指標の族をすべて動く. $z \in \mathcal{M}(\mathcal{F}), z' \in \mathcal{M}(\mathcal{F}'), \mathcal{F} \neq \mathcal{F}'$ に対して, $\{z, z'\} = 0$ とおくことにより, $\mathcal{M}(\mathcal{F})$ 上のペアリングから $X(W)$ 上のペアリング $\{\ ,\ \}$ が誘導される.

次の定理がベキ単表現の分類と, R_χ の既約指標への分解を与える.

定理 3.5.7 (ルスティック). 集合 $X(W)$ とベキ単指標の集合 $\mathcal{E}(G^F, \{1\})$ との間に次の性質をみたす全単射 ($z \mapsto \rho_z$ と表す) が存在する.

$$R_\chi = \sum_{z' \in X(W)} \{z', z_\chi\} \rho_{z'}. \tag{3.5.4}$$

注意 3.5.8. E_7 型と E_8 型のワイル群 W には他の既約指標と色々な点で異なる振舞いをする既約指標が存在する. それらは, E_7 の次数 512 の指標 2 個, E_8 の次数 4096 の指標 4 個であって, 例外指標と呼ばれている. χ が例外指標の場合には, (3.5.4) のペアリング $\{z', z_\chi\}$ を適当な $\pm\{z', z_\chi\}$ で置き換える必要がある.

(3.5.4) の式を形式的に拡張して, 任意の $z \in X(W)$ に対して類関数 $R_z \in \mathcal{V}(G^F)$ を

$$R_z = \sum_{z' \in X(W)} \{z', z\} \rho_{z'}$$

により定義する. ペアリングの行列はユニタリ行列であるので $\{R_z \mid z \in X(W)\}$ は $\mathcal{V}(G^F)$ の正規直交系をなす. 類関数 R_z 達を G^F の**概指標**という. $G^F = GL_n(\mathbb{F}_q)$ の場合, 3.5.4 項で述べたように族 $\mathcal{F}$ はただ 1 つの元からなる. このとき $\Gamma_\mathcal{F} = \{e\}$ であり, したがって R_χ は既約になり $\{R_\chi \mid \chi \in W^\wedge\}$ がベキ単指標の集合 $\mathcal{E}(G^F, \{1\})$ と一致する. 一般には

3.5 既約表現の分類

$\Gamma_{\mathcal{F}} \neq \{e\}$ であり,この場合 R_χ は既約にはならない.

G が単純群の場合,$\Gamma_{\mathcal{F}}$ としては $(\mathbb{Z}/2\mathbb{Z})^m$,または対称群 S_3, S_4, S_5 のみが現れる.特に S_3, S_4, S_5 を $\Gamma_{\mathcal{F}}$ に持つ族がそれぞれ G_2 型,F_4 型,E_8 型のシュバレー群に存在する.3.5.5 項の結果から $\mathcal{M}(\mathcal{F})$ にはそれぞれ 8 個,21 個,39 個の既約指標が属しており,そのうち 4 個,7 個,13 個がカスピダルなベキ単指標を与える.カスピダルなベキ単指標はすべてこの $\mathcal{M}(\mathcal{F})$ に属しており,この族に含まれる既約指標こそが,有限シュバレー群の既約表現の分類における最も根源的な複雑さを内包したクラスであるといえるだろう.

表 3.2

群のタイプ	G_2	F_4	E_8
$\Gamma_{\mathcal{F}}$	S_3	S_4	S_5
$|\mathcal{M}(\mathcal{F})|$	8	21	39
カスピダル指標の数	4	7	13
特殊指標の次数	2	12	4480

ところで,G^F の群の大きさに比べれば $\mathcal{M}(\Gamma)$ ははるかに小さい集合である.このことは R_χ がほとんど既約指標に近いことを意味している.概指標と呼ばれるのもこの理由による.

3.5.7 $GL_n(\mathbb{F}_q)$ の既約指標

前項でみたように $GL_n(\mathbb{F}_q)$ のベキ単指標はすべて R_χ の形であり,したがって $R_T^G(\theta)$ の線形結合により得られる.この場合,既約指標 R_χ の指標値は $R_T^G(\theta)$ の指標公式からただちに得られるので都合がよい.実は $G^F = GL_n(\mathbb{F}_q)$ の場合,すべての既約指標が $R_T^G(\theta)$ の線形結合として得られることが知られている.この場合 G^F の既約指標はグリーン関数によって完全に記述されることになる.これは GL_n 以外では成立しない.以下 G^F の既約指標がどのように表されるかみていこう.これはとりも直さず既約指

標のジョルダン分解を具体的に構成することに他ならない.

$G = GL_n$ の双対群 G^* は GL_n 自身であり,極大トーラス $T_0 \subset G$ の双対トーラスとして $T_0^* = T_0 \subset G^*$ が取れる. $\{s\}$ を G^* の F 不変な半単純共役類とする.正整数 m を十分大きく取ることにより,$s \in (T_0^*)^{F^m}$ としてよい.$(T_0^*)^{F^m} \simeq \widehat{T_0}^{F^m}$ (3.5.2 項参照) より,s に対応して $\theta \in \widehat{T_0}^{F^m}$ が見つかる.ここで

$$Z_s = \{w \in W \mid {}^{Fw}\theta = \theta\}, \qquad W_s = \{w \in W \mid {}^w\theta = \theta\}$$

とおく.ただし ${}^F\theta(t) = \theta(F^{-1}(t))$ により F は $\widehat{T_0}^{F^m}$ に作用するものとする.共役類 $\{s\}$ が F 不変であることから,$Z_s \neq \emptyset$ となる.また W_s は W の放物部分群であり $Z_s = w_1 W_s$ と表される.ここで w_1 は Z_s の中で長さ最小の元としておく.Fw_1 は W_s を不変にし,$Fw_1 = \gamma : W_s \to W_s$ による半直積の群 $\widetilde{W_s} = \langle \gamma \rangle \ltimes W_s$ が定義される.W_s の γ 不変な既約指標 χ は $\widetilde{W_s}$ の既約指標 $\widetilde{\chi}$ に拡張される.

一方,m を十分大きく取っておけば $(wF)^m = F^m$ としてよい.このときノルム写像

$$N_w : T_0^{F^m} \to T_0^{wF}, \quad t \mapsto t \cdot wF(t) \cdots (wF)^{m-1}(t)$$

は,$T_0^{F^m}$ から T_0^{wF} への全射準同型を与え,N_w から誘導された写像

$$N_w^* : \mathrm{Hom}(T_0^{wF}, \bar{\mathbb{Q}}_l^*) \to \mathrm{Hom}(T_0^{F^m}, \bar{\mathbb{Q}}_l^*), \qquad \varphi \mapsto \varphi \circ N_w$$

は,$T_0^{wF} \simeq T_w^F$ の既約指標と $T_0^{F^m}$ の wF 不変な既約指標との間の全単射を導く.各 $w \in Z_s$ に対して $\theta \in \widehat{T_0}^{F^m}$ は wF 不変であり,したがって $\theta_w = (N_w^*)^{-1}(\theta) \in \widehat{T_w}^F$ が定まる.このような設定のもとで,$\mathcal{E}(G^F, \{s\})$ に含まれる既約指標は次のように表される.

命題 3.5.9. W_s の既約指標 χ とその拡張 $\widetilde{\chi} \in \widetilde{W_s}^\wedge$ に対し

$$R_{\widetilde{\chi}} = (-1)^{l(w_1)} |W_s|^{-1} \sum_{y \in W_s} \widetilde{\chi}(\gamma y) R_{T_{w_1 y}}^G (\theta_{w_1 y})$$

とおく.このとき,$R_{\widetilde{\chi}}$ はスカラー倍を除いて G^F の既約指標に一致する.さらに (スカラー倍を除いて) 次が成り立つ.

$$\mathcal{E}(G^F, \{s\}) = \{R_{\widetilde{\chi}} \mid \chi \in W_s^\wedge, \gamma\text{不変}\}.$$

3.6 指標の幾何的理論

　標題にある指標の幾何的理論とは何だろうか．3.4 節のように，ある種のコホモロジー群の上に表現を構成するのは自然な発想であり，これが表現の幾何的理論であった．この場合当然のことながら，G は同じでも (正整数 m を動かすとき) 各 G^{F^m} に対してそれぞれ異なった表現空間を考えることになり，G^F の表現と G^{F^m} の表現との間には直接的な関係はない．しかし 3.3 節のハリッシュ・チャンドラ誘導の分解からも見てとれるように，G^F の既約指標と G^{F^m} の既約指標との間には密接な関係がある．$GL_n(\mathbb{F}_q)$ の経験からも，指標値は適当な設定のもとに q の多項式として現れることが多い．このような問題に対するアプローチとしては各 G^{F^m} を並行して取り扱い，その指標が同一の手順によって (多項式として) 得られることを示すのが普通である．3.3 節の議論がそうであった．

　しかし，まず G の「指標」を構成し，そこから G^{F^m} の指標を統一的な手段によって構成することを考える．G の「指標」はある意味で G^{F^m} の既約指標の $m \mapsto \infty$ における極限とも思えるが，もちろん具体的な G の表現が作られるわけでもなく，まして指標が考えられるわけでもない．しかし，この夢のような対象物が見つかれば，それは指標の理論に新しい視点を提供することになる．ルスティックは G 上の偏屈層の理論を用いて，G の「指標」にあたるものを構成した．それが指標層の理論，すなわち指標の幾何的理論である．本節では指標層の理論の一端として，グリーン関数の偏屈層による表示を与え，それを利用して，グリーン関数を決定する一般的なアルゴリズムが存在することを示す．

　本節では導来圏の言葉に乗って議論が進行する．あまり細部にこだわる必要はないが，導来圏についてより詳しく知りたい読者は [HT]，[Ha] などを参照されたい．偏屈層に関する基本的な文献は [BBD] である．[KW] には導来圏と偏屈層に関する解説がある．

3.6.1 偏屈層と交差コホモロジー

3.4 節では l 進コホモロジー群 (主に，その交代和) が主役であったが，本節では l 進コホモロジー群を定義する際，黒子的な存在であった $\bar{\mathbb{Q}}_l$ 層と，その複体が前面に現れる．X を k 上の代数多様体とする．(以下単に多様体という).

$$K : \cdots \longrightarrow K_{i-1} \xrightarrow{\partial_{i-1}} K_i \xrightarrow{\partial_i} K_{i+1} \xrightarrow{\partial_{i+1}} \cdots$$

が，$\bar{\mathbb{Q}}_l$ 層の複体であるとは，X 上の $\bar{\mathbb{Q}}_l$ 層の列 K_i で，その準同型写像 (境界写像といわれる) $\partial_i : K_i \to K_{i+1}$ が $\partial_{i+1} \circ \partial_i = 0$ をみたすもののことをいう．$\operatorname{Ker} \partial_i / \operatorname{Im} \partial_{i-1}$ を複体 K の i 番目のコホモロジー層といい，$\mathcal{H}^i K$ と表す．$\bar{\mathbb{Q}}_l$ 層 $\mathcal{H}^i K$ の $x \in X$ での茎を $\mathcal{H}_x^i K$ とおく．$\mathcal{H}_x^i K$ は $\bar{\mathbb{Q}}_l$ ベクトル空間になる．$f : K \to K'$ を複体 K から K' への準同型写像 (すなわち f は準同型写像 $f_i : K_i \to K'_i$ の集まりで，境界写像 ∂_i と可換なもの) とする．f_i は写像 $\tilde{f}_i : \mathcal{H}^i K \to \mathcal{H}^i K'$ を導く．各 i に対して，$\tilde{f}_i$ が同型写像を与えるとき，$f : K \to K'$ を擬同型写像という．X 上の $\bar{\mathbb{Q}}_l$ 層全体のなすアーベル圏の導来圏を $\mathcal{D}(X)$ とする．$\mathcal{D}(X)$ は $K(X)$ ($\bar{\mathbb{Q}}_l$ 複体のなすアーベル圏からホモトープな射を同一視して得られる加法圏) を局所化して得られる加法圏であり，複体の擬同型が同型となるような，最も普遍的な圏として特徴付けられる．特に $\mathcal{D}(X)$ の対象は $\bar{\mathbb{Q}}_l$ 複体で表される．また $\mathcal{D}(X)$ の対象 K に対して，$\bar{\mathbb{Q}}_l$ 層 $\mathcal{H}^i K$ が (代表元 K の取り方によらずに) 定まる．さて $\mathcal{H}^i K$ が構成可能層になり，かつ有限個の i を除いて $\mathcal{H}^i K = 0$ となるような K から得られる $\mathcal{D}(X)$ の充満部分圏を $\mathcal{D}_c^b(X)$ と表す．このような K については $\mathcal{H}^i K$ が構成可能層になることから，茎 $\mathcal{H}_x^i K$ が有限次元 $\bar{\mathbb{Q}}_l$ 空間になることに注意しておく．以後 $\mathcal{D}_c^b(X)$ が我々の議論の舞台になる．

$\mathcal{D}_c^b(X)$ の対象 K が**偏屈層**であるとは複体 K が各 i に対して次の条件をみたすことをいう．各 $i \in \mathbb{Z}$ に対して

$$\begin{aligned} &\dim_k \operatorname{supp} \mathcal{H}^i K \leq -i, \\ &\dim_k \operatorname{supp} \mathcal{H}^i DK \leq -i. \end{aligned} \tag{3.6.1}$$

3.6 指標の幾何的理論

ここに $\bar{\mathbb{Q}}_l$ 層 $\mathcal{F}$ に対して $\mathrm{supp}\,\mathcal{F}$ は集合 $\{x \in X \mid \mathcal{F}_x \neq 0\}$ の X でのザリスキー閉包を表す．また $D : \mathcal{D}_c^b(X) \to \mathcal{D}_c^b(X)$ はベルディエ双対作用素である．$\mathcal{D}_c^b(X)$ の偏屈層全体のなす充満部分圏を $\mathcal{M}(X)$ と表し，偏屈層の圏という．偏屈層の圏の著しい特徴は，それがアーベル圏になることにある．さらに $\mathcal{M}(X)$ は常に長さ有限の組成列を持つ．またその単純成分は次のように，交差コホモロジー複体によって表されることが知られている．(以下では，複体 K の次数シフト $K' = K[m]$ を $K'_i = K_{i+m}$ で定まる複体 K' として定義しておく.)

Y を X の滑らかな既約，局所閉集合とし，$\dim Y = d$ とする．$\bar{Y}$ を Y の X におけるザリスキー閉包とする．Y 上の局所系 $\mathcal{L}$ (局所定数層で，茎が有限次元 $\bar{\mathbb{Q}}_l$ 空間になるもの) に対して，$\bar{Y}$ 上の交差コホモロジー複体 $\mathrm{IC}(\bar{Y}, \mathcal{L})$ が定義される．$K = \mathrm{IC}(\bar{Y}, \mathcal{L})[\dim Y]$ は次の性質によって特徴付けられる．

$$\begin{aligned}
\mathcal{H}^i K &= 0 & & i < -d \text{ の場合}, \\
K|_Y &= \mathcal{L}[d], \\
\dim_k \mathrm{supp}\,\mathcal{H}^i K &< -i & & i > -d \text{ の場合}, \\
\dim_k \mathrm{supp}\,\mathcal{H}^i DK &< -i & & i > -d \text{ の場合}.
\end{aligned} \tag{3.6.2}$$

ただし，$\mathcal{L}[d]$ は次数 $-d$ の所にのみ $\mathcal{L}$ が現れ，他はすべて 0 となる複体を意味する．

ここで K を $\bar{Y}$ の外側で 0 として X にまで拡張した複体は X 上の偏屈層になる．もし，$\mathcal{L}$ が Y 上の単純局所系ならば，K は単純偏屈層である．逆に，X 上のどのような単純偏屈層も適当な Y とその上の単純局所系から，この形で得られる．

注意 3.6.1. 偏屈層は複体であるにもかかわらず，貼り合わせができるという点で層に似た振舞いを示す．それが偏屈複体ではなく偏屈層とよばれる理由であろう．複体としての偏屈層は複雑な外観を呈するが，$\mathcal{M}(X)$ の対象として見直したとき，それは驚く程に硬質で透明な構造を持つ．偏屈層という奇妙な名の由来は，英語の perversity (ねじれ指数) から来ている．perverse には，ひねくれた，すねた，よこしまな，邪悪な，などとあまり芳

しくないイメージが付きまとうが，複体であって層でもあり，混沌の中に秩序をあわせ持つ，一筋縄ではとらえられない偏屈層の二面性を表していると思えなくもない．

3.6.2 偏屈層の特性関数

$f : X \to Y$ を多様体 X から Y への射とする．f により X と Y の層の間に演算が引き起こされる．後によく使われるのは次のものである．X 上の $\bar{\mathbb{Q}}_l$ 層 $\mathcal{F}$ に対して Y 上の $\bar{\mathbb{Q}}_l$ 層 $f_*\mathcal{F}$ が定まる．$f_*\mathcal{F}$ を $\mathcal{F}$ の直像という．逆に Y 上の $\bar{\mathbb{Q}}_l$ 層 $\mathcal{F}$ に対して，X 上の $\bar{\mathbb{Q}}_l$ 層 $f^*\mathcal{F}$ が定まる．$f^*\mathcal{F}$ を $\mathcal{F}$ の逆像という．f^* は逆像関手 $f^* : \mathcal{D}^b_c(Y) \to \mathcal{D}^b_c(X)$ を導く．また，f が固有射の場合，直像関手 $f_* : \mathcal{D}^b_c(X) \to \mathcal{D}^b_c(Y)$ が導かれる．一般の射 f に対しても，コンパクト台の直像関手 $f_! : \mathcal{D}^b_c(X) \to \mathcal{D}^b_c(Y)$ が定義される．f が固有射の場合 $f_! = f_*$ である．さらに $h : Y \to Z$ とすると $h_!f_! = (hf)_!$, $f^*h^* = (hf)^*$ が成り立つ．

多様体 X に代数群 G が作用しているとする．X 上の局所系 $\mathcal{L}$ が G 同変であるとは，各 $g \in G$ に対して同型 $\theta_g : (g^{-1})^*\mathcal{L} \xrightarrow{\sim} \mathcal{L}$ が存在し，$\theta_g \circ (g^{-1})^*(\theta_{g'}) = \theta_{gg'}$, $\theta_1 = \mathrm{id}$ をみたすことである．ただし $g^*\mathcal{L}$ は射 $g : X \to X$ に関する $\mathcal{L}$ の逆像を表す．G が連結な場合，この定義は偏屈層に対してもしかるべき形で拡張され G 同変偏屈層が定義される．

X 上の G 同変偏屈層の圏 $\mathcal{M}_G(X)$ は，有限組成列を持つ点で有限群上の加群の圏に近い．そこで G を簡約群とするとき $\mathcal{M}_G(X)$ 上で「表現論」が展開される．しかしそれは有限簡約群の表現や指標とは直接つながらない．G 上の偏屈層の理論を G^F の表現論に結びつけるものは例によってフロベニウス写像である．

今，多様体 X は $\mathbb{F}_q$ 上定義されているものとし $F : X \to X$ を対応するフロベニウス写像とする．複体 $K \in \mathcal{D}^b_c(X)$ は F による逆像 F^*K が K に同型であるとき F 不変であるという．K を F 不変とし，同型 $\varphi : F^*K \xrightarrow{\sim} K$ を1つ固定する．φ は各コホモロジー層の上に同型 $\varphi^i : \mathcal{H}^i F^*K \xrightarrow{\sim} \mathcal{H}^i K$ を誘導し，さらに $x \in X$ での茎の上に $\varphi^i_x : \mathcal{H}^i_x F^*K \to \mathcal{H}^i_x K$ を導く．φ^i_x は

3.6 指標の幾何的理論

$\overline{\mathbb{Q}}_l$ 空間上の線形写像である．逆像の性質から自然な同型

$$\mathcal{H}_x^i F^* K \simeq (F^* \mathcal{H}^i K)_x \simeq \mathcal{H}_{F(x)}^i K$$

が存在する．特に $x \in X^F$ とすれば線形変換 $\varphi_x^i : \mathcal{H}_x^i K \to \mathcal{H}_x^i K$ が得られる．そこで F 不変な $K \in \mathcal{D}_c^b(X)$ と同型写像 φ に対し

$$\chi_{K,\varphi}(x) = \sum_i (-1)^i \mathrm{Tr}\,(\varphi_x^i, \mathcal{H}_x^i K) \qquad (x \in X^F) \tag{3.6.3}$$

と定義する．$\mathcal{D}_c^b(X)$ の条件から $\dim \mathcal{H}_x^i K < \infty$，かつ和は有限和になることに注意する．関数 $\chi_{K,\varphi} : X^F \to \overline{\mathbb{Q}}_l$ を (φ に関する) K の**特性関数**という．さらに，$\mathbb{F}_q$ 上定義された連結代数群 G が X に $\mathbb{F}_q$ 上作用しているとし，K は G 同変偏屈層とする．このとき K の特性関数 $\chi_{K,\varphi}$ は X^F の G^F 軌道上で一定の値をとる，すなわち $\chi_{K,\varphi}(gx) = \chi_{K,\varphi}(x)$ $(g \in G^F, x \in X^F)$．特に $X = G$ として G の X への共役による作用を考えれば，$\chi_{K,\varphi}$ は G^F の類関数になる．このようにして G 上の G 同変偏屈層を与えるごとに，それに応じて G^F の類関数が作り出される．3.4 節では l 進コホモロジー群が G^F の表現を生み出す自動装置であった．本節では G 同変偏屈層が G^F の類関数を生み出す自動装置の役割を果たすことになる．

3.6.3 旗多様体の幾何

G を連結簡約群，B を G のボレル部分群とする．本項では $\mathbb{F}_q$ 構造については考えない．商多様体 G/B を G の旗多様体という．対応 $gB \leftrightarrow gBg^{-1}$ により G/B は G のボレル部分群全体の集合 $\mathcal{B}$ と同一視できる．$\mathcal{B}$ は次元が $N = |\Phi^+|$ の非特異な射影多様体になる．ここでは後に必要となる $\mathcal{B}$ の幾何的な性質をまとめておこう．$B = TU$, $W = N_G(T)/T$ は以前の通りとする．$g \in G$ に対して $\mathcal{B}_g = \{B_1 \in \mathcal{B} \mid g \in B_1\}$ とおく．$\mathcal{B}_g$ は (一般には特異点を持つ) $\mathcal{B}$ の閉部分多様体であり，その既約成分はすべて次元が等しい．また g がベキ単元の場合には $\mathcal{B}_g$ は連結になる．

3.4 節のように G_{uni} ベキ単多様体をとる．以下では G のベキ単類の幾何が重要な役割を果たす．ここで G のベキ単類の個数は有限個であること

に注意しておく.

$$Z = \{(g, B_1, B_2) \in G \times \mathcal{B} \times \mathcal{B} \mid g \in B_1 \cap B_2\},$$
$$Z' = \{(g, B_1, B_2) \in G_{\text{uni}} \times \mathcal{B} \times \mathcal{B} \mid g \in B_1 \cap B_2\}$$

とおく. Z を G の**スタインバーグ多様体**という. 次の命題が成り立つ.

命題 3.6.2. (i) $g \in G$ を含む共役類を C とする. このとき, $\dim \mathcal{B}_g = N - \frac{1}{2} \dim C$.
(ii) C をベキ単類とする. このとき $\dim (C \cap U) = \frac{1}{2} \dim C$.
(iii) Z の既約成分は W と 1 対 1 に対応し, すべて同じ次元 $\dim G$ を持つ. 同様に Z' の既約成分も W と 1 対 1 に対応し, すべて同じ次元 $2N$ を持つ.

証明 まず (iii) の Z' に関する部分を示す. $p: Z' \to \mathcal{B} \times \mathcal{B}$ を第 2, 第 3 成分への射影とする. G は $\mathcal{B} \times \mathcal{B}$ に $g: (B_1, B_2) \mapsto ({}^g B_1, {}^g B_2)$ により作用し[*11], その G 軌道は W と 1 対 1 に対応する. これは G のブリュア分解に他ならない. $w \in W$ に対応する G 軌道を $\mathcal{O}_w$ とする. $\mathcal{O}_w$ は $(B, {}^w B)$ を含む軌道である. $Z'_w = p^{-1}(\mathcal{O}_w)$ とおくと, $Z' = \coprod_{w \in W} Z'_w$ と分解される. ここで, Z'_w はファイバーが $U \cap {}^w U \simeq k^{l(w)}$ であるような $G/(B \cap {}^w B) \simeq \mathcal{O}_w$ 上のベクトル束とみなすことができる. したがって Z'_w は既約であり

$$\dim Z'_w = \dim \mathcal{O}_w + l(w) = \dim G - \dim T = 2N$$

となる. 特に $\bar{Z}'_w$ を Z' における Z'_w のザリスキー閉包とすると $\{\bar{Z}'_w \mid w \in W\}$ が Z' の既約成分を与える. Z の場合もほぼ同様の議論によってできる. ただし, この場合ベクトル束ではなく, ファイバー束を考えることになる.

次に (i) を示す. G の元をジョルダン分解することにより (i) の証明は g がベキ単元の場合に帰着される. そこで $g \in G_{\text{uni}}$ とする. まず次の式を示す.

$$\dim \mathcal{B}_g \leq N - \frac{1}{2} \dim C. \tag{3.6.4}$$

[*11] $g B_1 g^{-1} = {}^g B_1$ と表す.

3.6 指標の幾何的理論

実際 $\psi : Z' \to G_{\mathrm{uni}}$ を第1成分への射影とすると，ψ の C 上のファイバーはすべて $\mathcal{B}_g \times \mathcal{B}_g$ に同型であり，したがって

$$\dim \psi^{-1}(C) = \dim C + 2 \dim \mathcal{B}_g. \tag{3.6.5}$$

$\dim \psi^{-1}(C) \leq \dim Z' = 2N$ より (3.6.4) が得られる．(3.6.4) で等号が成り立つためには次を示せばよい：「各ベキ単類 C に対して，$C \cap (U \cap {}^w U)$ が $U \cap {}^w U$ の稠密な開集合になるような $w \in W$ が存在する」．この事実はベキ単類の分類を使って，最終的には個別の議論により確かめられる．よって (i) が成り立つ．

最後に (ii) を示す．多様体 $V = \{(x, B_1) \in C \times \mathcal{B} \mid x \in B_1\}$ を考える．第1成分への射影から，$g \in C$ に対して $\dim V = \dim C + \dim \mathcal{B}_g$ が得られる．一方，第2成分への射影から，C がベキ単類であることを考慮して $\dim V = \dim \mathcal{B} + \dim(C \cap U)$ が得られる．両式を比較して (i) を代入することにより (ii) が得られる． ∎

命題 3.6.2 からいくつかの結果が導かれる．$I(\mathcal{B}_g)$ を $\mathcal{B}_g$ の既約成分の集合とする．$Z_G(g)$ は共役の作用で $\mathcal{B}_g$ に作用し，したがって $I(\mathcal{B}_g)$ の置換を引き起こす．$Z_G^0(g)$ は各既約成分を動かさないので，$A_G(g) = Z_G(g)/Z_G^0(g)$ の $I(\mathcal{B}_g)$ への作用が導かれる．

系 3.6.3. $u \in G_{\mathrm{uni}}$ に対し，$A_G(u)$ の $I(\mathcal{B}_u) \times I(\mathcal{B}_u)$ への対角作用に関する軌道の集合を $(I(\mathcal{B}_u) \times I(\mathcal{B}_u))/A_G(u)$ と表す．このとき，自然な全単射

$$\coprod_u (I(\mathcal{B}_u) \times I(\mathcal{B}_u))/A_G(u) \simeq W \tag{3.6.6}$$

が存在する．ただし u は G のベキ単類の代表元をすべて動くものとする．

証明 $\psi : Z' \to G_{\mathrm{uni}}$ を命題 3.6.2 の証明で使われた写像とし，C を u を含むベキ単類とする．このとき，$\psi^{-1}(C) \to C$ は，ファイバー束

$$G \times^{Z_G(u)} (\mathcal{B}_u \times \mathcal{B}_u) \to G/Z_G(u) \simeq C$$

と同一視できる．ただし，左辺は $G \times (\mathcal{B}_u \times \mathcal{B}_u)$ への $Z_G(u)$ の作用 $z : (g, B_1, B_2) \mapsto (gz^{-1}, {}^z B_1, {}^z B_2)$ による同値類の空間を表す．これよ

り $\psi^{-1}(C)$ の既約成分はすべて $G \times \mathcal{B}_u \times \mathcal{B}_u$ の既約成分から得られることがわかる. また $G \times \mathcal{B}_u \times \mathcal{B}_u$ の 2 つの既約成分が $\psi^{-1}(C)$ の同一の既約成分を与えるための条件は, それらが同じ $Z_G(u)$ 軌道に入ることである. したがって $\psi^{-1}(C)$ の既約成分は $(I(\mathcal{B}_u) \times I(\mathcal{B}_u))/A_G(u)$ と 1 対 1 に対応する.

一方, $\mathcal{B}_u$ の既約成分はすべて同じ次元なので, $\psi^{-1}(C)$ の既約成分も同じ次元を持つ. 命題 3.6.2 (i) の証明, 特に (3.6.5) から $\dim \psi^{-1}(C) = \dim Z'$ となり, $\psi^{-1}(C)$ の既約成分 (の閉包) が Z' の既約成分を与えることがわかる. 命題 3.6.2 (iii) により Z' の既約成分は W と 1 対 1 に対応するので, これより (3.6.6) が得られる. ∎

系 3.6.4. (i) 各 $i > 0$ に対し $\dim\{g \in G \mid \dim \mathcal{B}_g \geq i/2\} < \dim G - i$,
(ii) 各 $i \geq 0$ に対し $\dim\{u \in G_{\mathrm{uni}} \mid \dim \mathcal{B}_u \geq i/2\} \leq 2N - i$.

証明 最初に (i) を示す. ある $i > 0$ で (i) が成立しなかったとする. このような i に対し $V_1 = \{x \in G \mid \dim \mathcal{B}_x \geq i/2\}$ とおく. V_1 は G の閉集合になる. $\varphi : Z \to G$ を Z から第 1 成分への射影とする. このとき, 仮定により

$$\dim \varphi^{-1}(V_1) \geq (\dim G - i) + 2(i/2) = \dim G.$$

命題 3.6.2 (iii) より, $\dim Z = \dim G$ なので, $\varphi^{-1}(V_1)$ は Z の既約成分を少なくとも一つ含む. それは Z' の場合と同様に $\bar{Z}_w$ で与えられる ($p : Z \to \mathcal{B} \times \mathcal{B}$ を第 2, 第 3 成分への射影とするとき $Z_w = p^{-1}(\mathcal{O}_w)$). Z_w の形をみると $\varphi^{-1}(V_1)$ は次の集合を含むことがわかる.

$$\{(g, {}^xB, {}^{xw}B) \in G \times \mathcal{B} \times \mathcal{B} \mid x^{-1}gx \in T_{\mathrm{reg}}\}.$$

ただし, T_{reg} は T の正則半単純元の集合, すなわち $Z_G^0(x) = T$ となる元の集合である. これより V_1 は $G_{\mathrm{reg}} = \bigcup_{x \in G} T_{\mathrm{reg}}$ を含むことになる. しかし $g \in G_{\mathrm{reg}}$ に対しては $\dim \mathcal{B}_g = 0$ となるので (次項参照), これは V_1 の取り方に反する. したがって (i) が成り立つ.

次に (ii) を示す. ある $i \geq 0$ に対して (ii) が成立しないと仮定し, 前と同様に $V_2 = \{x \in G_{\mathrm{uni}} \mid \dim \mathcal{B}_x \geq i/2\}$ とおく. $\psi : Z' \to G_{\mathrm{uni}}$ を考える. す

ると仮定より $\psi^{-1}(V_2) > 2N = \dim Z'$. これは矛盾. したがって (ii) が成り立つ. ∎

3.6.4　G 同変偏屈層 $K_T^{\mathcal{L}}$ （第 1 の構成）

本項では，後に中心的な役割りを果たすことになる G 上の G 同変偏屈層を構成する．まず多様体 $\widetilde{G}$ を次のように定義する．

$$\widetilde{G} = \{(g, xB) \in G \times G/B \mid x^{-1}gx \in B\}.$$

写像 $\pi : \widetilde{G} \to G$ を第 1 成分への射影とする．写像 π は**グロタンディック–スプリンガー写像**といわれ，以下のような興味深い性質を持っている．$\widetilde{G} \simeq G \times^B B$ ($G \times B$ の, B の作用 $b : (x, b_1) \mapsto (xb^{-1}, bb_1)$ による同値類の空間) であり, $G \times^B B \to G/B$ は B をファイバーとするファイバー束になる．したがって $\widetilde{G}$ は滑らかな多様体であり, $\dim \widetilde{G} = \dim G$ をみたす．また G/B は射影多様体であり, $\widetilde{G}$ は $G \times G/B$ の閉集合であることから, 写像 π は固有写像になる．さらに $\pi^{-1}(G_{\mathrm{uni}}) \simeq G \times^B U$ より, $\pi^{-1}(G_{\mathrm{uni}})$ は U をファイバーとするベクトル束になる．これより $\pi^{-1}(G_{\mathrm{uni}})$ は滑らかになり, $\pi^{-1}(G_{\mathrm{uni}}) \to G_{\mathrm{uni}}$ が G_{uni} の特異点の解消を与える．これを G_{uni} の**スプリンガー解消**という．特に $\dim \pi^{-1}(G_{\mathrm{uni}}) = \dim G_{\mathrm{uni}} = 2N$ となる．

$r = \dim T$ とおくと, $g \in G$ に対して $\dim Z_G(g) \geq r$ が成り立つ．$\dim Z_G(g) = r$ となるとき g を**正則元**という．G_{reg} を G の正則半単純元の集合とし, $T_{\mathrm{reg}} = G_{\mathrm{reg}} \cap T$ とおく．$T_{\mathrm{reg}} = \{g \in T \mid Z_G^0(g) = T\}$ であり, また $G_{\mathrm{reg}} = \bigcup_{g \in G} g T_{\mathrm{reg}} g^{-1}$ が成り立つ．T_{reg} は T の開集合であり, G_{reg} は G の稠密な開集合になる．特に G_{reg} は G の滑らかな部分多様体である．また $g \in T_{\mathrm{reg}}$ ならば $\mathcal{B}_g = \{{}^w B \mid w \in W\}$ が成立する．ここで

$$\widetilde{G}_{\mathrm{reg}} = \{(g, xT) \in G \times G/T \mid x^{-1}gx \in T_{\mathrm{reg}}\}$$

とおく．$(g, xT) \mapsto (g, xB)$ により $\widetilde{G}_{\mathrm{reg}}$ は $\pi^{-1}(G_{\mathrm{reg}})$ と同型になることが確かめられる．

$\pi_0 : \pi^{-1}(G_{\mathrm{reg}}) \to G_{\mathrm{reg}}$ を π の $\pi^{-1}(G_{\mathrm{reg}})$ への制限とする．上の同型のもとに, π_0 は射影 $\widetilde{G}_{\mathrm{reg}} \to G_{\mathrm{reg}}, (g, xT) \mapsto g$ に一致する．この射影を同じ記号

π_0 で表す. W は $\widetilde{G}_{\mathrm{reg}}$ に $w : (g, xT) \mapsto (g, xwT)$ により, 右から作用する. この作用による軌道の空間 $\widetilde{G}_{\mathrm{reg}}/W$ は G_{reg} と同一視され, $\pi_0 : \widetilde{G}_{\mathrm{reg}} \to G_{\mathrm{reg}}$ は W をガロア群とする不分岐ガロア被覆 $\widetilde{G}_{\mathrm{reg}} \to \widetilde{G}_{\mathrm{reg}}/W$ に一致する. (各点 (g, xT) の軌道は $|W|$ 個の元よりなる.)

$\mathcal{L}$ を T 上の階数 1 の局所系とする. p と素な, ある整数 n に対して $\mathcal{L}^{\otimes n}$ が定数層 $\bar{\mathbb{Q}}_l$ と同型になるとき, $\mathcal{L}$ を順局所系 (tame local system) という. T 上の順局所系の全体を $\mathcal{S}(T)$ と表す. $\mathcal{L} \in \mathcal{S}(T)$ に対し, $W_\mathcal{L} = \{w \in W \mid w^*\mathcal{L} \simeq \mathcal{L}\}$ とおいて W の部分群 $W_\mathcal{L}$ を定義する. ただし, $w^*\mathcal{L}$ は $\operatorname{ad} w : T \to T, t \mapsto wtw^{-1}$ による $\mathcal{L}$ の逆像を表す. $\mathcal{L} = \bar{\mathbb{Q}}_l$ の場合, $W_\mathcal{L} = W$ になる. $W_\mathcal{L} = \{1\}$ となる場合に $\mathcal{L}$ を正則局所系という.

次の図式を考えよう.

$$T_{\mathrm{reg}} \xleftarrow{\rho_0} \widetilde{G}_{\mathrm{reg}} \xrightarrow{\pi_0} G_{\mathrm{reg}}. \tag{3.6.7}$$

ただし $\rho_0 : \widetilde{G}_{\mathrm{reg}} \to T_{\mathrm{reg}}$ は $\rho_0(g, xT) = x^{-1}gx$ により定義する. $\mathcal{L}_{\mathrm{reg}} = \mathcal{L}|_{T_{\mathrm{reg}}}$ とし $\widetilde{\mathcal{L}} = (\pi_0)_* \rho_0^* \mathcal{L}_{\mathrm{reg}}$ とおく. T_{reg} は W の T への作用で不変であり, 写像 ρ_0 は W 同変な写像になる. $\mathcal{L}_{\mathrm{reg}}$ が $W_\mathcal{L}$ 同変な局所系であることから, $\widetilde{\mathcal{L}}$ は G_{reg} 上の $W_\mathcal{L}$ 同変な半単純局所系になる. (ここで $W_\mathcal{L}$ は G_{reg} に自明に作用するとしている). $\widetilde{\mathcal{L}}$ はまた G 同変な局所系になることもわかる. さて, $\mathcal{A} = \operatorname{End} \widetilde{\mathcal{L}}$ を局所系 $\widetilde{\mathcal{L}}$ の自己準同型環とする. すると $\mathcal{A}$ は $W_\mathcal{L}$ の $\bar{\mathbb{Q}}_l$ 上の群環 $\bar{\mathbb{Q}}_l[W_\mathcal{L}]$ に同型になることが知られている. (正確には, 乗法を変形して定義したねじれ群環になる.) 特に $\mathcal{L} = \bar{\mathbb{Q}}_l$ の場合には $\mathcal{A}$ は W の (本来の) 群環 $\bar{\mathbb{Q}}_l[W]$ に同型になる. また $\mathcal{L}$ が正則局所系の場合には, $\mathcal{A} \simeq \bar{\mathbb{Q}}_l$ となり, したがって $\widetilde{\mathcal{L}}$ は単純局所系になる.

$\bar{G}_{\mathrm{reg}} = G$ に注意して, G 上の半単純偏屈層 $K_T^\mathcal{L}$ を

$$K_T^\mathcal{L} = \operatorname{IC}(G, \widetilde{\mathcal{L}})[\dim G] \tag{3.6.8}$$

により定義する. $\widetilde{\mathcal{L}}$ が G 同変な局所系であることから, IC の関手性により $K_T^\mathcal{L}$ は G 同変偏屈層になる. $\mathcal{L}$ が正則局所系の場合と $\mathcal{L} \simeq \bar{\mathbb{Q}}_l$ の場合が特に重要である. $\mathcal{L}$ が正則局所系の場合 $\widetilde{\mathcal{L}}$ は単純であり, したがって $K_T^\mathcal{L}$ は G 同変単純偏屈層になる. 一方 $\mathcal{L} = \bar{\mathbb{Q}}_l$ の場合 $\mathcal{A} \simeq \bar{\mathbb{Q}}_l[W]$ であることから

3.6 指標の幾何的理論   **287**

$\widetilde{\mathcal{L}} = (\pi_0)_* \bar{\mathbb{Q}}_l$ は

$$\widetilde{\mathcal{L}} = \bigoplus_{\chi \in W^\wedge} V_\chi \otimes \mathcal{L}_\chi \tag{3.6.9}$$

と分解される.ここに $\mathcal{L}_\chi$ は W の既約指標 χ に対応する $\widetilde{\mathcal{L}}$ の単純成分であり $V_\chi = \mathrm{Hom}(\mathcal{L}_\chi, \widetilde{\mathcal{L}})$ は $\mathcal{L}_\chi$ の重複度の空間を表す.V_χ は χ に対応する既約 W 加群になる.(3.6.9) に IC 関手を適用して,

$$K_T^\mathcal{L} = \bigoplus_{\chi \in W^\wedge} V_\chi \otimes \mathrm{IC}(G, \mathcal{L}_\chi)[\dim G] \tag{3.6.10}$$

を得る.各 $\chi \in W^\wedge$ に対して $A_\chi = \mathrm{IC}(G, \mathcal{L}_\chi)[\dim G]$ は G 上の G 同変単純偏屈層になり,(3.6.10) が半単純偏屈層 $K_T^\mathcal{L}$ の単純偏屈層への分解を与える.IC の関手性より $\mathrm{End}_{\mathcal{M}G} K_T^\mathcal{L} \simeq \bar{\mathbb{Q}}_l[W]$ となり,W の $K_T^\mathcal{L}$ への作用が得られる.実際,(3.6.10) の分解で V_χ が W の作用を実現している.

注意 3.6.5. $\mathcal{L} \in \mathcal{S}(T)$ とするとき,半単純偏屈層 $K_T^\mathcal{L}$ の分解に現れる G 同変単純偏屈層を**指標層**という.したがって $\mathcal{L}$ が正則な場合の $K_T^\mathcal{L}$ や,$\mathcal{L} \simeq \bar{\mathbb{Q}}_l$ の場合の A_χ は指標層の例を与える.ルスティックによる指標層の構成では $K_T^\mathcal{L}$ のみでなく,より一般に,種々の放物部分群のレビ部分群から構成される,ある種の G 同変半単純偏屈層の単純成分として指標層が定義される.次項にみるように,$K_T^\mathcal{L}$ は G のボレル部分群からの誘導表現に対応している.

3.6.5 $K_T^\mathcal{L}$ の第 2 の構成とワイル群のスプリンガー表現

一般に $\mathrm{IC}(G, \widetilde{\mathcal{L}})$ のような交差コホモロジー複体を明示的に表示することは難しい問題である.しかし幸いにして $K_T^\mathcal{L}$ には具体的な計算を可能にする別の構成法がある.それを説明しよう.(3.6.7) は次の可換図式に拡張される.

$$\begin{array}{ccccc} T & \xleftarrow{\rho} & \widetilde{G} & \xrightarrow{\pi} & G \\ \uparrow & & \uparrow & & \uparrow \\ T_{\mathrm{reg}} & \xleftarrow{\rho_0} & \widetilde{G}_{\mathrm{reg}} & \xrightarrow{\pi_0} & G_{\mathrm{reg}}. \end{array} \tag{3.6.11}$$

ここで上向きの矢印はすべて包含写像を表す．また $\mathrm{pr}_T : B \to T$ を $B = TU$ から T への射影とし，$\rho : \widetilde{G} \to T$ を $\rho(g, xB) = \mathrm{pr}_T(x^{-1}gx)$ により定義する．このとき次の命題が $K_T^{\mathcal{L}}$ の第 2 の構成を与える．

命題 3.6.6. $\mathcal{M}(G)$ の対象として，$K_T^{\mathcal{L}}$ は $\pi_* \rho^* \mathcal{L}[\dim G]$ に同型になる．

証明 $K = \pi_* \rho^* \mathcal{L}[\dim G]$ とおく．K が (3.6.2) の 4 条件をみたすことをみればよい．1 番目の条件は定義より明らかである．また，(3.6.11) の左側の 4 角形より，$\rho^* \mathcal{L}|_{\widetilde{G}_{\mathrm{reg}}} \simeq \rho_0^* \mathcal{L}_{\mathrm{reg}}$．一方，右側の 4 角形はファイバー積の形になっているので，固有写像に関する底変換定理により

$$(\pi_* \rho^* \mathcal{L})|_{G_{\mathrm{reg}}} \simeq (\pi_0)_*(\rho^* \mathcal{L}|_{\widetilde{G}_{\mathrm{reg}}}) \simeq (\pi_0)_* \rho_0^* \mathcal{L}_{\mathrm{reg}} = \widetilde{\mathcal{L}}.$$

したがって 2 番目の条件も成立する．一方 $\widetilde{G}$ は $\dim \widetilde{G} = \dim G$ をみたす滑らかな多様体なので，$\mathcal{L}^\vee = \mathcal{H}om(\mathcal{L}, \bar{\mathbb{Q}}_l)$ を $\mathcal{L}$ の双対局所系とすると $D(\mathcal{L}[\dim G]) \simeq \mathcal{L}^\vee[\dim G]$ が成り立つ．さらに，ベルディエ双対作用素 D は固有写像に関する直像 π_* と可換になることから，$DK = K^\vee$ が得られる．ただし $K^\vee = \pi_* \rho^* \mathcal{L}^\vee[\dim G]$ である．$\mathcal{L}^\vee$ もまた T 上の順局所系なので，3 番目の条件がいえれば 4 番目も自動的に成立する．そこで 3 番目の条件を確かめる．固有写像に関する底変換定理により，$\pi^{-1}(g) \simeq \mathcal{B}_g$ に注意して

$$\mathcal{H}_g^{i - \dim G}(K) \simeq H^i(\pi^{-1}(g), \rho^* \mathcal{L}) \simeq H^i(\mathcal{B}_g, \rho^* \mathcal{L}) \quad (3.6.12)$$

が得られる．特に $\mathcal{H}_g^{i - \dim G}(K) \neq 0$ ならば $i \leq 2 \dim \mathcal{B}_g$．したがって $\mathrm{supp}\, \mathcal{H}_g^{i - \dim G}(K)$ は集合 $\{g \in G \mid i \leq 2 \dim \mathcal{B}_g\}$ に含まれる．そこで系 3.6.4 (i) の不等式により，$i > 0$ に対して $\dim \mathrm{supp}\, \mathcal{H}_g^{i - \dim G}(K) < \dim G - i$ を得る．これは K に関する 3 番目の条件に他ならない． ∎

命題 3.6.6 の系として次を得る．

系 3.6.7. $\pi_1 : \pi^{-1}(G_{\mathrm{uni}}) \to G_{\mathrm{uni}}$ を π の $\pi^{-1}(G_{\mathrm{uni}})$ への制限とする．このとき

$$K_T^{\mathcal{L}}|_{G_{\mathrm{uni}}} \simeq (\pi_1)_* \bar{\mathbb{Q}}_l[\dim G].$$

特に $K_T^{\mathcal{L}}$ の G_{uni} への制限は $\mathcal{L}$ の取り方によらない．

3.6 指標の幾何的理論

証明 次の図式を考える.

$$\begin{array}{ccccc} T & \xleftarrow{\rho} & \widetilde{G} & \xrightarrow{\pi} & G \\ & & \uparrow & & \uparrow \\ & & \pi^{-1}(G_{\text{uni}}) & \xrightarrow{\pi_1} & G_{\text{uni}}. \end{array}$$

ただし上向きの矢印は包含写像を表す. 定義より, ρ の $\pi^{-1}(G_{\text{uni}})$ への制限は, 定数写像 $\pi^{-1}(G_{\text{uni}}) \to \{1\}$ になる. したがって $\rho^*\mathcal{L}$ の $\pi^{-1}(G_{\text{uni}})$ への制限は定数層 $\bar{\mathbb{Q}}_l$ に一致する. 一方右側の4角形はファイバー積になっているので, 固有写像に関する底変換定理により

$$(\pi_*\rho^*\mathcal{L})|_{G_{\text{uni}}} \simeq (\pi_1)_*(\rho^*\mathcal{L}|_{\pi^{-1}(G_{\text{uni}})}) \simeq (\pi_1)_*\bar{\mathbb{Q}}_l.$$

これより系が得られる. ∎

ここで $\mathcal{L} \simeq \bar{\mathbb{Q}}_l$ の場合の $K_T^{\mathcal{L}}$ を考えよう. このとき 3.6.4 項でみたように W は $K_T^{\mathcal{L}}$ に自己同型として作用し $\mathcal{H}_g^i(K_T^{\mathcal{L}})$ は W 加群になる. 一方命題 3.6.6 より $K_T^{\mathcal{L}} \simeq \pi_*\bar{\mathbb{Q}}_l[\dim G]$ となるので, (3.6.12) に注意して $H^i(\mathcal{B}_g, \bar{\mathbb{Q}}_l)$ 上に W の表現が得られる. これを W の**スプリンガー表現**という. スプリンガー表現は, G の構造と深く関わった統一的な表現の構成であり, 後にみるように有限シュバレー群の表現論において特別な役割を果たしている. ここで, 有限群 W は必ずしも $\mathcal{B}_g$ の上に作用しておらず, したがって 3.4 節に述べたような直接的構成は適用できないことに注意する. それがスプリンガー表現の構成を複雑なものにしている.

スプリンガー表現は, 最初スプリンガーにより正標数に特有のアルティン–シュライアー被覆を用いて構成された [Sp1]. 本項で述べた交差コホモロジーによる見通しの良い構成法 (これは基礎体が $\mathbb{C}$ の場合にも適用できる) はルスティック [L2] による.

注意 3.6.8. g が単位元の場合 $\mathcal{B}_g = \mathcal{B}$ である. この場合 W の $H^i(\mathcal{B}, \bar{\mathbb{Q}}_l)$ への表現が以下のように直接的に構成される. 写像 $G/T \to G/B$ は U をファイバーとするベクトル束になり $H^i(G/T, \bar{\mathbb{Q}}_l) \simeq H^i(G/B, \bar{\mathbb{Q}}_l)$ が成り立つ. W は G/T に $w : gT \mapsto gwT$ により右から作用し, $H^i(G/T, \bar{\mathbb{Q}}_l)$ への

左作用を導く．したがって W の $H^i(G/B, \bar{\mathbb{Q}}_l) = H^i(\mathcal{B}, \bar{\mathbb{Q}}_l)$ への作用が定義できる．この作用は W の $H^i(\mathcal{B}, \bar{\mathbb{Q}}_l)$ へのスプリンガー表現と一致することが確かめられている．

各 i に対して $H^{2i+1}(\mathcal{B}, \bar{\mathbb{Q}}_l) = 0$ となる．さらに $R = \bigoplus R_i$ を W の余不変式環とするとき，次数付き W 加群として

$$R = \bigoplus_i R_i \simeq \bigoplus_i H^{2i}(\mathcal{B}, \bar{\mathbb{Q}}_l)$$

となることが知られている．この同型により R を利用して W 加群 $H^{2i}(\mathcal{B}, \bar{\mathbb{Q}}_l)$ の構造を詳しく調べることができる．特に $\bigoplus H^{2i}(\mathcal{B}, \bar{\mathbb{Q}}_l)$ は W の正則表現となる．

3.6.6 類関数 $\chi_{T,\mathcal{L}}$ とグリーン関数 $\widetilde{Q}_T^G$

今まで G の幾何的性質のみを議論して来たが，本項以降 G を $\mathbb{F}_q$ 上定義された連結簡約群，$F : G \to G$ を対応するフロベニウス写像とする．T を F 不変な G の極大トーラス，$\mathcal{L} \in \mathcal{S}(T)$ を F 不変な局所系とし，同型 $\varphi_0 : F^*\mathcal{L} \xrightarrow{\sim} \mathcal{L}$ を一つ固定しておく．(3.6.3) にならって $\mathcal{L}$ の特性関数 $\chi_{\mathcal{L},\varphi_0} : T^F \to \bar{\mathbb{Q}}_l$ を

$$\chi_{\mathcal{L},\varphi_0}(t) = \mathrm{Tr}\,((\varphi_0)_t, \mathcal{L}_t) \qquad (t \in T^F)$$

により定義する．ただし $\mathcal{L}_t$ は局所系 $\mathcal{L}$ の $t \in T^F$ での茎 ($\simeq \bar{\mathbb{Q}}_l$), $(\varphi_0)_t$ は φ_0 から誘導された $\mathcal{L}_t$ 上の線形写像を表す．$\mathcal{L}$ は単純局所系なので，同型 $\varphi_0 : F^*\mathcal{L} \xrightarrow{\sim} \mathcal{L}$ はスカラー倍を除いて一意的に定まる．以下では，$t = 1$ のとき $(\varphi_0)_1 : \mathcal{L}_1 \to \mathcal{L}_1$ が恒等写像になるように φ_0 を選んでおく．次の補題が順局所系の持つ表現論的な意味合いを説明している．

補題 3.6.9. $\mathcal{S}(T)^F$ を F 不変な順局所系の集合とする．このとき $\mathcal{S}(T)^F$ は $\widehat{T}^F$ と 1 対 1 に対応する．θ を $\mathcal{L}$ に対応する T^F の 1 次表現とすると $\chi_{\mathcal{L},\varphi_0} = \theta$ が成立する．

細かい証明は省略するが，$\theta \in \widehat{T}^F$ に対応する $\mathcal{L} \in \mathcal{S}(T)^F$ は次のようにして構成される．$\psi : T \to T, t \mapsto t^{-1}F(t)$ をラング写像とすると，ψ は T^F によ

3.6 指標の幾何的理論

る有限ガロア被覆 $T \to T/T^F$ とみなすことができる．そこで定数層 $\bar{\mathbb{Q}}_l$ の直像 $\mathcal{E} = \psi_* \bar{\mathbb{Q}}_l$ は T 上の T^F 同変な半単純局所系になり，$\mathrm{End}\,\mathcal{E} \simeq \bar{\mathbb{Q}}_l[T^F]$ より

$$\mathcal{E} = \bigoplus_{\theta \in \widehat{T^F}} V_\theta \otimes \mathcal{L}_\theta \tag{3.6.13}$$

と分解される．ただし $\mathcal{L}_\theta$ は θ に対応する $\mathcal{E}$ の単純成分を表し，$V_\theta = \mathrm{Hom}(\mathcal{L}_\theta, \mathcal{E}) \simeq \bar{\mathbb{Q}}_l$ は θ に対応する T^F 加群である．このとき $\mathcal{L}_\theta \in \mathcal{S}(T)^F$ であり $\theta \mapsto \mathcal{L}_\theta$ が求める対応を与える．また恒等写像 $F^*\bar{\mathbb{Q}}_l = \bar{\mathbb{Q}}_l \to \bar{\mathbb{Q}}_l$ は同型 $\varphi : F^*\mathcal{E} \xrightarrow{\sim} \mathcal{E}$ を導き，その特性関数 $\chi_{\mathcal{E},\varphi}$ は T^F の正則指標となる．そこで，(3.6.13) の分解にしたがって各 $\mathcal{L}_\theta$ 上に $\varphi_\theta : F^*\mathcal{L}_\theta \xrightarrow{\sim} \mathcal{L}_\theta$ を定義すれば $\chi_{\mathcal{L}_\theta,\varphi_\theta} = \theta$ となることが確かめられる．

さて (3.6.7) の図式において $T_\mathrm{reg}, \widetilde{G}_\mathrm{reg}, G_\mathrm{reg}$ はすべて G の F 不変な部分多様体であり，写像 ρ_0, π_0 は F の作用と可換になる．これより，

$$\widetilde{\varphi} = (\pi_0)_* \rho_0^*(\varphi_0) : F^*\widetilde{\mathcal{L}} \xrightarrow{\sim} \widetilde{\mathcal{L}}$$

が得られる．そこで IC の関手性から，同型 $\varphi : F^* K_T^\mathcal{L} \xrightarrow{\sim} K_T^\mathcal{L}$ が導かれる．φ に関する $K_T^\mathcal{L}$ の特性関数 $\chi_{K_T^\mathcal{L},\varphi}$ を $\chi_{T,\mathcal{L}}$ と表す．$K_T^\mathcal{L}$ は G 同変偏屈層なので $\chi_{T,\mathcal{L}} : G^F \to \bar{\mathbb{Q}}_l$ は G^F の類関数になる．$\chi_{T,\mathcal{L}}$ の G^F_uni への制限を $\widetilde{Q}^G_T$ と表し**指標層に付随したグリーン関数**という．$\widetilde{Q}^G_T : G^F_\mathrm{uni} \to \bar{\mathbb{Q}}_l$ は G^F_uni 上の G^F 不変な関数である．系 3.6.7 により $\widetilde{Q}^G_T$ は $\mathcal{L}$ の取り方によらない[*12]．ルスティックは $\chi_{T,\mathcal{L}}$ に関する次の指標公式を証明した．

定理 3.6.10. $g = su = us$ (s は G^F の半単純元，u は G^F のベキ単元) を $g \in G^F$ のジョルダン分解とする．このとき

$$\chi_{T,\mathcal{L}}(su) = |Z^0_G(s)^F|^{-1} \sum_{\substack{x \in G^F \\ x^{-1}sx \in T^F}} \widetilde{Q}^{Z^0_G(s)}_{xTx^{-1}}(u) \chi_{\mathcal{L},\varphi_0}(x^{-1}sx). \tag{3.6.14}$$

注意 3.6.11. (i) 補題 3.6.9 と合わせると，定理 3.6.10 は $R^G_T(\theta)$ の指標公式 (定理 3.4.12) に極めて近い形をしていることに気が付くだろう．実際

[*12] 系 3.6.7 の同型は $K_T^\mathcal{L}$ の第 2 の構成によっているが，それは $\mathbb{F}_q$ 構造を保っていない (注意 3.6.11 (ii))．そこで $\widetilde{Q}^G_T$ が $\mathcal{L}$ によらないことを示すには少し議論が必要になる．

(3.6.14) に現れるグリーン関数 $\widetilde{Q}_{xTx^{-1}}^{Z_G^0(s)}$ を本来のグリーン関数 $Q_{xTx^{-1}}^{Z_G^0(s)}$ で置き換えれば定理 3.4.12 の指標公式が得られる．これは偶然の一致ではなく，$\widetilde{Q}_T^G$ は Q_T^G に (符号を除いて) 一致し，したがって類関数 $\chi_{T,\mathcal{L}}$ は一般指標 $R_T^G(\theta)$ に等しくなることが後に示される．その意味で $\widetilde{Q}_T^G$ はグリーン関数 Q_T^G の幾何的実現といえるだろう．以下にみていくように $\widetilde{Q}_T^G$ は Q_T^G に比べて扱いやすく，具体的な表示が可能であり，したがって計算にも乗りやすいという利点を持っている．

(ii) $K_T^{\mathcal{L}}$ には第 2 の構成があったことを思いだそう．しかしこの場合 T が F 不変であっても，T を含むボレル部分群 B は必ずしも F 不変ではないので，(3.6.11) における写像 ρ は F と可換にならない．(3.6.11) の図式からは同型 $\varphi : F^*K_T^{\mathcal{L}} \xrightarrow{\sim} K_T^{\mathcal{L}}$ を自然に導くことはできないのである．唯一の例外は $T = T_0$ が F 不変なボレル部分群に含まれる場合で，このときは (3.6.11) から φ が誘導される．

前のように F 不変な極大トーラスを T_w と表す．$\mathcal{L}$ は定数層 $\bar{\mathbb{Q}}_l$ と仮定し $K_w = K_{T_w}^{\mathcal{L}}$, $\varphi_w = \varphi : F^*K_w \xrightarrow{\sim} K_w$ とおく．特に $w = 1$ の場合，$\varphi_1 = \varphi, K_1 = K$ とおく．上にみたように偏屈層 K は標準的な $\mathbb{F}_q$ 構造を持っている．そこで K_w の $\mathbb{F}_q$ 構造を K のそれと比較することを考えよう．$\mathbb{F}_q$ 構造を無視すれば，K と K_w の間には自然な同型 $K \xrightarrow{\sim} K_w$ が存在する．この同型により $\varphi_w : F^*K_w \xrightarrow{\sim} K_w$ は $\theta_w \circ \varphi : F^*K \xrightarrow{\sim} K$ に移ることが示される．($\theta_w \in \mathrm{End}\, K$ は $w \in W$ に対応するスプリンガー表現の作用を表す)．つまり，標準的な偏屈層 K の上で考えることにすると，K_w の $\mathbb{F}_q$ 構造の違いは $\theta_w \in \mathrm{End}\, K$ で与えられることになる．(これはトーラス T_w 上のフロベニウス写像 F が T_0 上では wF で表されることを反映している)．ここで (3.6.10) における K の分解を考える．(G, F) がシュバレー型の場合，各単純成分 A_χ は F 不変であり，$\varphi : F^*K \xrightarrow{\sim} K$ より $\mathbb{F}_q$ 構造 $\varphi_\chi : F^*A_\chi \xrightarrow{\sim} A_\chi$ が自然に定まる．また θ_w の K への作用は W 加群 V_χ への w の作用で与えられることから

$$\chi_{T_w,\mathcal{L}} = \chi_{\theta_w \circ \varphi, K} = \sum_{\chi \in W^\wedge} \chi(w) \chi_{A_\chi, \varphi_\chi} \qquad (3.6.15)$$

と表されることがわかる．

3.6 指標の幾何的理論   **293**

一方, K の $u \in G_{\text{uni}}^F$ での茎を考えると (3.6.12) により $\mathcal{H}_u^i(K) \simeq H^{i+\dim G}(\mathcal{B}_u, \bar{\mathbb{Q}}_l)$ が成り立ち, φ は $F : \mathcal{B}_u \to \mathcal{B}_u$ から誘導された $F : H^i(\mathcal{B}_u, \bar{\mathbb{Q}}_l) \to H^i(\mathcal{B}_u, \bar{\mathbb{Q}}_l)$, また θ_w は $H^i(\mathcal{B}_u, \bar{\mathbb{Q}}_l)$ への W のスプリンガー表現の作用に一致する. これよりグリーン関数に関する次の表示式が得られる.

命題 3.6.12. 指標層に付随するグリーン関数 $\widetilde{Q}_{T_w}^G(u)$ は次のように表される.
$$\widetilde{Q}_{T_w}^G(u) = (-1)^{\dim G} \sum_{i \geq 0} (-1)^i \operatorname{Tr}(Fw, H^i(\mathcal{B}_u, \bar{\mathbb{Q}}_l)).$$

注意 3.6.13. 命題 3.6.12 により, グリーン関数を記述するためには W 加群 $H^i(\mathcal{B}_u, \bar{\mathbb{Q}}_l)$ とその上のフロベニウス写像を調べることが重要になる. スプリンガーにより p があまり小さくない場合 (例えば $p > 5$), 奇数 i に対して $H^i(\mathcal{B}_u, \bar{\mathbb{Q}}_l) = 0$ となることが知られている. さらに G^F が有限シュバレー群の場合, G の各ベキ単類 C に対して F の $H^{2i}(\mathcal{B}_u, \bar{\mathbb{Q}}_l)$ への固有値がすべて q^i となる $u \in C^F$ が存在する. (E_8 型の場合には多少の修正が必要). このようなベキ単元 $u \in C^F$ を**分裂ベキ単元**という. 分裂ベキ単元 u に対してはグリーン関数は
$$\widetilde{Q}_{T_w}^G(u) = (-1)^{\dim G} \sum_{i \geq 0} \operatorname{Tr}(w, H^{2i}(\mathcal{B}_u, \bar{\mathbb{Q}}_l)) q^i \qquad (3.6.16)$$

と書ける. したがって $\widetilde{Q}_{T_w}^G(u)$ は q に関する多項式として表されることに注意する.

特に $G = GL_n$ の場合, G^F のベキ単元はすべて分裂的なので, グリーン関数は (3.6.16) 式の表示を持つ.

3.6.7 $K_T^{\mathcal{L}}$ の第 3 の構成

2 種類のグリーン関数 $\widetilde{Q}_T^G$ と Q_T^G が一致することを示す準備として, $\mathcal{L}$ が正則局所系の場合に $K_T^{\mathcal{L}}$ にさらに別の構成法が存在する ([L6]) ことを説明する.

しばらくの間 G の $\mathbb{F}_q$ 構造は忘れて，$B = TU$, $W = N_G(T)/T$ とする．W の元の列 $\mathbf{w} = (w_0, w_1, \ldots, w_{m-1})$ で，$w_0 w_1 \cdots w_{m-1} = 1$ となるものを考える．

$$Y_\mathbf{w} = \{(g, h_0 B, \ldots, h_m B) \in G \times (G/B)^{m+1}$$
$$\mid h_m^{-1} g h_0 \in B, h_i^{-1} h_{i+1} \in B w_i B \ (i = 0, \ldots, m-1)\}$$

とおく．$Y_\mathbf{w}$ は連結，滑らかな多様体になり，$\dim Y_\mathbf{w} = l(\mathbf{w}) + \dim G$ となる．ただし $l(\mathbf{w}) = \sum_{i=0}^{m-1} l(w_i)$ とおく．各 w_i の代表元 $\dot{w}_i \in N_G(T)$ を固定し $\dot{\mathbf{w}} = (\dot{w}_0, \ldots, \dot{w}_{m-1})$ とおく．次の図式を考えよう．

$$T \xleftarrow{\rho_{\dot{\mathbf{w}}}} Y_\mathbf{w} \xrightarrow{\pi_\mathbf{w}} G. \tag{3.6.17}$$

ここで写像 $\rho_{\dot{\mathbf{w}}}, \pi_\mathbf{w}$ は次のように定義される．

$$\pi_\mathbf{w} : (g, h_0 B, \ldots, h_m B) \mapsto g,$$
$$\rho_{\dot{\mathbf{w}}} : (g, h_0 B, \ldots, h_m B) \mapsto (\dot{w}_0 t_0) \cdots (\dot{w}_{m-1} t_{m-1}).$$

ただし $t_0, \ldots, t_{m-1} \in T$ は次の式によって定まる元とする．

$$h_i^{-1} h_{i+1} \in U \dot{w}_i t_i U \qquad (i = 0, \ldots, m-2),$$
$$h_{m-1}^{-1} g h_0 \in U \dot{w}_{m-1} t_{m-1} U.$$

写像 $\pi_\mathbf{w}$ は固有写像，$\rho_{\dot{\mathbf{w}}}$ は滑らかな写像になる．$l(\mathbf{w}) = 0$ の場合には $Y_\mathbf{w} \simeq \widetilde{G}$ となり，(3.6.17) は (3.6.11) の上半分の図式と一致することに注意する．そこで 3.6.5 項にならって，$\mathcal{L} \in \mathcal{S}(T)$ に対し G 上の複体 $K_\mathbf{w}^\mathcal{L}$ を

$$K_\mathbf{w}^\mathcal{L} = (\pi_\mathbf{w})_* \rho_{\dot{\mathbf{w}}}^* \mathcal{L}[l(\mathbf{w}) + \dim G]$$

により定義する．ルスティックによる次の命題が $K_T^\mathcal{L}$ の第 3 の構成を与える．

命題 3.6.14. $\mathcal{L} \in \mathcal{S}(T)$ は正則であるとする．このとき，$K_\mathbf{w}^\mathcal{L}$ は $K_T^\mathcal{L}$ に同型な偏屈層になる．

この命題では $\mathcal{L}$ の正則性の仮定が本質的である．証明は $l(\mathbf{w})$ に関する帰納法により同型写像を構成していくことによってなされる．($l(\mathbf{w}) = 0$ の場合

3.6 指標の幾何的理論

$K_{\mathbf{w}}^{\mathcal{L}}$ は $K_T^{\mathcal{L}}$ に一致することに注意). したがって, 得られた同型写像は命題 3.6.6 の場合のように標準的なものではない.

以後は G の $\mathbb{F}_q$ 構造を考える. $T_0 \subset B_0$ を F 不変な極大トーラスと F 不変なボレル部分群の組とし, $W = N_G(T_0)/T_0$ とする. また $T = T_w$ を F 不変な極大トーラスとする. $T_w = aT_0a^{-1}$, $a^{-1}F(a) = \dot{w} \in N_G(T_0)$ と表される. $B = aB_0a^{-1}$ とおくと, B は T を含むボレル部分群になる. ここで $\mathcal{L} \in \mathcal{S}(T)^F$ を正則な局所系とする. (q が小さい場合, 必ずしも F 不変な正則順局所系が存在するとは限らない. ここでは $\mathcal{L}$ が存在するように $\mathbb{F}_q$ を少し大きく取っておく). 同型 $\mathrm{ad}\, a : T_0 \xrightarrow{\sim} T$ による $\mathcal{L}$ の引き戻し $(\mathrm{ad}\, a)^* \mathcal{L}$ を $\mathcal{L}_0$ とすると, $\mathcal{L}_0 \in \mathcal{S}(T_0)^{wF}$ である.

以下の条件をみたす十分大きな整数 $m \geq 1$ をひとつ選ぶ.

$$F^m(a) = a \quad \text{したがって} \quad \dot{w}F(\dot{w})\cdots F^{m-1}(\dot{w}) = 1.$$

このとき, B および U は F^m 不変, また $\mathcal{L}_0 \in \mathcal{S}(T_0)^{F^m}$ となる. $\mathbf{w} = (w, F(w), \ldots, F^{m-1}(w))$ とおけば, 上の条件より ($T \subset B$ を $T_0 \subset B_0$ で置き換えて) $Y_{\mathbf{w}}$ が定義できる. したがって前段での議論を適用して偏屈層 $K_{\mathbf{w}}^{\mathcal{L}_0}$ が構成される. $K_{\mathbf{w}}^{\mathcal{L}_0}$ がある種の $\mathbb{F}_q$ 構造を持つことを示そう. 次の図式を考える.

$$\begin{array}{ccccccc}
T & \xleftarrow{\mathrm{ad}\, a} & T_0 & \xleftarrow{\rho_{\dot{w}}} & Y_{\mathbf{w}} & \xrightarrow{\pi_{\mathbf{w}}} & G \\
{\scriptstyle F}\downarrow & & {\scriptstyle wF}\downarrow & & {\scriptstyle \tau F}\downarrow & & {\scriptstyle F}\downarrow \\
T & \xleftarrow{\mathrm{ad}\, a} & T_0 & \xleftarrow{\rho_{\dot{w}}} & Y_{\mathbf{w}} & \xrightarrow{\pi_{\mathbf{w}}} & G.
\end{array} \quad (3.6.18)$$

ここで F は自然に $Y_{\mathbf{w}}$ に作用し, また $\tau : Y_{\mathbf{w}} \to Y_{\mathbf{w}}$ は

$$\tau(g, h_0 B_0, h_1 B_0, \ldots, h_m B_0) = (g, g^{-1} h_{m-1} B_0, h_0 B_0, \ldots, h_{m-1} B_0)$$

で与えられる. τ は F と可換な写像になる. これらの写像により (3.6.18) が可換図式になることが容易に確かめられる.

さて $\varphi_0 : F^* \mathcal{L} \xrightarrow{\sim} \mathcal{L}$ は同型 $\varphi_1 = (\mathrm{ad}\, a)^* \varphi_0 : (wF)^* \mathcal{L}_0 \xrightarrow{\sim} \mathcal{L}_0$ を誘導し

$$f = (\pi_{\mathbf{w}})_* \rho_{\dot{w}}^*(\varphi_1)[l(\mathbf{w}) + \dim G]$$

により同型 $f : F^*K_{\mathbf{w}}^{\mathcal{L}_0} \xrightarrow{\sim} K_{\mathbf{w}}^{\mathcal{L}_0}$ が定義される．f に関する $K_{\mathbf{w}}^{\mathcal{L}_0}$ の特性関数 $\chi_{K_{\mathbf{w}}^{\mathcal{L}_0},f}$ を類関数 $\chi_{T,\mathcal{L}}$ と比較して次を得る．

補題 3.6.15. $\mathcal{L} \in \mathcal{S}(T)^F$ を正則な局所系とする．このとき，

$$\chi_{T,\mathcal{L}} = \mu \cdot \chi_{K_{\mathbf{w}}^{\mathcal{L}_0},f}$$

をみたす定数 $\mu \in \bar{\mathbb{Q}}_l^*$ が存在する．

証明 $\mathcal{L} \in \mathcal{S}(T)$ は正則であるから $\mathcal{L}_0 \in \mathcal{S}(T_0)$ も正則であり，命題 3.6.14 により $K_{\mathbf{w}}^{\mathcal{L}_0} \simeq K_{T_0}^{\mathcal{L}_0}$ となる．$K_{T_0}^{\mathcal{L}_0} \simeq K_T^{\mathcal{L}}$ に注意して $K_{\mathbf{w}}^{\mathcal{L}_0} \simeq K_T^{\mathcal{L}}$ が得られる．一方 3.6.4 項に述べたように $\mathcal{L}$ が正則ならば $K_T^{\mathcal{L}}$ は単純偏屈層になり，同型 $F^*K_T^{\mathcal{L}} \xrightarrow{\sim} K_T^{\mathcal{L}}$ はスカラー倍を除いて一意的に定まる．したがってその特性関数もスカラー倍を除いて一意的である．これより補題が成り立つ．■

類関数 $\chi_{K_{\mathbf{w}}^{\mathcal{L}_0},f}$ の著しい特徴は，それが $K_T^{\mathcal{L}}$ の 2 つの構成の利点をあわせ持っているところにある．実際，$K_T^{\mathcal{L}}$ の第 2 の構成と同様に，$K_{\mathbf{w}}^{\mathcal{L}_0}$ の構成には交差コホモロジーが使われていないので特性関数は比較的計算しやすい．一方で，同型 f は F 不変な極大トーラス T から自然に誘導されており，フロベニウスの作用に関しては交差コホモロジーを使った $K_T^{\mathcal{L}}$ の第 1 の構成と似通った状況になっている．

さて $B = TU$ とするとき，類関数 $\chi_{K_{\mathbf{w}}^{\mathcal{L}_0},f}$ は次のように計算される．

命題 3.6.16. $\mathcal{L} \in \mathcal{S}(T)^F$ とし，$\chi_{\mathcal{L},\varphi_0} = \theta \in \widehat{T}^F$ とする．このとき $g \in G^F$ に対して

$$\chi_{K_{\mathbf{w}}^{\mathcal{L}_0},f}(g) = (-1)^{l(\mathbf{w})+\dim G}|T^F|^{-1}|(U \cap F(U))^{F^m}|^{-1}\sum_{t \in T^F}y'(g,t)\theta(t)$$

となる．ただし $y'(g,t) = \sharp\{x \in G \mid x^{-1}F(x) \in F(U), F^m(x^{-1})gx = t\}$ である．

3.6 指標の幾何的理論

証明 固有写像 $\pi_{\mathbf{w}}$ に関する底変換定理により各 $g \in G^F$ に対して

$$\chi_{K_{\mathbf{w}}^{\mathcal{L}_0},f} = \sum_i (-1)^i \operatorname{Tr}\left(f, \mathcal{H}_g^i(K_{\mathbf{w}}^{\mathcal{L}_0})\right)$$

$$= (-1)^{l(\mathbf{w})+\dim G} \sum_i (-1)^i \operatorname{Tr}\left(\Psi, H_c^i(Y_g, \rho_{\mathbf{w}}^* \mathcal{L}_0)\right)$$

と表される. ただし $Y_g = \pi_{\mathbf{w}}^{-1}(g)$ とおき, $\tau F : Y_{\mathbf{w}} \to Y_{\mathbf{w}}$ の Y_g への制限が $H_c^i(Y_g, \rho_{\mathbf{w}}^* \mathcal{L}_0)$ 上に誘導する写像を Ψ とした. ここで $\tau F|_{Y_g}$ が Y_g 上のある $\mathbb{F}_q$ 構造に関するフロベニウス写像になっていることに注意する (しかし τF 自身は必ずしも $Y_{\mathbf{w}}$ 上のフロベニウス写像ではない). 実際 τ, F のどちらも Y_g を不変にしており $\tau F = F\tau$ なので, τ が Y_g 上の位数有限の同型写像であることをみればよい. しかし各 $i \geq 1$ に対して

$$\tau^{i(m+1)}(g, h_0 B_0, \ldots, h_m B_0) = (g, g^{-i} h_0 B_0, \ldots, g^{-i} h_m B_0)$$

となり τ は位数有限であることがわかる.

ここで $\widetilde{\varphi} : (\tau F)^*(\rho_{\mathbf{w}}^* \mathcal{L}_0) \xrightarrow{\sim} \rho_{\mathbf{w}}^* \mathcal{L}_0$ にグロタンディック–レフシェッツの不動点定理を適用することにより[*13]

$$\chi_{K_{\mathbf{w}}^{\mathcal{L}_0},f}(g) = (-1)^{l(\mathbf{w})+\dim G} \sum_{x \in Y_g^{\tau F}} \operatorname{Tr}\left(\widetilde{\varphi}, (\rho_{\mathbf{w}}^* \mathcal{L}_0)_x\right)$$

が得られる. ただし $\rho_{\mathbf{w}}^*(\varphi_1) = \widetilde{\varphi}$ とおいた. ここで

$$\operatorname{Tr}\left(\widetilde{\varphi}, (\rho_{\mathbf{w}}^* \mathcal{L}_0)_x\right) = \operatorname{Tr}\left(\varphi_1, (\mathcal{L}_0)_{\rho_{\dot{\mathbf{w}}}(x)}\right) = \chi_{\mathcal{L}_0, \varphi_1}(\rho_{\dot{\mathbf{w}}}(x)) = \theta((\operatorname{ad} a) \rho_{\dot{\mathbf{w}}}(x))$$

となることに注意して

$$\chi_{K_{\mathbf{w}}^{\mathcal{L}_0},f}(g) = (-1)^{l(\mathbf{w})+\dim G} \sum_{x \in \Theta_g} \theta((\operatorname{ad} a) \rho_{\dot{\mathbf{w}}}(x)) \tag{3.6.19}$$

を得る. ただし $\Theta_g = \{x \in Y_{\mathbf{w}} \mid \tau F(x) = x, \pi_{\mathbf{w}}(x) = g\}$ である. さらに

$$Z = \{h T^F(U \cap F(U)) \in G/T^F(U \cap F(U))$$
$$\mid h^{-1} F(h) \in F(U), F^m(h)^{-1} g h \in T^F(U \cap F(U))\}$$

[*13] ここで使う不動点定理は定理 3.4.1 よりも一般的な形のものである. 定理 3.4.1 は局所系 $\rho_{\dot{\mathbf{w}}}^* \mathcal{L}_0$ が定数層 $\bar{\mathbb{Q}}_l$ の場合に相当する.

とおく．集合 Θ_g の具体的な表示を利用して，多少の計算をすることにより

$$hT^F(U \cap F(U)) \mapsto (g, haB_0, F(ha)B_0, \ldots, F^m(ha)B_0)$$

が全単射 $Z \xrightarrow{\sim} \Theta_g$ を与えることがわかる．一方，射影 $\mathrm{pr}_T : B \to T$ により

$$(\mathrm{ad}\, a)\rho_{\dot{\mathbf{w}}}(g, haB_0, F(ha)B_0, \ldots, F^m(ha)B_0) = \mathrm{pr}_T(F^m(h)^{-1}gh)$$

が成り立つ．今，$\widetilde{\mathrm{pr}}_T$ を射影 pr_T から誘導された写像 $Z \to T$, $hT^F(U \cap F(U)) \mapsto \mathrm{pr}_T(F^m(h)^{-1}gh)$ とすると，$\Theta_g \simeq Z$ の同一視のもとに (3.6.19) 式は

$$\chi_{K^{\mathcal{L}_0}_{\mathbf{w}}, f}(g) = (-1)^{l(\mathbf{w}) + \dim G} \sum_{z \in Z} \theta(\widetilde{\mathrm{pr}}_T(z)) \tag{3.6.20}$$

と書き直される．ここで $t \in T^F$ に対して $Z_t = \widetilde{\mathrm{pr}}_T^{-1}(t)$ とおくと

$$Z_t \simeq \{h \in G \mid h^{-1}F(h) \in F(U), F^m(h)^{-1}gh = t\}/T^F(U \cap F(U))^{t^{-1}F^m}$$

が成り立つ．ただし $t^{-1}F^m$ は連結ベキ単群 $U \cap F(U)$ の $\mathbf{F}_{q^m}$ 構造に関するフロベニウス写像である．$|(U \cap F(U))^{t^{-1}F^m}|$ は $t \in T^F$ の取り方に無関係なので

$$|Z_t| = |T^F|^{-1}|(U \cap F(U))^{F^m}|^{-1}y'(g, t)$$

となり命題が得られる． ∎

3.6.8 グリーン関数の幾何的実現

Q^G_T を $R^G_T(\theta)$ から定義された本来のグリーン関数，$\widetilde{Q}^G_T$ を指標層に付随したグリーン関数とする．ルスティック [L6] による次の定理がグリーン関数の幾何的実現を与える．

定理 3.6.17. T を F 不変な極大トーラスとし，$\mathcal{S}(T)^F$ は正則局所系を含むとする ($q >> 0$ ならば常に成立)．このとき $u \in G^F_{\mathrm{uni}}$ に対し次が成り立つ．

$$Q^G_T(u) = (-1)^{\dim G} \widetilde{Q}^G_T(u).$$

3.6 指標の幾何的理論

証明 簡単のため G^F が有限シュバレー群として証明する．まず次を示す．

(3.6.21) $Q_T^G = c \cdot \widetilde{Q}_T^G$ となる定数 $c \in \bar{\mathbb{Q}}_l^*$ が存在する．

$\mathcal{L} \in \mathcal{S}(T)^F$ を取り，$\theta = \chi_{\mathcal{L},\varphi_0} \in \widehat{T}^F$ とする．Q_T^G は一般指標 $R_T^G(\theta)$ の G_{uni}^F への制限であり，$\widetilde{Q}_T^G$ は類関数 $\chi_{T,\mathcal{L}}$ の G_{uni}^F への制限である．そこで (3.6.21) を得るには $R_T^G(\theta) = c \cdot \chi_{T,\mathcal{L}}$ を示せばよい．$\mathcal{L}$ は任意でよかったから $\mathcal{L}$ として特に正則局所系を選ぶ．このとき補題 3.6.15 により $\chi_{T,\mathcal{L}}$ は (スカラー倍を除いて) 類関数 $\chi_{K_\mathbf{w}^{\mathcal{L}_0},f}$ に一致する．したがって，その値は命題 3.6.16 により与えられる．一方 $\mathcal{L}$ が正則なので θ は一般の位置にある指標になる．この場合，一般指標 $R_T^G(\theta)$ の値は系 3.4.34 で計算されている．両者を比較して $R_T^G(\theta) = c \cdot \chi_{T,\mathcal{L}}$ を得る．(共通の m を取れることに注意．命題 3.6.16 と，系 3.4.34 では，その表示に $y'(g,t)$ と $y(g,t)$ のずれがある．しかし，$R_T^G(\theta)$ の値は U の取り方に依存しないので，$y(g,t)$ の式で，U を $F(U)$ に置き換えても構わない．)

定理を示すには，$c = (-1)^{\dim G}$ を示せばよい．$u = 1$ での両者の値を比較する．$T = T_w$ とする．$Q_{T_w}^G(1) = \deg R_{T_w}^G(\theta)$ は $R_{T_w}^G(\theta)$ の次数公式 (定理 3.4.26) により与えられる．一方 $u = 1$ は分裂ベキ単元なので (3.6.16) により

$$\widetilde{Q}_{T_w}^G(1) = (-1)^{\dim G} \sum_{i \geq 0} \text{Tr}\,(w, H^{2i}(\mathcal{B}, \bar{\mathbb{Q}}_l)) q^i.$$

注意 3.6.8 に述べたように W の $\bigoplus H^{2i}(\mathcal{B}, \bar{\mathbb{Q}}_l)$ への作用は余不変式環 $R = \bigoplus R_i$ への作用に一致する．そこで (3.2.17) より $\sum_{i \geq 0} \text{Tr}\,(w, H^{2i}(\mathcal{B}, \bar{\mathbb{Q}}_l)) q^i = \varepsilon(w)|G^F|_{p'}|T_w^F|^{-1}$ が得られ $c = (-1)^{\dim G}$ が示される． ∎

注意 3.6.18. (i) 定理 3.6.17 を適用するためには，q がある程度大きくなければならない．しかし，新谷降下の理論を用いることにより，定理 3.6.17 は [Sh3] で q が小さい場合にも拡張された．したがって，定理 3.6.17 の主張はすべての p, q について成立する．

(ii) ルスティック [L6] はより一般の場合を扱っている．グリーン関数に話を限定すれば，ローモンの解説 [La] がわかりやすい．

$\mathcal{L} \in \mathcal{S}(T)^F$ を任意の局所系とし，$\theta = \chi_{\mathcal{L},\varphi_0} \in \widehat{T}^F$ とおく．定理 3.6.10 と定理 3.4.12 により，$\chi_{T,\mathcal{L}}$ と $R_T(\theta)$ は同じ指標公式を持つ．これより定理 3.6.17 の系として次が得られる．

系 3.6.19. $\mathcal{L} \in \mathcal{S}(T)^F$ に対し，$\theta = \chi_{\mathcal{L},\varphi_0} \in \widehat{T}^F$ とおく．このとき任意の $g \in G^F$ に対して

$$\mathrm{Tr}\,(g, R_T^G(\theta)) = (-1)^{\dim G} \chi_{T,\mathcal{L}}(g).$$

3.6.9 ボルホ–マクファーソンの定理

グリーン関数 Q_T^G と $\widetilde{Q}_T^G$ が一致することが示されたので，以後 $\widetilde{Q}_T^G$ について調べていく．命題 3.6.12 でみたように $\widetilde{Q}_T^G$ は W のスプリンガー表現により記述される．そこで $\widetilde{Q}_T^G$ を調べるためには W 加群 $H^i(\mathcal{B}_u, \bar{\mathbb{Q}}_l)$ の構造を詳しく知る必要がある．それに対して申し分のない答を用意してくれるのが，これから説明するボルホ–マクファーソンの定理である．

W のスプリンガー表現は $\mathcal{L} = \bar{\mathbb{Q}}_l$ に対する $K_T^{\mathcal{L}} \simeq \pi_* \bar{\mathbb{Q}}_l[\dim G]$ への W 作用から構成された．そして $K_T^{\mathcal{L}}$ の G_{uni} への制限がグリーン関数を与える．そこで複体 $\pi_* \bar{\mathbb{Q}}_l$ の G_{uni} への制限を調べることが重要になる．さて $\mathcal{N}_G$ を G のベキ単共役類 C とその上の G 同変単純局所系 $\mathcal{E}$ の組 $(C, \mathcal{E})$ の全体とする．ベキ単類 C の代表元 u を一つ定めれば，C 上の G 同変単純局所系の全体は $A_G(u) = Z_G(u)/Z_G^0(u)$ の既約指標の全体と 1 対 1 に対応する．したがって $\mathcal{N}_G$ は集合 $\{(u, \rho) \mid u \in G_{\mathrm{uni}}/\sim, \rho \in A_G(u)^\wedge\}$ と同一視できる．(u, ρ) に対応する組 $(C, \mathcal{E})$ を $(C_u, \mathcal{E}_\rho)$ と表す．さて各組 $(C, \mathcal{E})$ に対して交差コホモロジー $\mathrm{IC}(\bar{C}, \mathcal{E})[\dim C]$ を考え，$\bar{C}$ の外側でゼロとして G_{uni} の複体に拡張しておく．すると $\mathrm{IC}(\bar{C}, \mathcal{E})[\dim C]$ は G_{uni} 上の G 同変単純偏屈層になる．一方，G のベキ単類は有限個しかないことから，G_{uni} 上の G 同変単純偏屈層は上記のもの以外にないことが導かれる．さてボルホ–マクファーソンの定理は次のように述べられる．

定理 3.6.20 (ボルホ–マクファーソン). (i) $\pi_* \bar{\mathbb{Q}}_l[2N]$ の G_{uni} への制限は

3.6 指標の幾何的理論

G_{uni} 上の半単純偏屈層であり,

$$\pi_*\bar{\mathbb{Q}}_l[2N]|_{G_{\mathrm{uni}}} = \bigoplus_{(C,\mathcal{E}) \in \mathcal{N}_G} V_{C,\mathcal{E}} \otimes \mathrm{IC}(\bar{C}, \mathcal{E})[\dim C] \qquad (3.6.22)$$

と単純偏屈層の直和に分解される. ここで $V_{C,\mathcal{E}}$ は単純偏屈層 $\mathrm{IC}(\bar{C}, \mathcal{E})[\dim C]$ の重複度の空間を表す.

(ii) 偏屈層 $\pi_*\bar{\mathbb{Q}}_l[2N]|_{G_{\mathrm{uni}}}$ への W の作用により, 各 $V_{C,\mathcal{E}}$ は既約 W 加群になる. さらに対応 $(C,\mathcal{E}) \mapsto V_{C,\mathcal{E}}$ により次の全単射が得られる.

$$\{(C,\mathcal{E}) \in \mathcal{N}_G \mid V_{C,\mathcal{E}} \neq 0\} \overset{\sim}{\to} W^\wedge.$$

証明 証明のあらすじを紹介しよう. $\pi^{-1}(G_{\mathrm{uni}}) = \widetilde{G}_{\mathrm{uni}}$ とおき, $\pi: \widetilde{G} \to G$ の $\widetilde{G}_{\mathrm{uni}}$ への制限を π_1 とする. 固有写像の底変換定理により, $\pi_*\bar{\mathbb{Q}}_l|_{G_{\mathrm{uni}}} \simeq (\pi_1)_*\bar{\mathbb{Q}}_l$. 今 $\widetilde{G}_{\mathrm{uni}}$ は滑らかで, π_1 は固有写像, $\dim G_{\mathrm{uni}} = 2N$ である. そこで命題 3.6.6 と同様の議論により (系 3.6.4 (i) の不等式の代わりに, 系 3.6.4 (ii) の不等式を使って) $(\pi_1)_*\bar{\mathbb{Q}}_l[2N]$ が G_{uni} 上の G 同変偏屈層になることが確かめられる. $K_1 = (\pi_1)_*\bar{\mathbb{Q}}_l[2N]$ とおく. ここで, ベイリンソン–ベルンスタイン–ドリーニュの分解定理と呼ばれている深い結果を使うことになる. (この定理が偏屈層の理論のハイライトのひとつである ([BBD], [KW] 参照). この定理によって偏屈層に関する極めて具体的な情報が得られる. ボルホ–マクファーソンの定理はその典型的な成功例といえるだろう). 分解定理をここで一般的な形で述べることはできないが, 概略は次のようになる. 「固有写像 $f: X \to Y$ と, (良い条件を持った) X 上の単純偏屈層 K に対し, f_*K が $\mathcal{M}(Y)$ に含まれれば, f_*K は半単純偏屈層になる」. 今の場合 $\widetilde{G}_{\mathrm{uni}}$ は滑らかなので, $\bar{\mathbb{Q}}_l[2N]$ は $\widetilde{G}_{\mathrm{uni}}$ 上の単純偏屈層になる. また π_1 は固有写像であり $K_1 = (\pi_1)_*\bar{\mathbb{Q}}_l[2N]$ は偏屈層である. そこで分解定理が適用できて, K_1 は半単純偏屈層になる. K_1 は G 同変であるから, 各単純成分も G 同変になり, 前に述べたように $\mathrm{IC}(\bar{C},\mathcal{E})[\dim G]$ の形で与えられる. これより (i) が導かれる.

次に (ii) を示そう. 一般に $A, B \in \mathcal{M}(G_{\mathrm{uni}})$ に対し, $\mathrm{Hom}(A, B)$ を $\mathcal{M}(G_{\mathrm{uni}})$ での A から B への射の全体からなる (有限次元) $\bar{\mathbb{Q}}_l$ ベクトル空間とする. 特に $\mathrm{End}\, A = \mathrm{Hom}(A, A)$ には $\bar{\mathbb{Q}}_l$ 代数の構造が入る.

ここで $A_{C,\mathcal{E}} = \mathrm{IC}(\bar{C}, \mathcal{E})[\dim C]$ とおく．(i) の分解により同型 $V_{C,\mathcal{E}} \simeq \mathrm{Hom}(A_{C,\mathcal{E}}, K_1)$ が得られ，これより $V_{C,\mathcal{E}}$ に W 加群の構造が入る．(右辺には，$w : f \mapsto w \circ f$ により W が作用する)．一方 W の K_1 への作用により $\bar{\mathbb{Q}}_l$ 代数としての準同型

$$\alpha : \bar{\mathbb{Q}}_l[W] \to \mathrm{End}\, K_1$$

が得られる．(ii) を示すには，α が同型写像になることを示せばよい．実際 α が同型になれば，$\mathrm{End}\, K_1 \simeq \bigoplus_{(C,\mathcal{E})} \mathrm{End}\, V_{C,\mathcal{E}}$ より，半単純環 $\bar{\mathbb{Q}}_l[W]$ の各単純成分が (ゼロでない) $\mathrm{End}\, V_{C,\mathcal{E}}$ で与えられることになり，このような $V_{C,\mathcal{E}}$ の全体が既約 W 加群の全体と一致する．

まず α が単射であることを示す．単位元 1 での茎 $\mathcal{H}_1^i K_1$ が $H^{i+2N}(\mathcal{B}, \bar{\mathbb{Q}}_l)$ に同型であることから，自然な準同型 $\mathrm{End}\, K_1 \to \mathrm{End} \bigoplus_{i \geq 0} H^{2i}(\mathcal{B}, \bar{\mathbb{Q}}_l)$ が得られる．α とつなげて準同型

$$\beta : \bar{\mathbb{Q}}_l[W] \to \mathrm{End}(\bigoplus_{i \geq 0} H^{2i}(\mathcal{B}, \bar{\mathbb{Q}}_l))$$

が得られる．しかし β は $\bigoplus H^{2i}(\mathcal{B}, \bar{\mathbb{Q}}_l)$ への W の作用に他ならず，注意 3.6.8 に述べたように，それは W の正則表現に一致する．したがって β は単射であり，α も単射になる．

次に α が全射になることを示す．すでに α が単射であることがわかっているので，$\dim \bar{\mathbb{Q}}_l[W] \geq \dim \mathrm{End}\, K_1$ を示せばよい．そこで次の不等式を示す．

$$\sum_{(C,\mathcal{E}) \in \mathcal{N}_G} (\dim V_{C,\mathcal{E}})^2 \leq |W|. \tag{3.6.23}$$

$x \in G_{\mathrm{uni}}$ を取る．K_1 は G 同変なので，x での茎 $\mathcal{H}_x^i K_1 \simeq H^{i+2N}(\mathcal{B}_x, \bar{\mathbb{Q}}_l)$ に $Z_G(x)$ が作用する．一方 $Z_G(x)$ は共役により $\mathcal{B}_x$ に作用し，それから導かれた $H^{i+2N}(\mathcal{B}_x, \bar{\mathbb{Q}}_l)$ への作用は上の作用と一致する．連結成分 $Z_G^0(x)$ は $H^i(\mathcal{B}_x, \bar{\mathbb{Q}}_l)$ に自明に作用するので，$A_G(x) = Z_G(x)/Z_G^0(x)$ の $H^i(\mathcal{B}_x, \bar{\mathbb{Q}}_l)$ への作用が得られる．$A_G(x)$ のこの作用は W の作用と可換である．さて $d_x = \dim \mathcal{B}_x$ とおき最高次の $A_G(x)$ 加群 $H^{2d_x}(\mathcal{B}_x, \bar{\mathbb{Q}}_l)$ を考える．$(x, \rho) \in \mathcal{N}_G$ に対し $m_{x,\rho}$ を $A_G(x)$ 加群 $H^{2d_x}(\mathcal{B}_x, \bar{\mathbb{Q}}_l)$ における ρ の重複度とする．

3.6 指標の幾何的理論

次の不等式に注意する.
$$\dim V_{C_x,\mathcal{E}_\rho} \leq m_{x,\rho}. \tag{3.6.24}$$

実際 (3.6.22) の両辺のコホモロジー層の x での茎を取ることにより

$$H^{2d_x}(\mathcal{B}_x, \bar{\mathbb{Q}}_l) \simeq \bigoplus_{(C,\mathcal{E})} V_{C,\mathcal{E}} \otimes \mathcal{H}_x^{2d_x-2N+\dim C} \mathrm{IC}(\bar{C},\mathcal{E}) \tag{3.6.25}$$

と表される. $A_G(x)$ は, $\mathrm{IC}(\bar{C},\mathcal{E})$ のコホモロジー層の x での茎にも作用し, (3.6.25) 式は $A_G(x)$ 加群としての同型をも与える. 命題 3.6.2 (i) により $2d_x - 2N + \dim C_x = 0$ となるので, (3.6.25) の右辺は $V_{C_x,\mathcal{E}_\rho} \otimes \mathcal{H}_x^0 \mathrm{IC}(\bar{C}_x,\mathcal{E}_\rho)$ を直和成分として含む. しかし $A_G(x)$ 加群として

$$\mathcal{H}_x^0 \mathrm{IC}(\bar{C}_x,\mathcal{E}_\rho) \simeq (\mathcal{E}_\rho)_x \simeq \rho$$

が成り立ち, $H^{2d_x}(\mathcal{B}_x, \bar{\mathbb{Q}}_l)$ は少なくとも $\dim V_{C_x,\mathcal{E}_\rho}$ 個の ρ のコピーを含むことになる. これより (3.6.24) が得られる.

ここで $A_G(x)$ 加群 $H^{2d_x}(\mathcal{B}_x, \bar{\mathbb{Q}}_l)$ の指標を h_x とすると, $h_x = \sum_\rho m_{x,\rho}\rho$ と表される. $A_G(x)$ の指標の直交関係より

$$\sum_{\rho \in A_G(x)^\wedge} m_{x,\rho}^2 = \langle h_x, h_x \rangle_{A_G(x)} = \langle h_x \otimes \bar{h}_x, 1_{A_G(x)} \rangle_{A_G(x)}.$$

ただし $\bar{h}_x$ は h_x の複素共役を表し, $h_x \otimes \bar{h}_x$ は h_x と $\bar{h}_x$ のテンソル積表現の指標を表す. ところで $\mathcal{B}_x$ の既約成分はすべて同じ次元を持ち, $A_G(x)$ は既約成分の集合 $I(\mathcal{B}_x)$ の上に置換として作用する. また $H^{2d_x}(\mathcal{B}_x, \bar{\mathbb{Q}}_l)$ は $I(\mathcal{B}_x)$ に対応した基底を持ち, $A_G(x)$ の $H^{2d_x}(\mathcal{B}_x, \bar{\mathbb{Q}}_l)$ への作用は (上の作用による) 基底の置換表現と一致することが知られている. したがって $h_x = \bar{h}_x$ であり

$$\sum_\rho m_{x,\rho}^2 = \dim \left(H^{2d_x}(\mathcal{B}_x, \bar{\mathbb{Q}}_l) \otimes H^{2d_x}(\mathcal{B}_x, \bar{\mathbb{Q}}_l) \right)^{A_G(x)}$$

となる．これらのことから

$$\sum_{(C,\mathcal{E})} (\dim V_{C,\mathcal{E}})^2 \leq \sum_{(x,\rho)} m_{x,\rho}^2$$
$$= \sum_{x \in G_{\mathrm{uni}}/\sim} |(I(\mathcal{B}_x) \times I(\mathcal{B}_x))/A_G(x)|$$
$$= |W|$$

が得られる．最後の等式は系 3.6.3 による．よって (3.6.23) が成立し，α の全射性が示された． ■

定理 3.6.20 の証明から $A_G(x)$ 加群 $H^{2d_x}(\mathcal{B}_x, \bar{\mathbb{Q}}_l)$ における $\rho \in A_G(x)^\wedge$ の重複度は $\dim V_{C_x, \mathcal{E}_\rho}$ に一致することがわかる．これより次の系が得られる．

系 3.6.21 (スプリンガー)．$W \times A_G(x)$ 加群として，$H^{2d_x}(\mathcal{B}_x, \bar{\mathbb{Q}}_l)$ は

$$H^{2d_x}(\mathcal{B}_x, \bar{\mathbb{Q}}_l) \simeq \bigoplus_{\rho \in A_G(x)^\wedge} V_{C_x, \mathcal{E}_\rho} \otimes \rho$$

と分解される．特に W の既約表現は各べキ単類 $x \in G_{\mathrm{uni}}/\sim$ に対する最高次のスプリンガー加群 $H^{2d_x}(\mathcal{B}_x, \bar{\mathbb{Q}}_l)$ を既約 $A_G(x)$ 加群によって分解することによりすべて得られる．

定理 3.6.20 により定まる全単射 $\Theta : W^\wedge \xrightarrow{\sim} \{(C, \mathcal{E}) \in \mathcal{N}_G \mid V_{C, \mathcal{E}} \neq 0\}$ を W の既約指標と G のべキ単類の間の**スプリンガー対応**という．スプリンガー対応は最初，系 3.6.21 の形でスプリンガー [Sp1] により与えられ，後にボルホ–マクファーソン [BM] によって交差コホモロジーによる定式化 (定理 3.6.20) が得られた．ボルホ–マクファーソンの定理とスプリンガー対応の周辺については [Sh2] に解説がある．

$G = GL_n$ の場合にスプリンガー対応がどのように表されるかみてみよう．例 3.3.17 でみたように $W = S_n$ の既約指標は n の分割によってパラメトライズされる．分割 λ に対応する S_n の既約指標を χ^λ と表す．一方 $G = GL_n$ の場合，任意の $x \in G$ に対して $Z_G(x)$ は連結であり $A_G(x) = \{1\}$ となる．

3.6 指標の幾何的理論

したがって $\mathcal{N}_G$ は G のベキ単類の集合と一致する．G のベキ単類も n の分割によってパラメトライズされる．実際

$$J(m) = \begin{pmatrix} 1 & 1 & & & & 0 \\ & 1 & 1 & & & \\ & & \ddots & \ddots & & \\ & & & & 1 & 1 \\ 0 & & & & & 1 \end{pmatrix} \quad (m \text{ 次正方行列})$$

とし，n の分割 $\lambda = (\lambda_1, \lambda_2, \ldots, \lambda_r)$ に対して小行列 $J(\lambda_1), J(\lambda_2), \ldots, J(\lambda_r)$ を対角線にそって上から順に並べてできる n 次行列を $J(\lambda)$ とおく．するとジョルダン標準形の理論により，n 次ベキ単行列はすべて適当な $J(\lambda)$ と共役になり，$u_\lambda = J(\lambda)$ とおくと $\{u_\lambda \mid \lambda \in \mathcal{P}_n\}$ が G の共役類の代表元を与える．ここで n の分割全体の集合を $\mathcal{P}_n$ とおいた．このような枠組みでスプリンガー対応は，全単射

$$\Theta : W^\wedge \xrightarrow{\sim} \{u_\lambda \mid \lambda \in \mathcal{P}_n\}, \quad \chi^\lambda \mapsto u_\lambda$$

で与えられることが確かめられている．

スプリンガー対応はすべてのワイル群に対して計算されている．$W = S_n$ の場合には誰がみても納得のいく対応であるが，他の古典群の場合には複雑なパターンが現れる．また Θ は $W^\wedge$ から $\mathcal{N}_G$ への単射ではあるが S_n 以外では全射にならない．いずれにしろスプリンガー対応は有限シュバレー群の表現論を非常に深いところで統制しているものと考えられている．例えば，例外群 G_2, F_4, E_8 に対しては $|\mathcal{N}_G| - |W^\wedge| = 1$ であり，スプリンガー対応に現れないただ 1 つの組 $(u, \rho) \in \mathcal{N}_G$ が存在する．このベキ単元 u は $A_G(u)$ がそれぞれ，S_3, S_4, S_5 となっており，この性質を持つただ 1 つのベキ単類である．以下に表を載せておく．この表を注意 3.5.8 の表 3.2 と比較してほしい．実は表 3.2 に現れる W の特殊指標を χ とすると，$\Theta(u, 1) = \chi$ となっているのである．3.5 節で説明したルスティックによるベキ単表現の分類は，このようにスプリンガー対応を理論の中核に深く取り込んで進行する．しかしベキ単表現の分類におけるスプリンガー対応の持つ意味については，いまだにミステリアスな部分が残っており，完全な解明が待たれるところである．

表 3.3

群のタイプ	G_2	F_4	E_8
$\|W^\wedge\|$	6	25	112
$\|\mathcal{N}_G\|$	7	26	113
$A_G(u)$	S_3	S_4	S_5

3.6.10 グリーン関数の決定

本項では，ボルホ–マクファーソンの定理を使ってグリーン関数 $Q_{T_w}^G$ を決定するアルゴリズムを求める．以下では G^F を有限シュバレー群と仮定しておく．$\mathcal{V}_{\mathrm{uni}}$ を G_{uni}^F 上の G^F 不変な関数全体のなす $\bar{\mathbb{Q}}_l$ ベクトル空間とする．W の既約指標 χ に対して $Q_\chi \in \mathcal{V}_{\mathrm{uni}}$ を

$$Q_\chi = |W|^{-1} \sum_{w \in W} \chi(w) Q_{T_w}^G \tag{3.6.26}$$

により定義する．Q_χ は (3.5.3) 式で定義した類関数 R_χ の G_{uni}^F への制限である．W の指標の直交関係と，$\chi(w) \in \mathbb{Z}$ より

$$Q_{T_w}^G = \sum_{\chi \in W^\wedge} \chi(w) Q_\chi \tag{3.6.27}$$

となるので，すべての $w \in W$ に対して $Q_{T_w}^G$ を決定することと，すべての $\chi \in W^\wedge$ に対して Q_χ を決定することは同値である．そこで Q_χ に注目する．まず $\mathcal{V}_{\mathrm{uni}}$ の "内積" を $f, h \in \mathcal{V}_{\mathrm{uni}}$ に対して

$$\langle f, h \rangle_{\mathrm{uni}} = \sum_{u \in G_{\mathrm{uni}}^F} f(u) h(u)$$

により定義する．このとき次の式が成立する．

$$\langle Q_\chi, Q_{\chi'} \rangle_{\mathrm{uni}} = |W|^{-1} \sum_{w \in W} \chi(w) \chi'(w) |G^F| |T_w^F|^{-1}. \tag{3.6.28}$$

3.6 指標の幾何的理論　　307

実際，グリーン関数の直交関係 (定理 3.4.17) に (3.6.27) を代入して

$$\sum_{u \in G_{\mathrm{uni}}^F} Q_{T_w}^G(u) Q_{T_{w'}}^G(u) = \sum_{u \in G_{\mathrm{uni}}^F} \sum_{\chi_1, \chi_2 \in W^\wedge} \chi_1(w) \chi_2(w') Q_{\chi_1}(u) Q_{\chi_2}(u)$$
$$= \delta'_{w,w'} |G^F| |W(T_w)^F| |T_w^F|^{-1}$$

となる．ただし w と w' が共役のとき $\delta'_{w,w'} = 1$, その他のときは $\delta'_{w,w'} = 0$ とする．第 2 式と第 3 式の両辺に $\chi'(w')$ をかけて $w' \in W$ で和を取り, $|W|$ で割る．$W(T_w)^F \simeq W(T_0)^{wF} = Z_W(w)$ であることに注意すると，指標の直交関係から

$$\sum_{u \in G_{\mathrm{uni}}^F} \left(\sum_{\chi_1 \in W^\wedge} \chi_1(w) Q_{\chi_1}(u) \right) Q_{\chi'}(u) = \chi'(w) |G^F| |T_w^F|^{-1}$$

を得る．この両辺に $\chi(w)$ をかけ, $w \in W$ で和を取り, $|W|$ で割れば (3.6.28) が得られる．

さて $\mathcal{L} = \bar{\mathbb{Q}}_l$ に対して $K_T^{\mathcal{L}} \simeq \pi_* \bar{\mathbb{Q}}_l [\dim G]$ だったから, (3.6.10) をボルホ–マクファーソンの定理と比較することにより, スプリンガー対応 $\Theta(\chi) = (C, \mathcal{E})$ のもとに,

$$A_\chi|_{G_{\mathrm{uni}}} = \mathrm{IC}(G, \mathcal{L}_\chi)|_{G_{\mathrm{uni}}} [\dim G] \simeq \mathrm{IC}(\bar{C}, \mathcal{E})[\dim C - 2N + \dim G]$$

となることがわかる．そこで $\varphi_\chi : F^* A_\chi \xrightarrow{\sim} A_\chi$ は同型 $\varphi_{C,\mathcal{E}} : F^* \mathrm{IC}(\bar{C}, \mathcal{E}) \xrightarrow{\sim} \mathrm{IC}(\bar{C}, \mathcal{E})$ を引き起こす．$\varphi_{C,\mathcal{E}}$ に対する $\mathrm{IC}(\bar{C}, \mathcal{E})$ の特性関数を $\chi_{C,\mathcal{E}}$ と表すと, (3.6.15) により

$$\widetilde{Q}_{T_w}^G = \sum_{\substack{\chi \in W^\wedge \\ \Theta(\chi) = (C,\mathcal{E})}} \chi(w) (-1)^{\dim C - 2N + \dim G} \chi_{C,\mathcal{E}}$$

が導かれる．そこで定理 3.6.17 により $Q_{T_w}^G$ の話に移して

$$Q_\chi = \chi_{C,\mathcal{E}} \tag{3.6.29}$$

を得る．(命題 3.6.2 より, $\dim C = 2N - 2\dim \mathcal{B}_u$ は偶数になることに注意).

一方 $I = \mathcal{N}_G$ とおき, $I_0 = \Theta(W^\wedge)$ により I の部分集合 I_0 を定義する．各 $i = (C, \mathcal{E}) \in I$ に対し, $u \in C^F$ を F が $A_G(u)$ に自明に作用す

るように選ぶ．すると C^F の G^F 共役類は $A_G(u)$ の共役類と 1 対 1 に対応する．$a \in A_G(u)$ に対応する C^F の共役類の代表元を u_a とおく．$(C, \mathcal{E}) = (C_u, \mathcal{E}_\rho)$ とするとき関数 $Y_i \in \mathcal{V}_{\text{uni}}$ を次のように定義しよう．

$$Y_i(v) = \begin{cases} \rho(a) & v \text{ が } u_a \text{ に } G^F \text{ 共役な場合,} \\ 0 & v \notin C^F \text{ の場合} \end{cases} \quad (3.6.30)$$

$\{Y_i \mid i \in I\}$ が $\mathcal{V}_{\text{uni}}$ の基底になることは容易に確かめられる．ここで $X_i = \chi_{C,\mathcal{E}}$ とおく．$Y_i|_{C^F}$ は $\mathcal{E}$ のある $\mathbb{F}_q$ 構造 $\psi_i : F^*\mathcal{E} \xrightarrow{\sim} \mathcal{E}$ に関する特性関数 $\chi_{\mathcal{E},\psi_i}$ に一致する．ψ_i は $\widetilde{\psi}_i : F^* \operatorname{IC}(\bar{C}, \mathcal{E}) \xrightarrow{\sim} \operatorname{IC}(\bar{C}, \mathcal{E})$ を引き起こし，$\operatorname{IC}(\bar{C}, \mathcal{E})[\dim C]$ は単純偏屈層であるから，$\widetilde{\psi}_i$ はスカラー倍を除いて $\varphi_{C,\mathcal{E}}$ に一致することになる．ここで次の事実が知られている．

(3.6.31) $u \in C^F$ を分裂べキ単元に取ると $\varphi_{C,\mathcal{E}} = q^{d_u}\widetilde{\psi}_i$ となる．特に $X_i|_{C^F} = q^{d_u} Y_i$．

さて $\{Y_i \mid i \in I\}$ は $\mathcal{V}_{\text{uni}}$ の基底であるから，$X_i \in \mathcal{V}_{\text{uni}}$ は

$$X_i = \sum_{j \in I} p_{ij} Y_j \qquad (p_{ij} \in \bar{\mathbb{Q}}_l) \quad (3.6.32)$$

と表される．(3.6.29) により Q_χ の決定は $X_i (i \in I_0)$ の決定に他ならない．しかし (3.6.30) により Y_j は既知としてよいので，X_i を決めるためには各係数 $\{p_{ij}\}$ が決まればよいことになる．ここで次の事実に注意する．

(3.6.33) $i \in I_0, j \notin I_0$ ならば $p_{ij} = 0$ となる．

(3.6.33) は個別に確かめられていたが，指標層に関する深い結果に基づいて後にルスティックにより一般的に証明された．ここで集合 I_0 に次のように同値関係を定義する．$i = (C, \mathcal{E}), i' = (C', \mathcal{E}')$ とするとき，$i \sim i' \Leftrightarrow C = C'$．また I_0 に次のような全順序 $\leq$ を入れる．$i = (C, \mathcal{E}), i' = (C', \mathcal{E}')$ とするとき，$\bar{C} \subset \bar{C}'$ ならば，$i \leq i'$．さらに，各同値類が I_0 の中で区間をなす（つまり，その区間に同値でない元は含まれない）と仮定しておく．この順序に関して $P = (p_{ij})$ を $|I_0| \times |I_0|$ の行列と考える．グリーン関数の決定はかくして行列 P の決定に帰着される．

3.6 指標の幾何的理論

交差コホモロジーの性質と (3.6.31) より，(3.6.32) の展開式は次のような性質を持つことがわかる．

(3.6.34) $j \leq i$ 以外では $p_{ij} = 0$．
$i = (C_u, \mathcal{E}_\rho)$ とすると $p_{ii} = q^{d_u}$．
$i \sim j, i \neq j$ ならば $p_{ij} = 0$．

次に行列 $\Lambda = (\lambda_{ij})_{i,j \in I_0}$ を $\lambda_{ij} = \langle Y_i, Y_j \rangle_{\mathrm{uni}}$ により定義する．$\{Y_i\}$ は線形独立なので行列 Λ は非退化になる．また Y_i の定義から $i \sim j$ でなければ $\lambda_{ij} = 0$ が成り立つ．最後に行列 $\Omega = (\omega_{ij})$ を $\omega_{ij} = \langle X_i, X_j \rangle_{\mathrm{uni}}$ により定義する．$\Theta(\chi) = i, \Theta(\chi') = j$ とすれば (3.6.28) より

$$\omega_{ij} = |W|^{-1} \sum_{w \in W} \chi(w)\chi'(w)|G^F||T_w^F|^{-1} \tag{3.6.35}$$

となる．行列 Ω は W の指標値さえわかれば，完全に計算可能な行列であることに注意する．次の定理がグリーン関数決定のアルゴリズムを与える．

定理 3.6.22. 行列 P, Λ, Ω は次の関係式をみたす．

$$P\Lambda\,{}^tP = \Omega. \tag{3.6.36}$$

(3.6.36) を，Ω を既知，P, Λ を未知数とする行列方程式としてみるとき，P, Λ はその解として一意的に定まる．しかも，P, Λ を具体的に求めるアルゴリズムが存在する．

実際，上の設定のもとに (3.6.28) 式は $\langle X_i, X_j \rangle_{\mathrm{uni}} = \omega_{ij}$ と表される．この式に (3.6.32) を代入することにより，

$$\omega_{ij} = \langle \sum_{i'} p_{ii'} Y_{i'}, \sum_{j'} p_{jj'} Y'_j \rangle_{\mathrm{uni}} = \sum_{i',j'} p_{ii'} \lambda_{i'j'} p_{jj'}.$$

これより (3.6.36) が得られる．ここで行列 P, Λ を I_0 の同値関係による区分けの行列 $P = (P_{kl}), \Lambda = (\Lambda_{kl})$ $(k, l \in I_0/\sim)$ と考える．(3.6.34) と，上に述べた λ_{ij} の性質から，P, Λ は次のように表される．

$$P = \begin{pmatrix} P_{11} & & & 0 \\ P_{21} & P_{22} & & \\ \vdots & \vdots & \ddots & \\ P_{s1} & P_{s2} & \cdots & P_{ss} \end{pmatrix}, \quad \Lambda = \begin{pmatrix} \Lambda_{11} & & & 0 \\ & \Lambda_{22} & & \\ & & \ddots & \\ 0 & & & \Lambda_{ss} \end{pmatrix}.$$

ただし $s = |I_0/\sim| = |G_{\text{uni}}/\sim|$ とおいた. すなわち P, Λ は区分けの意味でそれぞれ下 3 角行列, 対角行列になる. さらに P の対角成分 P_{kk} は k をベキ単類 C_u に対応する同値類とするとき $P_{kk} = q^{d_u} I_k$ とスカラー行列になる. また各 Λ_{kk} は正則行列である. P, Λ がこれだけの条件をみたしていると, 連立方程式を順次解くことによって P, Λ は計算されてしまうことが簡単な線形代数によりわかる. よって定理が得られる.

注意 3.6.23. G が例外群の場合には, 上記の方法によりグリーン関数は具体的に計算されている. 筆者が F_4 型のシュバレー群のグリーン関数を計算したのが 1982 年であった [Sh1]. その方法を改良したのが本項で述べたルスティックによるアルゴリズム [L5] である. 当時は現在のような便利な数式処理ソフトはまだなかったので, 多項式の計算に苦労した覚えがある. 次いで, ベイノン–スパルテンスタイン [BS] により, E_6, E_7, E_8 型が計算された. E_8 型の場合, それは目をみはるような巨大な表である. ウォーリック大学の大型計算機をフル稼働させて, ようやく計算が完了したのであった.

ところで $G = GL_n$ の場合には, 上記の議論は非常に簡明になる. $I = I_0 \simeq \mathcal{P}_n$ としてよい. $I_0/\sim = I_0$ であるから同値類を考える必要はなく, P は下 3 角行列, Λ は対角行列になる. また $i = (C_u, \bar{\mathbb{Q}}_l)$ とすれば, Y_i は C_u^F の特性関数に一致する. したがって $\lambda_{ii} = |C_u^F|$ である. さらに $i \leftrightarrow \lambda, j \leftrightarrow \mu$ となる $\lambda, \mu \in \mathcal{P}_n$ に対して $p_{ij} = Q_{\chi^\lambda}(u_\mu)$ となる. また (3.6.16) 式より, $\chi \in W^\wedge$ に対して

$$Q_\chi(u) = \sum_{i \geq 0} \langle H^{2i}(\mathcal{B}_u, \bar{\mathbb{Q}}_l), \chi \rangle_W q^i \qquad (3.6.37)$$

となることがわかる. 特に $p_{ij} = Q_\chi(u)$ は係数が非負整数の q の多項式として表される. GL_n のグリーン関数については次節で別の観点から論じる.

グリーン関数決定のアルゴリズムが確立したことにより, $R_T(\theta)$ の指標はすべて計算できることになった. 偏屈層に関する高度に抽象的な理論が, かくも具体的な結果をもたらすとは実に驚くべきことである. ともあれハリシュ・チャンドラ誘導に端を発した, $R_T^G(\theta)$ をめぐる長い物語はこれで一応の完結をみた. しかし, $GL_n(\mathbb{F}_q)$ の場合を除いて, G^F の既約指標は必ずし

も，$R_T^G(\theta)$ だけでは記述できないことを思い出そう．本節での議論は，ある意味でボレル部分群に関係する部分のみであったが，それらはルスティックによって放物部分群にまで拡張され，指標層の理論へと連なっていくのである．そこは一般スプリンガー対応，一般グリーン関数といったヒーローの活躍する広大無辺の天空である．しかし我々はこの辺で雷鳴の轟く大地に別れを告げ，次節では青いケシの咲く高原に組み合わせ論の王国を訪ねることにしよう．彼の地こそが有限シュバレー群の表現論の発祥の地であり，今もなお新しい数学が生まれ育っている場所なのだから．

3.7 $GL_n(\mathbb{F}_q)$ のグリーン関数と組み合わせ論

$GL_n(\mathbb{F}_q)$ のグリーン関数は 1955 年，グリーン [G] によって組み合わせ論的な手法により導入された．そして，それがドリーニュ–ルスティックによるグリーン関数の一般的な構成へと進展していったのだった．本節ではグリーンの構成を紹介し，それがドリーニュ–ルスティックのグリーン関数と同じものであることを示す．グリーン関数の組み合わせ論的アプローチについてはマクドナルドによるすぐれた教科書 [M] がある．ここでは話の大筋しか紹介できないが，詳しい内容を知りたい読者は是非マクドナルドの本を一読されることをお勧めする．

3.7.1 対称関数

本節で展開する組み合わせ論の基本的な道具は分割と対称関数である．分割については以前にも出てきているが，もう一度復習しておく．$\lambda_1 \geq \lambda_2 \geq \cdots \geq \lambda_r > 0$ なる整数の列 $\lambda = (\lambda_1, \lambda_2, \ldots, \lambda_r)$ を分割という．$|\lambda| = \sum_{i=1}^r \lambda_i$ を分割 λ のサイズといい，$r = l(\lambda)$ を分割 λ の長さという．λ を $\lambda = (1^{m_1}, 2^{m_2}, \ldots)$ と表すこともある．ここに，$m_i = \sharp\{j \mid \lambda_j = i\}$ である．サイズ k の分割全体の集合を $\mathcal{P}_k$ と表す．以下では $l(\lambda) \leq n$ となる分割 λ に対し，後ろにゼロを付け加えて $\lambda : \lambda_1 \geq \lambda_2 \geq \cdots \geq \lambda_n \geq 0$ と表し，$\lambda \in \mathbb{Z}^n$ と考える．

次に対称関数を定義する．$x_1, \ldots, x_n$ を不定元とする $\mathbb{Z}$ 上の多項式環

$\mathbb{Z}[x_1,\ldots,x_n]$ を考える. 対称群 S_n は $\mathbb{Z}[x_1,\ldots,x_n]$ に変数の置換

$$\sigma : f(x_1,\ldots,x_n) \mapsto f(x_{\sigma(1)},\ldots,x_{\sigma(n)}), \qquad (\sigma \in S_n)$$

により作用する. S_n の作用で不変な多項式を対称多項式という. 対称多項式の全体

$$\Lambda_n = \mathbb{Z}[x_1,\ldots,x_n]^{S_n}$$

は $\mathbb{Z}[x_1,\ldots,x_n]$ の部分環をなす. Λ_n は $\Lambda_n = \bigoplus_{k \geq 0} \Lambda_n^k$ と次数付き環の構造を持つ. ここに, Λ_n^k は次数 k の斉次対称多項式の全体 (にゼロ多項式を加えたもの) からなる自由 $\mathbb{Z}$ 加群である.

Λ_n の基底を構成しよう. $\alpha = (\alpha_1,\ldots,\alpha_n) \in \mathbb{Z}_{\geq 0}^n$ に対し, $x^\alpha = x_1^{\alpha_1} \cdots x_n^{\alpha_n}$ と記す. $\lambda = (\lambda_1,\ldots,\lambda_n) \in \mathbb{Z}^n$ を $l(\lambda) \leq n$ をみたす分割とするとき, 多項式 m_λ を

$$m_\lambda(x_1,\ldots,x_n) = \sum x^\alpha$$

により定義する. ただし和は x^λ の S_n 軌道に含まれる単項式 x^α をすべて動く. $k = |\lambda|$ とすれば, m_λ は k 次の斉次対称多項式である. 明らかに, 集合 $\{m_\lambda \mid l(\lambda) \leq n\}$ が Λ_n の基底を構成し, $\{m_\lambda \mid l(\lambda) \leq n, |\lambda| = k\}$ が Λ_n^k の基底を与える. 特に $k \leq n$ の場合には, $\{m_\lambda \mid |\lambda| = k\}$ が Λ_n^k の基底になり, Λ_n^k の階数 $(= |\mathcal{P}_k|)$ は n によらない.

組み合わせ論では母関数が有力な手段になるので, 変数の数 n を固定せず状況に応じて十分大きい変数を取って議論することが多い. その辺の議論をすっきりさせるために, 次のように定式化しておく. $\rho_n : \Lambda_n^k \to \Lambda_{n-1}^k$ を $f(x_1,\ldots,x_{n-1},x_n) \mapsto f(x_1,\ldots,x_{n-1},0)$ により定義される準同型とする. 対称多項式 $f_n \in \Lambda_n^k$ の列 $\{f_n\}_{n \geq 0}$ が各 $n \geq 1$ に対して, $\rho_n(f_n) = f_{n-1}$ をみたすとき, $f = \{f_n\}$ を k 次の対称関数という. k 次の対称関数の全体を Λ^k と表す[*14]. また, $\Lambda = \bigoplus_{k \geq 0} \Lambda^k$ の元を対称関数という. Λ には自然に次数付き環の構造が入る. 容易にわかるように $l(\lambda) \leq n$ のとき, 写像 ρ_n によって $m_\lambda(x_1,\ldots,x_n)$ は $m_\lambda(x_1,\ldots,x_{n-1})$ に移る. そこで $m_\lambda(x_1,x_2,\ldots) = \{m_\lambda(x_1,\ldots,x_n)\}_{n \geq 0}$ を Λ^k の元とみなすことが

[*14] Λ^k は Λ_n^k の射影的極限 $\varprojlim \Lambda_n^k$ に他ならない.

できる．このようにして得られた $m_\lambda \in \Lambda^k$ を**単項式対称関数**という．$\{m_\lambda \mid |\lambda| = k\}$ が Λ の基底を与える．上の議論から $\Lambda^k \simeq \Lambda_n^k$ $(n \geq k)$ となることも明らかであろう．

単項式対称関数の例をあげておく．$k = 3$ の場合 $\mathcal{P}_3 = \{(3), (21), (1^3)\}$．$n = 3$ とすれば，$m_\lambda(x)$ は

$$m_{(3)}(x) = x_1^3 + x_2^3 + x_3^3,$$
$$m_{(21)}(x) = x_1^2 x_2 + x_1^2 x_3 + x_2^2 x_1 + x_2^2 x_3 + x_3^2 x_1 + x_3^2 x_2,$$
$$m_{(1^3)}(x) = x_1 x_2 x_3.$$

これらが，$\Lambda_3^3 \simeq \Lambda^3$ の基底を与える．

次に各 $r \geq 1$ に対して r 次のベキ和 $p_r \in \Lambda^r$ を $p_r = m_{(r)} = \sum x_i^r$ により定義する．そして，分割 λ に対して $p_\lambda = p_{\lambda_1} p_{\lambda_2} \cdots p_{\lambda_r}$ により $p_\lambda \in \Lambda^k$ ($k = |\lambda|$) を定義する．p_λ を**ベキ和対称関数**という．$\Lambda_\mathbb{Q}^k = \mathbb{Q} \otimes_\mathbb{Z} \Lambda^k$ とおけば，$\{p_\lambda \mid |\lambda| = k\}$ が $\Lambda_\mathbb{Q}^k$ の $\mathbb{Q}$-基底となることが確かめられる．$k = 3, n = 3$ の場合，ベキ和対称関数は次のようになる．

$$p_{(3)}(x) = x_1^3 + x_2^3 + x_3^3,$$
$$p_{(21)}(x) = (x_1^2 + x_2^2 + x_3^2)(x_1 + x_2 + x_3),$$
$$p_{(1^3)}(x) = (x_1 + x_2 + x_3)^3.$$

3.7.2　シューア関数と対称群の既約指標

前項でいくつかの対称関数を定義したが，本項では最も重要な対称関数であるシューア関数を導入する．最初は n 変数 $x_1, \ldots, x_n$ で考える．$\alpha = (\alpha_1, \ldots, \alpha_n) \in \mathbb{Z}_{\geq 0}^n$ に対し

$$a_\alpha(x_1, \ldots, x_n) = \sum_{w \in S_n} \varepsilon(w) w(x^\alpha) \tag{3.7.1}$$

とおく．$\varepsilon : S_n \to \{\pm 1\}$ は $W = S_n$ の符号指標である．定義より明らかなように，a_α は交代多項式になる，すなわち $w(a_\alpha) = \varepsilon(w) a_\alpha$ ($w \in W$) が成り立つ．また，ある $i \neq j$ に対して $\alpha_i = \alpha_j$ ならば $a_\alpha = 0$ になる．実際

$\sigma = (i, j)$ を互換とすると，$\sigma(x^\alpha) = x^\alpha$ より

$$a_\alpha = \sum_{w \in W} \varepsilon(w) w \sigma(x^\alpha) = \varepsilon(\sigma) \sum_{w \in W} \varepsilon(w\sigma) w \sigma(x^\alpha) = -\alpha_\alpha.$$

故に $a_\alpha = 0$. 逆に，すべての α_i が異なれば $a_\alpha \neq 0$ になる．さらに，各 α_i を大きい順に並べ直したものを $\alpha' : \alpha_{i_1} > a_{i_2} > \cdots > \alpha_{i_n}$ とすると，$a_{\alpha'} = \pm a_\alpha$. ここで $x_1, \ldots, x_n$ に関する交代多項式全体のなす $\mathbb{Z}$ 加群を A_n とおく．任意の交代多項式は，a_α の線形結合として表されるので，上の議論より $\{a_\alpha \mid \alpha_1 > \alpha_2 > \cdots > \alpha_n\}$ が A_n の基底になることがわかる．

$\alpha \in \mathbb{Z}^n$ が $\alpha_1 > \cdots > \alpha_n \geq 0$ をみたすとする．$\delta = (n-1, n-2, \ldots, 1, 0) \in \mathbb{Z}^n$ とおくと，$l(\lambda) \leq n$ となる分割 λ により $\alpha = \lambda + \delta$ と表すことができる．ここで (3.7.1) 式は

$$a_{\lambda+\delta} = \det(x_i^{\lambda_j + n - j})_{1 \leq i, j \leq n} \tag{3.7.2}$$

と表されることに注意する．特に，$a_\delta = \det(x_i^{n-j})$ はファンデルモンド行列式 $\prod_{i<j}(x_i - x_j)$ に一致する．$a_{\lambda+\delta}$ は交代多項式なので，どんな $x_i - x_j$ ($i \neq j$) でも割り切れる．したがって $a_{\lambda+\delta}$ は a_δ で割り切れ，$s_\lambda = a_{\lambda+\delta}/a_\delta$ は対称多項式になる．$s_\lambda = s_\lambda(x_1, \ldots, x_n)$ を $x_1, \ldots, x_n$ に関する**シューア関数**という．s_λ は $|\lambda|$ 次の斉次対称式になっている．さらに，$\{s_\lambda \mid l(\lambda) \leq n\}$ が Λ_n の基底になることに注意しよう．実際，上の議論をよくみると，写像 $f \mapsto a_\delta f$ が Λ_n から A_n への全単射を与えていることがわかる．$\{a_{\lambda+\delta}\}$ が A_n の基底なので，$\{s_\lambda\}$ は Λ_n の基底になる．特に，$\{s_\lambda \mid l(\lambda) \leq n, |\lambda| = k\}$ が Λ_n^k の基底を与える．

次に s_λ が Λ^k の元を定めること示す．そのためには $\{s_\lambda(x_1, \ldots, x_n)\}_{n \geq 0}$ が (十分大きい n に対して) 写像 ρ_n で不変になることをみればよい．$l(\lambda) \leq n-1$ とし $\alpha = \lambda + \delta$ とおけば，$\alpha_n = 0$. このとき，(3.7.2) より

$$a_{\lambda+\delta}(x_1, \ldots, x_{n-1}, 0) = a_{\lambda+\delta'}(x_1, \ldots, x_{n-1}) x_1 x_2 \cdots x_{n-1}$$

となる．ただし $\delta' = (n-2, n-3, \ldots, 1, 0) \in \mathbb{Z}^{n-1}$. これより，$\rho_n(s_\lambda(x_1, \ldots, x_n)) = s_\lambda(x_1, \ldots, x_{n-1})$ が得られ，$s_\lambda(x_1, x_2, \ldots) \in \Lambda^k$ が確定する．

3.7 $GL_n(\mathbb{F}_q)$ のグリーン関数と組み合わせ論

$s_\lambda \in \Lambda^k$ が得られたので,上に述べた Λ_n^k に関する議論から次が導かれる.

(3.7.3) シューア関数 $\{s_\lambda\}$ が Λ の $\mathbb{Z}$ 基底を与える.また $\{s_\lambda \mid |\lambda| = k\}$ が Λ^k の $\mathbb{Z}$ 基底となる.

シューア関数の例をあげておく. $k = 3, n \geq 3$ とすれば
$$s_{(3)}(x) = m_{(3)}(x) + m_{(21)}(x) + m_{(1^3)}(x),$$
$$s_{(21)}(x) = m_{(21)}(x) + 2m_{(1^3)}(x),$$
$$s_{(1^3)}(x) = m_{(1^3)}(x).$$

シューア関数と対称群の表現論とのかかわりを説明しよう. S_n の各元 w は互いに共通の文字を含まない (したがって互いに可換な) 巡回置換の積として一意的に表される. w の分解に現れる巡回置換の長さを,大きさの順に並べてできる n の分割 λ を w のサイクル・タイプという. S_n の元 w, w' が共役になるための必要十分条件は w と w' が同じサイクル・タイプを持つことである.そこで S_n の共役類は $\mathcal{P}_n$ と 1 対 1 に対応する. $\lambda \in \mathcal{P}_n$ に対応する S_n の共役類の代表元を w_λ と表す.一方,前に既に出てきたように, S_n の既約指標は $\mathcal{P}_n$ でパラメトライズされている. $\lambda = (n), (1^n)$ がそれぞれ,単位指標,符号指標に対応する. χ^λ を λ に対応する S_n の既約指標とする.次の定理が**フロベニウスの公式**として知られている.

定理 3.7.1 (フロベニウス). S_n の既約指標 χ^λ の w_μ での値 $\chi^\lambda(w_\mu)$ は
$$p_\mu(x) = \sum_{\lambda \in \mathcal{P}_n} \chi^\lambda(w_\mu) s_\lambda(x)$$
で与えられる.

フロベニウスの公式は, Λ^n の 2 つの基底 $\{s_\lambda\}$ と $\{p_\mu\}$ の間の遷移行列として S_n の指標表 $(\chi^\lambda(w_\mu))_{\lambda\mu}$ が得られることを主張している. S_n の既約指標は 20 世紀初頭フロベニウスによって完全に決定されたが,その基礎となったのが上記のフロベニウスの公式であった.

シューア関数は組み合わせ論と表現論とのかかわりにおいて,別格の扱いを受けている.ここに述べた形でシューア関数を導入したのはヤコービであるが,その後シューアにより,対称群や $GL_n(\mathbb{C})$ の表現論に応用された.し

かしそれだけではなく，シューア関数は，アフィン・リー環の表現論，ある種の微分方程式系，平面分割の組み合わせ論，数理物理の諸問題など，一見関係のなさそうな分野にひんぱんに現れる．次項で議論するホール–リトルウッド関数や，数理物理でも重要なマクドナルド多項式[*15]はすべてシューア関数の変形である．シューア関数が種々の対象の背後にひそむ表現論的な特性を実体化しているといえるのではないだろうか．どんな分野であれ，ひとたびシューア関数が現れれば，人は胸を張って正統派表現論であると宣言できるのである．

3.7.3 コーシーの再生核

本項から，変数 $x_1, x_2, \ldots$ に加え，新たにパラメータ t を導入する．後に $GL_n(\mathbb{F}_q)$ のグリーン関数を扱う際に，この t から変数 q が生み出されることになる．以後 $\mathbb{Z}[t]$ による係数拡大を $\Lambda[t] = \mathbb{Z}[t] \otimes_{\mathbb{Z}} \Lambda$, $\Lambda^k[t] = \mathbb{Z}[t] \otimes_{\mathbb{Z}} \Lambda^k$ 等と表すことにする．さて，各整数 $r \geq 1$ に対して $x_1, \ldots, x_n, t$ に関する関数 $q_r(x; t)$ を次のように定義しよう．

$$q_r(x_1, \ldots, x_n; t) = (1 - t) \sum_{i=1}^{n} x_i^r \prod_{j \neq i} \frac{x_i - tx_j}{x_i - x_j}. \tag{3.7.4}$$

また $q_0(x; t) = 1$ とおく．このとき $q_r(x; t)$ の母関数は，u を変数として次のように表されることが知られている．

$$\sum_{r=0}^{\infty} q_r(x; t) u^r = \prod_{i=1}^{n} \frac{1 - x_i tu}{1 - x_i u}. \tag{3.7.5}$$

(3.7.5) より $q_r(x; t)$ は $\mathbb{Z}[t]$ に係数を持つ，$x_1, \ldots, x_n$ に関する次数 r の斉次対称多項式であることがわかる．さらに定義式 (3.7.4) より，$q_r(x_1, \ldots, x_{n-1}, 0; t) = q_r(x_1, \ldots, x_{n-1}; t)$ が成り立ち，対称関数 $q_r(x_1, x_2, \ldots; t) \in \Lambda^r[t]$ が定義される．右辺を $x_1, x_2, \ldots$ に関する無限積に置き換えれば，(3.7.5) は $q_r(x; t) \in \Lambda^r[t]$ の母関数を与える．ここで分割

[*15] 本書第4章三町氏の解説を参照．

3.7 $GL_n(\mathbb{F}_q)$ のグリーン関数と組み合わせ論

$\lambda = (\lambda_1, \ldots, \lambda_r)$ に対し，$q_\lambda(x;t)$ を $q_\lambda = q_{\lambda_1} q_{\lambda_2} \cdots q_{\lambda_r}$ により定義しておく．

$\lambda \in \mathcal{P}_n$ に対し，$z_\lambda = |Z_{S_n}(w_\lambda)|$ とおく．具体的に表せば $\lambda = (1^{m_1}, 2^{m_2}, \ldots)$ とするとき，$z_\lambda = \prod_{i \geq 1} i^{m_i} m_i!$ と書ける．今 $r = l(\lambda)$ とおいて，関数 $z_\lambda(t)$ を

$$z_\lambda(t) = z_\lambda \cdot \prod_{i=1}^{r} (1 - t^{\lambda_i})^{-1}$$

により定義する．ここで $z_\lambda(t)$ の持つ表現論的な意味を説明しておこう．例 3.2.13 で述べたように，GL_n の w_λ に対応する極大トーラス T_{w_λ} の F 固定点の個数 $|T_{w_\lambda}^F|$ は $\prod_{i=1}^{r}(q^{\lambda_i} - 1)$ に一致する．したがって $z_\lambda(t)$ と比較してみれば

$$z_\lambda(q^{-1}) = z_\lambda q^n \cdot |T_{w_\lambda}^F|^{-1} \tag{3.7.6}$$

が得られる．(3.7.6) 式が，後に組み合わせ論と有限シュバレー群の表現論をつなぐ接点になる．

さて，ここで無限個の不定元 $x_1, x_2, \ldots, y_1, y_2, \ldots$ に関する無限積

$$\Omega(x, y; t) = \prod_{i,j} \frac{1 - tx_i y_j}{1 - x_i y_j}$$

を導入する．次の命題が基本的である．

命題 3.7.2. $\Omega(x, y; t)$ は対称関数により次のように展開される．

$$\Omega(x, y; t) = \sum_\lambda z_\lambda(t)^{-1} p_\lambda(x) p_\lambda(y), \tag{3.7.7}$$

$$\Omega(x, y, t) = \sum_\lambda q_\lambda(x; t) m_\lambda(y) = \sum_\lambda m_\lambda(x) q_\lambda(y; t). \tag{3.7.8}$$

ただし λ はすべての分割 $\bigcup_{n=1}^{\infty} \mathcal{P}_n$ を動く．

証明 まず (3.7.7) を示す.

$$\log \Omega(x,y;t) = \sum_{i,j} \bigl(\log(1-tx_iy_j) - \log(1-x_iy_j)\bigr)$$

$$= \sum_{i,j} \sum_{m=1}^{\infty} \frac{1-t^m}{m}(x_iy_j)^m$$

$$= \sum_{m=1}^{\infty} \frac{1-t^m}{m} p_m(x)p_m(y).$$

そこで,

$$\Omega(x.y;t) = \prod_{m=1}^{\infty} \exp\left(\frac{1-t^m}{m} p_m(x)p_m(y)\right)$$

$$= \prod_{m=1}^{\infty} \sum_{r_m=0}^{\infty} \frac{(1-t^m)^{r_m}}{m^{r_m} r_m!} p_m(x)^{r_m} p_m(y)^{r_m}$$

$$= \sum_{\lambda} z_{\lambda}(t)^{-1} p_{\lambda}(x) p_{\lambda}(y).$$

よって (3.7.7) が成り立つ.

次に (3.7.8) を示す. $q_r(x;t)$ の母関数の式 (3.7.5) で, u を y_j に置き換え, すべての y_j で掛け合わせると

$$\prod_{j=1}^{\infty} \sum_{r_j=0}^{\infty} q_{r_j}(x;t) y_j^{r_j} = \Omega(x,y;t).$$

ここで左辺の積を展開すれば $\sum_{\lambda} q_{\lambda}(x;t) m_{\lambda}(y)$ となり, (3.7.8) の最初の等式を得る. x と y を入れ換えて同様の議論すれば 2 番目の等式も得られる. ∎

注意 3.7.3. $\Omega(x,y;t)$ をコーシーの再生核 (略してコーシー核) という. シューア関数や次項で述べるホール–リトルウッド関数は表舞台で華々しい活躍をするが, 彼らを蔭であやつっているのは実はコーシー核なのである. コーシー核が好き勝手をする対称関数たちを束ね, お互い同士の関係をきっちりと取り仕切っている. 例えば, コーシー核が $\Lambda[t]$ に一種の内積を定め, 各基底 $\{p_{\lambda}\}, \{m_{\lambda}\}, \{q_{\lambda}\}$ 達の間の直交性を記述するのである.

3.7.4 ホール–リトルウッド関数

λ を $l(\lambda) \leq n$ をみたす分割とする. $\lambda = (\lambda_1, \ldots, \lambda_n)$ を $\lambda = (0^{m_0}, 1^{m_1}, \ldots n^{m_n})$ と表しておく. S_n のポアンカレ多項式 $P_{S_n}(t)$ を

$$v_n(t) = P_{S_n}(t) = (t-1)^{-n} \prod_{i=1}^{n} (t^i - 1)$$

とおき, $v_0(t) = 1$ とする. さらに $v_\lambda(t) = v_{m_0}(t) v_{m_1}(t) \cdots v_{m_n}(t)$ とおく. 関数 $P_\lambda(x_1, \ldots, x_n; t)$ を次の式で定義する.

$$P_\lambda(x_1, \ldots, x_n; t) = v_\lambda(t)^{-1} \sum_{w \in W} w \left(x_1^{\lambda_1} \cdots x_n^{\lambda_n} \prod_{i<j} \frac{x_i - t x_j}{x_i - x_j} \right). \quad (3.7.9)$$

S_n^λ を単項式 $x_1^{\lambda_1} \cdots x_n^{\lambda_n}$ の固定化群とすると, $S_n^\lambda \simeq S_{m_0} \times S_{m_1} \times \cdots \times S_{m_n}$ となる. このとき $P_\lambda(x_1, \ldots, x_n; t)$ は次の表示を持つことが示される.

$$P_\lambda(x_1, \ldots, x_n; t) = \sum_{w \in S_n / S_n^\lambda} w \left(x_1^{\lambda_1} \cdots x_n^{\lambda_n} \prod_{\lambda_i > \lambda_j} \frac{x_i - t x_j}{x_i - x_j} \right). \quad (3.7.10)$$

(3.7.9) の右辺は共通の分母 $a_\delta = \prod_{i<j}(x_i - x_j)$ を持ち, "交代多項式÷交代多項式"の形になる. したがってシューア関数の場合と同様に, P_λ は $x_1, \ldots, x_n$ に関する次数 $|\lambda|$ の対称多項式になる. 一方 (3.7.10) では t は分子にしか現れないので, これより $P_\lambda \in \mathbb{Z}[x_1, \ldots, x_n; t]$ となることがわかる. $P_\lambda(x_1, \ldots, x_n; t)$ を**ホール–リトルウッド多項式**という[*16].

ここで $l(\lambda) \leq n-1$ のとき

$$P_\lambda(x_1, \ldots, x_{n-1}, 0; t) = P_\lambda(x_1, \ldots, x_{n-1}; t) \quad (3.7.11)$$

であることに注意する. 実際 (3.7.10) の和の中で, $x_n = 0$ を代入してもゼロにならない項は, $w \in S_n / S_n^\lambda$ が, $w^{-1}(n) = r, \lambda_r = 0$ をみたすときだけである. この場合, 代表元は $w(n) = n$ をみたすように取れる. したがって和は

[*16] $P_\lambda(x; t)$ の 2 パラメータ版 $P_\lambda(x; t, q)$ をマクドナルド多項式という. $P_\lambda(x; t, 0) = P_\lambda(x; t)$ が成り立つ. マクドナルド多項式の詳細については, 4.10 節を参照されたい.

$w \in S_{n-1}/S_{n-1}^\lambda$ を動くとしてよい. これより (3.7.11) が容易に得られる. (3.7.11) により $n \to \infty$ としてホール–リトルウッド関数 $P_\lambda(x;t) \in \Lambda^k[t]$ が定義される.

$P_\lambda(x;t)$ は $s_\lambda(x)$ と $m_\lambda(x)$ を t の連続変形でつないだ形になっている. 実際 (3.7.9) と (3.7.10) からそれぞれ

$$P_\lambda(x;0) = s_\lambda(x), \qquad P_\lambda(x;1) = m_\lambda(x) \qquad (3.7.12)$$

が得られる.

ここで集合 $\mathcal{P}_n$ に半順序 $\mu \leq \lambda$ を定義しよう. $\lambda = (\lambda_1,\ldots,\lambda_n), \mu = (\mu_1,\ldots,\mu_n) \in \mathbb{Z}^n$ に対し

$$\mu_1 + \cdots + \mu_k \leq \lambda_1 + \cdots + \lambda_k$$

が $k = 1, 2, \ldots, n$ について成立するとき, $\mu \leq \lambda$ と定める. $\lambda = (n)$ が $\mathcal{P}_n$ の最大元, $\lambda = (1^n)$ が最小元になる. 組み合わせ論では, この半順序が本質的であり他の順序, 例えば辞書式順序などよりもはるかに出番が多い. 一方我々の立場からはこの半順序は次のような幾何的な意味を持つ. 3.6.9 項の最後に述べたように, GL_n のベキ単類は $\mathcal{P}_n$ によってパラメトライズされる. $\lambda \in \mathcal{P}_n$ に対応するベキ単類を C_λ と表す. このとき

$$\bar{C}_\mu \subset \bar{C}_\lambda \Leftrightarrow \mu \leq \lambda. \qquad (3.7.13)$$

次の性質が $P_\lambda(x;t)$ において最も重要である. ここではしかし証明を省略する.

命題 3.7.4. ホール–リトルウッド関数 $P_\lambda(x;t)$ は次のような展開を持つ.

$$P_\lambda(x;t) = s_\lambda(x) + \sum_{\lambda > \mu} w_{\lambda\mu}(t) s_\mu(x), \qquad (3.7.14)$$

$$P_\lambda(x;t) = \sum_{\lambda \leq \mu} a_{\lambda\mu}(t) q_\mu(x;t). \qquad (3.7.15)$$

ここで和は, どちらも $|\lambda| = |\mu|$ となる μ を動く. また $w_{\lambda\mu}(t) \in \mathbb{Z}[t]$, $a_{\lambda\mu}(t) \in \mathbb{Q}(t)$ である. 逆に, $P_\lambda(x;t)$ は (3.7.14), (3.7.15) の性質により特徴付けられる.

3.7 $GL_n(\mathbb{F}_q)$ のグリーン関数と組み合わせ論

(3.7.14) 式より,$\{P_\lambda(x;t) \mid \lambda \in \mathcal{P}_k\}$ が $\Lambda^k[t]$ の $\mathbb{Z}[t]$ 基底になることがわかる.一方 (3.7.15) 式で $a_{\lambda\lambda}(t) = b_\lambda(t)^{-1}$ となることが知られている.ただし $\varphi_n(t) = (1-t)\cdots(1-t^n)$ とおくとき $b_\lambda(t)$ は

$$b_\lambda(t) = \prod_{i \geq 1} \varphi_{m_i}(t)$$

で与えられる.今 $Q_\lambda(x;t) = b_\lambda(t)P_\lambda(x;t)$ とおくと,$\{Q_\lambda(x;t) \mid \lambda \in \mathcal{P}_k\}$ は $\mathbb{Q}(t) \otimes_\mathbb{Z} \Lambda^k$ の $\mathbb{Q}(t)$ 基底になる.一般に $\mathbb{Q}(t) \otimes_\mathbb{Z} \Lambda^k$ の 2 つの基底 $X = \{X_\lambda\}, Y = \{Y_\mu\}$ に対して基底の遷移行列 $M(X, Y) = (m_{\lambda\mu})$ を $X_\lambda = \sum_{\mu \in \mathcal{P}_n} m_{\lambda\mu} Y_\mu$ により定義する.以後 $\mathcal{P}_n$ の半順序と両立する全順序を 1 つ固定し,それに関する行列を考える.ここで基底を $P = \{P_\lambda\}$, $s = \{s_\lambda\}, Q = \{Q_\lambda\}$ とすれば,命題 3.7.4 より $M(P, s)$ は対角成分が 1 の下 3 角行列,$M(Q, q)$ は対角成分が 1 の上 3 角行列になることがわかる.これより次の重要な系が得られる.

系 3.7.5. $\Omega(x, y; t) = \sum_\lambda b_\lambda(t) P_\lambda(x;t) P_\lambda(y;t)$.

証明 次の遷移行列を考える.ただし $m = \{m_\lambda\}$ とする.

$$A = M(q, Q), \quad B = M(m, Q), \quad C = M(q, m).$$

さらに $D = {}^tBA$ とおく.まず D が上 3 角になることを示す.先に述べたように $A^{-1} = M(Q, q)$ は上 3 角,よって A も上 3 角である.一方

$$B^{-1} = M(Q, m) = M(Q, P)M(P, s)M(s, m).$$

ここで $M(P, s)$ は下 3 角,そこで (3.7.12) より $t = 1$ として $M(m, s)$ も下 3 角,結局 $M(s, m)$ も下 3 角になる.定義より $M(Q, P)$ は対角行列なので,B^{-1} は下 3 角,そこで ${}^tB$ は上 3 角になる.以上より D は上 3 角である.一方 $D = {}^tBCB$ と表される.(3.7.8) より C は対称行列になり,したがって D も対称行列である.下 3 角であり,同時に対称行列なので D は対角行列である.$M(P, s), M(s, m), M(q, Q)$ の対角成分は 1 なので $D = M(P, Q) = \text{Diag}(\ldots, b_\lambda(t)^{-1}, \ldots)$ となることがわかる.

そこで $A = (A_{\lambda\mu}), B = (B_{\lambda\nu})$ として (3.7.8) 式を変形すれば ${}^t AB = D$ より

$$\sum_\lambda q_\lambda(x;t)m_\lambda(y) = \sum_{\lambda,\mu,\nu} A_{\lambda\mu}B_{\lambda\nu}Q_\mu(x;t)Q_\nu(y;t)$$
$$= \sum_\mu b_\mu(t)^{-1} Q_\mu(x;t)Q_\mu(y;t)$$
$$= \sum_\mu b_\mu(t) P_\mu(x;t)P_\mu(y;t).$$

これより系が得られる. ∎

3.7.5 グリーン関数とコストカ多項式

本項では, ベキ和対称関数 p_μ とホール–リトルウッド関数 P_λ の間の遷移行列 (を変形したもの) としてグリーン関数を定義しよう. まず記号を準備する. $\lambda \in \mathcal{P}_n$, $\lambda : \lambda_1 \geq \cdots \geq \lambda_r > 0$ に対し

$$n(\lambda) = \sum_{i=1}^r (i-1)\lambda_i$$

とおいて $n(\lambda) \in \mathbb{Z}$ を定義する. $n(\lambda)$ も組み合わせ論で基本的な量であるが, 我々の枠組みでは次の意味で重要である. 3.5.4 項で $\chi \in W^\wedge$ に対して a_χ, b_χ を定義したが, $W = S_n$ の場合, χ は常に特殊指標であり, $\chi = \chi^\lambda$ に対して $a_\chi = b_\chi = n(\lambda)$ が成り立つ. さらに 3.6 節の記号のもとに, ベキ単元 $u = u_\lambda$ に対して $d_u = \dim \mathcal{B}_u = n(\lambda)$ となっている.

さて $X(t) = M(p, P)$ を基底 $p = \{p_\mu\}$ と $P = \{P_\lambda\}$ との間の遷移行列とする. すなわち $\mu, \lambda \in \mathcal{P}_n$ に対し

$$p_\mu(x) = \sum_\lambda X_\mu^\lambda(t) P_\lambda(x;t). \tag{3.7.16}$$

$X(t)$ の $\mu\lambda$ 成分 $X_\mu^\lambda(t)$ は $\mathbb{Z}[t]$ に含まれる. 一方 (3.7.12) より $P_\lambda(x;0) = s_\lambda(x)$ なので, フロベニウスの定理 (定理 3.7.1) から

$$X_\mu^\lambda(0) = \chi^\lambda(w_\mu) \tag{3.7.17}$$

3.7 $GL_n(\mathbb{F}_q)$ のグリーン関数と組み合わせ論

となることに注意する．したがって行列 $X(0) = M(p,s) = (\chi^\lambda(w_\mu))$ は S_n の指標表を与える．

以下，コーシー核を利用して行列 $X(t)$ の性質を調べよう．(3.7.7) と系 3.7.5 より，$\Omega(x,y;t)$ の x,y に関してそれぞれ斉次次数 n の項を比較して

$$\sum_{\rho \in \mathcal{P}_n} z_\rho(t)^{-1} p_\rho(x) p_\rho(y) = \sum_{\lambda \in \mathcal{P}_n} b_\lambda(t) P_\lambda(x;t) P_\lambda(y;t)$$

を得る．この式に (3.7.16) を代入して $P_\lambda(x;t) P_\lambda(y;t)$ の係数を比較すると

$$^tX(t) Z(t)^{-1} X(t) = B(t) \tag{3.7.18}$$

を得る．ただし $Z(t), B(t)$ は $\lambda\lambda$ 成分がそれぞれ $z_\lambda(t), b_\lambda(t)$ である対角行列を表す．この両辺の逆行列を考えると

$$X(t) B(t)^{-1} \, ^tX(t) = Z(t) \tag{3.7.19}$$

となる．そこで (3.7.18), (3.7.19) を行列成分で書くと，$X_\rho^\lambda(t)$ に関する直交関係

$$\sum_{\rho \in \mathcal{P}_n} z_\rho(t)^{-1} X_\rho^\lambda(t) X_\rho^\mu(t) = \delta_{\lambda\mu} b_\lambda(t) \tag{3.7.20}$$

$$\sum_{\lambda \in \mathcal{P}_n} b_\lambda(t)^{-1} X_\rho^\lambda(t) X_\sigma^\lambda(t) = \delta_{\rho\sigma} z_\rho(t) \tag{3.7.21}$$

が得られる．ここで**グリーン関数** $Q_\rho^\mu(t)$ を

$$Q_\rho^\mu(t) = t^{n(\mu)} X_\rho^\mu(t^{-1})$$

により定義する．以下の議論 (3.7.24) からわかるように $Q_\rho^\mu(t) \in \mathbb{Z}[t]$ となる．これがグリーンによって導入された $GL_n(\mathbb{F}_q)$ の (本来の) グリーン関数である．(3.7.20), (3.7.21) を $Q_\rho^\mu(t)$ を使って書き直すとグリーン関数の直交関係として知られている等式が得られる．

$$\sum_{\rho \in \mathcal{P}_n} y_\rho(t)^{-1} Q_\rho^\lambda(t) Q_\rho^\mu(t) = \delta_{\lambda\mu} a_\lambda(t), \tag{3.7.22}$$

$$\sum_{\lambda \in \mathcal{P}_n} a_\lambda(t)^{-1} Q_\rho^\lambda(t) Q_\sigma^\lambda(t) = \delta_{\rho\sigma} y_\rho(t). \tag{3.7.23}$$

ただし $a_\lambda(t) = t^{|\lambda|+2n(\lambda)}b_\lambda(t^{-1})$, $y_\rho(t) = t^{-|\rho|}z_\rho(t^{-1})$ である．ここで $a_\lambda(t), y_\rho(t)$ の $GL_n(\mathbb{F}_q)$ における意味合いを説明しておく．(3.7.6) より $y_\rho(q) = |W(T_{w_\rho})^F||T_{w_\rho}^F|^{-1}$ と表される．一方 $G = GL_n$ に対して $a_\lambda(q) = |Z_G(u_\lambda)^F|$ が成り立つ．この事実は u_λ の中心化群の構造を直接調べても確かめられるが，注意 3.7.7 (i) の議論から (個別の計算によらずに) 得られる．そこで (3.7.23) において $Q_\rho^\mu(q)$ を $Q_{T_{w_\rho}}^G(u_\mu)$ で置き換えると次の関係式が得られる．

$$\sum_{\lambda \in \mathcal{P}_n} |Z_G(u_\lambda)^F|^{-1} Q_{T_{w_\rho}}^G(u_\lambda) Q_{T_{w_\sigma}}^G(u_\lambda) = \delta_{\rho\sigma} |W(T_{w_\rho})^F||T_{w_\rho}^F|^{-1}$$

これはグリーン関数の直交関係式 (定理 3.4.17) に他ならない．

さて次の定理が我々の目標である．

定理 3.7.6. $Q_{T_w}^G(u)$ をドリーニュ–ルスティックにより定義された $GL_n(\mathbb{F}_q)$ のグリーン関数とする．このとき，

$$Q_{T_{w_\rho}}^G(u_\mu) = Q_\rho^\mu(q).$$

以下定理を証明していく．$K(t) = M(s, P)$ を $\Lambda^n[t]$ の 2 つの $\mathbb{Z}[t]$-基底，$\{s_\lambda\}$ と $\{P_\mu\}$ の間の遷移行列とする．$K(t) = (K_{\lambda\mu}(t))$ と表す．$K_{\lambda\mu}(t) \in \mathbb{Z}[t]$ を**コストカ多項式**という．(3.7.14) より，$K(t)$ は対角成分が 1 の下 3 角行列になる．次に $\widetilde{K}_{\lambda\mu}(t) = t^{n(\mu)} K_{\lambda\mu}(t^{-1})$ とおいて行列 $\widetilde{K}(t) = (\widetilde{K}_{\lambda\mu}(t))$ を定義する．$\deg K_{\lambda\mu} = n(\mu) - n(\lambda)$ が成立するので $\widetilde{K}_{\lambda\mu}(t) \in \mathbb{Z}[t]$ である．さてフロベニウスの公式より

$$Q_\rho^\mu(t) = \sum_{\lambda \in \mathcal{P}_n} \chi^\lambda(w_\rho) \widetilde{K}_{\lambda\mu}(t) \qquad (3.7.24)$$

が成立する．そこで Q_χ を (3.6.26) のように定義するとき，$\widetilde{K}_{\lambda\mu}(q) = Q_{\chi^\lambda}(u_\mu)$ を示せばよいことになる．注意 3.6.23 で述べたように，行列 $(Q_{\chi^\lambda}(u_\mu))_{\lambda\mu}$ は 3.6 節の行列 P に一致する (3.6 節に定めた $I_0 = \mathcal{P}_n$ の全順序と，本節での $\mathcal{P}_n$ の順序は (3.7.13) により同じとしてよいことに注意)．したがって定理を証明するには $\widetilde{K}(t) = P$ を示せば十分である．

3.7 $GL_n(\mathbb{F}_q)$ のグリーン関数と組み合わせ論

ここで, $M(s,P) = M(p,s)^{-1}M(p,P)$ より, $K(t) = X(0)^{-1}X(t)$ を (3.7.19) に代入して,
$$K(t)B(t)^{-1}\,{}^tK(t) = X(0)^{-1}Z(t)\,{}^tX(0)^{-1}$$
を得る. さらに $\widetilde{K}(t) = K(t^{-1})T$, ($T$ は $\lambda\lambda$ 成分が $t^{n(\lambda)}$ である対角行列) とおくと
$$\widetilde{K}(t)B(t^{-1})^{-1}T^{-2}\,{}^t\widetilde{K}(t) = X(0)^{-1}Z(t^{-1})\,{}^tX(0)^{-1} \quad (3.7.25)$$
が得られる. ここで, $\mathbb{G}(t) = t^N \prod_{i=1}^n (t^i - 1)$ とおく. (3.2.20) により $\mathbb{G}(q) = |GL_n(\mathbb{F}_q)|$ である. $\widetilde{B}(t) = t^{-n}\mathbb{G}(t)B(t^{-1})^{-1}T^{-2}$ とおく. 対角行列 $\widetilde{B}(t)$ の $\lambda\lambda$ 成分は $\mathbb{G}(t)/t^{n+2n(\lambda)}b_\lambda(t^{-1})$ で与えられる. さて $I_0 = \mathcal{P}_n$ として, $\Omega = (\omega_{\lambda\mu})$ を (3.6.35) で定義された行列とする. このとき次の命題が成立する.

命題 3.7.7. P, Λ, Ω を定理 3.6.22 に現れる行列とする. 行列 $\widetilde{K}(t), \widetilde{B}(t)$ は次の式をみたす.
$$\widetilde{K}(q)\widetilde{B}(q)\,{}^t\widetilde{K}(q) = \Omega. \quad (3.7.26)$$
ここで行列 $\widetilde{K}(q)$ は $\lambda\lambda$ 成分が $q^{n(\lambda)}$ の下 3 角行列, $\widetilde{B}(q)$ は対角行列になる. したがって $\widetilde{K}(q) = P, \widetilde{B}(q) = \Lambda$ が成立する.

命題 3.7.7 がいえれば定理 3.7.6 が証明されたことになる. $\widetilde{K}(q), \widetilde{B}(q)$ が (3.7.26) をみたすことを示そう. $M = (M_{\lambda\mu})$ を (3.7.25) の右辺で, t を q に置き換えたものとする. 今 H を $\lambda\lambda$ 成分が z_λ^{-1} である対角行列とする. $X(0)$ は S_n の指標表なので, (3.3.3) より ${}^tX(0)HX(0) = I$ が成り立つ (定理 3.7.1 により $\overline{X(0)} = X(0)$ に注意). したがって
$$M = {}^tX(0)HZ(q^{-1})HX(0)$$
と表される. (3.7.6) より, 対角行列 $HZ(q^{-1})H$ の $\lambda\lambda$ 成分は $z_\lambda^{-1}q^n|T_{w_\lambda}^F|^{-1}$ となる. これより
$$M_{\lambda\mu} = q^n|W|^{-1}\sum_{w \in W}\chi^\lambda(w)\chi^\mu(w)|T_w^F|^{-1}.$$
そこで (3.6.35) より $q^{-n}\mathbb{G}(q)M_{\lambda\mu} = \omega_{\lambda\mu}$ となる. これより (3.7.26) が得られる. 残りの主張は $P\Lambda\,{}^tP = \Omega$ の解の一意性より明らかである.

注意 3.7.8. (i) 注意 3.6.23 より, $G^F = GL_n(\mathbb{F}_q)$ の場合, 対角行列 Λ の $\lambda\lambda$-成分は $|C_\lambda^F|$ に一致する. したがって $\widetilde{B}(q) = \Lambda$ より, 各 $u_\lambda \in C_\lambda$ に対して, $|Z_G(u_\lambda)^F| = q^{n+2n(\lambda)}b_\lambda(q^{-1})$ となることがわかる. ホール–リトルウッド関数が $GL_n(\mathbb{F}_q)$ の各ベキ単類に含まれる元の個数を決定するというのは興味あることのように思われる.

(ii) (3.6.37) 式から $\widetilde{K}_{\lambda\mu}(t)$ は

$$\widetilde{K}_{\lambda\mu}(t) = \sum_{i \geq 0} \langle H^{2i}(\mathcal{B}_{u_\mu}, \bar{\mathbb{Q}}_l), \chi^\lambda \rangle_{S_n} t^i$$

と表される. 特に, コストカ多項式 $K_\mu^\lambda(t)$ の各係数は非負の整数になる. この事実の標準盤を使った組み合わせ論的な証明がラスコー–シュッツェンベルジェによって得られている.

3.7.6 古典群への拡張

今まで GL_n 以外の古典群については, ほとんど触れて来なかった. それは Sp_{2n} や SO_{2n+1} などの古典群ではベキ単表現の分類や, スプリンガー対応の記述などが GL_n の場合に比べてはるかに複雑になるからであった. しかしこれまで述べたような $GL_n(\mathbb{F}_q)$ のグリーン関数に対する組み合わせ論的な構成が, 他の古典群の場合にも拡張できることが最近わかって来た [Sh4]. そこで本項では $Sp_{2n}(\mathbb{F}_q)$ のグリーン関数に対する組み合わせ論的なアプローチについて簡単に触れておく.

$G = Sp_{2n}$ のワイル群 (すなわち C_n 型のワイル群) W は S_n と $(\mathbb{Z}/2\mathbb{Z})^n$ との半直積 $S_n \ltimes (\mathbb{Z}/2\mathbb{Z})^n$ に同型になる. $\mathcal{P}_{n,2}$ を分割 α', α'' の組 $\boldsymbol{\alpha} = (\alpha', \alpha'')$ で, $|\alpha'| + |\alpha''| = n$ となるもの全体の集合とする. W の既約指標は $\mathcal{P}_{n,2}$ と 1 対 1 に対応する. $\boldsymbol{\alpha} \in \mathcal{P}_{n,2}$ に対応する既約指標を $\chi^{\boldsymbol{\alpha}}$ と表す. 今整数 $m \geq n$ をひとつ決めて (必要なら後ろにゼロを補って), 分割 α', α'' を

$$\alpha' : \alpha_1' \geq \alpha_2' \geq \cdots \geq \alpha_{m+1}' \geq 0$$
$$\alpha'' : \alpha_1'' \geq \alpha_2'' \geq \cdots \alpha_m'' \geq 0$$

と表す. $Z_n(m)$ をこのように表された $\boldsymbol{\alpha} = \begin{pmatrix} \alpha' \\ \alpha'' \end{pmatrix}$ $(\alpha \in \mathcal{P}_{n,2})$ 全体の集合

3.7 $GL_n(\mathbb{F}_q)$ のグリーン関数と組み合わせ論

とする. さらに $\boldsymbol{\Lambda}^0 = \boldsymbol{\Lambda}^0(m) = \begin{pmatrix} \Lambda' \\ \Lambda'' \end{pmatrix}$ を

$$\Lambda' : 2m > \cdots > 4 > 2 > 0,$$
$$\Lambda'' : 2m-1 > \cdots > 5 > 3 > 1$$

により定義する. 例えば $m = 3$ とすると $\boldsymbol{\Lambda}^0 = \begin{pmatrix} 6420 \\ 531 \end{pmatrix}$ である. 集合 $\Psi_n(m)$ を $\Psi_n(m) = Z_n(m) + \boldsymbol{\Lambda}^0$ により定める (和は行列とみて成分ごとに取る). $\boldsymbol{\alpha} \mapsto \boldsymbol{\Lambda}(\boldsymbol{\alpha}) = \boldsymbol{\alpha} + \boldsymbol{\Lambda}^0$ により, $Z_n(m) \simeq \Psi_n(m)$ である. m を $m' = m+1$ に置き換えれば, シフト作用素 $Z_n(m) \to Z_n(m'), \boldsymbol{\alpha} \mapsto \boldsymbol{\alpha}$ が自然に定まりさらに $Z_n(m) \simeq \Psi_n(m)$ により $\Psi_n(m) \to \Psi_n(m')$ が定義される. $\bigcup_{m \geq n} \Psi_n(m)$ をシフト作用で同一視したものを Ψ_n と表し, その元をベキ単シンボル (2 シンボル) という. 同様に Z_n も定義できる. $\boldsymbol{\Lambda}, \boldsymbol{\Lambda}' \in \Psi_n(m)$ に次のように同値関係を定義する: $\boldsymbol{\Lambda}, \boldsymbol{\Lambda}'$ の各成分が (列を無視して) 重複度まで込めて一致するとき $\boldsymbol{\Lambda} \sim \boldsymbol{\Lambda}'$. これより Ψ_n に同値関係 $\boldsymbol{\Lambda} \sim \boldsymbol{\Lambda}'$ が誘導される. その同値類をベキ単シンボルのファミリーという.

各 $\boldsymbol{\Lambda} \in \Psi_n(m)$ に対し, $a(\boldsymbol{\Lambda}) \in \mathbb{Z}$ を

$$a(\boldsymbol{\Lambda}) = \sum_{\substack{\lambda, \lambda' \in \boldsymbol{\Lambda} \\ \lambda \neq \lambda'}} \min\{\lambda, \lambda'\} - \sum_{\substack{\mu, \mu' \in \boldsymbol{\Lambda}^0 \\ \mu \neq \mu'}} \min\{\mu, \mu'\}$$

により定義する. 関数 $a : \Psi_n(m) \to \mathbb{Z}$ の値はシフト作用によらず一定であり, 関数 $a : \Psi_n \to \mathbb{Z}$ が定義される. 定義から明らかなように, $a(\boldsymbol{\Lambda})$ は各ファミリー上で一定値をとる.

ベキ単シンボルはルスティック [L4] により Sp_{2n} の (一般) スプリンガー対応を記述するために導入された. (ここで扱っているのは特に不足指数 (defect) 1 のベキ単シンボルである.) $G = Sp_{2n}$ とすると, I_0 (3.6.10 項参照) と Ψ_n との間に自然な全単射が存在する. この対応のもとに, I_0 での同値類 $I_0/\sim$ と Ψ_n のファミリーの集合 $\Psi_n/\sim$ が一致する. また $\boldsymbol{\Lambda} \in \Psi_n$ を含むファミリーに対応するベキ単類を C_u とすると $a(\boldsymbol{\Lambda}) = \dim \mathcal{B}_u = d_u$ が成り立つ. ベキ単シンボルは GL_n の場合の分割の概念の拡張であるが, 上の事実から $a(\boldsymbol{\Lambda})$ は関数 $n(\lambda)$ の拡張とみなすことができる.

W が C_2 型 $(n=2)$ の場合の例をあげておこう. $m=2$ とすると

$$\mathcal{P}_{2,2} = \{(-;11),(11;-),(1;1),(-;2),(2;-)\}$$
$$Z_n = \left\{ \begin{pmatrix} 000 \\ 11 \end{pmatrix}, \begin{pmatrix} 110 \\ 00 \end{pmatrix}, \begin{pmatrix} 100 \\ 10 \end{pmatrix}, \begin{pmatrix} 000 \\ 20 \end{pmatrix}, \begin{pmatrix} 200 \\ 00 \end{pmatrix} \right\}.$$

$\Lambda^0 = \begin{pmatrix} 420 \\ 31 \end{pmatrix}$ であるから

$$\Psi_n = \left\{ \begin{pmatrix} 420 \\ 42 \end{pmatrix}, \begin{pmatrix} 530 \\ 31 \end{pmatrix}, \begin{pmatrix} 520 \\ 41 \end{pmatrix}, \begin{pmatrix} 420 \\ 51 \end{pmatrix}, \begin{pmatrix} 620 \\ 31 \end{pmatrix} \right\}$$

となる. ベキ単シンボルのファミリーは次のように表される.

$$\left\{ \begin{pmatrix} 420 \\ 42 \end{pmatrix} \right\},\quad \left\{ \begin{pmatrix} 530 \\ 31 \end{pmatrix} \right\},\quad \left\{ \begin{pmatrix} 520 \\ 41 \end{pmatrix}, \begin{pmatrix} 420 \\ 51 \end{pmatrix} \right\},\quad \left\{ \begin{pmatrix} 620 \\ 31 \end{pmatrix} \right\}.$$

$a(\Lambda)$ の値はファミリーに対して左から順に, $4, 2, 1, 0$ となる.

GL_n の場合のように, 対称関数を使ってグリーン関数を記述するために, 無限個の変数

$$x = \{x_j^{(k)} \mid k \in \{0,1\}, j = 1, 2, \dots\}$$

を用意する. k を固定して $x^{(k)} = \{x_1^{(k)}, x_2^{(k)}, \dots\}$ とも表す. 以下では $\mathcal{P}_{n,2}$ の元 $\boldsymbol{\alpha}$ を $\boldsymbol{\alpha} = (\alpha^{(0)}, \alpha^{(1)})$ と表す. 分割 $\alpha^{(k)}$ を $\alpha_1^{(k)} \geq \alpha_2^{(k)} \geq \cdots$ とおいて $\boldsymbol{\alpha} = (\alpha_j^{(k)})$ とも表す. シューア関数 $s_{\boldsymbol{\alpha}}(x)$, 単項式対称関数 $m_{\boldsymbol{\alpha}}(x)$ を次のように定義する.

$$s_{\boldsymbol{\alpha}}(x) = \prod_{k=0}^{1} s_{\alpha^{(k)}}(x^{(k)}), \qquad m_{\boldsymbol{\alpha}}(x) = \prod_{k=0}^{1} m_{\alpha^{(k)}}(x^{(k)}),$$

ただし, $s_{\alpha^{(k)}}(x^{(k)})$ は分割 $\alpha^{(k)}$ に対する変数 $x^{(k)}$ の (3.7.2 項の意味の) シューア関数を表す. 単項式対称関数の場合も同様である. 次に, 各 $r \geq 1$ に対して

$$p_r^{(k)}(x) = p_r(x^{(0)}) + (-1)^k p_r(x^{(1)})$$

とおく. ただし $p_r(x^{(j)})$ は変数 $x^{(j)}$ に対する r 次のベキ和を表す. $\boldsymbol{\alpha} = (\alpha_j^{(k)}) \in \mathcal{P}_{n,2}$ に対しベキ和対称関数 $p_{\boldsymbol{\alpha}}(x)$ を

$$p_{\boldsymbol{\alpha}}(x) = \prod_{j,k} p_{\alpha_j^{(k)}}^{(k)}(x).$$

3.7 $GL_n(\mathbb{F}_q)$ のグリーン関数と組み合わせ論

により定義する.

次に GL_n の場合の $q_\lambda(x;t)$ の拡張を考える. 以下では変数 $x^{(k)}$ の k は $\mathbb{Z}/2\mathbb{Z}$ の元とみなすことにする. u を変数とする無限積の展開

$$\sum_{r=0}^\infty q_r^{(k)}(x;t)u^r = \frac{\prod_i 1 - tux_i^{(k+1)}}{\prod_j 1 - ux_j^{(k)}},$$

により, 各 $k \in \mathbb{Z}/2\mathbb{Z}$ に対して $q_r^{(k)}(x;t) \in \mathbb{Z}[x;t]$ が定まる. ここで $\boldsymbol{\alpha} = (\alpha_j^{(k)})$ に対して,

$$q_{\boldsymbol{\alpha}}(x;t) = \prod_{j,k} q_{\alpha_j^{(k)}}^{(k)}(x;t)$$

により $q_{\boldsymbol{\alpha}}(x;t)$ を定義する.

さて, 無限個の変数 $x^{(k)}$, $y^{(k)}$ を用意してコーシーの再生核

$$\Omega(x,y;t) = \prod_{k=0}^1 \prod_{i,j} \frac{1 - tx_i^{(k)}y_j^{(k+1)}}{1 - x_i^{(k)}y_j^{(k)}}. \tag{3.7.27}$$

を定義する. GL_n の場合と同様に次の展開が得られる.

$$\Omega(x,y;t) = \sum_{\boldsymbol{\alpha}} q_{\boldsymbol{\alpha}}(x;t)m_{\boldsymbol{\alpha}}(y) = \sum_{\boldsymbol{\alpha}} m_{\boldsymbol{\alpha}}(x)q_{\boldsymbol{\alpha}}(y;t),$$

$$\Omega(x,y;t) = \sum_{\boldsymbol{\alpha}} z_{\boldsymbol{\alpha}}(t)^{-1}p_{\boldsymbol{\alpha}}(x)p_{\boldsymbol{\alpha}}(y).$$

ただし, $\boldsymbol{\alpha}$ は $\bigcup_{n \geq 1} \mathcal{P}_{n,2}$ の元をすべて動く. また $z_{\boldsymbol{\alpha}}(t)$ は (3.7.6) のように Sp_{2n} の極大トーラスの F 固定点の個数に関係した式である.

全単射 $I_0 \simeq \Psi_n$ のもとに, ベキ単シンボルの集合 Ψ_n に I_0 の全順序 (3.6.10 項) に対応する順序 $\boldsymbol{\Lambda} < \boldsymbol{\Lambda}'$ を入れる. このとき次が成り立つ.

命題 3.7.9. 各 $\boldsymbol{\Lambda} = \boldsymbol{\Lambda}(\boldsymbol{\alpha}) \in \Psi_n$ に対し, 以下の性質をみたす関数 $P_{\boldsymbol{\Lambda}}(x;t)$ がただ 1 つ存在する.

(i) $P_{\boldsymbol{\Lambda}}(x;t)$ はシューア関数 $s_{\boldsymbol{\beta}}(x)$ により

$$P_{\boldsymbol{\Lambda}}(x;t) = s_{\boldsymbol{\alpha}}(x) + \sum_{\boldsymbol{\beta} \in Z_n} u_{\boldsymbol{\alpha},\boldsymbol{\beta}}(t)s_{\boldsymbol{\beta}}(x)$$

と表される. ただし $u_{\boldsymbol{\alpha},\boldsymbol{\beta}}(t) \in \mathbb{Q}(t)$. また, $\boldsymbol{\Lambda}(\boldsymbol{\beta}) < \boldsymbol{\Lambda}(\boldsymbol{\alpha})$ かつ $\boldsymbol{\Lambda}(\boldsymbol{\alpha}) \not\prec \boldsymbol{\Lambda}(\boldsymbol{\beta})$ の場合を除いて $u_{\boldsymbol{\alpha},\boldsymbol{\beta}}(t) = 0$.

(ii) $P_{\boldsymbol{\Lambda}}(x;t)$ は $q_{\boldsymbol{\beta}}(x;t)$ により

$$P_{\boldsymbol{\Lambda}}(x;t) = \sum_{\boldsymbol{\beta} \in Z_n} c_{\boldsymbol{\alpha},\boldsymbol{\beta}}(t) q_{\boldsymbol{\beta}}(x;t)$$

と表される．ただし $c_{\boldsymbol{\alpha},\boldsymbol{\beta}}(t) \in \mathbb{Q}(t)$．また，$\boldsymbol{\Lambda}(\boldsymbol{\beta}) > \boldsymbol{\Lambda}(\boldsymbol{\alpha})$ または $\boldsymbol{\Lambda}(\boldsymbol{\beta}) \sim \boldsymbol{\Lambda}(\boldsymbol{\alpha})$ の場合を除いて $c_{\boldsymbol{\alpha},\boldsymbol{\beta}}(t) = 0$．

注意 3.7.10. (i) $P_{\boldsymbol{\Lambda}}(x;t)$ をベキ単シンボル $\boldsymbol{\Lambda}$ に付随したホール–リトルウッド関数という．$Z_n \simeq \Psi_n$ ではあるが，シューア関数とホール–リトルウッド関数は異なったパラメータ集合を持つと考えるべきである．$s_{\boldsymbol{\alpha}}(x)$ は $\mathcal{P}_{n,2}$ のみで定まるが，$P_{\boldsymbol{\Lambda}}(x;t)$ の構成には Ψ_n の同値関係 (= ファミリー) が重要な役割を果たす．$P_{\boldsymbol{\Lambda}}(x;t)$ については，本家の $P_{\lambda}(x;t)$ のような具体的な表示 (3.7.4 項) は知られていない．

(ii) 命題 3.7.9 の (i) は，$\{P_{\boldsymbol{\Lambda}}(x;t) \mid \boldsymbol{\Lambda} \in \Psi_n\}$ と $\{s_{\boldsymbol{\beta}}(x) \mid \boldsymbol{\beta} \in Z_n\}$ との間の遷移行列が，同値関係による区分けに関して下 3 角行列になり，対角線に並ぶブロックはすべて単位行列になることを示している．一方 (ii) は $\{P_{\boldsymbol{\Lambda}}(x;t) \mid \boldsymbol{\Lambda} \in \Psi_n\}$ と $\{q_{\boldsymbol{\beta}}(x;t) \mid \boldsymbol{\beta} \in Z_n\}$ との間の遷移行列が，区分けの意味で上 3 角行列になることを示している．

系 3.7.5 の類似として，ホール–リトルウッド関数による $\Omega(x,y;t)$ の展開が以下のように得られる．

$$\Omega(x,y;t) = \sum_{\boldsymbol{\Lambda},\boldsymbol{\Lambda}'} b_{\boldsymbol{\Lambda},\boldsymbol{\Lambda}'}(t) P_{\boldsymbol{\Lambda}}(x;t) P_{\boldsymbol{\Lambda}'}(y;t). \qquad (3.7.28)$$

ただし $\boldsymbol{\Lambda}, \boldsymbol{\Lambda}'$ は $\bigcup_{n=1}^{\infty} \Psi_n$ の元をすべて動く．また $\boldsymbol{\Lambda}, \boldsymbol{\Lambda}'$ が同じ Ψ_n に含まれ，かつ $\boldsymbol{\Lambda} \sim \boldsymbol{\Lambda}'$ となる場合を除いて $b_{\boldsymbol{\Lambda},\boldsymbol{\Lambda}'}(t) = 0$ となる．

ここで，$\{s_{\boldsymbol{\alpha}}(x) \mid \boldsymbol{\alpha} \in Z_n\}$ と $\{P_{\boldsymbol{\Lambda}(\boldsymbol{\beta})}(x;t) \mid \boldsymbol{\beta} \in Z_n\}$ の間の遷移行列を $K = (K_{\boldsymbol{\alpha},\boldsymbol{\beta}}(t))$ と定義する．すなわち

$$s_{\boldsymbol{\alpha}}(x) = \sum_{\boldsymbol{\beta} \in Z_n} K_{\boldsymbol{\alpha},\boldsymbol{\beta}}(t) P_{\boldsymbol{\Lambda}(\boldsymbol{\beta})}(x;t).$$

さらに $\widetilde{K}_{\boldsymbol{\alpha},\boldsymbol{\beta}}(t) = t^{a(\boldsymbol{\beta})} K_{\boldsymbol{\alpha},\boldsymbol{\beta}}(t^{-1})$ とおいて行列 $\widetilde{K}(t) = (\widetilde{K}_{\boldsymbol{\alpha},\boldsymbol{\beta}}(t))$ を定義する．ただし $a(\boldsymbol{\beta}) = a(\boldsymbol{\Lambda}(\boldsymbol{\beta}))$ の意味である．注意 3.7.10 (i) より，$\widetilde{K}(t)$ は

区分け行列として下 3 角になり，対角ブロックは $t^{a(\Lambda)}I_m$ の形のスカラー行列になる．一方 (3.7.28) の分解に現れる係数の行列 $B(t) = (b_{\Lambda,\Lambda'}(t))$ は区分けの意味で対角行列である．これより 3.7.5 項と同様の議論により，区分け対角行列 $\widetilde{B}(t)$ が定まり次の結果が得られる．

定理 3.7.11. P, Λ, Ω を定理 3.6.22 に現れる ($G = Sp_{2n}$ に対する) 行列とする．そのとき $\widetilde{K}(q), \widetilde{B}(q)$ は次の式をみたす．

$$\widetilde{K}(q)\widetilde{B}(q) \,{}^t\widetilde{K}(q) = \Omega.$$

特に $P = \widetilde{K}(q), \Lambda = \widetilde{B}(q)$ が成り立つ．

定理 3.7.11 は Sp_{2n} のグリーン関数が $\widetilde{K}_{\alpha,\beta}(t)$ によって完全に決定されることを示している．SO_{2n+1} についても同様の結果が成り立つ．SO_{2n} の場合は表示が複雑になるが，やはり組み合わせ論的構成が可能である．

参考文献

[BBD] A.A. Beilinson, J. Bernstein and P. Deligne, Faisceaux pervers, Astérisque **100** (1982).

[BM] W. Borho and R. MacPherson, Représentations des groupes de Weyl et homologie d'intersection pour les variété nilpotentes, C.R. Acad. Sci. Paris, **292** (1981), serie A, 707–710.

[Bo] A. Borel, Linear algebraic groups, Notes by H. Bass, Benjamin, 1969, Second enlarged edition GTM **126**, Springer-Verlag, 1991.

[BS] W.M. Beynon and N. Spaltenstein, Green functions of finite Chevalley groups of type E_n ($n = 6,7,8$), J. Algebra, **88** (1984), 584–614.

[C] R. Carter, Finite groups of Lie type, Conjugacy classes and complex characters, Wiley-Interscience, New York, 1985.

[CR] C.W. Curtis and I. Reiner, Methods of representation theory, I, II, Wiley-Interscience, New York, 1981.

[DL]　P. Deligne and G. Lusztig, Representations of reductive groups over finite fields, Ann. of Math., **103** (1976), 103–161.

[DM]　F. Digne and J. Michel, Representations of finite groups of Lie type, London Math. Soc. Student Texts, **21**, Cambridge University Press, 1991.

[G]　J.A. Green, The characters of the finite general linear groups, Trans. Amer. Math. Soc., **80** (1955), 402–447.

[GP]　M. Geck and G. Pfeiffer, Characters of finite Coxeter groups and Iwahori–Hecke algebras, London Mathematical Society Monograps, Clarendon Press. Oxford, 2000.

[Ha]　R. Hartshorne, Residues and duality, LNM, **20**, Springer-Verlag, 1966.

[HT]　谷崎俊之・堀田良之, D 加群と代数群, シュプリンガー・フェアラーク東京, 1995.

[Hu]　J. E. Humphreys, Reflection groups and Coxeter groups, Cambridge Univeristy Press, Cambridge, 1990.

[KW]　R. Kiehl and R. Weissauer, Weil conjectures, perverse sheaves and l-adic Fourier transform. Ergebnisse der Mathematik und ihrer Grenzgegebiete, Springer-Verlag, 2001.

[La]　G. Laumon, Faisceaux Caracteres, Séminaire Bourbaki, no 709, Astérisque, **177–178** (1989), pp.231–260.

[L1]　G. Lusztig, Representations of finite Chevalley groups, C.B.M.S. Regional Conference series in Math., **39**, Amer. Math. Soc., 1978.

[L2]　G. Lusztig, Green polynomials and singularities of unipotent classes, Adv. in Math., **42** (1981), 169–178.

[L3]　G. Lusztig, Characters of reductive groups over a finite field, Ann. of Math. Studies, Vol. **107**, Princeton Univ. Press, Princeton, 1984.

[L4]　G. Lusztig, Intersection cohomology complexes on a reductive

参考文献　　　　　　　　　　　　　　　　　　　　　　　　　　　**333**

[L5]　　group, Invent. Math., **75** (1984), 205–272.

[L5]　　G. Lusztig, Character sheaves, I, Adv. in Math., **56** (1985), 193–237, II, Adv. in Math., **57** (1985), 226–265, III, Adv. in Math., **57** (1985), 266–315, IV, Adv. in Math., **59** (1986), 1–63, V, Adv. in Math., **61** (1986), 103–155.

[L6]　　G. Lusztig, Green functions and character sheaves, Annals of Mathematics, **131** (1990), 355–408.

[M]　　I.G. Macdonald, Symmetric functions and Hall Polynomials, second edition, Clarendon Press, Oxford, 1995.

[Sh1]　T. Shoji, On the Green polynomials of Chevalley groups of type F_4. Comm. in Alg., **10** (1982), 505–543.

[Sh2]　T. Shoji, Geometry of orbits and Springer corrspondence, Astérisque, **168** (1988), pp.61–140.

[Sh3]　T. Shoji, Character sheaves and almost characters of reductive groups, Adv. in Math., **111** (1995), 244– 313, II, Adv. in Math., **111** (1995), 314–354.

[Sh4]　T. Shoji, Green functions associated to complex reflection groups, J. Algebra, **245** (2001), 650–694, II, J. Algebra, **258** (2002), 563–598.

[Sp1]　T.A. Springer, Trigonometric sums, Green functions of finite groups and representations of Weyl groups, Invent. Math., **36** (1976), 173–207.

[Sp2]　T.A. Springer, Linear algebraic groups, Progress in Math., **9**, Birkhaüser 1981.

[Sr]　　B. Srinivasan, Representations of finite Chevalley groups, Lecture Notes in Math., **764** Springer-Verlag, Berlin, Heidelberg New York, 1979.

[St1]　R. Steinberg, A geometric approach to the representations of the full linear group over a Galois field, Trans. Amer. Math. Soc., **71** (1951), 274–282.

[St2]   R.Steinberg, Endmorphisms of linear algebraic groups, Mem. Amer. Math. Soc., **80** (1968).

第 4 章

ダイソンからマクドナルドまで

—— マクドナルド多項式入門 ——

4.1 ダイソンの考えたこと

　第 4 章の話題の縦糸となるダイソン予想が提出された背景をかいつまんで解説することから始める．初めの数ページは，あまり細かいところを気にせず，ざっと読んでいただきたい．いわば，第 4 章のイントロに相当する部分だからである．

ウランのような巨大原子核の励起状態を調べるために考え出されたものにランダム行列 (random matrix) という概念がある．1960 年代初め，ダイソン (F.Dyson) はランダム行列の研究を行い，次の結果を得た [D1]．
定理．系のハミルトニアン H に対応するある行列 S があって，その固有値は $\exp(\sqrt{-1}\varphi_j)$ と表される．そして，φ_j が $[\theta_j, \theta_j + d\theta_j]$ に観測される確率は
$$Q_{N\beta}(\theta_1, \ldots, \theta_N)\, d\theta_1 \cdots d\theta_N$$
で与えられる．ただし，β は 1, 2 または 4 であり，$C_{N\beta}$ を正規化定数として
$$Q_{N\beta}(\theta_1, \ldots, \theta_N) = C_{N\beta} \prod_{1 \leq i < j \leq N} |e^{\sqrt{-1}\theta_i} - e^{\sqrt{-1}\theta_j}|^\beta$$
である．

　ここで，$\beta = 1$ のときの系を直交アンサンブル，$\beta = 2$ のときをユニタ

リー・アンサンブル, そして $\beta = 4$ のときをシンプレクティック・アンサンブルとダイソンは名付けた.

この定理を出発点としたとき, 初めに計算すべきものは分配函数 (partition function)[*1]と呼ばれる量であるが, いまの場合

$$\Psi_N(\beta) = \left(\frac{1}{2\pi}\right)^N \int_0^{2\pi} \cdots \int_0^{2\pi} \prod_{1 \leq i < j \leq N} |e^{\sqrt{-1}\theta_i} - e^{\sqrt{-1}\theta_j}|^\beta \, d\theta_1 \cdots d\theta_N$$

という積分で与えられる.

そこでダイソンは $\beta = 1, 2, 4$ それぞれの場合に応じて, 直交群 $O(N)$, ユニタリー群 $U(N)$, シンプレクティック群 $Sp(N)$ のハール測度と呼ばれるある種の体積の計算に持ち込み

$$\Psi_N(1) = \Gamma(1 + \frac{N}{2})/(\Gamma(\frac{3}{2}))^N,$$

$$\Psi_N(2) = N!,$$

$$\Psi_N(4) = 2^{-N}(2N)!$$

という結果を導き出した. ここで $\Gamma(z)$ はガンマ函数 (gamma function) であり,

$$\Gamma(z+1) = z\Gamma(z), \quad \Gamma(1) = 1$$

を満たす. 特に変数 z が正整数 n のときは,

$$\Gamma(n+1) = n!$$

であり, この意味でガンマ函数は階乗函数の一般化と考えられるものである[*2].

そして, このことからダイソンは次の予想を立てた.

予想 A. 任意の正整数 N と任意の実数または複素数 β に対して

$$\Psi_N(\beta) = \Gamma(1 + \frac{1}{2}N\beta)/(\Gamma(1 + \frac{1}{2}\beta))^N$$

[*1] 4.2 節に出てくる分割数 (partition number) とはもちろん別もの.
[*2] 4.3 節でもう少し詳しく取り上げる.

4.1 ダイソンの考えたこと

が成り立つ．

ダイソンはこの予想の成立は勿論のこと，さらに，この等式の背後には何か面白い数学が隠れている筈だと強く確信した．

そのような確信を得るためにも，ダイソンは次のような議論を展開している．

まず，複素函数論における定理[*3]により，k を自然数として $\beta = 2k$ の場合に等式を示せばよい．

変数を $\exp(\sqrt{-1}\theta_i) = x_i$ と置換すれば

$$|e^{\sqrt{-1}\theta_i} - e^{\sqrt{-1}\theta_j}|^\beta = |x_i - x_j|^{2k}$$
$$= (x_i - x_j)^k (x_i^{-1} - x_j^{-1})^k$$
$$= \left(1 - \frac{x_j}{x_i}\right)^k \left(1 - \frac{x_i}{x_j}\right)^k$$

および

$$d\theta_i = \frac{1}{\sqrt{-1}} \frac{dx_i}{x_i}$$

だから

$$\Psi_N(\beta) = \left(\frac{1}{2\pi\sqrt{-1}}\right)^N \oint \cdots \oint \prod_{1 \leq i \neq j \leq N} \left(1 - \frac{x_j}{x_i}\right)^k \frac{dx_1}{x_1} \cdots \frac{dx_N}{x_N}$$

と書き直される．ただし積分は各 x_j-平面上を正の方向 (反時計回り) にぐるりと一周する単位円周上の積分とする．

ここで，被積分函数が N 個の変数 $x_1, \ldots, x_N$ に関するローラン多項式[*4]であることと，変数 x に関する函数

$$f(x) = \cdots + a_{-1}x^{-1} + a_0 + a_1 x + \cdots$$

の留数 (residue) a_{-1} が正の方向に単位円周上を一周する積分

$$a_{-1} = \frac{1}{2\pi\sqrt{-1}} \oint f(x)dx$$

[*3] 「β を変数とする函数が正則かつ右半平面 ($\Re\beta > 0$) で有界とする．このとき，$\beta = 2, 4, 6, \ldots$ で函数がゼロならば函数は恒等的にゼロ」というカールソン (Carlson) の定理．

[*4] 変数 x と x^{-1} との多項式を変数 x のローラン多項式 (Laurent polynomial) という．

で表せることを思い出すと，$\Psi_N(\beta)$ の値は

$$\prod_{1\le i\ne j\le N}\left(1-\frac{x_j}{x_i}\right)^k$$

の定数項 (の係数) に等しいことがわかる．つまり，$[F(x)]_0$ で多変数ローラン多項式 $F(x)=F(x_1,\ldots,x_N)$ の定数項を表すことにすれば，予想 A は次の予想 B に書き換えられる．

予想 B. N および k を自然数として

$$\left[\prod_{1\le i\ne j\le N}\left(1-\frac{x_j}{x_i}\right)^k\right]_0=\frac{(Nk)!}{(k!)^N}$$

が成り立つ．

　この予想 B は予想 A に比べて格段と易しくなったと見えるかもしれない．そして，証明するのもそれほど困難ではないと思いたくなるかもしれない．しかし，この等式は，見かけほど易しいものではない．その感じを掴むために，少し計算してみよう．

　$N=1$ の場合は明らか．$N=2$ の場合は**二項定理** (binomial theorem)

$$(1+z)^n=\sum_{m=0}^n\binom{n}{m}z^m \tag{4.1.1}$$

を用いる．ここで $\binom{n}{m}$ は二項係数であり，

$$\binom{n}{m}=\frac{n!}{m!\,(n-m)!}$$

である．ただし，$0!=1$ と約束する．この二項定理を用いると

$$\left(1-\frac{x_2}{x_1}\right)^k\left(1-\frac{x_1}{x_2}\right)^k=\sum_{i=0}^k\binom{k}{i}\left(-\frac{x_2}{x_1}\right)^i\sum_{j=0}^k\binom{k}{j}\left(-\frac{x_1}{x_2}\right)^j$$

より，

$$\left[\left(1-\frac{x_2}{x_1}\right)^k\left(1-\frac{x_1}{x_2}\right)^k\right]_0=\sum_{i=0}^k\binom{k}{i}^2=\binom{2k}{k}=\frac{(2k)!}{(k!)^2}$$

4.1 ダイソンの考えたこと

が得られる．ここで

$$\sum_{i=0}^{k}\binom{k}{i}^2=\binom{2k}{k}$$

という等式を用いたが，これは次のような計算で確かめられる．

まず $(1+z)^{2k}$ を素直に展開した

$$(1+z)^{2k}=\sum_{i=0}^{2k}\binom{2k}{i}z^i$$

の係数と，$(1+z)^{2k}=(1+z)^k(1+z)^k$ のように二つの因子にばらしたものの展開

$$(1+z)^k(1+z)^k=\sum_{i=0}^{k}\binom{k}{i}z^i\sum_{j=0}^{k}\binom{k}{j}z^j$$

$$=\sum_{l=0}^{2k}\sum_{i+j=l}\binom{k}{i}\binom{k}{j}z^l$$

との係数比較から

$$\binom{2k}{l}=\sum_{i+j=l}\binom{k}{i}\binom{k}{j}$$

が得られるが，特に $l=k$ の場合を考えると

$$\binom{2k}{k}=\sum_{i+j=k}\binom{k}{i}\binom{k}{j}=\sum_{i=0}^{k}\binom{k}{i}\binom{k}{k-i}=\sum_{i=0}^{k}\binom{k}{i}^2$$

である．

ここで，念のために二項定理

$$(1+z)^n=\sum_{m=0}^{n}\binom{n}{m}z^m$$

の証明を与えておこう．何通りもの方法が知られているが，ここでは帰納法によるものを与える．

いま n の場合の等式が成立していれば，

$$(1+z)^{n+1} = \left\{\sum_{m=0}^{n}\binom{n}{m}z^m\right\}(1+z)$$

$$= 1 + \sum_{m=1}^{n}\left\{\binom{n}{m}+\binom{n}{m-1}\right\}z^m + z^{n+1}$$

であるが，

$$\binom{n}{m}+\binom{n}{m-1} = \binom{n+1}{m}$$

に注意すれば，結局 $n+1$ の場合の等式

$$(1+z)^{n+1} = \sum_{m=0}^{n+1}\binom{n+1}{m}z^m$$

が示され，帰納法により二項定理が示されたことになる．

あまり強調されることがないようであるが，二項定理は数学の基本的な定理の中でも最も重要な定理であるといってもよいものである．

さて，$N=3$ の場合はどうだろう．この場合は

$$\sum_{j=-k}^{k}(-1)^j\binom{2k}{k+j}^3 = \frac{(3k)!}{(k!)^3} \tag{4.1.2}$$

という等式と同値であることがわかるが，文献を調べると，この等式は 19 世紀の終わりにモーレイ (Morley) が予想し，ディクソン (Dixon) が 1891 年に証明した等式であり，1913 年にラマヌジャン (Ramanujan) がハーディー (Hardy) 宛てに書いた有名な手紙 (第一の手紙) に書かれていたものでもあった．そして，ディクソンは次のような (4.1.2) の拡張をも示していた．a,b,c を正の整数として

$$\sum_{j=-k}^{k}(-1)^j\binom{a+b}{a+j}\binom{b+c}{b+j}\binom{c+a}{c+j} = \frac{(a+b+c)!}{a!\,b!\,c!}. \tag{4.1.3}$$

このような古典的数学の素養をダイソンは持ち合わせていた．ダイソンは，学部学生の頃，ラマヌジャンの数学に興味をもち，ベイリー (W.N. Bailey)

4.1 ダイソンの考えたこと

の書いた超幾何函数に関する教科書 "Generalized Hypergeometric Series, Cambridge University Press, 1935" を読んで勉強していたのであり，したがって，和

$$\sum_{j=-k}^{k}(-1)^j\binom{2k}{k+j}^3$$

の一般化などに興味を覚えたのは自然だったのだろう．そして，逆にこの等式 (4.1.3) と同値になるべく $N=3$ の場合の予想 B を拡張できないかと考えてダイソンは次の予想 C に辿り着いた．

予想 C. $a_1, \ldots, a_N$ を正の整数として

$$\left[\prod_{1 \leq i \neq j \leq N}\left(1-\frac{x_i}{x_j}\right)^{a_j}\right]_0 = \frac{(a_1+a_2+\cdots+a_N)!}{a_1!a_2!\cdots a_N!}$$

が成り立つ．

ダイソンは $N=4,5$ の場合をなんとか証明したのだが，一般の N で旨くいくような証明ではなかった．しかし，予想 C はすぐさまウィルソン (K. G. Wilson) とガンソン (J. Gunson) により独立に証明され [Gun][Wil]，さらに，しばらくしてエレガントな証明がグッド (I. J. Good) により得られた [Go].

ここで，予想 C に対するグッドの証明を紹介しよう．示したいのは

$$F_N(x_1, \ldots, x_N; a_1, \ldots, a_N) = \prod_{1 \leq i \neq j \leq N}\left(1-\frac{x_j}{x_i}\right)^{a_j} \quad (4.1.4)$$

および

$$M_N(a_1, \ldots, a_N) = \frac{(a_1+\cdots+a_N)!}{a_1!\cdots a_N!} \quad (4.1.5)$$

とおいたときに $F_N(x_1, \ldots, x_N; a_1, \ldots, a_N)$ を $x_1, \cdots, x_N$ の冪 (ベキ) に展開したときの定数項 $G_N(a_1, \ldots, a_N)$ が $M_N(a_1, \ldots, a_N)$ になることである．

さて，

$$P(x) = \sum_{j=1}^{N}\prod_{\substack{1 \leq i \leq N \\ i \neq j}}\frac{(x-x_i)}{(x_j-x_i)}$$

は x について $N-1$ 次の多項式である. ところが $x = x_1, x_2, \ldots, x_N$ のどれを代入しても $P(x_i) = 1$ だから $P(x)$ は恒等的に 1 に等しくなければならない. つまり

$$\sum_{j=1}^{N} \prod_{\substack{1 \leq i \leq N \\ i \neq j}} \frac{(x - x_i)}{(x_j - x_i)} = 1$$

である. この式で $x = 0$ とおき, 左辺の各項を $-x_i$ で割れば

$$1 = \sum_{j=1}^{N} \prod_{\substack{1 \leq i \leq N \\ i \neq j}} \left(1 - \frac{x_j}{x_i}\right)^{-1}$$

なので, これを $F_N(x_1, \ldots, x_N; a_1, \ldots, a_N)$ の定義式 (4.1.4) に掛け合わせると

$$F_N(x_1, \ldots, x_N; a_1, \ldots, a_N)$$
$$= \sum_{j=1}^{N} F_N(x_1, \ldots, x_N; a_1, \cdots, a_{j-1}, a_j - 1, a_{j+1}, \cdots, a_N)$$

であり, 特に定数項を見れば

$$G_N(a_1, \ldots, a_N) = \sum_{j=1}^{N} G_N(a_1, \cdots, a_{j-1}, a_j - 1, a_{j+1}, \cdots, a_N) \quad (4.1.6)$$

である.

一方, $a_j = 0$ の場合, $F_N(x_1, \ldots, x_N; a_1, \ldots, a_N)$ に現れる x_j は負べキのものだけであるから, $G_N(a_1, \ldots, a_N)$ で $a_j = 0$ としたものは

$$F_{N-1}(x_1, \cdots, x_{j-1}, x_{j+1}, \cdots, x_N; a_1, \cdots, a_{j-1}, a_{j+1}, \cdots, a_N)$$

の定数項

$$G_{N-1}(a_1, \cdots, a_{j-1}, a_{j+1}, \cdots, a_N)$$

に等しい. つまり,

$$G_N(a_1, \ldots, a_N)|_{a_j=0} = G_{N-1}(a_1, \ldots, \widehat{a_j}, \ldots, a_N) \quad (4.1.7)$$

4.1 ダイソンの考えたこと

である．ここで，$\widehat{a_j}$ は文字 a_j を取り除く意味とする．そして，定義から

$$G_N(0,\ldots,0) = 1. \tag{4.1.8}$$

以上，3つの関係式 (4.1.6 − 8) から $G_N(a_1,\ldots,a_N)$ が一意的に決まる．

ところが $M_N(a_1,\ldots,a_N)$ は関係式 (4.1.6 − 8) すべてを満たすことがわかり，証明は終わる．

もう一度まとめておくと，ダイソンは

ダイソンの定数項予想 (その一).

n および k を自然数として

$$\left[\prod_{1\leq i\neq j\leq n}\left(1-\frac{x_j}{x_i}\right)^k\right]_0 = \frac{(nk)!}{(k!)^n}. \tag{4.1.9}$$

及び，その拡張としての

ダイソンの定数項予想 (その二).

$a_1,\ldots,a_n$ を正の整数として

$$\left[\prod_{1\leq i\neq j\leq n}\left(1-\frac{x_i}{x_j}\right)^{a_j}\right]_0 = \frac{(a_1+a_2+\cdots+a_n)!}{a_1!a_2!\cdots a_n!}. \tag{4.1.10}$$

を予想し，グッドらにより証明されたのであった．ただし，ここで $[f(x_1,\ldots,x_n)]_0$ はローラン多項式 $f(x_1,\ldots,x_n) = \sum c_{j_1\cdots j_n} x_1^{j_1}\cdots x_n^{j_n}$ の定数項 $c_{0\cdots 0}$ である．

その後，ダイソンは相関函数の漸近的振る舞いなどの研究に進むのであるが，我々は眼を他に転じよう．

4.2 分割数と母関数

前の節とは，全く関係のなさそうな分割というものを紹介する．分割を取り扱う重要な道具として母函数が導入される．これが q 類似との重要な接点になる．

正の整数 n が与えられたとき，これを正の整数の和で表す方法にどのようなものがあるか考えてみよう．

例えば，2 が与えられれば，$1+1$ と 2 そのものの 2 通りある．また，3 が与えられたときは $1+1+1$ と $2+1$ と 3 そのものの 3 通りある．ここで $2+1$ と $1+2$ のように和の順序が異なるだけのものは区別しないことにする．こう考えれば，4 に対しては $1+1+1+1, 2+1+1, 2+2, 3+1, 4$ の 5 通りがある．

一般に，正の整数 n が正の整数 λ_i の和
$$n = \sum_i \lambda_i$$
ただし，
$$\lambda_1 \geq \lambda_2 \geq \ldots \geq 0$$
と表されるとき
$$\lambda = (\lambda_1, \lambda_2, \ldots)$$
を n の**分割** (partition) と呼び $\lambda \vdash n$ と表す．また，各 λ_i を分割の**成分** (part) ということにする．また，成分がゼロであるものは無視し，例えば，$(2, 1, 0, \ldots)$ と $(2, 1)$ とは同じものと扱うことにする．そして，先程の例を書き下せば，

$(2) \vdash 2, \quad (1,1) \vdash 2,$
$(3) \vdash 3, \quad (2,1) \vdash 3, \quad (1,1,1) \vdash 3,$
$(4) \vdash 4, \quad (3,1) \vdash 4, \quad (2,2) \vdash 4, \quad (2,1,1) \vdash 4, \quad (1,1,1,1) \vdash 4$

などとなる．また，$(2, 1, 1)$ や $(1, 1, 1, 1)$ のように成分が等しいものがあるとき 1 が二つあるから 1^2，四つあるから 1^4 ということで $(2, 1, 1) =$

4.2 分割数と母関数

$(1^2\,2^1), (1,1,1,1) = (1^4)$ のように表すことも便利である．一般に n の分割 $\lambda = (\lambda_1, \lambda_2, \ldots)$ において f_i 個の i が現れていたら

$$\lambda = (1^{f_1}\, 2^{f_2}\, \cdots)$$

と表す．もちろん，

$$n = \sum_i i\, f_i$$

が成り立っている．

また，n の分割が何通りあるかを示す函数 $p(n)$ を**分割数** (partition number) と呼ぶ．ただし，約束として $n < 0$ のとき $p(n) = 0$ および $p(0) = 1$ とする．

ここで n を与えたときの分割および分割数の例を掲げておこう．

$p(1) = 1 : 1 \dashv (1);$
$p(2) = 2 : 2 \dashv (2), (1^2);$
$p(3) = 3 : 3 \dashv (3), (1^1\,2^1), (1^3);$
$p(4) = 5 : 4 \dashv (4), (1^1\,3^1), (2^2), (1^2\,2^1), (1^4);$
$p(5) = 7 : 5 \dashv (5), (1^1\,4^1), (2^1\,3^1), (1^2\,3^1), (1^1\,2^2), (1^3\,2^1), (1^5);$

以下

$p(6) = 11,\ p(10) = 42,\ p(20) = 627,\ p(50) = 204226,\ p(100) = 190569292$

である．

次に条件付きの分割というものを調べてみよう．いま S を適当な条件を満たす分割の集合としたとき

$$p(S, n) = \text{``}n \text{ の分割で } S \text{ に属しているものの個数''}$$

とする．例えば，$\mathcal{O}$ を「成分がそれぞれ奇数[*5]であるような分割 (odd；奇数)」，$\mathcal{D}$ を「成分が全て異なるような分割 (distinct；異なる)」とすると，

$p(\mathcal{O}, 1) = 1 : 1 \dashv (1);$

[*5] 「成分の個数が奇数個」ということではなくて，「どの成分も奇数からなる」という意味であるので注意しよう．

$$p(\mathcal{O}, 2) = 1 : 2 \dashv (1^2);$$
$$p(\mathcal{O}, 3) = 2 : 3 \dashv (3), (1^3);$$
$$p(\mathcal{O}, 4) = 2 : 4 \dashv (1\,3), (1^4);$$
$$p(\mathcal{O}, 5) = 3 : 5 \dashv (5), (1^2\,3), (1^5);$$
$$p(\mathcal{O}, 6) = 4 : 6 \dashv (1\,5), (3^2), (1^3\,3), (1^6);$$
$$p(\mathcal{O}, 7) = 5 : 7 \dashv (7), (1^2\,5), (1\,3^2), (1^4\,3), (1^7);$$
$$\cdots \quad \cdots$$

および

$$p(\mathcal{D}, 1) = 1 : 1 \dashv (1);$$
$$p(\mathcal{D}, 2) = 1 : 2 \dashv (2);$$
$$p(\mathcal{D}, 3) = 2 : 3 \dashv (3), (1\,2);$$
$$p(\mathcal{D}, 4) = 2 : 4 \dashv (4), (1\,3);$$
$$p(\mathcal{D}, 5) = 3 : 5 \dashv (5), (1\,4), (2\,3);$$
$$p(\mathcal{D}, 6) = 4 : 6 \dashv (6), (1\,5), (2\,4), (1\,2\,3);$$
$$p(\mathcal{D}, 7) = 5 : 7 \dashv (7), (1\,6), (2\,5), (3\,4), (1\,2\,4);$$
$$\cdots \quad \cdots$$

が得られる．さて，少なくともここに挙げた $1 \leq n \leq 7$ においては

$$p(\mathcal{O}, n) = p(\mathcal{D}, n) \tag{4.2.1}$$

が成立している点に注意しよう．そして，この等式は任意の正の整数 n に対して成り立つのであろうか．答えはイエスなのであるが，では，どうやって示すか．

そのための基本的アイディアが**母函数** (generating function) を用いることである．

ここで数列 $a_0, a_1, a_2, \ldots$ の母函数 $f(q)$ とは

$$f(q) = \sum_{i=0}^{\infty} a_i q^i$$

を指すことにする．

4.2 分割数と母関数

少し天下り的なのだが，H を集合，"H" を集合 H の元を成分にもつ分割の集合とするとき，"H" からなる n の分割の個数 $p(\text{"}H\text{"}, n)$ の母函数

$$\sum_{n \geq 0} p(\text{"}H\text{"}, n) q^n$$

は

$$\prod_{n \in H} (1 - q^n)^{-1}$$

と表される．例えば，H として正の整数全体の集合 $\mathbb{Z}_{>0}$ を考えれば $p(\text{"}H\text{"}, n) = p(n)$ だから

$$\sum_{n \geq 0} p(n) q^n = \prod_{n=1}^{\infty} (1 - q^n)^{-1} \tag{4.2.2}$$

である．

また，"H" からなる n の分割だけれども，同じ成分が高々 d 回しか現れないような分割の個数を $p(\text{"}H\text{"}(\leq d), n)$ で表せば，その母函数は

$$\sum_{n \geq 0} p(\text{"}H\text{"}(\leq d), n) q^n = \prod_{n \in H} (1 + q^n + q^{2n} + \cdots + q^{dn})$$

$$= \prod_{n \in H} \frac{1 - q^{(d+1)n}}{1 - q^n}$$

と表せる．実際，$H = \{h_1, h_2, h_3, \ldots\}$ として

$$\prod_{n \in H} (1 - q^n)^{-1} = \prod_{n \in H} (1 + q^n + q^{2n} + q^{3n} + \cdots)$$

$$= (1 + q^{h_1} + q^{2h_1} + q^{3h_1} + \cdots)$$

$$\times (1 + q^{h_2} + q^{2h_2} + q^{3h_2} + \cdots)$$

$$\times (1 + q^{h_3} + q^{2h_3} + q^{3h_3} + \cdots)$$

$$\times \cdots$$

$$= 1 + (q^{h_1} + q^{h_2} + q^{h_3} + \cdots) + (q^{2h_1} + q^{2h_2} + q^{2h_3} + \cdots)$$

$$+ (q^{h_1+h_2} + q^{h_1+h_3} + \cdots + q^{h_2+h_3} + \cdots) + \cdots$$
$$\cdots + q^{a_1 h_1 + a_2 h_2 + \cdots} + \cdots$$
$$= \sum_{a_1 \geq 0} \sum_{a_2 \geq 0} \cdots q^{a_1 h_1 + a_2 h_2 + \cdots}$$
$$= \sum_{n \geq 0} p(\text{``}H\text{''}, n) q^n$$

となる．最後の等式は左辺を q のベキでまとめるとその係数は分割 $(h_1^{a_1} h_2^{a_2} h_3^{a_3} \ldots) \vdash n$ の個数であり，そしてその分割は $h_1, h_2, \ldots$ を何回か使ってできる分割 H の元に他ならないことから導き出されていることに注意しよう．

そして，全く同様に

$$\prod_{n \in H} (1 + q^n + q^{2n} + \cdots + q^{dn})$$
$$= \sum_{d \geq a_1 \geq 0} \sum_{d \geq a_2 \geq 0} \cdots q^{a_1 h_1 + a_2 h_2 + \cdots}$$
$$= \sum_{n \geq 0} p(\text{``}H\text{''}(\leq d), n) q^n$$

である．

ここで特に "H" $= \mathcal{O}$，つまり H を正の奇数の集合とした場合を考えれば

$$\sum_{n \geq 0} p(\mathcal{O}, n) q^n = \prod_{n=1}^{\infty} (1 - q^{2n-1})^{-1} \tag{4.2.3}$$

であるし，"H"$(\leq d)$ において H を正の整数全体 $\mathbb{Z}_{>0}$ および $d = 1$ とすれば "H"$(\leq d) = \mathcal{D}$ に他ならないから

$$\sum_{n \geq 0} p(\mathcal{D}, n) q^n = \prod_{n=1}^{\infty} (1 + q^n) \tag{4.2.4}$$

である．

4.2 分割数と母関数

そして,
$$\prod_{n=1}^{\infty}(1+q^n) = \prod_{n=1}^{\infty}\frac{1-q^{2n}}{1-q^n}$$
$$= \prod_{n=1}^{\infty}\frac{1}{1-q^{2n-1}}$$

という等式を考え併せれば, (4.2.3), (4.2.4) より
$$\sum_{n\geq 0}p(\mathcal{O},n)q^n = \sum_{n\geq 0}p(\mathcal{D},n)q^n.$$

つまり, 任意の正整数 n に対して
$$p(\mathcal{O},n) = p(\mathcal{D},n)$$

が成り立つことが導かれた.

このように母函数は組合せ論的函数の等式を示す場合に威力を発揮する.

さて, 今度は分割を図形的に表す方法を紹介しよう.

まず,

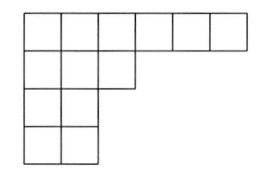

という図形を見ると, □ が 1 行目に 6 個, 2 行目に 3 個, 3 行目に 2 個, そして 4 行目に 2 個並んでいるが, これを 13 の分割 (6, 3, 2, 2) と同一視する.

一般に, □ を 1 行目に λ_1 個, 2 行目に λ_2 個,... というように左詰めにしながら上から順々に並べたものを**ヤング図形** (Young diagram) と呼び, 分割 $\lambda = (\lambda_1, \lambda_2,...)$ と同一視する.

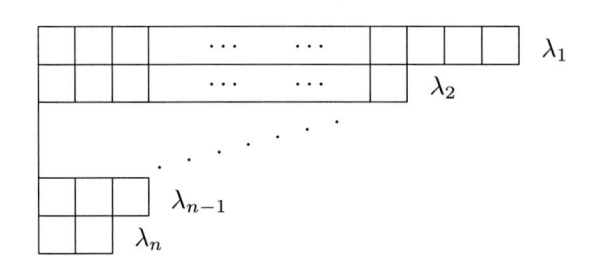

また，何行目まで箱が並んでいるかということを表すために**深さ** (depth)
という言葉を用いる．つまり，
$$\lambda = (\lambda_1, \lambda_2, \ldots)$$
において
$$\lambda_1 \geq \lambda_2 \geq \cdots \geq \lambda_r > 0, \quad \lambda_{r+1} = \cdots = 0$$
であるとき分割 λ の深さは r であるとするのである．例えば，

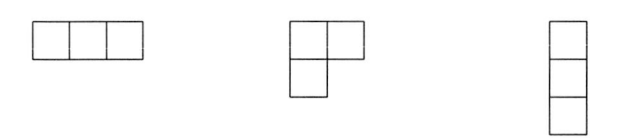

はそれぞれ左から順に深さが $1, 2, 3$ のヤング図形である．また，深さは**長さ**
(length) とも呼ばれ，分割 λ の長さを $l(\lambda)$ で表す．

一般に，分割とヤング図形は一対一に対応するので，今後，適宜両者を同一視する．

また，ヤング図形は

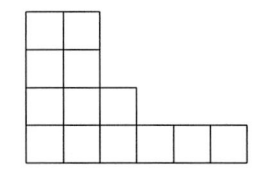

のように，先程のものと天地をひっくり返して書く流儀もあるし，ヤング図形の代わりに

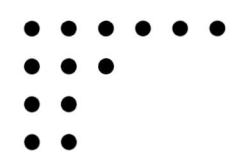

$$
\begin{array}{l}
\bullet\ \bullet\ \bullet\ \bullet\ \bullet\ \bullet \\
\bullet\ \bullet\ \bullet \\
\bullet\ \bullet \\
\bullet
\end{array}
$$

のように ● を並べたフェラーズ・グラフ (Ferrers graph) と呼ばれる図形も便利なことが多い．読者は適宜選んで利用してもらいたい．

さて，次のような等式が成り立つことが知られている．

定理 n の偶数個の異なる成分からなる分割の個数を $p_e(\mathcal{D}, n)$, n の奇数個の異なる成分からなる分割の個数を $p_o(\mathcal{D}, n)$ で表すとき

$$p_e(\mathcal{D}, n) - p_o(\mathcal{D}, n) = \begin{cases} (-1)^m & \ldots\ n = \frac{1}{2}m(3m \pm 1)\ \text{の場合}, \\ 0 & \ldots\ \text{その他の場合} \end{cases}$$
(4.2.5)

が成り立つ．

感じを摑むため，各 n に対して $p(\mathcal{D}, n)$ 個の分割でどれが $p_e(\mathcal{D}, n)$ として勘定されるか，どれが $p_o(\mathcal{D}, n)$ として勘定されるかを右肩にそれぞれ e および o を書き加えてみると

$p(\mathcal{D}, 1) : (1)^o;$
$p(\mathcal{D}, 2) : (2)^o;$
$p(\mathcal{D}, 3) : (3)^o, (2, 1)^e;$
$p(\mathcal{D}, 4) : (4)^o, (3, 1)^e;$
$p(\mathcal{D}, 5) : (5)^o, (4, 1)^e, (3, 2)^e;$
$p(\mathcal{D}, 6) : (6)^o, (5, 1)^e, (4, 2)^e, (3, 2, 1)^o;$
$p(\mathcal{D}, 7) : (7)^o, (6, 1)^e, (5, 2)^e, (4, 3)^e, (4, 2, 1)^o;$
$p(\mathcal{D}, 8) : (8)^o, (7, 1)^e, (6, 2)^e, (5, 3)^e, (5, 2, 1)^o, (4, 3, 1)^o;$
$\ldots\quad\ldots$

のようになり，もっと調べてみると殆どの n に関しては $p_e(\mathcal{D},n)$ と $p_o(\mathcal{D},n)$ とが等しいことがわかる．そして，個数の差があるのは $n = \frac{1}{2}m(3m+1)$ または $n = \frac{1}{2}m(3m-1)$ の場合で，具体的には $n = 1, 2, 5, 7, 12, 15, 22, 26, \ldots$ の場合である．ちなみに，この $n = \frac{1}{2}m(3m\pm 1)$ という数を**五角数** (pentagonal number) という．ということは，n が五角数の場合に限って $p_e(\mathcal{D},n)$ と $p_o(\mathcal{D},n)$ とが異なるというのである．この等式の証明は，ヤング図形を用いた組合せ論的方法があることを注意するに止め，今回は省略する (興味のある読者は例えば [A1] の 10 ページを見よ) が，この組合せ論的事実があれば次の等式を導くことができる．

定理 (五角数定理).

$$\prod_{n\geq 1}(1-q^n) = \sum_{-\infty}^{\infty}(-1)^m q^{\frac{1}{2}m(3m-1)}. \tag{4.2.6}$$

これを示すには，まず，右辺を

$$\sum_{-\infty}^{\infty}(-1)^m q^{\frac{1}{2}m(3m-1)} = 1 + \sum_{m=1}^{\infty}(-1)^m q^{\frac{1}{2}m(3m-1)} + \sum_{m=-1}^{-\infty}(-1)^m q^{\frac{1}{2}m(3m-1)}$$

$$= 1 + \sum_{m=1}^{\infty}(-1)^m q^{\frac{1}{2}m(3m-1)} + \sum_{m=1}^{\infty}(-1)^m q^{\frac{1}{2}m(3m+1)}$$

$$= 1 + \sum_{n=1}^{\infty}(p_e(\mathcal{D},n) - p_o(\mathcal{D},n))q^n \tag{4.2.7}$$

と変形する．3 つ目の等式が (4.2.5) による書き換えである．そして，他方，

$$\prod_{n\geq 1}(1-q^n) = (1-q)(1-q^2)(1-q^3)\cdots$$

$$= \sum_{a_1=0}^{1}\sum_{a_2=0}^{1}\cdots (-1)^{a_1+a_2+\cdots} q^{1\cdot a_1 + 2\cdot a_2 + 3\cdot a_3 + \cdots}$$

$$= \sum_{n\geq 0}(p_e(\mathcal{D},n) - p_o(\mathcal{D},n))q^n \tag{4.2.8}$$

である．なぜなら，もし

$$(-1)^{a_1+a_2+a_3+\cdots}$$

という因子がなかったら q^n の係数は異なる成分からなる n の分割の個数 $p(\mathcal{D}, n)$ であり，その成分の個数が偶数か奇数により

$$(-1)^{a_1+a_2+a_3+\cdots}$$

は $+1$ か -1 であるのだから，ひとまとめにすれば $p_e(\mathcal{D}, n) - p_o(\mathcal{D}, n)$ となるからである．

以上で，(4.2.5) の仮定のもとで五角数定理 (4.2.6) が導かれた．

このように，母函数は一見手も足も出せそうもない函数をひとまとめにして旨く処理するための常套手段の一つである．

4.3　二項定理とガンマ函数の q-類似

q-類似の概念を説明した後，最も大事な公式のひとつである，二項定理の q-類似を導く．

対象 B が 1 と異なるパラメータ q をもち，q を 1 に近づける $(q \to 1)$ と対象 A に近づく $(B \to A)$ という状況があったとしよう．このとき，対象 B は対象 A の **q-類似** (q-analogue) であるという．

例えば，対象 B として

$$1,\ 1+q,\ 1+q+q^2,\ \ldots,\ 1+q+q^2+\cdots+q^{n-1}, \ldots$$

を考えるとき，正の整数

$$1,\ 2,\ 3, \ldots, n, \ldots$$

が対象 A となるので，逆に

$$1,\ 1+q,\ 1+q+q^2,\ \ldots,\ 1+q+q^2+\cdots+q^{n-1}, \ldots$$

は正の整数の q-類似を与えていると考えるのである．いまは言葉の説明のために対象 B を先に与えてしまったが，大事なのは対象 A が先に与えられ

ていて，何らかの意味で良い q-類似 (対象 B) を考えることである．もちろん，これでは対象 A を一つ固定しても対象 B はいくらでも考え出せる．ところが，少なくとも今までの数学の歴史を振り返ると経験的に何らかの意味で「良い q-類似」と「悪い q-類似」とがあって，そういう意味で，我々は良い q-類似 (正しい対象 B) に興味がある．ちなみに，パラメータ q はしばしばベース (base) とも呼ばれ，したがって q-類似はベイシック・アナローグ (basic analogue) とも呼ばれることがある．

では，先程与えた自然数の q-類似
$$1,\ 1+q,\ 1+q+q^2,\ \ldots,\ 1+q+q^2+\cdots+q^{n-1},\ \ldots$$
を出発点として我々の q-類似がどこまで通用するか見てみよう．

そのために，4.1 節で登場した二項定理
$$(1+z)^n = \sum_{m=0}^{n} \binom{n}{m} z^m$$
の q-類似を探してみよう．

まず，
$$(1+z)^2 = 1 + 2z + z^2$$
や
$$(1+z)^3 = 1 + 3z + 3z^2 + z^3$$
に現れる 2 や 3 のところに $1+q$ や $1+q+q^2$ が現れねばならないと考えれば $(1+z)^2$ の q-類似として $(1+z)(1+zq)$，$(1+z)^3$ の q-類似として $(1+z)(1+zq)(1+zq^2)$ を考えるのがよさそうである．そして，もうひとつ高いベキの式に相当するものまでを展開してみると

$(1+z)(1+zq) = 1 + (1+q)z + qz^2,$

$(1+z)(1+zq)(1+zq^2)$
$\quad = 1 + (1+q+q^2)z + q(1+q+q^2)z^2 + q^{1+2}z^3,$

$(1+z)(1+zq)(1+zq^2)(1+zq^3)$
$\quad = 1 + (1+q+q^2+q^3)z + q(1+q+2q^2+q^3+q^4)z^2$
$\quad\quad + q^{1+2}(1+q+q^2+q^3)z^3 + q^{1+2+3}z^4$

4.3 二項定理とガンマ函数の q-類似

である．ここで，第 3 式の右辺第 3 項 (z^2 が含まれる項) に含まれる $1+q+2q^2+q^3+q^4$ は，もともと ($q \to 1$ の場合)

$$\binom{4}{2} = \frac{4 \cdot 3}{2 \cdot 1}$$

であったものの q-類似と考えたい．そこで，$1+q+2q^2+q^3+q^4$ を因数分解すると

$$1+q+2q^2+q^3+q^4 = (1+q^2)(1+q+q^2)$$

で，$1+q+q^2$ が 3 の q-類似だったから，$1+q^2$ という因子が $4/2$ の q-類似と考えられる．実際，

$$1+q^2 = \frac{(1+q)(1+q^2)}{1+q}$$

$$= \frac{1+q+q^2+q^3}{1+q}$$

と考えれば，

$$\frac{(1+q+q^2+q^3)(1+q+q^2)}{(1+q) \cdot 1} \to \frac{4 \cdot 3}{2 \cdot 1} = \binom{4}{2}$$

で非常に旨く辻褄が合っている．

このことから，二項係数

$$\binom{n}{m} = \frac{n(n-1)\cdots(n-m+1)}{m!}$$

$$= \frac{n!}{m!(n-m)!}$$

の q-類似として

$$\begin{bmatrix} n \\ m \end{bmatrix}_q = \frac{n!_q}{m!_q (n-m)!_q}$$

$$= \frac{\dfrac{1-q^n}{1-q}\dfrac{1-q^{n-1}}{1-q}\cdots\dfrac{1-q}{1-q}}{\dfrac{1-q^m}{1-q}\dfrac{1-q^{m-1}}{1-q}\cdots\dfrac{1-q}{1-q} \cdot \dfrac{1-q^{n-m}}{1-q}\dfrac{1-q^{n-m-1}}{1-q}\cdots\dfrac{1-q}{1-q}}$$

$$= \frac{(1-q^n)(1-q^{n-1})\cdots(1-q)}{(1-q^m)(1-q^{m-1})\cdots(1-q)\cdot(1-q^{n-m})(1-q^{n-m-1})\cdots(1-q)}$$

$$= \frac{(1-q^n)(1-q^{n-1})\cdots(1-q^{n-m+1})}{(1-q^m)(1-q^{m-1})\cdots(1-q)} \tag{4.3.1}$$

を定義すれば

$$(1+z)(1+zq)\cdots(1+zq^{n-1}) = \sum_{m=0}^{n}\begin{bmatrix}n\\m\end{bmatrix}_q q^{1+2+\cdots+(m-1)}z^m$$

$$= \sum_{m=0}^{n}\begin{bmatrix}n\\m\end{bmatrix}_q q^{m(m-1)/2}z^m \tag{4.3.2}$$

という予想に辿り着き，実際にそれが正しいことが証明される．これを**二項定理の q-類似** (q-binomial theorem) という．証明は通常の二項定理 (4.1.1) と同様にできるので練習問題にしよう．実は，すぐあとで，より一般的な形の証明を与えるのだが，記号に慣れるためにも各自ペンを執って試みて欲しい．

さてここで，
$$(1-q^n)\cdots(1-q^2)(1-q)$$

という式が出てきたが，この式は今後頻繁に現れるので，簡潔に表す記号 $(q;q)_n$ を導入する．つまり，

$$(q;q)_n = (1-q)(1-q^2)\cdots(1-q^n) = \prod_{i=1}^{n}(1-q^i)$$

とする．この記号を用いれば**二項係数の q-類似** (**q-二項係数**, q-binomial coefficient) は

$$\begin{bmatrix}n\\m\end{bmatrix}_q = \frac{(q;q)_n}{(q;q)_m(q;q)_{n-m}} \tag{4.3.3}$$

であり，さらに **q-ずらし階乗函数** (q-shifted factorial) の記号 $(a;q)_n$ を

$$(a;q)_n = (1-a)(1-aq)\cdots(1-aq^{n-1}) = \prod_{i=0}^{n-1}(1-aq^i) \tag{4.3.4}$$

4.3 二項定理とガンマ函数の q-類似

で定義すれば,二項定理の q-類似は

$$(-z;q)_n = \sum_{m=0}^{n} \begin{bmatrix} n \\ m \end{bmatrix}_q q^{m(m-1)/2} z^m \tag{4.3.5}$$

と表せる.

二項定理の q-類似の証明においても利用されるのだが,q-二項係数はさまざまな関係式を満たす.

$$\begin{bmatrix} n \\ 0 \end{bmatrix}_q = \begin{bmatrix} n \\ n \end{bmatrix}_q = 1,$$

$$\begin{bmatrix} n \\ m \end{bmatrix}_q = \begin{bmatrix} n \\ n-m \end{bmatrix}_q$$

は定義から明らかであるが,やはり定義に従って計算すれば

$$\begin{bmatrix} n \\ m \end{bmatrix}_q = \begin{bmatrix} n-1 \\ m \end{bmatrix}_q + q^{n-m} \begin{bmatrix} n-1 \\ m-1 \end{bmatrix}_q,$$

$$\begin{bmatrix} n \\ m \end{bmatrix}_q = \begin{bmatrix} n-1 \\ m-1 \end{bmatrix}_q + q^m \begin{bmatrix} n-1 \\ m \end{bmatrix}_q$$

なる関係式を満たすことを見るのはたやすい.この二つの式は,共にパスカルの三角形

$$\binom{n}{m} = \binom{n-1}{m-1} + \binom{n-1}{m}$$

の q-類似である.

念のため確認しておくと

$$\lim_{q \to 1} \begin{bmatrix} n \\ m \end{bmatrix}_q = \lim_{q \to 1} \frac{(1-q^n)}{(1-q^m)} \frac{(1-q^{n-1})}{(1-q^{m-1})} \cdots \frac{(1-q^{n-m+1})}{(1-q)}$$

$$= \frac{n}{m} \frac{n-1}{m-1} \cdots \frac{n-m+1}{1}$$

$$= \frac{n!}{m!(n-m)!} = \binom{n}{m}$$

である．また，二項係数の q-類似は q についての多項式であり，このことを示すには，パスカルの三角形の q-類似と数学的帰納法を用いればよい．そしてこのことから，二項係数の q-類似はガウス多項式と呼ばれることも多い．

さて，いままでは多項式版の二項定理

$$(1+z)^n = \sum_{m=0}^{n} \frac{n(n-1)\cdots(n-m+1)}{m!} z^m$$

の q-類似を考察してきたが，今度は α を必ずしも正整数でないものとしたときの

$$(1+z)^\alpha = \sum_{m=0}^{\infty} \frac{\alpha(\alpha-1)\cdots(\alpha-m+1)}{m!} z^m$$

または，$z \mapsto -z$ としてから整理し直した

$$(1-z)^{-\alpha} = \sum_{m=0}^{\infty} \frac{\alpha(\alpha+1)\cdots(\alpha+m-1)}{m!} z^m$$

なる級数版の二項定理の q-類似を探すことにする．

多項式版の q-二項定理を探す際は，$q=1$ の場合の二項定理の左辺 $(1+z)^n$ を考察することから出発した．級数版の q-二項定理では多項式版の q-二項定理

$$(z;q)_n = \sum_{m=0}^{n} \begin{bmatrix} n \\ m \end{bmatrix}_q q^{m(m-1)/2} (-z)^m \tag{4.3.6}$$

の右辺の級数表示から出発する．

まず，

$$(1-q^n)(1-q^{n-1})\cdots(1-q^{n-m+1})$$
$$=(1-q^{-n})(1-q^{1-n})\cdots(1-q^{m-1-n})(-1)^m q^{n+(n-1)+\cdots+(n-m+1)}$$
$$=(q^{-n};q)_m (-q^n)^m q^{-\frac{1}{2}m(m-1)}$$

4.3 二項定理とガンマ函数の q-類似

に注意すれば,

$$\sum_{m=0}^{n} \begin{bmatrix} n \\ m \end{bmatrix}_q q^{m(m-1)/2}(-z)^m$$

$$= \sum_{m=0}^{n} \frac{(q^{-n};q)_m}{(q;q)_m}(q^n z)^m$$

であるので, 多項式版の q-二項定理は

$$(z;q)_n = \sum_{m=0}^{n} \frac{(q^{-n};q)_m}{(q;q)_m}(q^n z)^m$$

と書き直すことができる. さらに, $z \mapsto q^{-n}z$ と変換すれば

$$(q^{-n}z;q)_n = \sum_{m=0}^{n} \frac{(q^{-n};q)_m}{(q;q)_m} z^m \tag{4.3.7}$$

である. ここで, 級数版の二項定理

$$(1-z)^{-\alpha} = \sum_{m=0}^{\infty} \frac{\alpha(\alpha+1)\cdots(\alpha+m-1)}{m!} z^m$$

の右辺を思い出しながら

$$\sum_{m=0}^{\infty} \frac{(1-q^\alpha)(1-q^{\alpha+1})\cdots(1-q^{\alpha+m-1})}{(1-q)(1-q^2)\cdots(1-q^m)} z^m$$

$$= \sum_{m=0}^{\infty} \frac{(q^\alpha;q)_m}{(q;q)_m} z^m,$$

さらにもう少し一般的に

$$\sum_{m=0}^{\infty} \frac{(a;q)_m}{(q;q)_m} z^m \tag{4.3.8}$$

を考察する. ここで, $a = q^{-n}$ とすれば $m > n$ なる項はすべてゼロになるゆえ, 多項式版の二項定理 (4.3.7) の右辺が回復する. そして, 一般に, この級数 (4.3.8) は q を $0 < q < 1$ なる実数とすれば $|z| < 1$ で絶対収束する. 以下特に断らない限り, q を $0 < q < 1$ なる実数と固定する.

問題は，この級数が何らかの意味で閉じた形になるかどうかであるが，結果的には無限積表示をもち，これを (級数版の) **q-二項定理** (q-binomial theorem) という．

---

q-二項定理 (級数版)

$$\frac{(az;q)_\infty}{(z;q)_\infty} = \sum_{m=0}^{\infty} \frac{(a;q)_m}{(q;q)_m} z^m, \qquad |z| < 1. \qquad (4.3.9)$$

ただし，

$$(a;q)_\infty = \prod_{i=0}^{\infty}(1-aq^i), \qquad 0 < q < 1. \qquad (4.3.10)$$

ここで $a = q^{-n}$ として得られる等式

$$\sum_{m=0}^{n} \frac{(q^{-n};q)_m}{(q;q)_m} z^m = \frac{(q^{-n}z;q)_\infty}{(z;q)_\infty}$$

$$= (q^{-n}z;q)_n$$

が，多項式版の q-二項定理 (4.3.7) である．q-二項定理 (4.3.9) を証明するには次のようにすればよい．まず (4.3.9) の右辺を $f(z)$ とおく．すると

$$f(z) - f(zq) = \sum_{m=0}^{\infty} \frac{(a;q)_m}{(q;q)_m}(1-q^m)z^m$$

$$= \sum_{m=1}^{\infty} \frac{(a;q)_m}{(q;q)_{m-1}} z^m$$

$$= \sum_{m=0}^{\infty} \frac{(a;q)_{m+1}}{(q;q)_m} z^{m+1}$$

4.3 二項定理とガンマ函数の q-類似

および

$$f(z) - af(zq) = \sum_{m=0}^{\infty} \frac{(a;q)_m}{(q;q)_m}(1-aq^m)z^m$$

$$= \sum_{m=0}^{\infty} \frac{(a;q)_{m+1}}{(q;q)_m} z^m$$

から

$$f(z) - f(zq) = z(f(z) - af(zq))$$

なる等式が得られ，これは

$$f(z) = \frac{1-az}{1-z} f(zq)$$

に等しい．そして，これを繰り返し用いれば

$$f(z) = \frac{1-az}{1-z} f(zq) = \frac{1-az}{1-z} \frac{1-aqz}{1-qz} f(zq^2) = \cdots$$

$$= \frac{1-az}{1-z} \frac{1-aqz}{1-qz} \cdots \frac{1-aq^{l-1}z}{1-q^{l-1}z} f(zq^l)$$

$$= \frac{(az;q)_l}{(z;q)_l} f(zq^l)$$

であるが，元々の定義から $f(z)$ は原点の近傍で解析的であり，かつ $f(0) = 1$ なので

$$f(z) = \lim_{l \to \infty} \frac{(az;q)_l}{(z;q)_l} f(zq^l) = \frac{(az;q)_\infty}{(z;q)_\infty}$$

を得る．これで q-二項定理 (4.3.9) の証明が終わった．

次に，ガンマ函数 $\Gamma(x)$ の q 類似を考察してみよう．

ガンマ函数 $\Gamma(x)$ は階乗函数の一般化 (n を正整数として $\Gamma(n+1) = n!$ である) なので，ガンマ函数の q-類似は

$$n!_q = 1(1+q)\cdots(1+q+\cdots+q^{n-1})$$

$$= \frac{1-q}{1-q} \frac{1-q^2}{1-q} \cdots \frac{1-q^n}{1-q}$$

の一般化であるはずである．ところが，これは q-ずらし階乗 (q-shifted factorial)

$$(a;q)_\infty = \prod_{i=0}^{\infty}(1-aq^i), \quad (a;q)_n = \frac{(a;q)_\infty}{(aq^n;q)_\infty}$$

を用いて改めて書き直すと

$$n!_q = \frac{(q;q)_n}{(1-q)^n}$$

$$= \frac{(q;q)_\infty}{(q^{n+1};q)_\infty}(1-q)^{-n}$$

であり，右辺の式は n が正の整数の場合だけでなく，一般に複素数の場合に意味をもつ．従って，ガンマ函数の q-類似を

$$\Gamma_q(x+1) = \frac{(q;q)_\infty}{(q^{x+1};q)_\infty}(1-q)^{-x}$$

と定義すれば良かろうと考えられる (n を正の整数として $\Gamma(n+1) = n!$ であった)．

実際，このようにして定義された $\Gamma_q(x+1)$ は

$$\Gamma_q(x+1) = \frac{(q;q)_\infty}{(q^{x+1};q)_\infty}(1-q)^{-x}$$

$$= \prod_{n=1}^{\infty} \frac{(1-q^n)(1-q^{n+1})^x}{(1-q^{n+x})(1-q^n)^x}$$

だから

$$\lim_{q \to 1} \Gamma_q(x+1) = \prod_{n=1}^{\infty} \frac{n}{(n+x)} \left(\frac{n+1}{n}\right)^x$$

$$= x\left\{x^{-1}\prod_{n=1}^{\infty}\left(1+\frac{x}{n}\right)^{-1}\left(1+\frac{1}{n}\right)^x\right\}$$

$$= x\Gamma(x) = \Gamma(x+1)$$

である．そして，この $\Gamma_q(x)$ は函数等式

$$\Gamma_q(x+1) = \frac{1-q^x}{1-q}\Gamma_q(x), \qquad \Gamma_q(1) = 1$$

を満たす他，$f(x)$ を，ある $0 < q < 1$ なる q に対し

$$f(x+1) = \frac{1-q^x}{1-q}f(x), \qquad f(1) = 1$$

および，$\log f(x)$ が $x > 0$ において凸函数であるとすると，$f(x)$ は $\Gamma_q(x)$ に他ならないというボーア–モレラップ (Bohr–Mollerup) の定理[*6]の類似物が成立する．

以上より，函数

$$\Gamma_q(x) = \frac{(q;q)_\infty}{(q^x;q)_\infty}(1-q)^{1-x}$$

をガンマ函数の q-類似と考える．この q-ガンマ函数は，ヤコビの論文などでも既に見ることができるものであることを注意しておこう．

4.4　q-超幾何級数

　超幾何函数は数学に現れる具体的な函数の中でとりわけ基本的で重要なものである．この節では，超幾何函数の q-類似を導入し，基本的な公式を紹介する．

ガウスの超幾何級数 (Gauss' hypergeometric series)

$$_2F_1\left(\begin{array}{c}\alpha,\beta\\\gamma\end{array};x\right) = \sum_{n=0}^\infty \frac{(\alpha)_n(\beta)_n}{(\gamma)_n n!}x^n, \qquad |x| < 1 \qquad (4.4.1)$$

や，これを解析接続して得られる**ガウスの超幾何函数**，そして，これをさらに一般化した**一般化超幾何級数** (generalized hypergeometric series)

$$_mF_{m-1}\left(\begin{array}{c}\alpha_1,\ldots,\alpha_m\\\beta_1,\ldots,\beta_{m-1}\end{array};x\right) = \sum_{n=0}^\infty \frac{(\alpha_1)_n\cdots(\alpha_m)_n}{(\beta_1)_n\cdots(\beta_{m-1})_n n!}x^n, \qquad |x| < 1 \qquad (4.4.2)$$

[*6] 1922 年 H.Bohr と J.Mollerup は正の実数 $x > 0$ に対して定義された正の値をとる函数 $f(x)$ が条件 (1) $f(x+1) = xf(x)$ $(x > 0)$；(2) $\log f(x)$ は凸函数である；(3) $f(1) = 1$ を満足するならば，実は $f(x) = \Gamma(x)$ $(x > 0)$ であるということを証明した．

およびこれを解析接続した**一般化超幾何函数**は非常に普遍的で基本的な函数である．ただし，記号

$$(\alpha)_n = \alpha(\alpha+1)\cdots(\alpha+n-1)$$

を用いた[*7]．以下，これらの q-類似を考察するが，その前に確認しておくと，二項定理

$$(1-x)^{-\alpha} = \sum_{n=0}^{\infty} \frac{\alpha(\alpha+1)\cdots(\alpha+n-1)}{n!} x^n, \qquad |x|<1$$

の右辺は超幾何級数 (4.4.1) の特別なものに他ならない．このことからすると，ガウスの超幾何級数の q-類似として

$${}_2\varphi_1\left[\begin{array}{c} a,b \\ c \end{array}; q,x\right] = \sum_{n\geq 0} \frac{(a;q)_n (b;q)_n}{(c;q)_n (q;q)_n} x^n, \qquad |x|<1 \qquad (4.4.3)$$

を，一般化超幾何級数の q-類似として

$${}_m\varphi_{m-1}\left[\begin{array}{c} a_1,\ldots,a_m \\ b_1,\ldots,b_{m-1} \end{array}; q,x\right]$$

$$= \sum_{n\geq 0} \frac{(a_1;q)_n \cdots\cdots\cdots (a_m;q)_n}{(b_1;q)_n \cdots (b_{m-1};q)_n (q;q)_n} x^n, \qquad |x|<1 \qquad (4.4.4)$$

を考えるのが自然である．級数 ${}_2\varphi_1$ は，これを初めて系統的に考察したのがハイネ (E.Heine, 1821-81) であることから，**ハイネの級数**と呼ばれたり，単に **q-超幾何級数** (q-hypergeometric series, basic hypergeometric series) と呼ばれる [Hei1][Hei2]．同様に，級数 ${}_m\varphi_{m-1}$ は**一般化 q-超幾何級数** (q-hypergeometric series, basic hypergeometric series) などと呼ばれる．

ガウスの超幾何函数や一般化超幾何函数がさまざまな関係式を満たすように，q-超幾何級数もさまざまな関係式を満たす．例えば，ハイネによる

$${}_2\varphi_1\left[\begin{array}{c} a,b \\ c \end{array}; q,x\right] = \frac{(b;q)_\infty (ax;q)_\infty}{(c;q)_\infty (x;q)_\infty} {}_2\varphi_1\left[\begin{array}{c} c/b, x \\ ax \end{array}; q,b\right] \qquad (4.4.5)$$

[*7] q-ずらし階乗 $(a;q)_n$ を簡単に $(a)_n$ と表記することも多いので注意を要するが，殆どの場合，文脈により明らかな筈である．

4.4 q-超幾何級数

は最も基本的な関係式である．この公式の導出には，さまざまな公式を導出する際の基本的なテクニックが含まれているので，それを紹介しよう．

まずは q-ずらし階乗の定義から

$$\frac{(b;q)_n}{(c;q)_n} = \frac{(b;q)_\infty}{(c;q)_\infty}\frac{(cq^n;q)_\infty}{(bq^n;q)_\infty}$$

なので，

$$\,_2\varphi_1\left[\begin{array}{c}a,b\\c\end{array};q,x\right] = \sum_{n\geq 0}\frac{(a;q)_n(b;q)_n}{(c;q)_n(q;q)_n}x^n$$

$$= \frac{(b;q)_\infty}{(c;q)_\infty}\sum_{n\geq 0}\frac{(a;q)_n(cq^n;q)_\infty}{(q;q)_n(bq^n;q)_\infty}x^n$$

であるが，q-二項定理 (4.3.9) より

$$\frac{(cq^n;q)_\infty}{(bq^n;q)_\infty} = \sum_{m\geq 0}\frac{(c/b;q)_m}{(q;q)_m}(bq^n)^m$$

なので

$$\frac{(b;q)_\infty}{(c;q)_\infty}\sum_{n\geq 0}\frac{(a;q)_n}{(q;q)_n}x^n\sum_{m\geq 0}\frac{(c/b;q)_m}{(q;q)_m}(bq^n)^m$$

$$= \frac{(b;q)_\infty}{(c;q)_\infty}\sum_{n\geq 0}\sum_{m\geq 0}\frac{(a;q)_n(c/b;q)_m}{(q;q)_n(q;q)_m}(bq^n)^m x^n$$

という二重和表示になる．ここで，和の順序を交換して

$$\frac{(b;q)_\infty}{(c;q)_\infty}\sum_{m\geq 0}\frac{(c/b;q)_m}{(q;q)_m}b^m\sum_{n\geq 0}\frac{(a;q)_n}{(q;q)_n}(xq^m)^n$$

とし，再び q-二項定理 (4.3.9) を用いて，今度は n に関する和を実行する．すると今度は m に関する和だけが残って

$$\frac{(b;q)_\infty}{(c;q)_\infty}\sum_{m\geq 0}\frac{(c/b;q)_m}{(q;q)_m}b^m\frac{(axq^m;q)_\infty}{(xq^m;q)_\infty}$$

つまり

$$\frac{(b;q)_\infty(ax;q)_\infty}{(c;q)_\infty(x;q)_\infty}\sum_{m\geq 0}\frac{(c/b;q)_m(x;q)_m}{(q;q)_m(ax;q)_m}b^m$$

となる．これはハイネの公式 (4.4.5) である．

ここで用いた，"n についての一重和を無理矢理 n と m に関する二重和に直したのち，m についての一重和に直す"というテクニックは重要である．そして，一重和から二重和に直す際，および，二重和を一重和に直す際，ここでは q-二項定理が用いられたが，場合によって，この部分を，さまざまな和公式・展開公式に代えることにより，多くの重要な公式が導かれる．実際，4.7 節でそのような例を見ることになるであろう．

さて，上で得た**ハイネの公式** (4.4.5) を繰り返し適用することにより

$$_2\varphi_1\left[\begin{array}{c}a,\ b\\c\end{array};q,x\right] = \frac{(b;q)_\infty(ax;q)_\infty}{(c;q)_\infty(x;q)_\infty}{}_2\varphi_1\left[\begin{array}{c}c/b,\ x\\ax\end{array};q,b\right]$$

$$= \frac{(c/b;q)_\infty(bx;q)_\infty}{(c;q)_\infty(x;q)_\infty}{}_2\varphi_1\left[\begin{array}{c}abx/c,\ b\\bx\end{array};q,c/b\right]$$

$$= \frac{(abx/c;q)_\infty}{(x;q)_\infty}{}_2\varphi_1\left[\begin{array}{c}c/a,\ c/b\\c\end{array};q,abx/c\right]$$

が得られるが，特に最左辺と最右辺との関係

$$_2\varphi_1\left[\begin{array}{c}a,b\\c\end{array};q,x\right] = \frac{(abx/c;q)_\infty}{(x;q)_\infty}{}_2\varphi_1\left[\begin{array}{c}c/a,c/b\\c\end{array};q,abx/c\right] \quad (4.4.6)$$

はオイラーの変換式

$$_2F_1\left(\begin{array}{c}\alpha,\beta\\\gamma\end{array};x\right) = (1-x)^{\gamma-\alpha-\beta}{}_2F_1\left(\begin{array}{c}\gamma-\alpha,\gamma-\beta\\\gamma\end{array};x\right)$$

の q-類似である．これを見るには，$a=q^\alpha, b=q^\beta, c=q^\gamma$ としてから q を 1 に近づければよいが，その際，q-二項式と二項式との関係

$$\frac{(q^\alpha x;q)_\infty}{(x;q)_\infty} \to (1-x)^{-\alpha} \qquad (q\to 1) \quad (4.4.7)$$

に注意する．

次に[*8]，

$$_2\varphi_1\left[\begin{array}{c}a,\ b\\c\end{array};q,\frac{c}{ab}\right] = \frac{(c/a;q)_\infty(c/b;q)_\infty}{(c;q)_\infty(c/ab;q)_\infty} \quad (4.4.8)$$

[*8] 以下，例えば c/ab と書かれていたら，これは $ca^{-1}b$ ではなく $ca^{-1}b^{-1}$ を意味するものとする．

4.4 q-超幾何級数

を示したいが，これはハイネの公式

$$ {}_2\varphi_1\left[\begin{array}{c}a,b\\c\end{array};q,x\right] = \frac{(b;q)_\infty(ax;q)_\infty}{(c;q)_\infty(x;q)_\infty}{}_2\varphi_1\left[\begin{array}{c}c/b,x\\ax\end{array};q,b\right] $$

において $x = ca^{-1}b^{-1}$ とすると，右辺が

$$ {}_2\varphi_1\left[\begin{array}{c}c/b,c/ab\\c/b\end{array};q,b\right] = {}_1\varphi_0\left[\begin{array}{c}c/ab\\-\end{array};q,b\right] $$

となり，q-二項定理から

$$ {}_1\varphi_0\left[\begin{array}{c}c/ab\\-\end{array};q,b\right] = \frac{(c/a;q)_\infty}{(b;q)_\infty} $$

なので，結局

$$ {}_2\varphi_1\left[\begin{array}{c}a,b\\c\end{array};q,\frac{c}{ab}\right] = \frac{(c/a;q)_\infty(c/b;q)_\infty}{(c;q)_\infty(c/ab;q)_\infty} $$

である．

ここで，$a = q^\alpha, b = q^\beta, c = q^\gamma$ としてから q-ガンマ函数

$$ \Gamma_q(x) = \frac{(q;q)_\infty}{(q^x;q)_\infty}(1-q)^{1-x} $$

による表示に書き換えると

$$ {}_2\varphi_1\left[\begin{array}{c}q^\alpha,q^\beta\\q^\gamma\end{array};q,q^{\gamma-\alpha-\beta}\right] = \frac{\Gamma_q(\gamma)\Gamma_q(\gamma-\alpha-\beta)}{\Gamma_q(\gamma-\alpha)\Gamma_q(\gamma-\beta)} \tag{4.4.9} $$

となるので，上の和公式はガウスの和公式

$$ {}_2F_1\left(\begin{array}{c}\alpha,\beta\\\gamma\end{array};1\right) = \frac{\Gamma(c)\Gamma(\gamma-\alpha-\beta)}{\Gamma(\gamma-\alpha)\Gamma(\gamma-\beta)} \tag{4.4.10} $$

の q-類似である．

では，ハイネの公式はどのように解釈されるだろうか．そのために，トマエ (J.Thomae) は

$$ \int_0^c f(t)d_qt = c(1-q)\sum_{n\geq 0}f(cq^n)q^n \tag{4.4.11} $$

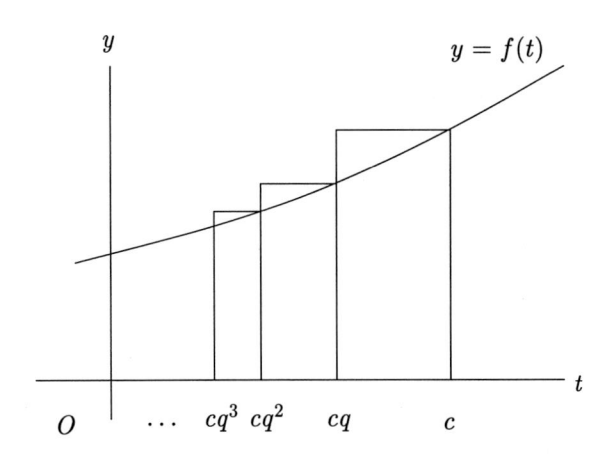

図 4.1

という定積分の q-類似を導入した [Tho].

この和は，高さを $f(c), f(cq), f(cq^2), \ldots,$ 幅を $c(1-q), c(q-q^2), c(q^2-q^3), \ldots$ とする短冊の面積の和と考えられる．したがって q を 1 に近づけることより，この和はリーマン積分に移行する．

これを用いると $a = q^\alpha, b = q^\beta, c = q^\gamma$ としてハイネの公式は次のように書き換えられる．

$$
{}_2\varphi_1 \left[\begin{array}{c} a, b \\ c \end{array} ; q, x \right]
$$

$$
= \frac{(b, ax; q)_\infty}{(c, x; q)_\infty} \sum_{n \geq 0} \frac{(c/b, x; q)_n}{(q, ax; q)_n} b^n
$$

$$
= \frac{(b, c/b; q)_\infty}{(c, q; q)_\infty} \sum_{n \geq 0} \frac{(q^{1+n}, axq^n; q)_\infty}{(cq^n/b, xq^n; q)_\infty} b^n
$$

$$
= \frac{\Gamma_q(\gamma)}{\Gamma_q(\beta)\Gamma_q(\gamma - \beta)} \int_0^1 t^{\beta - 1} \frac{(qt, q^\alpha xt; q)_\infty}{(q^{\gamma - \beta} t, xt; q)_\infty} d_q t.
$$

4.5 q-類似から q-解析へ

ここまでくれば，ハイネの公式は超幾何函数のオイラー積分表示

$$_2F_1\left(\begin{array}{c}\alpha,\beta\\\gamma\end{array};x\right)=\frac{\Gamma(\gamma)}{\Gamma(\beta)\Gamma(\gamma-\beta)}\int_0^1 t^{\beta-1}(1-t)^{\gamma-\beta-1}(1-xt)^{-\alpha}dt \tag{4.4.12}$$

の q-類似そのものを与えていたということがわかる．これがハイネの公式に対するトマエの解釈である．

さて，ハイネの公式に対するトマエの解釈が出てきたところで，q-二項定理自身をトマエの積分で見直してみよう．

まず，q-二項定理は

$$\sum_{n=0}^{\infty}\frac{(q^{n+1};q)_\infty}{(aq^{n+1};q)_\infty}x^n=\frac{(ax;q)_\infty(q;q)_\infty}{(x;q)_\infty(a;q)_\infty}$$

と書き換えられる．そして，いつものように a を q^α，x を q^γ ではなく q^β と置き換え，トマエの積分の定義と比べてみると，

$$\int_0^1 t^{\alpha-1}\frac{(tq;q)_\infty}{(tq^\beta;q)_\infty}d_qt=\frac{\Gamma_q(\alpha)\Gamma_q(\beta)}{\Gamma_q(\alpha+\beta)} \tag{4.4.13}$$

と読むことができる．これはまさにベータ函数とガンマ函数との基本関係式

$$\int_0^1 t^{\alpha-1}(1-t)^{\beta-1}dt=\frac{\Gamma(\alpha)\Gamma(\beta)}{\Gamma(\alpha+\beta)}$$

の q-類似であり，q-二項定理は q-ベータ函数を q-ガンマ函数で表す公式の別の姿とも考えられるのである．

4.5 q-類似から q-解析へ

再び，q-二項定理に関しての考察に戻る．次の二つの式を見よう．

$$\sum_{n=0}^{\infty}\frac{x^n}{(q;q)_n}=\frac{1}{(x;q)_\infty}, \tag{4.5.1}$$

$$\sum_{n=0}^{\infty}\frac{(-1)^n q^{\frac{1}{2}n(n-1)}x^n}{(q;q)_n}=(x;q)_\infty. \tag{4.5.2}$$

この二つの式はオイラー (L.Euler, 1707-1783) が，1748 年に出版した教科書 "Introductio in analysin infinitorum(Introduction to analysis of the infinite)"[Eul] の第 16 章「分割数について」で，分割数を論じる際に用いている公式である．この公式の証明はオイラーの教科書に書いてある通り，元の函数と x を qx にずらした函数との関係を考察すること (q 差分方程式を用いるということ) からすぐに導けるが，この 2 式がふたつとも q-二項定理の特殊化として統一的に捉えることもできる．

実際に，(4.5.1) は q-二項定理

$$\frac{(ax;q)_\infty}{(x;q)_\infty} = \sum_{n=0}^{\infty} \frac{(a;q)_n}{(q;q)_n} x^n, \qquad |x| < 1$$

で $a = 0$ とおいたものであるし，(4.5.2) も q-二項定理で x を x/a に置き換えたのちに $a \to \infty$ とすることで得られる．

ここで，(4.5.2) の導出を詳しく説明すると次のようになる．まず，q-二項定理の変数 x の所を x/a で置き換えたものは

$$\sum_{n=0}^{\infty} \frac{(a;q)_n}{(q;q)_n} \left(\frac{x}{a}\right)^n = \frac{(x;q)_\infty}{(x/a;q)_\infty}, \qquad |x/a| < 1$$

であるが，左辺の $(a;q)_n$ と $\left(\frac{x}{a}\right)^n$ とを組んで次のように捉える．

$$(a;q)_n \left(\frac{x}{a}\right)^n = (1-a)\left(\frac{x}{a}\right)(1-aq)\left(\frac{x}{a}\right) \cdots (1-aq^{n-1})\left(\frac{x}{a}\right)$$
$$= \left(\frac{x}{a} - x\right)\left(\frac{x}{a} - qx\right) \cdots \left(\frac{x}{a} - q^{n-1}x\right).$$

ここで a を無限大にすれば，

$$(-x)(-qx) \cdots (-q^{n-1}x) = (-x)^n q^{1+2+\cdots+(n-1)} = (-x)^n q^{\frac{1}{2}n(n-1)}$$

となる．また，

$$(x/a;q)_\infty \to (0;q)_\infty = 1 \qquad (a \to \infty)$$

であるから，結局 (4.5.2) が得られる．

このようにして，オイラーの二つの式は q-二項定理の特別なものとして得られたが，オイラー自身はこのように捉えてはいなかった．オイラーが上の

4.5 q-類似から q-解析へ

二つの式を導いた時期が 18 世紀の中頃で，いっぽう q-二項定理が現れたのは 19 世紀に入ってからだからである．

ここで q-二項定理の歴史についてまとめておく．

q-二項定理の多項式版 (4.3.2) はガウス (C. F. Gauss, 1777-1855) が 1808 年の論文 "Summatio quarumdam serierum singularium," (Werke II, pp.9-45) で既に計算しており，このことは「近世数学史談」(高木貞治著，岩波文庫) にも書かれている．そしていっぽうで楕円函数論の更なる発展を押し進めるヤコビがガウスの論文を強く意識しながら "Über einige der binomialreihe analoge reihen"[Jac] で考察したのは実質的には q-二項定理であった．

また，q-二項定理はヤコビの論文以前 1843 年 9 月受付のコーシー (A. L. Cauchy, 1789-1857) による論文 "Mémoire sur les fonctions dont plusieurs valeurs sont liées entre elles par une équation linéaire, et sur diverses transformations de produits composés d'un nombre indéfini de facteurs" (Comptes Rendus Paris, **17** p.523；Oeuvres, Ser.1, VIII, pp.42-50) で既に証明されていたのであるが，元々の問題意識がかけ離れていたのかお互い全く独立に行われたようである．

さて，つぎにオイラーの二つの公式 (4.5.1) (4.5.2) の応用を紹介しよう．

まず，(4.5.2) 式を次のように変形する．

$$(x;q)_\infty = \sum_{n=0}^{\infty} \frac{(-1)^n q^{\frac{1}{2}n(n-1)} x^n}{(q;q)_n}$$

$$= \frac{1}{(q;q)_\infty} \sum_{n=0}^{\infty} (-1)^n q^{\frac{1}{2}n(n-1)} x^n (q^{n+1};q)_\infty$$

$$= \frac{1}{(q;q)_\infty} \sum_{n=-\infty}^{\infty} (-1)^n q^{\frac{1}{2}n(n-1)} x^n (q^{n+1};q)_\infty.$$

二番目の等式は無限積の記号の定義を使っただけだし，最後の等式は $(q^{n+1};q)_\infty$ が $n = -1, -2, -3, \ldots$ ではゼロになることに眼を付けて和を取る範囲を，「ゼロ以上プラス無限大まで」だったものから「マイナス無限大からプラス無限大まで」に形式的に広げただけである．そして，もう一

度 (4.5.2) 式を $(q^{n+1};q)_\infty$ に適用すると

$$(q^{n+1};q)_\infty = \sum_{r=0}^\infty \frac{(-q^{n+1})^r q^{\frac{1}{2}r(r-1)}}{(q;q)_r}$$

であるから，和を取る順序の交換もして，

$$(x;q)_\infty = \frac{1}{(q;q)_\infty} \sum_{r=0}^\infty \frac{(-1)^r q^{\frac{1}{2}r(r+1)}}{(q;q)_r} \sum_{n=-\infty}^\infty (-x)^n q^{\frac{1}{2}n(n-1)+nr}$$

$$= \frac{1}{(q;q)_\infty} \sum_{r=0}^\infty \frac{(q/x)^r}{(q;q)_r} \sum_{n=-\infty}^\infty (-x)^{n+r} q^{\frac{1}{2}(n+r)(n+r-1)}$$

$$= \frac{1}{(q;q)_\infty} \sum_{r=0}^\infty \frac{(q/x)^r}{(q;q)_r} \sum_{n=-\infty}^\infty (-x)^n q^{\frac{1}{2}n(n-1)}$$

と変形される．そして，今度は等式 (4.5.1) より

$$\sum_{r=0}^\infty \frac{(q/x)^r}{(q;q)_r} = \frac{1}{(q/x;q)_\infty}$$

であるから，結局

$$(x;q)_\infty = \frac{1}{(q;q)_\infty (q/x;q)_\infty} \sum_{n=-\infty}^\infty (-x)^n q^{\frac{1}{2}n(n-1)}.$$

つまり，

$$(x;q)_\infty (q/x;q)_\infty (q;q)_\infty = \sum_{n=-\infty}^\infty (-x)^n q^{\frac{1}{2}n(n-1)} \tag{4.5.3}$$

が導かれた．この恒等式はヤコビ (C.Jacobi, 1804-51) の**三重積公式** (triple product formula) と呼ばれるものであり，テータ函数そのものを表している．ここで，無限積 $(a;q)_\infty$ の複数個の積をコンパクトに表す記号

$$(a_1,\ldots,a_m;q)_\infty = (a_1;q)_\infty \cdots (a_m;q)_\infty \tag{4.5.4}$$

4.5 q-類似から q-解析へ

を導入しておけば，三重積公式は

$$(x, q/x, q; q)_\infty = \sum_{n=-\infty}^{\infty} (-1)^n q^{n(n-1)/2} x^n \qquad (4.5.5)$$

と表せる．

この公式を初めて発表したのはヤコビであり，1829 年に発表されたその著 "Fundamenta nova theoriae functionum ellipticarum" (Gesammelte Werke, Vol. 1, pp.49-239) に，さまざまな公式とともに載せられているが，1818 年に書かれたガウスの遺稿 "Hundert theoreme über die neuen transscendenten" (Werke III, pp461-469) にも，同じ公式が書かれていたのが後程で発見された．したがって，ガウス–ヤコビの三重積公式と呼ぶ人もいる．この辺の事情も「近世数学史談」に触れられているので，ご存じの方も多かろう．

そして，この三重積公式の特殊化を考えるといくつかの興味深い重要な公式を得ることができる．

まず，三重積公式 (4.5.3) における q を，すべて q^3 に置き換えると

$$(x, q^3/x, q^3; q^3)_\infty = \sum_{n=-\infty}^{\infty} (-x)^n q^{\frac{3}{2}n(n-1)}$$

であるが，ここで $x = q$ とすれば

$$(左辺) = (q, q^2, q^3; q^3)_\infty$$
$$= (q; q)_\infty$$

つまり，

$$\sum_{n=-\infty}^{\infty} (-1)^n q^{\frac{1}{2}n(3n+1)} = (q; q)_\infty \qquad (4.5.6)$$

というオイラーの五角数定理 (4.2.6) が得られた．4.2 節で組合せ論的に論じられた五角数定理が，ここでは代数解析的に証明されたのである．

このほか，三重積公式 (4.5.3) において，q を q^2 で置き換えると，

$$\sum_{n=-\infty}^{\infty} (-x)^n q^{n(n-1)} = (x, q^2/x, q^2; q^2)_\infty$$

であるが，ここで x を q としてやると

$$\sum_{n=-\infty}^{\infty}(-1)^n q^{n^2} = (q,q,q^2;q^2)_\infty$$

$$= (q;q)_\infty (q;q^2)_\infty$$

$$= \frac{(q;q)_\infty}{(-q;q)_\infty} \qquad (4.5.7)$$

が得られる．ここで

$$(q;q^2)_\infty = \frac{1}{(-q;q)_\infty}$$

は

$$(-q;q)_\infty = (1+q)(1+q^2)(1+q^3)\cdots$$

$$= \frac{(1-q)(1-q^2)\cdots}{(1-q)(1-q^2)\cdots} \times (1+q)(1+q^2)(1+q^3)\cdots$$

$$= \frac{(1-q^2)(1-q^4)\cdots}{(1-q)(1-q^2)\cdots}$$

$$= \frac{1}{(1-q)(1-q^3)\cdots}$$

$$= \frac{1}{(q;q^2)_\infty}$$

という計算により得られることに注意しよう．

また，三重積公式 (4.5.3) において，今度は x を $-q$ とすると

$$\sum_{n=-\infty}^{\infty} q^{\frac{1}{2}n(n+1)} = (-q,-1,q;q)_\infty$$

$$= 2(-q,-q,q;q)_\infty.$$

4.5 q-類似から q-解析へ

つまり,

$$\sum_{n=0}^{\infty} q^{\frac{1}{2}n(n+1)} = (-q,-q,q;q)_{\infty}$$
$$= (-q;q)_{\infty}(q^2;q^2)_{\infty}$$
$$= \frac{(q^2;q^2)_{\infty}}{(q;q^2)_{\infty}} \qquad (4.5.8)$$

を得る. これら, 2式

$$\sum_{n=-\infty}^{\infty} (-1)^n q^{n^2} = \frac{(q;q)_{\infty}}{(-q;q)_{\infty}},$$

$$\sum_{n=0}^{\infty} q^{\frac{1}{2}n(n+1)} = \frac{(q^2;q^2)_{\infty}}{(q;q^2)_{\infty}}$$

も, やはりガウスが得ていたものであるが, このように, q についての恒等式 (sums of products identity とか, ただ単に q-series と呼ぶことが多い) が三重積公式の特殊化で簡単に得られる.

ここで, 再び歴史についてのコメントをしたい. 三重積公式はガウスが未発表にしていたところヤコビが発見したためヤコビの三重積公式と呼ばれるようになったと既に述べた. オイラーは 1741 年 1 月, ダニエル・ベルヌーイ (D.Bernoulli, 1700-82) 宛ての手紙 (Corresp. Math. Phys., Fuss ed., II, pp.465-472) で五角数定理を分割数の研究に役立てることを宣言したが, 帰納法によるその証明をゴールドバッハ (C.Goldbach, 1690-1764) 宛ての手紙にしたためるのが 1750 年 6 月のこと (Corresp. Math. Phys. Fuss ed., I, pp.515-524) だから, 予想から証明までかれこれ 10 年もの歳月を要したことになる. 論文として出版されたのは 1760 年 (Opera omnia, Ser. I, vol.2, pp.390-398) である. 1780 年受付, 83 年出版の論文でもこの公式を扱っている. 83 年といえば, オイラーの没年である.

この節の最後に, 三重積公式を導出するもうひとつの方法を紹介しよう.

そのために, q-二項定理

$$\frac{(az;q)_{\infty}}{(z;q)_{\infty}} = \sum_{m=0}^{\infty} \frac{(a;q)_m}{(q;q)_m} z^m, \qquad |z| < 1 \qquad (4.5.9)$$

をもっと拡張できないだろうかと考えてみる．この式を漠然と眺めていても埒が明かないが，右辺をじっくり眺めてみると

$$\sum_{n=-\infty}^{\infty} \frac{(a;q)_n}{(b;q)_n} x^n \qquad (4.5.10)$$

とすることが拡張のひとつの道であると思える．ただし，q ずらし階乗 $(a;q)_n$ の定義を必ずしも非負でない整数 n に対しても有効なように

$$(a;q)_n = \frac{(a;q)_\infty}{(aq^n;q)_\infty} \qquad (4.5.11)$$

と改めて定義し直すことにする．こうすると，負の整数 $n=-1,-2,\ldots$ に対しては $(q;q)_n^{-1}=0$ となり，(4.5.9) の右辺は (4.5.10) において $b\to q$ としたものと見なせるからである．そして対応する左辺を込めて函数等式を書いておくと，

$$\frac{(ax,q/ax,q,b/a;q)_\infty}{(x,b/ax,b,q/a;q)_\infty} = \sum_{n=-\infty}^{\infty} \frac{(a;q)_n}{(b;q)_n} x^n, \qquad |b/a|<|x|<1 \qquad (4.5.12)$$

となる．この等式はラマヌジャン (S.Ramanujan) が発見したものでしばしば $_1\Psi_1$-和と呼ばれる．これに関して，イスメイル (M.Ismail) によるエレガントな証明 ([Ism]) を紹介しよう．

まず，(4.5.12) の右辺を

$$\sum_{n=-\infty}^{\infty} \frac{(a;q)_n}{(b;q)_n} x^n = \frac{(a;q)_\infty}{(b;q)_\infty} \sum_{n=-\infty}^{\infty} \frac{(bq^n;q)_\infty}{(aq^n;q)_\infty} x^n$$

と変形して

$$g(b) = \sum_{n=-\infty}^{\infty} \frac{(bq^n;q)_\infty}{(aq^n;q)_\infty} x^n$$

とおく．4.3 節で紹介した q-二項定理の証明とは異なり，パラメタ b に注目

4.5 q-類似から q-解析へ

していることに注意する．そして，

$$\begin{aligned}
g(b) &= \sum_{n=-\infty}^{\infty} \frac{(bq^{n+1};q)_\infty}{(aq^{n+1};q)_\infty} \frac{1-bq^n}{1-aq^n} x^n \\
&= \sum_{n=-\infty}^{\infty} \frac{(bq^{n+1};q)_\infty}{(aq^{n+1};q)_\infty} \frac{\frac{b}{a}(1-aq^n)+(1-\frac{b}{a})}{1-aq^n} x^n \\
&= \frac{b}{a} \sum_{n=-\infty}^{\infty} \frac{(bq^{n+1};q)_\infty}{(aq^{n+1};q)_\infty} x^n + \left(1-\frac{b}{a}\right) \sum_{n=-\infty}^{\infty} \frac{(bq^{n+1};q)_\infty}{(aq^n;q)_\infty} x^n \\
&= \frac{b}{ax} g(b) + (1-\frac{b}{a}) g(bq)
\end{aligned}$$

より q-差分方程式

$$\left(1-\frac{b}{ax}\right) g(b) = \left(1-\frac{b}{a}\right) g(bq)$$

が導かれて，

$$g(b) = \frac{(b/a;q)_\infty}{(b/ax;q)_\infty} g(0)$$

である．ここで，$g(0)$ の値は直ちにわかるものではないので少し工夫が必要になるが，$g(q)$ の値は q-二項定理を用いることにより

$$\begin{aligned}
g(q) &= \frac{(q;q)_\infty}{(a;q)_\infty} \sum_{n=0}^{\infty} \frac{(a;q)_n}{(q;q)_n} x^n \\
&= \frac{(q,ax;q)_\infty}{(a,x;q)_\infty}
\end{aligned}$$

と計算されるから

$$g(b) = \frac{(b/a;q)_\infty}{(b/ax;q)_\infty} g(0)$$

において $b=q$ とした式

$$g(q) = \frac{(q/a;q)_\infty}{(q/ax;q)_\infty} g(0)$$

を用いることにより結局

$$g(b) = \frac{(b/a, q/ax, q, ax; q)_\infty}{(b/ax, q/a, a, x; q)_\infty}.$$

これで (4.5.12) が得られた．

ここに至って約束を果たせる．(4.5.12) 式で $b \to 0, x \to x/a$ という置き換えをした後に $a \to \infty$ とすれば，テータ函数に対する三重積公式

$$\sum_{n=-\infty}^{\infty} (-)^n q^{n(n-1)/2} x^n = (x;q)_\infty (q/x;q)_\infty (q;q)_\infty$$

が得られるのである．

4.6 直交多項式

ベータ函数に関連する重要な側面のひとつとして，ヤコビ多項式という名の直交多項式の内積を与えるということがある．そのような視点から，ベータ函数およびヤコビ多項式の q-類似を考察する．

ベータ函数

$$\int_0^1 t^{\alpha-1}(1-t)^{\beta-1} dt$$

の重要な側面のひとつとして，**ヤコビ多項式**という名の直交多項式

$$P_n^{(\alpha,\beta)}(x) = {}_2F_1\left(\begin{matrix} -n, \alpha+\beta+n+1 \\ \alpha+1 \end{matrix} ; x\right)$$

の直交内積を与えているということがある．具体的には (α, β を慣用に従って，一つずつずらして)

$$\int_0^1 P_n^{(\alpha,\beta)}(x) P_m^{(\alpha,\beta)}(x) x^\alpha (1-x)^\beta dx = 0, \quad m \neq n$$

である．そして，4.4 節の最後に現れたベータ函数の q-類似

$$\int_0^1 t^{\alpha-1} \frac{(tq;q)_\infty}{(tq^\beta;q)_\infty} d_q t$$

が直交内積

$$\int_0^1 p_n^{(\alpha,\beta)}(x) p_m^{(\alpha,\beta)}(x) x^\alpha \frac{(xq;q)_\infty}{(xq^{\beta+1};q)_\infty} d_q x$$

4.6 直交多項式

$$= \begin{cases} 0, & m \neq n, \\ \dfrac{q^{\alpha+n}(q,q,q^{\alpha+\beta+n+1};q)_\infty (q;q)_n}{(q^{\beta+n+1},q^{\alpha+1};q)_\infty (q^{\alpha+1};q)_n(1-q^{\alpha+\beta+2n+1})}, & m=n \end{cases} \tag{4.6.1}$$

を与えるような直交多項式としてリトル q-ヤコビ多項式

$$p_n^{(\alpha,\beta)}(x;q) = {}_2\varphi_1\left[\begin{array}{c} q^{-n}, q^{\alpha+\beta+n+1} \\ q^{\alpha+1} \end{array}; q, qx\right]$$

が知られている.

このリトル q-ヤコビ多項式はハーン (W.Hahn) により導入された [Hah] ものであるが，(4.6.1) の直交関係式を与えたのはアンドリュースとアスキー (G.Andrews–R.Askey) であり，それほど古い話ではない [AA]．そして，q-直交多項式の理論と量子群の表現論とを結びつけた最初の例がこのリトル q-ヤコビ多項式であり，量子群 $SU_q(2)$ の球函数として実現されたのが最初である [Mas1][Mas2][VS]．

ところで，直交多項式の理論の基本問題のひとつに，接続係数の問題というのがある．特殊函数論においては，同じ「接続係数の問題」という名前の別の問題もあって，しばしば混乱が生じることもあるが，この場合でいえば

$$p_n^{(\gamma,\delta)}(x;q) = \sum_{k=0}^{n} a_{k,n}\, p_k^{(\alpha,\beta)}(x;q) \tag{4.6.2}$$

なる線型関係に現れる係数 $a_{k,n}$ を決定せよという問題で，リトル q-ヤコビ多項式の場合，

$$a_{k,n} = \frac{(-1)^k q^{\frac{1}{2}k(k+1)}(q^{\gamma+\delta+n+1},q^{-n},q^{\alpha+1};q)_k}{(q,q^{\gamma+1},q^{\alpha+\beta+k+1};q)_k}$$

$$\times {}_3\varphi_2\left[\begin{array}{c} q^{-n+k}, q^{\gamma+\delta+n+k+1}, q^{\alpha+k+1} \\ q^{\gamma+k+1}, q^{\alpha+\beta+2k+2} \end{array}; q, q\right]$$

と表示される (フェルトハイム (Feldheim) の定理の q-類似)．これを示すには直交関係式 (4.6.1) と和公式

$${}_3\varphi_2\left[\begin{array}{c} q^{-n}, Aq^n, B \\ C, ABq/C \end{array}; q, q\right] = \frac{B^n(Aq/C, C/B;q)_n}{(C, ABq/C;q)_n} \tag{4.6.3}$$

を用いる．

ここで，等式 (4.6.2) は

$$
{}_2\varphi_1\left[\begin{array}{c} q^{-n}, q^{\gamma+\delta+n+1} \\ q^{\gamma+1} \end{array}; q, qx\right]
$$

$$
= \sum_{k=0}^n a_{k,n}\, {}_2\varphi_1\left[\begin{array}{c} q^{-k}, q^{\alpha+\beta+k+1} \\ q^{\alpha+1} \end{array}; q, qx\right]
$$

であるが，x のベキ乗の係数がそれぞれ等しいということが多項式の恒等式ということだから，両辺の x のベキ乗 x^j を一斉に

$$
\frac{(a_1,\cdots,a_r;q)_j x^j}{(b_1,\cdots,b_r;q)_j}
$$

に取り替えても等号は保たれる．したがって，

$$
{}_{r+2}\varphi_{r+1}\left[\begin{array}{c} q^{-n}, q^{\gamma+\delta+n+1}, a_1,\cdots,a_r \\ q^{\gamma+1}, b_1,\cdots,b_r \end{array}; q, qx\right]
$$

$$
= \sum_{k=0}^n a_{k,n}\, {}_{r+2}\varphi_{r+1}\left[\begin{array}{c} q^{-k}, q^{\alpha+\beta+k+1}, a_1,\cdots,a_r \\ q^{\alpha+1}, b_1,\cdots,b_r \end{array}; q, qx\right]
$$

が得られる．

ここで特に $r=2$ の場合に，係数 $a_{n,k}$ および右辺の ${}_4\varphi_3$ に公式 (4.6.3) が適用できるように $\beta=\delta, a_1=q^{\alpha+1}, x=1, b_2=q^{\alpha+\delta+2}a_2/b_1$ として整理すると，

$$
{}_4\varphi_3\left[\begin{array}{c} q^{-n}, q^{\gamma+\delta+n+1}, q^{\alpha+1}, a_2 \\ q^{\gamma+1}, b_1, q^{\alpha+\delta+2}a_2/b_1 \end{array}; q, q\right]
$$

$$
= \frac{q^{\alpha+n}(q^{\delta+1}, q^{\gamma-\alpha};q)_n}{(q^{\alpha+\delta+2}, q^{\gamma+1};q)_n}
$$

$$
\times \sum_{k=0}^n \frac{(1-q^{\alpha+\delta+2k+1})(q^{\alpha+\delta+1}, q^{\alpha+\delta+2}/b_1, q^{\alpha+1}, q^{\gamma+\delta+n+1}, b_1/a_2, q^{-n};q)_k a_2^k q^{-k\gamma}}{(1-q^{\alpha+\delta+1})(q, b_1, q^{\delta+1}, q^{\alpha-\gamma-n+1}, q^{\alpha+\delta+2}a_2/b_1, q^{\alpha+\delta+n+2};q)_k}
$$

であるが，ここでさらに，$q^\alpha=d/q$, $q^\gamma=eda^{-1}q^{-n-1}$, $q^\delta=a/d$, $b_1=$

4.6 直交多項式

aq/b, $a_2 = aq/bc$ と置き直せば

$$
{}_4\varphi_3\left[\begin{array}{c} q^{-n}, e, d, aq/bc \\ ed/aq^n, aq/b, aq/c \end{array}; q, q\right]
$$

$$
= \frac{(aq/d, aq/e; q)_n}{(aq, aq/de; q)_n} {}_8\varphi_7\left[\begin{array}{c} a, q\sqrt{a}, -q\sqrt{a}, b, c, d, e, q^{-n} \\ \sqrt{a}, -\sqrt{a}, aq/b, aq/c, aq/d, aq/e, aq^{n+1} \end{array}; q, \frac{a^2 q^{n+2}}{bcde}\right]. \tag{4.6.4}
$$

これはワトソン (G.N.Watson, 1886-1965) によって得られていた等式であり，ウィップル (Whipple) の定理の q-類似である．

ここで，$b, c, d, e, n \longrightarrow \infty$ とすると

$$
\sum_{k=0}^{\infty} \frac{q^{k^2} a^k}{(q;q)_k}
$$

$$
= \frac{1}{(aq;q)_\infty}\left\{1 + \sum_{n=1}^{\infty} \frac{(-1)^k (aq;q)_{k-1}(1-aq^{2k})a^{2k}q^{\frac{1}{2}k(5k-1)}}{(q;q)_k}\right\} \tag{4.6.5}
$$

を得る．特に $a=1$ とすると (4.6.5) の右辺は

$$
\frac{1}{(q;q)_\infty}\left\{1 + \sum_{k=1}^{\infty}(-1)^k(1+q^k)q^{\frac{1}{2}k(5k-1)}\right\}
$$

$$
= \frac{1}{(q;q)_\infty}\sum_{-\infty}^{\infty}(-1)^k q^{\frac{1}{2}k(5k-1)}
$$

であるが，ヤコビの三重積公式 (4.5.3) で q を q^5 にした後 $x = q^2$ とすれば，

$$
\sum_{-\infty}^{\infty}(-1)^k q^{\frac{1}{2}k(5k-1)} = (q^2, q^3, q^5; q)_\infty
$$

なので，結局 (4.6.5) の右辺は

$$
\frac{1}{(q, q^4; q^5)_\infty}
$$

に等しいことがわかる．

また，$a = q$ とすると (4.6.5) の右辺は

$$
\frac{1}{(q;q)_\infty}\sum_{k=0}^{\infty}(-1)^k(1-q^{2k+1})q^{\frac{1}{2}k(5k+3)}
$$

と書けるから，これも三重積公式を用いて整理すると

$$\frac{1}{(q^2,q^3;q^5)_\infty}$$

に等しいことがわかる．

つまり，(4.6.5) 式の特殊化で二つの恒等式

$$\sum_{k}^{\infty}\frac{q^{k^2}}{(q;q)_k}=\frac{1}{(q,q^4;q^5)_\infty}, \qquad (4.6.6)$$

$$\sum_{k}^{\infty}\frac{q^{k(k+1)}}{(q;q)_k}=\frac{1}{(q^2,q^3;q^5)_\infty} \qquad (4.6.7)$$

が得られたのである．これは**ロジャース–ラマヌジャン恒等式** (Rogers–Ramanujan identities) と呼ばれるものである．

このほかにも，(4.6.5) 式をもう少し変形してから特殊化すると，

$$\sum_{k}^{\infty}\frac{q^{k^2}}{(q;q)_{2k}}=\frac{1}{(q;q^2)_\infty(q^4,q^{16};q^{20})_\infty}, \qquad (4.6.8)$$

$$\sum_{k}^{\infty}\frac{q^{k(k+2)}}{(q;q)_{2k+1}}=\frac{1}{(q;q^2)_\infty(q^8,q^{12};q^{20})_\infty} \qquad (4.6.9)$$

などの恒等式が得られる．

ロジャース–ラマヌジャン恒等式は，最初ロジャース (L.J.Rogers) により発見されたのであるが [Rog1]，しばらくは誰の興味も引かず忘れ去られていた．ところが 1910 年頃，ラマヌジャン (S.Ramanujan, 1887-1920) がそれとは知らず (4.6.6), (4.6.7) を予想し，証明を考えている途上，ロジャースの論文を発見することになる．そして，ラマヌジャンは別証明を見つけるのだが，それに刺激を受けたロジャースも，さらなる別証明を考え出し，そして一段と簡易化した方法を見いだした二人は論文を発表することになる [Ram][Rog2]．

そのような恒等式も，直交多項式論固有の問題を q-類似物に対して考え，そこで得られた結果を適当なプロセスで見直すことで得られてしまう．この例一つでも，直交多項式の q-類似は興味深い．

4.6 直交多項式

ところで，ヤコビ多項式の q-類似にはリトル q-ヤコビ多項式の他にもいくつかあって，それはベータ関数の q-類似のヴァリエーションに対応しているといって良い．そのようなものの一つに次の積分がある．

$$\frac{1}{2\pi\sqrt{-1}} \int_C \frac{(z^2, z^{-2}; q)_\infty}{(az, a/z, bz, b/z, cz, c/z, dz, d/z; q)_\infty} \frac{dz}{z}$$

$$= \frac{2(abcd; q)_\infty}{(q, ab, ac, ad, bc, bd, cd; q)_\infty}, \quad a, b, c, d > 0. \tag{4.6.10}$$

ここで，被積分函数には，内側に走る極の系列と外側に走る極の系列とがあり，それら内側に走る極達をすべて含み，外側に走る極達を全く含まないという閉曲線 C を考え，その C 上の積分を考える．向きは，内側を左手に見る，正の方向を採用する．

この積分はベータ関数のいわば究極の q-類似でありアスキーとウィルソンにより与えられたものである [AW]．そして，このベータ関数を内積とするような直交多項式は，

$$p_n(x; a, b, c, d|q) = a^{-n}(ab, ac, ad; q)_n$$

$$\times {}_4\varphi_3 \left[\begin{array}{c} q^{-n}, q^{n-1}abcd, ae^{\sqrt{-1}\theta}, ae^{-\sqrt{-1}\theta} \\ ab, ac, ad \end{array} ; q, q \right] \tag{4.6.11}$$

と具体的に表示される $x = \cos\theta$ に関する多項式である[*9]．これを**アスキー–ウィルソン多項式** (Askey–Wilson polynomials) と呼ぶ．このアスキー–ウィルソン多項式も量子群 $SU_q(2)$ の表現論により捉えられることが知られている [NM]．

アスキー–ウィルソン多項式は (一変数) 直交多項式の親玉のような存在でこれの特殊化や極限操作からほとんどすべての直交多項式が導かれるという**アスキーの図式** (Askey scheme) が知られている．アスキーの図式は，q-直交多項式の場合まだ完全に確立されたものとはいいがたいが，古典的な場合 ($q = 1$ の場合) の図 4.2 とともに図 4.3 に掲載しておく．ここで，それぞれの直交多項式の定義を与えることは略すが，いくつかのものは本章で現れて

[*9] $(ae^{\sqrt{-1}\theta}, ae^{-\sqrt{-1}\theta}; q)_k = \prod_{j=0}^{k-1}(1 - 2aq^j \cos\theta + a^2 q^{2j})$ に注意．

いるので，雰囲気はわかってもらえるものと思う．ただし，矢印 $A \longrightarrow B$ の意味するところは，直交多項式 A に適当な極限操作 (その多くの場合はスケール変換を伴う) を施すと，直交多項式 B が得られるということである．たとえば，図 4.2 において，ヤコビ多項式からラゲール多項式へ矢印が向かっているが，これは次の事実を意味している．いま，

$$P_n^{(\alpha,\beta)}(x) = {}_2F_1\left(\begin{array}{c}-n, \alpha+\beta+n+1 \\ \alpha+1\end{array}; x\right)$$

において，変数 x を x/β として $\beta \to \infty$ とすると，ラゲール多項式

$$L_n^{(\alpha)}(x) = {}_1F_1\left(\begin{array}{c}-n \\ \alpha+1\end{array}; x\right)$$

が得られる．すなわち，

$$\lim_{\beta\to\infty} P_n^{(\alpha,\beta)}\left(\frac{x}{\beta}\right) = L_n^{(\alpha)}(x)$$

である．これはヤコビ多項式の直交内積を与える重み関数 $x^\alpha(1-x)^\beta$ ($x \in (0,1)$) からラゲール多項式の重み関数 $e^{-x}x^\alpha$ ($x \in (0, +\infty)$) への極限移行に対応している．

このように，アスキーの図式はさまざまな直交多項式の相関図を表しているとともに，ベータ函数のヴァリアントの関係図を表している．しかし，ここではもはや，エルミート多項式に対する重み関数 (ガウシアン) e^{-x^2} などもベータ函数のヴァリアントと見なしていることに注意しよう．この意味で，じつは，本稿では最初から最後まで確定特異点型の微分方程式に対応するものしか表に出していないが，この図式に従うことにより，不確定特異型 (合流型) の微分方程式に対応するものも，同時に念頭においているのであり，その気になれば，順次，対応する概念・公式等が得られることに注意したい．このような意味もあって，アスキーの図式は，非常に重要である．

4.7 ロジャースの超球多項式

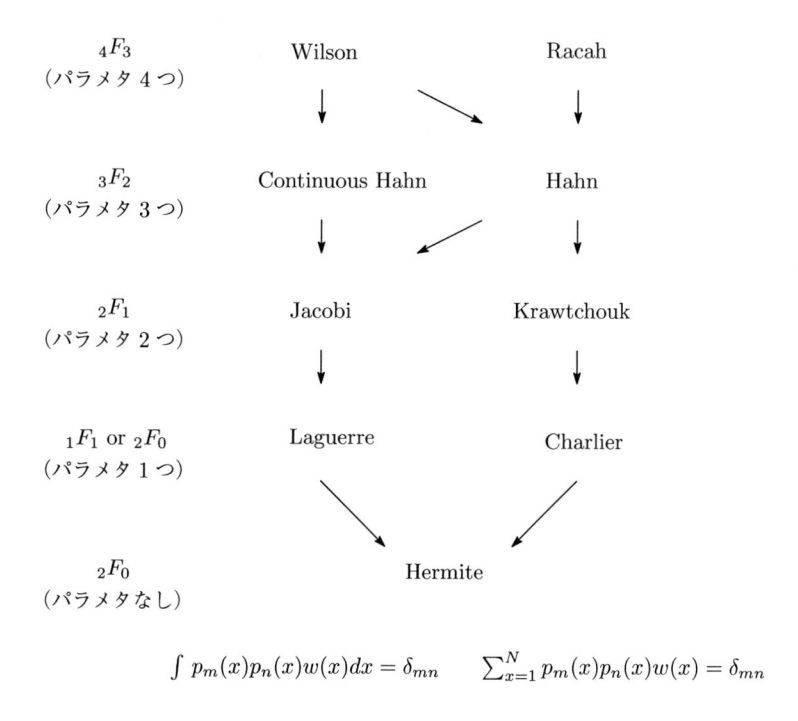

$_4F_3$ (パラメタ 4 つ)	Wilson → ↓ ↘	Racah ↓
$_3F_2$ (パラメタ 3 つ)	Continuous Hahn ↓ ↙	Hahn ↓
$_2F_1$ (パラメタ 2 つ)	Jacobi ↓	Krawtchouk ↓
$_1F_1$ or $_2F_0$ (パラメタ 1 つ)	Laguerre ↘	Charlier ↙
$_2F_0$ (パラメタなし)	Hermite	

$$\int p_m(x)p_n(x)w(x)dx = \delta_{mn} \qquad \sum_{x=1}^{N} p_m(x)p_n(x)w(x) = \delta_{mn}$$

図 4.2　古典直交多項式に対するアスキーの図式

4.7　ロジャースの超球多項式

超球多項式 (ゲーゲンバウアー多項式ともいう) の q-類似を定義しよう. これは超球多項式

$$C_n^\alpha(x) = \frac{(2\alpha)_n}{n!} {}_2F_1\left[\begin{array}{c} -n, n+2\alpha \\ \alpha + \frac{1}{2} \end{array} ; \frac{1-x}{2} \right]$$

の母関数表示

$$\sum_{n \geq 0} C_n^\alpha(x) r^n = \frac{1}{(1 - 2xr + r^2)^\alpha}$$

```
₄φ₃                    Askey-Wilson              q-Racah
(パラメタ4つ)                 ↓                      │
                                                   │
₄φ₃                 Continuous q-Jacobi            │
(パラメタ2つ)                 ↓                      │
                                                   │
₄φ₃              Continuous q-ultraspherical       │
(パラメタ1つ)                 ↓                      ↓
                                            
₃φ₂                  Big q-Jacobi  ←────────    q-Hahn
(パラメタ3つ)                 ↓                      ↓

₂φ₁                 Little q-Jacobi            q-Krawtchouk
(パラメタ2つ)
```

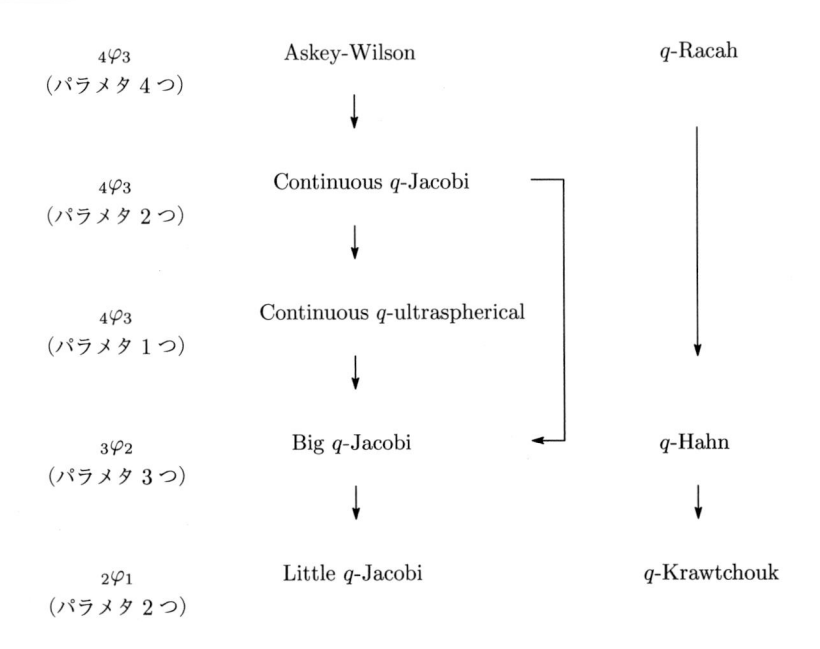

図 4.3 q-直交多項式に対するアスキーの図式

をもとにして

$$\frac{(\alpha\, r\, e^{\sqrt{-1}\theta};q)_\infty (\alpha\, r\, e^{-\sqrt{-1}\theta};q)_\infty}{(r\, e^{\sqrt{-1}\theta};q)_\infty (r\, e^{-\sqrt{-1}\theta};q)_\infty} = \sum_{n=0}^{\infty} C_n(\cos\theta; \alpha\,|q) r^n \qquad (4.7.1)$$

なる $\cos\theta$ に関する多項式として定義される．実際，α を q^α としたのちに $q \to 1$ とすれば，

$$\frac{(\alpha\, r\, e^{\sqrt{-1}\theta};q)_\infty (\alpha\, r\, e^{-\sqrt{-1}\theta};q)_\infty}{(r\, e^{\sqrt{-1}\theta};q)_\infty (r\, e^{-\sqrt{-1}\theta};q)_\infty}$$
$$\longrightarrow (1 - r\, e^{\sqrt{-1}\theta})^{-\alpha}(1 - r\, e^{-\sqrt{-1}\theta})^{-\alpha}$$
$$= (1 + r^2 + r(e^{-\sqrt{-1}\theta} + e^{\sqrt{-1}\theta}))^{-\alpha}$$
$$= (1 + r^2 + 2r\cos\theta)^{-\alpha}$$

であるから，$x = \cos\theta$ として超球多項式の母関数が導かれる．

4.7　ロジャースの超球多項式

ここで (4.7.1) の左辺を r について展開したときその係数が $\cos\theta$ の多項式になるかどうか心配になるかもしれないが，それは，2 項定理の q-類似 (4.3.9) を用いて

$$\frac{(\alpha r e^{\sqrt{-1}\theta};q)_\infty (\alpha r e^{-\sqrt{-1}\theta};q)_\infty}{(r e^{\sqrt{-1}\theta};q)_\infty (r e^{-\sqrt{-1}\theta};q)_\infty}$$

$$= \left\{\sum_{m=0}^\infty \frac{(\alpha;q)_m}{(q;q)_m}(r e^{\sqrt{-1}\theta})^m\right\}\left\{\sum_{l=0}^\infty \frac{(\alpha;q)_l}{(q;q)_l}(r e^{-\sqrt{-1}\theta})^l\right\}$$

$$= \sum_{n=0}^\infty \sum_{l=0}^n \frac{(\alpha;q)_{n-l}(\alpha;q)_l}{(q;q)_{n-l}(q;q)_l} r^n e^{\sqrt{-1}\theta(n-2l)}$$

$$= \sum_{n=0}^\infty \sum_{l=0}^n \frac{(\alpha;q)_{n-l}(\alpha;q)_l}{(q;q)_{n-l}(q;q)_l} r^n \frac{e^{\sqrt{-1}\theta(n-2l)} + e^{-\sqrt{-1}\theta(n-2l)}}{2}$$

$$= \sum_{n=0}^\infty \sum_{l=0}^n \frac{(\alpha;q)_{n-l}(\alpha;q)_l}{(q;q)_{n-l}(q;q)_l} r^n \cos((n-2l)\theta)$$

したがって，

$$C_n(\cos\theta;\alpha|q) = \sum_{l=0}^n \frac{(\alpha;q)_{n-l}(\alpha;q)_l}{(q;q)_{n-l}(q;q)_l} \cos((n-2l)\theta) \qquad (4.7.2)$$

となり，先程の心配は無用であった．この多項式は，**ロジャースの q-超球多項式** (Rogers' q-ultraspherical polynomials)，または，**連続 q-超球多項式** (continuous q-ultraspherical polynomials) と呼ばれるもので，4.6 節の図 4.3 の左側の列のど真ん中に現れているものである．具体的にいくつか書き出しておくと，

$$C_0(x;\alpha|q) = 1,$$

$$C_1(x;\alpha|q) = \frac{2(1-\alpha)}{1-q}x,$$

$$C_2(x;\alpha|q) = \frac{4(1-\alpha)(1-\alpha q)}{(1-q)(1-q^2)}x^2 - \frac{(1-\alpha^2)}{(1-q^2)},$$

$$C_3(x;\alpha|q) = \frac{8(1-\alpha)(1-\alpha q)(1-\alpha q^2)}{(1-q)(1-q^2)(1-q^3)}x^3$$

$$-\frac{2(1-\alpha)\{2+q+\alpha(1-q^2)-\alpha^2 q(1+2q)\}}{(1-q^2)(1-q^3)}x$$

等となるが，この多項式は

$$C_n(\cos\theta;\alpha\,|q) = \frac{(\alpha;q)_\infty}{(q;q)_\infty} e^{\sqrt{-1}n\theta} {}_2\varphi_1\left[\begin{array}{c} q^{-n},\alpha \\ q^{1-n}\alpha^{-1} \end{array}; q, q\alpha^{-1}e^{-2\sqrt{-1}n\theta}\right]$$

や

$$C_n(\cos\theta;\alpha\,|q)$$
$$= \frac{(\alpha^2;q)_n}{\alpha^{n/2}(q;q)_n} {}_4\varphi_3\left[\begin{array}{c} q^{-n},q^n\alpha^2,\alpha^{1/2}e^{\sqrt{-1}\theta},\alpha^{1/2}e^{-\sqrt{-1}\theta} \\ \alpha q^{1/2},-\alpha q^{1/2},-\alpha \end{array}; q, q\right]$$

という表示もあり，さらに，3項間漸化式

$$2x\,(1-\alpha q^n)C_n(x;\alpha\,|q)$$
$$= (1-q^{n+1})C_{n+1}(x;\alpha\,|q) + (1-\alpha^2 q^{n-1})C_{n-1}(x;\alpha\,|q)$$

(ここでは $C_0(x;\alpha\,|q) = 1$ および負の自然数 n に対して $C_n(x;\alpha\,|q) = 0$ とする) を満たし，直交関係式

$$\int_{-1}^1 C_m(x;\alpha\,|q)\,C_n(x;\alpha\,|q) w_\alpha(x)(1-x^2)^{-\frac{1}{2}} dx$$
$$= \frac{2\pi(\alpha^2;q)_n(\alpha;q)_\infty^2}{(1-\alpha q^n)(q;q)_n(\alpha^2;q)_\infty(q;q)_\infty}\delta_{m,n} \qquad (4.7.3)$$

ただし，

$$w_\alpha(\cos\theta) = \frac{(e^{2\sqrt{-1}\theta};q)_\infty(e^{-2\sqrt{-1}\theta};q)_\infty}{(\alpha\,e^{2\sqrt{-1}\theta};q)_\infty(\alpha\,e^{-2\sqrt{-1}\theta};q)_\infty}$$

に従う直交多項式である．

また，この多項式に関して，

$$C_n(x;\alpha|q) = \sum_{k=0}^{[n/2]} \frac{\beta^k(\alpha/\beta;q)_k(\alpha;q)_{n-k}(1-\beta q^{n-2k})}{(q;q)_k(\beta q;q)_{n-k}(1-\beta)} C_{n-2k}(x;\beta|q)$$
$$\qquad (4.7.4)$$

4.7 ロジャースの超球多項式

のような接続公式や

$$C_m(x;\alpha|q)C_n(x;\alpha|q) = \sum_{k=0}^{\min(m,n)} a(k,m,n)C_{m+n-2k}(x;\alpha|q), \quad (4.7.5)$$

$$a(k,m,n)$$
$$= \frac{(q;q)_{m+n-2k}(\alpha;q)_{n-k}(\alpha;q)_{m-k}(\alpha;q)_k(\alpha^2;q)_{m+n-k}(1-\alpha q^{m+n-2k})}{(\alpha^2;q)_{m+n-2k}(q;q)_{n-k}(q;q)_{m-k}(q;q)_k(\alpha q;q)_{m+n-k}(1-\alpha)}$$

という積公式が知られている．この積公式は $\alpha = 1$ と特殊化すると

$$\cos(n\theta)\cos(m\theta) = \frac{1}{2}[\cos((n+m)\theta) + \cos((n-m)\theta)],$$

$\alpha = q$ と特殊化すると

$$\frac{\cos((n+1)\theta)}{\cos\theta}\frac{\cos((m+1)\theta)}{\cos\theta} = \sum_{k=0}^{\min(m,n)} \frac{\sin((m+n+1-2k)\theta)}{\sin\theta}$$

なる三角函数に対する積公式に退化することに注意する．

これからしばらくは，ロジャースの超球多項式の満たす接続公式 (4.7.4) からロジャース–ラマヌジャン恒等式 (4.6.6) および (4.6.7) を導くことを解説する．

まずヤコビの三重積公式 (4.5.3) より，

$$(-q^{1/2}e^{i\theta};q)_\infty(-q^{1/2}e^{-i\theta};q)_\infty = (q;q)_\infty^{-1}\left(1 + 2\sum_{n=1}^\infty q^{n^2/2}\cos n\theta\right)$$

が成り立つが，これを利用すべく

$$(re^{i\theta};q)_\infty(re^{-i\theta};q)_\infty = \sum_{n=0}^\infty \frac{B_n(\theta)}{(q;q)_\infty}r^n$$

なる母関数展開の特殊なるもの

$$(-q^{1/2}e^{i\theta};q)_\infty(-q^{1/2}e^{-i\theta};q)_\infty = \sum_{n=0}^\infty \frac{B_n(\theta)}{(q;q)_\infty}(-q^{1/2})^n$$

を強引に考える．ここでまず，

$$\cos n\theta = \lim_{\alpha\to 1}\frac{1-q^n}{2(1-\alpha)}C_n(\cos\theta;\alpha|q)$$

である．なぜなら

$$C_n(\cos\theta;\alpha|q) = \sum_{k=0}^{n} \frac{(\alpha;q)_{n-k}(\alpha;q)_k}{(q;q)_{n-k}(q;q)_k} \cos(n-2k)\theta$$

$$= \frac{(\alpha;q)_n}{(q;q)_n}\cos(n\theta) + \frac{(\alpha;q)_1(\alpha;q)_{n-1}}{(q;q)_1(q;q)_{n-1}}\cos((n-2)\theta)$$

$$+ \cdots + \frac{(\alpha;q)_n}{(q;q)_n}\cos(-n\theta)$$

より

$$\frac{1-q^n}{1-\alpha}C_n(\cos\theta;\alpha|q)$$

$$= \frac{(\alpha\, q;q)_{n-1}}{(q;q)_{n-1}}\cos(n\theta) + \frac{(\alpha\, q;q)_1(1-q^n)}{(q;q)_1(q;q)_{n-1}}\cos((n-2)\theta)$$

$$+ \cdots + \frac{(\alpha;q)_{n-1}}{(q;q)_{n-1}}\cos(-n\theta)$$

であるから，両辺で $\alpha \to 1$ とすると，

$$\lim_{\alpha\to 1}\frac{1-q^n}{1-\alpha}C_n(\cos\theta;\alpha|q) = \cos(n\theta) + \cos(-n\theta) = 2\cos(n\theta)$$

つまり

$$\cos(n\theta) = \lim_{\alpha\to 1}\frac{1-q^n}{2(1-\alpha)}C_n(\cos\theta;\alpha|q)$$

が導かれた．また，

$$B_n(\theta) = \lim_{\alpha\to 1}\alpha^{-n}(q;q)_n C_n(\cos\theta;\alpha|q)$$

である．なぜなら，ひとまず

$$\frac{(\lambda\, re^{i\theta};q)_\infty(\lambda\, re^{-i\theta};q)_\infty}{(re^{i\theta};q)_\infty(re^{-i\theta};q)_\infty} = \sum_{n=0}^{\infty}\frac{L_n(\theta)}{(q;q)_n}r^n$$

とおくと，超球多項式の定義から

$$L_n(\theta) = (q;q)_n C_n(\cos\theta;\lambda|q)$$

4.7 ロジャースの超球多項式

であるが，両辺で $r \to r/\alpha$ と置き換えたのち $\alpha \to \infty$ とすれば

$$(re^{i\theta};q)_\infty (re^{-i\theta};q)_\infty = \sum_{n=0}^{\infty} \frac{B_n(\theta)}{(q;q)_n} r^n,$$

$$B_n(\theta) = \lim_{\alpha \to 1} \alpha^{-n}(q;q)_n C_n(\cos\theta;\alpha|q)$$

であるからである．ここで，

$$\cos n\theta = \lim_{\alpha \to 1} \frac{(1-q^n)}{2(1-\alpha)} C_n(\cos\theta;\alpha|q),$$

$$B_n(\theta) = \lim_{\alpha \to 1} \alpha^{-n}(q;q)_n C_n(\cos\theta;\alpha|q)$$

をよりハッキリさせたいが，そのため先程用意した公式

$$C_n(x;\alpha|q) = \sum_{k=0}^{[n/2]} \frac{\beta^k(\alpha/\beta;q)_k(\alpha;q)_{n-k}(1-\beta q^{n-2k})}{(q;q)_k(\beta q;q)_{n-k}(1-\beta)} C_{n-2k}(x;\beta|q)$$

で $\beta = 0$ としたもの

$$C_n(x;\alpha|q) = \sum_{k=0}^{[n/2]} \frac{(-\alpha)^k(\alpha;q)_{n-k} q^{k(k-1)/2}}{(q;q)_k} C_{n-2k}(x;0|q)$$

を適用する．すると，

$$\cos n\theta = \lim_{\alpha \to 1} \frac{(1-q^n)}{2(1-\alpha)} \sum_{k=0}^{[n/2]} \frac{(-\alpha)^k(\alpha;q)_{n-k} q^{k(k-1)/2}}{(q;q)_k} C_{n-2k}(\cos\theta;0|q)$$

$$= \sum_{k=0}^{[n/2]} \lim_{\alpha \to 1} \frac{q^{k(k-1)/2}(-\alpha)^k(\alpha q;q)_{n-k-1}(1-q^n)}{2(q;q)_k} C_{n-2k}(\cos\theta;0|q)$$

$$= \sum_{k=0}^{[n/2]} \frac{q^{k(k-1)/2}(-1)^k(q;q)_{n-k-1}(1-q^n)}{2(q;q)_k} C_{n-2k}(\cos\theta;0|q)$$

が得られた．次は

$$B_n(\theta) = \lim_{\alpha \to 1} \alpha^{-n}(q;q)_n C_n(\cos\theta;\alpha|q)$$

$$= (q;q)_n \sum_{k=0}^{[n/2]} \frac{(-1)^k q^{(n^2+2k^2-2nk-n)/2}}{(q;q)_k} C_{n-2k}(\cos\theta;0|q)$$

とする．以上により我々は $(-q^{1/2}e^{i\theta};q)_\infty(-q^{1/2}e^{-i\theta};q)_\infty$ の $C_n(\cos\theta;0|q)$ による二通りの展開式を得たことになる訳で，それぞれ

$$(-q^{1/2}e^{i\theta};q)_\infty(-q^{1/2}e^{-i\theta};q)_\infty$$

$$= \sum_{n=0}^{\infty} \frac{B_n(\theta)}{(q;q)_n}(-q^{1/2})^n$$

$$= \sum_{n=0}^{\infty} \sum_{k=0}^{[n/2]} \frac{q^{(2k^2-2nk+n^2)/2}}{(q;q)_k} C_{n-2k}(\cos\theta;0|q)$$

$[k = (n-t)/2$ として n を消去$]$

$$= \sum_{t=0}^{\infty} \sum_{k=0}^{\infty} \frac{q^{(k^2+(t+k)^2)/2}}{(q;q)_k} C_{n-2k}(\cos\theta;0|q)$$

および

$(-q^{1/2}e^{i\theta};q)_\infty(-q^{1/2}e^{-i\theta};q)_\infty$

$$= (q;q)_\infty^{-1}\Big\{1 + 2\sum_{n\geq 1} q^{n^2/2}\cos(n\theta)\Big\}$$

$$= (q;q)_\infty^{-1}\Big\{1 + \sum_{k=0}^{[n/2]} \frac{q^{\frac{1}{2}(k(k-1)+n^2)}(-1)^k(q;q)_{n-k-1}(1-q^n)}{(q;q)_k} C_{n-2k}(\cos\theta;0|q)\Big\}$$

$[k = (n-t)/2$ として n を消去$]$

$$= (q;q)_\infty^{-1}\Big\{1 + \sum_{\substack{t,k\geq 0 \\ (t,k)\neq(0,0)}} \frac{q^{\frac{1}{2}(t^2+4tk+5k^2-k)}(-1)^k(q;q)_{k+t-1}(1-q^{t+2k})}{(q;q)_k} C_t(\cos\theta;0|q)\Big\}$$

$$= (q;q)_\infty^{-1}\Big\{1 + \sum_{k\geq 1} \frac{q^{\frac{1}{2}(5k^2-k)}(-1)^k(q;q)_{k-1}(1-q^{2k})}{(q;q)_k} C_0(\cos\theta;0|q)$$

$$+ \sum_{k\geq 0} \frac{q^{\frac{1}{2}(5k^2+3k+1)}(-1)^k(q;q)_k(1-q^{2k+1})}{(q;q)_k} C_1(\cos\theta;0|q) + \cdots\Big\}$$

$$= (q;q)_\infty^{-1}\Big\{\sum_{k=-\infty}^{\infty} (-1)^k q^{\frac{1}{2}k(5k-1)} C_0(\cos\theta;0|q)$$

4.7 ロジャースの超球多項式

$$+ q^{\frac{1}{2}} \sum_{k=-\infty}^{\infty} (-1)^k q^{\frac{1}{2}k(5k+3)} C_1(\cos\theta; 0|q) + \cdots \Big\}$$

となる．したがって，それぞれの展開において $C_0(\cos\theta; 0|q)$ および $C_1(\cos\theta; 0|q)$ の係数を比較すれば，おのおの

$$\sum_{k=0}^{\infty} \frac{q^{k^2}}{(q;q)_k} = (q;q)_\infty^{-1} \sum_{k=-\infty}^{\infty} (-1)^k q^{\frac{1}{2}k(5k-1)},$$

$$\sum_{k=0}^{\infty} \frac{q^{k(k+1)}}{(q;q)_k} = (q;q)_\infty^{-1} \sum_{k=-\infty}^{\infty} (-1)^k q^{\frac{1}{2}k(5k+3)}$$

であるが，右辺の和はヤコビの三重積公式 (4.5.3) より因数分解され

$$\sum_{k=0}^{\infty} \frac{q^{k^2}}{(q;q)_k} = (q;q)_\infty^{-1} (q^2; q^5)_\infty (q^3; q^5)_\infty (q^5; q^5)_\infty,$$

$$\sum_{k=0}^{\infty} \frac{q^{k(k+1)}}{(q;q)_k} = (q;q)_\infty^{-1} (q; q^5)_\infty (q^4; q^5)_\infty (q^5; q^5)_\infty.$$

つまり，

$$\sum_{k=0}^{\infty} \frac{q^{k^2}}{(q;q)_k} = \frac{1}{(q; q^5)_\infty (q^4; q^5)_\infty},$$

$$\sum_{k=0}^{\infty} \frac{q^{k(k+1)}}{(q;q)_k} = \frac{1}{(q^2; q^5)_\infty (q^3; q^5)_\infty}$$

を得る．これは再びロジャース–ラマヌジャン恒等式である．

ロジャース–ラマヌジャン恒等式は数論のような数学とのみ結びついていると考えられていたが，組合せ論を介して，1980 年ころ可解格子模型の研究にも現れた．バクスター (R.Baxter) による発見とアンドリュースによる助けを契機に，東京のグループ (和達，国場ら) による発展があったが，引き続きおこった京都のグループ (伊達，神保，三輪，尾角ら) によるアフィン・リー代数の指標公式との関連の発見は，その後，可解格子模型の研究の爆発的進展を促した．そして，いまとなっては，ロジャース–ラマヌジャン型の恒等式はさまざまな数理物理の計算に当たり前のように現れてくることが良く知られている．

4.8 セルバーグ積分

ベータ函数の多重積分版としてセルバーグ (A.Selberg) は次の積分公式を得た [Sel].

セルバーグの積分公式.

$$\int_0^1 \cdots \int_0^1 \prod_{i=1}^n t_i^{x-1}(1-t_i)^{y-1} \prod_{1 \leq i < j \leq n} |t_i - t_j|^{2z} dt_1 \cdots dt_n$$

$$= \prod_{j=1}^n \frac{\Gamma(x+(j-1)z)\Gamma(y+(j-1)z)\Gamma(jz+1)}{\Gamma(x+y+(n+j-2)z)\Gamma(z+1)}. \tag{4.8.1}$$

ただし，ここで

$$\mathrm{Re}(x) > 0, \mathrm{Re}(y) > 0, \mathrm{Re}(z) > -\min\left[\frac{1}{n}, \mathrm{Re}\left(\frac{x}{n-1}\right), \mathrm{Re}\left(\frac{y}{n-1}\right)\right]$$

とする．

この公式 (4.8.1) の左辺の積分をセルバーグ積分と呼ぶ．

この節ではセルバーグの積分公式の証明を与えよう．ここでは詳しく述べないが，カールソンの定理から z が非負整数の場合に証明すればよいことがわかる．そこで，非負整数 k に対して $z = k$ とする ($k = 0$ の場合はベータ函数の積)．

まず，

$$\Delta_n(t) = \Delta_n(t_1, \ldots, t_n) = \prod_{1 \leq i < j \leq n}(t_i - t_j)$$

とおく．そして，

$$\Delta_n(t)^{2k} = \prod_{1 \leq i < j \leq n}(t_i - t_j)^{2k}$$

$$= \sum_{(\alpha)} c(\alpha_1, \ldots, \alpha_n) t_1^{\alpha_1} \cdots t_n^{\alpha_n}$$

4.8 セルバーグ積分

と展開すると $c(\alpha) = c(\alpha_1, \ldots, \alpha_n)$ は整数であり，これを用いると

$$S_n(x, y, k) = \int_0^1 \cdots \int_0^1 \left\{ \prod_{i=1}^n t_i^{x-1}(1-t_i)^{y-1} \right\} \prod_{1 \leq i < j \leq n} (t_i - t_j)^{2k} dt_1 \cdots dt_n$$

$$= \sum_{(\alpha)} c(\alpha_1, \ldots, \alpha_n) \prod_{j=1}^n \frac{\Gamma(x + \alpha_j)\Gamma(y)}{\Gamma(x + y + \alpha_j)}$$

である．関数 $\Delta_n(t)^{2k}$ は t についての対称式なので，しばらく $0 \leq \alpha_1 \leq \alpha_2 \leq \cdots \leq \alpha_n$ と仮定する．このとき

$$k(j-1) \leq \alpha_j \leq k(n+j-2) \quad (j = 1, \ldots, n)$$

がいえる．まず，$\alpha_j \leq k(n+j-2)$ であるが，$\Delta_n(t)^{2k}$ の $t_j, \ldots, t_n$ を含む因子

$$\prod_{s<j}(t_s - t_j)^{2k} \cdots \prod_{s<n}(t_s - t_n)^{2k}$$

の次数を求めると

$$2k(j-1) + \cdots + 2k(n-1) = k(n-j+1)(n+j-2)$$

なので

$$\alpha_j + \cdots + \alpha_n \leq k(n-j+1)(n+j-2).$$

そして，

$$\alpha_j \leq \cdots \leq \alpha_n$$

より，

$$(n-j+1)\alpha_j \leq k(n-j+1)(n+j-2).$$

つまり，求める不等式 $\alpha_j \leq k(n+j-2)$ が得られた．つぎに $k(j-1) \leq \alpha_j$ であることを述べたいが，$\Delta_n(t)^{2k}$ の因子 $\Delta_j(t_1, \ldots, t_j)^{2k}$ からの寄与を考えると

$$2k \binom{j}{2} \leq \alpha_1 + \cdots + \alpha_j$$

であり，仮定から $\alpha_1 + \cdots + \alpha_j \leq j\alpha_j$ なので，結局，$k(j-1) \leq \alpha_j$ である．

これらに注意すれば x と y との多項式 $p_{\alpha_j}(x, y)$ を用いて

$$\frac{\Gamma(x + \alpha_j)}{\Gamma(x + y + \alpha_j)} = \frac{\Gamma(x + (j-1)k)}{\Gamma(x + y + (n+j-2)k)} p_{\alpha_j}(x, y)$$

と表せることがわかる．ただし，$p_{\alpha_j}(x,y)$ の y についての次数は $(n+j-2)k-\alpha_j$ である．従って，

$$P_{(\alpha)}(x,y) = \prod_{j=1}^{n} p_{\alpha_j}(x,y)$$

として

$$\prod_{j=1}^{n} \frac{\Gamma(x+\alpha_j)\Gamma(y)}{\Gamma(x+y+\alpha_j)} = P_{(\alpha)}(x,y) \prod_{j=1}^{n} \frac{\Gamma(x+(j-1)k)\Gamma(y)}{\Gamma(x+y+(n+j-2)k)}$$

であり，$P_{(\alpha)}(x,y)$ は y についての次数が

$$\sum_{j=1}^{n} \{(n+j-2)k - \alpha_j\} = \frac{1}{2}n(n-1)k$$

なる x と y についての多項式である．

よって，積分 $S_n(x,y,k)$ は，

$$P(x,y) = \sum_{\alpha} c(\alpha) P_{(\alpha)}(x,y)$$

として

$$S_n(x,y,k) = P(x,y) \prod_{j=1}^{n} \frac{\Gamma(x+(j-1)k)\Gamma(y)}{\Gamma(x+y+(n+j-2)k)}$$

$$= \frac{P(x,y)}{R(y)} \prod_{j=1}^{n} \frac{\Gamma(x+(j-1)k)\Gamma(y+(j-1)k)}{\Gamma(x+y+(n+j-2)k)} \quad (4.8.2)$$

である．ただし，

$$R(y) = \prod_{j=1}^{n} \{y(y+1)\cdots(y+(j-1)k-1)\}$$

であり，$P(x,y)$ は y についての次数が高々 $\frac{1}{2}n(n-1)k$ であるような，x と y との多項式である．ここで，$P(x,y)$ は y についての多項式 $P_{(\alpha)}$ の一次結合を考えているので，$\frac{1}{2}n(n-1)k$ 次の係数がゼロとなりうることに注意しよう．

4.8 セルバーグ積分

さて，$\Delta_n(t)$ の定義から

$$\Delta_n(t_1,\ldots,t_n)^{2k} = \Delta_n(1-t_1,\ldots,1-t_n)^{2k}$$

ゆえ，積分 S_n は x と y に関して対称である．だから，先程の式 (4.8.2) から

$$P(x,y)/R(y) = P(y,x)/R(x)$$

が成り立つ．ところが，右辺は y についての多項式ゆえ，$P(x,y)$ は $R(y)$ で割り切れなければならない．しかるに $R(y)$ の次数は $\frac{1}{2}n(n-1)k$，$P(x,y)$ の y についての次数は高々 $\frac{1}{2}n(n-1)k$ ということであったから，$P(x,y)/R(y)$ は y によらないのである．そして，x と y との対称性より，x にもよらないことがいえ，

$$S_n(x,y,k) = c_n(k) \prod_{j=1}^{n} \frac{\Gamma(x+(j-1)k)\Gamma(y+(j-1)k)}{\Gamma(x+y+(n+j-2)k)}$$

とおける．あとは $c_n(k)$ を決定すればよい．

そのための準備として

$$\lim_{x\to 0+} x \int_0^1 t^{x-1} f(t;x) dt = \lim_{x\to 0+} \left([t^x f(t;x)]_{t=0}^{t=1} - \int_0^1 t^x f'(t;x) dt \right)$$

$$= \lim_{x\to 0+} \left(f(1;x) - \int_0^1 t^x f'(t;x) dt \right)$$

$$= \lim_{x\to 0+} f(1;x) - \int_0^1 \lim_{x\to 0+} f'(t;x) dt$$

$$= \lim_{x\to 0+} f(0;x) \qquad (4.8.3)$$

という計算式に注意する．そして，積分 S_n の被積分函数が積分変数 $t_1,\ldots,t_n$ に対して対称であるから n 次元の立方体 $[0,1]^n$ を $n!$ 個の単体に分割して

$$S_n(x,y,k) = n! \int_0^1 \int_{t_n}^1 \int_{t_{n-1}}^1 \cdots \int_{t_2}^1 \Delta_n(t)^{2k} \Big\{ \prod_{i=1}^n t_i^{x-1}(1-t_i)^{y-1} \Big\} dt_1 \cdots dt_n.$$

ここで，

$$F(t_n;x) = (1-t_n)^{y-1}\int_{t_n}^1\int_{t_{n-1}}^1\cdots\int_{t_2}^1 \Delta_n(t)^{2k}\Big\{\prod_{i=1}^{n-1} t_i^{x-1}(1-t_i)^{y-1}\Big\}dt_1\cdots dt_{n-1}$$

とおけば

$$S_n(x,y,k) = n!\int_0^1 t_n^{x-1} F(t_n;x)dt_n$$

であり，(4.8.3) を用いれば

$$\lim_{x\to 0+} xS_n(x,y,k)$$

$$= n!\lim_{x\to 0+} F(t_n=0;x)$$

$$= nS_{n-1}(2k,y,k)$$

$$= nc_{n-1}(k)\prod_{j=1}^{n-1}\frac{\Gamma(2k+(j-1)k)\Gamma(y+(j-1)k)}{\Gamma(2k+y+(n+j-3)k)}$$

$$= nc_{n-1}(k)\prod_{j=1}^{n-1}\frac{\Gamma((j+1)k)\Gamma(y+(j-1)k)}{\Gamma(y+(n+j-1)k)} \qquad (4.8.4)$$

である．その一方で

$$\lim_{x\to 0+} x\Gamma(x) = \lim_{x\to 0+} \Gamma(x+1) = \Gamma(1) = 1$$

より

$$\lim_{x\to 0+} xS_n(x,y,k)$$

$$= c_n(k)\lim_{x\to 0+}\left\{x\prod_{j=1}^n\frac{\Gamma(x+(j-1)k)\Gamma(y+(j-1)k)}{\Gamma(x+y+(n+j-2)k)}\right\}$$

$$= c_n(k)\prod_{j=2}^n\Gamma((j-1)k)\prod_{j=1}^n\frac{\Gamma(y+(j-1)k)}{\Gamma(y+(n+j-2)k)}$$

$$= c_n(k)\prod_{j=1}^{n-1}\frac{\Gamma(jk)\Gamma(y+(j-1)k)}{\Gamma(y+(n+j-1)k)} \qquad (4.8.5)$$

なので，(4.8.4) と (4.8.5) とを併せて

$$c_n(k) = n\frac{\Gamma(nk)}{\Gamma(k)}c_{n-1}(k) = \frac{\Gamma(nk+1)}{\Gamma(k+1)}c_{n-1}(k)$$

4.8 セルバーグ積分

が得られる．ここで $c_1(k) = 1$ (S_1 はベータ函数) なので，結局，

$$c_n(k) = \prod_{j=1}^{n} \frac{\Gamma(jk+1)}{\Gamma(k+1)}$$

となる．これでセルバーグの積分公式 (4.8.1) の証明が得られた．

この節の最後に，セルバーグの積分公式の q-類似を紹介しよう．一つ目は

$$\int_0^1 \cdots \int_0^1 \prod_{i=1}^n t_i^{x-1} \frac{(t_i q; q)_\infty}{(t_i q^y; q)_\infty} \prod_{1 \leq i < j \leq n} t_i^{2k} (t_j q^{1-k}/t_i; q)_{2k} \, d_q t_1 \cdots d_q t_n$$

$$= q^{k\binom{n}{2} + 2k^2 \binom{n}{3}} \prod_{j=1}^n \frac{\Gamma_q(x+(j-1)k)\Gamma_q(y+(j-1)k)\Gamma_q(jk+1)}{\Gamma_q(x+y+(n+j-2)k)\Gamma_q(k+1)}.$$
(4.8.6)

この公式はアスキーにより予想され [Ask]，キャデルにより証明された [Kad]．この公式の予想式が現れた時期は，ちょうど超弦 (スーパーストリング) 模型や共形場理論における相関函数の研究においてセルバーグ積分が現れてきた時期と合致したため，セルバーグ積分が復活した時期といってもよい時期である．

他に次のようなものもある．函数 $\Phi^{(+)}(x)$ を

$$\Phi^{(+)}(x) = \prod_{1 \leq i \leq n} \frac{(x_i^2; q)_\infty}{(ax_i, bx_i, cx_i, dx_i; q)_\infty} \prod_{1 \leq i < j \leq n} \frac{(x_i/x_j, x_i x_j; q)_\infty}{(tx_i/x_j, tx_i x_j; q)_\infty}$$

として

$$\frac{1}{(2\pi\sqrt{-1})^n} \int_{T^n} \Phi^{(+)}(x) \Phi^{(+)}(x^{-1}) \frac{dx_1 \cdots dx_n}{x_1 \cdots x_n}$$

$$= 2^n n! \prod_{1 \leq j \leq n} \frac{(t, t^{n+j-2}abcd; q)_\infty}{(t^j, q, t^{j-1}ab, t^{j-1}ac, t^{j-1}ad, t^{j-1}bc, t^{j-1}bd, t^{j-1}cd; q)_\infty}.$$
(4.8.7)

ただし，$\max(|a|,|b|,|c|,|d|) < 1$，$0 < t$，$T^n = \{(x_1,\ldots,x_n) \in \mathbb{C}^n \, ; \, |x_j| = 1 \, (1 \leq j \leq n)\}$ であり，積分の方向は各 x_j-平面上反時計回りとする [Gus] [vDi]．

セルバーグ積分の q-類似 (4.8.6) がベータ函数の q-類似 (4.4.13) を基礎としたものであるのに対して，セルバーグ積分の q-類似 (4.8.7) はベータ函数の q-類似 (4.6.10) を基礎としたものである．そして，(4.6.10) がある意味で究極の q-ベータ函数であったように，(4.8.7) は究極の q-セルバーグ函数であると考えられる．このことは，本稿の話が進むにつれて，より理論的な事実に支えられたものであることが了解される．

4.9　ダイソン予想の一般化

k を非負整数として，n 個の変数 $x_1, \ldots, x_n$ についての二項式の積

$$\prod_{1 \leq i \neq j \leq n} \left(1 - x_i x_j^{-1}\right)^k$$

をローラン展開したときの定数項が

$$\frac{(nk)!}{(k!)^n}$$

に等しいだろうというのがもともとのダイソンの予想であり，この予想はさらに一般化され，$a_1, \ldots, a_n$ を正の整数とし

$$\prod_{1 \leq i \neq j \leq n} \left(1 - \frac{x_i}{x_j}\right)^{a_j}$$

の定数項は

$$\frac{(a_1 + a_2 + \cdots + a_n)!}{a_1! \, a_2! \, \cdots \, a_n!}$$

であるという予想にまとめられた．そして，これがウィルソン，ガンソン，そしてグッドにより証明されたのであった．

ここで改めてダイソンの考察を思い返してみると，$n=2$ の場合が二項定理，$n=3$ の場合がディクソンの定理

$$\sum_{j=-k}^{k} (-1)^j \binom{a+b}{a+j} \binom{b+c}{b+j} \binom{c+a}{c+j} = \frac{(a+b+c)!}{a! \, b! \, c!}, \qquad a, b, c = 1, 2, \ldots,$$

4.9 ダイソン予想の一般化

つまり

$$_3F_2\left(\begin{array}{c} a,\ b,\ c \\ a+1-b,\ a+1-c \end{array};1\right)$$

$$=\frac{\Gamma(a+1-b)\Gamma(a+1-c)\Gamma(\frac{a}{2}+1)\Gamma(\frac{a}{2}+1-b-c)}{\Gamma(\frac{a}{2}+1-b)\Gamma(\frac{a}{2}+1-c)\Gamma(a+1)\Gamma(a+1-b-c)}$$

と実質的に等しいものであった．ところが，ディクソンの定理の q-類似として

$$_4\varphi_3\left[\begin{array}{c} a,\ -qa^{\frac{1}{2}},\ b,\ c \\ -a^{\frac{1}{2}},\ aq/b,\ aq/c \end{array};q,\ \frac{qa^{\frac{1}{2}}}{bc}\right]=\frac{(aq,aq/bc,qa^{\frac{1}{2}}/b,qa^{\frac{1}{2}}/c;q)_\infty}{(aq/b,aq/c,qa^{\frac{1}{2}},qa^{\frac{1}{2}}/bc;q)_\infty}$$

というものがあることを知っていれば，$n=2$ のときが q-二項定理，$n=3$ のときがディクソンの定理の q-類似になるよう，ダイソン予想の q-類似を考えるのは自然である．実際，このような考えを経て，アンドリュース (G. E. Andrews) は次のような予想に到達した [And0]．

アンドリュースの定数項予想．

$$\left[\prod_{1\le i<j\le n}(x_i/x_j;q)_{a_i}(qx_j/x_i;q)_{a_j}\right]_0=\frac{(q;q)_{a_1+\cdots+a_n}}{(q;q)_{a_1}\cdots(q;q)_{a_n}}.$$
(4.9.1)

これを見てルート系との関係を見抜いたのがマクドナルド (I.G.Macdonald) である [Mac0]．それを解説するために，ルート系およびワイル群について簡単にまとめておこう．

いま，V を有限次元の実ベクトル空間，$(\ ,\ )$ を正定値の内積とする．このとき，ゼロでないベクトル $\alpha\in V$ を一つ決める毎に V の自己同型写像 σ_α が

$$\sigma_\alpha(\beta)=\beta-\frac{2(\beta,\alpha)}{(\alpha,\alpha)}\alpha$$

により定まるが，これをベクトル α に関する鏡映変換という．この写像 σ_α により α は $-\alpha$ に写され，ベクトル α を法線ベクトルにもつ超平面 $H_\alpha = \{\beta \in V \mid (\beta, \alpha) = 0\}$ の各点を不変にする．

ベクトル空間 V における**ルート系** (Root system) R とは V の有限部分集合 (有限個のベクトルの集まり) であり，次の二つの条件を満たすものをいう．そして，ルート系 R の元を**ルート** (root) といい，ベクトル空間 V の次元をルート系 R の**ランク** (rank) という．

(1) R はゼロ・ベクトルを含まず，ベクトル空間 V の任意の元が R の元の (実数係数の) 一次結合で表せる．
(2) R の任意の二つの元 α と β に対して $2(\beta, \alpha)/(\alpha, \alpha)$ が整数であり，$\sigma_\alpha(\beta) \in R$ が成り立つ．

それぞれの鏡映変換 σ_α $(\alpha \in R)$ は有限集合 R の元の置換を与えていると考えられるが，この σ_α で生成される有限群 W をルート系 R に付随する**ワイル群** (Weyl group) という．

また，ベクトル α に対して**コルート** (coroot) $\alpha^\vee$ を

$$\alpha^\vee = \frac{2\alpha}{(\alpha, \alpha)}$$

と定義し，ルート系 R に対して，$R^\vee$ を

$$R^\vee = \{\alpha^\vee \mid \alpha \in R\}$$

とすると，$R^\vee$ もルート系になる．この $R^\vee$ を R の**コルート系** (coroot system) または**双対ルート系** (dual root system) という．

ルート系 R に属している元を調べると，それぞれの元 α のスカラー倍で R に属しているものは自分自身 α と符号を変えた $-\alpha$ のみである，という条件が満たされているとき，ルート系 R は**被約** (reduced) であるという．また，R が二つの直交するルート系 R_1 および R_2 に分解されるとき，R を**可約** (reducible) なルート系，そうでないときの R を**既約** (irreducible) なルート系という．以下では，既約なルート系のみを考えるが，既約なルート系はいくつかの系列に分類されている．

具体例を挙げよう．

4.9 ダイソン予想の一般化

いま $\epsilon_1,\ldots,\epsilon_n$ を，内積 $(\ ,\ )$ の与えられた n 次元ユークリッド空間 $\mathbb{R}^n$ $(n \geq 2)$ の標準基底とする．このとき，$\mathbb{R}^n$ の中の $\epsilon_1 + \cdots + \epsilon_n$ を法線とする超平面を V として

$$\epsilon_i - \epsilon_j \qquad (i \neq j)$$

なる元の集合はルート系である．これを A_{n-1} 型ルート系という．しかし，$\mathbb{R}^n$ そのものを V と考えるもの便利であり，前者の流儀によるものを $SL(n)$ 描像，後者によるものを $GL(n)$ 描像と呼び，適宜使い分けることにする．つまり，$SL(n)$ 描像では $V = \sum_{1 \leq i \leq n} \mathbb{R}\epsilon_i / \mathbb{R}(\epsilon_1 + \cdots + \epsilon_n)$，$GL(n)$ 描像では $V = \sum_{1 \leq i \leq n} \mathbb{R}\epsilon_i$ であり，ともにルートは $\epsilon_i - \epsilon_j$ $(i \neq j)$ と表せ，そして，ワイル群 W は

$$\epsilon_i \longrightarrow \epsilon_{\sigma(i)}, \qquad \sigma \in S_n$$

という置換を引き起こす n 次対称群 S_n に等しい．

また，$V = \mathbb{R}^n$ の有限な部分集合

$$\pm \epsilon_i\ (1 \leq i \leq n),\ \pm \epsilon_i \pm \epsilon_j\ (1 \leq i < j \leq n)$$

を B_n 型ルート系，

$$\pm 2\epsilon_i\ (1 \leq i \leq n),\ \pm \epsilon_i \pm \epsilon_j\ (1 \leq i < j \leq n)$$

を C_n 型ルート系，

$$\pm \epsilon_i \pm \epsilon_j\ (1 \leq i < j \leq n)$$

を D_n 型ルート系という．これら A_{n-1}, B_n, C_n, D_n 型ルート系は既約でかつ被約なルート系である．そして，既約ではあるが被約でないものとしては，同じく $V = \mathbb{R}^n$ の部分集合として，BC_n 型ルート系

$$\pm \epsilon_i,\ \pm 2\epsilon_i\ (1 \leq i \leq n),\ \pm \epsilon_i \pm \epsilon_j\ (1 \leq i < j \leq n)$$

がある．そして，それぞれのルート系に付随するワイル群 W は ϵ_i を ϵ_j に置換することと，ϵ_i を $-\epsilon_i$ に変換することで生成される群になり，その位数は B_n, C_n に関しては $2^n n!$，D_n に関しては $2^{n-1} n!$，そして BC_n 型は $2^n n!$ である．

これら A_{n-1} $(n \geq 2)$, B_n $(n \geq 2)$, C_n $(n \geq 3)$, D_n $(n \geq 4)$ 型および BC_n $(n \geq 1)$ 型のルート系を総称して古典型ルート系 (root systems of classical type) というが，この他に E_6, E_7, E_8, F_4, G_2 型のルート系が知られていて，後者を例外型ルート系 (root systems of exceptional type) という．

さて，ランク n のルート系 R に応じて A_n 型の場合は $V = \sum_{1 \leq i \leq n+1} \mathbb{R}\epsilon_i / \mathbb{R}(\epsilon_1 + \cdots + \epsilon_{n+1})$, B_n, C_n, D_n, BC_n 型の場合は $V = \sum_{1 \leq i \leq n} \mathbb{R}\epsilon_i$ とベクトル空間 V を固定し，$x_1, \ldots, x_n$ をその座標函数と見なすことにより，$\mathbb{R}[x] = \mathbb{R}[x_1, \ldots, x_n]$ を，V 上の多項式函数と同一視する．このとき，$\mathbb{R}[x]$ は，V の双対空間 V^* 上の反傾表現 $(g.f)(v) = f(g^{-1}v)$ $(g \in W, f \in V^*, v \in V)$ から誘導されるワイル群 W の表現をもつ．そして，ワイル群 W の作用に対して不変な $\mathbb{R}[x]$ の元 f を W-不変元 (W-invariant element) と呼ぶが，W-不変元の全体 $\mathbb{R}[x]^W = \{ f \in \mathbb{R}[x] \mid g.f = f \ (g \in W)\}$ は n 個の斉次多項式 $q_1, \ldots, q_n$ で生成される多項式環になることが知られている．

$$\mathbb{R}[x]^W = \mathbb{R}[q_1, \ldots, q_n].$$

この生成元 $q_1, \ldots, q_n$ を，ワイル群 W の**基本不変式** (basic invariants) という．基本不変式の選び方は無数にあるが，その次数の集合は不変である．例えば，n 個の基本不変式の次数を $d_1, \ldots, d_n$ $(d_1 < \cdots < d_n)$ とすると，古典型ルート系では

Type	$d_1,$	$d_2,$	$\ldots,$	d_{n-1}	d_n
A_n	2,	3,	$\ldots,$	$n,$	$n+1$
B_n, C_n	2,	4,	$\ldots,$	$2(n-1),$	$2n$
D_n	2,	4,	$\ldots,$	$2n-2,$	n

となる．この値を有効に用いた公式として

$$\sum_{w \in W} \prod_{\alpha \in R^+} \frac{1 - te^{-w\alpha}}{1 - e^{-w\alpha}} = \prod_{i=1}^n \frac{1 - t^{d_i}}{1 - t} \qquad (4.9.2)$$

4.9 ダイソン予想の一般化

というものがあることを紹介しておく．ここに現れる e^α という記号は，後ほどで定義するが，ルートラティス Q の群環 $\mathbb{R}[Q]$ の元を表す．そして，(4.9.2) はワイル群 W に付随するポアンカレ級数 $W(t)$ というものに他ならない．

さて，R をルート系，$v \in V$ を任意の $\alpha \in R$ に対して $(\alpha, v) \neq 0$ なる元として固定する．このとき，$(\alpha, v) > 0$ なる $\alpha \in R$ を集めたもの全体を R^+ とし，これを**正ルートの系** (system of positive roots) という．R^+ は $v \in V$ の取り方に依存するが，ワイル群の作用によってそれら異なった v の取り方による二つの正ルートの系はうつりあうので，適当に一つを固定しても一般性は失われない．

また，2つの正ルートの和で表すことができないような，正ルート $\alpha \in R^+$ を**単純ルート** (simple root) という．そして，単純ルートはルートのランクと等しい数だけあり，それを $\alpha_1, \alpha_2, \ldots, \alpha_n$ とおいたとき，任意の正ルート $\alpha \in R^+$ は，$\sum_{i=1}^n m_i \alpha_i$ $(m_i \geq 0)$ の形に表すことができる．例えば，A_{n-1} 型のルート系の場合では，$\epsilon_i - \epsilon_j$ $(1 \leq i < j \leq n)$ が正ルートであり，そのうち，$\alpha_i = \epsilon_i - \epsilon_{i+1}$ $(1 \leq i \leq n-1)$ が単純ルートである．そして，Q, Q^+, P, P^+ を次のように定義する．

$$Q = \sum_{\alpha \in R^+} \mathbb{Z}\,\alpha = \left\{ \sum_{\alpha \in R^+} m_\alpha \alpha \;\middle|\; m_\alpha \in \mathbb{Z} \right\},$$

$$Q^+ = \sum_{\alpha \in R^+} \mathbb{Z}_{\geq 0}\,\alpha = \left\{ \sum_{\alpha \in R^+} m_\alpha \alpha \;\middle|\; m_\alpha \in \mathbb{Z}_{\geq 0} \right\},$$

$$P = \{\lambda \in V \mid 任意の \alpha \in R に対して (\lambda, \alpha^\vee) \in \mathbb{Z} が成り立つ\},$$

$$P^+ = \{\lambda \in V \mid 任意の \alpha \in R^+ に対して (\lambda, \alpha^\vee) \in \mathbb{Z}_{\geq 0} が成り立つ\}.$$

Q を**ルート・ラティス** (root lattice)，P を**ウェイト・ラティス** (weight lattice)，P^+ の元を**ドミナント・ウェイト** (dominant weight) という．また，一般に $P \supset Q$ であり，P/Q は有限群である．そして，P も Q も共に

ワイル群の作用により閉じている．同様に，

$$Q^\vee = \sum_{\alpha \in R^+} \mathbb{Z}\,\alpha^\vee = \left\{ \sum_{\alpha \in R^+} m_\alpha \alpha^\vee \,\middle|\, m_\alpha \in \mathbb{Z} \right\},$$

$$P^\vee = \{\lambda \in V \mid 任意の \alpha \in R に対して (\lambda, \alpha) \in \mathbb{Z} が成り立つ\}$$

として，$Q^\vee$ を**コルート・ラティス** (coroot lattice)，$P^\vee$ を**コウェイト・ラティス** (coweight lattice) という．

ここで，λ と μ とがウェイト・ラティス P の元であって，$\lambda - \mu \in Q^+$ が成り立つとき，$\lambda \geq \mu$ であるという半順序 $\geq$ を固定する．集合 A における半順序 (partial ordering) $\leq$ とは集合 A の任意の元 a, b, c に対して，次の三つの条件を満たすものである．

(1) $a \leq a$,
(2) $a \leq b$, $b \leq a$ ならば $a = b$,
(3) $a \leq b$, $b \leq c$ ならば $a \leq c$.

また，$a \leq b$ かつ $a \neq b$ であることを $a < b$ と書くことや，$a \leq b$ を $b \geq a$ とも書くことなどは実数における不等号と同様にする．そして，集合 A の元 a, b に対して，必ずしも $a \leq b$ または $a \geq b$ が成り立っていないことに注意する．どちらが大きいか小さいか比較不能であるペアの存在を許しているのである．特にこれを許さない場合，つまり，どのペアを考えても，$a \leq b$ または $a \geq b$ が成り立つとき，$\leq$ を**全順序** (total ordering) または**線形順序** (linear ordering) といい，半順序と区別する．自然数の通常の意味の大小関係は全順序の例となっているが，集合 X の部分集合の間の包含による関係 $\subseteq$ は半順序ではあるが全順序ではない例である．

次に，ウェイト・ラティス $P \subseteq V$ の群環 $\mathbb{R}[P]$ を導入する．まず，$\mathbb{R}^n\,(\supseteq V)$ の標準基底

$$\epsilon_1, \ldots, \epsilon_n$$

と

$$e^{\epsilon_1}, \ldots, e^{\epsilon_n}$$

なる可換な抽象元とを対応させ，より一般にウェイト・ラティス P の元 $\lambda = \sum_{1 \leq i \leq n} \lambda_i \epsilon_i\,(\lambda_i \in \mathbb{Z})$ に $\prod_{1 \leq i \leq n}(e^{\epsilon_i})^{\lambda_i}$ を対応させ $(e^{\epsilon_i})^{\lambda_i}$ を $e^{\lambda_i \epsilon_i}$ と

4.9 ダイソン予想の一般化

表記することにすれば，このとき

$$e^{\lambda+\mu} = e^\lambda e^\mu, \quad (e^\lambda)^{-1} = e^{-\lambda}, \quad \lambda, \mu \in P$$

という関係式が成立する．さらに，$e^0 = 1$ と約束すれば，

$$\sum_{\lambda \in P} \mathbb{R}\, e^\lambda$$

は $\mathbb{R}$-代数であり，これをウェイト・ラティス P の群環といい，$A = \mathbb{R}[P]$ で表す．ウェイト・ラティスがワイル群の作用 $w\lambda$ ($\lambda \in P$) を許すことから，ウェイト・ラティスの群環 $A = \mathbb{R}[P]$ も

$$w(e^\lambda) = e^{w\lambda}, \quad \lambda \in P, w \in W$$

によりワイル群の作用を受ける．特にワイル群不変な群環 A の元全体の集合を A^W と表す．

以上の準備のもと，一般のルート系に対応するマクドナルドの予想は次のようになる．

マクドナルドの定数項予想 (その 1).

R をランク n の被約なルート系，$d_1, \ldots, d_n$ を R のワイル群に対する基本不変式の次数，そして k を正の整数とするとき

$$\left[\prod_{\alpha \in R} (1 - e^\alpha)^k \right]_0 = \prod_{1 \leq i \leq n} \binom{kd_i}{k}. \tag{4.9.3}$$

ここで A_{n-1} 型ルート系の場合，

$$R = \{\epsilon_i - \epsilon_j \mid 1 \leq i \neq j \leq n\}$$

であるから

$$\prod_{\alpha \in R} (1 - e^\alpha)^k = \prod_{1 \leq i \neq j \leq n} (1 - e^{\epsilon_i - \epsilon_j})^k$$

$$= \prod_{1 \leq i < j \leq n} (1 - e^{\epsilon_i - \epsilon_j})^k (1 - e^{\epsilon_j - \epsilon_i})^k$$

なので，$e^{\epsilon_i} = x_i$ と置き換えれば，これは

$$\prod_{1 \leq i < j \leq n} (1 - x_i x_j^{-1})^k (1 - x_j x_i^{-1})^k \tag{4.9.4}$$

に他ならない．そして，A_{n-1} 型ワイル群の基本不変式の次数は $d_1 = 2, \ldots, d_{n-1} = n$ であることから，

$$\prod_{1 \leq i \leq n-1} \binom{kd_i}{k} = \binom{2k}{k} \binom{3k}{k} \cdots \binom{nk}{k} = \frac{(nk)!}{(k!)^n}$$

となり，マクドナルドの定数項予想 (その 1) の (4.9.3) はダイソンの定数項予想 (その 1) の (4.1.9) に一致することが確認される．

同様に，B_n, C_n, D_n 型の場合に書き下してみると，それぞれ

$$B_n: \quad \left[\prod (1 - e^{\pm \epsilon_i})^k (1 - e^{\pm \epsilon_i \pm \epsilon_j})^k \right]_0 = \frac{(2k)!(4k)! \cdots (2nk)!}{k!(3k)! \cdots ((2n-1)k)!(k!)^n},$$

$$C_n: \quad \left[\prod (1 - e^{\pm 2\epsilon_i})^k (1 - e^{\pm \epsilon_i \pm \epsilon_j})^k \right]_0 = \frac{(2k)!(4k)! \cdots (2nk)!}{k!(3k)! \cdots ((2n-1)k)!(k!)^n},$$

$$D_n: \quad \left[\prod (1 - e^{\pm \epsilon_i \pm \epsilon_j})^k \right]_0 = \frac{(2k)!(4k)! \cdots (2nk)!}{k!(3k)! \cdots ((2n-3)k)!((n-1)k)!(k!)^n}$$

となるが，より一般化して，BC 型ルート系に対する定数項予想を書けば，これらを統一的に表すことができ．それは，

$$k_1 = k_{\pm \epsilon_i}, \quad k_2 = k_{\pm \epsilon_i \pm \epsilon_j}, \quad k_3 = k_{\pm 2\epsilon_i}$$

として，

$$\left[\prod_{\alpha \in R} (1 - e^\alpha)^{k_\alpha} \right]_0$$

$$= \prod_{r=1}^n \frac{(rk_2)!(2(k_1 + k_3 + (r-1)k_2))!(2(k_3 + (r-1)k_2))!}{k_2!(k_1 + 2k_3 + (n+r-2)k_2)!(k_1 + k_3 + (r-1)k_2)!(k_3 + (r-1)k_2)!}$$

と表すことができる．ここで，$k_1 = k_2 = k, k_3 = 0$ とすれば B_n 型，$k_1 = 0, k_2 = k_3 = k$ とすれば C_n 型，$k_1 = k_3 = 0, k_2 = k$ とすれば D_n 型の予想になる．

4.9 ダイソン予想の一般化

BC_n 型ルート系に対する予想 (4.9.3) を証明しよう．いま，$e^{\epsilon_i} = x_i$ とすれば
$$\left[\prod_{\alpha \in R} (1 - e^{\alpha})^{k_\alpha}\right]_0$$
は次のように変形できる．

$$\left[\prod_{1 \le i \le n} (1-x_i)^{k_1}(1-x_i^{-1})^{k_1} \prod_{1 \le i \le n} (1-x_i^2)^{k_3}(1-x_i^{-2})^{k_3}\right.$$
$$\left.\times \prod_{1 \le i < j \le n} (1-x_ix_j^{-1})^{k_2}(1-x_jx_i^{-1})^{k_2}(1-x_ix_j)^{k_2}(1-x_i^{-1}x_j^{-1})^{k_2}\right]_0$$

$$= \left(\frac{1}{2\pi\sqrt{-1}}\right)^n \oint \cdots \oint \frac{dx_1}{x_1} \cdots \frac{dx_n}{x_n}$$
$$\times \prod_{1 \le i \le n} (1-x_i)^{k_1}(1-x_i^{-1})^{k_1} \prod_{1 \le i \le n} (1-x_i^2)^{k_3}(1-x_i^{-2})^{k_3}$$
$$\times \prod_{1 \le i < j \le n} (1-x_ix_j^{-1})^{k_2}(1-x_jx_i^{-1})^{k_2}(1-x_ix_j)^{k_2}(1-x_i^{-1}x_j^{-1})^{k_2}$$

$$= \left(\frac{1}{2\pi\sqrt{-1}}\right)^n \oint \cdots \oint \frac{dx_1}{x_1} \cdots \frac{dx_n}{x_n}$$
$$\times \prod_{1 \le i \le n} (1-x_i)^{k_1+k_3}(1-x_i^{-1})^{k_1+k_3} \prod_{1 \le i \le n} (1+x_i)^{k_3}(1+x_i^{-1})^{k_3}$$
$$\times \prod_{1 \le i < j \le n} (1-x_ix_j^{-1})^{k_2}(1-x_jx_i^{-1})^{k_2}(1-x_ix_j)^{k_2}(1-x_i^{-1}x_j^{-1})^{k_2}.$$

ここで，$x_i = e^{2\sqrt{-1}\theta_i}$ と積分変数を変換すれば，さらに
$$= \pi^{-n} \int_0^\pi \cdots \int_0^\pi d\theta_1 \cdots d\theta_n$$
$$\times \prod_{1 \le i \le n} \{(1-e^{2\sqrt{-1}\theta_i})(1-e^{-2\sqrt{-1}\theta_i})\}^{k_1+k_3}\{(1+e^{2\sqrt{-1}\theta_i})(1+e^{-2\sqrt{-1}\theta_i})\}^{k_3}$$

$$\times \prod_{1\leq i<j\leq n}\{(1-e^{2\sqrt{-1}(\theta_i-\theta_j)})(1-e^{2\sqrt{-1}(\theta_j-\theta_i)})(1-e^{2\sqrt{-1}(\theta_i+\theta_j)})(1-e^{-2\sqrt{-1}(\theta_i+\theta_j)})\}^{k_2}$$

$$= \pi^{-n}\int_0^\pi \cdots \int_0^\pi \prod_{i=1}^n \left(4\sin^2\theta_i\right)^{k_1+k_3}\left(4\cos^2\theta_i\right)^{k_3}$$

$$\times \prod_{1\leq i<j\leq n}\left(4\sin^2(\theta_i-\theta_j)4\sin^2(\theta_i+\theta_j)\right)^{k_2} d\theta_1\cdots d\theta_n$$

$$= \pi^{-n}\int_0^\pi \cdots \int_0^\pi \prod_{i=1}^n \left(4\sin^2\theta_i\right)^{k_1+k_3}\left(4\cos^2\theta_i\right)^{k_3}$$

$$\times \prod_{1\leq i<j\leq n}\left(4(\sin^2\theta_i-\sin^2\theta_j)\right)^{2k_2} d\theta_1\cdots d\theta_n$$

であるから,最後に $t_i = \sin^2\theta_i$ とおくと $dt_i = 2\sin\theta_i\cos\theta_i d\theta_i$ ゆえ,

$$= \pi^{-n}2^{2(k_1+2k_3)n+4\binom{n}{2}k_2}\int_0^1\cdots\int_0^1\prod_{i=1}^n t_i^{k_1+k_3-\frac{1}{2}}(1-t_i)^{k_3-\frac{1}{2}}$$

$$\times \prod_{1\leq i<j\leq n}(t_i-t_j)^{2k_2}dt_1\cdots dt_n$$

がいえる.ところが,セルバーグの積分公式 (4.8.1) から

$$\int_0^1\cdots\int_0^1\prod_{i=1}^n t_i^{k_1+k_3-\frac{1}{2}}(1-t_i)^{k_3-\frac{1}{2}}\prod_{1\leq i<j\leq n}(t_i-t_j)^{2k_2}dt_1\cdots dt_n$$

$$= \prod_{j=1}^n \frac{\Gamma(k_1+k_3+(j-1)k_2+\frac{1}{2})\Gamma(k_3+(j-1)k_2+\frac{1}{2})\Gamma(jk_2+1)}{\Gamma(k_1+2k_3+(n+j-2)k_2+1)\Gamma(k_2+1)}$$

$$= \pi^n 2^{-2(k_1+2k_3)n-4\binom{n}{2}k_2}$$

$$\times \prod_{j=1}^n\left\{\frac{\Gamma(2(k_1+k_3+(j-1)k_2)+1)\Gamma(2(k_3+(j-1)k_2)+1)}{\Gamma(k_1+k_3+(j-1)k_2+1)\Gamma(k_3+(j-1)k_2+1)}\right.$$

$$\left.\times\frac{\Gamma(jk_2+1)}{\Gamma(k_1+2k_3+(n+j-2)k_2+1)\Gamma(k_2+1)}\right\}$$

4.9 ダイソン予想の一般化

が得られ，結局，

$$\left[\prod_{\alpha \in R}(1-e^{\alpha})^{k_{\alpha}} \right]_0$$

$$= \prod_{r=1}^{n} \frac{(rk_2)!(2(k_1+k_3+(r-1)k_2))!(2(k_3+(r-1)k_2))!}{k_2!(k_1+2k_3+(n+r-2)k_2)!(k_1+k_3+(r-1)k_2)!(k_3+(r-1)k_2)!}$$

である．ただし，x が正の整数のときには $\Gamma(x+1)=x!$ であることと，

$$\Gamma(x+\frac{1}{2}) = \frac{\pi^{1/2}\Gamma(2x+1)}{2^{2x}\Gamma(x+1)}$$

という関係式を用いた．

マクドナルドはさらに定数項予想 (4.9.3) の q-類似をも定式化した．

マクドナルドの定数項予想 (その 2).
R^+ をランク n の被約なルート系 R の正ルート全体，$d_1,\ldots,d_n$ を R のワイル群に対する基本不変式の次数，そして k を正の整数とするとき

$$\left[\prod_{\alpha \in R^+}(e^{\alpha};q)_k (qe^{-\alpha};q)_k \right]_0 = \prod_{1 \le i \le n}\left[\begin{array}{c} kd_i \\ k \end{array} \right]_q. \qquad (4.9.5)$$

ここで $\left[\begin{array}{c} m \\ n \end{array} \right]_q$ は q-二項係数 (4.3.1) である．

A_{n-1} 型の場合，

$$R^+ = \{\epsilon_i - \epsilon_j \mid 1 \le i < j \le n\}$$

であるから，$e^{\epsilon_i} = x_i$ と置き換えれば

$$\prod_{\alpha \in R^+}(e^{\alpha};q)_k(qe^{-\alpha};q)_k = \prod_{1 \le i < j \le n}(e^{\epsilon_i - \epsilon_j};q)_k(qe^{\epsilon_j-\epsilon_i};q)_k$$

$$= \prod_{1 \le i < j \le n}(x_i/x_j;q)_k(qx_j/x_i;q)_k \qquad (4.9.6)$$

および

$$\prod_{1\leq i\leq n}\begin{bmatrix} kd_i \\ k \end{bmatrix}_q = \begin{bmatrix} 2k \\ k \end{bmatrix}_q \begin{bmatrix} 3k \\ k \end{bmatrix}_q \cdots \begin{bmatrix} nk \\ k \end{bmatrix}_q$$

$$= \frac{(q^{k+1};q)_k}{(q;q)_k}\frac{(q^{2k+1};q)_k}{(q;q)_k}\cdots\frac{(q^{(n-1)k+1};q)_k}{(q;q)_k} = \frac{(q;q)_{nk}}{(q;q)_k^n} \quad (4.9.7)$$

となり，アンドリュース予想の $a_1 = \cdots = a_n = k$ の場合に当たることがわかる．

予想 (4.9.5) は，4.11 節でさらに一般化されるが，もとのアンドリュース予想 (4.9.1) はザイルバーガー–ブレスードによる組合せ論的な証明が知られているだけである [ZB]．そこではトーナメントという組合せ論の概念を旨く適用して，結果を得ているが，本章の後半で現れるような代数的な枠組みで扱えるものかどうかは現在のところ不明である．

4.10 多変数の直交多項式

$x = (x_1,\ldots,x_n)$ を変数とする多項式環 $\mathbb{R}[x_1,\ldots,x_n]$ は，変数の入れ替えに関する対称群 S_n の作用をもつ．そして，対称群の作用により不変な元全体を

$$\mathbb{R}[x]^{S_n} = \mathbb{R}[x_1,\ldots,x_n]^{S_n}$$

と表す．これが n 変数**対称多項式** (symmetric polynomial) の空間である．この空間の基底としてさまざまなものを考えることができるが，それらは分割を用いてパラメトライズされる．分割とは，$\lambda_1 \geq \lambda_2 \geq \cdots \geq 0$ を満たす数列 $\lambda = (\lambda_1,\lambda_2,\lambda_3,\ldots)$ であった．

さて，分割の集合にドミナンス・オーダー (dominance ordering) または自然な順序 (natural ordering) と呼ばれる半順序 $\lambda \geq \mu$ を

$$|\lambda| = |\mu| \text{ かつ，すべての } i \geq 1 \text{ に対して} \lambda_1 + \cdots + \lambda_i \geq \mu_1 + \cdots + \mu_i \tag{4.10.1}$$

として定義する．ただし，$|\lambda| = \sum \lambda_i$．これは $n \leq 5$ の場合には全順序であるが $n \geq 6$ の場合は半順序であることに注意しよう．

4.10 多変数の直交多項式

いま $\beta = (\beta_1, \ldots, \beta_n) \in \mathbb{Z}^n$ に対して x^β で単項式 $x^\beta = x_1^{\beta_1} \cdots x_n^{\beta_n}$ を表すことにして，長さが n 以下の分割 λ に対して，**単項対称多項式** (monomial symmetric polynomial) m_λ を

$$m_\lambda(x_1, \ldots, x_n) = \sum_{\beta \in S_n \lambda} x^\beta$$

により定義する．ただし，ここでの和は $\lambda = (\lambda_1, \lambda_2, \ldots, \lambda_n)$ の入れ替えで生じるもの全体をとることとする．例えば $m_{(21)}(x) = \sum_{1 \leq i \neq j \leq n} x_i^2 x_j$ である．この単項対称多項式 $m_\lambda(x)$ は，長さが n 以下の分割 λ 全体を考えると，$\mathbb{R}[x]^{S_n}$ の基底になる．

また，非負整数 r に対して r 次の**基本対称多項式** (elementary symmetric polynomial) $e_r(x)$, **完全対称多項式** (complete symmetric polynomial) $h_r(x)$, **ベキ和対称多項式** (power sum polynomial) $p_r(x)$ をそれぞれ

$$e_r(x) = \sum_{1 \leq i_1 < i_2 < \cdots < i_r \leq n} x_{i_1} x_{i_2} \cdots x_{i_r} = m_{(1^r)}(x),$$

$$h_r(x) = \sum_{1 \leq i_1 \leq i_2 \leq \cdots \leq i_r \leq n} x_{i_1} x_{i_2} \cdots x_{i_r} = \sum_{|\lambda|=r} m_\lambda(x),$$

$$p_r(x) = \sum_{i=1}^n x_i^r = m_{(r)}(x)$$

と定義し，さらに，分割 $\lambda = (\lambda_1, \lambda_2, \ldots)$ に対して

$$e_\lambda(x) = e_{\lambda_1}(x) e_{\lambda_2}(x) \cdots,$$

$$h_\lambda(x) = h_{\lambda_1}(x) h_{\lambda_2}(x) \cdots,$$

$$p_\lambda(x) = p_{\lambda_1}(x) p_{\lambda_2}(x) \cdots$$

とすると，$e_\lambda(x), h_\lambda(x), p_\lambda(x)$ はそれぞれ $\mathbb{R}[x]^{S_n}$ の基底になる．

また，$\alpha = (\alpha_1, \ldots, \alpha_n)$ に対して

$$a_\alpha(x_1, \ldots, x_n) = \sum_{w \in S_n} \operatorname{sgn}(w) x^{w(\alpha)}$$

$$= \det(x_i^{\alpha_j})_{1 \leq i,j \leq n}$$

と定義すれば, $a_\alpha(x)$ は交代式であり, 特に $\delta = (n-1, n-2, \ldots, 1, 0)$ のとき, $a_\delta(x_1, \ldots, x_n)$ はファンデルモンドの行列式であり差積 $\prod_{1 \leq i < j \leq n}(x_i - x_j)$ に他ならない. そして, 分割 $\lambda = (\lambda_1, \ldots, \lambda_n)$ に対して

$$s_\lambda(x_1, \ldots, x_n) = \frac{a_{\lambda+\delta}(x_1, \ldots, x_n)}{a_\delta(x_1, \ldots, x_n)} \tag{4.10.2}$$

と定義した対称多項式が**シューア多項式** (Schur polynomials) であり,

$$s_\lambda(x) = m_\lambda(x) + \sum_{\mu < \lambda} K_{\lambda\mu} m_\mu(x), \quad K_{\lambda\mu} \in \mathbb{R}$$

という形になっていることから, 対称多項式の空間 $\mathbb{R}[x]^{S_n}$ の基底となっていることがいえる. シューア多項式は一般線形群 $GL(n;\mathbb{C})$ の多項式表現の指標として自然に現れる.

このように, $\mathbb{R}[x]^{S_n}$ の基底となるものとして多くのものが知られているが, そのような例のもうひとつとして**ジャック多項式** (Jack polynomials) がある.

いま, 微分作用素 D_2 を

$$D_2 = \frac{k^{-1}}{2} \sum_{i=1}^n x_i^2 \frac{\partial^2}{\partial x_i^2} + \sum_{1 \leq i \neq j \leq n} \frac{x_i^2}{x_i - x_j} \frac{\partial}{\partial x_i}, \quad k > 0 \tag{4.10.3}$$

として, また, 長さが n 以下すなわち $l(\lambda) \leq n$ の分割 $\lambda = (\lambda_1, \lambda_2, \ldots, \lambda_n)$ に対して

$$c_\lambda = \frac{k^{-1}}{2} \sum_{i=1}^n \lambda_i(\lambda_i - 1) - \sum_{i=1}^n (i-1)\lambda_i + (n-1)|\lambda| \tag{4.10.4}$$

とするとき,

$$D_2 F(x_1, \ldots, x_n) = c_\lambda F(x_1, \ldots, x_n)$$

という固有値問題を考えることができて, 特に

$$J_\lambda(x_1, \ldots, x_n; k^{-1}) = m_\lambda(x_1, \ldots, x_n) + \sum_{\mu < \lambda} a_{\lambda\mu} m_\mu(x_1, \ldots, x_n), \quad a_{\lambda\mu} \in \mathbb{R}$$

4.10 多変数の直交多項式

という形の解が一意的に決まる．このようにして定まる対称多項式 $J_\lambda(x) = J_\lambda(x_1,\ldots,x_n;k^{-1})$ をジャック多項式という．低次の場合のいくつかを具体的に書き出すと

$$J_{(1)}(x;k^{-1}) = m_1(x), \quad J_{(2)}(x;k^{-1}) = m_{(2)}(x) + \frac{2k}{1+k}m_{(1,1)}(x),$$

$$J_{(3)}(x;k^{-1}) = m_{(3)}(x) + \frac{3k}{2+k}m_{(2,1)}(x) + \frac{6k^2}{(1+k)(2+k)}m_{(1,1,1)}(x),$$

$$J_{(4)}(x;k^{-1}) = m_{(4)}(x) + \frac{4k}{3+k}m_{(3,1)}(x) + \frac{6k(1+k)}{(2+k)(3+k)}m_{(2,2)}(x)$$
$$+ \frac{12k^2}{(2+k)(3+k)}m_{(2,1,1)}(x) + \frac{24k^3}{(1+k)(2+k)(3+k)}m_{(1^4)}(x)$$

$$J_{(2,1)}(x;k^{-1}) = m_{(2,1)}(x) + \frac{6k}{1+2k}m_{(1^3)}(x),$$

$$J_{(3,1)}(x;k^{-1}) = m_{(3,1)}(x) + \frac{2k}{1+k}m_{(2,2)}(x) + \frac{k(3+5k)}{(1+k)^2}m_{(2,1,1)}(x)$$
$$+ \frac{12k^2}{(1+k)^2}m_{(1^4)}(x),$$

$$J_{(1^s)}(x;k^{-1}) = m_{(1^s)}(x) \quad (0 \leq s \leq n)$$

などである．

　このジャック多項式 $J_\lambda(x;k^{-1})$ はパラメタ k を特殊化すると，さまざまな特殊多項式に退化することである．具体的には，
(i)　$k=1$ とすると，$J_\lambda(x) = s_\lambda(x)$ つまりシューア多項式 (4.10.2) である．
(ii)　$k \to \infty$ とすると，$J_\lambda(x;k^{-1})$ は基本対称式 $e_{\lambda'}(x)$ の定数培．ここで $\lambda' = (\lambda'_1, \lambda'_2, \ldots, \lambda'_n)$ は $\lambda'_i = \mathrm{Card}\{j; \lambda_j \geq i\}$ により決まるもので，λ に共役な分割とよばれるものである．ただし，$\mathrm{Card}\, A$ は集合 A の濃度を表す．
(iii) $k=0$ のとき $m_\lambda(x_1,\ldots,,x_n)$ に等しい．
そして，
(iv) $k=\frac{1}{2}$ の場合，対称空間 $GL(n)/SO(n)$ の帯球函数 (zonal spherical

functions) として現れる帯多項式 (zonal polynomials) という名の函数 $Z_\lambda(x_1,\ldots,x_n)$ に等しく，

(v) $k=2$ の場合，対称空間 $GL(2n)/Sp(n)$ の帯球函数 (zonal spherical functions) に等しい．

ところで，$f(x), g(x) \in \mathbb{R}[x]$ についての内積を，$k > 0$ として，次で与える．

$$\langle f(x), g(x)\rangle_k$$
$$= \frac{1}{n!}\left(\frac{1}{2\pi\sqrt{-1}}\right)^n \int_{T^n} f(x)\overline{g(x)} \prod_{1\le i<j\le n} |x_i - x_j|^{2k} \frac{dx_1}{x_1}\cdots\frac{dx_n}{x_n}. \tag{4.10.5}$$

ただし，$\overline{g(x)}$ は $g(x)$ の複素共役，積分は $T^n = \{x \in \mathbb{C} \mid |x_i| = 1\}$ において各 x_j-平面上反時計周りにとるものとする．

このとき，
$$\langle J_\lambda(x; k^{-1}), J_\mu(xk^{-1})\rangle_k = 0, \quad \mu \ne \lambda. \tag{4.10.6}$$

つまり，ジャック多項式は直交多項式である．また，

$$\Delta(x; k^{-1}) = \prod_{1\le i\ne j\le n}(1 - x_i/x_j)^k \tag{4.10.7}$$

とおくと，

$$\langle f(x), g(x)\rangle_k = \frac{1}{n!}\big[f(x)g(x^{-1})\Delta(x; k^{-1}))\big]_0 \tag{4.10.8}$$

でもある．そして，特に k が非負整数のとき

$$\langle J_\lambda(x; k^{-1}), J_\lambda(x; k^{-1})\rangle_k = \prod_{i<j}\prod_{m=0}^{k-1} \frac{\lambda_i - \lambda_j + (j-i)k + m}{\lambda_i - \lambda_j + (j-i)k - m} \tag{4.10.9}$$

が成立する．

ジャック多項式 $J_\lambda(x; k^{-1})$ と $\Delta(x; k^{-1})$ の積 $J_\lambda(x; k^{-1})\Delta(x; k^{-1})$ の満たす微分方程式はカロジェロ–サザーランド模型 (Calogero–Sutherland

4.10 多変数の直交多項式

model) と呼ばれる非自明な相互作用をもつ一次元量子多体系の可積分モデルのハミルトニアン

$$L_2 = \sum \frac{\partial^2}{\partial t_i^2} + k(k-1) \sum_{i \neq j} \frac{1}{2\sin^2\left(\frac{t_i - t_j}{2}\right)} \tag{4.10.10}$$

とその固有値からなるものに対応し，$\Delta(x; k^{-1})$ が基底状態，$J_\lambda(x; k^{-1})\Delta(x; k^{-1})$ が励起状態を表す．このように，多変数の直交多項式は量子可積分系の理論に自然と現れる．相互作用をもつ量子系の中に，その固有函数などが求められるものがあるなどとは思われていなかった昔からすると，驚くべき事実である．

また，ビラソロ代数という無限次元リー代数の表現論においても，ジャック多項式はその特異ベクトルというものとして現れることが知られていることを付記しておく．

さて，次に，ジャック多項式の q-類似を考えてみよう．ジャック多項式の直交内積がダイソンの定数項予想に現れたもの

$$\Delta(x; k^{-1}) = \prod_{1 \leq i \neq j \leq n} (1 - x_i/x_j)^k \tag{4.10.11}$$

であったことがヒントになるが，考えているのが対称多項式についての重み函数なので，

$$\Delta(x; q, t) = \prod_{1 \leq i < j \leq n} \frac{(x_i/x_j; q)_\infty (x_j/x_i; q)_\infty}{(tx_i/x_j; q)_\infty (tx_j/x_i; q)_\infty} \tag{4.10.12}$$

とする．ここで特に k を非負整数として $t = q^k$ とすれば，

$$\Delta(x; q, q^k) = \prod_{1 \leq i < j \leq n} (x_i/x_j)_k (x_j/x_i; q)_k \tag{4.10.13}$$

であることに注意する．そして，この $\Delta(x; q, t)$ を用いて，$f(x), g(x) \in \mathbb{R}[x]$ に対して，

$$\langle f(x), g(x) \rangle'_n = \frac{1}{n!} \left[f(x) g(x^{-1}) \Delta(x; q, t) \right]_0 \tag{4.10.14}$$

と定義される内積を考えるのが自然であろう．そして，じっさい，このとき

$$\langle P_\lambda(x), P_\mu(x) \rangle'_n = 0, \quad \mu \neq \lambda$$

なる直交多項式が存在する．それが**マクドナルド多項式** (Macdonald polynomials) に他ならない．後ほど現れるものとの関係で A_{n-1} 型のマクドナルド多項式ともいうが，おなじ A_{n-1} 型でも，ここで考えているものは $GL(n)$ 描像のものである．

マクドナルド多項式 ($GL(n)$ 型)

次の条件を満たす $\mathbb{R}[x]^{S_n}$ の基底 $(P_\lambda)_\lambda$ を**マクドナルド多項式**という．

(i) $P_\lambda(x) = m_\lambda(x) + \sum_{\mu < \lambda} u_{\lambda\mu} m_\mu(x), \quad u_{\lambda\mu} \in \mathbb{R},$

(ii) $\lambda \neq \mu$ のとき $\langle P_\lambda, P_\mu \rangle'_n = 0.$

ただし，$\mu < \lambda$ はドミナンス・オーダーによるものとする．

このような多項式 P_λ は一意的に存在することが示されるが，q-差分作用素

$$M_1 = \sum_{1 \leq i \leq n} \prod_{j \neq i} \frac{tx_i - x_j}{x_i - x_j} T_{q,x_i} \tag{4.10.15}$$

および，

$$(T_{q,x_i} f)(\cdots, x_i, \cdots) = f(\cdots, qx_i, \cdots) \tag{4.10.16}$$

を用いた

$$M_1 P_\lambda(x) = c_\lambda P_\lambda(x), \quad c_\lambda = \sum_{1 \leq i \leq n} q^{\lambda_i} t^{n-i} \tag{4.10.17}$$

なる q-差分方程式の解であって，上記条件 (i) を満たすものとして定義しても良い [Mac1]．

このとき，内積値に関して次がいえる．

4.10 多変数の直交多項式

> **マクドナルドの内積値.** 任意の分割 λ に対して
> $$\langle P_\lambda, P_\lambda \rangle'_n = \prod_{1 \leq i < j \leq n} \prod_{r=0}^{k-1} \frac{1 - q^{\lambda_i - \lambda_j + r} t^{j-i}}{1 - q^{\lambda_i - \lambda_j - r} t^{j-i}} \qquad (4.10.18)$$
> が成立する.

また,作用素 M_1 を含む q-差分作用素の族

$$M_r = t^{\frac{1}{2}r(r-1)} \sum_{i_1 < \cdots < i_r} \left[\prod_{\substack{j \notin \{i_1,\ldots,i_r\} \\ s=1,\ldots,r}} \frac{tx_{i_s} - x_j}{x_{i_s} - x_j} \right] T_{q,x_{i_1}} \cdots T_{q,x_{i_r}}$$
$$(r = 1, \ldots, n) \qquad (4.10.19)$$

および,それに対応した q 差分方程式系

$$M_r P_\lambda = c_\lambda^r P_\lambda, \quad c_\lambda^r = \sum_{i_1 < \cdots < i_r} \prod_{1 \leq s \leq r} q^{\lambda_{i_s}} t^{(n-i_s)} \qquad (4.10.20)$$

が得られ,作用素 $M_1, \ldots, M_n$ は互いに可換であることが示される (我々は,あとでヘッケ代数の枠組みの中で確かめる).

ところで $t = q^k$ として, $q \to 1$ を考えると M_1 に対応する微分作用素は

$$D_2 = \frac{k-1}{2} \sum_{1 \leq i \leq n} x_i^2 \frac{\partial^2}{\partial x_i^2} + \sum_{j \neq i} \frac{x_j^2}{x_i - x_j} \frac{\partial}{\partial x_j},$$

固有値は

$$c = \frac{k-1}{2} \sum_{i=1}^n \lambda_i(\lambda_i - 1) - \sum_{i=1}^n (i-1)\lambda_i + (n-1)|\lambda|$$

であり,ジャック多項式を定義する際の微分作用素が回復されていることがわかる.

4.11 ルート系に付随したマクドナルドの多項式

前節の後半に現れたものをルート系に付随して一般化したものを与える.

ルート系を R で表し, 非負の実数 $t \geq 0$ をひとつ固定して,

$$\Delta(q,t) = \prod_{\alpha \in R} (e^\alpha; q)_\infty / (te^\alpha; q)_\infty \tag{4.11.1}$$

とする. 特に k を非負整数として $t = q^k$ とすれば

$$\Delta(q,t) = \prod_{\alpha \in R} (e^\alpha; q)_k \in A^W \tag{4.11.2}$$

である. ここで A はウェイト・ラティス P の群環 $\mathbb{R}[P]$, A^W はルート系 R に付随するワイル群 W による A の不変部分環であったことを思い出そう. そして,

$$f = \sum_{\lambda \in P} f_\lambda e^\lambda \in A$$

に対して,

$$\bar{f} = \sum_{\lambda \in P} f_\lambda e^{-\lambda} \in A$$

として, f と g との内積を

$$\langle f, g \rangle = \frac{1}{|W|} [f\bar{g}\Delta(q,t)]_0 \tag{4.11.3}$$

で定める. ただし $|W|$ はワイル群 W の次数を表すものとする. ここで, k を非負整数として $t = q^k$ とする場合に触れたが, 以下, 技術的に簡略化される部分が多くなるという理由で, この $t = q^k$, $k \in \mathbb{Z}_{\geq 0}$ を仮定する.

また, ウェイト系 P における W-軌道はドミナント・ウェイト P^+ のただひとつの元を共通部分としてもつので,

$$m_\lambda = \sum_{\mu \in W\lambda} e^\mu, \quad \lambda \in P^+$$

は軌道和 (orbit sum) といわれ, m_λ ($\lambda \in P^+$) は A^W の $\mathbb{R}$-基底を成すことがいえる.

4.11 ルート系に付随したマクドナルドの多項式

以上のもとで次が成立する．

ルート系に付随したマクドナルド多項式

次の条件を満たす A^W の $\mathbb{R}$ 基底 $(P_\lambda)_{\lambda \in P^+}$ をルート系に付随したマクドナルド多項式 (Macdonald polynomials associated with a root system) という．

(i) $P_\lambda = m_\lambda + \sum_{\substack{\mu < \lambda \\ \mu \in P^+}} u_{\lambda\mu} m_\mu \qquad (u_{\lambda\mu} \in \mathbb{R})$,

(ii) $\lambda \neq \mu$ のとき $\langle P_\lambda, P_\mu \rangle = 0$.

ただし，$\mu < \lambda$ は $\mu \neq \lambda$ かつ $\lambda - \mu \in Q^+$ を意味するものとする．

このような多項式 P_λ は一意的に存在することが示される．これを統一的に扱う枠組みとして，チェレドニク (I. Cherednik) により提唱されたのがアフィン・ヘッケ代数である．しかし，アフィン・ヘッケ代数によるマクドナルド多項式の扱いは最後の 4.12 節で行うことにして，しばらくはマクドナルド多項式の性質についてまとめてみたい．まず，その特殊化として多くの特殊多項式を含んでいる．ルート系 R が被約の場合にまとめておこう．

(1) $t = 1$ とすると $\Delta = 1$ であるから，P_λ は軌道和 m_λ になる．

(2) $t = q$ とすると δ をワイル指標の分母

$$\delta = \prod_{\alpha \in R^+} (e^{\alpha/2} - e^{-\alpha/2})$$

として $\Delta = \prod_{\alpha \in R}(1 - e^\alpha) = \delta\bar{\delta}$ である．従って，

$$\langle f, g \rangle = \frac{1}{|W|} \left[f\delta \, \overline{g\delta} \, \right]_0$$

ゆえ，P_λ はワイル指標 χ_λ である．**ワイル指標** (Weyl character) χ_λ は

ドミナント・ウェイト $\lambda \in P^+$ によりパラメトライズされる,

$$\chi_\lambda = \delta^{-1} \sum_{w \in W} \epsilon(w) e^{w(\lambda+\rho)}$$

なる A^W の元であり,

$$\chi_\lambda = m_\lambda + 低次の項$$

という形をしている.

(3) R が A_1 型ルート系で $SL(2)$ 描像を採用した場合, P_λ は 4.7 節で扱ったロジャースの q-超球多項式になる (正規化定数は異なるが).

(4) $q \to 0$, ただし t と q は独立なものとした場合,

$$\Delta = \prod_{\alpha \in R} (1 - e^\alpha)/(1 - te^\alpha)$$

であり, P_λ は

$$P_\lambda = W_\lambda(t)^{-1} \sum_{w \in W} w \left(e^\lambda \prod_{\alpha \in R^+} \frac{1 - te^{-\alpha}}{1 - e^{-\alpha}} \right)$$

ただし,

$$W_\lambda(t) = \sum_{\substack{w \in W \\ w\lambda = \lambda}} t^{l(w)}$$

および $l(w)$ は $w\alpha \notin R^+$ となるような正のルート $\alpha \in R^+$ の個数とする. この多項式は p 進リー群の球函数として現れるものであり, 特に A 型ルート系の場合はホール–リトルウッド多項式 (Hall–Littlewood polynomial) という.

(5) 必ずしも整数でない k に対して $t = q^k$ とおき, $q \to 1$ (したがって $t \to 1$) とすると,

$$\Delta = \prod_{\alpha \in R} (1 - e^\alpha)^k$$

4.11 ルート系に付随したマクドナルドの多項式

であるが，この場合，P_λ はヘックマンとオプダム (Heckman-Opdam) により定義されたルート系に付随した多変数ヤコビ多項式に一致する．特に A 型の場合がジャック対称多項式である．

そして，このマクドナルド多項式の内積値に関して次が成り立つ．

ルート系に付随したマクドナルドの内積値.
任意のドミナント・ウェイト $\lambda \in P^+$ に対して

$$\langle P_\lambda, P_\lambda \rangle = \prod_{\alpha \in R^+} \prod_{r=0}^{k-1} \frac{1-q^{(\lambda+k\rho,\alpha^\vee)+r}}{1-q^{(\lambda+k\rho,\alpha^\vee)-r}} \tag{4.11.4}$$

が成立する．

ただし，$\alpha^\vee$ は $\alpha \in R$ のコルート

$$\alpha^\vee = \frac{2\alpha}{(\alpha,\alpha)}$$

であり，

$$\rho = \frac{1}{2} \sum_{\alpha \in R^+} \alpha$$

であったことを思い出そう．

ここで，特に $\lambda = 0$ すなわち $P_\lambda = 1$ の場合は，4.9 節で考察したマクドナルドの定数項予想 (その 2)(4.9.5) を少し変形したものであり，内積値予想は定数項予想の一般化になっていることに注意する．正確には，(4.9.5) に現れる関数

$$\prod_{\alpha \in R^+} (e^\alpha;q)_k (qe^{-\alpha};q)_k$$

と重み関数 (4.11.1)

$$\Delta(q,q^k) = \prod_{\alpha \in R^+} (e^\alpha;q)_k (e^{-\alpha};q)_k$$

とは異なるが，これらの比をとると

$$\prod_{\alpha \in R^+} \frac{1-q^k e^{-\alpha}}{1-e^{-\alpha}}$$

であり，このことと，定数項にワイル群を作用しても不変であるという簡単な注意を併せて，公式 (4.9.2) を用いれば，内積値の比はポアンカレ級数の値 $W(q^k)$ に等しいことがわかる．

この節の最後に，内積値の公式 (4.11.4) を実際に A_{n-1} 型の場合に書き下し，(4.10.18) の一般化になっているかを確かめよう．まず，正のルート系は

$$R^+ = \{\alpha_{ij} = \epsilon_i - \epsilon_j \mid 1 \leq i < j \leq n\}$$

だから

$$\rho = \frac{1}{2}\sum_{\alpha \in R^+} \alpha = \frac{1}{2}\sum_{1 \leq i \leq n}(n-2i+1)\epsilon_i$$

ゆえ，

$$(\rho, \epsilon_i - \epsilon_j) = \frac{1}{2}\{(n-2i+1)-(n-2j+1)\} = j-i.$$

そして，$\lambda = \sum_{1 \leq i \leq n} \lambda_i \epsilon_i$ とすれば，$\alpha_{ij}^\vee = \alpha_{ij}$ に注意して，

$$(\lambda + k\rho, \alpha_{ij}^\vee) = (\lambda + k\rho, \alpha_{ij})$$
$$= \lambda_i - \lambda_j + k(j-i)$$

と計算される．従って，最後に $t = q^k$ と置き直せば (4.11.4) は

$$\langle P_\lambda, P_\lambda \rangle = \prod_{1 \leq i < j \leq n} \prod_{r=0}^{k-1} \frac{1-q^{\lambda_i-\lambda_j+r}t^{j-i}}{1-q^{\lambda_i-\lambda_j-r}t^{j-i}}$$

となり，(4.10.18) の表示が得られた．

4.12 アフィン・ヘッケ代数とマクドナルド多項式

マクドナルド多項式を組織的に扱う方法として拡大アフィンヘッケ代数を用いることが，チェレドニクにより提唱された [C1][Mac2]．

R をルート系，V を $R \subset V$ なる内積空間（R の住んでいる空間）とする．このとき，$\widehat{V} = V \oplus \mathbb{R}\delta$ を $v + k\delta \in \widehat{V}$ に対して，$(v+k\delta)(v') =$

4.12 アフィン・ヘッケ代数とマクドナルド多項式

$(v, v') + k$ $(v, v' \in V)$ とすることにより V の双対空間と見なす．このとき，

$$\widehat{R} = R \oplus \mathbb{Z}\delta,$$
$$\widehat{R^+} = \{\, \alpha + k\delta \mid \alpha \in R,\ k > 0\ \text{または}\ \alpha \in R^+, k = 0 \,\}$$

を R に付随する**アフィン・ルート系**，および，正のアフィン・ルートの集合と定義する．$k = 0$ のとき $R \simeq \widehat{R}$ であるので，これを同一視し，アフィン・ルート系との区別を強調するときは R を有限ルート系という．そして，α_i $(1 \le i \le r)$ を有限ルート系 R の単純ルートとするとき，$\widehat{R^+}$ の基底としての単純ルート

$$\alpha_0 = -\theta + \delta, \alpha_1, \ldots, \alpha_r \tag{4.12.1}$$

を考えることができる．ただし，θ は有限ルート系 R の最大元とする．A_{n-1} 型の場合，$\theta = \alpha_1 + \cdots + \alpha_{n-1}$ である．また，

$$s_{\widehat{\alpha}} : \widehat{V} \longrightarrow \widehat{V}$$

を

$$s_{\widehat{\alpha}}(\widehat{\lambda}) = \widehat{\lambda} - (\lambda, \alpha^\vee)\widehat{\alpha} \tag{4.12.2}$$

と定義する．ただし，$\widehat{\lambda} = \lambda + m\delta$, $\widehat{\alpha} = \alpha + k\delta$ とする．このとき，$s_i = s_{\alpha_i}$ $(0 \le i \le r)$ で生成される群 W^a がアフィン・ワイル群で，

$$W^a = W \ltimes \tau(Q^\vee)$$

である．特に，$\widehat{V}$ の元を $\alpha^\vee \in Q^\vee$ に応じてずらす作用は

$$\tau(\alpha^\vee) : \widehat{\lambda} \longmapsto \widehat{\lambda} - (\lambda, \alpha^\vee)\delta \tag{4.12.3}$$

で与えられる．そして，W^a をさらに拡大して得られる群

$$\widetilde{W} = W \ltimes \tau(P^\vee)$$

を**拡大アフィン・ワイル群** (extended affine Weyl group) といい，$\tau(P^\vee)$ は (12.3) と同様に考える．ここで，$\widetilde{W}/W^a \simeq P^\vee/Q^\vee$ である．A_{n-1} 型の

ルート系の場合だと，生成元を $s_0, s_1, \ldots, s_{n-1}$ および ω として，基本関係式を

$$\begin{aligned}
&s_i^2 = 1 \quad (0 \leq i \leq n-1), \\
&s_i s_j = s_j s_i \quad (|i-j| \geq 2), \\
&s_i s_{i+1} s_i = s_{i+1} s_i s_{i+1}, \\
&\omega s_i = s_{i-1} \omega \quad (0 \leq i \leq n-1)
\end{aligned}$$

とする群 $\widetilde{W} = \langle s_0, s_1, s_2, \ldots, s_{n-1}, \omega \rangle$ が拡大アフィン・ワイル群である．ここで，添え字は $\mathbb{Z}/n\mathbb{Z}$ の元と考える．そして部分群

$$\begin{aligned}
W &= \langle s_1, s_2, \ldots, s_{n-1} \rangle \ (= \mathfrak{S}_n), \\
W^{\mathrm{aff}} &= \langle s_0, s_1, s_2, \ldots, s_{n-1} \rangle
\end{aligned}$$

が，有限ワイル群およびアフィン・ワイル群である．

一般に，ルート系 R に付随する拡大アフィン・ワイル群 $\widetilde{W}$ の群環 $\mathbb{R}[\widetilde{W}]$ を変形して拡大アフィン・ヘッケ代数 $H(\widetilde{W})$ というものが定義されるのであるが，以下では，簡単のために A_{n-1} 型ルート系の場合に限って話を進めたい．しかも，$GL(n)$ 描像を採用する．従って，内積空間 V に標準的な基底 ϵ_i を $\langle \epsilon_i, \epsilon_j \rangle = \delta_{ij}$ により定め $V = \oplus_{i=1}^n \mathbb{R}\epsilon_i$ として

$$\begin{aligned}
P(= P^\vee) &= \oplus_{i=1}^n \mathbb{Z}\epsilon_i \subset V, \\
Q(= Q^\vee) &= \oplus_{i=1}^{n-1} \mathbb{Z}\alpha_i \subset V
\end{aligned}$$

ただし，$\alpha_i = \epsilon_i - \epsilon_{i+1} \ (1 \leq i \leq n-1)$ である．また，$\omega_i = \epsilon_1 + \cdots + \epsilon_i \ (1 \leq i \leq n)$ として，

$$P^+ = \oplus_{i=1}^n \mathbb{Z}_{\geq 0} \omega_i$$

である．

4.12 アフィン・ヘッケ代数とマクドナルド多項式

拡大アフィン・ヘッケ代数 $H(\widetilde{W})$

生成元を
$$T_0, T_1, \ldots, T_{n-1}, T_\omega^{\pm 1},$$

基本関係式を

(i) $(T_i - t^{1/2})(T_i + t^{-\frac{1}{2}}) = 0 \quad (i = 0, \ldots, n-1),$

(ii) $T_i T_j = T_j T_i \quad (|i-j| \geq 2),$

(iii) $T_i T_{i+1} T_i = T_{i+1} T_i T_{i+1} \quad (i = 0, 1, \ldots, n-2),$

(iv) $T_\omega T_i = T_{i-1} T_\omega \quad (i = 0, \ldots, n-1)$

とする $\mathbb{R}$-代数を A_{n-1} 型**拡大アフィン・ヘッケ代数** (extended affine Hecke algebra) といい, $H(\widetilde{W})$ で表す. ただし, t は固定された複素数とする.

ワイル群の場合と同様に, 部分代数
$$H(W) = \langle T_1, \cdots, T_{n-1} \rangle, \quad H(W^{\mathrm{aff}}) = \langle T_0, T_1, \cdots, T_{n-1} \rangle$$
をそれぞれ, 有限ヘッケ代数, アフィン・ヘッケ代数とよぶ. $t \to 1$ とすると, $H(\widetilde{W}) \to \mathbb{R}[\widetilde{W}]$ であるという意味で, $H(\widetilde{W})$ は $\mathbb{R}[\widetilde{W}]$ の変形と考えられる (t-類似といってよいだろう).

さて, $\widetilde{W}$ の元 $\tau(\epsilon_i)$ $(1 \leq i \leq n)$ は
$$\tau(\epsilon_1) = \omega^{-1} s_{n-1} s_{n-2} \cdots s_1,$$
$$\cdots$$
$$\tau(\epsilon_i) = s_{i-1} \cdots s_1 \omega^{-1} s_{n-1} \cdots s_i,$$
$$\cdots$$

$$\tau(\epsilon_n) = s_{n-1} \cdots s_1 \omega^{-1}$$

と表示されるが，この $\tau(\epsilon_i)$ に応じた $H(\widetilde{W})$ の元 $Y_i = Y^{\tau(\epsilon_i)}$ $(1 \leq i \leq n)$ を

$$\begin{cases} Y_1 = T_\omega^{-1} T_{n-1} T_{n-2} \cdots T_1, \\ \cdots \\ Y_i = T_{i-1}^{-1} \cdots T_1^{-1} T_\omega^{-1} T_{n-1} \cdots T_i, \\ \cdots \\ Y_n = T_{n-1}^{-1} \cdots T_1^{-1} T_\omega^{-1} \end{cases} \quad (4.12.4)$$

で定めると，$Y_1, \ldots, Y_n$ は可換となり，

$$\mathbb{R}[Y_1, \ldots, Y_n] \simeq \mathbb{R}[P^\vee] \quad (4.12.5)$$

である．そして，Y_i 達と T_i 達との交換関係は次のとおりである．

$$\begin{cases} T_i Y_{i+1} T_i = Y_i & (1 \leq i \leq n-1), \\ T_i Y_j = Y_j T_i & (1 \leq j \neq i, i+1 \leq n), \\ Y_i Y_j = Y_j Y_i & (1 \leq i, j \leq n). \end{cases} \quad (4.12.6)$$

このような Y_i 達を導入した利点のひとつは次の構造定理が得られる点で，

$$H(\widetilde{W}) = \mathbb{R}[Y_1^{\pm 1}, \ldots, Y_n^{\pm 1}] \otimes_\mathbb{R} H(W)$$
$$= \oplus_{w \in W} \mathbb{R}[Y_1^{\pm 1}, \ldots, Y_n^{\pm 1}] T_w$$

がわかる．ただし，最短表示 $w = s_{i_1} \cdots s_{i_s} \in W$ に対して $T_w = T_{i_1} \cdots T_{i_s}$ と定め，$H(W)$ は有限ヘッケ代数である．そして，特に重要なことは，$H(\widetilde{W})$ の中心

$$\mathcal{Z}H(\widetilde{W}) = \{c \in H(\widetilde{W}) \mid 任意の a \in H(\widetilde{W}) に対して ca = ac \}$$

が

$$\mathbb{R}[Y^{\pm 1}]^W = \mathbb{R}[Y_1^{\pm 1}, \ldots, Y_n^{\pm 1}]^W$$

と記述できてしまうことにある (Bernstein の定理)．これは，拡大アフィン・ワイル群 $\widetilde{W}$ の群環 $\mathbb{R}[\widetilde{W}]$ が

$$\mathbb{R}[\widetilde{W}] = \oplus_{w \in W} \mathbb{R}[\tau(\epsilon_1)^{\pm 1}, \ldots, \tau(\epsilon_n)^{\pm 1}] w$$

4.12 アフィン・ヘッケ代数とマクドナルド多項式

と直和分解され，その中心 $\mathcal{Z}\widetilde{W}$ が

$$\mathbb{R}[\tau(\epsilon_1)^{\pm 1},\ldots,\tau(\epsilon_n)^{\pm 1}]^W$$

であるという事実の類似に他ならない．

さて，我々の目指すところは，拡大アフィン・ヘッケ代数 $H(\widetilde{W})$ の中心 $\mathcal{Z}H(\widetilde{W})$ の構造を用いて，ルート系に付随するマクドナルド多項式 P_λ を分析することである．ちょうど，対称空間上の球函数の分析を行うために展開環の中心の構造を利用するというハリッシュ・チャンドラ (Harish–Chandra) の理論の類似である．そして，展開環の中心を微分作用素環として実現するハリッシュ・チャンドラ同型が本質的だったように，我々はルスティック (G.Lusztig) に従い，ヘッケ代数の元 T_i をウェイト・ラティス P の群環 $\mathbb{R}[P]$ への作用素として実現する**ルスティック作用素**

$$T_i = t^{\frac{1}{2}} + t^{-\frac{1}{2}}\frac{1-te^{-\alpha_i}}{1-e^{-\alpha_i}}(s_i-1), \quad e^{\alpha_i}\in\mathbb{R}[P], \quad i=0,1,\ldots,n, \quad (4.12.7)$$

および

$$T_\omega = \omega$$

を用いる [Lus]．ただし，$e^{-\delta}=q$ とする．これを用いれば，$f(Y)=f(Y_1,\ldots,Y_n)\in\mathcal{Z}H(\tilde{W})=\mathbb{R}[Y^{\pm 1}]^W$ は (4.12.4) を介して

$$f(Y) = \sum_{w\in W} L_{f,w} w, \quad L_{f,w} \text{ は } \mathbb{R}[P] \text{ の元の有理函数を係数とする } q\text{-差分作用素}$$

と整理され，$L_f = \sum_{w\in W} L_{f,w}$ は W-不変な q-差分作用素となることがわかる．さらに，

$$[L_f, L_g] = 0 \quad (f(Y), g(Y) \in \mathcal{Z}H(\tilde{W})). \tag{4.12.8}$$

また，任意の $f(Y)\in\mathbb{R}[Y^{\pm 1}]^W$ に対して，$2\rho=2(\rho_1,\ldots,\rho_n)=(n-1,n-3,\ldots,-n+1)$ として，

$$f(Y)m_\lambda = f(q^\lambda t^\rho)m_\lambda + (低次の項).$$

ただし，$f(q^\lambda t^\rho)=f(q^{\lambda_1}t^{\rho_1},\ldots,q^{\lambda_n}t^{\rho_n})$ であることから，$f(Y)$ の作用により群環 $\mathbb{R}[P]$ が対角化されることがわかり，特に固有値 $f(q^\lambda t^\rho)$ に対する

固有函数で $m_\lambda +$ (低次の項) のものを P_λ とすれば,

$$f(Y)P_\lambda(x) = L_f P_\lambda(x) = f(q^\lambda t^\rho)P_\lambda(x) \qquad (4.12.9)$$

であり, $P_\lambda(x)$ はマクドナルド多項式に他ならない. これが拡大アフィン・ヘッケ代数を用いたマクドナルド多項式の特徴付けであり, 任意のルート系に通用する論法である. そして, 任意のルート系に対して, ルート系に付随するマクドナルド多項式が一意に存在することの証明は, この論法によって初めて保証された.

さて, 拡大アフィン・ヘッケ代数の枠組みを用いて, q-差分作用素の構造を調べてみよう. ここでもルート系は A_{n-1} 型で $GL(n)$ 描像によるものとする. 従って, 以下では $x_i = e^{\epsilon_i}$ として, $\tau(\epsilon_i)$ の x への作用は q 差分作用素 $(T_{q,x_i}\varphi)(x) = \varphi(\ldots, qx_i, \ldots)$ と同一視する.

まず, $T_i = s_i G(\alpha_i)$ とおけば

$$G(\alpha_i) = t^{-\frac{1}{2}} \frac{1 - te^{\alpha_i}}{1 - e^{\alpha_i}} + \frac{t^{\frac{1}{2}} - t^{-\frac{1}{2}}}{1 - e^{\alpha_i}} s_{\alpha_i}$$

$$= t^{\frac{1}{2}} + \frac{t^{\frac{1}{2}} - t^{-\frac{1}{2}}}{1 - e^{\alpha_i}}(s_{\alpha_i} - 1) \qquad (4.12.10)$$

という表示をもち,

$$\tilde{w}G(\alpha) = G(\tilde{w}(\alpha))\tilde{w}, \quad \tilde{w} \in \widetilde{W}$$

を満たし,

$$\begin{aligned}
Y_1 &= \omega^{-1} T_{n-1} \cdots T_1 \\
&= \omega^{-1}(s_{n-1}G(\alpha_{n-1}))(s_{n-2}G(\alpha_{n-2})) \cdots (s_1 G(\alpha_1)) \\
&= \omega^{-1} s_{n-1} s_{n-2} \cdots s_1 G(s_1 s_2 \cdots s_{n-2}(\alpha_{n-1})) \\
&\quad \times G(s_1 s_2 \cdots s_{n-3}(\alpha_{n-2})) \cdots G(s_1(\alpha_2))G(\alpha_1) \\
&= \tau(\epsilon_1) G(\epsilon_{1n}) G(\epsilon_{1n-1}) \cdots G(\epsilon_{13}) G(\epsilon_{12}).
\end{aligned}$$

と計算される. そして, 一般に

$$Y_i = T_{i-1}^{-1} \cdots T_1^{-1} \omega^{-1} T_{n-1} \cdots T_i$$

4.12 アフィン・ヘッケ代数とマクドナルド多項式

$$= (s_{i-1}G^-(\alpha_{i-1}))\cdots(s_1G^-(\alpha_1))\omega^{-1}(s_{n-1}G(\alpha_{n-1}))\cdots(s_iG(\alpha_i))$$

$$= G^-(s_{i-1}(\alpha_{i-1}))G^-(s_{i-1}s_{i-2}(\alpha_{i-2}))\cdots G^-(s_{i-1}\cdots s_1(\alpha_1))$$
$$\times s_{i-1}\cdots s_1\omega^{-1}s_n\cdots s_iG(s_i\cdots s_{n-2}(\alpha_{n-1}))\cdots G(s_i(\alpha_{i+1}))G(\alpha_i)$$

$$= G^-(\epsilon_{i,i-1})G^-(\epsilon_{i,i-2})\cdots G^-(\epsilon_{i,1})\tau(\epsilon_i)G(\epsilon_{in})\cdots G(\epsilon_{i,i+2})G(\epsilon_{i,i+1})$$

と表されるが, 特に

$$Y_n = T_{n-1}^{-1}\cdots T_1^{-1}\omega^{-1}$$

$$= (s_{n-1}G^-(\alpha_{n-1}))\cdots(s_1G^-(\alpha_1))\omega^{-1}$$

$$= G^-(s_{n-1}(\alpha_{n-1}))G^-(s_{n-1}s_{n-2}(\alpha_{n-2}))\cdots G^-(s_{n-1}\cdots s_1(\alpha_1))$$
$$\times s_{n-1}\cdots s_1\omega^{-1}$$

$$= G^-(\epsilon_{n,n-1})G^-(\epsilon_{n,n-2})\cdots G^-(\epsilon_{n,1})\tau(\epsilon_n)$$

である. ただし, $T_i^{-1} = s_iG^-(\alpha_i)$, つまり

$$G^-(\alpha) = G(\alpha) + (t^{-\frac{1}{2}} - t^{\frac{1}{2}})s_\alpha$$

$$= t^{-\frac{1}{2}}\frac{1-te^\alpha}{1-e^\alpha} - \frac{(t^{-\frac{1}{2}}-t^{\frac{1}{2}})e^\alpha}{1-e^\alpha}s_\alpha \tag{4.12.11}$$

としたが, $G^-(\alpha)$ は $G(\alpha)$ の逆元 $G(\alpha)^{-1}$ とは異なり, $G(\alpha)^{-1} = G^-(-\alpha)$ すなわち $G(\alpha)G^-(-\alpha) = 1$ であることに注意する.

(4.12.10) の形に注意しながら Y_n の対称関数 $\varphi(x) \in \mathbb{R}[x]^W$ への作用を計算すると,

$$Y_n\varphi = t^{-\frac{1}{2}(n-1)}\prod_{j=1}^{n-1}\frac{1-te^{\epsilon_{nj}}}{1-e^{\epsilon_{nj}}}\tau(\epsilon_n)\varphi(x) + \cdots$$

$$= t^{-\frac{1}{2}(n-1)}\prod_{j=1}^{n-1}\frac{tx_n-x_j}{x_n-x_j}T_{q,x_n}\varphi(x) + \cdots$$

となるが, 結局は, e_1 を 1 次の基本対称式として

$$e_1(Y_1,\ldots,Y_n)\varphi(x) = t^{-\frac{1}{2}(n-1)}M_1\varphi(x) \tag{4.12.12}$$

である．一般に e_r を r 次の基本対称式とすると

$$e_r(Y_1, \ldots, Y_n)\varphi(x) = t^{-r(n-r)/2} M_r \varphi(x) \qquad (4.12.13)$$

であることが確かめられる．ここで，M_1 は q 差分作用素 (4.10.15) であり，より一般に M_r $(1 \leq r \leq n)$ は，r 次の q-差分作用素 (4.10.19) である．そして，これらが互いに可換であることは (4.12.8) から従う．また，q-差分方程式 (4.10.17) は (4.12.9) と (4.12.12) とを併せれば，q-差分方程式 (4.10.20) は (4.12.9) と (4.12.13) とを併せれば得られる．

以上で，拡大アフィン・ヘッケ代数を用いたマクドナルド多項式の構造分析の紹介を終えるが，最後に，拡大アフィン・ヘッケ代数をもっと大きくした，二重アフィン・ヘッケ代数について簡単に触れる．

さて，いままで論じてきた拡大アフィン・ヘッケ代数 $H(\tilde{W})$ は生成元を

$$T_1, \ldots, T_{n-1}, Y_1, \ldots, Y_n,$$

基本関係式を

(i) $\quad (T_i - t^{\frac{1}{2}})(T_i + t^{-\frac{1}{2}}) = 0 \quad (i = 1, \ldots, n-1),$

(ii) $\quad T_i T_j = T_j T_i \quad (|i - j| \geq 2),$

(iii) $\quad T_i T_{i+1} T_i = T_{i+1} T_i T_{i+1} \quad (i = 1, \ldots, n-2),$

(iv) $\quad Y_i Y_j = Y_j Y_i \quad (1 \leq i.j \leq n),$

(v) $\quad Y_i T_j = T_j Y_i \quad (j \neq i, i-1),$

(vi) $\quad Y_i = T_i Y_{i+1} T_i \quad (1 \leq i \leq n-1)$

なるものとしても定義できる．この定義と，前の定義とは $\omega^{-1} = T_1 \cdots T_{i-1} Y_i T_i^{-1} \cdots T_{n-1}^{-1}$ により結びついている．これらを，以下では，

$$\widehat{H}_Y = \langle T_1, \ldots, T_{n-1}, Y_1, \ldots, Y_n \rangle$$

4.12 アフィン・ヘッケ代数とマクドナルド多項式

と書こう．そして，全く同様に，
生成元を
$$T_1,\ldots,T_{n-1},\ X_1,\ldots,X_n,$$
基本関係式を上の $\widehat{H}_Y$ の基本関係式 (i)-(iii) および (iv),(v) での Y_i を X_i としたもの，そして，(vi) を $X_{i+1} = T_i X_i T_i$ $(1 \leq i \leq n-1)$ と取り替えたものを
$$\widehat{H}_X = \langle T_1,\ldots,T_{n-1}, X_1,\ldots,X_n \rangle$$
と定義する．これらは $X_i \leftrightarrow Y_i^{-1}$ により同型であるが，$\widehat{H}_X$ と $\widehat{H}_Y$ とを部分代数にもち，X_i 達と Y_i 達との交換関係が $\widetilde{X} = X_1 \cdots X_n, \widetilde{Y} = Y_1 \cdots Y_n$ として，
$$Y_2^{-1} X_1 Y_2 X_1^{-1} = T_1^2,$$
$$\widetilde{Y} X_j = q X_j \widetilde{Y},$$
$$\widetilde{X} Y_j = q Y_j \widetilde{X}$$
で与えられる物凄く大きな代数を (A_{n-1} 型, $GL(n)$ 描像の) **二重アフィン・ヘッケ代数** (double affine Hecke algebra) といい $\mathcal{HH}$ で表す．二重アフィン・ヘッケ代数 $\mathcal{HH}$ には
$$\phi(X_i) = Y_i^{-1}, \phi(Y_i) = X_i^{-1}\ (1 \leq i \leq n), \phi(T_i) = T_i\ (1 \leq i \leq n-1)$$
で定義される対合 (involution) $\phi : \mathcal{HH} \to \mathcal{HH}$ が存在する．実は，X_i は掛け算作用素に対応し，それを拡大アフィン・ヘッケ代数 $H(\widetilde{W})$ に取り込んで代数化したのが $\mathcal{HH}$ と考えられるのであるが，その意味では対合 ϕ はフーリエ変換の類似になっている．そして，このことを用いて，マクドナルドの内積値予想，定数項予想，ピエリ公式 (Pieri formula)，双対公式などが系統的に導出される．ここに至って，ダイソン予想から始めた定数項に関する公式の拡張が，大きく大きく発展して，最後は二重アフィン・ヘッケ代数 $\mathcal{HH}$ の枠組みの中で，一般的に証明されるのである．この証明を与えたのがチェレドニクである．詳細は，また の機会に譲らざるを得ないが，マクドナルド多項式の入門としては，これまでの議論で目的は果たせたといってよいのではないだろうか．

なお，パラメタ k はひとつだけとして考えてきたが，実は，ルート系のワイル群軌道の数，ということは，長さの異なるルートが何種類あるかに応じた個数分のパラメタ k_i を考えることができる．つまり，A-D-E 型の場合は 1 つであるが，B_n, C_n 型は 2 個，BC_n 型は 3 個，そして，$C^{\vee}C_n$ $(n \geq 2)$ 型というアフィン・ルート系の場合は 5 個のパラメタ ($k_1, \ldots, k_5$ でなく a, b, c, d, t という文字を用いることが多い) を導入でき，この場合に得られる対称多項式はマクドナルド–コーンウィンダー多項式 (Macdonald–Koornwinder polynomials) と呼ばれるものである．マクドナルド–コーンウィンダー多項式が一変数に退化した場合はパラメタが a, b, c, d なる 4 つのアスキー–ウィルソン多項式に他ならないが，これはちょうど $C^{\vee}C_1$ 型のアフィン・ルート系に対応しているのである．

また，アスキー–ウィルソン多項式の直交内積を与える積分が q ベータ関数のひとつ (4.6.10) であったように，q-セルバーグ積分のひとつ (4.8.7) がマクドナルド–コーンウィンダー多項式の直交内積を与えており，ともに $C^{\vee}C_n$ 型の直交内積に他ならない．これが，4.8 節の最後に述べた究極の q-セルバーグ積分という意味である．

参考文献

[AA]　G. Andrews and R. Askey, Enumeration of partitions: The role of Eulerian series and q-orthogonal polynomials, in Higher combinatorics, M. Aigner, ed., Reidel, Dordrecht 1977, pp.3–26.

[AAR]　G. E. Andrews, R. Askey, and R. Roy, Special Functions, Cambridge Univ. Press, 1999.

[And0]　G. E. Andrews, Problems and prospects for basic hypergeometric functions, in Theory and Applications of Special Functions, R. Askey, ed., Academic Press, New York, 1975, pp.191–224.

[A1]　G. E. Andrews, The Theory of Partitions, Cambridge Univ. Press, 1984.

参考文献　　　　　　　　　　　　　　　　　　　　　　　　　　　**435**

[A2]　　G. E. Andrews, q-Series: Their Development and Application in Analysis, Number Theory, Combinatorics, Physics, and Computer Algebra, Amer. Math. Soc., Providence, RI, 1986.

[Ask]　　R. Askey, Some basic hypergeometric extensions of integrals of Selberg and Andrews, SIAM J. Math. Anal., **11** (1980), 938–951.

[AW]　　R. Askey and J. Wilson, Some basic hypergeometric orthogonal polynomials that generalize Jacobi polynomials, Mem, Amer. Math. Soc., **319** (1985).

[C1]　　I. Cherednik, Double affine Hecke algebras and Macdonald's conjectures. Ann. of Math., **141** (1995), 191–216.

[Eul]　　L. Euler, Introductio in analysin infinitorum, Marcum-Michaelem Bousquet, Lausannae, English translation published by Springer-Verlag, 1988.

[D1]　　F. Dyson, Statistical theory of the energy levels of complex systems. I, Journ. of Math. Phys., **3** (1962), 140–156.

[Go]　　I. J. Good, Short proof of a conjecture of Dyson, J. Math. Phys., **11** (1970), 1884.

[Gus]　　R. A. Gustafson, A generalization of Selberg's beta integral, Bull. Amer. Math. Soc. (N.S.), **22** (1990), 97–105.

[Gun]　　J. Gunson, Proof of a conjecture of Dyson in the statistical theory of energy levels, J. Math. Phys., **3** (1962), 752–753.

[Jac]　　C. G. Jacobi, Über einige der binomialreihe analoge reihen, J. Reine Angew. Math., **32** (1846), 197–204.

[Hah]　　W. Hahn, Über die Jacobischen Polynome und zwei verwandte Polynomklassen, Math. Zeit., **39** (1935), 634–638.

[Hei1]　　E. Heine, Über die Reihe ..., Reine Angew. Math., **32** (1846), 210–212.

[Hei2]　　E. Heine, Untersuchungen über die Reihe ..., Reine Angew. Math., **34** (1847), 285–328.

[Ism] M. E. H. Ismail, A simple proof of Ramanujan's $_1\Psi_1$ sum, Proc. Amer. Math. Soc., **63** (1977), 185–186.

[Kad] K. W. J. Kadell, A proof of Askey's conjectured q-analogue of Selberg's integral and a conjecture of Morris, SIAM J. Math. Anal., **19** (1988), 969–986.

[Lus] G.Lusztig, Affine Hecke algebras and their graded version, Jour. Amer. Math. Soc., **2** (1989), 599–635.

[Mac0] I. G. Macdonald, Some conjectures for root systems, SIAM J. Math.Anal., **13** (1982), 988–1007.

[Mac1] I. G. Macdonald, A new class of symmetric functions, in Actes Séminaire Lotharingen, Publ. Inst. Rech. Math. Adv., Strasbourg, 1988, pp.131–171.

[Mac2] I. G. Macdonald, Affine Hecke algebras and orthogonal polynomials, Séminaire BOURBAKI, 47ème année, 1994–95, $n°797$.

[Mac3] I. G. Macdonald, Symmetric Functions and Hall Polynomials, 2nd ed., Oxford Mathematical Monographs, Clarendon Press, Oxford, 1995.

[Mas1] T. Masuda, K. Mimachi, Y. Nakagami, M. Noumi and Ki. Ueno, Representations of quantum groups and a q-analogue of orthogonal polynomials, C. R. Acad. Sci. Paris Sér. I, **307** (1988), 559–564.

[Mas2] T. Masuda, K. Mimachi, Y. Nakagami, M. Noumi and Ki. Ueno, Representations of quantum group $SU_q(2)$ and the little q-Jacobi polynomials, J. Funct. Anal., **99** (1991), 357–386.

[Meh] M. L. Mehta, *Random Matrices,* 2nd ed., Academic Press, Boston, 1991.

[NM] M. Noumi and K. Mimachi, Askey–Wilson polynomials and the quantum group $SU_q(2)$, Proc. Japan Acad. Ser. A, **66** (1990), 146–149.

[Ram] S. Ramanujan, Proof of certain identities in combinatory analysis Proc. Cambridge Philos.Soc., **19** (1919), 214–216.

[Rog1] L. J. Rogers, Second memoir on the expansion of certain infinite products, Proc. London Math. Soc., **25** (1894), 318–343.

[Rog2] L. J. Rogers, Proof of certain identities in combinatory analysis, Proc.Cambridge Philos.Soc., **19** (1919), 211–214.

[Sel] A. Selberg, Bermerkninger om et multipelt integral, Norsk Mat.Tidsskr., **26** (1944), 71-78.

[Tho] J. Thomae, Beiträge zur theorie der durch die heineschereihe; $1 + ((1 - q^\alpha)(1 - q^\beta)/(1 - q)(1 - q^\gamma))x + \cdots$ darstellbaren functionen, J. Reine Angew. Math., **70** (1869), 258–281.

[VS] L. L. Vaksman and Ya S. Soibelman, Agebra of functions on the quantum group $SU(2)$, Funk. Anal. Appl., **22** (1988), 170–181.

[vDi] J. F. van Diejen, Properties of some families of hypergeometric orthogonal polynomials in several variables, Trans. Amer. Math. Soc., **351** (1999), 233–270.

[Wil] K. G. Wilson, Proof of conjecture by Dyson, J. Math. Phys., **3** (1962), 1040–1043.

[ZB] D.Zeiberger and D. Bressoud, A proof of Andrews' q-Dyson conjecture, Discrete Math., **54** (1985), 201–224.

索引

ρ　137
${}_1\Psi_1$-和　376
2 シンボル　327

A 代数　16

BN 対　207
Boutot の定理　178

CM 環　166, 174
C_n　150

diag$[a_1,\ldots,a_n]$　141
D_n　150

$\mathbb{F}_q$ 構造　199
F 共役　201
F 共役類　201

G 同変単純局所系　300
G 同変単純偏屈層　286
G 同変偏屈層　280, 285

I　150
isotypic (同類)　29

Lipman–Teissier の定理　168
l 進コホモロジー　237

O　150

$P(R,t)$　142

q-ガンマ函数　369
$\mathbb{Q}_l$ 層　278
　　——の複体　278
q-超幾何級数　364
q-二項係数　356
q-二項定理 (級数版)　360
q-ベータ函数　369

q-類似　353

Reynolds 作用素　137
$R_T^G(\theta)$ の次数公式　256
$R_T^G(\theta)$ の指標公式　246
$R_T^G(\theta)$ の直交関係　249, 267
R 加群　20
R 準同型　21
R 線型　21
R のコルート系　402

S^G　136
Shephard–Todd, Chevally の定理　154
S_n の指標表　315
socle　175
Soc(R)　175
special datum　170
Stanley の判定法　176

T　150
Tr σ　144

UFD　19

■ア行
アスキー–ウィルソン多項式　383
アスキーの図式　383
アフィン空間　67
アフィン・スキーム　93
アフィン代数群　118, 190
アフィン代数多様体　65
アフィン・ルート系　425
アーベル群　7
アーベル多様体　119
あみだくじ　11
アンドリュースの定数項予想　401

位数 (群の)　7
位数 (元の)　7

440　索引

位相群　43
一意分解整域　19
1 対 1　4
1 対 1 対応　4
一般化 q-超幾何級数　364
一般化超幾何関数　364
一般化超幾何級数　363
一般グリーン関数　311
一般スプリンガー対応　311
一般線型 (線形) 群　26, 185, 191
一般の位置　250, 263
イデアル (両側, 左, 右)　14
岩堀の予想　231
岩堀–ヘッケ代数　229

ウェイト・ラティス　405
ヴェイユ因子　95
上への写像　4

エタール被覆　171

オイラー標数　110

■カ行
概指標　274
開部分多様体　81
ガウスの超幾何関数　363
ガウスの超幾何級数　363
可解群　124
可換環　13
可換群　7
核　7
拡大 20 面体群　150
拡大 2 面体群　150
拡大 4 面体群　150
拡大 8 面体群　150
拡大アフィン・ヘッケ代数　427
拡大アフィン・ワイル群　425
拡大次数　60
カジュダン–ルスティック多項式　231
カスピダル指標　261, 275
カスピダル表現　218, 262
加法群　7
加法的関手　106
可約　157
絡み数　30
カルタン–ワイルの定理　130
カルチエ因子　95
環　13
関係式　138

還元　179
関数体　87
完全　75
完全可約　29
完全交叉　143, 166, 177
完全対称多項式　413
環付空間　79
環同型定理　15
完備　84
完備化　91
簡約群　125
——のブリュア分解　206
簡約代数群　193
簡約表示　228
簡約リー群　187

幾何的共役　266
幾何的共役類　266
基本関係式　11
基本対称多項式　413
基本不変式　404
既約　157
既約 (位相空間が)　86
既約 (表現が)　27
既約元　18
逆元　5
既約指標　186, 215
——の族　271
——の直交関係　215
逆写像　4
既約成分　86
既約表現　186, 214
——のジョルダン分解　271
既約分解　86
鏡映　154
鏡映群　154
鏡映表現　205
共変関手　70
共役類　31
極小還元　179
局所化　77
局所環　77, 173
局所環付空間　79
局所系　279
極大イデアル　17
極大トーラス　193, 204
極大ベキ単群　193

空集合　4
茎　72, 278

索引 441

組み紐群　12
グリーン関数　246, 323
グリーン関数の直交関係　250, 307, 324
クルル次元　87
グロータンディク (グロタンディック) の定理　171
グロータンディック–スプリンガー写像　285
グロータンディック–レフシェッツの不動点定理　239, 264
群　5
群環　16, 26, 221

形式的次元　232
形式的ベキ級数環　91
圏　68
元　2
原始的　157
原始ベキ等元　223

コウェイト・ラティス　406
交差コホモロジー　289
交差コホモロジー複体　279
合成積　27
構造層　78
コーエン–マコーレー環　166, 174
コーシーの再生核　318, 329
五角数　352
五角数定理　352
コクセター群　195
コクセター系　195
コクセター元　205, 262
コストカ多項式　324
小平の消滅定理　112
古典群　326
コホモロジー群　101
コホモロジー層　278
固有射　84
コルート　402
コルート系　267
コルート・ラティス　406
ゴレンスタイン環　166, 175
根基　63
根基 (代数群の)　125
根基イデアル　63
コンパクト群　43

■サ行
サイクル・タイプ　315
最高ウェイト　130
最小生成系　138

最低ウェイト　130
ザリスキ位相　57
三重積公式　372
散布層　108
散布分解　109

ジェイコブソン根基　68
次元　172
次元定理　88
自己準同型環　220
次数 (因子の)　113
次数公式　257, 258, 260
次数付き環　173
支配的　130
指標　30, 214
指標群　37, 128
指標公式　291
指標層　287
　——に付随したグリーン関数　291
指標表　186, 215
シフト作用素　327
射　66
射 (圏の)　68
射影加群　103
射影空間　82
射影多様体　83
射影分解　103
斜交群　187, 191
写像　4
ジャック多項式　414
シューア関数　314, 328
シューア多項式　52, 414
シューアの補題　28
自由群　10
集合　2
重複度　30
自由分解　173
主開集合　78
主系列表現　219
種数　114
シュバレー型　203
巡回群　7
順局所系　286, 290
準コンパクト　78
順像　75
準同型　7
準連接層　93
商空間　122
商集合　8
剰余環　15

剰余群　9
剰余集合　8
剰余前層　74
剰余層　74
剰余類　8
ジョルダン標準形　305
ジョルダン分解　123, 197, 246

随伴関手　73
随伴表現　121
数値的不変量　230
スキーム (概型)　91
スタインバーグ型　203
スタインバーグ指標　233, 257
スタインバーグ多様体　282
スプリンガー解消　285
スプリンガー対応　304, 307, 327
スプリンガー表現　289, 300

整　179
整域　14
整拡大　60
正規部分群　8
制限写像　71
生成系　6
生成元　7
生成次数　232, 271
生成する　6, 138
正則　173
正則局所系　286
正則元　285
正則指標　260
正則写像　66, 81
正則な関数　77
正則半単純元　284, 285
正則表現　35
正則誘導表現　99
正則列　174
整な元　59
正のルート系 (正ルートの系)　129, 194, 405
成分 (分割の)　344
整閉包　59
セールの双対性　112
切断　73
接ベクトル束　120
セルバーグの積分公式　394
線形 (線形) 代数群　118, 191
全射　4
前層　71

前代数多様体　79
全単射　4

素イデアル　17
層　72
像　4
層化　73
層化 (加群の)　92
層空間　73
双対 (群の)　34
双対局所系　288
双対群　37, 267
双対圏　70
双対層　112
双対トーラス　268
双対表現　31
双対ルート系　402
素元　18
素元分解整域　19
素体　18
ソロモンの公式　234, 256

■タ行
体　14
台 (因子の)　95
台 (盤の)　55
対象 (圏の)　68
対称関数　311
対称群　6
対称多項式　312, 412
代数拡大　60
代数学の基本定理　28
代数群　117, 189
代数多様体　80
代数的集合　56
代数的閉体　28, 60
代数的閉包　60
ダイソンの定数項予想　343
楕円曲線　116
多項式環　139
単項式対称関数　328
多項式代数　16
単位イデアル　14
単位元　5
単元　6
単元群　6
単項イデアル　15
単項イデアル環　15
単項式対称関数　313
単項対称多項式　413

単項表現　157
単射　4
単純鏡映　195
単純局所系　279
単純代数群　193
単純偏屈層　279
単純ルート(系)　195, 405

チェック・コホモロジー群　102
チェックの複体　101
置換表現　31
超越次数　87
超曲面　139
重複度　30
直積　67
直積前多様体　80
直線束　96
直像　75, 108
直交関係　249, 258, 260, 262
直交関係式　33
直交群　187, 191

ディクソンの定理のq-類似　401
定数前層　71
定数層　72
定積分のq-類似　368
ティッツの変形定理　230
テンソル積　23
テンソル積表現　48

同型　7
同型定理　9
等質空間　122
導来関手　106
導来圏　278
同類　29
特異点　89
特殊化　230
特殊指標　271, 275
特殊線形群　191
特殊直交群　191
特性関数　281
特別代表系　212
ドミナント・ウェイト　405
巴系　173
トーラス　127, 192
ドリーニュールスティックの一般指標　245
ドリーニュールスティックの一般表現　245
ドリーニュールスティック理論　237

■ナ行
長さ関数　196
長さ(ヤング図形の)　350
滑らか(多様体が)　89

2項演算　5
二項係数のq-類似　356
二項定理　338
二項定理のq-類似　356
二重アフィン・ヘッケ代数　433
入射的　102
入射分解　103
2シンボル　327

ネータ加群　21
ネータ(ネーター)環　22, 138
ネータ的(位相空間)　86
ネーターの定理　139

ノルム写像　266

■ハ行
ハイネの級数　364
ハイネの公式　366
旗多様体　126, 281
パラメータ(パラメーター)系　88, 173
バランス写像　23
ハリッシュ・チャンドラ制限　217
ハリッシュ・チャンドラ誘導　216, 251
ハール測度　44
半群　5
反傾表現　31
反支配的　130
反対ボレル部分群　130
半単純(加群が)　29
半単純(線型変換が)　123
半単純環　221
半単純局所系　286
半単純群　125
半単純元　197
半単純代数群　193
半単純類　269
反変関手　70

ピカール群　96
非可換フーリエ変換　273
引き戻し　76
非原始的　157
左不変ベクトル場　120
非特異(多様体が)　89

微分加群　111
微分形式の層　112
微分の層　111
被約　65
被約化　67
表現 (群の)　26
表現可能 (関手が)　70
表現空間　26
標準層　112
標準的放物部分群　212
標準盤　55
標数　18
ヒルベルトの基底定理　22
ヒルベルトの零点定理：強形　63
ヒルベルトの零点定理：弱形　62

ファミリー　327
フェラー図　351
深さ (R 加群の)　174
深さ (ヤング図形の)　350
複体　100
符号表現　207
付随する層　73
不足指数　327
フック　54
負のルート系　194
部分 R 加群　21
部分群　6
部分集合　3
部分前層　74
部分層　74
部分表現　27
不変式環　136, 207
不変測度　44
フレーム図形　53
フロベニウス写像　198
フロベニウスの公式　55, 315
フロベニウスの相互律　41, 215
フロベニウス–ワイル–シューアの相互律　51
分割　37, 205, 311, 344
分割数　345
分数化　77
分数公式　10
分離的　80
分裂ベキ単元　293

ペアリング　272
閉部分多様体　81
ベイリンソン–ベルンスタイン–ドリーニュ
　　の分解定理　301

ベキ単　123
ベキ単群　192
ベキ単元　197
ベキ単根基　125, 193
ベキ単指標　269
ベキ単シンボル　327
ベキ単多様体　246, 281
ベキ単表現　269, 274
ベキ単類　281
ベキ零根基　63
ベキ和対称関数　313, 328
ベキ和対称多項式　413
ベクトル場　120
ベクトル束　96
ヘッケ環　17
ヘッケ代数　221
偏屈層　278

ポアンカレ級数　142
ポアンカレ多項式　207
ポアンカレ多項式の積表示　211
放物型　98
放物型部分群　126
放物部分群　211
ホール–リトルウッド関数　320, 330
ホール–リトルウッド多項式　319
母函数　346
ホモトープ　104
ボルホ–マクファーソンの定理　300, 307
ボレル–ヴェイユの定理　131
ボレル–ヴェイユ–ボットの定理　131
ボレル部分群　125, 193

■マ行
マクドナルド多項式　418
マクドナルドの定数項予想　407
マクドナルドの内積値　419
マシュケの定理　29

モノイド　5
モリーンの定理　143

■ヤ行
ヤコビ多項式　378
ヤコビ多様体　116
ヤング図形　53, 349

有限拡大　60
有限簡約群　188
有限次拡大　60

索引

有限シュバレー群　188, 203
有限スタインバーグ群　203
有限生成 R 加群　21
有限性定理　110
誘導指標　215
誘導表現　39, 215
有理特異点　168, 178
ユニタリ群　47
ユニタリ・トリック　47
ユニタリ表現　31

余接空間　89
余不変式環　207, 271, 290

■ラ行
ラングの定理　200, 252
ラングランズ双対　268
ランダム行列　335

リィの定理　226
リー環　120
リトル q-ヤコビ多項式　379
両側剰余類　206
リーマン–ロッホの公式　113

類関数　31, 214
ルスティック系列　270
ルスティック作用素　429
ルスティック誘導　259

ルート　128, 402
ルート系　194, 402
　——に付随したマクドナルド多項式　421
　——に付随したマクドナルドの内積値　423
ルート・データ　268
ルート・ラティス　405
ルレイ被覆　109

零因子　14
例外指標　274
零環　14
レビ部分群　211
レフシェッツ数　239, 240
連結簡約群　202
　——の基本定理　268
連結代数群　202
連接層　93
連続 q-超球多項式　387
連続表現　43

ロジャースの q-超球多項式　387
ロジャース–ラマヌジャン恒等式　382

■ワ行
ワイヤシュトラスの標準形　117
ワイル群　128, 193, 402
ワイル指標　421

著者略歴（執筆順）

堀田良之（ほった りょうし）
1941年　福岡県に生まれる
1967年　東京大学大学院理学系研究科
　　　　修士課程修了
現　在　岡山理科大学理学部応用数学
　　　　科教授
　　　　理学博士

渡辺敬一（わたなべ けいいち）
1944年　東京都に生まれる
1969年　東京大学大学院理学系研究科
　　　　修士課程修了
現　在　日本大学文理学部数学科教授
　　　　理学博士

庄司俊明（しょうじ としあき）
1947年　静岡県に生まれる
1972年　東京大学大学院理学系研究科
　　　　修士課程修了
現　在　名古屋大学大学院多元数理科
　　　　学研究科教授
　　　　理学博士

三町勝久（みまち かつひさ）
1961年　東京都に生まれる
1988年　名古屋大学大学院理学研究科
　　　　修士課程修了
現　在　東京工業大学大学院理工学研
　　　　究科数学専攻教授
　　　　理学博士

代数学百科Ⅰ　群論の進化 　　　　定価はカバーに表示

2004年4月30日　初版第1刷
2018年4月25日　　　第3刷

　　　　　　　　　著　者　堀　田　良　之
　　　　　　　　　　　　　渡　辺　敬　一
　　　　　　　　　　　　　庄　司　俊　明
　　　　　　　　　　　　　三　町　勝　久
　　　　　　　　　発行者　朝　倉　誠　造
　　　　　　　　　発行所　株式会社　朝　倉　書　店
　　　　　　　　　　　　　東京都新宿区新小川町6-29
　　　　　　　　　　　　　郵便番号　162-8787
　　　　　　　　　　　　　電　話　03（3260）0141
　　　　　　　　　　　　　FAX　03（3260）0180
　　　　　　　　　　　　　http://www.asakura.co.jp

〈検印省略〉

© 2004 〈無断複写・転載を禁ず〉　　　　中央印刷・渡辺製本

ISBN 4-254-11099-5　C3041　　　Printed in Japan

JCOPY　〈(社)出版者著作権管理機構　委託出版物〉

本書の無断複写は著作権法上での例外を除き禁じられています。複写される場合は、そのつど事前に、(社)出版者著作権管理機構（電話 03-3513-6969，FAX 03-3513-6979，e-mail: info@jcopy.or.jp）の許諾を得てください。

好評の事典・辞典・ハンドブック

数学オリンピック事典	野口 廣 監修　B5判 864頁
コンピュータ代数ハンドブック	山本 慎ほか 訳　A5判 1040頁
和算の事典	山司勝則ほか 編　A5判 544頁
朝倉 数学ハンドブック［基礎編］	飯高 茂ほか 編　A5判 816頁
数学定数事典	一松 信 監訳　A5判 608頁
素数全書	和田秀男 監訳　A5判 640頁
数論＜未解決問題＞の事典	金光 滋 訳　A5判 448頁
数理統計学ハンドブック	豊田秀樹 監訳　A5判 784頁
統計データ科学事典	杉山高一ほか 編　B5判 788頁
統計分布ハンドブック（増補版）	蓑谷千凰彦 著　A5判 864頁
複雑系の事典	複雑系の事典編集委員会 編　A5判 448頁
医学統計学ハンドブック	宮原英夫ほか 編　A5判 720頁
応用数理計画ハンドブック	久保幹雄ほか 編　A5判 1376頁
医学統計学の事典	丹後俊郎ほか 編　A5判 472頁
現代物理数学ハンドブック	新井朝雄 著　A5判 736頁
図説ウェーブレット変換ハンドブック	新 誠一ほか 監訳　A5判 408頁
生産管理の事典	圓川隆夫ほか 編　B5判 752頁
サプライ・チェイン最適化ハンドブック	久保幹雄 著　B5判 520頁
計量経済学ハンドブック	蓑谷千凰彦ほか 編　A5判 1048頁
金融工学事典	木島正明ほか 編　A5判 1028頁
応用計量経済学ハンドブック	蓑谷千凰彦ほか 編　A5判 672頁

価格・概要等は小社ホームページをご覧ください．